黄土高原东部平原区作物节水减肥栽培理论与技术

武雪萍　廖允成　查　燕等　著

U0395169

中国农业出版社

北　京

本书著者名单

主　著：武雪萍　廖允成　查　燕

副主著（姓氏笔画排序）：

刘　杨　李永山　李娜娜　李银坤　吴会军

张建诚　席吉龙　党建友　梁改梅　温晓霞

裴雪霞

著　者（姓氏笔画排序）：

王　丽　王　珂　王威雁　王姣爱　王梓廷

代　镇　刘　杨　刘　爽　池宝亮　杨　娜

杨　峰　李　景　李长江　李永山　李伟玮

李娜娜　李银坤　吴会军　张　晶　张定一

张建君　张建诚　陈稳良　武雪萍　查　燕

党建友　高丽丽　席天元　席吉龙　梁改梅

梁哲军　韩彦龙　程麦凤　温晓霞　谢三刚

裴雪霞　廖允成

　　黄土高原东部平原区为黄土高原的汾渭谷地，主要包括山西省东部平原区和陕西省关中平原区，是黄土高原区粮食供给的主要区域，同时也是人口、粮食消费大区，承担着粮食安全和生态安全的重任，其在保障黄土高原区粮食安全方面有着举足轻重的作用，是西部大开发的重点区域之一。山西省东部平原区主要包括晋中平川区和晋南盆地（临汾和运城），是山西省粮食主产区。关中平原区人口密集，约占全省总人口的62%，该区是陕西省内农业条件最优越的地区，气候温和，是陕西省内粮食集中产区，进一步提高关中平原区冬小麦和玉米产量已经成为全省粮食安全的重要保障。目前黄土高原东部平原区农业生产存在小麦播种质量差、水肥运筹失衡、灾害频发、水肥利用效率和劳动生产率较低以及双季高产水热资源不足、品种搭配不当等问题，在很大程度上制约了农业发展水平。因此，依靠科技进步，开展节水减肥与高效栽培技术研究，进行小麦玉米栽培的综合技术创新，集成高产高效技术体系，并进行大面积示范推广，开发和挖掘作物增产潜力，是保证粮食稳产增效的技术途径，对于提高该地区粮食作物的生产能力、保障黄土高原区及西北地区的粮食安全意义重大。

　　本书以保障粮食安全和农业资源高效利用为出发点，针对小麦玉米生产存在的问题，以实现黄土高原东部平原区粮食增产增效为目标，以提高水肥利用效率为核心，选择山西晋中平川区、晋南临汾盆地、运城盆地和陕西关中平原4个区域，紧紧围绕小麦、玉米少免耕技术、作物水肥协同管理与高效利用技术、作物高产高效栽培技术三项关键技术，开展了理论研究和技术集成。以大量的田间试验为第一手数据，进行了系统分析研究，深入探讨了作物节水减肥与高效栽培的关键技术与理论机制；针对不同区域生态特点，集成并完善了小麦玉米节本增效技术体系，力求形成的技术体系区域适应性强、综合效益高、与种植模式相配套、实现全程机械化和轻简化，在保持高产的同时，实现了肥料农药减施、水肥资源高效利用和环境友好，该研究成果有力地促进了黄土高原农业的节水减肥增效和可持续发展，为实现粮食安全和资源可持续利用提供了理论依据和技术支撑。

全书分6章内容。第1章论述了作物节水减肥栽培理论与研究进展、发展态势及主要研究任务；第2章在深入分析黄土高原东部平原区作物节水减肥潜力的基础上，运用环境因子逐段订正模型和桑斯维特纪念模型（Thornthwaite Memoral）模拟研究了山西省光合生产潜力、光温生产潜力和气候生产潜力的时空变化特征，明确了不同区域小麦玉米节水减肥潜力与增粮潜力；第3章至第6章这4章内容分别是针对4个区域的农业资源特点与生产上存在的问题，按照节水减肥高效栽培的理论机制、技术原理、技术内容、技术应用效果和应用范围等几个层次进行了深入研究与分析讨论。其中第3章重点从耕作蓄水、覆盖保水、灌溉节水、群体调控用水及减肥增效养分调控等方面进行了深入的理论机制与效应研究，提出了春玉米节水减肥及高效栽培技术模式。第4章重点从合理耕层构建、品种播期双改技术、水肥一体化、小麦玉米节水减肥稳产高效栽培技术集成等方面开展了系统研究与分析，集成了水地小麦玉米一年两熟节本增产增效栽培技术；同时探讨了旱作区耕作措施的土壤水分调控效应、有机无机配施增产机理，形成了临汾盆地旱地小麦绿色高产栽培技术。第5章以运城盆地为研究区域，研究了冬小麦-夏玉米一年两熟两晚两增栽培、配套品种、两作施肥统筹、节水灌溉与水肥协同、化控防灾减灾等关键技术效应及机理，构建了运城盆地小麦-玉米两熟节水减肥高产增效技术体系。第6章重点研究了关中平原灌区冬小麦-夏玉米复种高效水肥利用技术效应及理论机制、生物炭对土壤物理特性、水分及产量的影响；渭北旱塬沟垄集雨栽培提升水肥利用效率的机理、保护性耕作对冬小麦产量及土壤微生物的作用机理，集成了关中地区节水减肥与高效栽培技术。

　　本书在系统总结过去多年研究成果的基础上，重点展示了"十二五"国家科技支撑计划项目"西北黄土高原旱区增粮增效科技工程（2015BAD22B00）"课题3"黄土高原东部平原区（山西）增粮增效技术研究与示范（2015BAD22B03）"的研究成果，该课题由中国农业科学院农业资源与农业区划研究所主持，联合山西省农业科学院旱地农业研究中心、山西省农业科学院小麦研究所、山西省农业科学院棉花研究所和西北农林科技大学共同承担，本着优势互补、协同创新的原则开展了联合攻关。本书同时也包含了国家重点研发计划项目"北方小麦化肥农药减施技术集成研究与示范（2018YFD0200400）"课题8"北方小麦化肥农药减施技术应用效应评估（2018YFD0200408）"和中国农业科学院基本科研业务费专项课题"山西寿阳长期定位科学观测试验（1610132019033）"的部分研究成果。在此，感谢参与本书写作的30多位作者，感谢全体研究人员的辛苦工作与创新研究。

　　在本书撰写过程中我们力求数据可靠、分析全面，但由于理论成熟度和写作水平有限，书中难免有疏漏和不足之处，敬请专家和读者给予批评指正。

武雪萍

2019年5月

目　录

第 1 章 节水减肥栽培理论与研究进展

1.1 研究背景及意义

水肥资源是农业可持续发展的重要物质保证。中国是一个水资源严重缺乏的国家，人均水资源量仅 2 039.2m³，仅为世界人均水平的 1/4（中国统计年鉴，2016）。但与我国水资源紧缺形势不相适应的是水资源的过度开发以及粗放利用等问题相当突出，2015 年度我国的用水总量达 6 103.2 亿 m³，其中农业用水占全年用水总量的 60%以上，仅灌区年缺水量就达到300 亿 m³ 左右（张利平等，2009；李保国等，2010；中国统计年鉴，2016）。当前，我国农业灌溉用水利用系数只有 0.3～0.4，而世界发达国家达到 0.7～0.8；农业生产的水分生产率虽已达 1.58kg/m³，但仍明显低于发达国家 2.0kg/m³ 以上的利用水平（张利平等，2009；赵振霞等，2010；Kang et al.，2017）。为获得高产而盲目大量施肥的现象在我国也普遍存在，2015 年的化肥施用量超 6 000 万 t，约占世界总消费量的 1/3，单位面积施肥量是世界平均水平的 3 倍左右（赵秉强，2016；中国统计年鉴，2016）。据统计，在我国华北平原小麦-玉米轮作体系每年平均施氮量达 588kg/hm²（Ju et al.，2009），为作物实际吸收氮量的 2 倍左右（赵荣芳等，2009）。过量施用氮肥不仅引起硝态氮在 0～100cm 土层的大量残留，且易导致氮素通过氨挥发、反硝化和淋洗等途径损失（巨晓棠等，2002；钟茜等，2006；崔振岭等，2007；赵荣芳等，2009），氮肥利用率一般在 27.5%左右，低于发达国家 40%～60%的氮肥利用率（Ladha et al.，2005；张福锁等，2008）。研究表明，当氮肥用量低于 60kg/hm² 时，小麦、玉米和水稻的氮肥利用率分别为 55.4%、40.2%和 49.0%；在氮肥用量大于 240kg/hm² 时，氮肥利用率则分别降至 11.3%、14.4%和15.0%（张福锁等，2008）。施肥过量是我国肥料利用效率偏低的主要原因。

水分和养分是一对联因互补、不可分割的协同作用体，在作物产量和品质形成方面扮演着重要角色。将水肥两因子进行综合调控是降低肥料淋溶损失和坡面流失，促进作物水肥吸收和利用的重要技术手段，也是农业技术未来发展的重点内容。相关研究表明，水肥一体化追施氮肥模式下的氮肥利用率在 60% 以上，比常规施肥＋大水漫灌种植模式提高了 33.4 个百分点，还可实现节水 60%，节水节肥效果显著（李晓龙，2017）。节水灌溉技术在实现节水的同时还能够实现水肥一体化和分次施肥的目的，大力推广应用高效节水灌溉技术是提高我国农业用水效率，实现农业节水目标，推动农业可持续发展的重要战略举措。近年来，随着灌溉技术的改进，喷灌、滴灌等新型灌溉方式逐渐得到广泛应用，其中微喷灌是近几年出现的比较适合中国国情的灌溉方式，它比大型喷灌设备节省成本，在技术实现上又比滴灌要求低，得到了快速应用。截至 2013 年底，我国高效节水灌溉面积为 $1.43 \times 10^7 \, \text{hm}^2$，其中喷灌为 $3.00 \times 10^6 \, \text{hm}^2$、微灌为 $3.87 \times 10^6 \, \text{hm}^2$、低压管道输水为 $7.40 \times 10^6 \, \text{hm}^2$（袁寿其等，2015）。但从我国节水灌溉推广现状看，节水灌溉面积只占有效灌溉面积的 1/3 左右，而喷灌和微滴灌等高效节水灌溉方式仅占有效灌溉面积的 4.9%（孟戈等，2008）。可见，节水灌溉技术在我国农业生产中还具有广阔应用前景与推广潜力。发展农业节水灌溉技术不仅是我国国民经济和社会可持续发展的要求，也是我国水资源短缺、水土资源配置失衡等严峻形势所决定的，这对于保障国家水安全、粮食安全、生态环境的安全，推动农业和农村经济的可持续发展具有重要的战略地位和作用。

为了减少农业用水量，提高水肥资源利用效率，不断改善灌区水利设施并推行节水灌溉技术，国家也相继出台了一系列政策：2010 年中央 1 号文件《关于加快水利改革发展的决定》提出加大水利建设，实施最严格的水资源管理制度，计划到 2020 年全国年用水总量力争控制在 $6.7 \times 10^{11} \, \text{m}^3$，农田灌溉有效利用系数提高到 0.55 以上。农业节水将成为国家节水的重要领域，加强农田水利基础建设和加大节水灌溉技术推广将是农业节水和农业发展的关键。2012 年农业部发布了《农业部关于推进节水农业发展的意见》，提出要大力发展水肥一体化技术。2012 年国务院印发的《国家农业节水纲要（2012—2020 年）》，明确要求新增高效节水灌溉工程面积 $1.0 \times 10^7 \, \text{hm}^2$ 以上，再次提出农田灌溉水有效利用系数达到 0.55 以上。2015 年 3 月农业部制定了《到 2020 年化肥使用量零增长行动方案》，其中提出到 2020 年水肥一体化技术推广面积 $1 \times 10^7 \, \text{hm}^2$，增

加 $5.333 \times 10^6 \, hm^2$，水肥一体化技术是实施"化肥零增长"的重要保障措施之一。

节水灌溉技术是实现减肥与高效施肥的前提与保障，在此基础上发展起来的灌溉施肥技术是推动传统农业向现代农业转变的战略性措施，是田间用水施肥的一场革命。而通过科学合理的田间农作措施也可以实现农业节水减肥的目的。

1.2 节水减肥与高效栽培技术的理论基础

节水减肥技术的基本手段即科学用水用肥，减少灌溉水与化肥的使用量，根本目的是最终达到高效率、高效益的农业管理方式，这就要了解和掌握作物需水需肥规律，弄清水分或肥料与作物的生长发育关系。不同作物或同一作物的不同生育期，需水量或需肥量不同，如果供水或供肥超过作物需要量，就会造成水资源或肥料的浪费。例如小麦的拔节期是需水关键期，小麦需水量最大，必须保证该时期的水分供应，而开花后，小麦耗水量逐渐减少，可减少该时期的水分供应；韩惠芳等（2010）研究表明，在总灌溉量为120mm的条件下，拔节和抽穗期各灌60mm的籽粒产量最高，籽粒蛋白质产量有随灌溉时期后移而降低的趋势。张金平等（2015）认为，节水灌溉技术不仅要了解作物需水规律，还要弄清灌溉水与土壤水分运移规律的关系，比如轻壤质黄土的最大持水量约为23%，超过此比例就会造成水资源的浪费。科学施肥的提前必须按照作物的需肥规律选择合适的施肥时间与施肥方法，赵月平等（1997）研究表明，小麦富集土壤钾素而夏玉米消耗土壤钾素，考虑到钾肥资源有限，在小麦-玉米轮作中可把有限的钾肥施用在玉米上，而小麦利用其后效，从而起到节约钾肥的作用。日本近年推广的"水稻苗床全量施肥技术"是在建立缓效性肥料基础上形成的施肥新技术，即将水稻全生育期所需的营养全部施在苗床上，随秧苗移植，这种施肥法的氮肥用量只相当于常规用量的60%，产量比常规施肥方法提高10%以上（王光华等，2004）。小麦、玉米等粮食作物追施氮肥时采用深施的方法，比表土撒施后浇水可提高肥效1倍左右（朱兆良等，1990）；而尿素深施比表土撒施可提高肥效近1/3左右（李士敏等，1999）。

节水减肥技术应以"节约和增产"并举，不仅要重视减少灌溉水或肥料施用量，还要注重"增产"，共同提高灌溉水或肥料的利用率。目前，关于节水灌溉增产增效机制的研究报道已有不少，基本确定节水灌溉能够提高土层土壤水稳性团聚体的含量和大小，培肥土壤（马建辉等，2017），增强表层土壤保水效果，提高土壤含水量（陈静等，2014），使作物根系集中于表层，更适合作物生长需要（高鹭等，2006）；可以增加作物叶面积指数，提高叶片光合作用的能力，促进干物质的积累、分配和转运（栗丽等，2013），进而增加作物产量，提高水分利用效率（张洁梅等，2016）。很多研究表明，在蔬菜（何传龙等，2010；姚春霞等，2010）、水稻-小麦（张均华等，2010）、小麦-玉米（刘学军等，2004）、玉米-大豆（陈平等，2016）等作物和轮作体系中，适量减肥并没有引起产量显著变化，且改善了作物品质、提高了肥料利用率和经济效益，降低了养分的环境损失和污染，达到节肥增效的目的。李世清等（2003）探究了减量施肥对作物产量的影响机制，研究结果表明，减量施肥会影响籽粒灌浆过程和特性，进而影响籽粒重和作物产量。籽粒灌浆期间干物质累积主要有两个来源，一是花前合成并贮藏于营养器官、花后再转移到籽粒的同化物，二是花后合成并直接运移至籽粒的光合产物（李世清等，2003），因此施肥对籽粒灌浆的影响与干物质转运以及花后功能叶的光合能力有关。据报道，增施氮肥降低了干物质转运量和对籽粒的贡献率，增加了花后的同化量和贡献率（马冬云等，2008），而适量减氮可以提高玉米和大豆干物质转运量及其对籽粒的贡献率，进而增大灌浆速率、百粒重和产量（陈平等，2016）。薛峰等（2009）人的研究表明，减少20%的常规施氮量可以有效降低田面水中氮素含量，进而降低向自然环境中排放的总氮量；并通过作用于水稻产量构成因素和提高氮肥农学效率，适当提高产量，最终达到协调产量效益、肥料效益和环境效益的目的。

　　高效栽培方式，是利用高产的作物条件，适宜的生长条件和优良的环境条件，从时间、空间及土地上最大限度地利用光、温、水等自然资源，提高资源利用效率，实现高产高效的农田管理策略。作物高产高效栽培主要增产机制是实现作物对环境资源的高效截获和利用，是作物的生长速率和干物质积累最大化，从而实现作物产量增加。20世纪90年代后期以来，育种学家培育了一批生长量大、穗大粒多、产量潜力大的作物品种，这些高产品种在保障我国粮食安全方面起到了非常重要的作用，但是，单是选用良种还远远不够，与良种配套的栽培技术对产量的贡献率越来越高（朱德峰等，2015）。中国农业科学院所做的专家模型分析表明：我国技术进步对粮食单产提高的总贡献中，品种、栽培、防灾减灾和土壤改良等是最关键的技术要素。其中，各要素贡献份额为：耕作栽培技术 34.1%，优良品种 33.8%，植物保护等防灾技术 14.2%，土壤改良等生态治理技术 17.9%。因此，必须综合考虑品种潜力问题、无公害生产与健康管理问题，做到藏粮于地、藏粮于技，从根本上提高粮食的综合生产能力。

1.3　节水减肥与高效栽培主要技术

灌溉水从水源到作物产出经过 4 个环节（孙景生等，2000）：水源取水，并通过输水系统将灌溉用水送至田间；通过灌溉过程将灌溉水转化为土壤水；通过作物的吸水过程，把土壤水转化为生物水；在生物水的参与下，通过作物的一系列生理过程形成作物产量。每个环节都有水损失，前两个环节涉及从水源到土壤水的过程，通过喷灌、滴灌和微灌等新技术的应用来提高用水效率，节水潜力巨大，是当前节水灌溉研究和发展的重要领域。同时，农艺节水技术措施也是当前节水农业技术体系的重要组成部分，和工程节水比较，农艺节水投资的成本较低，容易推广，可大大提高水资源的利用效率。主要包括耕作保墒、覆盖保墒、调整作物布局和选用节水型品种、化学调控等技术措施等。

1.3.1　灌溉技术

（1）膜下滴灌

我国在 1974 年引入了滴灌技术，且该技术得到了快速发展，滴灌与覆膜种植结合的膜下滴灌技术已应用到了我国多种农作物的种植上（王旭等，2016）。膜下滴灌是在大田膜下应用滴灌技术，地表滴灌能够有效减少水分的深层渗漏；覆膜能够提高地温，同时有效抑制作物棵间的无效蒸发；覆膜滴灌不仅节约灌溉用水，而且有利用于作物生长，实现节水增产的效益（刘梅先等，2012）。胡晓棠等（2003）为了探明膜下滴灌对棉花根际土壤环境的影响，在新疆开展试验，研究了田间膜下滴灌对棉花根际土壤的水、热、气变化的影响，试验结果表明：覆膜滴灌有助于土壤增温，膜下滴灌条件下作物根系浅层土壤含水量比深层土壤含水量高，根系浅层土壤干、湿间隔，有利于土壤气体交换，节约灌溉水 50% 左右，增产 20% 左右，效果明显。膜下滴灌为内陆干旱地区发展高效节水灌溉技术开辟了新途径，在我国西北干旱地区得到了大力推广和广泛使用。同时，膜下滴灌在干旱区盐碱土改良利用方面发挥着重要作用，滴灌在根区可形成淡化的脱盐区，覆膜抑制膜内土壤的蒸发，使膜内盐分发生侧向运移，深层渗漏的减少也防止了次生盐渍化的发生（王旭等，2016）。

（2）痕量灌溉

痕量灌溉技术是我国原创、将膜及毛细管等新材料有机结合的新型节水灌溉技术（王旭等，2016）。痕量灌溉在浑浊以及超低流量下，以其独特的结构保证了其抗堵塞性，痕量灌溉将管道埋在地下，土壤干燥时，土壤中的毛细空隙会将滴灌中的水抽出，在灌水器内部产生抽水力，土粒中的范德华力为水分运动提供了动力（陈琳等，2015），土壤中的水势差为水分在土壤中的运动提供持续动力。与滴灌相比，同等产量下痕量灌溉可节水 40％～60％，并有助于改善土壤板结和返碱的现象。目前，痕量灌溉技术已在温室果蔬、大田作物、垂直绿化和生态修复中得到了应用（张锐等，2013；夏天等，2017）。诸钧等（2014）就日光温室痕量灌溉对球茎茴香生长影响的试验研究发现：痕量灌溉相比于滴灌可显著提高茴香地上部分干、鲜重，并使其耗水量减少约 50％，水分利用效率提高 2.3 倍。安顺伟等（2013）探究了痕灌管不同埋深对番茄生长的影响，发现当埋深 30cm 时番茄株高茎粗表现最佳，产量和水分利用效率最高，并分别较表面覆土提高了 15％和 24％。

（3）微润灌溉

微润灌溉技术又称半透膜灌溉技术，是利用功能性半透膜作为灌溉输水管，以膜内外水势差和土壤吸力作为水分渗出和扩散动力，并根据作物需水要求，以缓慢出流的方式为作物根区输送水分的地下微灌技术（夏天等，2017）。它通过地埋的方式为作物供水，目前微润灌溉技术已在农林业、城市绿化等方面得到了应用，同时还为治理盐碱地和沙漠化生态恢复提供了有效解决方案。研究表明，微润灌溉对温室局部微气候具有很好的调控作用及节水增效效果。例如于秀琴等（2013）就温室微润灌对黄瓜生长和产量影响的试验研究表明：微润灌相比于沟灌可显著提高棚内气温、土温并保持空气湿度相对稳定，显著促进黄瓜营养生长，全生育期较沟灌节水 54.9％，水分利用效率提高 1.3 倍。薛万来等（2013）就温室微润灌对番茄生长和水分利用效率影响的试验研究表明：全生育期内微润灌土壤水分动态变幅小于滴灌且比滴灌节水 10％，番茄产量和水分利用效率均高于滴灌。可见，相比于沟灌和滴灌，微润灌溉能更高效地调控和利用土壤水、气、热，因而其节水增产效益更高。

1.3.2　农艺节水技术

(1) 地表覆膜保墒技术

地表覆膜保墒技术通过在耕地表层覆盖一层塑料膜，来减少地表土壤中水分的蒸发以及地表径流水分节蒸发来节省水分，调节土壤中水分的平衡。在我国东北、西北等干旱或半干旱的区域，地膜覆盖技术是一种保温保水、提高产量的重要措施。国内学者对覆膜栽培技术的研究已取得一定的突破。众多研究表明，地膜覆盖具有显著的增产效应。任新茂等（2016）的研究表明，与露地相比，覆膜种植可增加 48.27% 的穗粒数，说明覆膜种植产量提高主要是由于穗粒数的增加。地膜覆盖对表层土壤贮水量的影响最大。程宏波等（2016）研究发现，与露地对照相比，地膜覆盖可显著增加不同土层土壤蓄水量，增墒幅度为 0.3%～1.9%，其中 0～40cm 土层提高幅度最大，增墒幅度为 1.7%～1.9%。在覆盖年限上，全年地膜覆盖增产效果显著。杨海迪等（2011）研究表明，周年地膜覆盖更有利于旱地麦田土壤扩蓄增容。但也有一些研究表明，地膜覆盖会给作物产量带来负效应，张剑等（2017）研究得出，地膜覆盖会导致作物生长中后期土壤温度过高，从而导致作物早衰。

(2) 耕作保墒技术

耕作保墒技术包括很多种，如免耕配合秸秆覆盖技术、深松技术、中耕保墒技术等。黄明等（2009）研究了旱作条件下传统耕作、免耕覆盖、深松覆盖耕作模式冬小麦花后土壤水分和养分的状况，结果表明传统耕作模式花后在 0～40cm 的土壤中，水分分别比免耕覆盖、深松覆盖低 4.13% 和 6.23%。强秦等（2004）研究了不同栽培模式对旱地土壤水分和冬小麦水分利用效率的影响，研究表明，平覆膜和垄沟种植均有良好的保墒和集水作用，这两种栽培方式的水分利用效率分别比常规栽培模式增加 41%～52% 和 39%～65%。毛妍婷等（2015）比较了三种免耕覆盖模式对小麦产量的影响，研究结果表明，"免耕＋塑料地膜"覆盖具有较好的短期增产效果，但从可持续和无污染农业发展的长期效果来看，考虑推荐"免耕＋秸秆"覆盖模式。王霞等（2009）研究结果表明秸秆覆盖春小麦水分利用效率最高，比地膜覆盖春小麦水分利用效率提高 17.17%～43.01%。

(3) 垄沟种植技术

垄沟种植模式是通过起垄的方式，改变地表形状，改善土壤水、肥、气、热状况，把集水、用水与种植技术进行有机的结合，具有十分重要的科学意义与实践价值。我国对垄沟种植模式的研究多集中在西部及北部干旱半干旱地区。张婷等（2013）研究了不同宽度垄沟种植模式对陕西关中平原夏玉米生长及产量的影响，其研究表明，60cm 垄宽的种植模式增产效果最为显著，与 90cm 垄沟种植模式和传统种植模式相比，玉米产量分别提高 8.1% 和 10.7%；土壤水分利用效率分别提高 11.7% 和 5.8%。李亚贞等（2010）比较了华北地区不同垄沟种植模式下土壤水分和夏玉米产量的变化规律，结果表明，起垄沟播处理土壤含水量明显高于垄作和平作，全生育期平均 0～100cm 土层沟播比垄作和平作分别高 2.00% 和 5.40%；籽粒产量分别比垄作和平作高 3.81% 和 11.62%。全膜双垄沟播技术则是提高玉米产量的最佳覆盖方式，该技术是甘肃省农技部门经过多年研究、推广的一项新型抗旱耕作技术，该技术集覆盖抑蒸、垄沟集雨、垄沟种植为一体，实现了保墒蓄墒、就地入渗、雨水富集叠加、保水保肥、增加地表温度，提高肥水利用率的效果（赵久然，2011）。张雷等（2007）进行旱地玉米双垄全膜覆盖"一膜用两年"免耕栽培模式的试验结果表明，该项技术玉米农艺性状明显优于常规覆膜栽培，玉米产量比常规覆膜栽培增加 956.1kg/hm²，经济效益显著提高。金辉等（2017）探索了平作不覆膜、平作覆膜、起垄覆膜和全膜双垄沟 4 种模式下不同种植模式对晋北盐碱土水盐动态特征的影响，结果显示，全膜双垄沟模式可调控根区水盐分布，改善土壤生态环境，促进玉米生长发育，提高作物产量，可作为晋北盐碱地土壤的有效改良措施之一。

1.3.3 化肥减量技术

化肥减量技术是指在不显著降低作物产量的条件下，通过施肥技术的创新和集成、耕作制度的改革、施肥方法的改进、新型肥料的研发等一系列措施，提高肥料利用率，减少化肥施用量，显著提高施肥效益，实现农业节本增效，减少农业面源污染，保护生态环境的一项重要技术（解开治等，2007）。

（1）研制和开发高效环保型新型肥料

通过化肥的改型改性制成控释肥是实现化肥减量使用的有效途径。广东省农科院土壤肥料研究所研制开发的水稻缓释/控释肥，与常规施肥比较每公顷水稻可减少氮、磷（P_2O_5）施用量 40.8kg 和 9.1kg，相对减少 23.3% 和 18.1%（徐培智等，2004）；在同等产量水平下，水稻缓/控释肥比普通 BB 肥（散装掺混肥料）减少肥料施用量 25%（徐培智等，

2002)，取得显著的节肥效果。徐秋明等（2005）于夏玉米上应用控释包衣尿素，在产量与常规施肥措施的尿素持平情况下可减少 20％氮肥用量。吴正景等（2002）开展了温室番茄应用树脂包膜尿素的肥效研究，结果表明，在相同产量水平下施用树脂包膜尿素可省肥料 15％左右。

（2）合理轮作和耕作

通过选择合理的轮作和耕作制度，建立循环再生的生态农业体系，实现肥料养分利用率的叠加效应，可显著减少化肥的使用量，提高施肥的经济效益。刘绍权等（2006）在粤东地区采用豆—稻—菜养育保地耕作模式，与该地区历史上主要耕作模式之一"稻—稻—菜"模式相比，肥料施用总量减少 20％以上，从而实现化肥的减量施用和资源的有效配置。金昕等（2006）在豆—稻轮作模式的研究结果表明，每亩①压青绿肥（蚕豆）800.4kg 后化学氮肥的施用量可减少 15％，即从常规（以纯氮量计算）的 18.0kg 减少至 15.3kg，水稻产量仍有一定的增幅。

（3）有机替代化肥技术

目前包括有机肥、秸秆还田、微生物有机肥替代部分甚至全部化肥等技术，不仅减少了化肥用量而且增产，实现了减肥增效。

①有机肥替代化肥技术。有机肥替代部分化肥是实现中国化肥零增长的重要技术途径之一。2014 年，畜禽粪肥可替代氮肥、磷肥、钾肥的潜力分别为 1 186.78 万 t、806.41 万 t 和 1 169.25 万 t，分别占当年实际化肥施用量的 38.30％、52.00％、86.77％（路国彬等，2016）。吕凤莲等（2018）的研究表明，在冬小麦-夏玉米轮作体系中，有机肥替代 75％化肥氮可以提高作物产量和氮效率，增加年经济效益。谢军等（2016）的研究表明，鸡粪有机肥氮替代 50％化肥氮显著提高了玉米经济产量和生物产量，提高了产量的稳定性和可持续性；促进了玉米对氮素的吸收和向籽粒的转运，提高了氮的利用效率。李占等（2013）探索了有机肥和化肥配施对冬小麦-夏玉米生长、产量和品质的影响，研究结果表明，兼顾产量和籽粒品质等因素下，利用常规化肥用量的 75％其余亏缺的养分用有机肥补充，能获得比单施化肥处理更高的产量，并在一定程度上改善作物品质，减少过度使用化肥造成的环境污染。张建军等（2017）观测了长期施用不同氮源有机肥（发酵有机肥、农家肥）或小麦秸秆还田等处理对陇东旱塬冬小麦产量相关性状和水分利用效率的影响，结果表明，以发酵有机

---

① "亩"为非法定计量单位，1 亩＝$1/15 hm^2$。——编者注

肥做替代物处理的产量和水分利用效率最高，增产幅度最大，10 年平均产量较不施肥和单施化肥对照分别增加 88.9% 和 25.4%，水分利用效率和边际水分利用率也最高，分别为 10.8kg/(mm·hm²) 和 1.03kg/m³；并且产量构成因素和植株生理指标也优于其他处理。有机肥替代化肥不仅提高了作物的产量，还能在一定程度上减少农田温室气体排放，有机肥全部替代化肥后，农田变为典型的碳库（Liu et al, 2015）。

②秸秆替代化肥技术。我国秸秆资源丰富，宋大利等（2018）估算了 2015 年中国主要农作物秸秆资源量为 7.19×10⁸t，其中氮（N）、磷（P₂O₅）、钾（K₂O）养分资源总量分别达到 6.26×10⁶t、1.98×10⁶t、1.16×10⁷t。研究表明，2/3 左右秸秆还田可以有效改善土壤质量、缓解土壤养分流失、提高土壤供肥水平和土壤微生物活性（陈冬林等，2010），相对无秸秆还田可以增产 5%～30%（钱凤魁等，2014；杨滨娟等，2014；张静等，2010），同时可以减少 10%～20% 氮、磷、钾化肥用量，处理有机废弃物 6 250～22 500kg/hm²（李明德等，2010）。胡诚等（2017）研究表明小麦秸秆替代部分钾肥在水稻上的应用是可行的，其中以秸秆替代 1/2 钾肥较为适宜，可以获得相对较高的稻谷产量和相对较低的稻草产量，其谷草比较高。黄容等（2018）研究了秸秆与化肥减量配施对菜地土壤温室气体排放的影响，研究结果表明，化肥减量 30% 与秸秆配施可以降低土壤二氧化碳和甲烷的排放，缓解温室气体的增温趋势，而对一氧化二氮减排效果并不明显。秸秆还田替代化肥技术的增产效果还与秸秆还田方式密切相关，探明全量粉碎还田、整株还田、深翻还田、过腹还田等不同还田方式对作物生长及土壤肥力的影响，是今后该技术的研究热点方向。

③微生物有机肥替代化肥技术。随着化肥、农药双减政策的提出，有关微生物新型肥料替代化肥的研究飞速发展。生物有机肥不但可以提供植物生长所必需的营养物质，还具有改善土壤团粒结构、调节根际微生物区系组成、增强植物抗逆性、提高作物对养分的吸收能力及肥料利用率，实现产、质双增的效果（宋以玲等，2018）。例如，魏晓兰等（2017）的研究发现，施用等量生物有机肥条件下，化肥减量在 25% 范围内对土壤供肥能力及小白菜生物量不产生明显的影响，在一定程度上提高了肥料利用率。程万莉等（2015）研究表明，生物有机肥替代部分化肥可以提高马铃薯根际土壤微生物群落功能多样性，且生物有机肥替代部分化肥处理的 Shannon、Mc Intosh 丰富度指数、均匀度指数以及 Simpson 指数均高于

普通有机肥替代化肥的处理。

总体来看，有机替代无机肥料技术是土壤肥料领域的研究热点，但有机肥替代无机肥对作物和土壤的影响程度因替代比例、土壤质地及肥力、作物系统、气候以及不同的试验年限存在显著的差异。在实际应用中，需综合考虑有机肥种类、土壤、气候和植被等因素，了解有机养分释放规律及其有效性，以完善有机肥替代无机肥技术。

1.3.4　水肥一体化技术

水肥一体化是利用管道灌溉系统，将肥料溶解在水中，同时进行灌溉与施肥，适时、适量地满足农作物对水分和养分的需求，实现水肥同步管理和高效利用的节水农业技术。根据农业农村部数据（《水肥一体化技术指导意见》），截至 2015 年，我国水肥一体化技术推广总面积达到 8 000 万亩，新增推广面积 5 000 万亩，实现节水 50%，节肥 30%，粮食作物增产 20%，经济作物节本增收 600 元。巴西的有关试验也表明，甘蓝滴灌施肥比肥料撒施增产 22.6%（罗文扬等，2006）。张晶等（2018）研究表明，在山西省干旱缺水条件下，利用微喷灌水肥一体化技术，小麦生育期灌水量 1 500m^3/hm^2，氮肥 70% 底施＋30% 拔节期追施、钾肥减 30% 全部底施、磷肥减 30% 且 50% 底施＋50% 拔节期追施，可以实现节水节肥稳产提质。目前，我国水肥一体化技术已由小范围试验示范发展为大面积推广应用，辐射范围从华北扩大到西北旱区、东北地区及华南地区，覆盖作物从蔬菜等经济作物扩展到玉米、棉花、花生、小麦等粮油作物，推进了水肥一体化技术的不断发展与完善。与此同时，一些高校、科研单位与企业合作开发了适应水肥一体化技术的大量施肥和灌溉技术，如新型水溶肥料、自动化膜下滴灌技术、痕量灌溉施肥技术等（陈超等，2018）。

1.3.5　养分管理系统

养分管理系统是通过田间试验、土壤测试和农田地理信息资源开发，建立农田综合肥料效应模型，建立相应农田养分管理和精准施肥计算机系统。例如，中国农业科学院周卫团队研发的养分管理系统，建立了养分推荐方法，应用计算机软件技术，研制了作物养分专家系统，实现 4R（肥料用量、品种、施肥时期、施肥位置）养分管理，可实现小麦和玉米减施氮肥 30% 以上，提高作物氮素利用率 10% 以上。实施了有机肥料替代化肥养分策略，与习惯施肥比较，氮素有机替代增产 4.6%～25.0%，可减施化学氮肥 32%～44%，氮肥利用率提高 11%～26%，为化肥减施增效提供有效技术途径。研发了水稻、玉米、小麦等作物的高效硫肥与高效钙肥等新型高效专用肥料，为遏制土壤缺硫和缺硫的发生提供了可行办法。研创了智能精准施肥机具，研发出根区施肥关键技术，可实现水稻增产 10%～50%，节氮 15%，氮肥利用率提高 35%，在技术上实现了大幅度增产、节肥和提高肥料利用率的目标。培育了高产高效土壤，研发出低产水稻土改良关键技术，如果 3 年连续改良，土壤肥力可提高至少 1 个等级（1 500kg/hm²）。

1.3.6 高效栽培主要技术

（1）选用高产品种

良种是增产的内因。例如，中国水稻品种从高秆品种到矮秆品种，从矮秆品种到杂交稻及近年的超级稻，可以说，我国水稻的增产离不开育种技术的发展。农业农村部确认隆两优 1988、深两优 136 等 10 个品种（组合）为 2018 年超级稻品种，目前我国的超级稻产量已达到 21 000kg/hm²。李春喜（2012）提出如何筛选和合理利用小麦优良品种需要从穗形、冬春性、高效性和抗逆性等 4 各方面考虑。在黄土高原东部平原地区，要更加注重培育和推广节水抗逆的新品种。

（2）优化种植制度

优化种植结构，是高效利用各种光热等自然资源、提高作物产量的重要途径。山东农业大学、河北农业大学、河南农业大学在黄淮海小麦-玉米周年光热资源优化利用研究基础上创新了"两晚技术"并广泛应用于生产（李少昆等，2017）。周宝元（2017）优化了黄淮海冬小麦-夏玉米体系种植结构，通过播收期调整，将小麦播期由传统的 10 月上旬推迟至 12 月中旬，冬季土里寄籽不出苗，冬前占用资源减少，但产量不降低，且由于减少播种底墒水和越冬水，耗水量减少 38.3%，光温水生产效率显著提高；在小麦冬寄籽的情况下，玉米可推迟至 11 月中下旬收获，分配到玉米季资源量增加，促进生育后期干物质积累与转运，产量显著提高的同时籽粒含水量下降至 18%，达到机械收获籽粒标准。

（3）优化农田管理模式

通过合理密植、轮作、保护性耕作、科学施肥、地膜覆盖、机械化籽粒收获等关键技术，构建合理土壤耕层，提高作物生产力。李灿东等

（2017）以耐密植大豆品种合农 76 为试验材料，在播种密度为 40 万株/hm² 及施肥水平为磷酸氢二铵 140kg/hm²、尿素 45kg/hm² 及氯化钾 35kg/hm² 条件下，产量最高达 3 309.77kg/hm²。河南省农科院针对强筋小麦的营养特点、施肥、灌溉、农药施用等方面，运用微区控制、小区试验等手段，开展了大规模的实验研究。结果表明，氮素代谢是影响强筋小麦面团品质的主要因子；生育中后期供氮是改善面团特性的关键措施；在达到供磷指标后再增施磷肥对强筋小麦面团品质产生负效应；剩余后期适当水分胁迫有利于品质提高，某些农药品种喷洒过晚一定程度影响籽粒品质。在理论研究与大田示范的基础上，提出了强筋小麦"优质高产"配套栽培技术：培育高肥地力基础（土壤有效氮 80mg/kg 以上）；稳磷增氮（土壤 P_2O_5 20mg/kg 以上）；重视中后期追氮，实行前轻中重后补充的施氮技术；后期浇水必须水氮配合；适当提早防病虫。

近年，随全球气候变暖、极端天气增多，严重威胁生产的稳定和发展，众多国内外学者围绕不同时期阴雨寡照、干旱、高温、冷害等灾害天气对玉米、小麦、水稻等作物生产的影响开展了研究，初步明确了不同区域、不同时期、不同程度灾害的发生特点及其对作物生长发育和产量的影响，提出了对应的技术措施与预案（王若男等，2016；赵龙飞等，2012）。赵亚丽等（2013）的研究表明，通过抗性互补、育性互补、当代杂种优势构建不同基因型玉米间混作复合群体，可以显著提高玉米群体的抗逆性和稳产性，提出了构建生态位互补复合抗逆群体的原则与关键技术。作物抗逆减灾栽培是未来栽培方向的研究热点之一。

1.4　我国节水减肥与高效栽培技术发展态势

（1）种植制度的节水模式多样化、特色化

我国农作制度在历经市场经济的影响和农业新理论、新现实的冲击下面临着一系列新的挑战和考验。突出体现在以下几个方面：第一，传统农作制度面临一系列新理论和新方式的撞击，如何改革传统的农作制度建立现代农作制度。第二，在水资源极其短缺的条件下，我国不同区域农业选择怎样的调整方略，为适应节水农业的需要和推进我国农业的可持续发展做出新的贡献。第三，如何建立一整套有利于农业生态环境的耕作体系，强化和建立农业资源的持续高效利用，达到人与自然的和谐发展。第四，在信息高速发展的时代，如何将现代信息技术应用于我国农业种植和耕作

体系，促进我国农业的国际化、信息化、高效化等。这些问题将成为今后我国农业发展所面临的重大而急迫的问题。

我国由于人多地少，土地及水资源匮乏，多熟制及间种、套种、复种、立体种植等多种多样的种植模式得到了广泛的研究与应用，根据不同地区的光热资源及其他生态条件，研究出具有区域特色的粮食高产与资源高效的作物种植模式，建立了不同区域类型的节水高效种植制度，对增加农民收入、保证食品供给安全以及农村产业结构调整均具有重要作用。

（2）水肥施用制度的水肥减量化、精准化

近年来在国内，灌溉与施肥结合问题日益引起人们的关注，研究的重点多集中于灌水与施肥数量结合、产量效应以及水肥交互作用机理等方面，而结合农作制度针对不同种植模式、作物轮作周期内水、肥合理运筹和一体化时空调控问题研究较少，特别是水肥一体化时空调控作物生理生态反应机制的研究尚缺乏系统性；有关水肥一体化条件下肥料在土体中转化迁移规律及对生态环境影响的研究需要加强。与其他节水农艺措施相匹配的灌溉、施肥技术研究开发方面也远没有达到实用性和可操作性，如地膜和秸秆覆盖下灌水和施肥技术等问题。

农田水肥耦合高效利用技术方面已有较多研究，但大多以根区均匀湿润的灌溉条件或旱地农业为对象，难以满足指导农业生产中科学管理水分和养分的要求。这是因为灌溉方式不同，或相同灌溉方式下用水量不同，或相同用水量在作物生育期分配不同，或灌水量相同而灌水流量不同或根区湿润方式不同，其水分养分的迁移、有效性和根系的吸收都会不同。因而，对水分、养分耦合效应的研究，不仅要了解不同灌溉方式下土壤水分养分最优耦合与作物高效利用的理论，而且要针对不同灌水方式提供可操作的相关指标。要从不同条件下的耦合效应、影响因子、关键时期以及合理配合（包括水分和养分配合、养分之间的配合以及水分、养分和作物发育阶段的配合）方面考虑；同时要从水分养分的耦合迁移以及作物根系吸收利用的物理过程和生理代谢过程、作物吸收的补偿效应、养分对作物缺水的敏感性以及作物水分—养分—产量综合生产函数的机制和定量关系方面进行探讨，才能揭示其问题的本质。

（3）耕作制度的小型机械化、区域节水高效规范模式化

国内有关保护性耕作的试验研究始于 20 世纪 60 年代，主要注重土壤水、肥、气、热的调节，充分发挥当地资源的生产潜力。东北地区的深松机间隔深松，西北、华北地区的高垄作种植、深松耕作、少免耕技术，陕西渭北高原的留茬深松起垄覆膜沟播技术和小麦高留茬少耕全程覆盖技术等，均在旱作农业水分高效利用和水土保持方面取得了显著的经济和生态效益。

国外农业生产发达的地区和国家，其保护性耕作比较注重农产品的生产效益和生态环境效益。而我国迫于人多地少、人口压力大，加之我国广阔的地域差异性等问题，使得旱作保护性耕作技术方面难度更大。为保证粮食安全和生态环境系统良性循环，必须注重高产、高效和可持续发展，必须结合我国实际，注重多项技术的有机集成，注重小型农机发展、强调农机农艺的结合、突出技术规范，开发适合我国农业生产实际的节水、高效、环保型保护性耕作技术体系。

(4) 管理节水制度的信息化、智能化

将工程措施、农业措施与管理措施有机结合，提高单位灌溉水的经济产量已经成为世界各国节水农业领域研究的热点问题。目前，我国农艺节水技术领域急需解决的问题之一是建立规范化的技术规程应用平台和智能系统，研制配套的技术产品和设施（设备），结合空间信息技术、计算机技术、网络技术等高新技术，使节水技术向标准化和智能化迈进。而发展现代节水高效农作制度必须利用农业数据库技术、虚拟作物技术、农业专家系统技术、作物生长模拟模型技术、地理信息系统技术、农业遥感监测技术等现代农业信息技术手段，收集、整理和研制节水型种植制度、养地制度和农田防护制度专家数据库，研制基于作物生长模拟模型技术的主要农作物水肥高效利用技术模型和综合管理专家系统，集成与组装基于地理信息系统技术的区域节水型农作制度与优化种植技术智能决策系统。

1.5　黄土高原东部平原区粮食生产现状分析

(1) 区域概况

黄土高原东部平原区为黄土高原的汾渭谷地，主要包括山西省东部平原区和陕西省关中平原区，是黄土高原区粮食供给的主要区域，同时也是人口、粮食消费大区，承担着粮食安全和生态安全的重任，其在保障黄土高原区粮食安全方面有着举足轻重的作用，是西部大开发的重点区域之一。山西省东部平原区主要包括晋中平川区和晋南盆地（临汾和运城），是山西省粮食主产区。关中平原区人口密集，约占全省总人口的62%，该区是陕西省内农业条件最优越的地区，气候温和，一年两熟，是陕西省内的粮食集中产区。

（2）粮食生产现状分析

黄土高原东部平原区共有耕地5 612万亩，主要以小麦、玉米为主要作物，小麦玉米种植面积为关中800万亩、运城300万亩、临汾200万亩、晋中等（玉米）500万亩，合计1 800万亩。山西省属于干旱半干旱地区，十年九旱，降水分布不匀，70%降水主要集中在7～9月，年际变率大，造成作物产量不稳。该区作物生产从南到北生态条件差异十分明显，农作制度由南部的一年两熟到北部的一年一熟各有不同。山西省耕地面积约有$4\times10^6 hm^2$，2017年农作物播种面积$3.6\times10^6 hm^2$，旱地面积占70%左右，有效灌溉面积$1.5\times10^6 hm^2$，粮食作物播种面积$3.2\times10^6 hm^2$，其中小麦面积$5.6\times10^5 hm^2$，玉米面积$1.8\times10^6 hm^2$。2017年粮食总产$1.4\times10^7 t$，其中小麦产量$2.3\times10^6 t$，玉米$9.8\times10^6 t$，2016年全省小麦平均产量4 062.90kg/hm^2、玉米5 470.90kg/hm^2（国家统计局）。晋南麦区属国家黄淮海冬麦区北片，是我国小麦主产区和国家强筋、中筋小麦优势种植区，在确保国家粮食安全和优质小麦产业发展中占据重要地位，冬小麦种植面积占全省85.15%。粮食产量占全省的42.60%，其中小麦产量占全省小麦总产的86.50%。随着种植结构调整，冬小麦-夏玉米一年两熟已成主要种植制度，其中水地90%以上，旱地35%以上。开展平原区增粮增效技术集成创新研究，对于提高山西省粮食作物的高产稳产生产能力至关重要。

陕西省粮食常年总产稳定在$1.2\times10^9 kg$左右，粮食产需基本保持"平年自给、丰年有余、品种调剂"的格局。小麦玉米是陕西省主要粮食作物，2013—2017年全省粮食作物播种面积约$3.1\times10^6 hm^2$，其中冬小麦和玉米播种面积分别约$1.1\times10^6 hm^2$、$1.2\times10^6 hm^2$，占陕西省粮食播种面积的72.5%左右。关中地区耕地面积占陕西省的52.24%，水浇地占陕西省的87.4%，冬小麦和玉米播种面积分别占陕西省的46%和35%，亩产分别为320kg和375kg左右，总产量占全省粮食产量的60%以上，且人口密集，约占全省总人口的62%，解决关中地区的粮食问题对于解决陕西省粮食问题意义重大。近年来，由于畜牧业发展的拉动和工业加工业消费的快速增长，小麦玉米产需供求关系偏紧，市场拉动和科技支撑呈现出强有力的推动作用。要满足全省市场消费的需求，玉米平均单产必须达到 5 310kg/hm² 以上，小麦平均单产必须达到 4 350kg/hm² 以上。因此，通过进一步提高关中平原区冬小麦和玉米产量已经成为保障全省粮食安全的唯一选择，近年来，陕西省全力打造关中平原汉中盆地粮食核心区，抓好该地区小麦玉米生产对于推动全省粮食生产、稳定全省粮食生产大局起着重要作用。

（3）增产潜力分析

从以上粮食作物生产现状来看，2012—2014 年小麦-玉米二季作物平均产量为关中 10 425kg/hm²、运城 11 070kg/hm²、临汾 11 010kg/hm²、晋中一季玉米平均产量为 7 245kg/hm²，整个区域平均为 11 115kg/hm²。据研究表明，黄土高原东部平原区由于水分条件相对较好，冬小麦和玉米生产潜力分别可达到 10 500kg/hm² 和 12 000kg/hm² 以上。通过农科教、政技物的有效结合，山西省小麦研究所 2012 年在临汾 4.80 亩小麦攻关田平均亩产达 705.9kg，创出山西省小麦高产纪录、示范田平均亩产 673.7kg，创出山西省千亩连片高产纪录；2008 年在陕西关中临渭区的 6.96 亩夏玉米示范田实现了亩产 830.35kg 的高产水平；在临渭区、兴平市、高陵县实现了万亩连片玉米 600kg 以上的高产水平，小麦亩产 500kg 以上的产量水平；2009 年在陕西省高陵县实现了 2 个夏玉米百亩连片示范田平均亩产 718.88kg 的高产水平，在临渭区实现了 2 个百亩连片示范田平均亩产 749.5kg 的高产水平，在三原实现了小麦亩产 588kg 的产量水平。由此可见，本区域粮食增产潜力空间还很大。在国家课题的支持下，通过开展作物增产增效技术研究、示范和推广，提高水资源利用效率，培肥土壤地力，增强粮田抗逆减灾能力，按照关中粮食增产幅度 8%、运城 8.13%、临汾 8.17%、晋中等地（一熟）10.35%，则可以实现关中、临汾、运城玉米小麦两季平均增产量 900kg/hm²，晋中等地实现 750kg/hm²，平均863.5kg/hm²。按照小麦玉米总面积（1 800 万亩）的 19%～20% 来计算辐射面积，示范区面积 5 000 亩、辐射区面积将达 360 万亩，计划 5 年累计辐射示范推广 1 070 万亩。其中二熟区小麦玉米二季作物平均粮食增产900kg/hm² 以上，一熟区（玉米）平均粮食增产 750kg/hm²，则 5 年累计粮食总增产粮为关中 3.25 亿斤[①]、运城 3.25 亿斤、临汾 3.13 亿斤、晋中等地 2.71 亿斤。预计累计增产量 12 亿斤，按照 1 元/亩估算，通过 5 年实施，该类型区实现可增粮食生产潜力 12 亿斤、增收 12 亿元。

---

① "斤"为非法定计量单位，1 斤＝0.5 千克。——编者注

综上所述，依靠科技进步，进行小麦玉米栽培的综合技术创新，集成高产高效技术体系，并进行大面积示范推广，开发和挖掘作物增产潜力，是保证粮食生产安全的技术途径。开展本项研究，对于推动小麦玉米持续生产、提高该地区粮食作物的高产稳产生产能力、保障黄土高原区及西北地区的粮食安全意义重大。

1.6 黄土高原东部平原区节水减肥与高效栽培技术难点和问题

针对黄土高原东部平原区小麦玉米生产目前主要的耕作方式不合理、农机具不配套、播种质量差、水肥运筹失衡、灾害频发、水肥利用效率和劳动生产率低，以及双季高产水热资源不足、品种搭配不当等问题，存在以下技术难点和问题。

(1) 开展耕作技术模式研究，进行区域实用型农机具的关键配件研制与应用

现有的耕作技术模式单一，连续多年浅旋耕，导致农田耕层变浅、容重增加、保水保肥能力降低、根系下扎困难；同时由于耕作机具不配套，玉米秸秆量较大，秸秆还田旋耕播种，造成耕层悬虚、C/N失调，秸秆腐熟慢，冬前小麦个体弱、群体不足，冬春冻害严重，单产低、品质差。研究不同的耕作技术模式、耕作周期，构建高产高效合理的耕作层，为作物提供适宜的土壤孔隙结构和生长空间；按照种植栽培模式和农艺农机融合要求，筛选、改进、研发少免耕与秸秆还田农机具，突破现有的堵塞等问题，提高播种质量，提升秸秆还田综合培肥增产效果，达到技术的一体化、高效率、配套性和高作业质量，实现省工、省时、省力、节能、节本增效的功能，是确保持续高产稳产的关键环节，也是研究过程实施的技术难点。

(2) 作物水肥利用效率最佳时水肥周年运筹模式与协同调控技术

目前冬小麦、夏玉米水肥管理均采取撒施化肥后大水漫灌，且以各自为施肥单元，水肥运筹失衡，肥水资源浪费严重，利用效率较低，同时存在少免耕施肥困难、效果差等问题。如何以节水、节肥、高效、环保最佳嵌合为目标，确立水肥协同互馈机制与定量关系，创建出最佳水分利用效率下的作物水肥调控指标与技术，制定二熟制下水肥周年运筹与管理技术，研发水肥一体化节水省肥技术，筛选研发相应完全水溶性肥料和缓控释肥是节水节肥、提高农业生产效益的关键，也是需要解决的技术难点。

（3）开展小麦、玉米品种搭配，播期调整研究，建立增粮增收栽培技术体系

小麦-玉米双季高产水热资源不足，由于冬小麦、夏玉米品种搭配不当，夏玉米影响产量的最大问题是生育期短、灌浆期短、千粒重降低；而随着气候变暖，导致小麦早播旺长或晚播弱苗比例大，冻害严重，以及播种质量和均匀度差、密度低，构建高产群体难，都是单产突破的瓶颈；另外，小麦阶段性干旱、冬春低温冻（冷）害、干热风频发、玉米后期倒伏/花期高温等灾害严重威胁着产量。因此，如何以小麦-玉米周年高产高效为目标，适应气候变化，根据区域水热条件，进行品种筛选，二季品种合理搭配，播期和收获期合理调整，研究增（播）量增密群体调控、抗逆减灾化学调控、保叶保粒的防早衰增粮增效栽培技术，集成并建立节本增收技术体系是本项工程实施的技术难点。

（4）技术集成、产品物化与产业化生产

目前，黄土高原区单项粮食增产关键技术已有所突破，但技术物化和轻简化的粮食作物稳产增效技术集成和示范应用不足，由于现有的技术模式操作程序复杂、技术的推广应用性较差，导致农户接受和应用的积极性不高；同时由于我国农村土地一家一户、小农经营，严重地制约了现代化技术的推广和规模化生产扩大，产业化水平低、农业效益不高。如何通过技术的集成创新，在注重关键技术升级的同时，简化操作过程，研发配套的实用型农机具，实现技术与产品物化，建立节本增收技术体系；如何突破现有的小农经营方式、通过土地流传、实现作物高产高效规模化生产、建立现代粮食产业生产体系，是发展现代产业体系的内在要求，也是赢得农业生产和经济持续增长的迫切需要，同时也是本课题需要突破的技术难点。

1.7　开展黄土高原东部平原区节水减肥高效栽培技术研究的必要性

（1）是保障黄土高原区粮食安全的重要科学基础

黄土高原东部平原区为黄土高原的汾渭谷地，是黄土高原区粮食供给的主要区域，同时也是人口、粮食消费大区，其在保障黄土高原区粮食安全方面有着举足轻重的作用，是西部大开发的重点区域之一。其中关中平原农业区是陕西省内农业条件最优越的地区，气候温和，水利资源丰富且一年两熟，是陕西省内的粮食集中产区。开展节水减肥高效栽培技术研究，进行小麦玉米栽培的综合技术创新，集成高产高效技术，并进行大面积示范，对推动小麦玉米持续生产、提高该地区粮食作物的高产稳产生产能力、保障我国黄土高原区及西北地区的粮食安全意义重大。

（2）是东部平原区提高作物高产稳产能力的技术支撑

冬小麦-夏玉米两熟种植制度下，冬小麦、夏玉米生产存在两方面逆境，即自然逆境和栽培逆境。冬小麦自然逆境包括生育期阶段性干旱、冻（冷害）和后期干热风；耕作栽培逆境包括冬小麦-夏玉米一年两熟无间隙种植和多年旋耕，造成无法晒垡活土、耕作层变浅、犁底层增厚、肥水利用效率低、后期倒伏等；冬小麦、夏玉米品种搭配不当，导致早播旺长或晚播弱苗比例大，冻害严重，构建高产群体难；耕作整地播种质量差；水肥运筹失调，田间管理农机缺乏，管理措施简单粗放、效率低，抵御自然逆境能力差。夏玉米生产中存在的自然逆境主要是阶段性干旱，尤其是小喇叭口至扬花期干旱；栽培逆境包括品种、播种方式选择不合理（套种、硬茬播种）、播种质量和均匀度差、密度低，生长后期遇风易倒伏，是单产突破的瓶颈。目前冬小麦、夏玉米水肥管理均采取撒施化肥后大水漫灌，且各自为施肥单元，肥水资源浪费严重，利用效率低。针对上述问题，开展东部平原区的作物增产增效技术研究，通过秸秆还田，保护性耕作，小麦玉米栽培耕作与水肥周年运筹管理，在保持高产的同时达到土肥水资源的高效利用与环境友好，提高水资源利用效率，培肥土壤地力，增强旱作粮田抗逆减灾能力，确保作物高产稳产，为该地区粮食生产能力提供重要的技术支撑。

（3）是实施化肥使用量零增长行动的切实保障

1970—2014 年，中国化肥用量从 3.5×10^9 kg 增加到 59.9×10^9 kg，增加 1 611%（曹寒冰，2017）。根据农业农村部的 2015 年数据[①]，我国化肥亩均施用量为 21.9kg，远高于世界平均水平（每亩 8kg），是美国的 2.6 倍，欧盟的 2.5 倍。过量施肥、盲目施肥不仅增加农业生产成本、浪费资源，也造成耕地板结、土壤酸化。2015 年农业部制订发布《到 2020 年化肥使用量零增长行动方案》，是政府积极探索产出高效、产品安全、资源节约、环境友好的现代农业发展之路的重要举措，对引导农民科学施肥，实现适销对路和供需平衡具有重要的政策引领作用。为满足我国

---

① 数据来源：《到 2020 年化肥使用量零增长行动方案》。

持续增长的人口以及生活水平，提高对粮食的需求，高产高效的农业栽培模式成为保障我国粮食安全的重要途径。可见，发展节水、减肥为主要内容的高产高效栽培模式，是实施化肥使用量零增长行动的切实保障，是推进农业转方式、调结构的重大措施，也是促进节本增效、节能减排的现实需要，对保障国家粮食安全、农产品质量安全和农业生态安全具有十分重要的意义。

（4）可为平原区现代粮食产业体系建设提供样板

由于我国农村生产土地一家一户、小农经营，严重地制约了农业先进技术的推广和规模化生产扩大，同时由于产业化水平低、农业效益不高。构建现代产业体系是党中央作出的战略部署，是事关全国经济社会长远发展全局的重要任务。1949 年以来我国农业得到了长足的发展和进步，农业科技在保障国家食粮安全，食品安全和生态安全等方面也发挥了重要作用。但是同发达国家相比，与人民群众日益增长的物质文化生活需求还有较大差距。构建现代产业体系是落实科学发展观的内在要求，是赢得农业生产和经济持续增长的迫切需要。通过创新产业化服务机制、按照市场机制，共建科技企业或结成战略联盟，共同实现科技成果的产业化，以科技人员、大学生村官为纽带，组建农业科技支撑团队，通过"专家组—技术指导员—科技示范户—辐射带动户—广大农户"的技术扩散方式，带动与支撑企业，扶植种粮大户和专业合作社，并发展以专业合作社为主体的农业技术、信息服务企业、利益共享产业共赢的平原区现代粮食产业体系，推进项目区域内的现代粮食产业体系发展。

1.8　节水减肥与高效栽培主要研究任务

（1）强化节水减肥及高效栽培技术的基础研究，开展长期定位试验及跨区域多点联合定位试验

在节水减肥及高效栽培技术的研究方法上，仍然主要是以田间试验为主，由于田间试验研究的局限，所得结论的适应范围较窄，与大面积农田的实际应用效果还有很大差异。在较大尺度条件下，研究作物生长发育与产量的影响因素，明确区域水、肥及栽培管理的实际效果，探索提高匹配度的协调机制和技术途径十分重要。通过建立覆盖主要产区的观测网，联合开展高、中、低肥力农田作物生长发育进程、籽粒灌浆、产量形成等各项指标的长期定位观测；系统研究干旱、高低温、阴雨寡照、风灾倒伏等各种自然灾害的发生规律及其对作物生长、产量及品质的影响，构建作物生长基础数据库。对关键节水减肥技术和栽培技术的效果进行长期定位观测，并在较大范围内开展效应评价，为技术精准推广提供依据。

（2）加快研发新技术，为节水减肥及高效栽培技术提供新动力

加快灌溉设施、施肥设施、水溶肥料、监测仪器、高效播种收获设备等设备新技术的研发，为节水减肥及高效栽培技术提供新动力。加快灌溉设备的研发和改进，如滴灌施肥设备产品易堵塞、精确度低、配套性差，产品性能十分不稳定，急需改进。加快新型肥料的研发，如微生物有机肥、水溶性肥料、菌剂、缓控肥料、功能性肥料等。高效栽培方式的发展也要依靠新技术、新设备的研发，例如工厂化高效栽培、无土栽培、管道栽培、多功能播种收获机等。

（3）强化大田作物节水减肥及高效栽培技术，完善技术模式

目前节水减肥技术及高效栽培技术更多地应用在经济作物上，对大田作物的研究还较为薄弱。在重点区域和优势大田作物上，做好技术模式的选择和集成创新，开展不同作物不同灌溉方式、灌水量、施肥量、栽培方式等对比试验，制定出主要大田作物的节水减肥技术模式下的灌溉制度、施肥方案和栽培方式，使技术更加完善。

（4）促进多技术的综合利用研究

过去的研究主要是独立开展，多技术的综合利用较少。水、肥及栽培措施是相互作用的，共同影响着土壤环境和作物的生长发育。目前节水减肥及高效栽培技术在研究内容上，一般主要是独立进行研究，对于水、肥与栽培方式的综合利用却涉及不多，存在多个盲点，这势必会影响对作物最终产量的总体把握。因地制宜地开展多技术的综合利用，是实现高产、高效的重要保障。

（5）依托现代信息技术，开展智能化节水减肥高效栽培研究

充分利用现代信息技术的发展成果，构建基于智能终端、互联网、大数据、情景感知的技术推广系统平台，加快节水减肥高效栽培智能化研究。随着网络、通信、人工智能、空间、遥感、传感、全球定位系统、地理信息系统和智能化关键技术的加速发展，以及随着作物生产机械化程度的提高，精准智能化节水减肥技术及高效栽培技术将成为未来农业发展的重要方向。今后需重点开展作物生长环境信息自动化获取与智能管理技术、作物模拟模型与虚拟设计技术、作物生产智能控制模组技术和生产管理的智能感知与大数据分析技术研究，将农田土壤健康指标、作物农艺性状生长数据与 3S 技术（遥感技术、地理信息系统、全球定位系统的统称）信息数据"无缝"对接，构建精确施肥、精量调水、精准喷药、精细整地、精量播种等技术组装集成的精准作物管理技术体系，实现作物水、肥及栽培措施的精准管理。

本章参考文献：

安顺伟，周继华，刘宝文，等，2013. 痕量灌溉管不同埋深对番茄生长、产量和水分利用效率的影响 [J]. 作物杂志（3）：86-89.

蔡典雄，武雪萍，2010. 中国北方节水高效农作制度 [M]. 北京：科学出版社.

曹寒冰，2017. 基于产量的渭北旱地小麦施肥评价及减肥潜力分析 [J]. 中国农业科学，50（14）：2758-2768.

陈超，钮力亚，陈健，等，2018. 农业水肥一体化技术研究进展 [J]. 现代园艺（17）：88-90.

陈冬林，易镇邪，周文新，等，2010. 不同土壤耕作方式下秸秆还田量对晚稻土壤养分与微生物的影响 [J]. 环境科学学报，30（8）：1722-1728.

陈静，王迎春，李虎，等，2014. 滴灌施肥对免耕冬小麦水分利用及产量的影响 [J]. 中国农业科学，47（10）：1966-1975.

陈琳，田军仓，王子路，2015. 痕灌技术研究现状及展望 [J]. 农业科学研究，36（3）：52-56.

陈平，杜青，周丽，等，2016. 减量施氮及施肥距离对玉米/大豆套作系统增产节肥的影响 [J]. 应用生态学报，27（10），3247-3256.

程宏波，牛建彪，柴守玺，等，2016. 不同覆盖材料和方式对旱地春小麦产量及土壤水温环境的影响 [J]. 草业学报，25（2）：47-57.

程万莉，刘星，高怡安，等，2015. 有机肥替代部分化肥对马铃薯根际土壤微生物群落功能多样性的影响 [J]. 土壤通报，46（6）：1459-1465.

高鹭，胡春胜，陈素英，2006. 喷灌条件下冬小麦根系分布与土壤水分条件的关系 [J]. 华南农业大学学报，27（1）：11-14.

高旺盛，孙占祥，2008. 中国农作制度研究进展 [M]. 沈阳：辽宁科学技术出版社.

韩惠芳，李全起，董宝娣，等，2010. 灌溉频次和时期对冬小麦籽粒产量及品质特性的影响 [J]. 生态学报，30（6）：1548-1555.

何传龙，马友华，于红梅，等，2010. 减量施肥对保护地土壤养分淋失及番茄产量的影响 [J]. 植物营养与肥料学报，16（4）：846-851.

胡诚，刘东海，乔艳，等，2017. 小麦秸秆替代化肥钾在水稻上的应用效果 [J]. 天津农业科学（11）：95-99.

胡晓棠，李明思，2003. 膜下滴灌对棉花根际土壤环境的影响研究 [J]. 中国生态农业学报，11（3）：127-129.

黄明, 吴金芝, 李友军, 等, 2009. 不同耕作方式对旱作区冬小麦生产和产量的影响 [J]. 农业工程学报, 25 (1): 50-54.

黄容, 高明, 黎嘉成, 等, 2018. 秸秆与化肥减量配施对菜地土壤温室气体排放的影响 [J]. 环境科学, 39 (10): 304-314.

金辉, 郭军玲, 王永亮, 等, 2017. 全膜双垄沟种植模式对晋北盐碱土水盐动态特征的影响 [J]. 中国土壤与肥料 (3): 111-117.

金昕, 朱萍, 汪明, 等, 2006. 绿肥茬水稻化肥减量技术研究 [J]. 上海农业学报, 22 (1): 50-52.

李保国, 彭世琪, 2009. 1998—2007 年中国农业用水报告 [M]. 北京: 中国农业出版社.

李灿东, 郭泰, 郑伟, 等, 2017. 播种密度及施肥水平对耐密植大豆合农 76 产量性状的影响 [J]. 大豆科学, 36 (5): 727-732.

李春喜, 2012. 粮食安全与小麦栽培发展趋势探讨 [J]. 河南农业科学, 41 (3): 16-20.

李明德, 吴海勇, 聂军, 等, 2010. 稻草及其循环利用后的有机废弃物还田效用研究 [J]. 中国农业科学, 43 (17): 3572-3579.

李少昆, 赵久然, 董树亭, 等, 2017. 中国玉米栽培研究进展与展望 [J]. 中国农业科学, 50 (11): 1941-1959.

李士敏, 张书华, 朱红, 1999. 尿素深施对作物产量及氮素利用率影响效果浅析 [J]. 耕作与栽培 (5): 52-53.

李世清, 邵明安, 李紫燕, 等, 2003. 小麦籽粒灌浆特征及影响因素的研究进展 [J]. 西北植物学报, 23 (11): 2031-2039.

李亚贞, 焦念元, 尹飞, 等, 2010. 垄沟种植对土壤水分变化及夏玉米生育的影响 [J]. 中国农学通报, 26 (13): 140-143.

李占, 丁娜, 郭立月, 等, 2013. 有机肥和化肥不同比例配施对冬小麦-夏玉米生长、产量和品质的影响 [J]. 山东农业科学, 45 (7): 71-77.

栗丽, 洪坚平, 王宏庭, 等, 2013. 水氮处理对冬小麦生长、产量和水氮利用效率的影响 [J]. 应用生态学报, 24 (5): 1367-1373.

刘梅先, 杨劲松, 李晓明, 等, 2012. 滴灌模式对棉花根系分布和水分利用效率的影响 [J]. 农业工程学报 (S1): 98-105.

刘绍权, 谢晓明, 陈广超, 2006. 循环增效耕作模式及其应用效果 [J]. 中国农村小康科技 (5): 32-33.

刘学军, 巨晓棠, 张福锁, 2004. 减量施氮对冬小麦-夏玉米种植体系中氮利用与平衡的影响 [J]. 应用生态学报, 15 (3): 458-462.

刘巽浩, 2002. 耕作学 [M]. 北京: 中国农业出版社.

刘巽浩, 牟正国, 1993. 中国耕作制度 [M]. 北京: 农业出版社.

刘巽浩, 陈阜, 2005. 中国农作制 [M]. 北京: 中国农业出版社.

陆均天, 2005. 气候变化及其影响 [J]. 科技文萃 (5): 30-32.

路国彬, 王夏晖, 2016. 基于养分平衡的有机肥替代化肥潜力估算 [J]. 中国猪业, 11

（11）：15-18.

吕凤莲，侯苗苗，等，2018. 塿土冬小麦-夏玉米轮作体系有机肥替代化肥比例研究 [J].
　　植物营养与肥料学报，24（1）：22-32.

罗文扬，习金根，2006. 滴灌施肥研究进展及应用前景 [J]. 中国热带农业（2）：35-37.

马冬云，郭天财，王晨阳，等，2008. 施氮量对冬小麦灌浆期光合产物积累、转运及分配
　　的影响 [J]. 作物学报，34（6）：1027-1033.

马建辉，叶旭红，韩冰，等，2017. 膜下滴灌不同灌水控制下限对设施土壤团聚体分布特
　　征的影响 [J]. 中国农业科学，50（18）：3561-3571.

毛妍婷，雷宝坤，陈安强，等，2015. 不同免耕覆盖栽培模式下耕层土壤水热变化对小麦
　　产量的影响 [J]. 西南农业学报，28（4）：1553-1558.

梅旭荣，蔡典雄，逄焕成，等，2004 节水高效农业理论与技术 [M]. 北京：中国农业科
　　技出版社.

梅旭荣，史长丽，2004. 我国农业用水态势与节水高效农业发展战略 [C]. 北京：全国节
　　水农业理论与技术学术讨论会.

梅旭荣，严昌荣，牛西午，2005. 北方旱作区节水高效型农牧业综合发展研究 [M]. 北
　　京：中国农业科学技术出版社.

钱凤魁，黄毅，董婷婷，等，2014. 不同秸秆还田量对旱地土壤水肥和玉米生长与产量的
　　影响 [J]. 干旱地区农业研究，32（2）：61-65.

强秦，曹卫贤，刘文国，等，2004. 旱地小麦不同栽培模式对土壤水分和水分生产效率的
　　影响 [J]. 西北植物学报，24（6）：1066-1071.

任新茂，孙东宝，王庆锁，2016. 覆膜和密度对旱作春玉米产量和农田蒸散的影响 [J].
　　农业机械学报（5）：1-11.

宋大利，侯胜鹏，王秀斌，等，2018. 中国秸秆养分资源数量及替代化肥潜力 [J]. 植物
　　营养与肥料学报，24（1）：1-21.

宋以玲，于建，陈士更，等，2018. 化肥减量配施生物有机肥对油菜生长及土壤微生物和
　　酶活性影响 [J]. 水土保持学报，32（1）：352-360.

孙景生，康绍忠，2000. 我国水资源利用现状与节水灌溉发展对策 [J]. 农业工程学报，
　　16（2）：1-5.

王光华，张秋英，2002. 日本覆膜控释肥料的开发及应用 [J]. 世界农业（6）：46-47.

王龙昌，2004. 国内外旱区农作制度研究进展与趋势 [J]. 干旱地区农业研究，22（2）：
　　188-199.

王若男，任伟，李叶蓓，等，2016. 灌浆期低温对夏玉米光合性能及产量的影响 [J]. 中
　　国农业大学学报，21（2）：1-8.

王霞，施坰林，景明，等，2009. 农艺节水措施对春小麦产量及耗水特征的影响 [J]. 甘
　　肃农业大学学报，44（6）：24-27.

王旭，孙兆军，杨军，等，2016. 几种节水灌溉新技术应用现状与研究进展 [J]. 节水灌
　　溉（10）：109-116.

魏晓兰，吴彩姣，孙玮，等，2017. 减量施肥条件下生物有机肥对土壤养分供应及小白菜吸收的影响 [J]. 水土保持通报，37（1）：40 - 44.

吴正景，邹志荣，程瑞峰，等，2002. 树脂包膜尿素对温室番茄肥效的观察 [J]. 长江蔬菜（7）：35 - 38.

武兰芳，陈阜，欧阳竹，2002. 种植制度演变与研究进展 [J]. 耕作与栽培（3）：1 - 14.

武兰芳，朱文珊，1999. 试论中国种植制度改革与发展耕作与栽培 [J]. 耕作与栽培（4）：25 - 30.

夏天，田军仓，2017. 痕量灌溉与微润灌溉技术研究进展及对比分析 [J]. 节水灌溉（8）：96 - 100.

谢军，赵亚南，陈轩敬，等，2016. 有机肥氮替代化肥氮提高玉米产量和氮素吸收利用效率 [J]. 中国农业科学，49（20）：3934 - 3943.

信乃诠，王立祥，1998. 中国北方旱区农业 [M]. 南京：江苏科学技术出版社.

徐培智，郑惠典，张育灿，等，2004. 水稻缓释控释肥的增产效应与环保效应 [J]. 生态环境，13（2）：227 - 229.

徐培智，张发宝，唐拴虎，等，2002. 水稻专用长效控释 BB 肥应用效果初报 [J]. 广东农业科学（1）：18 - 20.

徐秋明，曹兵，牛长青，等，2005. 包衣尿素在田间的溶出特征和对夏玉米产量及氮肥利用率影响的研究 [J]. 土壤通报，36（3）：357 - 359.

薛峰，颜廷梅，乔俊，等，2009. 太湖地区稻田减量施肥的环境效益和经济效益分析 [J]. 生态与农村环境学报，25（4）：26 - 31.

薛亮，2002. 中国节水农业理论与实践 [M]. 北京：中国农业出版社.

薛万来，牛文全，张子卓，等，2013. 微润灌溉对日光温室番茄生长及水分利用效率的影响 [J]. 干旱地区农业研究（6）：61 - 66.

杨滨娟，黄国勤，徐宁，等，2014. 秸秆还田配施不同比例化肥对晚稻产量及土壤养分的影响 [J]. 生态学报，34（13）：3779 - 3787.

杨海迪，海江波，贾志宽，等，2011. 不同地膜周年覆盖对冬小麦土壤水分及利用效率的影响 [J]. 干旱地区农业研究，29（2）：27 - 33.

姚春霞，郭开秀，赵志辉，等，2010. 减量施肥对三种蔬菜硝酸盐含量、营养品质和生理特性的影响 [J]. 水土保持学报，24（4）：153 - 156.

于秀琴，窦超银，于景春，2013. 温室微润灌溉对黄瓜生长和产量的影响 [J]. 中国农学通报（7）：159 - 163.

张建军，樊廷录，赵刚，等，2017. 长期定位施不同氮源有机肥替代部分含氮化肥对陇东旱塬冬小麦产量和水分利用效率的影响 [J]. 作物学报，43（7）：1077 - 1086.

张剑，张雄，高宇，等，2017. 旱区沟垄覆膜技术的研究进展 [J]. 北方农业学报，45（4）：21 - 26.

张洁梅，武继承，杨永辉，等，2016. 不同节水灌溉方式对小麦产量及水分利用效率的影响 [J]. 节水灌溉（8）：30 - 32.

张金平，2015. 作物需水规律与灌溉节水 [J]. 新农业 (15)：11 - 12.

张晶，党建友，张定一，等，2018. 微喷灌水肥一体化小麦磷钾肥减施稳产提质研究 [J]. 中国土壤与肥料 (5)：115 - 121.

张静，温晓霞，廖允成，等，2010. 不同玉米秸秆还田量对土壤肥力及冬小麦产量的影响 [J]. 植物营养与肥料学报，16 (3)：612 - 619.

张均华，刘建立，张佳宝，等，2010. 施氮量对稻麦干物质转运与氮肥利用的影响 [J]. 作物学报，36 (10)：1736 - 1742.

张雷，牛建彪，张成荣，等，2007. 旱地玉米双垄全膜覆盖"一膜用两年"免耕栽培模式研究 [J]. 干旱地区农业研究，25 (2)：8 - 11.

张锐，刘洁，诸钧，等，2013. 实现作物需水触动式自适应灌溉的痕量灌溉技术分析 [J]. 节水灌溉 (1)：48 - 51.

张婷，吴普特，赵西宁，等，2013. 垄沟种植模式对玉米生长及产量的影响 [J]. 干旱地区农业研究，31 (1)：27 - 30.

赵久然，2011. 中国玉米栽培发展三十年 [M]. 北京：中国农业科学技术出版社.

赵龙飞，李潮海，刘天学，等，2012. 玉米花期高温响应的基因型差异及其生理机制 [J]. 作物学报，38 (5)：857 - 864.

赵亚丽，康杰，刘天学，等，2013. 不同基因型玉米间混作优势带型配置 [J]. 生态学报，33 (12)：3855 - 3864.

赵月平，谭金芳，赵鹏，等，1997. 冬小麦-夏玉米轮作下两种土坡钾素动态变化与钾肥合理分配的研究 [J]. 土壤肥料 (1)：36 - 38.

中国农学会耕作制度分会编，2004. 粮食安全与农作制度建设 [M]. 长沙：湖南科学技术出版社.

周宝元，2017. 黄淮海冬小麦-夏玉米资源优化配置及其节水高产技术模式研究 [D]. 北京：中国农业科学院.

朱德峰，张玉屏，陈惠哲，等，2015. 中国水稻高产栽培技术创新与实践 [J]. 中国农业科学，48 (17)：3404 - 3414.

朱兆良，文启孝，1992. 中国土壤氮素 [M]. 南京：江苏科学技术出版社.

诸钧，金基石，杨春平，2014. 痕量灌溉对温室种植球茎茴香产量、干物质分配和水分利用率的影响 [J]. 排灌机械工程学报，32 (4)：338 - 342.

邹旭恺，张强，2008. 近半个世纪我国干旱变化的初步研究 [J]. 应用气象学报，19 (6)：679 - 687.

LIU H T, LI J, LI X, et al, 2015. Mitigating greenhouse gas emissions through replacement of chemical fertilizer with organic manure in a temperate farmland [J]. Science Bulletin, 60 (6)：598 - 606.

本章作者：武雪萍，吴会军，李银坤，李景

第2章 黄土高原东部平原区作物 节水减肥与增粮潜力研究

2.1 黄土高原东部平原区作物节水潜力研究

2.1.1 引言

　　农业节水潜力的研究对明晰区域农业节水的重点，实施灌溉节水技术、建立完善的灌溉管理体制和调整农业种植结构，以实现水资源高效利用，促进区域水资源和社会经济的可持续发展具有重要意义。节水潜力有狭义和广义之分。在满足作物基础用水量的前提下，通过各类节水措施的实施可以从农田总用水量中直接节约下来的水量就是狭义的节水潜力，主要是减少灌溉用水；广义节水潜力是在保证现有或扩展后耕地面积上产出农产品总量不变的基础上，依靠田间农艺节水技术措施的实施，可以使保证作物正常生长发育所需要的基础用水量减少的数值（段爱旺等，2002）。随着研究的深入，人们发现区域内"降水—蒸发—径流"的水文循环过程中，只有蒸发才是一个区域的真正水资源损失量，降水和径流在区域范围内是可以被重复利用的。从此，"真实节水"的概念被提出，其核心是在保证产量的前提下最大限度地降低无效蒸发并提高水分利用效率，最大限度地降低缺水区域的水资源无效流失量。"真实节水"概念的提出为农业节水提供了一种新的科学理念和研究方向，如何在区域尺度上有效降低田间水分的无效蒸发，在保证产量的同时提高水分利用效率，成为节水农业研究的重点。

　　农业节水主要来自水分输送过程中的无效损耗以及作物水分的利用效率，前者为资源型节水，后者为效率型节水，对应的节水潜力也分为资源型节水潜力和效率型节水潜力。资源型节水潜力主要是指在满足作物需水量前提下，通过灌区工程改造如渠系衬砌、管道输水以及发展喷灌、微灌等先进灌溉技术，使灌溉水利用率增加，灌溉用源头取水量减少；效率型节水潜力主要是通过田间覆盖等措施降低水分蒸发、渗漏损失及提高水分利用效率来获取。

2.1.2 黄土高原东部平原区农业水资源利用现状

（1）水资源特征

黄土原区水资源包括地表水（河川径流）和地下水（潜水），而大气降水是原区水资源的总补给源（贺少华，1996）。黄土高原地区水资源除具有我国北方河流水资源的地区分布不均，年内、年际变化大的特点外，更兼有水少、沙多、水沙异源及连续枯水段长等突出特点（余卫东，2003），导致供需矛盾突出。全区多年平均年径流量 $4.09 \times 10 m^3$，人均水量仅 $587 m^3$，仅为全国人均水量 $2700 m^3$ 的 22%。水资源平均存量为 $3420 m^3/hm^2$，不及长江、珠江流域的 1/10（余汉章，1992）。

黄土高原地处暖温带季风气候区的边缘，兼有大陆性和季风不稳定性，平均年降水量为 442.7mm，折合降水资源总量为 $2.757 \times 10^{11} m^3$。降水特征总体表现为年平均降水量区域差异大，由东南部的大于 600mm 逐渐递减到西北部的不足 200mm，东南向西北逐渐减少，山区降水大于平原（何永涛等，2009）。黄土高原多年平均年降水量在 130~879mm，降水量在年内分配极不均匀，冬干、春旱、夏秋季降水集中，容易造成黄土高原干旱缺水与水土流失并存（张宝庆，2014）。冬季降水量最少，占年降水量的 3%~5%；春季次之，占年降水量的 8%~15%；秋季降水比春季略多，占 20%；夏季降水量和强度均达到最大，占年降水量的 55%~65%，降水集中且多暴雨，容易引起水土流失和洪水灾患。年际总变幅西北部大于东南部，降水越少的地区其年际变化也越大。多雨年份降水量高达 805.2mm（1964年），少雨年份仅 319.8mm（1942 年），相差 1.5 倍，年降水相对变率一般在 15%~36%（余卫东等，2002）。黄河多年平均输沙量约为 $16 \times 10^8 t$，多年平均含沙量达 $37.6 kg/m^3$，含沙量大，"水沙异源"，河口镇至潼关区间的黄河中游地区，输沙量占全河输沙量的 90% 以上（余卫东，2003）。

1999—2014 年，山西省东部平原区水资源总量呈波动上升的趋势（图 2-1），晋中平川区、运城盆地和临汾盆地近 16 年水资源平均总量分别为 $9.6 \times 10^8 m^3$、$1.2 \times 10^9 m^3$ 和 $1.1 \times 10^9 m^3$。2003 年和 2011 年水资源总量达到高峰。

自 1984 年以来，黄土高原东部平原区年降水量也呈现出波动上升的趋势（图 2-2），其中 2003 年和 2011 年降水量明显增多，与该地区水资源总量变化一致（图 2-1）。晋中平川区、运城盆地、临汾盆地和关中平原近 30 年平均降水量为 518mm，其中陕西关中平原（559mm）>运城盆

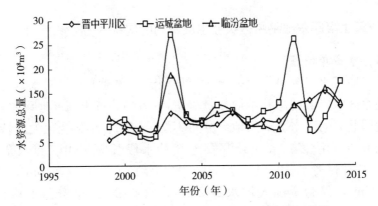

图 2-1　山西省东部平原区 1999—2014 年水资源总量

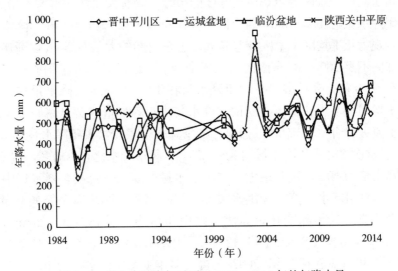

图 2-2　黄土高原东部平原区 2000—2014 年的年降水量

地（530mm）＞临汾盆地（515mm）＞晋中平原区（468mm）。

（2）农用水资源利用现状

山西省 2017 年用水总量 $7.5 \times 10^9 m^3$，其中农业用水总量 $4.6 \times 10^9 m^3$，占总用水量的 60.7%。2004 年至今，农业用水总量逐年增加，从 2004 年 $3.3 \times 10^9 m^3$ 增加到 2017 年的 $4.6 \times 10^9 m^3$，增加了 38.2%。陕西省 2017 年用水总量 $9.3 \times 10^9 m^3$，其中农业用水总量 $5.8 \times 10^9 m^3$，占总用水量的 62.3%。近十年来，农业用水总量也在逐年增加，从 2004 年的 $5 \times 10^9 m^3$ 增加到 2017 年的 $5.8 \times 10^9 m^3$，增加了 16%（国家统计局官网）。

黄土高原南部地区降水产出率为 $0.5 \sim 0.9 kg/m^3$，灌溉水产出率大于

$3.30kg/m^3$，属于我国灌溉水产出率较高值地区，总水分利用率为$0.4\sim$ $0.6kg/m^3$。黄土高原地区灌溉水利用率高的原因主要是该区域灌溉水资源比较缺乏，单位耕地面积平均灌溉水拥有量较少，粮食生产主要依靠的是天然降水资源，因而表现为灌溉水产出率较高（王秀芬等，2012）。2012年汾河流域总灌溉用水量为$1.6\times10^9m^3$，其中水田用水量$1.3\times$ 10^7m^3，水浇地用水量$1.5\times10^9m^3$，菜田用水量为$8.5\times10^7m^3$。农业综合灌溉水有效利用系数为0.505，低于全省平均水平0.520，也低于全国平均水平0.516；作物水分生产率为$1.1kg/m^3$（狄帆，2014）。

关中平原耕地面积$1.7\times10^6hm^2$，有效灌溉面积$99.8\times10^5hm^2$，而关中9大灌区耕地面积$5.9\times10^5hm^2$，有效灌溉面积$5.2\times10^5hm^2$，占关中地区有效灌溉面积的52.5%。灌区多年平均年灌溉总引水量为$1.8\times$ 10^9m^3，其中地表水$1.5\times10^9m^3$，地下水$3.1\times10^9m^3$（王艳阳等，2012）。该地区的主要取水河流为泾河、洛河和渭河，其径流量年内分配不均，每年6~10月的径流量占年径流量的50%~70%，错后于作物生长期最需要水的季节，加之河流为多泥沙河流，使农作物需水高峰期难以引用。灌区水资源的特点造成了灌区"枯旱丰涝"的局面。因此，灌区河源供水能力低，缺水严重。目前最大的宝鸡峡灌区年均取渭水量约占渭河总水量的28%，干旱年和枯水期有时可达到90%以上，使渭河河道经常处于断流或干涸状态（杨会颖等，2011）。对于关中地区，总体上水资源使用量接近可利用量，再开发的潜力非常有限，以现状工程的可供水量与加强节水的条件下所预测各规划年的需水量相比较，关中地区2020年缺水量将达$2.8\times10^9m^3$（李惠茹，2000）。除此之外区域水分利用率偏低，陕西省平均灌溉水利用率只有0.503，其中大型灌区为0.509，中型灌区为0.407，小型灌区为0.546，井灌区为0.694，缺水十分严重（尹剑等，2013）。

（3）存在问题

气候暖干化在导致水资源供给量减少的同时，会引起水资源消耗量增加，进而影响流域水文过程，改变区域水资源供需平衡，黄土高原潜在蒸发蒸散量的上升将会更多地消耗本就有限的地表水、地下水和土壤水资源，进而造成河川径流量的枯竭。干旱缺水与水土流失并存是制约黄土高原生态建设与经济社会可持续发展的主要瓶颈。黄土高原水资源严重缺乏，供需矛盾突出，水资源浪费严重（苏人琼，1996）。黄河上游河川径流调节程度高，但上游的下端缺乏反调节水库，影响中、下游用水，地下水资源开发利用有很大发展，但很不平衡，且水资源污染加剧（张勇，2002），降雨径流调控利用是同步缓解干旱缺水与水土流失两大难题的有效途径。

山西省东部和东南部地区水资源相对丰富，西北部、西南部地区水资源相对贫乏，水土资源没有充分合理匹配，表现在水资源相对充裕的地区反而存在水资源灌溉效率低的现象。究其原因，一方面是一些地区仍然使用原始的大水漫灌方式，灌溉用水量远远超出实际需要量，灌溉方式不当甚至会造成耕地的沙漠化和盐碱化（宰松梅，2010）。个别地区还在用土渠输水，较为节水的沟灌和渗灌很少被采用，高效的灌溉技术如喷灌、滴灌和微灌等尚未得到有效推广。另一方面，虽然国家投入大量资金进行农田水利设施建设，但经过几十年的使用和长期疏于管理，这些水利工程大多进入老旧状态，渠系建筑物、衬砌破坏率均较高，渗漏状况严重，加之渠道空流段长，蒸发损失大。灌溉效率低的现象在水资源相对充裕的地区表现更加明显，导致山西省在水资源和耕地资源匹配上存在个别地区的差距悬殊状况（马慧敏，2014）。

2.1.3　黄土高原东部平原区作物节水潜力

在《全国水资源规划大纲》中，节水潜力的定义是现状用水水平与综合节水措施所达到的节水指标差值即为节水潜力。即采取节水设施前后，所用水量的减少量。节水潜力与降水量、作物种植结构、灌区灌溉条件和采用的节水措施等因素有很大关系。因此，黄土高原东部平原作物节水潜力需要工程节水措施、管理节水措施和农艺节水措施共同发挥作用。农业高效节水利用研究的核心问题是通过合理使用灌溉水与加强降雨的协调统一来提高农业水资源的利用效率（李晓渊，2010）。研究表明，黄河灌区达到现行节水技术标准可能达到的节水潜力为 $5\times10^9\sim6\times10^9\,m^3$；考虑节水技术标准提高后新一轮节水改造的节水潜力约为 $4\times10^9\,m^3$（龚华等，2000）。黄土高原节水潜力大，与大水漫灌相比，微灌一般可节水30%～70%，节水效果最好；喷灌可节水20%～30%，仅次于微灌；管道输水及渠道防渗可节水10%～20%，有明显节水效果（宜丽宏等，2017）。

关中平原9大灌区农业节水潜力研究结果表明，灌区的总节水潜力平均为 $1.6\times10^7\,m^3$，各灌区的效率型节水潜力所占比例达到50%以上。在技术改造中，提高作物用水效率应优先于提高输水效率（尹剑等，2014）。各灌区总节水潜力主要集中在夏玉米和果树2种作物，两者共占据总节水潜力的95%以上。冬小麦和油菜的节水潜力很小，夏玉米、果树和棉花3种作物单位面积节水潜力在各灌区之间相差不大，平均值分别为 $94m^3/hm^2$、

$63m^3/hm^2$ 和 $43m^3/hm^2$（王艳阳等，2012）。关中灌区小麦收获一般采用大型联合收割机，在收获过程中一般只将小麦籽粒带走，而剩余的秸秆会残留在土壤表面。由于关中灌区一般采用小麦/玉米的连作制度，因此在夏玉米生长期间，一般有小麦的秸秆和残茬覆盖。在小麦残茬覆盖条件下，夏玉米的蒸散量会降低 $10\%\sim20\%$，为 $30\sim50mm$（孟毅，2005）；果树秸秆覆盖一般可提高水分利用效率 $20\%\sim30\%$（赵长增，2004）。针对关中灌区农业种植特点及灌区灌溉现状，有专家提出了提高田间水利用效率的节水模式。主要包括：采用土地平整技术提高田间平整精度到 3cm，畦田长度控制在 $50\sim100m$ 内，在畦田长大于 100m 的区域推广波涌灌技术；对于小麦等密植作物推广使用喷灌技术，灌溉水量采用 0.65 倍水面蒸发量；对于果树等经济作物可选用滴灌和小管出流等微灌技术（杨会颖等，2011）。经计算，到 2020 年，汾河流域在现有灌溉面积上节水总量可达 $5.3\times10^8m^3$（狄帆，2014）。

山西省农业科学院旱农中心在榆次东阳基地进行的试验结果证明，秸秆还田条件下，免耕和深松处理的土壤含水量显著高于其他耕作方式（$P<0.05$），均表现为较好的土壤贮水效果，且秸秆还田比不还田处理玉米生育期耗水量降低了 $1.5\%\sim13.1\%$。免耕秸秆还田和深松秸秆还田改善了土壤理化特性、增加了土壤水分的入渗和保持，提高了水分利用效率，是旱地玉米蓄水保墒最佳组合模式。

适宜的土壤水分条件是玉米获得较高 WUE（水分利用效率）的重要基础。产量水平上的 WUE 最高值一般不是在供水充足、产量最高时获得，而是在轻度干旱时获得（邓西平，1998；梁宗锁，1995）。在水分不足时，作物耗水量与产量呈线性关系，产量随耗水量的增加而增加，当耗水量超过一定值后，与产量的线性关系转变为抛物线关系，此时增加灌水量，水分利用效率下降（冯鹏，2012；Patanèa et al.，2013）。山西省农科院旱农中心的研究也证明，中灌（$750m^3/hm^2$）处理下水分利用效率为 $16.49kg/(hm^2 \cdot mm)$，高于高灌（$1\,125m^3/hm^2$）处理下的水分利用效率 $[15.35kg/(hm^2 \cdot mm)]$，而中灌的玉米产量还略高于高灌产量。

山西农科院小麦所在临汾市尧都区韩村试验基地开展了不同灌溉方式的节水潜力研究（表 2-1）。结果表明，滴灌的周年产量、夏玉米产量和WUE 最高，微喷灌次之；微喷灌的冬小麦产量和 WUE 最高，滴灌次之，但滴灌和微喷灌的周年产量和水分利用效率差异较小。微喷灌和滴灌比农民传统的大水漫灌可节水 $2\,625\sim2\,925m^3/hm^2$，WUE 提高 $50.71\%\sim$

79.41%。因此，采用微喷灌和滴灌可满足小麦、玉米高产对水分的需求，实现节水高产高效栽培。

表2-1　临汾地区不同灌溉方式对冬小麦/夏玉米产量、水分利用效率影响

灌溉模式		灌水量 (m³/hm²)	节水量 (m³/hm²)	生育期耗水 (mm)	WUE [kg/(mm·hm²)]	WUE提高 (%)	产量 (kg/hm²)
微喷	冬小麦	1 800	1 725	499	11.19	58.50	5 591
	夏玉米	1 800	1 200	464	17.19	64.99	10 980
滴灌	冬小麦	1 800	1 725	516	10.64	50.71	5 489
	夏玉米	2 100	900	435	17.54	79.41	11 186
漫灌	冬小麦	3 525	—	775	7.06	—	5 476
	夏玉米	3 000	—	633	10.33	—	9 078

运城地区小麦、玉米现行漫灌制度平均年灌溉量约9 000m³/hm²，山西省农科院棉花研究所在杨包试验农场开展了不同低压微喷灌模式对小麦玉米产量和水分利用效率影响的研究。研究表明（表2-2），低压软带微喷在目前农业生产中具有投资小、易操作、节水、省工等诸多优点。将小麦、玉米周年生产土壤水资源作为一个整体考虑，结合测墒补水技术，可以使土壤水库和降雨资源得到更有效的利用。在周年作物生产中，微喷测墒补水灌溉模式（S3）WUE显著高于其他三种模式，比传统漫灌模式（CK）和微喷充分灌溉（S1）分别提高32.8%、10.4%。与传统漫灌相比，采用微喷测墒补水灌溉模式小麦季和玉米季可以分别节水2 352m³/hm²、1 505m³/hm²。

表2-2　运城地区不同灌溉方式对冬小麦/夏玉米产量、水分利用效率影响

灌溉模式	作物	灌水量 (m³/hm²)	节水量 (m³/hm²)	WUE (kg/m³)	WUE提高 (%)	产量 (kg/hm²)
微喷充分灌溉（S1）	冬小麦	4 500	1 245	1.54	25.68	9 420
	夏玉米	4 500	350	1.61	15.36	11 612
微喷减量灌溉（S2）	冬小麦	2 250	3 495	1.50	22.49	5 807
	夏玉米	2 250	2 600	1.33	−4.34	6 626
微喷测墒补水灌溉（S3）	冬小麦	3 393	2 352	1.74	42.39	9 043
	夏玉米	3 345	1 505	1.74	24.61	10 540
漫灌（CK）	冬小麦	5 745	—	1.22	—	9 020
	夏玉米	4 850	—	1.40	—	10 555

　　山西农科院棉花所创新的玉米带耕沟播种植模式，以光、水、肥等多因素综合互作高效为核心，通过带耕打破了常规模式的麦留高茬、硬茬播种的传统，使小麦/玉米一年两作土地得以适度轮休；适宜的带耕沟种模式改变了传统大水漫灌方式，缩短了灌水周期，提高了灌溉效率、灌溉水利用效率和水分利用效率，在生产应用中具有重要意义。试验证明，与传统模式相比，玉米带耕沟播模式（窄行 30cm＋宽行 150cm）不仅能增产 14.5％，而且水分利用效率达到 2.55kg/m³，提高了 122.5％。

　　关中平原作为西北地区典型的半湿润易旱区，其面积约占陕西省总耕地面积的 45％。西北农林科技大学在三原试验站进行了半湿润易旱区沟垄集雨栽培模式对冬小麦-夏玉米产量、生理生态特征及节水增效影响的试验，结果表明：两个冬小麦-夏玉米生长季，沟垄集雨处理（RFPFM）的产量分别比 CK 处理（平作）显著提高了 40.5％和 33.6％，并且沟垄集雨处理的产量能分别达到 WI 处理（平作＋充分灌溉）产量的 87.6％和 91.3％。对不同栽培模式下冬小麦-夏玉米 WUE 进行比较发现，在两个生长季和两个冬小麦-夏玉米品种下 RFPFM 都能够显著提高麦玉复种体系的 WUE，且 WUE 分别比 CK 和 WI 高 39.3％和 61.0％（表 2-3）。

表 2-3　不同处理下冬小麦（西农 979）-夏玉米（正农 9 号）
产量及水分利用效率（WUE）

年份	栽培模式	施氮量 （kg/hm²）	灌溉量 （mm）	WUE （kg/hm² · mm）	产量 （t/hm²）
2012—2013	CK	150	99	16.5	10.7
		450	99	19.1	12.4
	RFPFM	150	89	24.5	16.4
		450	89	26.8	17.4
	WI	150	638	15.0	18.2
		450	638	17.0	20.6
2013—2014	CK	150	216	17.8	11.5
		450	216	19.3	12.7
	RFPFM	150	186	26.8	16.6
		450	186	26.2	16.2
	WI	150	703	15.9	17.6
		450	703	16.4	18.2

虽然很多新型节水技术得到了广泛应用，但是从我国农业水资源利用的整体情况来看，尚未做到高效、合理用水，水资源浪费的现象依然普遍存在。黄土高原东部平原区发展节水农业是缓解水资源供需矛盾，实现农业和社会经济可持续发展的必然选择。通过有机培肥、耕作、覆盖（地膜、秸秆）、栽培管理等农业措施来提高土壤保水蓄水能力、减少田间渗漏和流失、降低无效蒸腾等农业节水措施与滴灌、喷灌、渠道防渗、管道输水工程节水措施相结合，实现工程节水、农艺节水和管理节水三者的结合，提高农业综合生产能力，建立节水型农业，最终实现农业可持续发展（吕志宁等，2005）

2.2 黄土高原东部平原区作物减肥潜力研究

2.2.1 引言

随着人口的增加和耕地的减少，我国粮食安全与资源消耗和环境保护的矛盾日益尖锐。化肥作为粮食增产的决定因子在我国农业生产中发挥了举足轻重的作用，但近 20 多年来，我国化肥用量持续高速增长，粮食产量却始终增加缓慢。我国自 1994 年以来，氮肥（纯氮）每年施用量均在 2×10^7 t 以上，居世界之首，但氮肥利用率仅为 30%～35%，远低于世界 40%～60% 的平均利用率（王丽，2017）。农业部发布的《中国三大粮食作物肥料利用率研究报告》显示，目前我国水稻、玉米和小麦三大粮食作物氮肥、磷肥和钾肥当季平均利用率分别为 33%、24%、42%。其中，小麦氮肥、磷肥、钾肥利用率分别为 32%、19%、44%，水稻氮肥、磷肥、钾肥利用率分别为 35%、25%、41%，玉米氮肥、磷肥、钾肥利用率分别为 32%、25%、43%（四川省农业厅，2013）。张福锁等（2008）总结了 2000—2005 年来我国粮食主产区的田间试验结果得出，陕西省小麦和玉米不同地区试验点的氮肥利用率差异很大，变幅在 2.2%～28.6% 和 7.2%～36.2%。小麦、玉米磷肥的利用率比较低，平均值为 10.0% 和 9.7%。

氮是植物生长发育的必需营养元素。施氮肥作为土壤氮素的有效补充，适量增施氮肥可提高小麦叶绿素含量，改善光合特性，增加植物光合产物积累，协调产量结构，提高小麦产量，同时改善营养品质和加工品质（张定一等，2007；党建友等，2014）。许多试验证明，随着氮肥用量的增加，产量逐步增高，至适宜用量时，产量不再增高反而下降，氮肥利用率也趋于下降。因此，从经济角度考虑，施氮量应控制在最佳经济施氮量以内，如果超过，边际产量将小于边际成本，不但经济上不合算，氮素利用率也不高，不利于环境保护。水氮互作也会影响氮肥利用效率，水分不足会限制氮肥肥效的正常发挥，水分过多则易导致氮肥的淋溶损失和小麦的减产（李久生等，2005）。因此，改进施肥和管理措施是提高肥料利用效率最直接、最有效的途径。

2.2.2 黄土高原东部平原区肥料使用现状

（1）肥料使用现状

近 20 年，山西省化肥和复合肥施用量呈显著增加趋势，分别由 1998 年的 8.6×10^5 t、1.8×10^5 t 增加到 2017 年的 1.1×10^6 t、6.1×10^5 t，增加了 36% 和 233%。而氮肥和磷肥的施用量在逐年减少，分别由 1998 年的 4.4×10^5 t、2.0×10^5 t 减少到 2017 年的 2.8×10^5 t、1.3×10^5 t，减少了 27.5% 和 27.1%。钾肥施用量变化不大，略有增加（图 2-3）。

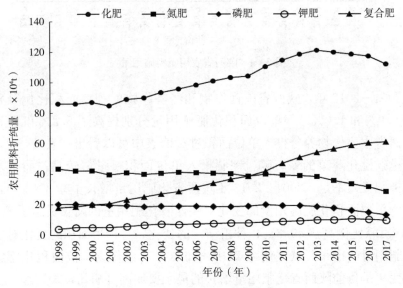

图 2-3 山西省农用肥料施用量

1998—2013 年，陕西省化肥和复合肥施用量呈显著增加趋势，分别由 1998 年的 1.2×10^6 t、2.8×10^5 t 增加到 2013 年的 2.4×10^6 t、1.0×10^6 t，增加了 94.9% 和 258.7%。2013 年之后，化肥和复合肥施用量开始缓慢减少，分别减少了 4.0%、2.0%。与山西省不同，氮肥和磷肥的施用量并没有逐年减少，而是缓慢增加，平均年增长率为 1.2％ 和 0.3％。钾肥施用量显著增加，由 1998 年的 $5.9×10^4$ t 增加到 2017 年的 $2.4×10^5$ t，平均年增长率为 15.6％（图 2-4）。

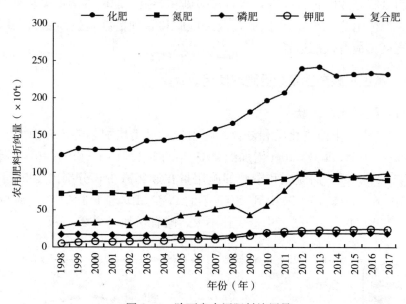

图 2-4　陕西省农用肥料施用量

2004—2013 年，陕西省粮食作物和经济作物的种植面积比例分别下降了 9.9％ 和 1.0％，但单位面积化肥施用量分别提高了 5.2％ 和 7.7％。从陕西省主要作物养分投入单位面积过量值表中可以看出（表 2-4），苹果、猕猴桃和蔬菜的氮、磷、钾肥投入单位面积过量值较高；而玉米磷肥、钾肥投入不足。2004—2013 年陕西省化肥用量增长了 $9.3×10^5$ t，其中作物单位面积化肥施用量的变化对陕西省化肥用量的增长贡献了 $4.6×10^5$ t，贡献比例高达 49.3％；种植结构的变化、总种植面积的变化对陕西省化肥用量的增长贡献比例为 24.0％ 和 20.3％。作物单位面积化肥施用量的变化是目前陕西省化肥用量增长的最主要原因（胡凡，2017）。

（2）存在的问题

施肥过量是我国肥料利用效率低的最主要原因。受"高投入高产出"等的政策引导，同时也受"施肥越多，产量就越高"等传统观念的影响，政府和农民为了获得作物高产，大量施用化肥，不合理甚至盲目过量施肥现象相当普遍。李家康等（2001）将氮肥施用量分成 3 级，

$150\sim250kg/hm^2$ 为适中，小于 $150kg/hm^2$ 为不足，大于 $250kg/hm^2$ 为超量。通过对全国 2 万多个农户调查数据的分析发现，1/3 的农户氮肥施用超量，1/3 的农户氮肥施用不足，而只有 1/3 的农户施氮量落在合理用量的范围内。陕西省农户小麦施肥也存在氮肥过量，基施为主，追施为辅，追施比例偏小，磷肥施用过量和不足并存，钾肥重视不足，有机肥投入偏少等问题（赵护兵等，2015）。因此在中国必须同时解决过量施肥和施肥不足的问题，仅仅节肥增效是不够的，更重要的是要高产高效。

表 2-4 陕西省主要作物养分投入单位面积过量值

作物种类	单位面积投入过量值（kg/hm^2）		
	N	P_2O_5	K_2O
小麦	44.1	9.1	−25.2
玉米	53.0	−16.0	−32.9
马铃薯	20.9	24.8	−119.3
水稻	−5.1	−5.3	−30.9
油菜	−6.2	−9.0	−22.7
苹果	221.7	−65.5	17.4
猕猴桃	265.2	181.9	91.5
蔬菜	246.6	135.1	91.7

数据来源：胡凡，2017。

我国很多地区土壤剖面中出现高量的无机氮（主要是硝态氮）累积，这种现象在北方旱地土壤中表现特别突出。张福锁等（2008）对华北平原小麦玉米轮作体系多年多点（$n>500$）的调查发现，作物生育期内 $0\sim90cm$ 土壤剖面硝态氮含量平均高于 $200kg/hm^2$，远高于欧盟国家规定的大田作物收获后 $0\sim90cm$ 土层硝态氮残留量不高于 $50kg/hm^2$ 的规定。农民施肥却未考虑土壤剖面高量硝态氮积累这一因素，这是造成农民习惯施肥条件下氮素损失量大和氮肥利用效率降低的重要原因。

由于肥料利用率较低，其中氮肥通过挥发、淋溶和径流等途径损失数量巨大，随之带来土壤肥力下降、农作物品质降低、环境污染严重等后果。化肥的大量施用使得氮、磷元素进入水体，导致水体富营养化和地下水硝酸盐污染。2010 年公布的全国污染源调查报告表明，全国水体污染物中总氮的 57% 来自农业（第一次全国污染普查公告 2010）。因此农户必须在充分利用土壤养分和环境养分基础上，合理施用化肥，减少化肥的损失和向环境的排放，这才是提高肥料利用效率的长远目标。

2.2.3 黄土高原东部平原区作物减肥潜力

比较农户施氮量和推荐施氮量从而得到减少氮肥投入的潜力。近期研究表明，中国农田氮素盈余问题严重，黄土高原旱地农田土壤氮素残留量明显增加，特别是硝态氮残留已成为一个必须重视的问题。黄土高原冬小麦-夏休闲耕作体系氮素（以 N 计）盈余量 74kg/hm²，磷（以 P_2O_5 计）盈余 65kg/hm²，而钾处于亏缺状态。从陕西省总体来看，氮肥（以 N 计）平均推荐量为 119kg/hm²，而农户习惯的实际施肥量为 188kg/hm²，可减少 69kg/hm²，即减少 37％的氮肥投入；磷肥（以 P_2O_5 计）平均推荐量为 45kg/hm²，而农户习惯施肥量为 125kg/hm²，可减少 80kg/hm²，即减少 64％的磷肥投入；钾肥（以 K_2O 计）平均推荐量为 31kg/hm²，而农户习惯的施肥量为 19kg/hm²，需增加 12kg/hm²，即增加 63％钾肥施用（曹寒冰等，2017）。因此，在作物高产稳产前提下，提高肥料利用率，减少化肥用量成为亟待解决问题（姜佰文等，2018）。

长期化肥单施肥料利用率较低，氮、磷和有机肥处理的小麦吸氮量比氮磷处理的小麦增加 18.2kg/hm²，吸磷量增加 4.1kg/hm²，吸钾量增加 8.3kg/hm²（陈磊等，2006）。闫鸿媛等（2011）对小麦的施肥研究表明，长期偏施氮肥会导致小麦氮肥利用率随施肥年限的增加而降低，且在长期偏施氮肥条件下，小麦氮肥利用率在 6.5％～14.4％，而平衡施肥下的小麦氮肥利用率可达 20.5％～78.5％。Cui 等（2008a，2008b）的研究也表明优化氮肥总量和基追比例可在保证小麦、玉米产量的同时，分别较农民习惯氮肥管理减少氮素损失 116kg/hm² 和 65kg/hm²。在长期施用有机肥的土地上只有少施有机肥或适量减少化学氮肥的施用，才能获得高产，过量施肥则会造成小麦生产肥料利用率低，养分资源浪费严重（李燕敏等，2008）。玉米氮肥吸收利用率随着施氮量的增加呈先增加后降低趋势，适宜的施氮量（180kg/hm²）能提高玉米产量及氮肥利用率，并且 200cm 土层内硝态氮累积量较低，对环境的潜在危害较小（唐文雪等，2015）。腐殖酸与无机肥料混施增产效应因配比不同而异，减量施肥 20％显著提高产量（姜佰文等，2018）。

有专家建议关中平原地区控制纯氮用量不超过 180kg/hm²，基追比为 7∶3，追施氮肥春季随降水或者春灌施用。磷肥（P_2O_5）用量不超过

140kg/hm^2。高产田块适当补充钾肥，K$_2$O 用量不超过 100kg/hm^2。磷钾肥也全部作基肥。适当增加钾肥的施入，小麦有旱情时及时补充灌溉，每次灌溉量 750m^3/hm^2 左右（赵护兵等，2015）。同延安等（2004）对陕西省 3 个不同生态区、17 个市、县的 1 500 多位农户近年来粮食作物产量、肥料施用量和施肥时期进行了分析研究，提出关中和陕北地区要减氮、增磷、补钾；陕南要大力补充钾肥的建议。

山西农科院旱作所的研究表明，春玉米产量随着施氮量的增加呈先上升而后下降趋势（图 2-5）。因此一味地提高氮肥的施用量并不会持续增加春玉米的产量，相反还会出现减产的现象。将玉米产量（y，kg/hm^2）与施氮量（x，kg/hm^2）进行曲线拟合回归，得出最佳施氮量是 195kg/hm^2，对应的最高产量是 12 541kg/hm^2。施氮量为 240kg/hm^2，玉米氮收获指数最高，有利于玉米生育后期氮素的吸收和营养体氮素养分向籽粒的转运。因此，在当地地力基础条件下，玉米施氮量为 195～240kg/hm^2，可提高玉米产量和氮肥利用率。

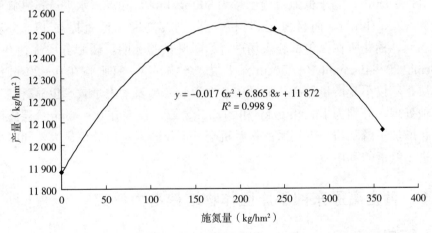

图 2-5 施氮量与春玉米产量的关系

灌水和施氮方式对临汾地区小麦、玉米产量及其水分利用效率有显著影响（表 2-5）。山西农科院小麦所综合分析产量和水分利用效率，建议临汾盆地小麦-玉米水肥一体化最佳节水省肥模式是小麦和玉米季均采用微喷灌 4 次，施氮模式采用少量多次的优化模式，可实现周年的高产和水肥高效利用。水肥一体化最佳节水省肥模式与传统大水漫灌和习惯施肥相比，WUE 提高了 21.66%～25.59%，实现节约氮肥 148kg/hm^2，节约灌水 300m^3/hm^2。

表 2－5　灌水和施氮模式对小麦、玉米产量及水分利用效率的影响

	处理	化肥（kg/hm²） N－P₂O₅－K₂O	节氮 （kg/hm²）	灌水 （m³/hm²）	节水 （m³/hm²）	WUE [kg/(mm·hm²)]	WUE提高 （%）	产量 （kg/hm²）
微喷灌 4次	冬小麦	225－135－90	75	1 800	300	15.22	21.66	5 996
	夏玉米	227－90－0	73	1 800	—	23.95	25.59	10 463
漫灌 2次	冬小麦	300－135－90		2 100		12.51		5 727
	夏玉米	300－90－0		1 800		19.07		9 402

注：微喷灌 4 次，小麦季为越冬水＋拔节水＋孕穗水＋灌浆水＝450m³/hm²＋600m³/hm²＋375m³/hm²＋375m³/hm²；玉米季为播种后＋小喇叭口期＋大喇叭口期＋孕穗期，灌水量均为450m³/hm²。优化施肥：小麦季为施纯氮225kg/hm²，底∶拔∶灌＝6∶3∶1；玉米季为施纯氮227.5kg/hm²。种肥∶大喇叭口期∶孕穗肥＝1∶3∶1。

运城地区是山西省冬小麦-夏玉米主产区，山西农科院棉花所在牛家凹农场进行的氮肥试验证明，冬小麦-夏玉米轮作体系下，中氮水平（施肥量为 450kg/hm²）麦玉分配比为 1∶1 时，周年总产量最高，达到17 383kg/hm²，高于低氮（施肥量为300kg/hm²）和高氮水平产量（施肥量为600kg/hm²），而且氮肥利用率也分别较高氮和低氮提高 14.5% 和15.4%。棉花所在杨包试验农场进行的磷肥试验表明，磷肥分层施在 0～20cm、20～40cm 和 40～50cm 深土层，各施 1/3，氮肥施在 0～20cm 深土层，不仅小麦产量最高，而且磷素农学效率和氮素农学效率也显著高于其他处理，分别为 15.09kg/kg 和 21.40kg/kg，说明在 0～50cm 分层施磷时，增加了磷肥与小麦根系的接触机会，不仅磷素利用效率最大，同时也促进了氮素的利用效率。

2.3　黄土高原东部平原区作物增粮潜力研究

2.3.1　引言

气候变暖已成为一个全球性的热点问题，在全球气候背景下，中国的气候与环境也发生了重大变化（李克南等，2010）。在诸多气候变化产生的不利影响中，其对农业的影响被认为是最重要的（Seo et al.，2009）。众多学者围绕着气候变化对农业的影响进行了大量探讨和研究，气候生产潜力就是受气候变化影响的一个方面（张耀耀等，2014）。气候生产潜力是指在充分和合理利用当地的光、热、水气候资源，而其他条件（如土壤、养分等）处于最适宜状况时单位面积土地上获得的最高生物学产量或

农业产量。气候生产潜力不仅可以直接反映该地区的气候生产力水平和光、温、水资源配合协调的程度及地区差异，还可以分析找出一个地区或某种作物生产中的主导限制因素（Feng et al.，2007）。

近年来国内外很多专家学者进行了气候生产潜力方面的研究（张晓峰等，2014；赵雪雁等，2015），在气候生产潜力的估算方面，所采用的模型也已经比较成熟。主要可概括为三类：①逐级订正法，即环境因子逐段订正模型，又称潜力衰减法，通过对光合生产潜力—光温生产潜力—气候生产潜力几个阶段逐步订正来计算；②气候因子综合法，即经验法，主要利用经验公式来计算气候生产潜力。这类模式主要有迈阿密模型（Miami）、筑后模型（Chikugo）和桑斯维特纪念模型（Thornthwaite Memoral）等（Fridley et al.，2012；Hu et al.，2015）；③作物生长过程模拟方法，此类方法是根据作物光合作用过程、生理生态特性和外界环境因子来计算生产潜力，如 DSSAT 模型、EPIC 模型、WOFOST 模型等（Bregaglio et al.，2015；Gachene et al.，2015）。这些模型的提出和建立为气候生产潜力的研究提供了重要的科学支撑和理论依据。其中，Thornthwaite Memoral 模型充分考虑光、热和水等气候因素对干物质积累的综合影响，具有数据获取容易，参数简单，实用性强等特点，估算结果接近生产实际，能够较为准确地分析区域气候生产潜力及其变化趋势，应用也最为广泛。

我国黄土高原东部平原区地处暖温带，主要包括山西省东部平原区和陕西省关中平原区。山西省东部平原区主要包括晋中平川区和晋南盆地（临汾和运城），陕西省关中平原区包括西安、铜川、宝鸡、咸阳、渭南五个省辖地级市。该区是黄土高原区粮食供给的主要区域，承担着粮食安全和生态安全的重任，其在保障黄土高原区粮食安全方面有着举足轻重的作用，是西部大开发的重点区域之一。因此，充分发挥该地区光、热、水资源的优势，对于合理利用气候资源，充分发挥气候生产潜力，提高区域生产力水平具有重要的理论和现实意义。

2.3.2　光合生产潜力

（1）光合生产潜力计算方法

光合生产潜力指温度、水分、土壤、品种以及其他农业技术条件都处在适宜的状况下，仅由太阳辐射条件决定的单位面积产量。它是最高单产的理论极限。黄秉维（1978）在国内最早提出了光合潜力的概念并推导出了计算公式（公式2-1）。

$$P_f = 0.92Q \qquad \text{（公式2-1）}$$

式中，P_f 为光合潜力（kg/hm^2），Q 为太阳总辐射（$kcal/cm^2$）。

这是一种简单、实用的粗略估算生产潜力的方法。这种估算是假设温度、降水等条件适宜时，作物以对光能利用的上限速率合成光合产物。这种假设对估算作物生长旺盛期的光合潜力较为适宜，而应用于全生育期时，误差较大。黄秉维在1986年对此进行了修正，作物生长盛期的光能利用率取值6.13%，而全生育期平均的光能利用率取值2.93%。

李世奎等（1984）总结了前人研究光合生产潜力的方法和步骤，从太阳辐射能转换原理出发，引入叶面积指数（LAI），提出了作物光合生产潜力公式（公式2-2）。

$$Y = f(Q) = \sum \left[Q \cdot \varepsilon \cdot a \cdot (1-\gamma) \cdot \varphi \cdot (1-\omega) \cdot (1-x)^{-1} \cdot H^{-1} \right]$$
$$\text{（公式2-2）}$$

式中，ε 为光合有效辐射占总辐射的比例，即生理辐射系数，通常取值0.49；γ 为光饱和限制率，在自然条件下，光饱和限制可忽略，取值为0；φ 为光合作用量子效率，取0.224；ω 为呼吸作用的损耗，取0.30；x 为有机物中的水分含量，取0.14；H 为每形成1g干物质所需要的热量，取值$1.78 \times 10^7 J/kg$；a 为经植株叶面反射和漏射后被吸收的光合有效辐射。在整个生育期内，作物群体吸收率可以写成随叶面积增长的线性函数，即 $a = 0.83 \cdot \dfrac{L_i}{L_0}$，$L_0$ 为最大叶面积指数，L_i 为某一时段的叶面积指数。

此后，计算光合生产潜力的方法和步骤不断完善，很多研究者在计算光合生产潜力时采用公式2-3（王宗明等，2005；廉丽姝等，2012；尹海霞等，2013）：

$$Y_Q = Q \times f(Q)$$
$$= \frac{\varepsilon \cdot \varphi \cdot \Omega \cdot s \cdot (1-\alpha) \cdot (1-\beta) \cdot (1-\rho) \cdot (1-r) \cdot (1-\omega)}{(1-\eta) \cdot (1-\zeta) \cdot q} \times \sum Q_i$$
$$\text{（公式2-3）}$$

式中，Y_Q 为单位面积光合生产潜力（kg/m^2）；$f(Q)$ 为光合有效系数；ε 为光合有效辐射占总辐射的比例；φ 为光合作用量子效率；Ω 为作物光合固定二氧化碳能力；α 为作物群体反射率；β 为作物群体对太阳辐射的漏射率；ρ 为非光合器官截留辐射比例；r 为光饱和限制率；ω 为呼吸消耗占光合产量的比例；η 为成熟产品的含水率；ζ 为植物无机灰分含量的比例；q 为单位干物质含热量（MJ/kg）；s 为作物经济系数；$\sum Q$ 为作物生长季内太阳总辐射（MJ/m²）。

在计算光合生产潜力时，正确计算作物生长季内太阳总辐射至关重要。气象站点一般只记录日照时数，因此太阳辐射量（Q）是根据各地区的日照时数及其相关天文参数，利用经验公式估算：

$$Q=Q_0 \times \left(a+b \times \frac{S}{S_0}\right) \qquad （公式 2-4）$$

式中，Q 为太阳辐射量（MJ/m²）；Q_0 为天文辐射量（MJ/m²）；S 为太阳实测日照时数（h）；S_0 为太阳可照时数（h）；a、b 是 S 与 S_0 的函数（Rietveld，1978）。

$$Q_0=\left(\frac{2I_0}{\omega\rho^2}\right) \times (\Omega_0 \sin\varphi\sin\delta + \cos\varphi\cos\delta\sin\Omega_0)$$

$$（公式 2-5）$$

式中，Q_0 为天文辐射量（MJ/m²）；I_0 为太阳常数 [MJ/(m² · s)]，$I_0=1.367 \times 10^{-3}$；ω 为地球自转角速度（弧度/秒），$\omega=7.292 \times 10^{-5}$；$\rho$ 为日地平均距离，$\rho=\sqrt{\dfrac{1}{1+0.33 \times \cos\left(\dfrac{2 \times 3.1415926 \times J}{365}\right)}}$；$\Omega_0$ 为日出时角，$\Omega_0=\omega t_0$；φ 和 δ 分别为地理纬度和太阳赤纬（度）。

根据实际观测到的太阳辐射值和日照时数，利用公式（2-4），采用最小二乘法可以拟合得到式中的经验系数 a 和 b 值。

（2）运城、临汾和晋中示范区光合生产潜力变化规律

本研究采用公式（2-3）来计算运城、临汾和晋中 3 个示范区光合生产潜力。公式中各参数取值主要参考地理环境相近地区的研究成果（王素艳等，2003；廉丽姝等，2012）。各参数取值如表 2-6。

表 2-6　不同作物光合生产潜力各参数取值

作物	φ	ε	α	β	ρ	γ	ω	η	ζ	s	q	Ω
冬小麦	0.224	0.49	0.10	0.07	0.10	0.05	0.33	0.14	0.08	0.40	17.58	0.85
夏玉米	0.224	0.49	0.10	0.06	0.10	0.01	0.30	0.15	0.08	0.40	17.20	1.00

在计算黄土高原东部平原区太阳辐射量时，公式（2-4）中的经验系数 a 和 b 采用韩虹等（2008）研究黄土高原地区太阳辐射时空变化的结果，分别用侯马（晋南地区）、太原（晋中地区）、大同（晋北地区）这

3 个太阳辐射站的 a 和 b 代替（表 2 - 7）。

表 2 - 7 太阳辐射站的系数 a 和 b 及计算和观测记录的相关系数 r

站名	北纬	a	b	r
大同	40°	0.190 7	0.574 9	0.885 2
太原	38°	0.169 1	0.580 4	0.908 2
侯马	36°	0.179 8	0.529 5	0.935 1

运城、临汾和晋中 3 个示范区 2010—2014 年冬小麦、夏玉米和春玉米的光合生产潜力如图 2-6、图 2-7 和图 2-8 所示。从图中可以看出，近 5 年无论是冬小麦、夏玉米，还是春玉米，其光合生产潜力随时间变化幅度较小。临汾和运城相比，冬小麦、夏玉米光合生产潜力区域差异不

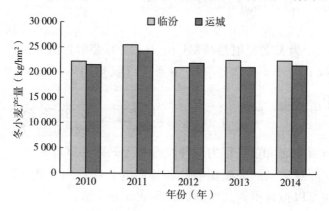

图 2-6 临汾、运城冬小麦光合生产潜力（2010—2014 年）

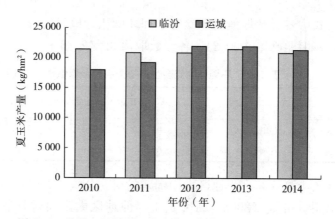

图 2-7 临汾、运城夏玉米光合生产潜力（2010—2014 年）

大，冬小麦平均光合生产潜力分别为 22 803kg/hm²、22 118kg/hm²；夏玉米平均光合生产潜力分别为 21 165kg/hm² 和 20 550kg/hm²。晋中地区春玉米平均光合生产潜力为 28 053kg/hm²。

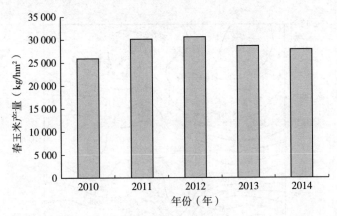

图 2-8　晋中春玉米光合生产潜力（2010—2014 年）

(3) 黄土高原东部平原区（山西）光合生产潜力时空分布特征

黄土高原东部平原区（山西）种植的主要农作物有冬小麦、夏玉米、春玉米等。而春玉米的种植区主要分布在山西北部和中部地区。利用公式 2-3 计算出山西省中北部地区春玉米光合生产潜力为 28 700～36 900kg/hm²（图 2-9）。其中晋北大同、右玉春玉米光合生产潜力最高，约为 36 891kg/hm²；晋中榆社、介休春玉米光合生产潜力最低，约为 28 755kg/hm²。

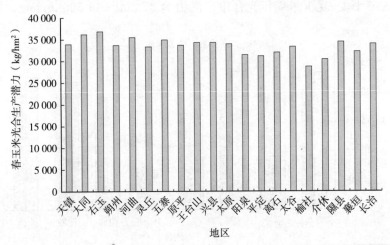

图 2-9　山西省中北部地区春玉米光合生产潜力

光合生产潜力主要由太阳辐射条件决定，因此山西春玉米光合生产潜力的空间分布与黄土高原年太阳总辐射分布（图2-10）较为一致，呈现较为明显的由北向南纬向递增趋势，春玉米光合生产潜力晋北地区＞晋中地区。

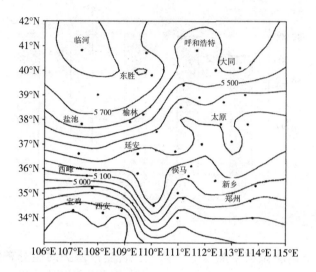

图2-10 黄土高原年太阳总辐射等值线分布（单位：MJ/m²）（韩虹等，2008）

山西南部地区农作物以冬小麦/夏玉米为主，一年二熟。山西南部各地区冬小麦、夏玉米光合生产潜力如图2-11所示。冬小麦光合生产潜力为21 700～25 600 kg/hm²，夏玉米光合生产潜力为15 700～22 300 kg/hm²。南部地区冬小麦-夏玉米周年光合生产潜力为37 300～44 500 kg/hm²。

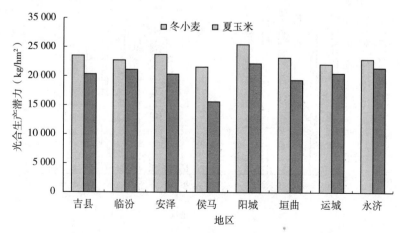

图2-11 山西省南部地区冬小麦/夏玉米光合生产潜力

2.3.3　光温生产潜力

（1）光温生产潜力计算方法

光温生产潜力是指在水分、土壤、品种以及其他农业技术条件都处于适宜条件下，由自然光、温度条件决定的农作物产量水平，是灌溉农业产量的上限。温度条件几乎和光一样，是目前技术条件下很难大面积改变的一个产量因素。很多研究者将光合潜力作为理论上土地生产潜力的上限，然后用温度影响函数进行校正（也称订正），得到光温生产潜力（公式 2-6）：

$$P_t = P_r \cdot F_t \qquad （公式 2-6）$$

式中：P_r 为光合潜力；F_t 为温度订正函数。因此，求证 P_t 就是求证 F_t。孙惠南（1985）、李世奎（1984）和于沪宁等（1982）均采用这种方法进行温度订正。

孙惠南从生物、物理意义、资料的可获得性、一致性等方面对比分析了各种温度指标，最终采用了以无霜期在全年所占的比例值作物温度订正函数指标，即：

$$P_t = P_r \cdot \frac{n}{365} \qquad （公式 2-7）$$

孙惠南的温度订正函数简便、实用，能快速估算某地的光温生产潜力。但是该方法比较笼统、模糊，它未能区分不同作物对不同温度区间敏感性的差异，例如 C_3 植物的适宜温度是 15～25℃，临界温度在 40～50℃以下。而 C_4 植物的适宜温度和临界温度均比 C_3 植物高出 10℃左右。也未能按作物生育期调整，与其他采用分段或连续函数的温度订正系数相比有很大的差距。

李世奎（1988）认为温度是作物进行光合作用的重要环境因素之一，当环境温度低于作物可以耐受的生物学下限或高于其生物学上限时，光合产物均趋于零。喜温作物和喜凉作物对温度的要求是不同的，因此需要采用不同的温度订正函数。喜温作物（如玉米）的温度订正函数可采用来亨泊公式（Ccellho et al.，1980）。

$$F_t = \begin{cases} 0.027T - 0.162 & T \in [6-21] \\ 0.086T - 1.41 & T \in [21-28] \\ 1.00 & T \in [28-32] \\ -0.083T + 3.67 & T \in [32-44] \\ 0 & T \in (-\infty, 6℃] \text{ 和 } [44℃, +\infty) \end{cases}$$

$$（公式 2-8）$$

喜温作物光合作用的有效温度范围是 [6℃，44℃)，环境温度低于

6℃或大于44℃时，叶绿体停止光合生产。在6～44℃范围内，不同的温度区间，光合效率也不同。喜温作物的最适温度范围是28～32℃，温度对光合潜力的发挥不起限制作用。

对喜凉作物来说，其最适温度不如喜温作物那样存在一个区间，而仅仅局限在一个较小的范围，当环境温度高于或低于最适温度时，其光合效率也就不同。因此喜凉作物的温度订正函数采用如下分段函数形式：

$$F_t = \begin{cases} e^{-2(\frac{T-T_0}{10})^2} & T \in (T_0 + \infty) \\ e^{-(\frac{T-T_0}{10})^2} & T \in (-\infty, T_0] \end{cases} \qquad （公式2-9）$$

式中，T_0为最适温度，T为实际温度。

将作物全生育期内分生育期或者逐日温度资料代入上述两公式，可以得出不同生育期或逐日温度有效系数序列。主要农作物中玉米和小麦可以分别套用喜温和喜凉两种函数。很多学者根据我国的实际情况和作物性状特点，对小麦玉米温度订正函数进行了修订。如研究我国东北三省主要作物（玉米、水稻、大豆）光温生产潜力时，采用了不同作物的三基点温度进行温度系数修正（王宗明等，2005；杨重一等，2010；何永坤等，2012）：

$$f(T) = \frac{(T-T_1) \times (T_2-T)^B}{(T_0-T_1) \times (T_2-T_0)^B} \qquad （公式2-10）$$

式中：$B = \frac{T_2-T_0}{T_0-T_1}$，$T$是5—9月各月的平均气温，$T_0$、$T_1$、$T_2$是作物生产的三基点温度，指不同作物在该时段内生长发育的最适温度、下限温度和上限温度。郑海霞等（2003）利用月均温度（T_i）分段对喜凉作物和喜温作物进行订正，方法如下：

$$f_1(T_i) = \begin{cases} 0 & T_i \leqslant 3 \text{ 或 } T_i \geqslant 25 \\ (T_i-3)/15 & 3 < T_i \leqslant 18 \\ 1 & 18 \leqslant T_i \leqslant 21 \\ (25-T_i)/4 & 21 < T_i \leqslant 25 \end{cases}$$

$$f_2(T_i) = \begin{cases} 0 & T_i \leqslant 8 \\ (T_i-8)/15 & 8 < T_i \leqslant 23 \\ 1 & T_i \geqslant 23 \end{cases} \qquad （公式2-11）$$

(2) 运城、临汾和晋中示范区光温生产潜力变化规律

本研究采用公式（2-11）来计算运城、临汾和晋中3个示范区2010—2014年冬小麦、夏玉米和春玉米的光温生产潜力（图2-12、图2-13和图2-14）。临汾和运城相比，冬小麦、夏玉米光温生产潜力区域差异不

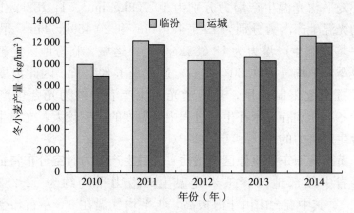

图 2 - 12　临汾、运城冬小麦光温生产潜力（2010—2014 年）

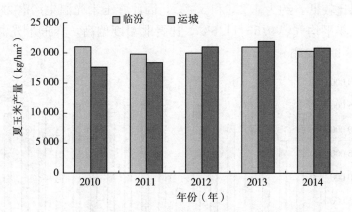

图 2 - 13　临汾、运城夏玉米光温生产潜力（2010—2014 年）

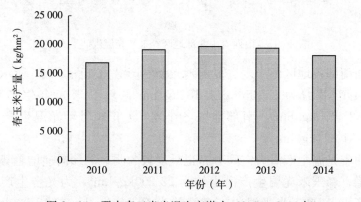

图 2 - 14　晋中春玉米光温生产潜力（2010—2014 年）

大，冬小麦平均光温生产潜力分别为 10 709kg/hm²、11 182kg/hm²；夏玉米平均光温生产潜力分别为 19 974kg/hm² 和 20 459kg/hm²。晋中地区春玉米平均光温生产潜力为 18 685kg/hm²。运城、临汾地区夏玉米生育期正逢夏季，平均气温在 30℃ 左右，适宜夏玉米生长，因此温度对光合潜力的发挥不起限制作用，夏玉米光温生产潜力约为光合生产潜力的97%。而冬小麦和春玉米在生长过程中受温度的影响较大，光温生产潜力约为光合生产潜力的 49% 和 67%。

(3) 黄土高原东部平原区（山西）光温生产潜力时空分布特征

山西省中北部地区春玉米光温生产潜力平均约为 22 283kg/hm²（图 2-15）。其中五台山由于海拔高，年平均气温在 0℃ 左右，受温度影响大，春玉米光温生产潜力最低，约为 7 582kg/hm²。晋北右玉、五寨年平均气温比较低，约为 4.2℃ 和 5.4℃，因此春玉米光温生产潜力也较低。晋中地区年平均气温 9.5～11.5℃，比晋北温度偏高，春玉米光温生产潜力约为 23 947kg/hm²。

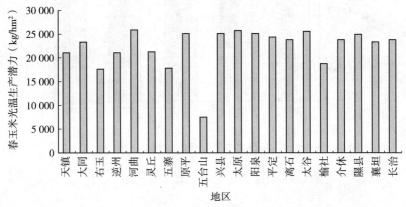

图 2-15 山西省中北部地区春玉米光温生产潜力

山西南部各地区冬小麦、夏玉米光温生产潜力如图 2-16 所示。冬小麦光合生产潜力为 8 935～11 182kg/hm²，夏玉米光合生产潜力为14 997～21 060kg/hm²。南部地区冬小麦-夏玉米周年光温生产潜力为27 551～31 891kg/hm²。

山西省光温生产潜力空间分布也呈现较为明显的纬向递增趋势，由北向南递增；春玉米光温生产潜力约为 22 200kg/hm²，为光合生产潜力的66%；冬小麦/夏玉米光温生产潜力约为 10 100kg/hm²、18 900kg/hm²，为光合生产潜力的 43% 和 94%。

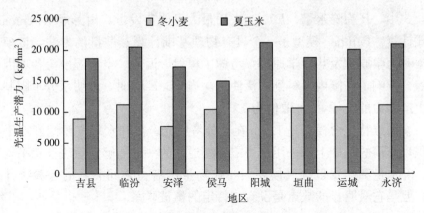

图 2-16　山西省南部地区冬小麦/夏玉米光温生产潜力

2.3.4　气候生产潜力

（1）气候生产潜力计算方法

气候生产潜力是指在充分和合理利用当地的光、热、水气候资源，而其他条件（如土壤、养分等）处于最适宜状况时单位面积土地上获得的最高生物学产量或农业产量。在气候生产潜力的估算方面，所采用的模型已经比较成熟，主要可概括为 3 类：①逐级订正法，即环境因子逐段订正模型，又称潜力衰减法，通过对光合生产潜力—光温生产潜力—气候生产潜力几个阶段逐步订正来计算；②气候因子综合法，即经验法，主要利用经验公式来计算气候生产潜力，这类模式主要有迈阿密模型（Miami）、筑后模型（Chikugo）和桑斯维特纪念模型（Thornthwaite Memoral）等；③作物生长过程模拟方法，此类方法是根据作物光合作用过程、生理生态特性和外界环境因子来计算生产潜力，如 GERES 模型、EPIC 模型、CROP—GRO 模型等。

逐级订正法中 F_w 为水分订正函数，P_t 为光温生产潜力，P_w 则为气候生产潜力（也叫光温水生产潜力）。

$$P_w = P_t \times F_w \qquad \text{（公式 2-12）}$$

水分订正函数 F_w 反映水分对作物生长的满足程度，可由水分的收入和支出之比表示。农作物生长过程中，主要水分收入项是自然降水和人工灌溉，支出项是蒸散。在不计人工灌溉情况下，水分影响函数可以表示为：

$$F_w = \begin{cases} \dfrac{P}{ET_0} & P \leqslant ET_0 \\ 1 & P > ET_0 \end{cases} \qquad \text{（公式 2-13）}$$

式中，P 为降水量，ET_0 为农田最大可能蒸发量，由彭曼（Penman）公式计算。Penman 模型是一个具有物理基础计算蒸散量的方法，该模型根据动力学原理及热力学原理，考虑了辐射、温度、空气湿度等各项因子的综合影响，在国内外得到广泛使用。当 $P>ET_0$ 时，表明水分不限制光温生产潜力的发挥，F_w 取值为 1。

桑斯维特纪念模型是 Lieth 在充分考虑光、热和水等气候因素对干物质积累作用的基础上，采用最小二乘法建立的一种能够定量表征年平均气温、降水量和蒸发量等气候要素与作物生产潜力之间关系的经验统计模型，但是它最明显的缺点是没有与特定的植被联系。

$$Y_e = 30\,000 \times \left[1 - e^{-0.0009695(V-20)}\right]$$

$$V = 1.05R / \sqrt{1 + \left(\frac{1.05R}{L}\right)^2}$$

$$L = 300 + 25 \times T + 0.05 \times T^3 \qquad （公式 2-14）$$

式中：T 为年平均气温（℃）；R 为年平均降水量（mm）；L 为年平均蒸发量（mm）；$e=2.7183$；V 为年平均蒸散量（mm）；Y_e 为气候生产潜力（kg/hm²）。

（2）运城、临汾和晋中示范区气候生产潜力变化规律

利用桑斯维特纪念模型计算了运城、临汾和晋中示范区 1957—2013 年气候生产潜力（图 2-17）。3 个示范区 56 年气候生产潜力变动范围在 6 455～12 623kg/hm²，年际变化波动较大，表现出极弱的递减趋势，不显著。临汾、运城和晋中地区平均气候生产潜力分别为 9 318kg/hm²、9 734kg/hm² 和 8 939kg/hm²。

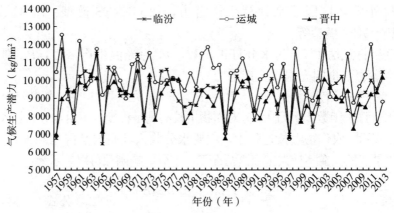

图 2-17　3 个示范区气候生产潜力年际变化特征（1957—2013 年）

　　气候生产潜力与同期气温相关甚微，与降水关系密切（图 2 - 18），说明 3 个示范区热量条件相对充足，降水是制约该区域作物产量的主要限制因子。

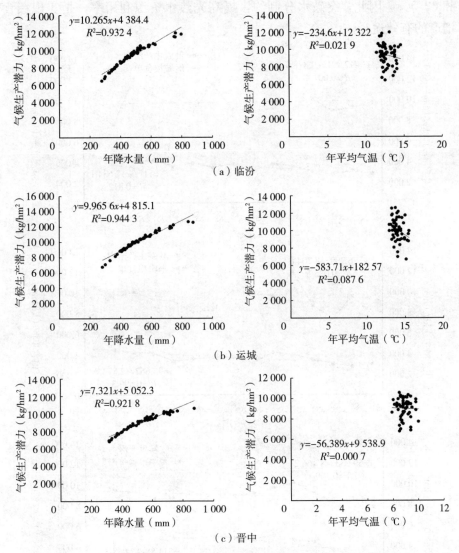

图 2 - 18　气候生产潜力与降水、气温的相关分析

　　1999—2013 年运城、临汾和晋中 3 个示范区气候生产潜力与粮食单产对比显示（图 2 - 19），气候生产潜力年际波动较大，递增趋势不显著；而 3 个区域粮食单产呈显著递增趋势，与 1999 年相比分别增加了 53.9%、

62.8%和114.2%。粮食单产与气候生产潜力的差距在逐年减少。2009—2013年运城、临汾和晋中粮食单产分别为4 094kg/hm²、4 152kg/hm²和5 749kg/hm²，但粮食产量只达到了同期气候生产潜力的42.3%、42.9%和62.5%。因此，突破水分制约，提高光热水资源利用率，是实现粮食增产的有效途径。

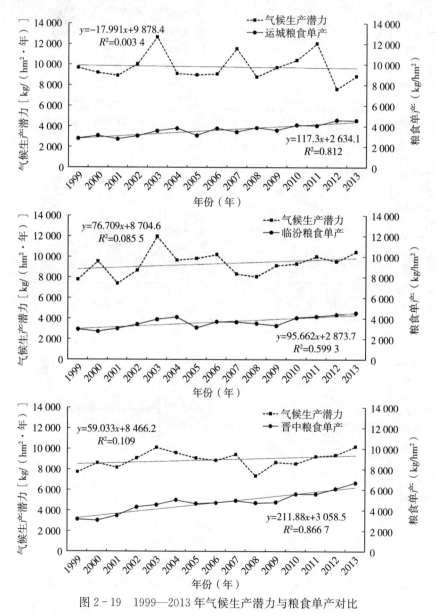

图2-19 1999—2013年气候生产潜力与粮食单产对比

(3) 黄土高原东部平原区（山西）气候生产潜力时空分布特征

关于气候生产潜力的时空分布以及气候变化对作物生产潜力的影响已有不少研究。罗永忠等（2011）研究表明，甘肃省气候生产潜力呈东南-西北递减，增湿和增温均有利于气候生产潜力的增加，但增湿效益更为显著，另外，气候的暖干化趋势是研究区气候生产潜力减少的重要原因。温度升高有利于作物生产潜力的提高。在未来气候变暖背景下，温度升高为作物生产潜力的提高提供了新的契机，但降水量的变异性也对作物生产潜力的提高产生了诸多不确定性。

利用 Thornthwait Memorial 模型估算了山西省 1957—2013 年气候生产潜力（图 2 - 20），结果显示，气候生产潜力在 7 130～13 240kg/hm² 变动，平均潜力为 10 690kg/hm²，年际变化波动较大，表现出极弱的递减趋势，不显著。

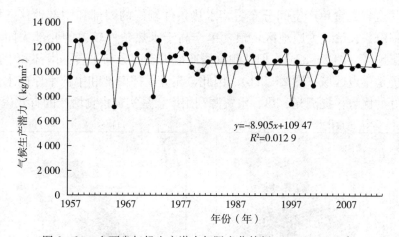

$$y=-8.905x+109\ 47$$
$$R^2=0.012\ 9$$

图 2 - 20　山西省气候生产潜力年际变化特征（1957—2013 年）

山西省气候生产潜力空间分布呈现较为明显的纬向递减趋势；高值区位于水热条件较好的南部地区，运城、晋城和临汾地区气候生产潜力分别为和 9 964kg/hm²、9 914kg/hm² 和 9 331kg/hm²；低值区主要分布在水热条件较差的晋北地区，大同和朔州地区气候生产潜力为 7 428kg/hm² 和 7 289kg/hm²。

1957—2013 年山西省气候生产潜力与粮食单产对比显示（图 2 - 21），气候生产潜力年际波动较大，递减趋势不显著；而全省粮食单产呈显著递增趋势。粮食单产由 1957 年的 851kg/hm² 增加到 2013 年的 4 009kg/hm²，增加了 3.7 倍，粮食单产与气候生产潜力的差距在逐年减少，但 2013 年粮食产量只达到了同期气候生产潜力的 32.3%。

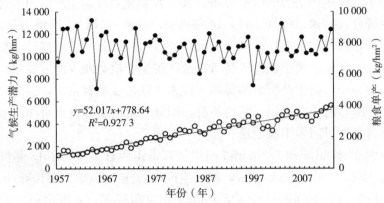

$$y=52.017x+778.64$$
$$R^2=0.927\,3$$

图 2-21　山西省气候生产潜力与粮食单产对比（1957—2013 年）

从全省粮食单产空间分布看，水热条件较好的南部和中部地区，如运城、临汾、长治、太原地区，粮食单产高于水热条件较差的北部大同和西部吕梁地区（图 2-22a）。但从粮食增产潜力空间分布来看，南部和中部平原区仍是重点区域（图 2-22b）。因此，充分发挥南部和中部平原区水热条件较好的优势，提高光、热、水资源利用率，是实现粮食增产的有效途径。

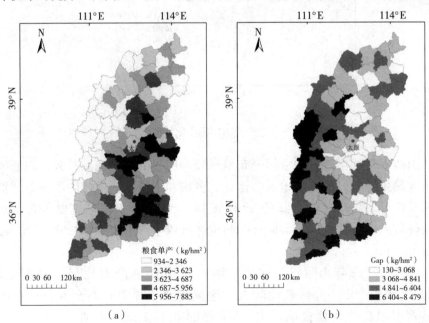

图 2-22　山西省粮食单产（a）及增产潜力空间分布（b）

2.3.5　结论

　　气候生产潜力是对气候资源状况评价的综合指标，不仅可以直接反映该地区气候生产力水平和农业资源协调程度及其区域差异，可以揭示不同的限制因子在不同区域的作用（李晓东等，2015）。罗永忠等（2011）研究表明，增湿和增温均有利于甘肃省气候生产潜力的增加，但增湿效益更为显著。宁夏中部干旱带春玉米气候生产潜力与降水量呈极显著相关，而与平均气温的线性相关性不明显（赖荣生等，2014）。黄土高原的光温条件对农业生产是很有利的，限制农业生产的主要因素是水分（赵艳霞等，2003；武永利等，2009）。本研究结果显示，山西省气候生产潜力与同期年平均气温相关甚微，与降水显著相关（$R^2 = 0.94$）（图 2-23），说明降水是制约山西气候生产潜力的主要限制因子。

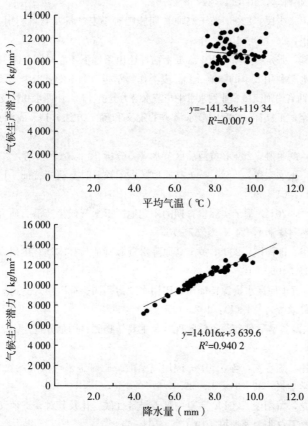

图 2-23　气候生产潜力与平均气温和降水的相关分析

　　虽然山西省近年来平均粮食单产逐年在递增，但到 2013 年粮食产量只达到了同期气候生产潜力的 32.3%。南部和中部平原区水热条件较好，但粮食生产单产水平不高，增产空间大（图 2 - 23b）。未来气候变暖背景下，温度升高为作物生产潜力的提高提供了新的契机。由于降水是山西省气候生产潜力变化的主要限制因子，降水增加将有效提高气候生产潜力，极大地改善农业生产收益。因此，本区域农业发展应遵循因地制宜的原则，提高光、温、水资源的配合协调程度，充分发挥温度对气候生产潜力的贡献值，大力发展旱作节水农业，改善并充分利用好有限的水资源，提高水资源的利用效率。

本章参考文献：

曹寒冰，王朝辉，赵护兵，等，2017. 基于产量的渭北旱地小麦施肥评价及减肥潜力分析 [J]. 中国农业科学，50 (14)：2758 - 2768.

陈磊，郝明德，张少民，2006. 黄土高原长期施肥对小麦产量及肥料利用率的影响 [J]. 麦类作物学报，26 (5)：101 - 105.

党建友，裴雪霞，张定一，等，2014. 玉米秸秆还田条件下冬灌时间与施氮方式对冬小麦生长发育及水肥利用效率的影响 [J]. 麦类作物学报，34 (2)：210 - 215.

狄帆，2014. 山西省汾河流域农业用水水平与节水潜力分析 [J]. 山西水利科技 (4)，77 - 79.

段爱旺，信乃诠，王立祥，2002. 节水潜力的定义和确定方法 [J]. 灌溉排水，21 (2)：25 - 28，35.

龚华，侯传河，刘争胜，2000. 黄河灌区节水潜力分析 [J]. 人民黄河，22 (7)：44 - 45.

韩虹，任国玉，王文，等，2008. 黄土高原地区太阳辐射时空演变特征 [J]. 气候与环境研究，13 (1)：61 - 66.

何永坤，郭建平，2012. 基于实际生育期的东北地区玉米气候生产潜力研究 [J]. 西南大学学报（自然科学版），34 (7)：67 - 75.

何永涛，李文华，郎海鸥，2009. 黄土高原降水资源特征与林木适宜度研究 [J]. 干旱区研究，26 (3)：406 - 412.

贺少华，1996. 黄土原区水资源特征与农田用水"蓄、调、补"模式 [J]. 陕西师范大学学报（自然科学版），24 (1)：102 - 107.

胡凡，2017. 陕西省猕猴桃和蔬菜施肥现状及主要作物肥料用量分析 [D]. 杨凌：西北农林科技大学.

姜佰文，谢晓伟，王春宏，等，2018. 应用腐殖酸减肥对玉米产量及氮效率的影响 [J]. 东北农业大学学报，49 (3)：21 - 29.

赖荣生，余海龙，黄菊莹，2014. 宁夏中部干旱带气候变化及其对春玉米气候生产力的影响 [J]. 中国农业大学学报，19 (3)：108 - 114.

李惠茹，2000. 从关中水资源状况谈灌区节水的重要性 [J]. 西北水力发电，20

（3）：51.

李家康，林葆，梁国庆，等，2001. 对我国化肥施用前景剖析 [J]. 磷肥和复肥，16
　　（2）：1-5.

李久生，李蓓，宿梅双，等，2005. 冬小麦氮素吸收及产量对喷灌施肥均匀性的响应
　　[J]. 中国农业科学，38（8）：1600-1607.

李克南，杨晓光，刘志娟，等，2010. 全球气候变化对中国种植制度可能影响分析Ⅲ——
　　中国北方地区气候资源变化特征及其对种植制度界限的可能影响 [J]. 中国农业科学，
　　43（10）：2088-2097.

李世奎，1984. 农业发展布局中合理利用气候资源的若干问题 [J]. 农业现代化研究
　　（2）：23-27.

李晓东，胡爱军，祁栋林，等，2015. 近 53 年青海省气候变化与粮食产量及气候生产潜
　　力特征 [J]. 草业科学，32（7）：1061-1068.

李晓渊，2010. 新疆干旱区农业高效节水灌溉技术示范经济评价研究 [D]. 乌鲁木齐：新
　　疆农业大学.

李燕敏，郝明德，赵云英，2008. 黄土旱塬长期施肥条件下小麦钾素营养和肥料利用率的
　　研究 [J]. 安徽农业科学，36（18）：7769-7773，7796.

廉丽姝，李志富，李梅，等，2012. 山东省主要粮食作物气候生产潜力时空变化特征
　　[J]. 气象科技，40（6）：1030-1038.

吕志宁，刘庆芳，李海涛，2005. 发展工程节水与农业节水相结合的节水型农业 [C]//山
　　东省科学技术协会.“提高农业综合生产能力”论文集.[出版地不详]：[出版者不
　　详]：137-139.

罗永忠，成自勇，郭小芹，2011. 近 40 年甘肃省气候生产潜力时空变化特征 [J]. 生态
　　学报，31（1）：221-229.

马慧敏，武鹏林，2014. 基于基尼系数的山西省水资源空间匹配度分析 [J]. 人民黄河，
　　36（11）：58-61.

孟毅，蔡焕杰，王健，等，2005. 麦秆覆盖对夏玉米的生长及水分利用的影响 [J]. 西北
　　农林科技大学学报（自然科学版），33（6）：131-135.

四川省农业厅，2013. 我国三大粮食作物肥料利用率处较低水平 [J]. 四川农业科技
　　（12）：47.

苏人琼，1996. 黄土高原地区水资源合理利用 [J]. 自然资源学报，11（1）：15-22.

孙惠南，1985. 自然地理学中的农业生产潜力研究及我国农业生产潜力的分布特征 [J].
　　地理集刊，17：27-33.

唐文雪，马忠明，王景才，2015. 施氮量对旱地全膜双垄沟播玉米田土壤硝态氮、产量和
　　氮肥利用率的影响 [J]. 干旱地区农业研究，33（6）：58-63.

同延安，OVE EMTERYD，张树兰，等，2004. 陕西省氮肥过量施用现状评价 [J]. 中
　　国农业科学，37（8）：1239-1244.

王丽，2017. 灌水施氮方式对临汾盆地土壤水氮分布与作物吸收利用的影响 [D]. 临汾：

山西师范大学.

王素艳，霍治国，李世奎，等，2003. 中国北方冬小麦的水分亏缺与气候生产潜力 [J].
自然灾害学报，12 (1)：122 - 130.

王宗明，张柏，张树清，等，2005. 松嫩平原农业气候生产潜力及自然资源利用率研究
[J]. 中国农业气象，26 (1)：1 - 6.

王秀芬，陈百明，毕继业，2012. 基于县域尺度的中国农业水资源利用效率评价 [J]. 灌
溉排水学报，31 (3)：6 - 10.

王艳阳，王会肖，刘海军，等，2012. 极端气候条件下关中灌区农业节水潜力研究 [J].
北京师范大学学报（自然科学版），48 (5)：577 - 581.

武永利，卢淑贤，王云峰，等，2009. 近 45 年山西省气候生产潜力时空变化特征分析
[J]. 生态环境学报，18 (2)：567 - 571.

闫鸿媛，段英华，徐明岗，等，2011. 长期施肥下中国典型农田小麦氮肥利用率的时空演
变 [J]. 中国农业科学，44 (7)：1399 - 1407.

杨重一，庞士力，孙彦坤，2010. 黑龙江省作物气候生产潜力估算 [J]. 东北农业大学学
报，41 (3)：75 - 78.

杨会颖，刘海军，王会肖，2011. 陕西省关中灌区田间节水模式研究 [J]. 节水灌溉
(11)：1 - 4.

宜丽宏，王丽，张孟妮，等，2017. 不同灌溉方式对冬小麦生长发育及水分利用效率的影
响 [J]. 灌溉排水学报 (10)：14 - 19.

尹海霞，张勃，张建香，等，2013. 甘肃省河东地区春玉米气候因子及气候生产潜力时空
变化 [J]. 生态学杂志，32 (6)：1504 - 1510.

余汉章，1992. 黄土高原水资源特征与利用对策 [J]. 干旱区地理，15 (3)：59 - 64.

余卫东，闵庆文，李湘阁，2002. 黄土高原地区降水资源特征及其对植被分布的可能影响
[J]. 资源科学，24 (6)：55 - 60.

于沪宁，赵丰收，1982. 光热资源和农作物的光热生产潜力——以河北省栾城县为例
[J]. 气象学报，40 (3)：327 - 334.

余卫东，2003. 黄土高原地区水资源承载力研究——以山西省河津市为例 [D]. 南京：南
京气象学院.

尹剑，王会肖，刘海军，等，2013. 关中地区典型作物农业节水潜力研究 [J]. 北京师范
大学学报（自然科学版），49 (2/3)：205 - 209.

尹剑，王会肖，刘海军，等，2014. 不同水文频率下关中灌区农业节水潜力研究 [J]. 中
国生态农业学报，22 (2)：246 - 252.

宰松梅，仵峰，丁铁山，等，2010. 引黄灌区土壤次生盐碱化防治对策研究 [J]. 人民黄
河，32 (3)：66 - 68.

张宝庆，2014. 黄土高原干旱时空变异及雨水资源化潜力研究 [D]. 杨凌：西北农林科技
大学.

张定一，党建友，王姣爱，等，2007. 苗果园施氮量对不同品质类型小麦产量、品质和旗

　　叶光合作用的调节效应 [J]. 植物营养与肥料学报，13 (4)：535 - 542.

张福锁，王激清，张卫峰，等，2008. 中国主要粮食作物肥料利用率现状与提高途径 [J]. 土壤学报 (5)：915 - 924.

张晓峰，王宏志，刘洛，等，2014. 近 50 年来气候变化背景下中国大豆生产潜力时空演变特征 [J]. 地理科学进展，33 (10)：1414 - 1423.

张耀耀，刘建刚，谷中颖，等，2014. 气候变化对沧州地区冬小麦产量潜力的影响 [J]. 中国农业大学学报，19 (4)：31 - 37.

张勇，2002. 从陕西水资源状况看节水灌溉 [J]. 干旱地区农业研究 (3)：60 - 62.

赵长增，陆璐，陈佰鸿，2004. 干旱荒漠地区苹果园地膜及秸秆覆盖的农业生态效应研究 [J]. 中国生态农业学报，12 (1)：155 - 158.

赵护兵，王朝辉，高亚军，等，2015. 陕西省农户小麦施肥调研评价 [J]. 植物营养与肥料学报，22 (1)：245 - 253.

赵雪雁，王伟军，万文玉，等，2015. 近 50 年气候变化对青藏高原青稞气候生产潜力的影响 [J]. 中国生态农业学报，23 (10)：1329 - 1338.

赵艳霞，王馥棠，刘文泉，2003. 黄土高原的气候生态环境、气候变化与农业气候生产潜力 [J]. 干旱地区农业研究，21 (4)：142 - 146.

郑海霞，封志明，游松财，2003. 基于 GIS 的甘肃省农业生产潜力研究 [J]. 地理科学进展，22 (4)：400 - 408.

BREGAGLIO S，FRASSO N，PAGANI V，et al，2015. New multi - model approach gives good estimations of wheat yield under semi - arid climate in Morocco [J]. Agronomy for sustainable development，35 (1)：157 - 167.

CCELLHO D T，DALE R F，1980. An energy - growth variable and temperature function for predicting corn growth and development：planting to siking [J]. Agronomy Journal，72 (5/6)：503 - 510.

CUI Z L，CHEN X P，ZHANG F S，et al，2008. On - farme valuation of the improved soil Nmin based nitrogen management for summer wheat in North China Plain [J]. Agronomy Journal，100：517 - 525.

CUI Z L，ZHANG F S，CHEN X P，et al，2008. On - farme valuation of an in season nitrogen management strategy based on soil Nmin test [J]. Field Crops Research，105：48 - 55.

FENG L，BOUMAN B A M，TUONG T P，et al，2007. Exploring options to grow rice using less water in northern China using a modeling approach. Ⅰ：Field experiments and model evaluation [J]. Agricultural Water Management，88 (1 - 3)：1 - 13.

FRIDLEY J D，WRIGHT J P，2012. Drivers of secondary succession rates across temperate latitudes of the Eastern USA：climate，soils，and species pools [J]. Oecologia，168 (4)：1069 - 1077.

HU H，FU B，LÜ Y，et al，2015. SAORES：a spatially explicit assessment and optimization tool for regional ecosystem services [J]. Landscape Ecology, 30 (3): 547 - 560.

RIETVELD M R, 1978. A new method for estimating the regression coefficients in the formula relating solar radiation to sunshine [J]. Agricultural Meteorology, 19 (2/3): 243 - 252.

SEO N, MENDELSOHN R, DINAR A, et al, 2009. A Ricardian analysis of the distribution of climate change impacts on agriculture across agro - ecological zones in Africa [J]. Environmental Resource Economics, 43 (3): 313 - 332.

本章作者：查燕，王丽，武雪萍

第3章 晋中平川区春玉米节水减肥与高效栽培技术研究

3.1 区域概况与研究背景

3.1.1 晋中平川区

晋中平川区位于山西中部，又叫"晋中盆地"，地处汾河谷地北部，南与渭河平原相接，北与滹沱河谷地相连，海拔700~800m。该区介于东经112°45′~112°50′，北纬37°00′~37°40′，南北长约150km，东西宽30~40km，呈北东—南西向分布，包括整个汾河中游，面积大约为5 000km²，主要涉及榆次区、太谷、祁县、平遥、介休、灵石六县（区、市），平川区地势平坦，自然条件相对较好，经济发展速度相对较快，是增产潜力较大的区域（图3-1）。

图3-1 晋中平川区地形图

3.1.2 光、热及水资源特点

由于地处黄土高原东部边缘，晋中平川区属暖温带半干旱大陆性季风气候，季节变化明显，总的特征为：春季干燥多风，夏季炎热多雨，秋季天高气爽，冬季寒冷少雪。由于受境内复杂的地形影响，气候带的垂直分布和东西差异比较明显，总体表现为热量从东向西递增。

光资源特点：全年太阳总辐射量为 $543\sim564kJ/cm^2$（王应刚，2007），在一年中，4～9 月辐射总量约为全年总辐射量的 64%，其中 3～6 月空气干燥，云量少，日照充足，太阳辐射比较强；5～6 月总辐射量达到最大值，月辐射量为 $62\sim71kJ/cm^2$；7～8 月正处于雨季高峰期，空气中水汽含量大，云量多，日照少，太阳辐射量相对减少；冬季的太阳辐射量较少，12 月的太阳辐射量最少，辐射量只有 $25kJ/cm^2$ 左右。

热资源特点：年平均气温 $10.0\sim11.0$℃，$\geqslant10$℃有效积温 $3\,500\sim4\,000$℃，近 50 年时间里，晋中地区平均气温增幅为 $0.12\sim2.11$℃，年平均气温升高主要是由于冬季平均气温升高及最低气温升高（夜间温度升高）所致，而夏季平均气温和最高气温（白天温度）变化较小（高华峰，2009；梁运香，2011）。极端最高气温一般出现在 7～8 月，最高达 39.4℃；极端最低气温一般出现在 12 月至翌年 1 月间，最低气温达 -25.5℃；最热月为 7 月，月平均气温可达 24℃；最冷月为 1 月，月平均气温在 -7℃左右。全年太阳日照时数为 $2\,300\sim2\,800$h。一年中，以 5 月和 6 月为最多，月平均日照时数为 240～270h；11 月，日照时数最少，月日照时数小于 200h；7 月和 8 月正值雨季，云量较多，日照时数也相对减少。

全年无霜期 150～175 天，平川区无霜期较长，而周边丘陵区的无霜期较短。

水资源特点：①水资源缺乏，区域分布不均匀。晋中水资源总量为 $1.56\times10^9m^3$，人均水资源量为 $522m^3$，远低于全国平均水平。晋中地区立地条件明显形成差异较大的平川和东山两个地域概念，由榆次、太谷、祁县、平遥、介休、灵石六县（区、市）组成的平川板块自然条件相对较好，平川区人口占全市的 70.7%，耕地占 58.6%，其中水浇地面积占 92%。但平川区水资源总量仅有 $5.7\times10^8m^3$，占全市的 36.6%，而用水量却占到全市的 85%。人均水资源量只有 $270m^3$，每公顷耕地平均只有 $2\,505m^3$，大大低于全国平均水平。②降雨时空分布不均匀，年际变化大，资源性降水极其有限。正常年份平川区平均降水量为 400～500mm，但由于冬冷、夏热，春旱，一年中有 3/4 时间雨水奇少，降雨多集中在 7～9 月，由此形成了特有的降水净流规律，这就是该用水的时候没水，不用的时候来水。其中 7 月、8 月和 9 月三个月的降水量约占全年降水量的 70%；且多以暴雨或雷阵雨形式出现，对土壤补给的有效降水很少，同时年蒸发量又是年平均降水量的 3 倍。冬季降水量很少，仅占全年降水量的 2%～3%，年降水量相对变率在 20%～25%。由于降水年变率和季节变率大，发生干旱的频率也相对较大。③降水呈逐年减少趋势，干旱少雨现象严重。据资料统计，随着年平均气温的不断上升，降水量呈峰、谷波动变化，呈明显的减少趋势，并以每 10 年 35.9mm 的速度在递减。干旱少雨使本已紧缺的水资源（地表水、地下水）呈明显减少趋势。据分析，降水量每减少 10%，水资源总量约减少 23.8%（马荣田，2007）。自 20 世纪 80 年代以来，盛夏降水也逐年减少，1981—2006 年 26 年间盛夏平均雨量与 1954—1980 年 27 年间同期相比，平川榆次区降雨由 229.7mm 下降至 168.8mm，减少 27%，而这一时段正是粮食作物产量形成的关键期（梁运香，2011）。因此，晋中平川区的农业气候更加趋于干旱少雨，尤其盛夏干旱也已成为制约农业生产的重要因素。

3.1.3 存在问题及研究进展

晋中土地总面积为 2 460.6 万亩，占山西省土地总面积的 10.5%，其中耕地面积 585.4 万亩，平川区耕地占总耕地面积的 58.6%。玉米不仅是平川区高产粮食作物，而且是重要的饲草饲料作物和适于深加工获得多种产品的经济作物，目前尚存在较大的增产空间，稳定玉米生产，增加粮食产量，对保障粮食安全、促进养殖业发展及振兴区域经济具有至关重要的作用。

然而，该区农业水资源严重短缺，土壤水储量极为有限，且因耕作、管理等水分利用效率低，已成为限制产量和效益的"瓶颈"。当前的紧迫任务是如何充分利用土壤水分，大面积提高土壤水高效利用的综合农艺措施。

研究表明，干旱半干旱区的黄土高原，黄土层深厚，质地疏松且持水孔隙度高，具有很强的蓄存和调节水分的"土壤水库"功能，是农田水分循环的重要影响因素。随着近年来平川区小型农机具的应用，耕层土壤逐渐变浅，土壤结构紧实，板结严重，有效耕层的土壤数量逐步减少，逐渐成为妨碍作物产量提升的主要因素。而且连年旋耕造成土壤结构破坏，加速了土壤有机质分解和养分流失，土壤有机质不断下降，土壤自身保水保肥能力差，也严重制约着作物对水分的高效利用，更加剧了水分供求的矛盾。另一方面，由于地处黄土高原半干旱区，降水量偏少，且时空分布不均，作物需水与降水常常不相吻合，导致降水的无效化，春旱、伏旱、秋旱经常发生。为了应对干旱缺水，春玉米生产上常常大水漫灌，重灌溉轻蓄水保墒，再加上发生干旱时肥料的利用率也随之降低，致使作物产量在水和肥的共同制约下波动很大。因此，充分利用有限的降水，尽可能最大限度地积蓄自然降雨，以满足作物生长发育对水分的需求，提升水分利用效率，是平川区农业可持续发展的关键所在，也是解决半干旱区水分匮乏和提高粮食作物产量的重要途径。

生产上化肥用量也急剧增加，而肥效却不断下降。化肥施用不平衡，存在着三重三轻的现象，即重视高产田，轻视低产田；重视经济作物，轻视粮食作物；重施氮肥，轻施有机肥，养分比例不协调。这种施肥不合理，更加剧了作物营养供求的矛盾，水肥利用效率低下，更使得作物产量低而不稳。农户过量施用氮肥，造成土壤硝态氮向土壤深层淋溶，不仅造成肥料浪费、地下水源污染，而且不利于农业生态的可持续发展。

因此，研究合理的耕作及栽培措施对提高土壤水分的保蓄、增加土壤有效贮水库容，提高作物水、肥利用效率，达到土、肥、水资源的高效利用与环境友好具有重要的意义。

(1) 土壤耕作增容技术

国内外围绕着土壤水库的扩蓄增容开展了大量的研究。土壤耕作技术是调控土壤中的水、肥、气、热等因子，为作物根系创造良好的土壤环境，利于作物生长发育的一种农艺措施。据报道，我国平均土壤耕作层仅为 16.5cm，平均耕层的土壤容重是 $1.39g/cm^3$，而犁底层土壤容重较大，为 $1.52g/cm^3$，远远高于作物根系生长适宜的土壤容重 $1.1\sim1.3g/cm^3$。合理的耕作制度可以有效地改善土壤结构，防止土壤水分过量蒸发，最大限度接纳和保蓄自然降水，提高土壤贮水及作物对水分的利用效率。免耕可改善土壤物理性状，提高土壤的持水性能，使土壤团聚体稳定性增强。深松是免耕之后开始发展起来的一种新型耕作方式，深松能够打破犁底层，改善土壤通透性，加深耕层，提高土壤储蓄能力，增加耕层活土总量。深松过的土壤结构虚实并存，少雨季节土壤紧实保持较多的土壤水分，多雨季节土壤疏松蓄积更多的降水。由于深松有利于降雨向土壤水库深层入渗，不仅能减少地表径流，而且自然降水积蓄增加，土壤水库得以扩增，作物水分利用效率不断提高。深松也可通过降低土壤容重，使土壤容重在降低 $0.1g/cm^3$ 时土壤孔隙度增加 $3.6\%\sim4.0\%$，使土壤持有更多水分，更好地实现土壤供水与作物需水的相互协调，从而提高作物的产量。深翻可有效地打破犁底层，使耕层加深，降低土壤密度，增加孔隙度，使土壤内部空气流通增加，有利于作物根系的生长和分布。

秸秆还田技术也是改善土壤理化性质、增加土壤贮水最有效的手段之一。秸秆还田可以显著降低 0～10cm 表层土壤容重,提高土壤的渗透性并显著增强土壤的保水能力。秸秆还田也可提高土壤有机质含量,改善土壤肥力状况,起到以肥调水的作用。英国的洛桑试验站坚持百余年的定点观测试验,每年翻压玉米秸秆 7～8t/hm²,8 年后土壤有机质含量提高 2.2%～2.4%。然而在农业生产中,为了克服干旱缺水和改良土壤理化特性,耕作配合秸秆还田也被广泛地应用。运用不同的耕作方式从而改变还田秸秆在土壤中的深度,进而影响秸秆的腐解进程。在欧洲地中海地区研究表明,长期免耕秸秆还田会影响作物出苗率,进而导致减产,但运用少耕秸秆还田技术可以很好地解决出苗率降低的问题。

(2) 垄沟集雨种植技术

干旱、半干旱区地下水位较深,而且降水较少分布又不均匀,季节性干旱缺水严重制约了区域农业的发展。近年来,以积蓄雨水就地富集利用的集雨种植技术发展非常迅速,它不但能够有效调控农田土壤水分,而且能提高作物产量,受到国内外的广泛关注。与传统平作比,集雨种植 0～60cm 土层平均土壤含水量增加 1.81%～2.12% (Li et al.,2013)。在传统栽培和耕作的基础上,改良并创新了基于垄沟的集雨栽培技术,即在集雨垄沟种植上增加了地膜、秸秆等不同覆盖材料,实现了自然降水的空间叠加效应。目前发展较快的有甘肃的"121 工程"、宁夏的"窖灌工程"、内蒙古的"112 工程"以及陕西的"甘露工程"。通过改变农田微地形起垄造沟,实行垄沟交替排列、垄上覆膜集雨,作物种植于沟内,使降雨通过垄面富集,再通过雨水径流的方式集聚到沟中,使得≤5mm 的无效降雨通过雨量叠加效应能够转化为有效降雨,进而促进降雨的深层入渗。而且通过地膜、秸秆覆盖可防止土壤水分的向上蒸发,确保垄沟种植区含有较高的土壤含水量。

(3) 覆盖抑蒸保水技术

干旱半干旱区农田土壤蒸发量较大,农田水分的损耗主要表现在地表的无效蒸发,占作物生长期耗水总量的 1/4～1/2。

地表覆盖可有效降低土壤水分蒸发,阻断土壤水分的垂直蒸发和流动,迫使水分横向迁移,增大了蒸发的阻力,减少了水分的无效逃逸,从而达到蓄水保墒的目的。地膜覆盖较裸露种植土壤蒸发量降低了 24%,能增加植株的蒸腾耗水量,提高作物水分利用效率 9.7%～20.4% (Zhang et al.,2011)。覆膜与对照处理下玉米生育期的耗水量基本相同,但是覆膜处理的水分利用效率为 33.1～35.6kg/(hm²・mm) 远远高于对

照的 $27.0\sim28.5kg/(hm^2\cdot mm)$，主要由于覆膜后减少了土壤无效蒸发导致植株蒸腾效率增加（Liu et al.，2010）。地膜覆盖明显提高了 $0\sim100cm$ 的土壤含水量，特别是 $0\sim60cm$ 土层的保墒效果作用显著，很大程度上改善了土壤耕层的水分状况，加大了作物对深层土壤水分的利用，减少了地表水的无效损耗，改善了根系吸水状况，从而强化了作物抗旱保墒的效果。同时由于覆盖地膜后膜内温度不断升高，致使深层土壤水分不断上升，起到了一定的提墒作用，满足了玉米生长阶段对水分的需求，提高了作物对土壤水分的利用效率。

秸秆覆盖作为一类田间微环境控制技术，能显著降低作物棵间水分蒸发量，从而改善耕层土壤水热状况，提高天然降水的利用率。秸秆还田可以显著降低 $0\sim10cm$ 表层土壤容重，提高土壤的渗透性并显著增强土壤的保水能力。与传统裸地种植相比，休闲期的残茬覆盖可以使休闲期土壤水分蒸发量减少 23.9%，利于干旱年份的农业生产。秸秆残茬覆盖不仅具有保水作用，而且实现了农田废弃物等资源的合理利用，对于培肥土壤及防治水土流失具有重要的作用。但也有研究认为，秸秆覆盖虽然增加了土壤水分，但由于在春玉米苗期覆盖的秸秆降低了土温，极大地阻碍玉米的生长和发育，导致产量下降。

(4) 适度限量补灌技术

晋中平川区水资源短缺，有限的降水量常常满足不了作物正常的生长发育，农田土壤水分供给低于不同生育时期实际的作物需水量，作物需水关键期和降雨分配常常不相吻合。通过了解区域的气候情况，根据当地降水规律及作物需水情况，辅以有限的灌溉，来增强作物需水与供水时间上的耦合，既可以减少灌溉量节约灌溉水资源，又可以提高降水利用率，使土壤水库的水资源合理利用，达到盈亏平衡。适时限量补灌是指在水资源不足的条件下，在作物关键生长期，根据作物的需水特性，进行少量灌水，以适应作物正常的生长需要，减少因干旱胁迫而导致的减产。但有研究表明，在土壤水分充足的情况下，作物根系生长较旺，但根系下扎深度远不及有限灌溉处理。在低降水区域（年降水量<450mm）补灌能提高作物水分利用效率，起到"以水促水"的作用，但在降水较多的区域（年降水量>450mm）补灌会显著增加农田耗水量，降低作物的水分利用效率。

3.1.4 研究目的及意义

本研究针对晋中平川区水资源持续减少对农业生产的支撑能力逐渐减

弱、土壤耕地质量下降、作物需水与降水耦合度较低；农作物大面积种植仍以传统机械翻耕方式为主，虽然传统耕作方式能为农作物提供较适宜的生长环境，但其作业环节多、费时、成本高，而且过频的翻耕易导致水肥土流失、土壤结构破坏、土壤肥力下降等不良影响，不利于区域农业生态的可持续发展；加之该区部分耕地土层浅薄、结构性较差、障碍因子较多、肥水资源短缺、土壤退化较为严重，制约了耕地生产潜力的发挥；春玉米生产上仍存在播种质量不高、种植密度偏低、均匀度不够，生长期受到风雨袭击常（易）发生倒伏，每年玉米因倒伏造成的产量损失达 5%～25%；通过分析农田水肥施用过量且效率低下等突出问题，研究作物降水生产潜力实现过程中土壤水库的调控、农田降水高效集蓄、保水保土、作物水分高效利用、减肥增效等关键栽培技术，不断探索建立适应区域生产生态特点、与水资源条件相匹配的"适度低投入、高效高产出、可持续发展"的半干旱区农业高效机械化栽培技术集成体系，实现区域水资源的平衡。

3.2 玉米保护性耕作技术研究

耕作及秸秆还田作为重要的农艺措施对改良土壤容重、提高土壤蓄水及产量都有重要的影响。旱作农业生产土壤水分的补充主要依赖于降水，土壤又是自然降雨主要贮存库，提高土壤的蓄水和保水力，是农田水分高效生产和降雨高效利用的前提和基础（王昕，2009；Diacono，2010）。

已有研究表明，合理的耕作制度可有效地改善土壤结构（官情，2011），防止土壤水分过量蒸发，最大限度接纳和保蓄自然降水。长期浅旋耕使土壤结构紧实、犁底层加厚、土壤理化特性遭到破坏，使土壤变得贫瘠，不利于作物生长发育与产量提高（宫亮，2011）；犁底层加厚变硬还会影响作物根系的下扎，降低根系对深层水分的吸收（战秀梅，2012）。国内外研究显示，免耕可明显改善土壤物理性状，提高土壤的持水性能使土壤团聚体稳定性增强（Zhou et al.，2007）。而深松通过疏松深层土壤，减少表土的扰动，这与传统的翻耕方式相似。深松一方面可改良土壤结构，减少风蚀、水蚀造成的营养物质的流失，能起到水土保持的作用；另一方面减少对表土水分的蒸发，使作物能够充分地利用水资源（秦红灵，2008；李静静，2014）。深松和深翻均可有效地打破犁底层，使耕层加深，降低土壤密度，增加孔隙度，使土壤内部空气流通增加，有利于作物根系的生长和分布（Abu-Hamdeh，2003）。深松、深翻还改善了土壤的理化结构，进而影响了作物生长的环境，更利于作物生长发育及粮食产量的提高。

秸秆是农作物收获后遗留在田间的茎、叶等副产物。秸秆产量占农作物产量大约 50% 以上，是一种重要的再利用资源。我国每年秸秆产量巨大，农作物秸秆每年产出近 8×10^8 t，约占世界总量的 1/3（杨丽，2017）。随着农业综合生产能力的提高，秸秆产量也不断增长，仅 2016 年山西省玉米秸秆产量约为 2.08×10^7 t（吕开宇，2013；谢佳贵，2014）。但由于缺少养分归还的意识，目前我国秸秆利用率约为 33%，还有一小部分秸秆被用于造纸业或生产各种动物饲料等其他途径，更多的秸秆被当作农业废弃物，造成了资源浪费和环境污染。秸秆全部运走或是就地焚烧后就会使土壤直接裸露，导致土壤水分和养分的大量流失，不利于农业的可持续发展。秸秆还田不仅能有效改善土壤表层水分状况，而且促进作物生长发育提高产量（高飞，2011）。秸秆还田能提高作物水分利用效率，同时也是一种高效的培肥方式（战秀梅，2017）。还有研究表明，深翻与秸秆还田相结合可明显降低生育期内玉米棵间蒸发量，降低土壤表层水分的散失（Borontov et al.，2005）。

尽管前人做了很多研究，但在一定的气候条件及土壤肥力水平下，耕作方式对于土壤理化特性的影响因不同的土壤、生态条件而异。因此，运用不同的耕作方式改变还田秸秆在土壤中的深度，进而影响秸秆的腐解进程，深入探讨土壤理化性质的改变与土壤水分的入渗、保持作物对水分高效利用的影响。为此，本研究于 2016—2017 年在山西省农科院榆次东阳基地进行不同秸秆还田与耕作方式组合的定点定位大区试验，探索最佳的秸秆还田与耕作方式的组合，以期为该地区以及气候条件相似地区制定合理的农耕和秸秆还田措施提供理论和实践依据。

3.2.1 研究方法

（1）试验区概况

试验地位于山西省农业科学院榆次东阳基地（37°32′44.28″N，112°37′26.78″E），属暖温带大陆性季风气候，年平均降水量为 440mm 左右，年平均气温 9.8℃左右，年≥10℃的积温 3 300～3 500℃，无霜期 154 天。供试土壤类型为潮土，耕层平均厚度为 15cm。试验前土壤基本理化性状为：pH 为有机质 10.2g/kg，全氮 0.08g/kg，碱解氮 40.3g/kg，有效磷 3.7g/kg，速效钾 99g/kg，pH 8.2。试验期间降水及气温数据见表 3-1。

2016 年生育期降水量为 345.3mm，有效降水量为 338.8mm，占总生育期降水的 98.1％。而 2017 年生育期降水量为 390.9mm，有效降水量为 367.2mm，占总生育期降水的 93.9％。试验年份降水与多年平均（440mm）比较，降水量较少，但大多为有效降水。与 2017 年相比，2016 年玉米生育期最高温度和最低温度均较高（表 3-1）。

表 3-1　2016—2017 年玉米生育期气象条件

年份	气象条件	月份						总计/平均
		4 月	5 月	6 月	7 月	8 月	9 月	
2016 年	最高温度（℃）	23	26	29	29	29	26	162/27
	最低温度（℃）	8	12	17	19	19	12	87/14.5
	总降水量（mm）	26	19	35.3	172	72	21	345.3/57.6
	有效降水量（mm）	26	19	28.8	172	72	21	338.8/56.5
2017 年	最高温度（℃）	18	24	26	28	27	21	144/24
	最低温度（℃）	2	8	13	15	14	9	61/10.2
	总降水量（mm）	30.1	12.5	64.5	171.2	110	2	390.9/65.2
	有效降水量（mm）	16.2	8.5	64.5	168	110	0	367.2/61.2

注：有效降水量指日降水≥5mm 的降水量。

（2）试验设计

采用二因素裂区随机区组设计，3 次重复。主区为秸秆还田量：100％秸秆还田（SR100）及秸秆不还田（SR0）。裂区为土壤耕作方式：分别设免耕（NT）、深松（SS）、旋耕（RT）、翻耕（SP）四种耕作方式。具体处理作业方式：

①免耕秸秆覆盖还田（NT＋SR100）　前茬玉米机收后，粉碎秸秆覆盖地面，不耕。翌年采用免耕施肥播种机播种、施肥，喷施除草剂。

②免耕留茬秸秆移出（NT＋SR0）　同上。但秸秆移出田间。

③深松秸秆覆盖还田（SS＋SR100）　前茬玉米机收后，粉碎秸秆覆盖地面，深松（可隔年）。翌年采用免耕施肥播种机播种、施肥，喷施除草剂。

④深松留茬秸秆移出（SS＋SR0）　同上。但秸秆移出田间。

⑤旋耕秸秆还田（RT＋SR100）　前茬玉米机收后，粉碎秸秆经旋耕 15～20cm 入土，镇压。翌年采用播种机播种、施肥，喷施除草剂。

⑥旋耕秸秆移出（RT＋SR0）　同上。但秸秆移出田间。

⑦翻耕秸秆还田（PT＋SR100）　前茬玉米机收后，粉碎秸秆经翻耕20～25cm入土，旋耕镇压。翌年采用播种机播种、施肥，喷施除草剂。

⑧翻耕秸秆移出（PT＋SR0）　同上。但秸秆移出田间。

试验采用田间大区定位试验，各大区面积为5m×30m＝150m²。各处理施肥量施肥方式相同，按玉米亩产700kg确定施肥量（N：P_2O_5：K_2O＝15：7：3）。选用中晚熟玉米品种大丰30，播量每亩4 500粒。2016年5月10日播种，9月23日收获；2017年4月27日播种，9月26日收获。生育期内田间其他管理一致（图3-2）。

免耕　　　　　　　　　　　深松

旋耕　　　　　　　　　　　翻耕

图3-2　不同耕作处理田间操作布置图

(3) 测定项目及方法

①土壤含水量测定 在玉米各生育期播种、苗期、拔节、大喇叭口、抽雄、灌浆、收获后分别进行测定，每小区中央各埋设一根中子管，深度为200cm。用CPN-503中子仪测定土壤含水量，每隔20cm分层进行测定。

土壤贮水量计算公式：$W = \sum W_i \cdot D_i \cdot H_i \times 10$，式中，$W$ 为土壤贮水量（mm）；W_i 为第 i 层土壤重量含水量（%）；D_i 为第 i 层土壤容重（g/cm³）；H_i 为第 i 层土层厚度（mm）。

②土壤容重及孔隙度测定 于春玉米播前和收获时每隔10cm分层取样测定0～30cm剖面的土壤容重、孔隙度。其中，土壤容重采用环刀法进行取样，各处理重复3次，环刀体积200cm³（直径20cm，高10cm）。将带土样的环刀密封好带回实验室，将环刀外的土壤擦拭干净，测定鲜土加环刀的重量，记重 M_1；完毕后，将环刀置于已放好纱布的托盘中，给托盘加水至土壤吸水饱和重量稳定（通常12h后），记重 M_2；此后，将土样后在105℃烘箱中烘干至恒重，记重 M_3，最后移除环刀中土壤并擦拭干净，称重环刀，记重为 M_0。

其中，土壤容重计算公式：$\rho_b = \dfrac{M_3 - M_0}{V}$，式中，$\rho_b$ 为土壤容重（g/cm⁻³），M_3 为烘干后干土与环刀的总重量（g），M_0 为环刀重量（g），V 为环刀的体积（cm³）。

土壤重量含水量计算公式：$\theta_g = \dfrac{M_1 - M_3}{M_3 - M_0} \times 100$，式中，$\theta_g$ 为土壤重量含水量（%），M_1 为鲜土与环刀的总重量（g），M_3 为烘干后干土与环刀的总重量（g），M_0 为环刀重量（g）。

土壤体积含水量计算公式：$\theta_v = \rho_b \times \theta_g$，式中，$\theta_v$ 为土壤体积含水量（%），ρ_b 为土壤容重（g/cm³），θ_g 为土壤重量含水量（%）。

土壤总孔隙度计算公式：$P_t = \left(1 - \dfrac{\rho_b}{P_d}\right) \times 100$，式中，$P_t$ 为土壤总孔隙度（%），ρ_b 为土壤容重（g/cm³），P_d 为土壤（粒）密度，一般取2.65 g/cm³。

土壤毛管孔隙度（soil capillary porosity，P_c）通过土壤容重与土壤毛管孔隙水含量（soil capillary water content，θ_c）来计算，公式如下：

$$P_c = \frac{\theta_c \times \rho_b}{V} \times 100$$

$$\theta_c = \frac{M_2 - M_3}{M_3 - M_0} \times 100$$

式中，P_c 为土壤毛管孔隙度（％），θ_c 为毛管孔隙水含量（％）。ρ_b 为土壤容重（g/cm），M_2 为吸水饱和后的土样与环刀的重量（g），M_3 为烘干后干土与环刀的总重量（g），M_0 为环刀重量（g），V 为环刀的体积（cm³）。

③产量测定　玉米成熟时每小区选取长势均匀的 3 个点，每点取 9m² 的样方，全部收获实打实测，按照含水量 14％折算实际产量。

④耗水量和水分利用效率测定　利用土壤水分平衡方程计算每小区作物耗水量（ET）。计算公式为：

耗水量 ET(mm)＝播前 2m 土壤贮水量—收获时 2m 土壤贮水量＋生育期降水量

水分利用效率 $WUE[\text{kg}/(\text{mm} \cdot \text{hm}^2)]＝Y/ET$，式中，$Y$ 为籽粒产量（kg/hm²），ET 为全生育期内耗水量（mm）。

（4）数据处理

数据采用 Excel 2007 和 Sigmaplot12.5 软件进行制表和作图，DPS V7.05 软件对数据进行方差分析（$p < 0.05$）和多重比较。

3.2.2　耕作对土壤容重、孔隙度的影响

不同耕作措施对土壤容重的变化影响不同，相同耕作措施对不同层次的作用也不同。如表 3-2 所示，0～10cm 土层容重最小，这主要是由于试验区多年传统的旋耕，导致 10cm 以下形成坚硬的犁底层。0～10cm 土层，各处理以 NT 处理土壤容重最大，比 SS、RT 和 PT 处理分别提高了 26.6％、28.8％和 23.1％。10～20cm 土层，各处理以 NT 处理土壤容重最大，比 SS、RT 和 PT 处理分别提高了 26.2％、27.7％和 24.0％。20～30cm 土层，各处理以 NT 处理土壤容重最大，比 SS、RT 和 PT 处理分别提高了 20.3％、9.9％和 21.6％。随土层深度的增加，土壤容重呈现递增的趋势。在不同耕作方式下，0～30cm 土层 NT、SS、RT 和 PT 处理土壤容重分别为 1.56g/cm³、1.18g/cm³、1.22g/cm³、1.20g/cm³，表现为 NT 处理＞RT 处理＞PT 处理＞SS 处理，且各土层不同处理间土壤容重差异显著（$p < 0.05$）。而土壤孔隙度和容重呈相反的趋势。0～10cm 土层土壤总孔隙度大于 10～20cm、20～30cm 土层，呈递减趋势，这与传统耕作 20cm 土层存在犁底层有关，犁底层结构坚硬，造成孔隙度减小（表 3-3）。0～10cm 土层，各处理以 NT 处理土壤总孔隙度最小，与 NT

相比，SS、RT 和 PT 处理分别增加了 31.8％、33.5％和 29.0％。10～20cm 土层，各处理以 NT 处理土壤总孔隙度最小，与 NT 相比，SS、RT 和 PT 处理分别增加了 40.4％、43.6％和 35.0％。20～30cm 土层，各处理以 NT 处理土壤总孔隙度最小，与 NT 相比，SS、RT 和 PT 处理分别提高了 32.1％、15.6％和 34.1％。耕作方式对土壤各层次孔隙度的改善是显著的，在不同耕作方式下，0～30cm 土层以 SS 处理土壤总孔隙度最大，NT、SS、RT 和 PT 处理土壤总孔隙度分别为 41.3％、55.6％、54.1％、54.7％，表现为 SS 处理＞PT 处理＞RT 处理＞NT 处理。不同耕作处理下，表层土壤毛管孔隙度较深层土壤高（表 3-4）。0～20cm 剖面毛管孔隙度，表现为 SS 显著高于其他各处理（$P<0.05$），NT 显著低于其他各处理（$P<0.05$）；20～30cm 剖面毛管孔隙度，SS 与 PT 显著高于 NT 与 RT 处理（$P<0.05$），但 SS 与 PT、NT 与 RT 没有表现出显著性差异。不同秸秆还田方式下，仅 0～10cm 表层剖面毛管孔隙度体现显著性差异，SR100 大于 SR0 处理（$P<0.05$）；不同秸秆还田方式下，10～30cm 剖面毛管孔隙度相差不大。

表 3-2　耕作及秸秆还田对 0～30cm 土壤容重的影响

处　理			容重（g/cm³）		
			0～10cm	10～20cm	20～30cm
耕作方式		NT	1.37 a	1.57 a	1.55 a
		SS	1.27 b	1.40 c	1.37 c
		RT	1.31 b	1.38 c	1.47 b
		PT	1.31 b	1.48 b	1.43 bc
秸秆还田		SR100	1.25 b	1.46 a	1.49 a
		SR0	1.38 a	1.46 a	1.42 b
耕作方式×秸秆还田	NT	SR100	1.33 bc	1.50 bc	1.56 a
		SR0	1.41 a	1.65 a	1.55 ab
	SS	SR100	1.19 e	1.46 bc	1.47 ab
		SR0	1.35 ab	1.34 d	1.28 d
	RT	SR100	1.28 cd	1.43 c	1.52 ab
		SR0	1.34 ab	1.34 d	1.42 c
	PT	SR100	1.21 de	1.45 bc	1.44 bc
		SR0	1.40 ab	1.51 b	1.42 c

注：表中同列不同字母表示不同处理在 $P<0.05$ 水平上的统计差异。

表 3-3　耕作及秸秆还田对 0~30cm 土壤总孔隙度的影响

处　　理			土壤孔隙度（%）		
			0~10cm	10~20cm	20~30cm
耕作方式		NT	48.27 b	40.75 c	41.38 c
		SS	52.20 a	47.23 a	48.18 a
		RT	50.53 a	47.77 a	44.69 b
		PT	50.63 a	44.31 b	46.07 ab
秸秆还田		SR100	52.70 a	45.00 a	43.62 b
		SR0	48.11 b	43.59 b	46.54 a
耕作方式×秸秆还田	NT	SR100	49.81 cd	43.59 bc	41.20 d
		SR0	46.73 e	37.92 d	41.57 cd
	SS	SR100	55.22 a	49.56 a	51.70 a
		SR0	49.18 cd	44.91 bc	44.65 bc
	RT	SR100	51.57 bc	46.10 b	42.83 bc
		SR0	49.50 cd	49.43 a	46.54 b
	PT	SR100	54.21 ab	45.41 bc	45.79 bc
		SR0	47.04 de	43.21 c	46.35 b

注：表中同列不同字母表示不同处理在 $P<0.05$ 水平上的统计差异。

表 3-4　耕作及秸秆还田对土壤毛管孔隙度的影响

处　　理			毛管孔隙度（%）		
			0~10cm	10~20cm	20~30cm
耕作方式		NT	40.67 c	36.50 c	36.83 c
		SS	47.25 a	41.33 a	41.42 a
		RT	45.50 b	40.00 b	38.50 bc
		PT	44.42 b	38.83 b	39.75 ab
秸秆还田		SR100	45.71 a	39.33 a	38.46 a
		SR0	43.21 b	39.00 b	39.79 a
耕作方式×秸秆还田	NT	SR100	41.50 c	39.17 bc	37.50 bc
		SR0	39.83 d	33.93 e	36.17 d
	SS	SR100	47.67 a	39.17 bc	40.00 ab
		SR0	46.83 a	43.50 a	42.83 a
	RT	SR100	47.00 a	39.00 cd	36.83 cd
		SR0	44.00 b	41.00 b	40.17 ab
	PT	SR100	46.67 a	40.00 bc	39.50 bc
		SR0	42.17 bc	37.67 d	40.00 ab

注：表中同列不同字母表示不同处理在 $P<0.05$ 水平上的统计差异。

进一步分析处理间交互影响，土层剖面容重变化分别介于$1.19\sim$
$1.41g/cm^3$（$0\sim10cm$）、$1.34\sim1.65g/cm^3$（$10\sim20cm$）和$1.28\sim1.56g/cm^3$
（$20\sim30cm$）之间。NT＋SR0处理下容重显著高于其他处理组合，而SS＋
SR100处理的土壤容重较小。从不同耕作还田组合看，秸秆还田一定程度上
使土壤总孔隙增大，SS＋SR100处理土壤总孔隙度显著高于其他处理组
合。同时$0\sim30cm$剖面SS＋SR100、SS＋SR0、RT＋SR100以及PT＋
SR100毛管孔隙度均表现较高，在47％附近浮动，并显著高于其他处理
（$P<0.05$）。

3.2.3 耕作对玉米各生育时期土壤水分的影响

播前土壤经过$6\sim7$个月的冬歇期，其含水量相对稳定（图3-3），由
于没有作物根系吸收水分，播前各土层土壤含水量普遍高于其他生育期。
NT和SS处理明显提高了播前土壤含水量，而PT处理下玉米播前土壤
含水量最低，这主要是由于NT和SS耕作处理对土壤扰动较小，减少了
冬季土壤水分蒸发，蓄积了较多的降雨，而PT处理造成土壤深层扰动，使
下层土壤水分容易蒸发损失。不同土层土壤含水量不同，表现为表层较下
层土壤含水量少。如图3-3（a）所示，在SR100条件下，$0\sim20cm$耕层，
四种耕作方式土壤含水量表现为SS＞NT＞PT＞RT。$40\sim80cm$土层，四种
耕作方式土壤含水量表现为NT＞RT＞SS＞PT。$80cm$土层以下，NT处理

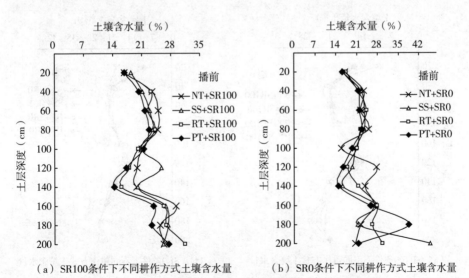

（a）SR100条件下不同耕作方式土壤含水量　　（b）SR0条件下不同耕作方式土壤含水量

图3-3 耕作及秸秆还田对玉米播前土壤含水量的影响

和 SS 处理土壤含水量呈不断波动上升趋势，高于其他两种耕作处理方式。如图 3-3（b）所示，在 SR0 条件下，20～200cm 土层，NT、SS 和 PT 处理各土层土壤含水量也呈不断波动上升趋势，显著高于 RT 处理。播前土壤深层的含水量变化幅度明显大于表层的土壤含水量变化幅度。

随着土壤温度的升高，生育期降水量的增多，到玉米拔节期 0～20cm 土壤表层含水量变化幅度明显大于其他深层土壤含水量变化幅度。如图 3-4（a）所示，在 SR100 条件下，0～20cm 土层，四种耕作方式土壤含水量表现为 NT＞PT＞SS＞RT；NT 较 PT、SS 和 RT 处理分别提高了 2.6％、15.9％和 55.3％。在 80～100cm 土层，SS 处理显著提高了土壤含水量，这可能是由于深松耕作创造了良好的耕层结构，促进了根系的生长发育，增强了深层土壤的蓄水能力。图 3-4（b）所示，在 SR0 条件下，0～20cm 土层，四种耕作方式土壤含水量表现为 NT＞SS＞RT＞PT；NT 较 SS、RT 和 PT 处理分别提高了 66.4％、87.4％和 98.9％。40cm 土层以下，不同耕作处理土壤含水量差异不明显。可见，在秸秆还田和不还田条件下，与其他耕作处理比较，NT 处理一致地提高了表层土壤含水量。玉米拔节期秸秆还田（SR100）条件下 100cm 土层以下土壤含水量变化幅度均大于不还田（SR0）条件下相应土层的土壤含水量变化幅度。因此，秸秆还田从垂直方向增加了土壤库容，提高了深层土壤贮水能力。

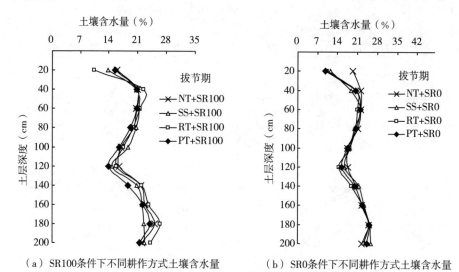

（a）SR100条件下不同耕作方式土壤含水量　　　（b）SR0条件下不同耕作方式土壤含水量

图 3-4　耕作及秸秆还田对玉米拔节期土壤含水量的影响

　　随着生育期的推进，不同耕作措施对土壤含水量的影响不同。到了玉米喇叭口期，如图 3-5（a）所示，在 SR100 条件下 0～80cm 土层，四种耕作方式下土壤含水量表现为 NT＞PT＞SS＞RT 处理；图 3-5（b）所示，在 SR0 条件下 0～80cm 土层，四种耕作方式下土壤含水量表现为 NT＞SS＞PT＞RT；80cm 土层以下，NT 和 SS 处理均表现出较好的蓄水效果。在秸秆还田条件下，NT＋SR100 较其他组合保持了较高的土壤含水量，而不还田条件下，SS 处理下土壤含水量则较好。秸秆还田（SR100）条件下各土层土壤含水量变化幅度均大于不还田（SR0）条件下各土层土壤含水量变化幅度。因此，秸秆还田从水平方向增加了土壤库容，提高了各土层土壤含水量。

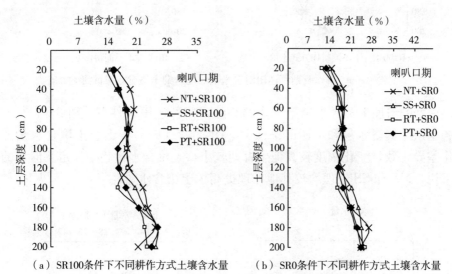

（a）SR100条件下不同耕作方式土壤含水量　　（b）SR0条件下不同耕作方式土壤含水量

图 3-5　耕作及秸秆还田对玉米喇叭口期土壤含水量的影响

　　抽雄吐丝期是玉米一生中对土壤水分最敏感的时期，也是玉米需水的关键时期，这一时期亦表现出表层含水量较下层少。在 SR100 条件下 [图 3-6（a）]，0～60cm 土层，四种耕作方式下土壤含水量表现为 SS＞NT＞PT＞RT；60cm 土层以下，四种耕作方式下土壤含水量表现为 PT＞SS＞NT＞RT；在 SR0 条件下 [图 3-6（b）]，NT 处理对 60cm 以下土层表现出较好的蓄水效果。且秸秆还田（SR100）条件下各土层在水平和垂直方向上土壤含水量均大于不还田（SR0）条件下各土层土壤含水量。

　　由图 3-7 可见，玉米成熟期各处理土壤含水量在 40～120cm 土层随土

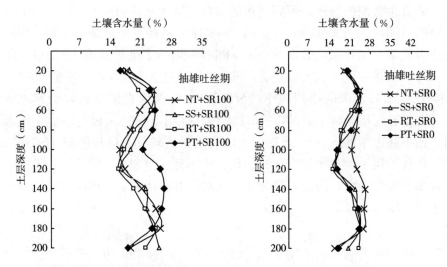

（a）SR100条件下不同耕作方式土壤含水量　　（b）SR0条件下不同耕作方式土壤含水量

图3-6　耕作及秸秆还田对玉米抽雄吐丝期土壤含水量的影响

层深度的增加土壤含水量呈下降的趋势，秸秆还田条件下［图3-7（a）］各土层土壤含水量和不还田条件下［图3-7（b）］各土层土壤含水量变化差异一致，变化幅度较其他生育期较小，土壤含水量趋于稳定。但总的来说，NT和SS处理均较其他处理提高了土壤含水量。

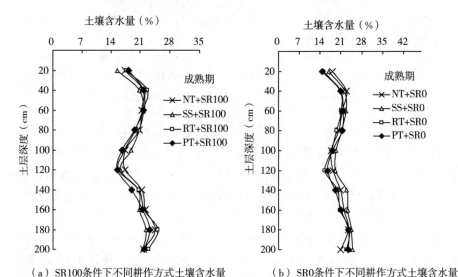

（a）SR100条件下不同耕作方式土壤含水量　　（b）SR0条件下不同耕作方式土壤含水量

图3-7　耕作及秸秆还田对玉米成熟期土壤含水量的影响

3.2.4 耕作对玉米各生育时期土壤贮水量的影响

干旱半干旱地区，春玉米一般在4月底至5月初播种，生育前期常常处于春旱阶段，较高的播前贮水量有利于玉米的出苗及苗期生长。不同耕作管理下玉米播前土壤贮水量较其他生育时期均处于较高的水平，秸秆还田条件下各处理均高于不还田条件下各处理（图3-8）。秸秆还田条件下各处理土壤贮水量高低顺序为NT＋SR100＞SS＋SR100＞RT＋SR100＞PT＋SR100。NT＋SR100处理的0～100cm土壤贮水量最高，比SS＋SR100、RT＋SR100、PT＋SR100处理分别提高了37.3%、40.2%和78.2%。NT＋SR100处理主要提高了20～100cm土层土壤贮水量，可能是由于免耕秸秆覆盖后减少了太阳辐射，阻断了土壤与大气的接触阻挡水汽的上升，使土壤水分蒸发减少，具有较好的贮水效果。

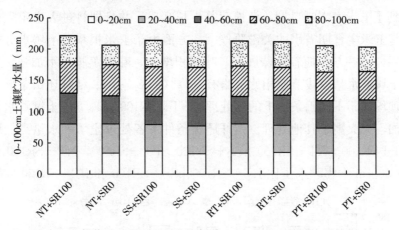

图3-8　耕作及秸秆还田对玉米播前0～100cm土壤贮水量的影响

不同耕作及秸秆还田各处理玉米拔节期土壤贮水量见图3-9。随着玉米拔节期营养生长开始，根系对土壤水分的吸收增加，此时土壤贮水量较播前相比略有下降。除NT处理外，其他秸秆还田条件下的处理略高于不还田条件下的处理，除NT＋SR0表现异常高外，SS＋SR100处理的土壤贮水量也较高。秸秆还田条件下各处理土壤贮水量高低顺序为SS＋SR100＞NT＋SR100＞PT＋SR100＞RT＋SR100。SS＋SR100处理的0～100cm土壤贮水量比NT＋SR100、PT＋SR100和RT＋SR100处理分别提高了0.7%、2.5%和3.8%。SS＋SR100处理主要提高了土壤下层60～80cm的贮水量。

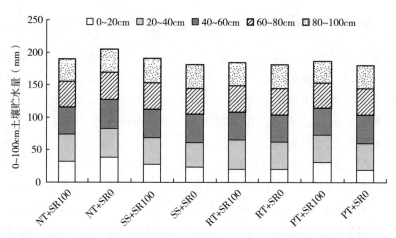

图 3-9 耕作及秸秆还田对玉米拔节期 0~100cm 土壤贮水量的影响

到了玉米大喇叭口期，植株营养生长旺盛，并且即将进入生殖生长阶段，是玉米生育期需水的关键阶段。一方面由于玉米根系对土壤水分的吸收利用，另一方面随着植株展开，叶面积增加，叶面蒸腾耗水加强，这一阶段土壤贮水量较拔节期相比又略有下降（图 3-10）。秸秆还田条件下的各处理均高于不还田条件下的各处理。NT＋SR100 处理下的土壤贮水量迅速增加，大大高于其他处理。秸秆还田条件下各处理土壤贮水量高低顺序为 NT＋SR100＞RT＋SR100＞SS＋SR100＞PT＋SR100。NT＋SR100 处理的 0~100cm 土壤贮水量比 RT＋SR100、SS＋SR100 和 PT＋SR100 处理分

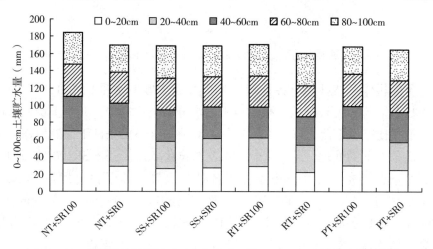

图 3-10 耕作及秸秆还田对玉米大喇叭口期 0~100cm 土壤贮水量的影响

别提高了 8.1%、9.4% 和 9.5%。NT+SR100 处理的 0~100cm 土壤贮水量较不还田处理 NT+SR0、SS+SR0、RT+SR0 和 PT+SR0 处理分别提高了 8.5%、9.0%、15.2 和 11.9%。RT+SR0 处理的土壤贮水量最低。

　　抽雄期是玉米对水分最为敏感的时期，也是对水分需求最大的时期，此时土壤水分供应不足，直接影响玉米的产量。这一阶段随着雨季的到来，降雨的增多，土壤贮水量较大喇叭口期相比又有所上升（图 3-11）。秸秆还田与不还田条件的各处理土壤贮水量无一定变化规律，NT+SR100 和 RT+SR100 土壤贮水量小于相应的 NT+SR0 和 RT+SR0 处理，而 SS+SR100 和 PT+SR100 土壤贮水量大于相应的 SS+SR0 和 PT+SR0 处理。NT+SR0 处理的 0~100cm 土壤贮水量较其他处理提高了 3.7%~16.5%。秸秆还田条件下各处理土壤贮水量高低顺序为 PT+SR100>SS+SR100>RT+SR100>NT+SR100。PT+SR100 处理的 0~100cm 土壤贮水量比 SS+SR100、RT+SR100 和 NT+SR100 处理分别提高了 3.7%、11.4% 和 12.4%。

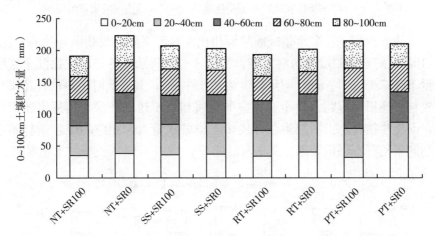

图 3-11　耕作及秸秆还田对玉米抽雄期 0~100cm 土壤贮水量的影响

　　灌浆期是玉米籽粒形成的决定时期，也是玉米生育需水最大的时期。此时土壤贮水量较抽雄期相比又略有上升（图 3-12）。NT+SR100 和 SS+SR100 土壤贮水量小于相应的 NT+SR0 和 SS+SR0 处理，而 RT+SR100 和 PT+SR100 土壤贮水量大于相应的 RT+SR0 和 PT+SR0 处理。各处理的土壤贮水量变化相对一致，可能由于此时降雨较多，各处理受降雨的影响远远大于耕作处理的影响。SS+SR0 处理下 0~100cm 的土壤贮水量最高。秸秆还田条件下各处理土壤贮水量高低顺序为 RT+

SR100＞SS＋SR100＞PT＋SR100＞NT＋SR100。RT＋SR100 处理的 0～100cm 土壤贮水量比 SS＋SR100、PT＋SR100 和 NT＋SR100 处理分别提高了 0.7％、1.1％和 1.9％。

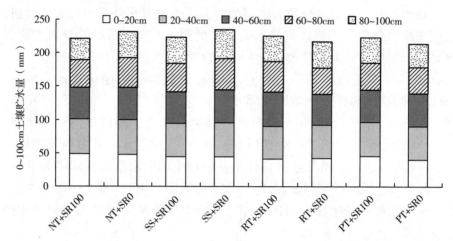

图 3-12　耕作及秸秆还田对玉米灌浆期 0～100cm 土壤贮水量的影响

玉米收获期土壤贮水量较灌浆期相比又有所下降。收获期与播前相比，0～100cm 的土壤贮水量均有下降，如图 3-13 所示，各处理较播前土壤贮水量下降 5.1～24.9mm，下降幅度为 2.6％～12.7％。此时免耕秸秆还田和深松秸秆还田土壤贮水量小于相应的免耕秸秆不还田和深松秸秆不还田处理，而旋耕秸秆还田和翻耕秸秆还田土壤贮水量大于相应的旋耕秸秆不还田和翻耕秸秆不还田处理。SS＋SR0 处理下 0～100cm 的土壤贮水量最高。

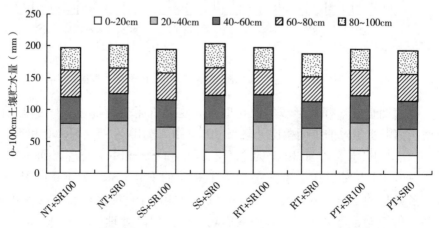

图 3-13　耕作及秸秆还田对玉米收获期 0～100cm 土壤贮水量的影响

3.2.5　耕作处理日平均降水量及日蓄水变化的分析

不同耕作处理土壤日蓄水量随着降水量的增加而增加，采用直线方程对不同耕作处理日降水量与日蓄水量变化进行拟合（图 3-14），所得拟合方程为：

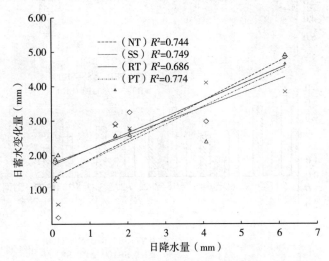

图 3-14　日平均降水量与日土壤蓄水变化量线性关系分析

NT：$y=0.568x+1.323$（$R^2=0.744$），SS：$y=0.404x+1.779$（$R^2=0.749$），PT：$y=0.519x+1.346$（$R^2=0.774$），RT：$y=0.469x+1.712$（$R^2=0.686$）。当日降水量为<1mm 时，土壤日蓄水量变化为 SS>RT>NT>PT，NT 和 PT 处理随着日降水量的增加，日土壤蓄水也不断增加。当日降水量>5mm 时，即降雨为有效降雨，土壤日蓄水量变化为 NT>RT>PT>SS。由此可见，NT 处理可拦截有效降雨，使降雨就地入渗。图 3-14 所示，SS 处理日降水量与日蓄水量线性变化较为平缓，主要是由于深松减小了土壤容重增加了土壤孔隙度，可有效收集无效降雨，供作物根系吸收利用。

3.2.6　耕作对玉米不同生育阶段土壤耗水量的影响

土壤耗水量即该生育阶段初期与末期土壤蓄水变化量，反映不同生育阶段对水分的利用状况。不同生育时期不同处理的土壤耗水量差异较大，这主要与年份间及年内降雨差异有很大的关系（图 3-15）。2016 年，春

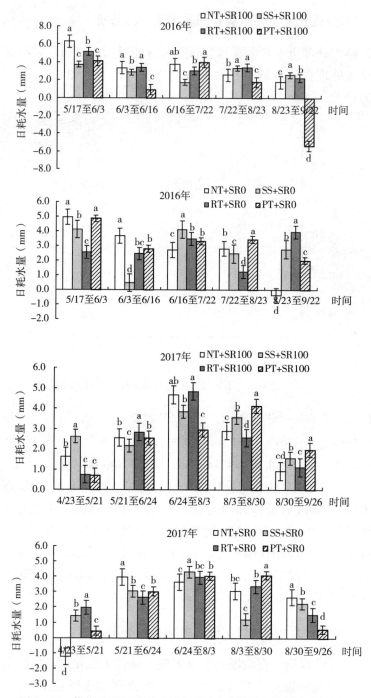

图 3-15　耕作及秸秆还田对玉米不同生育阶段土壤耗水量的影响

玉米播种至苗期（5 月 17 日至 6 月 3 日），秸秆还田条件下各处理土壤耗水表现为 NT＋SR100＞RT＋SR100＞PT＋SR100＞SS＋SR100，说明 SS＋SR100 提高了春玉米生长初期土壤蓄水保墒能力，耗水量减少。苗期至拔节期（6 月 3 日至 6 月 16 日），土壤耗水表现为 RT＋SR100＞NT＋SR100＞SS＋SR100＞PT＋SR100。拔节至抽雄期（6 月 16 日至 7 月 22 日）各处理土壤耗水表现为 PT＋SR100＞NT＋SR100＞RT＋SR100＞SS＋SR100。这一时期土壤日耗水与产量呈负相关关系，SS＋SR100 处理耗水越少产量会越大。抽雄至灌浆期（7 月 22 日至 8 月 23 日），为土壤水分主要消耗时期，土壤水分消耗的差异，反映了不同耕作方式下的耗水效应，各处理土壤耗水表现为 SS＋SR100＞RT＋SR100＞NT＋SR100＞PT＋SR100。翻耕处理耗水量最低，深松耗水较大，土壤日耗水与产量相关性分析（表 3-5）表明，土壤耗水量与产量呈正相关关系，因此秸秆覆盖深松增加了春玉米关键生育时期土壤水分消耗，对提高作物产量具有一定的作用。秸秆还田条件下 SS＋SR100 处理的耗水规律更有利于玉米籽粒产量的提高。灌浆至成熟期（8 月 23 日至 9 月 22 日）PT＋SR100 处理表现为土壤水分的补充，其他处理均表现为土壤水分消耗。2016 年秸秆不还田条件下各耕作处理耗水规律与秸秆还田下各耕作处理耗水规律不一致。

表 3-5　不同生育时期土壤日耗水量与产量相关性

		播种—苗期	苗期—拔节期	拔节—抽雄期	抽雄—灌浆期	灌浆—成熟期
产量	相关性	−0.383	0.223	0.223	0.358	0.018
	P	0.349	0.596	0.596	0.384	0.967

2017 年春玉米播种至苗期（4 月 23 日至 5 月 21 日），秸秆还田条件下各处理土壤耗水表现为 NT＋SR100＞RT＋SR100＞PT＋SR100＞SS＋SR100，这一时期土壤耗水量与产量呈负相关关系，SS＋SR100 处理减少了春玉米土壤水分消耗，因此提高作物产量具有一定的作用。而秸秆不还田条件下 NT＋SR0 处理表现为土壤水分盈余，NT 耗水较少，也有利于作物产量的提高。苗期至拔节期（5 月 21 日至 6 月 24 日），土壤耗水表现为 NT＋SR100＞SS＋SR100＞PT＋SR100＞RT＋SR100。这一时期土壤耗水量与产量呈正相关关系，NT＋SR100、SS＋SR100 和 PT＋SR100 处理土壤日耗水高于 RT＋SR100 处理，说明秸秆还田条件下 NT、SS 和

PT 耕作比 RT 处理更有利于提高作物产量。拔节至抽雄期（6 月 24 日至 8 月 3 日）是玉米生长的关键时期，也是耗水最大的时期。各处理土壤耗水表现为 SS＋SR100＞PT＋SR100＞RT＋SR100＞NT＋SR100。这一时期土壤日耗水与产量呈负相关关系，NT＋SR100 处理耗水越少产量会越大。抽雄至灌浆期（8 月 3 日至 8 月 30 日），也是土壤水分主要消耗时期，各处理土壤耗水表现为 PT＋SR100＞SS＋SR100＞NT＋SR100＞RT＋SR100。这一时期土壤耗水量与产量呈正相关关系，PT、SS 和 NT 较 RT 处理对提高作物产量具有一定的作用。灌浆至成熟期（8 月 30 日至 9 月 26 日）各处理土壤耗水表现为 PT＋SR100＞SS＋SR100＞RT＋SR100＞NT＋SR100。尽管不同年份由于降雨的差异各处理土壤耗水规律不一致，而且同一年份秸秆还田和不还田条件下各耕作处理土壤耗水规律也不一致，但总的来说，NT、SS 处理的耗水规律更有利于玉米籽粒产量的提高。

3.2.7 不同耕作下土壤的养分效应

（1）对土壤全氮的影响

随着土壤深度的增加土壤全氮含量呈下降的趋势。如表 3－6 所示，0～20cm 剖面，土壤全氮含量介于 0.91～1.25g/kg，表现为 SS＞NT＞RT＞PT，其中，NT 与 SS 处理无显著差异（$P < 0.05$）。20～40cm 剖面，SS 处理下全氮含量最高，PT 处理最低。相比 PT 处理，SS 处理下全氮含量提高 23.5%。0～20cm、20～40cm 土壤全氮含量均表现为 SR100＞SR0，两者存在显著性差异（$P < 0.05$）。进一步分析两者交互作用下的土壤全氮含量变化规律，在 0～20cm、20～40cm 土层，NT＋SR100 处理全氮含量显著高于其他处理，但与 SS＋SR100 处理差异不显著。

（2）对土壤速效氮的影响

土壤速效氮含量也随土壤深度的增加呈下降的趋势。表 3－7 所示，耕层 0～20cm 土壤速效氮含量介于 38.77～42.97mg/kg，RT 处理较 NT、SS、PT 处理显著降低 9.8%、3.0%、9.8%。20～40cm 剖面，土壤速效氮含量介于 17.99～38.97mg/kg，RT 处理较 NT、SS、PT 处理显著提高 94.9%、21.9%、116.6%（$P < 0.05$）。0～20cm、20～40cm 土层秸秆还田下土壤速效氮含量均大于不还田处理，表现为 SR100＞SR0。相比 SR0 处理，SR100 处理分别显著提高 26.4%、13.7%。进一步分析秸秆还田与耕作交互作用，在 0～20cm 剖面，PT＋SR100 处理下土壤速效氮含量较高，NT＋SR100 次之。

表 3-6　耕作及秸秆还田对土壤全氮的影响

处　理			全氮（g/kg）	
			0～20cm	20～40cm
耕作方式		NT	1.20 a	0.80 b
		SS	1.25 a	0.84 a
		RT	1.12 b	0.77 b
		PT	0.91 c	0.68 c
秸秆还田		SR100	1.24 a	0.79 a
		SR0	1.00 b	0.76 b
耕作方式×秸秆还田	NT	SR100	1.35 a	0.85 a
		SR0	1.04 d	0.74 cd
	SS	SR100	1.30 ab	0.86 a
		SR0	1.20 bc	0.82 ab
	RT	SR100	1.18 c	0.77 bc
		SR0	1.06 d	0.78 bc
	PT	SR100	1.12 cd	0.68 e
		SR0	0.70 e	0.69 de

注：表中同列不同字母表示不同处理在 $P < 0.05$ 水平上的统计差异。

表 3-7　耕作及秸秆还田对土壤速效氮的影响

处　理			速效氮（mg/kg）	
			0～20cm	20～40cm
耕作方式		NT	42.97 a	19.99 c
		SS	39.97 b	31.98 b
		RT	38.77 c	38.97 a
		PT	42.97 a	17.99 d
秸秆还田		SR100	45.97 a	28.98 a
		SR0	36.37 b	25.48 b
耕作方式×秸秆还田	NT	SR100	41.97 c	21.98 d
		SR0	43.97 b	17.99 e
	SS	SR100	39.97 d	21.98 d
		SR0	39.97 d	41.97 b
	RT	SR100	37.97 e	53.96 a
		SR0	39.57 d	23.98 c
	PT	SR100	63.95 a	17.99 e
		SR0	21.98 f	17.99 e

注：表中同列不同字母表示不同处理在 $P < 0.05$ 水平上的统计差异。

(3) 对土壤速效磷的影响

随着土壤深度的增加土壤速效磷含量也呈下降的趋势。耕层 0～20cm 土壤速效磷含量介于 3.11～6.17mg/kg，SS 处理较 NT、RT、PT 处理土壤速效磷含量分别提高 26.1%、19.8%、98.3%。而 20～40cm 剖面，不同耕作方式下土壤速效磷含量表现为 SS＞PT＞RT＞NT（表 3-8）。秸秆还田措施对土壤速效磷含量的影响表现与速效氮含量变化规律相似，均表现为 SR100＞SR0。进一步分析秸秆还田与耕作的交互作用表明，在 0～20cm、20～40cm 土层，SS＋SR100 处理下土壤速效磷含量均显著高于其他各处理。

表 3-8　耕作及秸秆还田对土壤有效磷的影响

处　　理		有效磷（mg/kg）	
		0～20cm	20～40cm
耕作方式	NT	4.89 c	2.47 d
	SS	6.17 a	4.47 a
	RT	5.15 b	2.57 c
	PT	3.11 d	3.52 b
耕作方式×秸秆还田　　NT	SR100	5.42 b	1.33 g
秸秆还田	SR100	5.36 a	3.85 a
	SR0	4.29 b	2.66 b
	SR0	4.37 c	3.61 c
SS	SR100	7.50 a	5.51 a
	SR0	4.84 c	3.42 d
RT	SR100	5.36 b	3.42 d
	SR0	4.94 c	1.71 f
PT	SR100	3.18 e	5.13 b
	SR0	3.04 e	1.90 e

注：表中同列不同字母表示不同处理在 $P < 0.05$ 水平上的统计差异。

(4) 对土壤速效钾的影响

随土壤深度的增加土壤速效钾含量呈下降的趋势。表 3-9 所示，耕层 0～20cm 土壤速效钾含量介于 148.38～168.19mg/kg，整体表现为

SS>RT>NT>PT，且各处理间存在显著性差异（P<0.05）。20~40cm
剖面，各耕作方式下土壤速效钾含量表现为 PT>SS>RT>NT（P<
0.05）。秸秆还田措施对土壤速效钾含量的影响表现与速效氮含量变化规
律相似，均表现为 SR100>SR0。进一步分析秸秆还田与耕作的交互作用
表明，各处理土壤速效钾含量没有表现出明显的变化规律。

表 3-9　耕作及秸秆还田对土壤速效钾的影响

处　　理		速效 K（mg/kg）	
		0~20cm	20~40cm
耕作方式	NT	160.41 c	137.14 d
	SS	168.19 a	150.08 b
	RT	163.04 b	139.75 c
	PT	148.38 d	155.28 a
秸秆还田	SR100	166.03 a	146.19 a
	SR0	153.98 b	144.93 b
耕作方式×秸秆还田	NT SR100	160.43 d	129.38 d
	SR0	160.40 d	144.90 b
	SS SR100	150.08 f	155.25 a
	SR0	186.30 a	144.90 b
	RT SR100	170.78 c	144.90 b
	SR0	155.30 e	134.60 c
	PT SR100	182.85 b	155.25 a
	SR0	113.90 g	155.30 a

注：表中同列不同字母表示不同处理在 P<0.05 水平上的统计差异。

（5）对土壤有机质的影响

随着土壤深度的增加土壤有机质含量也呈下降的趋势。0~20cm 剖
面，土壤有机质含量表现为 SS>RT>PT>NT，且处理间存在显著性差
异（P<0.05）（表 3-10）。20~40cm 剖面，SS 处理土壤有机质含量最
高，而 NT 处理最低。秸秆还田较不还田处理土壤有机质含量较高。进一
步分析两者交互作用发现，SS+SR100 和 SS+SR0 处理的土壤有机质含
量高于其他处理。

表 3-10 耕作及秸秆还田对土壤有机质的影响

处　理		有机质（g/kg）	
		0~20cm	20~40cm
耕作方式	NT	11.85 d	7.00 c
	SS	13.57 a	8.60 a
	RT	12.86 b	8.22 b
	PT	12.24 c	7.54 b
秸秆还田	SR100	12.88 a	8.03 a
	SR0	12.38 b	7.66 a
耕作方式×秸秆还田　NT	SR100	12.40 c	7.31 cd
	SR0	11.29 d	6.68 d
SS	SR100	13.23 b	8.82 a
	SR0	13.91 a	8.39 ab
RT	SR100	13.05 b	7.70 bc
	SR0	12.67 bc	8.75 a
PT	SR100	12.84 bc	8.28 ab
	SR0	11.66 d	6.81 d

注：表中同列不同字母表示不同处理在 $P < 0.05$ 水平上的统计差异。

3.2.8 耕作对春玉米产量和 WUE 的影响

秸秆还田下玉米产量大于不还田处理，表现为 SR100＞SR0，产量提高了 0.1%～11.3%。不同耕作条件下，玉米产量表现为 NT＞PT＞SS＞RT。NT 处理较其他处理产量提高了 8.8%～24.7%（表 3-11）。2016年各处理中，以 RT＋SR0 和 SS＋SR100 产量较高，而 2017 年以 NT＋SR100、PT＋SR100 和 SS＋SR100 产量较高，两年平均产量 NT＋SR100、PT＋SR100 和 SS＋SR100 处理较高。2016 年各处理产量差异不显著，2017 年各处理产量差异显著（$P < 0.05$），NT＋SR100 处理较 SS、RT 和 PT 处理提高了 10.6%～31.4%，而 SS＋SR100 处理较 RT 提高了 8.8%～14.8%，但两年平均各处理产量差异不显著。

不同耕作及秸秆还田处理下，各处理水分利用效率差异显著（$P < 0.05$）。2016 年，各处理水分利用效率在秸秆还田条件下表现为 SR100＞SR0。SR100 与 SR0 相比，水分利用效率提高了 2.3%～38.9%。不同耕作条件下，各处理玉米水分利用效率表现为 NT＞SS＞PT＞RT。NT 处

理下水分利用效率最高为 29.2kg/(hm² · mm)，而 RT 处理下水分利用效率最低为 26.7kg/(hm² · mm)，与 SS、RT 和 PT 处理相比，NT 处理下水分利用效率分别提高了 3.0%、9.2% 和 7.2%。2017 年，SR100 处理与 SR0 处理相比没有一定的规律。但不同耕作条件下，各处理玉米水分利用效率表现为 NT＞PT＞SS＞RT。NT 处理下水分利用效率最高为 28.5kg/(hm² · mm)，而 RT 处理下水分利用效率最低为 22.6kg/(hm² · mm)，与 SS、RT 和 PT 处理相比，NT 处理下水分利用效率分别提高了 23.6%、26.1% 和 4.2%。从两年平均水分利用效率来看，各处理水分利用效率均表现为 SR100＞SR0，提高了 2.4%～15.9%。不同耕作条件下，各处理玉米水分利用效率表现为 NT＞PT＞SS＞RT。NT 处理下水分利用效率最高为 28.8kg/(hm² · mm)，而 RT 处理下水分利用效率最低为 24.7kg/(hm² · mm)。且不同年份 SS 处理和 PT 处理水分利用效率波动提高，但均显著高于 RT 处理。

表 3-11 不同耕作及秸秆还田处理对春玉米产量和水分利用效率的影响

| 处理 | 2016 年 | | | 2017 年 | | | 平均 | | |
	生育期耗水量 (mm)	产量 (kg/hm²)	水分利用效率 [kg/(hm² · mm)]	生育期耗水量 (mm)	产量 (kg/hm²)	水分利用效率 [kg/(hm² · mm)]	生育期耗水量 (mm)	产量 (kg/hm²)	水分利用效率 [kg/(hm² · mm)]
NT+SR100	304.2 b	10 305 a	33.9 a	411.5 a	11 462 a	28.0 ab	357.9 a	10 884 a	31.0 a
NT+SR0	413.8 a	10 085 a	24.4 b	395.9 a	11 431 a	29.0 a	404.9 a	10 758 a	26.7 ab
SS+SR100	343.2 b	10 492 a	29.2 ab	427.5 a	10 361 ab	24.2 ab	385.4 a	10 427 a	26.7 ab
SS+SR0	382.8 ab	10 011 a	27.4 b	399.2 a	8 724 b	21.9 ab	391.0 a	9 368 a	24.7 b
RT+SR100	384.2 ab	10 381 a	27.0 b	399.8 a	9 524 ab	23.9 ab	392.0 a	9 953 a	25.5 ab
RT+SR0	410.8 a	10 853 a	26.4 b	423.4 a	9 024 ab	21.3 b	417.4 a	9 939 a	23.9 b
PT+SR100	356.6 b	10 161 a	28.5 ab	380.2 a	10 136 ab	26.7 ab	368.4 a	10 149 a	27.6 ab
PT+SR0	404.2 ab	10 480 a	25.9 b	411.5 a	11 462 a	28.0 ab	407.9 a	10 971 a	27.0 ab

注：同一列中不同字母表示 0.05 水平差异显著。

3.2.9 不同耕作方式作业成本及产出分析

免耕较其他耕作方式减少了机械投入，节约了成本，较深松和翻耕总投入减少 13.6%，较旋耕总投入减少 10.6%。而且由于玉米收获后产量较高，使得净收入也相应增加。不同耕作方式下产投比为免耕＞深松＞翻耕＞旋耕（表 3-12）。

表 3-12 不同耕作处理作业成本投入及产出效益分析

处理	机械投入 （元/hm²）	其他投入 （元/hm²）	总投入 （元/hm²）	总产出 （元/hm²）	净收入 （元/hm²）	产出/投入
免耕	1 425	3 522	4 947	17 414	12 467	2.52
深松	2 100	3 522	5 622	16 683	11 061	1.97
旋耕	2 025	3 447	5 472	15 238	9 766	1.78
翻耕	2 175	3 447	5 622	16 238	10 616	1.89

注：机械投入包括耕地、播种和收获投入，其他投入包括种子、化肥、除草、农药投入。免耕 0 元/亩，深松 50 元/亩，翻耕 50 元/亩，旋耕 40 元/亩；播种 40 元/亩，收获（包括秸秆粉碎还田）100 元/亩；玉米价格 1.6 元/kg，农药用量为免耕＝深松＞翻耕＝旋耕。

3.2.10 讨论

土壤水库的大小直接影响土壤的供水能力。耕作和秸秆还田可明显改善土壤物理性状，提高土壤持水性能。容重和孔隙度是衡量土壤物理性状的重要指标。在耕层 0～30cm 土层深松秸秆还田处理总孔隙度基本保持最大。多数研究表明，秸秆还田提高土壤水分含量（朱敏，2017），降低地表径流对降雨的损耗（Bhatt et al.，2006），提高土壤饱和水传导能力（Zhang et al.，2008）和水分入渗量（Singh et al.，2006），秸秆覆盖能提高自然降雨的蓄水率，较传统耕作方式增加 25%～35%。本研究表明秸秆还田后提高了 0～200cm 土层土壤水平含水量和垂直含水量，增加了土壤的有效库容。在秸秆还田下，免耕和深松处理土壤含水量显著高于其他耕作方式（$P<0.05$）；收获期免耕处理土壤含水量趋于较高且各土层趋于稳定状态。这主要是由于免耕和深松耕作处理对土壤扰动较小，减少了冬季土壤水分蒸发，蓄积了较多的降雨。对不同耕作处理日降水量与日蓄水量变化进行拟合分析可得，当日降水量＞5mm 时，免耕处理可拦截有效降雨，使降雨就地入渗。而深松减小了土壤容重增加了土壤孔隙度，可有效收集＜5mm 的无效降雨。尽管，不同处理在各生育时期土壤耗水量差异较大，这主要与年份间及年内降雨差异有很大的关系，但 NT＋SR100、SS＋SR100 处理的耗水规律更有利于玉米籽粒产量的提高。深松秸秆还田处理对提高土壤养分效应表现出较好的趋势。前人研究表明，保护性耕作能减少地表径流，蓄水保墒，提高作物水分利用效率，从而达到

高产高效（梁金凤，2010）。本研究可能由于试验年限较短，两年平均各耕作组合处理产量差异不显著，但各处理水分利用效率却差异显著（$P<$ 0.05），免耕秸秆还田处理水分利用效率最高为 28.8kg/(hm² · mm)，而 RT 处理下水分利用效率最低为 24.7kg/(hm² · mm)。不同年份 SS 处理和 PT 处理水分利用效率波动提高，但均显著高于 RT 处理。因此免耕秸秆还田和深松秸秆还田改善了土壤理化特性、增加了土壤水分的入渗和保持，提高了水分利用效率，是旱地玉米蓄水保墒最佳组合模式，本研究为当地及气候条件相似的旱作农业地区秸秆资源合理利用及土壤水分高效利用提供了理论指导。虽然免耕减少了土壤蒸发，增加了土壤贮水，但长期免耕会使土壤犁底层增加，不利于作物根系的下扎，最终影响产量，而深松虽提高了土壤水分向深层入渗，但长期深松会使土壤孔隙度继续增大，降低土壤的保水持水能力，因此，进一步研究应将免耕秸秆还田和深松秸秆还田进行轮作。免耕措施下土壤容重较深松、翻耕、旋耕措施更高，是由于土壤扰动减少以及连续的机械压实，但是否随着年限的增加土壤容重会趋于稳定或减小还需进一步研究。

3.2.11　结论

耕作和秸秆还田可明显改善土壤物理性状，随着土层深度的增加，0～30cm 剖面土壤容重呈现递增趋势，而孔隙度（总孔隙度和毛管孔隙度）则呈现递减趋势，在耕层 0～30cm 土层深松秸秆还田处理总孔隙度基本保持最大。秸秆还田可提高了 0～200cm 土层土壤水平含水量和垂直含水量，增加了土壤的有效库容。在秸秆还田下，免耕和深松处理下土壤含水量显著高于其他耕作方式（$P<0.05$），均表现较好的土壤贮水效果，且秸秆还田比不还田处理玉米生育期耗水量降低了 1.5%～13.1%。免耕秸秆还田和深松秸秆还田改善了土壤理化特性、增加了土壤水分的入渗和保持，提高了水分利用效率，而且产投比较高，是旱地玉米蓄水保墒最佳组合模式。

3.3　旱地春玉米地膜秸秆二元覆盖栽培技术研究

水分和养分是制约干旱半干旱地区旱地作物产量的主要因素（Foley et al.，2011；Mueller et al.，2012）。玉米是该区最重要的粮食作物，其中 65% 的玉米种植为雨养，但春玉米生产上降水年际波动剧烈，且季节性分布不均，自然降水往往与作物需水不相吻合，致使产量低而不稳

(Deng et al.，2006)。在很多情况下，作物产量不是取决于较少降水的波动，而是较大降水的变异（Wang et al.，2007；Liang et al.，2018）。春玉米生产上实行一年一熟制，生育阶段常常无效降雨较多，导致降雨不能被作物及时吸收利用。因此，合理有效地利用自然降水，提高作物的水分利用效率是当前旱地玉米生产研究的主要课题。

地表覆盖作为旱地农田土壤贮水及产量提高的一个行之有效的手段，在旱地玉米栽培上已被广泛应用（王红丽，2011；Li et al.，2013；Zhang et al.，2014）。研究表明，地表全覆盖和部分覆盖可以减少土壤水分蒸发，增加土壤贮水量，与不覆盖相比，土壤贮水量提高 10%～50%（Wang et al.，2009；Chakraborty et al.，2010）。覆盖能增加降雨入渗，提高 0～60cm 土壤贮水量（Gan et al.，2013）。地表覆盖可减少土壤水分的无效蒸发（Salado‐Navarro et al.，2013），调节农田土壤的水温状况，促进土壤养分分解及作物对水分和养分的吸收利用（Kasirajan et al.，2012）。Qin（2015）通过 Meta 分析表明地表覆盖能提高产量和水分利用效率，但由于不同区域作物种类、覆盖材料和田间管理不同，产量差异也较大。还有研究表明，小麦秸秆覆盖可使春玉米产量提高 10% 左右（Devkota et al.，2013），而玉米秸秆覆盖对小麦产量并没有显著影响甚至减产（Verhulst et al.，2011）。国内也有报道地膜覆盖后造成作物减产（张冬梅，2008）和秸秆残茬覆盖导致生育前期低温的不利状况（鲁向晖，2008）。因此，将这两种技术材料组合利用，才能很好地克服单一覆盖的缺陷，对促进旱地作物的生长及发育、产量的提高有显著的作用。本研究于 2013—2015年连续进行大田定位试验，以春玉米为主要研究材料，通过地膜、秸秆不同形式组合覆盖，研究了集雨覆盖种植对旱地玉米生长发育、土壤水温动态变化及水分利用效率的影响，进而筛选适宜区域生态种植的最佳覆盖模式，该研究可为旱地农田土壤水分的保蓄利用提供理论和技术支撑。

3.3.1　研究方法

（1）试验区基本情况

试验于 2013—2015 年在山西晋中旱源地（37°54′N，113°09′E）进行，海拔 1 273m，该区干旱指数接近 1.3，属典型的黄土高原半湿润易旱区，温带大陆性季风气候，年平均气温 7.9℃，年平均降水量 518mm。试验区春玉米为一年一熟制。地表黄土层深厚，大多以在黄土母质基础上发育的褐土为主。土壤基本理化特性见表 3‐13。

表 3 - 13　试验区土壤基本理化特性

土层深度 （cm）	pH	全氮 （%）	水解氮 （mg/kg）	速效钾 （g/kg）	有机质 （g/kg）	有效磷 （mg/kg）	土壤容重 （g/cm³）
0～20	8.06	0.09	143.72	102.00	9.40	11.71	1.12
20～40	8.36	0.07	64.83	92.00	7.55	6.24	1.45

2013—2015 年试验年份月降雨分布见图 3 - 16。2013 年、2014 年和 2015 年玉米生长季（4～9 月）降水量分别为 536.8mm、378.3mm 和 444.4mm，70%的降水集中在 7～9 月。与多年（1995—2014 年）平均降水量（440.4mm）比较，2013 年玉米生育期降水较多年平均高 96.4mm，属丰水年。虽然 5 月的降水量较低，仅有 16mm，比多年平均值少 24mm，偏干旱，但是 6～7 月降水量大且集中，弥补了前期的干旱。2014 年玉米生育期总降水量比多年平均降水量低 62.1mm，属干旱年。玉米生长旺盛的 8 月降雨较多年平均降水量少，此时正值玉米的吐丝的关键阶段，阶段水分亏缺使玉米生长受阻。2015 年玉米生育期降雨较多年平均降水量高 4mm，属正常年。玉米生长需水的 7～9 月 3 个月内，尽管 7 月降水较多，但 8～9 月（抽雄—灌浆阶段）受到严重的干旱影响。尽管三年平均降水 73.7%集中在 7～9 月，2013 年、2014 年和 2015 年玉米生育期内≤10mm 降雨分别为 117.1mm，177.4mm 和 137.6mm，≤10mm 降雨频率分别为 21.8%，46.9%和 31.0%（表 3 - 14）。可见该地区较多次数的无效降雨使有限的降水资源不能得到充分利用。季节降水分布不均和年际降水变率较大，与作物需水期出现严重的供需错位。

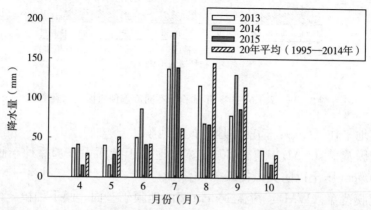

图 3 - 16　试验年份 2013—2015 年及多年（20 年）平均月降水量分布比较

表 3-14　2013—2015 年试验田玉米生育期降雨及≤10mm 降雨频率变化

年份（年）	全生育期降雨（mm）	7~9 月降雨（mm）	7~9 月降雨/全生育期降雨（%）	≤10mm 降雨（mm）	≤10mm 降雨频率（%）
2013	536.8	381.2	71.0	117.1	21.8
2014	378.3	293.5	77.6	177.4	46.9
2015	444.4	321.8	72.4	137.6	31.0
3 年平均	453.2	332.2	73.7	144.0	33.2

（2）试验设计

试验共设 4 种覆盖种植方式：窄膜＋秸秆二元覆盖（MS）、窄膜覆盖（NM）、宽膜覆盖（WM），以传统露地平作（CK）为对照，采用随机区组设计 3 次重复，小区面积为 5m×10m＝50m²，供试玉米品种为大丰 30，采用等行距播种方式，行距为 50cm，株距为 33cm。具体操作如下（图 3-17）：

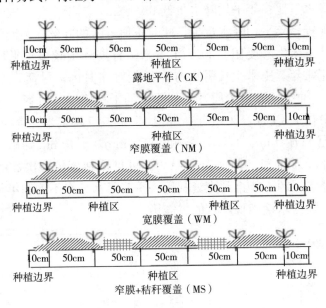

图 3-17　2013—2015 年试验田不同覆盖种植模式示意图

露地平作（CK）：播前整地不覆盖地膜。

窄膜覆盖（NM）：覆盖 80cm 宽的地膜于垄面，玉米播种于膜两侧，每隔 200cm 压土以防大风揭膜。

宽膜覆盖（WM）：覆盖 160cm 宽的地膜于垄面，膜下种植 3 行玉米，每隔 200cm 压土以防大风揭膜。

　　窄膜＋秸秆二元覆盖（MS）：同 NM 处理，覆盖 80cm 宽的地膜于垄面，玉米播种于膜两侧，当玉米生长至三叶期在作物行间覆盖玉米秸秆（3 000kg/hm²）。所有覆膜处理均采用厚度为 0.006mm 的无色聚乙烯薄膜。

　　试验采用统一施肥水平，施肥量为 900kg/hm²，其中养分含量为 N：P_2O_5：K_2O＝23：12：5。播前作为基肥一次施入，旋耕入地。各处理种植密度为 60 000 株/hm²。2013 年 4 月 30 日播种，9 月 29 日收获，2014 年 5 月 2 日播种，10 月 1 日收获，2015 年 5 月 1 日播种，9 月 30 日收获。三年试验在同一地块进行。

（3）测定项目及方法

　　①土壤含水量测定　每小区中间各埋设一根中子管，深度 160cm。在玉米各生育时期用 CPN－503 型中子仪（20～160cm）和 6050X1Trase 系统（0～20cm）测定土壤体积含水量，每 20cm 为一层，分层测定。中子管顶端露出地面 20cm，罩以盖子，以防雨水及杂物等进入。

　　土壤贮水量 $H=V \times h \times 10$。式中：V 为土壤体积含水量（％）；h 为土层厚度（mm）。

　　全生育期耗水量 ET（mm）$=S_1-S_2+P$，式中 S_1 为播前土壤贮水量（mm）；S_2 为收获后土壤贮水量（mm）；P 为全生育期降水量（mm）。

　　②土壤温度的测定　将 MicroLiteUSB 地温计在玉米播后第 2 天垂直埋于各处理中间 5cm，10cm，15cm 土层，土壤温度每隔 1h 测一次，设定重复 3 次。至收获后取出地温计。

　　土壤积温：玉米某一阶段平均土壤温度和天数的乘积即为该生育阶段的土壤积温。

　　③植株生长发育测定　株高、叶面积测定：每个生育时期选取 5 株有代表性长势一致的植株进行挂牌标记，测量各处理苗期、拔节期、大喇叭口期、抽雄期的株高、叶长和叶宽。叶面积＝叶长×叶宽×0.75。

　　叶面积指数（LAI）＝单株叶面积×单位面积上的株数÷单位面积。

　　干物质积累测定：于玉米拔节、大喇叭口、抽雄、灌浆和成熟期，每处理小区随机取样 5 株，取其地上部分，按茎叶、穗轴、籽粒各器官分开，在 105℃ 烘箱中烘 15～30min 杀青，然后在 80℃ 恒温下继续烘干 12h，直到恒重，用精度为 0.01 的电子天平称重。

　　④根系测定　在玉米抽雄和灌浆期，每处理选取膜侧和膜中 2 个样点，采用大口径根钻（钻头长 20cm，直径 10cm）垂直向下取样，每隔 20cm 土层进行取样置于塑封袋中。带回实验室将样本冲洗后挑出根系，

测定根长、根干重密度，每次 3 株，重复 3 次。采用网格交叉法测定根长。用烘干法测定根干重密度。

⑤产量测定　成熟后各小区单独收获计产（除去取样植株所占面积），并随机选取 20 穗风干后进行考种，分别测其穗长、穗粗、穗行数、行粒数及百粒重等，所有指标均重复 3 次。

⑥作物水分利用效率　水分利用效率 WUE $[kg/(hm^2 \cdot mm)]=Y/ET$，其中 Y 为籽粒产量（kg/hm^2）；ET 为全生育期耗水量（mm）。

（4）数据处理及分析

采用 Excel 2007 进行数据输入和处理，Sigmaplot12.5 软件作图，DPS V7.05 软件对数据进行方差分析（$P<0.05$）和多重比较。

3.3.2　二元覆盖对旱地玉米田土壤水分的影响

（1）0～160cm 土壤贮水量水平动态变化

土壤贮水量用来反映土壤的持水及保水能力。由图 3-18 可知，不同年份因降水量及分布的影响，不同集雨覆盖种植方式玉米田 0～160cm 土壤贮水量季节变化差异明显。2013 年，0～160cm 土壤贮水量季节变化与该年玉米生育季节降水变化趋于一致，整个生育期 MS 处理 0～160cm 土壤贮水量明显高于其他 NM、WM 和 CK 处理，表明 MS 处理能够抑制土壤水分的蒸发，覆膜加秸秆覆盖后显著提高了土壤的保蓄能力。2014 年出苗至拔节，随着气温升高，植株加速生长，蒸发蒸腾加强，玉米根系对土壤水分的利用逐渐增强，不同处理在 0～160cm 土壤贮水量迅速下降，但 MS 处理 0～160cm 土壤贮水量比 NM、WM 和 CK 处理分别高21.2mm、25.8mm 和 6.2mm。随着生育期的推进，雨季的到来，在大喇叭口至抽雄期，0～160cm 土壤贮水量逐渐升高；到灌浆后期，各处理0～160cm 土壤贮水量又表现出下降趋势，尽管 CK 处理玉米冠层较小，对地面遮阴弱，地表蒸发较大，土壤贮水量下降较快，但因营养生长期对水分消耗较小，CK 处理 0～160cm 土壤贮水量高于覆盖处理，而 MS 处理由于秸秆覆盖的保墒作用和减少地面蒸发的作用，其土壤贮水量仍高于NM 和 FM 处理；玉米收获期，受降雨影响，各处理 0～160cm 土壤贮水量又有所回升。与 2013 年和 2014 年比，2015 年播前各处理土壤贮水量总体较低。苗期至抽雄期（5 月 1 日至 7 月 31 日）降水量仅为 155mm，仅为多年平均值的 58%，导致各处理 0～160cm 土壤贮水量降低，由于受降水的影响大于覆盖的影响，使各处理间 0～160cm 土壤贮水量差异不显著。从玉米抽雄至收获，降水较多，为多年平均值的 126%，各处理 0～160cm 土壤贮水量迅速回升，表现为 MS＞WM＞NM＞CK。

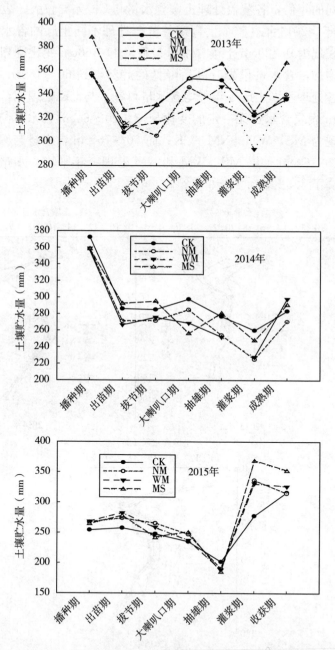

图 3-18　2013—2015 年不同覆盖处理对玉米田 0～160cm 土壤贮水量的水平变化

(2) 0～160cm 土壤贮水量垂直动态变化

不同年份各处理 0～160cm 土壤水分的垂直分布差异显著。由图 3－19 可知，不同的年份，各覆盖处理土壤含水量与 CK 差异较大，表现为 2015 年＞2013 年＞2014 年。整个生育期各覆盖处理不同土层的含水量变化趋势一致，表现为 0～20cm 土壤含水量最低，20～60cm 变化剧烈，随着土层深度的增加，含水量呈先升高后降低的趋势，到 60～160cm 时趋于稳定。分析各处理不同土层 3 年平均含水量可知，与 CK 处理比，各覆盖处理 0～20cm 表层含水量无一定的变化规律；20～60cm 含水量与 CK 差异显著，表现为 MS＞WM＞NM＞CK；而 60～160cm 含水量与 CK 差异逐渐减小。0～160cm 土层 MS，WM 和 NM 处理 3 年平均含水量比 CK 处理分别提高了 4.5%，0.4% 和 1.2%。

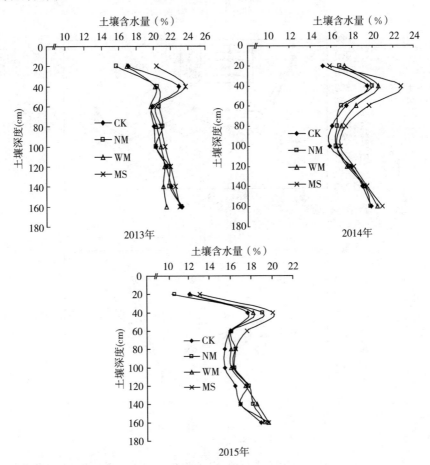

图 3－19　2013—2015 年不同覆盖处理玉米田 0～160cm 土壤含水量垂直变化

(3) 播前、收获后 0～160cm 土壤贮水量变化

从表 3-15 可以看出，不同降雨年份对播前和收获后 0～160cm 土壤贮水量影响不同。2013 年和 2014 年收获后 0～160cm 土层贮水量较播前都有所下降；说明 2013 年和 2014 年玉米生育期耗水量大于降水量。从不同覆膜处理播前、收获后土壤贮水量差值可以看出，2013 年各处理播前与收获后土壤贮水量增减趋势一致，与对照相比，覆膜处理并没有表现任何优势，这可能是由于 2013 年为丰水年，覆膜没有体现较大的优势。而 2014 年属于干旱年份，覆膜处理由于抑制了地面土壤蒸发，促进了植株生长，增加了对土壤水分的消耗，因此收获后土壤贮水量明显低于播前。但 WM 和 MS 处理收获后土壤贮水量较播前贮水量失水较小，这说明 WM 和 MS 处理由于增加了覆盖面积，较其他处理可抑制土壤水分蒸发，具有保墒的效果。2015 年，各处理收获后土壤贮水量明显高于播前土壤贮水量，尤其 MS 处理与其他覆膜处理及 CK 相比，失墒较少，这可能是由于行间覆盖秸秆减少了生育期土壤蒸发，增加了降雨的入渗。从三年平均来看，各处理土壤保墒依次为 MS＞WM＞NM＞CK。

表 3-15 不同覆盖处理对播前、收获后 0～160cm 土壤贮水量变化

年份		CK	NM	WM	MS
2013	播前	357 b	357 b	356 b	388 a
	收获后	336 b	340 b	337 b	367 a
	贮水量变化	21	17	19	21
2014	播前	372 a	358 b	359 b	358 b
	收获后	284 ab	271 b	298 a	291 a
	贮水量变化	88	87	61	67
2015	播前	254 b	267 a	268 a	264 a
	收获后	316 b	315 b	326 b	352 a
	贮水量变化	−62	−48	−58	−88
3 年平均	贮水量变化	47	56	22	0

注：表中不同字母表示不同处理在 $P<0.05$ 水平上差异显著。贮水量变化表示播前、收获后土壤贮水量的差值。

(4) 0～160cm 玉米全生育期土壤贮水量年际变化

不同集雨覆盖方式 0～160cm 土壤贮水量处理间及年际变化在 5％水平上呈极显著差异（表 3-16）。就玉米整个生育期看，2013 年各处理 0～

160cm 土壤贮水量较高,2015 年次之,2014 年较少,这与不同年份降水量趋势一致,多雨年土壤贮水较多,而少雨年贮水较少。从各处理土壤贮水量来看,覆膜处理土壤贮水量显著高于 CK,而 MS 处理土壤贮水量又高于其他两个覆膜处理,但差异不显著。三年平均 NM、WM 和 MS 分别较 CK 提高 9mm(3%)、16mm(5%)和 30.8mm(10%),MS 处理下土壤贮水量明显增加。

表 3-16　不同覆盖处理玉米田 0～160mm 土壤贮水量年际变化

年份	处理				
	CK	NM	WM	MS	平均
2013	331.5 b	340.2 b	340.8 b	366.7 a	344.8 a
2014	270.7 b	287.7 ab	298.2 a	291.0 ab	286.9 c
2015	314.8 b	316.3 b	326.2 ab	351.8 a	327.3 b
3 年平均	305.7 b	314.7 b	321.7 ab	336.5 a	
增值(%)	—	3.0	5.2	10.1	
方差显著性分析					
年份	20.5**				
处理	11.1**				
年份×处理	19.6**				

注:不同小写字母指处理间差异在 0.05 水平上显著。** 表示 0.01 水平上差异显著。

3.3.3　二元覆盖对旱地玉米田土壤温度的影响

(1) 0～15cm 土层平均地温的变化

土壤温度是影响玉米出苗的重要因素。随玉米生长天数的增长,各处理 0～15cm 平均土壤温度差异明显(图 3-20)。与对照 CK 比较,三种覆盖处理有明显的增温效果,总的增温表现为 MS＞WM＞NM＞CK,MS、WM 和 NM 处理在播后 115 天 0～15cm 土层平均地温较 CK 分别增加 0.91℃、0.64℃和 0.63℃。但 WM 和 NM 处理的地温差异不显著,土壤升温呈现波动趋势。播后 15 天,MS、WM 和 NM 处理 0～15cm 土层平均地温较 CK 分别增加 2.34℃、1.80℃和 1.36℃,播后 25～45 天,NM 处理较 WM 处理有缓慢的升温,播后 65 天开始,WM 处理土温高于 NM 和 MS 处理。而播后 85 天起,各处理土壤平均温度差异不明显。可见,在玉米生育早期，覆盖处理增温效果显著，尤其是 MS 处理，温度的升高不仅加快了植株的生长发育，提高了对光能和水分的利用，也促进了后期产量的增加。

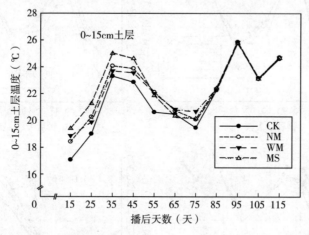

图 3-20　不同覆盖处理对 0～15cm 土壤平均温度的影响

（2）不同土层土壤温度的动态变化

对不同处理播种后 115 天土壤 5cm、10cm 和 15cm 土层温度观测表明（图 3-21），随着玉米生育期的推进，不同覆盖方式 5cm、10cm、15cm 土层地温变化趋势一致，覆盖处理显著地提高了不同土层土壤温度。从玉米出苗到播后 85 天，覆膜处理经历了一个持续增温的过程。与对照（CK）比较，NM、WM 和 MS 处理 5cm 土层平均土壤温度分别提高了 0.38℃、0.51℃和 0.67℃［图 3-21（a）］；NM、WM 和 MS 处理 10cm 土层平均土壤温度分别提高了 1.16℃、0.93℃和 1.44℃［图 3-21（b）］；NM、WM 和 MS 处理 15cm 土层平均土壤温度分别提高了 1.03℃、1.11℃和 1.62℃［图 3-21（c）］。平均耕层温度大小依次为 MS＞WM＞NM＞CK；随着生育进程的推进，不同土层之间的土壤温度差异变小。

图 3-21（d）为 10cm 土层土壤温度日变化。MS 处理昼夜温差比其他处理变化幅度小，相差 8.83℃，WM 处理为 10.65℃，表现最显著，NM 处理为 9.99℃，表现居中，这说明 MS 处理具有缓和地温激变的作用，有利于植株的生长发育。玉米种植区昼夜 24h［图 3-21（d）］，土壤温度日变化从晚上 12：00 到 8：00 不断下降，随后继续增加，在 17：00 时土壤温度达到最高，此时 NM 处理最高为 25.6℃，WM 处理最高

为 26.3℃，而 MS 处理最高为 23.4℃。随后，土壤温度差异逐渐消失。

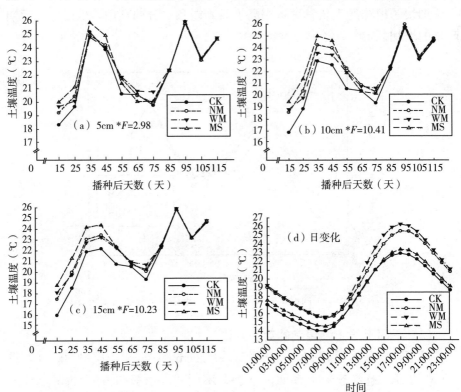

图 3-21　不同覆盖处理不同土层对土壤温度的影响

注：(a) 为 5cm，(b) 为 10cm，(c) 为 15cm。＊表示 0.05 水平上差异显著。(d) 苗期（5 月 15 日至 6 月 15 日）不同覆盖处理 10cm 土层平均土壤温度日变化。

(3) 玉米各生育期土壤积温（GDD）变化

作物生长需要适宜的温度，生育期积温是影响作物产量的一个重要因子。采用地表覆盖可以增加积温提高作物产量。三种覆盖处理均提高了土壤全生育期≥0℃有效积温（图 3-22），且玉米不同生育时期各覆盖处理土壤积温不同。苗期，MS、WM 和 NM 处理的土壤积温分别较对照提高了 20.8％、9.6％和 11.2％；拔节期，MS、WM 和 NM 处理的土壤积温分别较对照提高了 20.3％、8.9％和 11.2％；大喇叭口期，MS、WM 和 NM 处理的土壤积温分别较对照提高了 16.3％、8.5％和 10.1％；抽雄期，MS、WM 和 NM 处理的土壤积温分别较对照提高了 11.2％、7.2％和 8.0％；灌浆期，MS、WM 和 NM 处理的土壤积温分别较对照提高

7.9％、4.8％和 6.0％；乳熟期，MS、WM 和 NM 处理的土壤积温分别较对照提高 5.9％、3.4％和 4.6％；成熟期，MS、WM 和 NM 处理的土壤积温分别较对照提高 4.9％、2.6％和 4.0％。可见，各覆膜处理土壤积温随着玉米生育进程的推进变幅减小。MS 处理在玉米全生育期土壤积温均高于其他两个覆膜处理和 CK 处理。

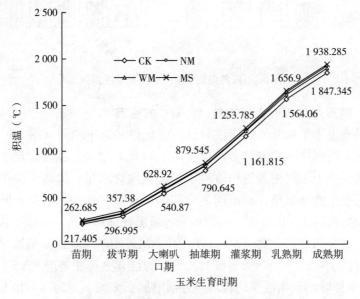

图 3-22　不同覆盖处理对玉米生育期积温的影响

3.3.4　二元覆盖对春玉米植株生长发育的影响

（1）对玉米株高的影响

株高是衡量作物遗传力大小的一个相对稳定的重要指标。玉米生长（苗期至抽雄期）株高呈直线生长趋势，抽雄后玉米株高趋于稳定。试验结果显示，各覆膜处理在不同生育时期的株高均大于对照（图 3-23），且窄膜＋秸秆二元覆盖（MS）处理的株高大于 WM 和 NM 处理。不同年份各覆膜处理对株高的影响差异不同。2013 年各覆膜处理（MS、WM 和NM）的株高平均较对照分别增加了 16.5％、19.3％和 13.2％，各处理株高的大小顺序表现为 WM＞MS＞NM＞CK；2014 年各覆膜处理（MS、WM 和 NM）的株高平均较对照分别增加了 15.6％、12.6％和 9.4％，各处理株高的大小顺序表现为 MS＞WM＞NM＞CK。由此可见，覆盖处理为作物提供了较好的土壤水分和温度，能使各生育期玉米株高显著增加。

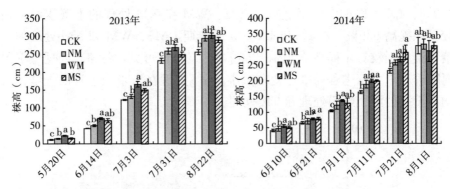

图 3-23　不同覆盖处理对玉米生长期株高的影响

（2）对玉米单株叶面积指数（LAI）的影响

各处理玉米单株叶面积指数的动态变化趋势基本相同（图 3-24），均表现为从苗期到拔节增速缓慢，拔节后 LAI 增长加快，抽雄后趋于稳定并开始下降。由于不同覆盖处理改善了耕层土壤含水量，提高了耕层土壤温度，对促进作物早出苗、和苗期茎叶的生长有重要作用，致使不同覆盖处理叶面积指数高于 CK 处理。不同年份各覆膜处理对单株叶面积指数的影响不同，2013 年各覆膜处理（MS、WM 和 NM）的单株叶面积指数平均较对照分别增加了 25.6％、28.2％和 15.3％，2014 年各覆膜处理（MS、WM 和 NM）的单株叶面积指数平均较对照分别增加了 26.1％、24.4％和 13.2％。

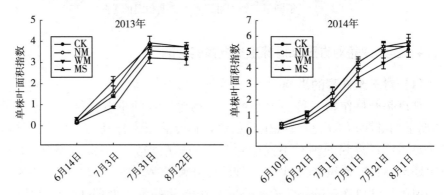

图 3-24　不同覆盖处理对玉米单株叶面积指数的影响

（3）对玉米单株干物质积累的影响

各处理玉米地上部干物质积累量的变化与株高的变化相似，如图 3-25 所示，玉米生育前期对干物质的积累量较小，2013 年，苗期（5 月 20 日）玉米干物质积累量仅占整个生育期的 0.9％～1.4％；拔节期（6 月 14 日）

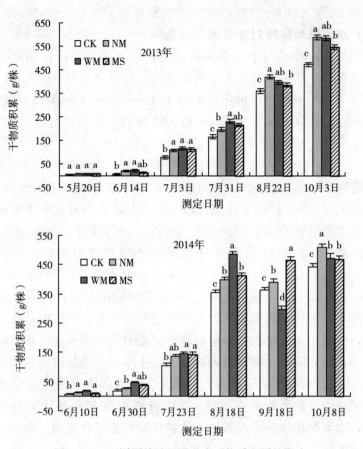

图 3 - 25 不同覆盖处理对玉米干物质积累的影响

玉米干物质积累量占整个生育期的 1.3%～3.6%；大喇叭口期（7 月 3 日）玉米干物质积累量占整个生育期的 16.6%～20.2%；抽雄期（7 月 31 日）玉米干物质积累量占整个生育期的 33.4%～39.4%；灌浆期（8 月 22 日）玉米干物质积累量占整个生育期的 67.9%～76.3%；成熟期玉米干物质积累量达到最大，MS、WM、NM 和 CK 处理分别较对照 CK 增加了 15.7%、23.7%和 24.5%。2014 年，苗期（6 月 10 日）玉米干物质积累量仅占整个生育期的 1.3%～3.4%；拔节期（6 月 30 日）玉米干物质积累量占整个生育期的 4.0%～9.6%；大喇叭口期（7 月 23 日）玉米干物质积累量占整个生育期的 23.8%～30.7%；抽雄期（8 月 18 日）玉米干物质积累量占整个生育期的 80.1%～88.5%；灌浆期（9 月 18 日）玉米干物质积累量占整个生育期的 81.9%～99.7%；成熟期玉米干物质积累量达到最大，

MS、WM、NM 和 CK 处理分别较对照 CK 增加了 5.6%、6.6%和 14.7%。

（4）对玉米单株相对生长速率的影响

不同生育阶段不同年份单株相对生长速率表现不同。如图 3-26 所示，总的来看，除玉米抽雄期至灌浆期外，各覆盖处理不同生育时期单株相对生长速率均表现为三种覆盖处理大于 CK。2013 年苗期至拔节期（5月 20 日至 6 月 14 日）MS、WM 和 NM 处理下单株相对生长速率较 CK 增加 2.6g/(g·天)、10.7g/(g·天) 和 9.2g/(g·天)；拔节期至大喇叭口期（6 月 14 日至 7 月 3 日）MS、WM 和 NM 处理下单株相对生长速率较 CK 增加 26.4g/(g·天)、22.1g/(g·天) 和 17.8g/(g·天)；大喇叭口至抽雄期（7 月 3 日至 7 月 31 日）MS、WM 和 NM 处理下单株相对生长速率较 CK 增加 18.9g/(g·天)、29.2g/(g·天) 和 2.8g/(g·天)；抽雄期至灌浆期（7 月 31 日至 8 月 22 日）NM 处理单株相对生长速率较 CK 增加 27.3g/(g·天)，而 MS、WM 和处理较 CK 降低 25.8g/(g·天)、29.7g/(g·天)，这可能是 2013 年此时降雨较多，此阶段玉米生长正处于需水关键期和高温生长期，不覆盖的 CK 促进了作物对降水的吸收和利用，提高了玉米单株相对生长速率。而覆盖处理可能阻止了降雨向土壤的入渗，而此阶段土壤水分消耗较大，土壤水分不足以满足作物生长发育，且 MS 和 WM 处理覆盖面大，阻止了与外界大气温度的交换，降低了土壤温度，导致生长速率下降。NM 处理相对 MS 和 WM 处理，覆盖面积小，雨水聚集作物行间通过入渗供作物根系吸收利用，再加之行间无覆盖，温度较高，使单株生长速率相对较高。灌浆期至成熟期（8 月 22 日至 10 月 3 日）MS、WM 和 NM 处理下单株相对生长速率较 CK 又增加 49.0g/(g·天)、75.7g/(g·天) 和 55.7g/(g·天)；2013 年玉米整个生育期 MS、WM 和 NM 处理下单株相对生长速率较 CK 平均增加 14.2g/(g·天)、21.6g/(g·天) 和 22.8g/(g·天)，平均相对生长速率表现为 NM＞WM＞MS＞CK。2014 年苗期至拔节期（6 月 10 日至 6 月 30 日）、拔节期至大喇叭口期（6 月 30 日至 7 月 23 日）和大喇叭口至抽雄期（7 月 23 日至 8 月 18 日）均表现为 MS、WM 和 NM 处理单株相对生长速率较 CK 增加；但 2014 年 8 月降雨较少，使得抽雄期至灌浆期（8 月 18 日至 9 月 18 日）不同处理单株相对生长速率发生了变化，NM 和 WM 处理较 CK 减少 14.4g/(g·天)、196.4g/(g·天)，而 MS 处理较 CK 增加 100g/(g·天)；灌浆期至成熟期（9 月 18 日至 10 月 8 日）NM 和 WM 处理单株相对生长速率较 CK 增加 36.6g/(g·天)、93.8g/(g·天)；MS 处理较 CK 降低 134.9g/(g·

天)；2014 年玉米整个生育期 MS、WM 和 NM 处理下单株相对生长速率较 CK 平均增加 4.3g/(g・天)、3.8g/(g・天) 和 12.1g/(g・天)，平均相对生长速率表现为 NM>MS>WM>CK。

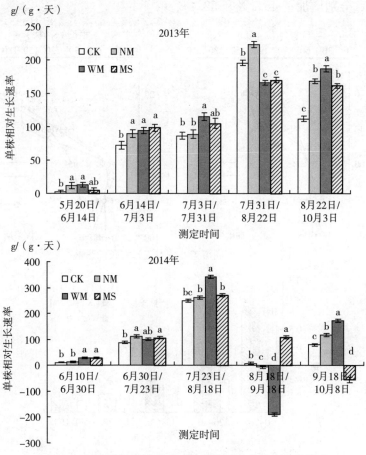

图 3－26　不同覆盖处理对玉米单株相对生长速率的影响

注：图中不同字母表示不同处理在 P<0.05 水平上差异显著，下同。

3.3.5　二元覆盖对玉米根长、根干重的影响

根系生长对于旱地作物水分利用和养分吸收是至关重要的。根系可防止雨水径流和无效蒸发，提高土壤水分入渗。图 3－27 和图 3－28 为抽雄期和灌浆期不同集雨覆盖处理对根长、根干重的影响，从图上可以看出，随着玉米生育期的推进，根长和根干重逐渐增加。且随土壤深度的增加，根长和根干重逐渐下降。MS 处理增加了 0～100cm 土层根长，在玉米抽

雄期和灌浆期，与对照（CK）处理比较，MS 二元覆盖处理总根长增加 125.7cm 和 202.8cm，分别提高了 38.6% 和 55.7%。玉米的根干重也呈现同样的变化趋势。与对照（CK）处理比较，MS 秸秆地膜二元覆盖处理根干重分别增加了 45.1% 和 52.4%。

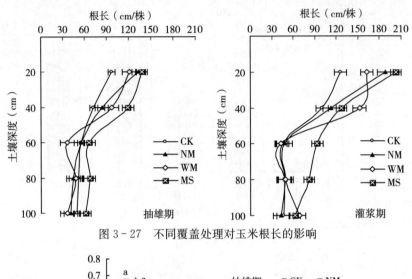

图 3-27　不同覆盖处理对玉米根长的影响

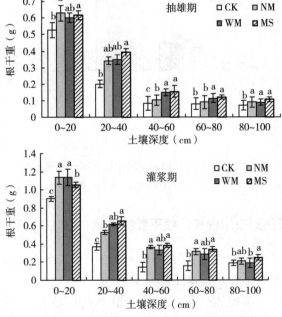

图 3-28　不同覆盖处理对玉米根干重的影响

注：图中不同字母表示不同处理在 $P < 0.05$ 水平上差异显著。

3.3.6　二元覆盖对春玉米产量及 WUE 的影响

（1）对春玉米产量的影响

覆盖处理的产量显著高于 CK，而各覆盖处理之间的产量差异不显著。与对照比较，2013 年 NM、WM 和 MS 处理产量分别提高了 17.7%、17.8% 和 11.2%；2014 年 NM、WM 和 MS 处理产量分别提高了 9.0%、14.5% 和 16.2%；2015 年 NM、WM 和 MS 处理产量分别提高了 12.3%、16.6% 和 35.4%。但 3 年平均结果显示，NM、WM 和 MS 处理平均玉米产量分别比对照（CK）提高 13.0%、16.4% 和 21.3%。秸秆地膜二元覆盖（MS）处理增产幅度最大。然而，不同年份不同处理间玉米产量差异较大。最大产量出现在 2015 年（14 382kg/hm²），最小产量出现在 2014 年（9 431kg/hm²）（表 3 - 17）。

（2）对春玉米水分利用效率（WUE）的影响

不同的降雨年型导致不同覆盖种植方式玉米耗水量年际差异显著，但处理间差异不显著（表 3 - 17）。2014 年、2015 年和三年平均生育期耗水量（ET）相对于 CK 和 NM 处理，WM 和 MS 处理均较低。然而，对于不同的试验年份，ET 值显著不同，玉米生育期 MS 处理耗水量最低，3 年平均较露地平作（CK）减少 18.7mm。

覆膜处理显著地提高了玉米的水分利用效率（WUE），与产量结果表现相同的趋势，均表现为 MS＞WM＞NM＞CK。2013 年 NM、WM 和 MS 处理产量分别较 CK 提高了 19.0%，19.0% 和 11.6%；2014 年 NM、WM 和 MS 处理产量分别提高了 9.9%，24.3% 和 25.2%；2015 年 NM、WM 和 MS 处理产量分别提高了 8.0%，15.3% 和 45.8%。三年平均（$P <$ 0.05）结果显示，NM、WM 和 MS 处理平均玉米产量分别比对照 CK 提高 11.8%、19.4% 和 30.4%（表 3 - 16）。因此，在旱作农田，窄膜＋秸秆二元覆盖种植能够增加作物对降水和土壤水的利用，促进作物生长发育，并保持有限的水分供作物生长所需。

3.3.7　二元覆盖对春玉米经济效益的影响

由于不同覆膜材料的使用和田间劳动力的投入的不同，使不同处理间投入的成本不同，产出也不同。NM、WM 和 MS 处理平均净收益每公顷分别比对照 CK 多 1 633 元、1 746 元和 2 426 元（表 3 - 18）。

表 3 - 17　不同覆盖种植方式 2013—2015 年以及 3 年平均玉米产量、耗水量和水分利用效率

处理	产量（kg/hm²）				耗水量 ET（mm）				水分利用效率 WUE [kg/hm²·mm)]			
	2013 年	2014 年	2015 年	3 年平均值	2013 年	2014 年	2015 年	3 年平均值	2013 年	2014 年	2015 年	3 年平均值
CK	9 914 b	9 431 b	10 620 b	9 988 b	522.7 a	424.6 a	352.7 ab	433.3 a	18.9 b	22.2 b	30.1 c	23.7 b
NM	11 666 a	1 028 ab	11 923 ab	11 290 ab	518.7 a	421.3 a	367.2 a	435.7 a	22.5 a	24.4 ab	32.5 b	26.5 ab
WM	11 683 a	10 801 a	12 384 ab	11 623 a	520.3 a	391.7 b	356.9 ab	422.9 a	22.5 a	27.6 a	34.7 b	28.3 ab
MS	11 024 ab	10 962 a	14 382 a	12 123 a	522.7 a	393.7 b	327.3 b	414.6 a	21.1 ab	27.8 a	43.9 a	30.9 a
平均值	11 072 ab	10 369 b	12 327 a		521.1 a	407.8 b	351.0 c		21.3 b	25.5 b	35.3 a	
方差显著性分析												
年份	11.7**				24.5**				27.9**			
处理	3.6*				2.9*				6.0**			
年份×处理	2.9**				2.8**				2.1**			

注：不同小写字母指处理间差异在 0.05 水平上显著。* 和 ** 分别表示 0.05 和 0.01 水平上差异显著。

表 3 - 18　不同覆盖处理平均玉米投入产出收益分析

处理	产出值 (CNY/hm²)	投入值 (CNY/hm²)	净收入 (CNY/hm²)	产出/投入	相比 CK 增加 (CNY/hm²)
CK	15 980.8	5 902.5	10 078.3	2.7	—
NM	18 064.0	6 352.5	11 711.5	2.8	1 633.2
WM	18 596.8	6 772.5	11 824.3	2.7	1 746.0
MS	19 396.8	6 892.5	12 504.3	2.8	2 426.0

注：①劳动力投入 60 元/（人·天），每公顷窄膜 600 元，宽膜投入 720 元，春玉米秸秆每千克按 0.3 元计算；②投入值＝劳动力投入＋覆膜材料＋种子＋化肥＋机械投入；③净收入＝产出值—投入值。

3.3.8　讨论

山西省季节性降水分布不均和年际降水变率较大限制了农业生产，较多次数的无效降水使有限的降水资源不能得以充分利用。而有效利用土壤深层水分是充分利用自然降水的途径之一，地表覆盖能够阻止水分蒸发，增强深层土壤水分的利用。窄膜＋秸秆二元覆盖（MS）不同土层平均土壤含水量均优于其他两种覆盖处理和 CK，与 CK 比较，三年平均土壤贮水量提高 30.8mm，提高 10.1%。可见 MS 处理鉴于秸秆和地膜的组合效应优于单一的覆膜效应，可起到雨水叠加富集、加强水分就地入渗，从而有效地保墒和蓄墒，贮水效果显著。

在本研究中，地表覆盖处理有效调节了地温，且在玉米生育前期增温效果较大，不断升高的土壤温度促进了玉米植株的生长和发育，有利于玉米对光能和水分的利用，为后期产量的提高奠定了基础。与对照（CK）比较，三种覆盖处理明显提高了土壤温度，总的增温表现为 MS＞WM＞NM＞CK，MS、WM 和 NM 处理在播后 115 天 0～15cm 土层平均地温较 CK 分别增加 0.91℃、0.64℃和 0.63℃。前人研究表明，地膜覆盖由于减少了大气和地面的热交换，提高了土壤温度使玉米增产（高玉红，2012），而秸秆覆盖会降低土壤温度最终导致减产（Fernandez et al.，2008）。本研究发现地膜和秸秆二元覆盖（MS）土壤温度高于 NM 和 WM 处理。这可能是因为，一将地膜和秸秆覆盖材料组合使用，地膜的增温效应远远大于秸秆的降温效应。二是本研究中秸秆在玉米三叶期才被放置在行间，这就避免了由于低温而影响玉米出苗的现象。研究也发现，窄膜＋秸秆二元覆盖下不同土层日平均温度优于其他覆膜处理，但 MS 处理土壤温度日变化幅度较小，具有缓和地温激变的作用，有利于玉米的生长和发育，而且有效地提高了全生育期土壤积温。

覆盖减少了生育期耗水量（ET），提高了水分利用效率（WUE）。本研究发现最低的耗水（ET 值为 351mm）和最高的水分利用效率 [$WUE=$ 35.3kg/（hm²·mm）] 出现在 2015 年。三年各处理间生育期平均耗水量没有显著差异，但年际耗水却差异显著。在同一试验年份，MS 处理的 ET 值总是低于其他两个覆膜处理。ET 指的是降水量（E）和蒸腾量（T）的总和，较小的 ET 意味着蒸发量少，作物蒸腾量大，因此导致较高的水分利用效率。本研究发现，MS 处理能使水分利用效率分别提高 30.3%（平均），25.2%（干旱年），45.8%（正常年）和 11.6%（湿润年）。因此，在干旱年份和正常年份，MS 处理显著提高水分利用效率，而在湿润年份，与其他两个覆膜处理差异不显著。

覆盖增加了玉米籽粒产量、提高了经济效益。与 CK 比较，地表覆盖处理平均提高玉米籽粒产量 13.0%～21.3%。本研究中，与 20 年平均降水量（440.4mm）相比，2013 年比多年平均降水量高 96.4mm，属于湿润年，2014 年比多年平均降水量低 62.1mm，属于干旱年，2015 年比多年平均降水量高 4mm，属于正常年。尽管不同年份降水量差异巨大，但 2013 年和 2015 年玉米籽粒产量并没有什么显著差异。有效的降水和土壤水分管理对旱地农业起着关键的作用。与对照 CK 相比较，2015 年（正常年）窄膜＋秸秆二元覆盖（MS）处理玉米籽粒产量提高 35.4%，2014 年（干旱年）增产 16.2%，而 2013 年（湿润年）仅增产 11.7%。这说明，窄膜＋秸秆二元覆盖在正常年份和干旱年份增产较大。生育期降雨分布和地表管理措施是造成产量差异的主要因素。也有研究指出，旱地玉米的产量不是取决于降水量的多少，而是取决于作物生育阶段的降雨分布（Bu et al.，2013）。研究指出，灌浆时期降水量的多少比作物生育前期降水量更能提高作物产量。我们研究发现，2015 年籽粒灌浆期降水量比 2013 年同期降水量大，因此使得 2015 年籽粒产量高于 2013 年。

MS 处理提高了籽粒产量，因而导致较高的经济效益。综合本研究结果显示，窄膜＋秸秆二元覆盖能综合改善田间温度、水分条件，进而促进玉米地上部和地下部的生长发育，最终提高了产量和 WUE。有研究认为，地膜覆盖会加快土壤有机质的分解和降低土壤肥力（Li et al.，2007），造成环境污染。但地膜覆盖在农业中带来的重大变革，亦不可能完全将其废弃不用。然而，若在不影响作物产量的情况下能有效减小地膜覆盖度，减少地膜用量，发展生物降解膜，对于农业生态可持续和有机旱作的研究具有重要的意义。

3.3.9 结论

窄膜＋秸秆二元覆盖能综合改善土壤水、温条件，促进玉米地上部和地下部的生长发育，最终提高了产量和 WUE。①覆盖显著提高了 $0\sim$ 160cm 土层土壤贮水量。与 CK 比较，MS 处理三年平均土壤贮水量提高 30.8mm，提高 10.1%。②窄膜＋秸秆二元覆盖（MS）昼夜温差比宽膜覆盖、窄膜覆盖和露地变化幅度小，昼夜温差为 8.8℃；而且在播后 115 天 $0\sim15$cm 土层平均地温较 CK 增加 0.91℃，提高了全生育期土壤积温。③覆盖减少了 ET，增加了产量，提高了 WUE。与 CK 比较，地表覆盖处理平均提高玉米籽粒产量 13.0%$\sim$21.3%。秸秆地膜二元覆盖（MS）处理，比露地增产 21.3%，水分利用效率提高 30.4%。尤其在干旱年份和正常年份，MS 处理显著提高了水分利用效率，增加了玉米籽粒产量、提高了经济效益。因此，窄膜＋秸秆二元覆盖是山西旱地玉米最佳的集雨覆盖模式。

3.4 玉米需水耗水规律及农田土壤水分调控研究

土壤水分、土壤供水量以及土壤水分有效性直接影响作物的水分状况，进而影响作物形态发育及产量（Lin et al.，2016）。不同作物、不同生育阶段对水分亏缺的敏感性不同。

晋中平川区春季土壤缺墒严重，土壤水资源贫乏，加之春旱和春、早夏连旱频繁，使得玉米受到干旱胁迫，严重影响玉米初中期生长，并使得后期降水无效化，造成玉米耗水量与产量不成比例，极大地限制了玉米产量和水分利用效率的提高。玉米对水分胁迫比较敏感，任何一个阶段的严重水分匮乏均会对产量和 WUE 产生较大影响。因此，调控农田水分阶段平衡是实现节水增产的有效方法。从玉米生育阶段水分平衡入手找出阶段需水量与耗水量的差值，从而确定或评价灌溉定额。根据当地土壤—作物水分供需平衡规律，适时适量灌溉，增强作物需水与供水时间上的耦合，减轻季节性干旱对玉米生长发育和产量形成造成的不利影响，提高玉米的水分利用效率，这样既减少了灌溉量，节约了灌溉水资源，又提高了水分利用率，使土壤水库的水资源合理利用，达到盈亏平衡。

作物需水量（Crop Water Requirement）是其环境条件与自身生物学特性共同作用的结果。当土壤水分和肥力适宜时，在给定的生长环境中能取得高产潜力的条件下，为满足植株蒸腾、棵间蒸发、组成植株体的水量之和。植株体的水量远小于总蒸腾量，故近似地认为作物需水量等于作物生长发育正常条件下的作物蒸发蒸腾量（Crop Evapotranspiration），通常采用彭曼—蒙特斯公式（Pennman‐Monteith）进行计算（Rana et al.，1998）。一定区域内气候和土壤等条件相同时，作物需水量常常是一个相对稳定的数值。玉米是旱地作物中需水量较大、对干旱胁迫较敏感的作物。春玉米需水量变化在 400～700mm，自东向西逐渐增加（肖俊夫，2008）。研究表明，抽雄期是玉米的需水关键期，该时期控水较充水减产18.2%，WUE 减小 16.8%。玉米生育期内日需水量为 2.9～42mm，全生育期日需水量变化曲线呈单峰型，其峰值区正值玉米抽雄前夕至吐丝阶段（6～7月），和玉米植株群体生长茂盛期吻合（白树明，2003）。作物耗水量是指从播种出苗至收获，作物蒸腾及蒸发消耗的水量，即作物的蒸散量。其大小决定于不同的气候条件、作物种类、土壤特性和农田栽培环境等。在不同栽培及耕作措施下同一作物的耗水量差异较大。前人研究已表明，全生育期春玉米耗水量为 569mm（胡志桥，2011）。当土壤中水分达到田间持水量 80%左右时，全生育期夏玉米耗水量达 417.3～507.5mm（刘战东，2011）。华北地区夏玉米生育期耗水总量为 383mm（李玮，2011）。在干旱缺水影响较小的前提下，云南中高海拔地区（1 600～1 900m）玉米生育期耗水总量和气候湿润度呈高度正相关（白树明，2003）。因此研究玉米需水及耗水规律，为栽培管理和合理补灌制定依据，对玉米各个生育期农田水分管理有着十分重要的意义。

适宜的土壤水分条件是玉米获得较高 WUE 的重要基础。产量水平上的 WUE 最高值一般不是在供水充足，产量最高时获得。而是在轻度干旱时获得（邓西平，1998；梁宗锁，1995）。在水分不足时，作物耗水量与产量呈线性关系，产量随耗水量的增加而增加，当耗水量超过一定值后，与产量的线性关系转变为抛物线关系，此时增加灌水量，水分利用效率下降。研究表明，当灌水量为 300mm 时玉米 WUE 最高为 3.95kg/m^3；当灌水量为 150mm 时玉米 WUE 为 3.43kg/m^3；当灌水量为 400mm 时玉米 WUE 为 3.61kg/m^3。可见作物 WUE 与灌水量的关系并非线性正相关，而是呈现抛物线趋势（冯鹏，2012；Patanèa et al.，2013）。

本研究针对半干旱区玉米降水年际变化大，年内分配亦不均匀，造成了玉米生育期不同程度的水分亏缺与水分盈余并存的现象，研究了玉米生育期阶段需水耗水规律和不同灌溉定额下土壤水分的时空动态变化以及水分调控效应。本研究对于提升作物水分利用效率，实现节水与高产并举有重要的意义。

3.4.1　研究方法

(1) 试验区基本情况

试验于 2008 年在山西省农科院旱农中心中试基地进行。该区属暖温带半干旱季风气候，年平均气温为 9.5℃，≥10℃ 的积温达 3 400℃～3 600℃，无霜期 165 天，年平均降水 450～490mm。前茬作物为玉米，试验地比较平坦，土壤为碳酸盐褐土，土壤肥力见表 3-19，剖面特征见表 3-20。种植作物为玉米，品种为中国农业大学植物遗传育种系选育的"农大 108"，试验播种日期为 5 月 14 日。收获日期为 10 月 7 日，生育期146 天。

表 3-19　供试地块土壤养分表

含量 (cm)	有机质 (g/kg)	全氮 (g/kg)	硝态氮 (mg/kg)	速效钾 (mg/kg)	有效磷 (mg/kg)	碱解氮 (mg/kg)
0～20	22.79	1.29	27.08	131.97	17.54	83.45
20～40	11.25	0.63	14.72	66.63	2.65	36.37

表 3-20　试验地土壤剖面特征

土层深度 (cm)	层次	颜色	质地	松紧度	新生体	根系	容重 (g/cm³)	毛管持水量 (V%)	饱和持水量 (V%)
0～12	耕作层	深褐色	轻壤	松	无	密集	1.22	39.7	48.8
12～19	犁底层	浅褐色	轻壤	紧	无	有	1.4	37.6	46.2
19～62	心土层	棕色	轻壤	紧	无	有	1.41	39.0	47.9
62～86	心土层	棕褐色	中壤	松	有	有	1.42	40.1	49.3
86～113	底土层	深褐色	粘壤	松	最多	有	1.38	38.3	47.1
113～140	底土层	淡褐色	轻壤	较松	较多	有	1.34	40.0	49.2
140～180	底土层	褐色	轻壤	较松	有点	有	1.36	43.7	53.7

试验全年降水量为 478.2mm，降水较多年平均年降水量为 445.4mm，属丰水年。作物生育期 5 月 17 日至 10 月 7 日降水量为 416.4mm，占全年

降水量的 87.1%。与多年平均的 327.5mm 相比还增加了 88.9mm，但阶段分布不均。5 月、6 月、9 月降水量分别为 38.5mm、59.6mm、56.1mm，和多年平均降水量相差不大。但 7 月（拔节期）正值玉米需水的关键期，7 月 1 日至 7 月 30 日降水量仅为 46.4mm，为多年平均值（111.1mm）的 41.8%，且在整个 7 月（到 31 日）只有一次有效的降水 39.5mm，造成了作物严重的"卡脖旱"。8 月降水量为 228.8mm，远大于多年平均值 104.0mm，9 月与常年降水持平，但由于作物拔节期遭受干旱，生育后期充足的水分条件也改变不了作物最终减产的结果。且 8 月降雨较多造成当月气温、日照时数均低于正常值，不利于玉米的籽粒灌浆。因此，采取相应的抗旱保墒措施是必要的。

（2）试验设计

根据降水情况和土壤水分变化确定玉米拔节期（7 月 15 日）灌溉，试验设 3 种不同灌溉处理：①高灌 1 125m³/hm²（112.5mm）；②中灌 750m³/hm²（75mm）；③低灌 400m³/hm²（40mm）；对照为不灌溉组。为方便统计，以中灌玉米发育为标准，苗期为 5 月 15 日至 6 月 30 日，持续 47 天。拔节期为 7 月 1 日至 7 月 25 日，持续 25 天。抽雄期至灌浆期为 7 月 26 日至 8 月 20 日，持续 26 天。灌浆期至成熟期为 8 月 21 日至 10 月 7 日，持续 48 天。

（3）测定项目与方法

①蒸发量和降水量测定　计算蒸散量的模型来自水利部农田灌溉总站，作物需水 kc 系数来自山西省灌溉试验站，气象数据从太原气象站获得。

②土壤水分测定　采用美国产 CPN - 503 中子水分测定仪测定阶段土壤水分变化规律，播种前各小区埋 2m 深中子管，并进行中子仪校正。生育期内每 10 天以 20cm 为一层测定土壤体积含水量。期间若有比较大的降雨，降雨后再测定土壤含水量。

③产量和产量性状测定　按小区收获计产，并测定玉米的穗长、穗粗、穗行数、行粒数、百粒重、穗粒重等。

④水分利用效率测定　作物水分利用效率为作物消耗单位水量所产出的干物质重量或经济产量。计算公式为：土壤水分利用率〔kg/(mm·hm²)〕=玉米籽粒产量（kg/hm²）/〔播前土壤贮水量（mm）+生育期总降水量（mm）-成熟期土壤贮水量（mm）〕。

（4）数据处理

蒸散量计算采用水利部农田灌溉所 Excel 专用软件。采用 Excel 2007 进行数据输入和图表处理，DPS V 7.05 软件对数据进行方差分析（$P <$ 0.05）和多重比较。

3.4.2 春玉米需水规律及农田水分平衡研究

（1）春玉米需水规律

由表 3-21 可见，试验条件下，全生育期为 146 天，全生育期需水量为 458.66mm，由于年型特殊，生育期蒸散量为 536.67mm，略低于晋中地区平均需水量。玉米在不同的生育阶段，对水分的需求有较大的差异。总的来说，玉米生育前期需水不多，而且由于叶面积小，水分的消耗以株间土壤蒸发为主，需水强度小于全生育期平均日需水强度。玉米拔节以后，转入营养生长和生殖生长并进阶段，植株生长加快，该阶段干旱、天气晴朗少云、日照辐射大，气温高，空气湿度小，导致农田蒸散量加大，需水强度仅次于抽雄期。抽雄期是玉米生长发育对水分十敏感的时期，需水强度达到高峰，为需水临界期。该阶段需水为 146.40mm，占全生育期需水量的 30%。从日需水强度来看，以抽雄期为最大，相当于全生育期平均日需水强度的 1.8 倍。由于试验年份灌浆期进入雨季，出现连续降水，日照辐射、气温低于常年，空气湿度大导致农田蒸散量减小，因此该阶段需水量较小为 118.11mm，日需水强度仅为抽雄期的 60%。

表 3-21 试验年份春玉米需水量和需水规律

日期		天数 （天）	参考蒸散量 （mm）	作物系数	需水量 （mm）	占总需水量 百分比（%）	需水强度 （mm/天）
播种期至出苗期	05-15 至 05-31	17	68.81	0.38	26.15	0.057	1.54
出苗期至拔节期	06-1 至 06-30	30	132.79	0.52	69.05	0.151	2.3
拔节期至抽雄期	07-1 至 07-25	25	107.71	0.82	88.32	0.193	3.53
抽雄期至灌浆期	07-26 至 08-20	26	109.25	1.34	146.4	0.319	5.63
灌浆期至成熟期	08-21 至 10-7	48	118.11	1.09	128.74	0.281	2.68
全生育期	05-15 至 10-7	146	536.67		458.66	1	3.14

（2）春玉米农田水分平衡

研究无灌溉农田的水分阶段平衡，找出需水、供水之间的差异，对于确定合理灌溉时机和定额都有重要的作用。

对于无灌溉农田来说，一定土壤深度的上层，在某一特定时段，农田作物水分平衡取决于水分的收入和支出，通常以土壤储水量的变化表示，即：$P+U=Ec+F+R+\Delta W$ 式中，P 为降水量，U 为地下水补给量，Ec 为农田蒸散量，R 为深层渗漏量，F 为地表径流量，ΔW 为土壤储水变化量。由于试验地平整径流量小，地下水埋深在 20m 以下，无渗漏，所以 U、R、F 可忽略不计。

则可简化为：

$$\Delta W = P - Ec$$

根据农田土壤水分平衡方程式，农田水量平衡值是降水与作物需水量之差，如表 3-22 所示，春玉米农田水分平衡的年际变化主要是由气候条件的年际变化所决定。玉米全生育期多年平均降水量为 327.5mm，试验年份雨水较多，全生育期降水为 416.4mm，超过年均降水约 90mm。但试验年份玉米生育前期水分亏缺较多，年际内变率较大，降水与玉米需水时段的耦合程度差，致使春玉米从播种期到抽雄期都不同程度地缺水，尤其是在玉米的拔节期至抽雄期，玉米进入快速营养生长和开始生殖生长的阶段，缺水量达 81.42mm，对玉米最后产量的形成造成了很大的影响。这种不均衡可能会超过土壤水库的缓冲余地，造成严重干旱，故在该阶段对玉米进行灌溉是十分必要的。而从抽雄期到玉米成熟，降水量远大于作物需水量，土壤水库出现大量盈余，其中一部分被无效地损耗。通过比较降水量与作物需水量，进行阶段土壤水分盈亏分析可以更好地把握灌溉的时机和定额，以减小灌溉量，提高作物的水分利用效率。

表 3-22　多年平均和试验年份春玉米农田水分平衡

生育时段	降水量（mm）		需水量（mm）	农田水分盈亏量（mm）	
	多年平均	试验年	ETc	多年平均	试验年
播种期至出苗期	16.1	25.5	26.15	−10.05	−0.65
出苗期至拔节期	72.6	59.6	69.05	3.55	−9.45
拔节期至抽雄期	63.8	6.9	88.32	−24.52	−81.42
抽雄期至灌浆期	91.1	153	146.4	−55.3	6.6
灌浆期至成熟期	100	171.4	128.74	−28.74	42.66
全生育期	327.5	416.4	458.66	−131.16	−42.26

3.4.3　不同灌溉定额下春玉米阶段耗水量及耗水组成

玉米总耗水量随灌溉量的增加而增加（表 3-23），但增加量小于灌溉量变化，其余部分转化为土壤水资源。从耗水来源组成上来看（表 3-23、表 3-24、表 3-25），无论灌溉与否，降水都是春玉米耗水的最主要来源之一。土壤供水各处理整个生育期均为负值，说明生育期内土壤储水有了增加，特别是在抽雄期至灌浆期和灌浆期至成熟期。

表 3-23 不同水分条件下全生育期耗水总量及组成

处理	耗水总量 (mm)	生育期降水量 (mm)	灌溉量 (mm)	土壤供水 (mm)	占耗水总量的（%）		
					降雨	灌溉	土壤供水
无灌溉	388.73	416.4	0	−27.67	107.12	0.00	−7.12
低灌	402.85	416.4	40	−53.55	103.36	9.93	−13.29
中灌	417.03	416.4	75	−74.37	99.85	17.98	−17.83
高灌	433.30	416.4	112.5	−95.60	96.10	25.96	−22.06

表 3-24 不同水分条件下 0～200cm 土层土壤储水量

单位：mm

处理	播种前	拔节	灌溉前	抽雄	灌浆	收获
无灌溉	262.87	264.24	251.27	281.13	290.53	262.87
低灌	260.80	263.38	277.34	291.68	314.35	260.80
中灌	262.22	268.88	300.91	303.56	336.59	262.22
高灌	257.50	262.74	309.23	310.00	353.10	257.50

表 3-25 不同水分条件下玉米阶段耗水组成

单位：mm

处理	播种期至拔节期		拔节期至抽雄期			抽雄期至灌浆期		灌浆期至成熟期	
	降水	土壤水	降水	灌溉	土壤水	降水	土壤水	降水	土壤水
无灌溉	85.1	−1.37	6.9	0	−12.9	153	−29.86	171.4	−9.41
低灌	85.1	−2.58	6.9	40	−13.96	153	−14.34	171.4	−22.67
中灌	85.1	−6.66	6.9	75	−32.03	153	−2.65	171.4	−33.03
高灌	85.1	−5.24	6.9	112.5	−46.49	153	−0.77	171.4	−43.10

播种前各小区土壤储水量相近，苗期各处理耗水基本相同。由于春季少雨，土壤蒸发量较大，土壤储水量在苗后期较低。因为在 6 月末才有降雨，故土壤供水量为负值。拔节期土壤储水量较低，降水很少，玉米受到干旱胁迫。在拔节中期（7 月 15 日）进行灌溉，为保证玉米正常生长。高

灌、中灌下土壤储水量均有较大增加。抽雄期至灌浆期是玉米耗水的高峰期，但由于该阶段降雨较多，足以满足玉米生长和发育需求，土壤储水量亦有增加。拔节期水分较好的处理方式玉米生长较好，吸水能力强。而干旱胁迫严重的小区，玉米吸水能力较弱。灌浆期至成熟期降水充足，灌溉量大的小区玉米长势好，成熟期提前、生育期变短，后期降水储存在土壤中。而无灌溉小区玉米长势差，贪青晚熟、生育期变长，后期降水被吸收。

3.4.4 不同灌溉定额下春玉米阶段性耗水特征

如表 3－26 表明，玉米在不同的生育阶段，对水分的需求有较大的差异。阶段耗水强度呈现低—高—低的趋势。玉米苗期需水不多，而且由于叶面积小，对水分的需求以株间土壤蒸发为主，需水强度约为全生育期平均日耗水强度的 55％。由于拔节期较为干旱，又无灌溉条件，玉米拔节期形成了明显的耗水低谷，灌溉条件下拔节期耗水量和耗水强度与灌溉量成正比。抽雄期至灌浆期为玉米耗水高峰，用水总量上由于分别占全生育期需水量的 32％～34％，耗水强度约为全生育期平均日需水强度的 160％，抽雄期至灌浆期耗水量和耗水强度与灌溉量也成正比。抽雄期至灌浆期并不缺水，但拔节期灌溉导致玉米长势好，吸水能力强，吸水量大。且郁闭度较高，土壤蒸发小。灌浆期至成熟期耗水量和耗水强度都有所下降，与灌溉量成反比关系，这是由于生育期不同所致。玉米拔节以后，转入营养生长和生殖生长并进阶段，植株生长加快，干物质积累急剧增加，这时气温也日渐升高，需水强度逐渐增强，到抽雄期需水强度达到高峰，对水分十分敏感。灌浆期至成熟期为需水临界期。灌浆期是玉米茎叶光合产物和积累的营养物质大量向籽粒输送时期，需水量也比较多，是玉米需水的第二个关键期。玉米蜡熟以后，植株衰老，叶片蒸腾减少，需水强度明显下降。

表 3－26　不同水分条件下玉米阶段耗水特征

处理	播种期至拔节期		拔节期至抽雄期		抽雄期至灌浆期		灌浆期至成熟期	
	耗水量（mm）	耗水强度	耗水量（mm）	耗水强度	耗水量（mm）	耗水强度	耗水量（mm）	耗水强度
无灌溉	83.73	1.78	19.87	0.79	123.14	4.74	161.99	3.37
低灌	82.52	1.76	32.94	1.32	138.66	5.33	148.73	3.10
中灌	78.44	1.67	49.87	1.99	150.35	5.78	138.37	2.88
高灌	79.86	1.70	72.91	2.92	152.23	5.86	128.30	2.67

3.4.5　不同灌溉定额对补灌前后土壤水分变化的影响

如果灌溉定额过小，则仅有表层土壤湿润，无效蒸发较多。灌溉水利用率并不高。而灌溉定额过大，则水分下渗超过根系层，造成无效渗漏。通过了解灌溉水在土体中的下渗规律，及土壤水分变化的情况，可以科学地确定灌溉定额，提高灌溉水的利用率。

如图 3-29，第一次测定为灌水前（7 月 14 日），第二次测定为灌水后（7 月 25 日），两次测定相隔 9 天。从图中可看出，各小区灌水前的土体含水量基本相同。无灌溉小区土壤水分基本无变化，此阶段玉米生长缓慢，玉米叶片严重卷曲。低灌溉小区土壤水分仅在 0～20cm 层次有变化，灌溉水在 9 天内基本已蒸腾、蒸散，存留在土壤中的水分很少，小区内玉米生长有轻度缺水表现。中灌小区土壤水分在 0～60cm 层次有较大增加，小区内玉米生长无缺水表现，测定阶段为玉米拔节后期，玉米根系主要集中在 0～60cm 层次，这种土壤水分变化对玉米后期生长是十分有利的。高灌小区土壤水分在 0～80cm 层次有了较大增加，小区内玉米生长无缺水表现，但长势、株高低于中灌小区，可能过量的灌水对玉米亦是一种胁迫。

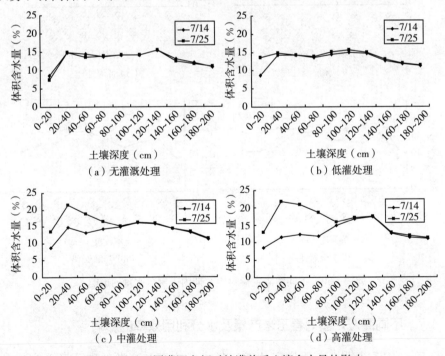

图 3-29　不同灌溉定额对补灌前后土壤含水量的影响

3.4.6 不同灌溉定额对生育期内土壤水分变化的影响

整个生育期内土壤水分各处理均有增加，说明生育期内玉米不仅没有从土壤中吸走水分，反而在一季的生长中土壤储水有了增加（图3-30）。全生育期土壤供水的多少一方面与降雨和灌溉所能提供的水量多少有关，另一方面也与生长季开始时的土壤初始含水量有关。无灌溉小区土壤含水量增加主要集中在40～100cm土层，增加量不大。灌溉小区土壤水分变化则集中在40～100cm和140～200cm两个土层，三种灌溉定额条件下140～200cm层次土壤含水量变化相近，均略有增加。而在40～100cm层次土壤含水量变化与灌溉量呈正相关。这可能由于灌溉量越大的处理方式下玉米成熟越早，生育后期会有较多的降水存留在土壤中。

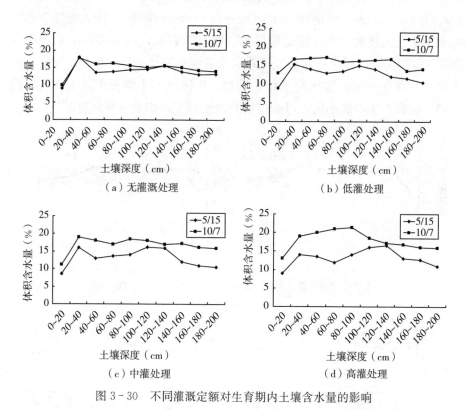

图3-30 不同灌溉定额对生育期内土壤含水量的影响

3.4.7 不同灌溉定额对春玉米产量及水分利用效率的影响

表3-27表明，与无灌溉比较，低灌、中灌和高灌处理下经济产量分

别增加 2 893kg/hm²、3 525kg/hm² 和 3 365kg/hm²，增产 87.2％、106.2％和101.4％，表明干旱条件下的有限灌溉可使产量有较大幅度的增加。与无灌溉比较，高灌、中灌和低灌处理下生物产量分别增加 4 309kg/hm²、4 935kg/hm² 和 6 132kg/hm²，增产 43.8％、50.1％、62.3％。不同水分条件下玉米生物产量差异小于经济产量的差异，随着水分梯度的增加，玉米干物质积累有所增加，但小于经济产量的增加幅度。这说明灌溉不仅增加了玉米的干物质积累，也增加了玉米干物质向籽粒转化的比例，也就是提高了收获指数，低灌和中灌、高灌较不灌溉处理收获指数提高 10.5％、5.3％和5.3％。

表 3-27　不同水分条件下玉米的产量、收获指数及水分利用效率

	无灌溉	低灌	中灌	高灌	平均
经济产量（kg/hm²）	3 319 d	6 212 bc	6 844 a	6 684 ab	5 765 c
生物产量（kg/hm²）	9 849 d	14 158 bc	14 784 b	15 981 a	13 693 c
收获指数	0.38 c	0.42 a	0.40 b	0.40 b	0.40 b
水分利用效率［kg/(hm²·mm)］	8.54 d	15.51 b	16.49 a	15.35 b	13.97 c

注：同一列数据后的不同字母表示在 0.05 水平上差异显著。

与无灌溉比较，高灌、中灌和低灌处理下水分利用效率分别增加 6.97kg/(hm²·mm)、7.95kg/(hm²·mm) 和 6.81kg/(hm²·mm)，提高 81.6％、93.1％和 79.7％。

3.4.8　讨论

对于晋中平川区而言，春玉米生长季节常常与雨季同步，从总量上来说，降水基本可以满足玉米生长发育的需求。但降水时空分布不均，而且在特定的年份或者生育阶段，这种需水量与耗水量的不均衡可能会超过土壤水库的缓冲和作物本身的受耐力，造成阶段性干旱胁迫，常常需要灌溉。

研究表明，尽管抽雄期至灌浆期玉米需水量最大，需水强度最高达到 5.63mm/天。但拔节期至抽雄期才是农田土壤水分亏缺的重要时期，这可能是由于季节性降雨造成的差异。从耗水来源组成上来看，无论灌溉与否，降水总是春玉米耗水的主要来源，整个生育期土壤供水在不同灌溉处理下均呈负值，说明生育期内的土壤储水有了增加。0～2m 土壤储水量的增加主要表现在拔节期至抽雄和灌浆期至成熟期，这主要是由于春玉米

播种前雨季尚未开始，土壤水储量不大，所以土壤供水所占比例较小。而生长后期正好是北方地区的雨季，就土壤水的周年变化而言属于土壤水存蓄期，土壤含水量由低谷向增墒蓄水期过渡。且随着补灌水量的增加，中灌、高灌比不灌溉小区的土壤储水量均有较大增加。因此，全生育期土壤供水的多少一方面与降雨和灌溉所能提供的水量多少有关，另一方面也与生长季开始时的土壤初始含水量有关。

玉米总耗水量随灌溉量的增加而增加，中灌处理灌溉 9 天后土壤水仍有增加且集中在作物根系层，这种土壤水分变化对玉米后期生长是十分有利的，既节水又起到了灌溉的作用。

研究也表明，灌溉后产量显著增加，而耗水量增加不明显。说明该地区灌溉并不是单纯只增加作物耗水量，更主要的是改善作物耗水与需水之间的耦合度，改善土壤水分状况，使作物按其需水规律耗水。另一方面适当灌溉可减轻由于降水时间分布不均造成的作物阶段性干旱，起到增产和调蓄土壤水库库容的作用。灌溉显著提高了玉米的产量和水分利用效率。

3.4.9 结论

不同生育阶段玉米对水分的需求差异较大，呈不断上升的趋势。抽雄期至灌浆期玉米需水量最大，需水强度最高达到 5.63mm/天。

无论灌溉与否，降水总是春玉米耗水的主要来源。整个生育期土壤供水在不同灌溉处理下均呈现负值。玉米总耗水量随灌溉量的增加而增加，但增加量却小于灌溉量变化。低灌时灌溉量约占作物生育期总耗水量的10%，中灌时约占 18%，而高灌时约占 26%。

灌溉显著提高了玉米的产量和水分利用效率，高灌处理产量略大于中灌，但产量增加幅度小于耗水量的增加幅度，水分利用效率也低于中灌。与不灌溉处理比，中灌处理产量提高 106.2%，WUE 提高 93.1%。与低灌处理比，中灌处理产量提高 10.2%，WUE 提高 6.3%。

3.5 玉米群体调控用水技术研究

合理优化种植密度，提升群体光合能力是挖掘作物产量潜力的重要途径（牛玉萍，2009；Stewart，2003）。群体密度较低，叶面积指数下降，光吸收率也降低。而群体密度较高，植株中、下部光吸收率降低，也不利于实现高产（吕丽华，2008）。只有协调好群体和个体的矛盾，进行合理密植，才能实现高产。虽然密度是决定作物产量高低的主要因素，提高产量应合理密植，但增大密度必然使群体消耗更多的土壤水分（滕树川，2003）。然而，水资源不足是干旱半干旱地区主要的限制因素。半干旱地区水资源的短缺使越来越多的研究集中在水分与产量的关系上。旱地农业生产必须以提高水分高效利用为核心（山仑，1991；杨贵羽，2003）。研究表明，节水条件下实现作物产量和水分利用效率同步提高的一个前提是，建立大群体小个体、上层叶片小而直、耐倒伏的高质量群体结构（Ioannis，2000），增加种植密度，不仅使玉米的籽粒产量增加，WUE 也相应地提高了 5.82%～8.21%（张文斌，2009；徐振峰，2014）。还有研究表明，适度水分亏缺在一定条件下不会对作物产量造成影响，还可显著提高作物的 WUE（任三学，2004）。随着补灌水量的增加，增产值 WUE 下降，降低幅度在 1.73%～13.50%（樊修武，2008）。因此实施非充分灌溉是提高 WUE 的有效途径。因此，如何协调源库大小达到群体高光效、低耗水的统一，是旱区玉米节水高产栽培的保障。本研究通过探讨旱地农田群体水分调控和增产效应，以期为半干旱区旱作玉米高效用水及作物增产提供理论与技术支撑。

3.5.1　研究方法

（1）试验区基本情况

试验位于山西省农科院榆次东阳试验地，属暖温带大陆性季风气候，四季分明，年平均降水量 440mm 左右，年平均气温 9.8℃，全年日照时数平均 2 639h，全年≥10℃的积温 3 300～3 500℃，无霜期 154 天。该区年蒸发量较大，作物生育阶段常常会由于降雨时段与作物需水错位，进而造成春旱、伏秋旱。试验地各土层土壤容重见表 3-28。0～30cm 耕层土壤田间最大持水量为 37.4%～38.3%。

表 3-28　试验地各土层土壤容重变化

土层（cm）	0～20	20～40	40～60	60～80	80～100	100～120	120～140	140～160
容重（g/cm³）	1.116	1.449	1.369	1.457	1.399	1.471	1.345	1.397

（2）玉米全生育期需水与降水分析

表 3-29 为试验区玉米各生育时期需水量、试验年份降水量及亏缺

值。从表上可以看出，玉米拔节期、灌浆期是玉米对水分需求最大的时期，在这两个时期玉米遭遇季节性干旱，会造成产量的大幅度下降。2013年玉米生育期降水量与需水量相比，出苗期至拔节期降雨较少，水分亏缺达 51.5mm，玉米苗期受到一定程度干旱，降雨主要集中于中后期，灌浆期至成熟期降雨较需水量水分亏缺达 19.8mm，2013 年全生育期水分亏缺 65.6mm；2014 年，玉米生育期降水量与需水量相比，出苗期至拔节期水分亏缺 52.5mm，尽管拔节期至抽雄期降雨较多，为 164.3mm，但与这一阶段需水量相比，水分仍亏缺 22.1mm，灌浆期至成熟期降水量与需水量比较，水分亏缺达 133.8mm，2014 年全生育期水分亏缺 194.2mm，与玉米生长需水量 460.7mm 相差较大，玉米生长遭受干旱胁迫。

表 3-29　玉米各生育时段需水量、多年平均降水量及亏缺值（mm）

生育阶段	参考蒸散量 ET_0	作物系数 K_c	阶段需水量 ET_m	全生育期需水量 ET_m	多年平均降水量	2013 年降水量	2013 年亏缺值	2013 全生育期亏缺值	2014 年降水量	2014 年亏缺值	2014 全生育期亏缺值
播种期~出苗期	37.40	0.50	18.70		12.4	24.00	5.3		32.80	14.1	
出苗期~拔节期	70.00	0.85	59.50		43.0	8.00	−51.5		7.00	−52.5	
拔节期~抽雄期	177.52	1.05	186.40	460.7	67.7	177.00	−9.4	−65.6	164.30	−22.1	−194.2
抽雄期~灌浆期	51.89	0.95	49.30		55.6	59.10	9.8		49.40	0.1	
灌浆期~成熟期	244.67	0.60	146.80		164.9	127.00	−19.8		13.00	−133.8	

(3) 试验设计

试验采用裂区设计，随机区组 3 次重复。根据玉米生育阶段需水量和多年平均降水量计算亏缺值，在水分亏缺最大的拔节关键期补灌，并结合土壤实际水分状况，主要设 3 个水平，主区为不同水分梯度，充分灌溉（按照 900m³/hm² 补灌，使玉米此阶段不受干旱胁迫）；Ⅱ 有限灌溉（按照 600m³/hm² 补灌，使玉米此阶段处于中度干旱胁迫）、Ⅲ 不补灌（播种后整个生育期不补灌，玉米生长完全靠自然降水）；裂区为 4 个种植密度：D4.5（每公顷 4.5 万株）、D6.0（每公顷 6.0 万株）、D7.5（每公顷 7.5

万株)、D9.0（每公顷 9.0 万株）。采用人工播种，控制各小区种植密度。试验灌水方式为畦灌，用水表严格控制灌水量。不同水分处理小区设 2m 隔离带。供试品种选用抗旱节水品种大丰 30。小区面积为 5m×6m＝30m²。试验于 2013 年 4 月 23 日播种，10 月 1 日收获；2014 年 4 月 28 日播种，9 月 30 日收获。播前施入底肥、翻耕。生育期其他大田管理一致。

（4）测定项目及方法

①土壤含水量　每小区中间各埋设一根中子管，深度 160cm。在玉米各生育时期（出苗、拔节、大喇叭口、抽雄、灌浆及收获期）用 CPN - 503 型中子仪（20～160cm）和 6050X1Trase 系统（0～20cm）测定土壤体积含水量，每 20cm 为一层，分层测定。中子管顶端露出地面 20cm，罩以盖子，以防雨水及杂物等进入。

②作物需水量　作物需水量一般是指土壤供水充足时的作物蒸腾量和棵间土壤蒸发量之和，即农田最大蒸散量，其表达式为 $ET_m = K_c \times ET_0$，其中 ET_m 为作物需水量，K_c 为不同作物特性的作物系数，ET_0 为参考蒸散量。

③水分利用效率（WUE）　水分利用效率 $WUE = Y/ET$，式中，Y 为籽粒产量（kg/hm²），ET 为全生育期内耗水量（mm）。ET 计算方法：$ET = P - \Delta S$，其中 P 为全生育期降水量（mm），ΔS 为收获期与播种期土壤剖面土壤贮水量之差（mm）。

④玉米生长发育指标

株高：每个生育时期选取 5 株有代表性长势一致的植株进行挂牌标记，采用钢卷尺直接测量植株地面到最高叶顶点。

叶面积：测量各处理苗期、拔节期、大喇叭口期、抽雄期的叶长和最大叶宽。

叶面积 $S = \sum\limits_{i=1}^{n} (0.75 \times L_i \times B_i)$，$L_i$ 为叶长，B_i 为最大叶宽，n 为一株玉米上的叶片数。

叶面积指数（LAI）＝单株叶面积×单位面积上的株数/单位面积。

光合势 LAD $[\text{m}^2/(\text{d} \cdot \text{m}^2)] = (S_1 + S_2)/2 \times (t_2 - t_1)$，$S_1$、$S_2$ 为单位面积上的叶面积，t_1、t_2 为出苗后天数。

⑤叶片光合特性　在玉米灌浆中期（吐丝后 23 天）选择晴朗无云天气上午 9：00—12：00，每小区选择 3 株长势均匀的玉米植株，采用

LI-6400XT 便携式光合仪，测定玉米穗位叶、棒三叶以上中部叶（上位叶）和棒三叶以下中部叶（下位叶）的光合速率、蒸腾速率，玉米叶片水分利用效率 $WUE_L = Pn/Tr$，其中 Pn 为光合速率 $[\mu mol/(m^2 \cdot s)]$ 和 Tr 为蒸腾速率 $[mmol/(m^2 \cdot s)]$。

⑥籽粒灌浆特性　在玉米吐丝期各小区选择长势一致的植株挂牌标记。玉米授粉后，每隔 10 天在标记的植株上取 3 个果穗，每穗取中部籽粒 100 粒，测定其干重。授粉后天数作为自变量 (x)，每隔 10 天测得的 100 粒籽粒重为因变量 (y)，拟合得 Logistic 方程：$y = a/(1 + be^{-cx})$。其中，a 为终极生长量、b 为初始参数、c 为生长速率参数。对籽粒灌浆过程进行模拟，得到籽粒灌浆特征参数。灌浆速率最大时的天数 $T_{max} = (lnb)/c$；灌浆速率最大时的生长量 $W_{max} = 1/2 \times a$；最大灌浆速率 $G_{max} = (c \times W_{max}) \times [1 - (W_{max}/a)]$；籽粒灌浆活跃期（大约完成总积累量的 90%）$P = 6/c$。

⑦产量及产量构成因素测定　对每个处理的玉米进行考种，考种前单打、单收、测产。随机选取 20 穗进行考种，测定穗长、穗粗、穗行数、行粒数、百粒重等主要指标，并计算产量。

(5) 数据分析方法

采用 Excel 2007 进行数据分析和作图，DPS V 7.05 软件对数据进行方差分析（$P < 0.05$）和多重比较。

3.5.2　不同补灌水平和群体密度下玉米田土壤水分变化

(1) 0~100cm 土壤水分垂直变化特征

图 3-31 是不同补灌水平和群体密度下玉米田 0~20cm 土壤水分变化，该层土壤水分受地表蒸发的影响较大，除降雨外，作物需水主要依靠灌溉水提供。土壤含水量变化与不同补灌水平趋势一致，与灌溉量成正比。如图 3-31（a）所示，拔节期，与不灌溉（NI）下各处理相比，有限灌溉（LI）和充分灌溉（FI）分别提高了 0~20cm 土壤含水量 27.9% 和 36.8%。图 3-31（b）所示，灌浆期，与不灌溉（NI）下各处理相比，有限灌溉（LI）和充分灌溉（FI）分别提高了 0~20cm 土壤含水量 6.1% 和 24.1%。不同时期各群体密度处理 0~20cm 土壤含水量波动较大，可能受土壤蒸发和降雨的影响较大。

图 3-32 是不同补灌水平和群体密度下玉米田 20~80cm 土壤水分变化，该层土壤水分变化主要决定于作物生长发育根系吸水状况和灌溉水

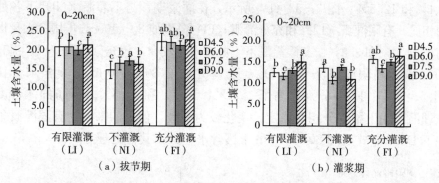

图 3-31　补灌后 0～20cm 土壤水分动态图

平。相对于 0～20cm 土层土壤水分变化，该层土壤水分变化相对比较平缓。如图 3-32（a）所示，在拔节期，与不灌溉（NI）下各处理方式相比，有限灌溉（LI）和充分灌溉（FI）使 20～80cm 土壤含水量分别提高了 2.3％和 7.6％。图 3-32（b）所示，在灌浆期，有限灌溉（LI）下各处理方式土壤含水量较大，但比不灌溉（NI）和充分灌溉（FI）下各处理土壤水量提高幅度不大。拔节期和灌浆期有限灌溉下群体密度为 D6.0时土壤含水量大于其他各群体密度处理。群体密度为 D6.0 处理 20～80cm土壤含水量比 D4.5、D7.5、D9.0 分别提高了 8.6％、6.7％和 19.1％。各群体密度土壤含水量表现为 D6.0＞D7.5＞D9.0＞D4.5，可见，合理群体密度有效调控了土壤水分，而 D9.0 由于群体较大，植株消耗了更多的土壤水分，使得含水量降低。

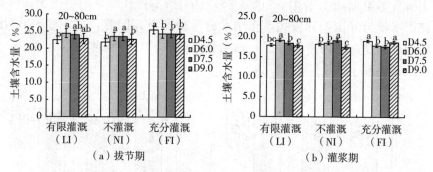

图 3-32　补灌后 20～80cm 土壤水分动态图

图 3-33 是不同补灌水平和群体密度下玉米田 80～100cm 土壤水分变化，如图 3-33（a）所示，在拔节期，与不灌溉（NI）下各处理相比，有限灌溉（LI）和充分灌溉（FI）分别使 80～100cm 土壤含水量提高了

6.4%和12.5%。图3-33（b）所示，在灌浆期，与不灌溉（NI）下各处理相比，有限灌溉（LI）和充分灌溉（FI）分别使80～100cm土壤含水量提高了11.0%和3.8%。有限灌溉下土壤含水量较大，较充分灌溉（FI）提高了6.9%。有限灌溉条件下D6.0处理方式使80～100cm土壤含水量比D4.5、D7.5、D9.0分别提高了15.2%、16.4%和14.6%。不同群体密度处理灌浆期土壤水分相对稳定，变化较为平缓，但总的来说，有限灌溉条件下D6.0方式处理80～100cm土壤含水量大于其他处理方式。

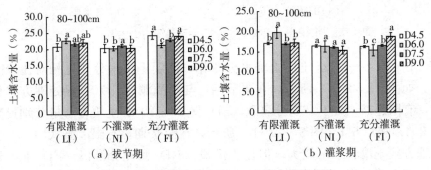

图3-33　补灌后80～100cm土壤水分动态图

图3-34是不同补灌水平和群体密度下玉米田100～160cm土壤水分变化，随着土层加深，各群体密度处理土壤含水量差异变化不明显。如图3-34（a）所示，在拔节期，与不灌溉（NI）下各处理方式相比，有限灌溉（LI）使100～160cm土壤含水量下降了1.8%，而充分灌溉（FI）下土壤含水量提高了4.9%。图3-34（b）所示，在灌浆期，由于该时期作物需水量与降雨差异较大，土壤水分亏缺严重，因此，与不灌溉（NI）下各处理相比，有限灌溉（LI）和充分灌溉（FI）分别使100～160cm土壤含水量提高了3.1%和10.6%。

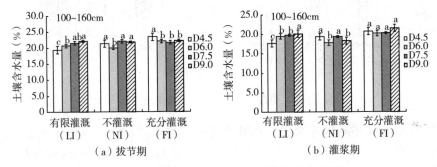

图3-34　补灌后100～160cm土壤水分动态图

（2）玉米全生育期0～160cm土壤贮水量变化

根据图3-35至图3-37可知，不同补灌水平下各群体密度处理方式下，玉米全生育期土壤贮水量变化趋势基本相同，呈现为"减—增—减—增"的趋势。有限灌溉条件下，苗期至拔节期，各处理方式下土壤贮水量呈下降趋势，D4.5、D6.0、D7.5、D9.0各处理方式使土壤贮水量分别减少5.6mm、3.0mm、3.8mm和8.3mm，分别降低了1.8%、0.9%、1.1%和2.4%。拔节期至抽雄期，各处理方式下，土壤贮水量呈上升趋势，D4.5、D6.0、D7.5、D9.0各处理方式使土壤贮水量分别增加27.2mm、32.0mm、14.4mm和15.5mm，分别提高了8.6%、9.5%、4.2%和4.5%。抽雄期至灌浆期，各处理方式下土壤贮水量呈下降趋势，D4.5、D6.0、D7.5、D9.0各处理方式使土壤贮水量分别降低68.5mm、72.3mm、69.2mm和68.2mm，分别下降了25.1%、24.5%、23.9%和23.3%。灌浆期至成熟期，各处理方式下，土壤贮水量又呈上升趋势，D4.5、D6.0、D7.5、D9.0各处理方式使土壤贮水量分别增加54.4mm、44.9mm、59.3mm和41.2mm，分别提高了19.9%、15.2%、20.5%和14.3%。从玉米整个生育期来看，D4.5处理土壤贮水量最低，从拔节期补灌后土壤贮水量不断上升，至抽雄期，D6.0处理土壤贮水量达到最高。此后，随着玉米的生长发育，对土壤水分的需求增加，消耗了更多的土壤水分，抽雄期至灌浆期土壤贮水量表现下降，但D6.0处理土壤贮水量达最高，优于其他处理方式。成熟期各处理土壤贮水量表现为D7.5＞D6.0＞D9.0＞D4.5。整个生育期平均土壤贮水量表现为D7.5＞D9.0＞D6.0＞D4.5。

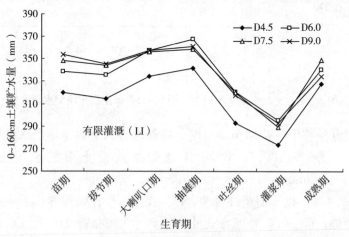

图3-35　有限灌溉下不同生育期0～160cm土层土壤贮水量变化

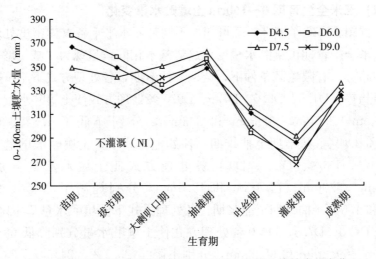

图 3-36　不灌溉下不同生育期 0～160cm 土层土壤贮水量变化

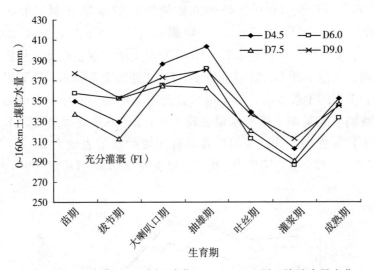

图 3-37　充分灌溉下不同生育期 0～160cm 土层土壤贮水量变化

　　不灌溉条件下，苗期至拔节期，各处理方式下，土壤贮水量呈下降趋势，D4.5、D6.0、D7.5、D9.0 各处理方式使土壤贮水量分别减少17.2mm、17.8mm、7.6mm 和 16.2mm，分别降低了 4.9%、5.0%、2.2%和5.1%。拔节期至抽雄期，D7.5、D9.0 各处理方式下土壤贮水量呈上升趋势，但 D7.5 处理方式使土壤贮水量较高。D4.5、D6.0 量使土壤贮水呈先下降后上升的趋势，但 D6.0 处理灌水后上升幅度较大，到抽雄期土壤贮水量仅次于 D7.5 处理。抽雄期至灌浆期，由于土壤水分过度亏缺，各处理方式下，土壤贮水量呈急剧下降趋势，D4.5、D6.0、D7.5、D9.0 各处理方式使土壤贮水量分别降低 62.7mm、84.3mm、80.0mm 和 85.0mm，分别下降了 21.9％、31.0％、24.4％和 31.8％，与充分灌溉相比，不灌溉土壤贮水量下降幅度较大。灌浆期至成熟期，各处理方式使土壤贮水量又呈上升趋势，D4.5、D6.0、D7.5、D9.0 各处理方式使土壤贮水量分别增加 39.7mm、49.3mm、45.0mm 和 62.5mm，分别提高了 13.9％、18.1％、15.4％和 23.4％。不灌溉条件下 D9.0 处理方式群体密度较大，耗水较多，整个生育期平均土壤贮水量最低，而 D7.5 处理土壤平均贮水量最高，表现为 D7.5＞D4.5＞D6.0＞D9.0。

充分灌溉条件下，苗期至拔节期，各处理方式下，土壤贮水量呈下降趋势，D4.5、D6.0、D7.5、D9.0 各处理方式使土壤贮水量分别减少 20.4mm、5.0mm、24.1mm 和 24.8mm，分别降低了 6.2％、1.4％、7.7％和 7.0％，D6.0 处理方式使土壤贮水量下降幅度最小。拔节期至抽雄期，D4.5、D6.0、D7.5、D9.0 各处理方式下，土壤贮水量分别增加 74.1mm、29.8mm、49.9mm 和 27.8mm，分别提高了 22.5％、8.5％、16.0％和 7.9％，D4.5 处理方式使土壤贮水量提高幅度最大。抽雄期至灌浆期，各处理土壤贮水量呈急剧下降趋势，下降幅度远远大于充分灌溉和不灌溉。D4.5、D6.0、D7.5、D9.0 各一处理方式下，土壤贮水量分别降低 100.7mm、95.9mm、71.9mm 和 67.7mm，分别下降了 33.2％、33.5％、24.7％和 21.6％。灌浆期至成熟，各处理方式使土壤贮水量又呈上升趋势，D4.5、D6.0、D7.5、D9.0 为各处理土壤贮水量分别增加 49.7mm、46.9mm、56.4mm 和 32.3mm，分别提高了 16.4％、16.4％、19.4％和 10.3％。D7.5 处理灌浆期灌水后土壤贮水量上升最快。整个生育期平均土壤贮水量表现为 D9.0＞D4.5＞D6.0＞D7.5。

(3) 玉米各生育时期耗水特性分析

图 3-38 至图 3-40 为不同补灌水平下各处理土壤日耗水量变化。各处理方式以拔节期至抽雄期土壤日耗水量最大，此阶段日耗水量占整个期的 44.5％～67.0％。灌浆期至成熟期土壤水分表现为盈余，可能由于这一时期降雨较多，有效地补充了土壤水分。不同补灌水平下不同生育阶段各处理日耗水量差异较大。与不灌溉和充分灌溉条件相比，有限灌溉下不同生育阶段各处理土壤日耗量均最小，这说明有限灌溉减少了土壤水分的无效消耗，使耗水量下降。有限灌溉条件下，各处理方式以 D6.0 各生育

阶段土壤平均日耗水最低，各处理方式日耗水变化表现为 D6.0＜D4.5＜D7.5＜D9.0（图 3-38）。不灌溉条件下，各处理方式平均日耗水变化表现为 D9.0＜D7.5＜D4.5＜D6.0（图 3-39）。充分灌溉条件下，各处理方式下，平均日耗水变化表现为 D4.5＜D7.5＜D6.0＜D9.0（图 3-40）。

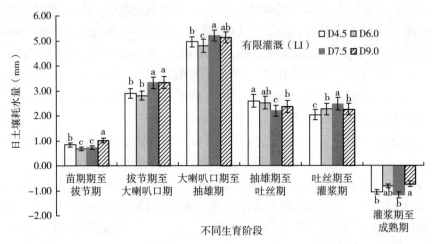

图 3-38　有限灌溉下各生育期土壤日耗水量变化

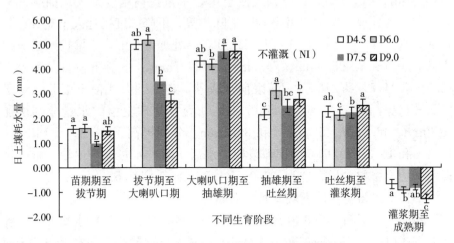

图 3-39　不灌溉下各生育期土壤日耗水量变化

3.5.3　不同补灌水平和群体密度对叶片生理特性的变化

叶面积指数是反映作物冠层结构变化的动态指标。从表 3-30 和表 3-31 可知，随玉米生育期的推移，LAI 不断增大，呈单峰曲线，高峰值出现在

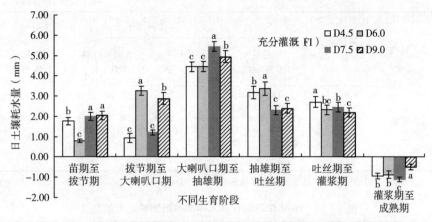

图 3-40 充分灌溉下各生育期土壤日耗水量变化

抽雄期。而且随群体密度的增加，LAI 呈不断上升趋势。不同补灌处理下，两年各处理不同生育阶段叶面积指数变化差异显著，总的来说，群体密度为 D9.0＞D7.5＞D6.0＞D4.5。D9.0、D7.5 和 D6.0 处理方式下，LAI 显著高于 D4.5，但三者之间差异不显著。表 3-32 是不同补灌水平下玉米叶面积和株高之间的关系方程系数表，经过回归分析得出株高与叶面积之间关系可以用三次多项式方程（$Y = C_1 + C_2 x + C_3 x^2 + C_4 x^3$）进行很好的模拟，其中 C_1、C_2、C_3、C_4 为方程参数，各处理的决定系数 R^2 在 0.901～0.939。

表 3-30 2013 年不同补灌处理单株叶面积指数的变化

水分梯度	留苗密度 （万株/hm²）	生育时期			
		苗期 6 月 4 日	拔节 6 月 26 日	大喇叭口期 7 月 8 日	抽雄期 7 月 31 日
Ⅰ充分灌溉 （FI）	D4.5	0.21＋0.03 b	1.47＋0.22 a	2.96＋0.05 b	2.90＋0.05 a
	D6.0	0.21＋0.04 b	1.42＋0.36 a	3.08＋0.59 b	2.97＋0.60 a
	D7.5	0.29＋0.05 ab	2.02＋0.50 a	3.72＋0.45 ab	3.51＋0.36 a
	D9.0	0.38＋0.02 a	2.22＋0.17 a	5.26＋0.93 a	4.90＋0.79 a
Ⅱ有限灌溉 （LI）	D4.5	0.22＋0.04 b	1.47＋0.11 b	2.27＋0.59 b	2.12＋0.61 b
	D6.0	0.19＋0.02 ab	1.31＋0.04 b	3.13＋0.27 b	2.93＋0.24 b
	D7.5	0.28＋0.06 ab	1.86＋0.22 ab	4.78＋0.08 a	4.65＋0.10 a
	D9.0	0.40＋0.10 a	2.57＋0.56 a	5.30＋0.46 a	5.06＋0.48 a

（续）

水分梯度	留苗密度 （万株/hm²）	生育时期			
		苗期 6月4日	拔节 6月26日	大喇叭口期 7月8日	抽雄期 7月31日
Ⅲ不灌溉 （NI）	D4.5	0.15＋0.01 c	1.33＋0.19 b	2.46＋0.21 b	2.31＋0.25 b
	D6.0	0.25＋0.05 b	1.33＋0.06 b	3.36＋0.31 ab	3.21＋0.18 ab
	D7.5	0.30＋0.07 ab	2.19＋0.19 a	5.17＋2.04 a	4.90＋1.94 ab
	D9.0	0.35＋0.01 a	2.31＋0.33 a	5.36＋0.07 a	5.17＋0.06 a

注：同列不同小写字母表示处理间差异显著（$P<0.05$），下同。

表 3-31　2014 年不同补灌水平单株叶面积指数的变化

水分梯度	留苗密度（万株/hm²）	生育时期					
		苗期 6月4日	拔节 6月16日	小喇叭口期 6月30日	大喇叭口期 7月13日	抽雄期 8月3日	灌浆期 8月18日
Ⅰ充分灌溉（FI）	D4.5	0.13＋0.04 b	0.71＋0.30 b	2.23＋0.40 c	2.92＋0.26 b	2.75＋0.21 b	2.46＋0.22 b
	D6.0	0.39＋0.07 a	1.91＋0.24 a	3.42＋0.02 b	3.38＋0.02 b	3.25＋0.02 b	3.14＋0.03 b
	D7.5	0.45＋0.08 a	1.97＋0.38 a	4.25＋0.49 ab	5.23＋0.63 a	4.89＋0.64 a	4.28＋0.57 a
	D9.0	0.52＋0.08 a	2.19＋0.32 a	4.64＋0.61 a	5.88＋0.48 a	5.50＋0.53 a	4.78＋0.51 a
Ⅱ有限灌溉（LI）	D4.5	0.22＋0.02 c	0.87＋0.09 c	2.60＋0.11 c	3.38＋0.32 d	3.27＋0.33 c	3.01＋0.34 c
	D6.0	0.19＋0.02 c	1.03＋0.13 bc	2.88＋0.32 c	4.07＋0.24 c	3.76＋0.25 c	3.35＋0.25 bc
	D7.5	0.35＋0.04 b	1.27＋0.06 b	3.77＋0.10 b	4.97＋0.33 b	4.63＋0.27 b	4.11＋0.28 b
	D9.0	0.49＋0.06 a	1.94＋0.17 a	5.37＋0.20 a	6.64＋0.41 a	6.12＋0.53 a	5.32＋0.58 a
Ⅲ不灌溉（NI）	D4.5	0.21＋0.03 c	0.68＋0.04 b	2.23＋0.04 c	2.94＋0.13 c	2.72＋0.11 c	2.41＋0.12 c
	D6.0	0.33＋0.02 b	1.02＋0.13 a	3.42＋0.15 bc	3.85＋0.25 b	3.66＋0.25 b	3.26＋0.26 b
	D7.5	0.31＋0.02 b	1.01＋0.10 a	4.25＋0.38 a	4.10＋0.14 b	3.81＋0.13 b	3.34＋0.13 ab
	D9.0	0.50＋0.03 a	1.27＋0.09 a	4.64＋0.18 a	4.94＋0.35 a	4.56＋0.33 a	3.97＋0.33 a

表 3-32　不同处理方式下株高与叶面积的模拟方程系数表

处理	方程参数				决定系数 R^2
	C_1	C_2	C_3	C_4	
充分灌溉（FI）	−345.3	274.5	44.27	−2.153	0.927
有限灌溉（LI）	367.6	−226.1	105.2	−4.006	0.939
不灌溉（NI）	543.8	−273.9	99.72	−3.787	0.901

3.5.4　不同补灌水平和群体密度对叶片光合特性的影响

(1) 群体光合势的变化

光合势是反映群体光合性能的指标之一，其大小与产量高低呈显著的正相关。如表 3-33 所示，苗期至抽雄期为玉米营养生长逐步向生殖生长转化的时期，这一时期随着玉米的生长发育，叶面积不断增加，群体光合势也在增加。总的来说，随着种植密度的增加，群体光合势呈不断增加的趋势。不同种植密度群体光合势的变化受补灌水平的影响，光合势大小表现为有限灌溉＞充分灌溉＞不灌溉。抽雄期至灌浆期表明玉米进入生殖生长阶段，此时，随着叶片的衰老，叶面积的下降，光合势也不断下降。

表 3-33　不同处理玉米群体光合势的变化

水分梯度	留苗密度 (万株/hm²)	光合势 LAD [m²/(天·m²)]		
		苗期至抽雄期	抽雄期至灌浆期	总计
Ⅰ充分灌溉	4.5	108.97 b	16.79 b	125.76 b
	6.0	116.49 b	8.52 c	125.01 b
	7.5	186.48 a	34.21 a	220.69 a
	9.0	208.90 a	39.42 a	248.33 a
Ⅱ有限灌溉	4.5	123.58 c	13.46 c	137.04 d
	6.0	151.42 c	26.08 b	177.50 c
	7.5	180.00 b	30.93 b	210.93 b
	9.0	239.82 a	47.68 a	287.50 a
Ⅲ自然降水	4.5	106.29 c	19.03 c	125.32 c
	6.0	137.43 b	21.26 c	158.69 b
	7.5	147.81 ab	27.44 b	175.25 b
	9.0	173.22 a	34.91 a	208.13 a

(2) 叶片水分利用效率（WUE_L）的影响

叶片水分利用效率又称蒸腾效率，指单位水量通过叶片光合蒸腾所形成的干物质量。由表 3-34 可知，不灌溉 (NI) 和有限灌溉 (LI) 条件下玉米叶片净光合速率 Pn、蒸腾速率 Tr 明显下降，均低于充分灌溉条件下的 Pn 和 Tr 值，从而增强了叶片对水分的利用，有限灌溉下叶片水分利用效率提高了 5.4%～11.9%。不灌溉处理下净光合速率下降幅度较大，下降了 13.7%～46.7%，致使 WUE_L 也有所下降。群体密度为 D6.0 时

WUE_L 最高，D7.5 时 WUE_L 次之。D6.0 处理叶片水分利用效率
（WUE_L）较其他处理提高了 7.5%～34.8%。

表 3 - 34　不同处理灌浆中期光合速率、蒸腾速率和
叶片水分利用效率的变化

水分处理	密度	光合速率 Pn $[\mu mol/(m^2 \cdot s)]$	蒸腾速率 Tr $[mmol/(m^2 \cdot s)]$	叶片水分利用效率 WUE_L
充分灌溉（FI）	D4.5	15.93 ab	4.91 b	3.27 b
	D6.0	16.96 ab	3.95 cd	4.34 ab
	D7.5	16.64 ab	4.40 bc	3.87 b
	D9.0	20.82 a	6.47 a	3.22 b
有限灌溉（LI）	D4.5	13.28 b	3.57 cd	3.71 b
	D6.0	15.95 ab	3.49 cd	4.59 a
	D7.5	13.33 b	3.48 cd	3.83 b
	D9.0	14.71 b	4.26 cd	3.65 b
不灌溉（NI）	D4.5	13.32 b	4.27 bc	3.13 b
	D6.0	13.15 b	3.16 d	4.17 b
	D7.5	14.64 b	3.78 cd	3.88 b
	D9.0	14.19 b	3.93 cd	3.66 b

3.5.5　不同补灌水平和群体密度对籽粒灌浆特性的影响

玉米籽粒灌浆特性是决定产量的主要因素，灌浆速率及时间决定玉米籽粒库容的充实程度，进而影响粒重。籽粒灌浆不仅决定于品种的遗传特性，更受土壤水分等环境因素的影响。对籽粒灌浆进行 Logistic 模拟，由表 3 - 35 可知，LI 处理到达最大灌浆时所需的时间（T_{max}）较 FI 和 NI 平均提前 0.8 天和 1.2 天，籽粒灌浆速率最大时的生长量（W_{max}）表现为 FI ＞LI＞NI。不同水分处理下籽粒灌浆速率最大时的生长量表现为 D6.0 最大，D9.0 最小。LI 处理下籽粒最大灌浆速率（G_{max}）表现为 D6.0＞D7.5＞D4.5＞D9.0，NI 处理下 G_{max} 表现为 D4.5＞D6.0＞D7.5＞D9.0，FI 处理下 G_{max} 表现为 D9.0＞D6.0＞D7.5＞D4.5。不灌溉条件下，随着种植密度的增加，籽粒活跃灌浆期（P）不断增大，但在充分灌溉条件下，随着种植密度的增加，籽粒活跃灌浆期（P）不断下降。

表 3 - 35 不同处理下玉米籽粒灌浆特性的影响

水分处理	留苗密度（万株/hm²）	生长模拟曲线方程	T_{max}（天）	W_{max}（g/100kernel/s）	G_{max}[g/(100kernel·天)]	P（天）	相关系数 R^2
I 充分灌溉	D4.5	$y=5.872/(1+7.539e^{-0.20x})$	10.20	2.94	0.29	30.30	0.914 1
	D6.0	$y=5.989/(1+18.508e^{-0.21x})$	13.96	3.00	0.31	28.71	0.958 4
	D7.5	$y=5.640/(1+11.417e^{-0.21x})$	11.54	2.82	0.30	28.44	0.956 1
	D9.0	$y=5.270/(1+20.523e^{-0.26x})$	11.49	2.60	0.34	22.81	0.939 3
II 有限灌溉	D4.5	$y=5.694/(1+13.704e^{-0.23x})$	11.53	2.85	0.32	26.43	0.955 8
	D6.0	$y=6.026/(1+12.130e^{-0.22x})$	11.19	3.01	0.34	26.91	0.964 7
	D7.5	$y=5.542/(1+15.954e^{-0.24x})$	11.64	2.77	0.33	25.21	0.953 5
	D9.0	$y=5.413/(1+7.084e^{-0.20x})$	9.69	2.71	0.27	29.70	0.942 6
III 自然降水	D4.5	$y=5.431/(1+53.074e^{-0.31x})$	13.02	2.72	0.41	19.67	0.952 1
	D6.0	$y=5.824/(1+15.182e^{-0.23x})$	11.67	2.91	0.34	25.75	0.941 0
	D7.5	$y=5.092/(1+13.925e^{-0.26x})$	10.17	2.55	0.33	23.17	0.929 1
	D9.0	$y=5.077/(1+15.609e^{-0.21x})$	13.09	2.54	0.27	28.57	0.949 1

3.5.6 不同补灌水平和群体密度对玉米籽粒产量的影响

（1）对玉米籽粒产量的分析

经方差分析表明，补充灌溉与不灌溉处理之间产量差异达到极显著水平，充分灌溉（FI）和有限灌溉（LI）分别较不灌溉（NI）提高了 6.0% 和 4.4%。但不同补灌水平之间产量未达到显著水平（表 3 - 36），这说明在有限补灌条件下就可达到显著增产的作用，充分灌溉下补水量增加不利于作物水分利用效率的提高。4 种群体密度处理方式下，产量在 0.01 和 0.05 水平上差异显著（表 3 - 37），随着种植密度的增加产量随之增加，但增加到每公顷 6.0 万株时产量不再增加，如果继续增加密度，产量出现下降的趋势。密度为 D6.0 处理时较 D4.5、D7.5、D9.0 分别提高了 11.6%、3.6% 和 9.5%。在不灌溉条件下，种植密度为每公顷 6.0 万株和每公顷 7.5 万株时产量显著高于其他两种种植密度（表 3 - 38），说明增加密度能达到增产的目的，但在水分条件不足以满足生长需求时，继续增加密度出现减产。密度为 D6.0 处理时较 D4.5、D9.0 分别提高了 7.5% 和 6.1%，密度为 D7.5 处理时较 D4.5、D9.0 分别提高了 6.6% 和 5.2%。在有限灌溉条件下，每公顷 7.5 万株处理方式与其他处理间差异显著

（表3-39），密度为 D7.5 时较 D4.5 提高了 18.7%。与每公顷 6.0 万株相比提高了种植密度，说明即使在拔节期（关键期）发生干旱，也可通过少量补灌并适当增加种植密度达到提高产量的目的。在充分灌溉条件下，每公顷 6.0 万株产量显著高于其他处理方式（表3-40），密度为 D6.0 处理时较 D4.5 提高了 17.1%，密度为 D7.5 处理时较 D4.5 提高了 8.4%，密度为 D6.0 处理时较 D9.0 提高了 20.6%，密度为 D7.5 处理时较 D9.0 提高了 11.6%。因此，玉米在干旱条件下，通过补水和适当增加种植密度可达到提高产量的目的，但在水分充足的条件下，当种植密度在每公顷 7.5 万株时，由于个体生长繁茂，光照条件恶化，反而不利于继续增产，而且增加种植密度也会增加倒伏的风险，2013 年试验区在灌浆期倒伏的情况也说明了这点。

表3-36　不同补灌处理下籽粒产量分析

处理	产量均值（kg/hm²）	5%	1%
Ⅰ 充分灌溉	11 293.2	a	A
Ⅱ 有限灌溉	11 117.8	ab	A
Ⅲ 自然降水	10 652.1	b	A

注：表中不同小写字母表示不同处理在 $P < 0.05$ 水平差异显著，不同大写字母表示不同处理在 $P < 0.01$ 水平差异显著。

表3-37　不同群体种植密度下籽粒产量分析

处理（×10⁴/hm²）	产量均值（kg/hm²）	5%	1%
4.5	10 465.9	c	B
6.0	11 680.2	a	A
7.5	11 275.9	ab	AB
9.0	10 662.1	bc	AB

注：表中不同小写字母表示不同处理在 $P < 0.05$ 水平差异显著，不同大写字母表示不同处理在 $P < 0.01$ 水平差异显著。

表3-38　不灌溉处理下不同种植密度籽粒产量分析

处理（×10⁴/hm²）	产量均值（kg/hm²）	5%	1%
4.5	10 259.4	b	B
6.0	11 025.9	a	A
7.5	10 932.5	a	A
9.0	10 390.6	b	A

注：表中不同小写字母表示不同处理在 $P < 0.05$ 水平差异显著，不同大写字母表示不同处理在 $P < 0.01$ 水平差异显著。

表 3 - 39　有限灌溉处理下不同种植密度籽粒产量分析

处理（×10⁴/hm²）	产量均值（kg/hm²）	5%	1%
4.5	10 395.3	b	B
6.0	11 802.2	ab	AB
7.5	12 341.5	a	A
9.0	11 271.9	ab	AB

注：表中不同小写字母表示不同处理在 $P<0.05$ 水平差异显著，不同大写字母表示不同处理在 $P<0.01$ 水平差异显著。

表 3 - 40　充分灌溉处理下不同种植密度籽粒产量分析

处理（×10⁴/hm²）	产量均值（kg/hm²）	5%	1%
4.5	11 115.3	bc	B
6.0	13 015.2	a	A
7.5	12 051.0	b	AB
9.0	10 796.3	c	B

注：表中不同小写字母表示不同处理在 $P<0.05$ 水平差异显著，不同大写字母表示不同处理在 $P<0.01$ 水平差异显著。

（2）对产量构成因子的分析

从表 3 - 41 可以看出，以种植密度为 D6.0 为例，与 NI 处理方式相比，FI、LI 处理方式可以增加籽粒产量，增产幅度为 4.83%～11.88%。从产量农艺性状看，增产主要表现在增加了穗数，提高了百粒重，单株穗重增加。从不同种植密度的产量及产量构成因子相关分析可知，随着密度的增加，产量呈现先增加后降低的趋势（表 3 - 42）。产量的增加主要是增加了穗长、穗粗，穗数也不断增加。如表 3 - 43 所示，种植密度、穗数呈显著的正相关关系，说明提高穗数的主要手段是增加种植密度，产量有随着提高种植密度和穗数的增加而增加的趋势，但以不造成倒伏减产为限。从产量与经济系数的关系看，适当增加密度有利于提高经济系数，穗粒数、穗重、百粒重与产量均呈正相关关系，统计分析达到极显著水平，而与留苗密度呈极显著负相关关系，说明随着种植密度的增加，穗粒数、穗重和百粒重均有减小的趋势。这种特性在旱地上尤为突出。

3.5.7　不同补灌水平和群体密度对水分利用效应的分析

水分利用效率（*WUE*）反映了作物耗水与干物质生产之间的关系。

表 3-41 不同补灌处理下玉米产量及产量构成因子

处理	留苗密度(×10⁴/hm²)	穗长(cm)	穗粗(cm)	穗数*(穗)	百粒重(g)	单穗重(g)	穗轴重(g)	穗粒重(g)	经济系数(%)	出籽率(%)	产量(kg/hm²)
I 充分灌溉	D6.0	19.97 a	5.07 a	164.33 a	38.56 a	286.88 a	34.05 a	252.83 a	0.88 a	0.84 b	12 398.34 a
II 有限灌溉	D6.0	19.56 ab	4.97 ab	169.67 a	37.63 ab	268.98 b	32.41 b	236.56 b	0.88 a	0.85 a	11 616.41 b
III 自然降水	D6.0	19.02 b	4.70 b	154.33 a	33.20 b	230.80 c	28.22 c	202.58 c	0.88 a	0.85 a	11 081.63 c

注：* 表示每 30m² 面积玉米的穗数。

表 3-42 不同种植密度玉米产量及产量构成因子

留苗密度(×10⁴/hm²)	穗长(cm)	穗粗(cm)	穗数*(穗)	百粒重(g)	单株穗重(g)	穗轴重(g)	穗粒重(g)	经济系数(%)	出籽率(%)	产量(kg/hm²)
D4.5	19.34 a	4.87 a	155.44 c	36.46 a	269.59 a	31.35 a	238.24 a	0.88 a	0.84 a	10 465.90 c
D6.0	19.51 a	4.91 a	162.78 c	36.75 a	262.22 b	31.56 a	230.66 a	0.88 a	0.84 a	11 680.20 a
D7.5	18.11 ab	4.75 ab	195.78 b	34.44 b	222.13 c	27.16 b	194.98 b	0.88 a	0.85 a	11 275.90 b
D9.0	16.74 b	4.58 b	241.33 a	31.17 c	175.04 d	22.08 c	152.97 c	0.87 a	0.84 a	10 662.10 c

注：* 表示每 30m² 面积玉米的穗数。

表 3 - 43　产量构成因子相关分析

相关系数	留苗密度	穗数	穗长	穗粗	穗粒数	穗重	穗轴重	出籽率	百粒重	单株产量
留苗密度	1	0.93**	-0.81**	0.16	-0.84**	-0.84**	-0.52**	0.01	-0.64**	-0.87**
穗数	0.93**	1	-0.83**	0.23*	-0.85**	-0.86**	-0.56**	0.08	-0.67**	-0.87**
穗长	-0.81**	-0.83**	1	-0.16	0.88**	0.92**	0.66**	-0.15	0.69**	0.92**
穗粗	0.16	0.23*	-0.16	1	-0.28**	-0.18	-0.12	0.04	-0.09	-0.18
穗粒数	-0.84**	-0.85**	0.88**	-0.28**	1	0.91**	0.53**	0.03	0.67**	0.95**
穗重	-0.84**	-0.86**	0.92**	-0.18	0.91**	1	0.78**	-0.27**	0.81**	0.98**
穗轴重	-0.52**	-0.56**	0.66**	-0.12	0.53**	0.78**	1	-0.80**	0.68**	0.63**
出籽率	0.01	0.08	-0.15	0.04	0.03	-0.27**	-0.80**	1	-0.35**	-0.07
百粒重	-0.64**	-0.67**	0.69**	-0.09	0.67**	0.81**	0.68**	-0.35**	1	0.77**
单株产量	-0.87**	-0.87**	0.92**	-0.18	0.95**	0.98**	0.63**	-0.07	0.77**	1

注：*，** 分别表示在 0.05、0.01 水平上差异显著。

从表 3-44 可知，WUE 最高为 32.19kg/(hm² • mm)，最低为 24.42kg/(hm² • mm)，相差 7.77kg/(hm² • mm)，说明不同补灌水平和种植密度处理间 WUE 存在明显差异。从不同补灌水平对 WUE 效应看，充分灌溉下，耗水 418mm 时，WUE 为 25.87kg/(hm² • mm)；有限灌溉下，耗水 400mm 时，WUE 为 27.46kg/(hm² • mm)；在不灌溉条件下，耗水 415mm 时，WUE 为 27.89kg/(hm² • mm)；适当增加补灌水量有利于提高自然降水的 WUE；但从补灌水量与其增产值的 WUE 看，随着补灌水量的增加 WUE 在降低。说明实施有限灌溉是提高 WUE 的有效途径。从不同种植密度看，密度 6.0 万株/hm² 时水分利用效率最高，为 28.46kg/(hm² • mm)，其 WUE 较 4.5 万株/hm²、7.5 万株/hm²、9.0 万株/hm² 处理分别提高了 9.4%、2.7% 和 9.1%。

表 3-44　不同补灌水平和群体种植密度下水分利用效率分析

| 水分处理 | 留苗密度（万株/hm²） | | | | 水分处理平均 |
	4.5	6.0	7.5	9.0	
I 充分灌溉	28.57 c	32.19 a	30.68 ab	27.95 b	
	25.63 b	28.37 a	25.28 b	24.42 c	25.87
平均数	27.10 b	30.28 a	27.98 b	26.18 c	
II 有限灌溉	24.88 c	29.49 ab	31.63 a	28.60 b	
	26.25 b	27.85 a	25.00 b	26.01 b	27.46
平均数	25.56 c	28.67 a	28.32 a	27.30 b	
III 自然降水	25.84 b	26.02 ab	27.05 a	24.70 c	
	24.96 b	26.86 a	26.67 a	24.87 b	27.89
平均数	25.40 b	26.44 a	26.86 a	24.79 c	
种植密度平均	26.02 b	28.46 a	27.72 b	26.09 b	

注：不同小写字母指处理间差异在 0.05 水平上显著。后续表格中的字母含义与此相同。

3.5.8　讨论

在旱作区玉米高产栽培中，水分是限制密度提高的主要因素，玉米种植密度必须与水分条件相适应，以水定密。本研究表明，与不灌溉和充分灌溉处理比较，有限灌溉下不同生育阶段各处理土壤日耗量均最小，这说明减少了水分无效消耗，减少土壤日耗水量，提高了水分利用效率。本研究表明，有限灌溉较充分灌溉下 WUE 提高了 6.1%。

群体光合势也随种植密度的增加呈现不断增加的趋势。不同种植密度群体光合势的变化受补灌水平的影响，表现为 LI＞FI＞NI。叶片光合速率对水分反应最敏感，水分亏缺使光合速率迅速下降。本研究表明，不灌溉（NI）和有限灌溉（LI）条件下玉米叶片净光合速率 Pn、蒸腾速率 Tr 明显下降，均低于充分灌溉条件下的 Pn 和 Tr 值。有限灌溉下叶片水分利用效率提高了 5.4%～11.9%。可见，有限灌溉下适度水分亏缺提高了 WUE_L。籽粒灌浆特性也是影响玉米产量的决定因素之一。有限灌溉到达最大灌浆时所需的时间（T_{max}）较充分灌溉和不灌溉平均提前 0.8 天和 1.2 天，灌浆速率最大时的生长量表现为 D6.0 最大，D9.0 最小。

　　与不灌溉（NI）相比，充分灌溉（FI）和有限灌溉（LI）提高了玉米籽粒产量，其增产幅度为 4.83%～11.88%。尽管补灌与不补灌差异显著，但两种补灌水平下产量未达显著差异，这说明有限补灌条件下就可达到显著增产的作用。

3.5.9　结论

　　灌溉显著提高了玉米籽粒产量 5.1%～11.2%，但却降低了水分利用效率 1.6%～7.8%。而有限灌溉减少了土壤水分的无效消耗，使总耗水量下降。有限灌溉下叶片水分利用效率提高了 5.4%～11.9%。种植密度为 D6.0 时叶片水分利用效率（WUE_L）最高，较其他处理提高了 7.5%～34.8%。且水分利用效率最高 [28.46kg/(hm² · mm)]，较 D4.5、D7.5、D9.0 分别提高了 9.4%、2.7% 和 9.1%。

　　与不灌溉（NI）相比，充分灌溉（FI）和有限灌溉（LI）提高了玉米籽粒产量，其增产幅度为 4.83%～11.88%，两种补灌水平下产量未达显著差异。产量也随密度的增加而增大，但增加到 6.0 万株/hm² 时产量不再增加，继续增加密度，产量出现下降的趋势。适当增加补灌水量有利于提高自然降水的 WUE，有限灌溉下的 WUE 较充分灌溉提高了 6.1%。

　　因此，在干旱半干旱地区，水资源匮乏，在充足灌溉难以实现时，在保证种植密度为 6.0 万株/hm² 条件下实施有限补灌可使作物增产，水分利用效率得以提高。

3.6　春玉米减肥增效养分综合调控技术研究

　　随着近年来玉米产量的不断提高，化肥施肥量也逐年提高，在粮食单产增加中的贡献中占到了 50%。因此，施肥中存在的问题也日益突显。

生产上农民仍按传统的经验施肥，存在着严重的盲目性和随机性。不同地区间、农户地块间和氮磷钾养分间投入极不平衡，化肥养分的整体投入水平过高，而利用率较低。有资料显示，1996—2012 年山西省肥料投入及变化表明：山西省氮肥用量最大，占到化肥总量的 34.3%～51.2%；磷肥占 16.9%～24.0%；而钾肥用量最少，占 4.3%～7.8%。农户施肥普遍存在问题是重视氮磷投入而轻视钾的投入，施用比例极不平衡。而且，化肥施用不平衡也表现在地区内不同农户的地块之间，超量施肥和施肥不足同时共存，对于玉米而言，这种分布在氮肥投入上最为明显。

氮素是玉米从土壤中吸收数量最多的营养元素，同时也是影响玉米产量最重要的养分限制因子（张福锁，2008；王宜伦，2010；侯云鹏，2014）。因此氮素的供应水平对玉米产量起决定性作用。然而，春玉米氮肥施用量 240～280kg/hm² （杨镇，2006），远高于高产条件下玉米对氮素的需求量，致使氮肥利用率低下，仅为 19%～28%（隽英华，2014），远低于30%～51%的全国平均水平（朱兆良，1992）。这些未被作物吸收利用而残留在土壤中的氮素使环境污染日益严重。而且，随着氮肥施用量增加，增产效果降低，表现出明显的报酬递减规律（朱兆良，2010）。确定合理的氮肥用量始终是提高氮肥利用率的关键。因此，如何在保证粮食安全的前提下有效降低农田氮素带来的环境污染已是农业生产中迫切需要解决的问题。

研究表明，玉米氮吸收量与施氮量存在显著的正相关性（淮贺举，2009）。合理的氮肥运筹方式可以显著增加玉米养分吸收总量，增加开花后转运量，显著提高玉米产量和氮素利用效率（赵洪祥，2012；侯云鹏，2016）。而不合理施氮不仅会影响玉米增产效果，还会造成环境污染（刘占军，2011；王蒙，2012；Cui et al.，2011）。优化施氮可显著降低无机氮在 0～90cm 土壤的残留（蔡红光，2012）。当施氮量超过一定范围后，氮素残留和表观损失量急剧增加（刘瑞，2014）。

因此，为了解决晋中平川区玉米合理施用氮肥问题，本研究进行了多年田间定位试验，研究了不同施氮量对玉米产量、氮素吸收利用、土壤硝态氮积累变化的影响，旨在明确区域土壤基础肥力现状和合理施肥量，为实现玉米稳产提质及氮肥减量增效及生态环境的健康发展提供理论基础。

3.6.1 研究方法

（1）试验区基本情况

试验于 2013—2017 年在山西省农业科学院榆次东阳试验示范基地

（37°54″N，112°34″E）进行。该区地处晋中平川区，海拔为 958m，年降水量约 440mm，年平均气温 9.8℃，平均日照时数 2 639h，年均无霜期 154 天。春冬季节干燥寒冷，夏秋季节温暖湿润，雨热同期，降水主要集中在 7 月、8 月、9 月，试验地较为平坦，供试土壤为潮土，表层质地中壤，0～20cm 层土壤基本肥力为：有机质 9.4g/kg，全氮 0.88g/kg，有效磷 11.7mg/kg，速效钾 102mg/kg，pH 为 7.9，土壤容重为 1.12～1.3g/cm³。田间试验于每年的 4 月 23 日至 5 月 1 日播种，9 月 30 日至 10 月 1 日收获。播前施入底肥、旋耕入地。

（2）试验设计

试验共设 5 个处理，氮肥用量分别设为 0kg/hm²、120kg/hm²、240kg/hm² 和 360kg/hm²（分别以 N0、N120、N240 和 N360 表示），各处理磷、钾肥用量相同，分别为 P_2O_5 108kg/hm²、K_2O 112.5kg/hm²，以不施肥处理为对照（CK）。氮、磷、钾肥分别采用尿素（46-0-0）、磷酸氢二铵（18-46-0）和硫酸钾（0-0-50），需施肥处理均作为底肥于播种前一天一次性施入。供试玉米品种为大丰 30，每年于 4 月底播种，10 月初收获。种植密度为 6.0 万株/hm²，小区面积 5m×7m＝35m²，随机区组设计，3 次重复，两边设有两垄保护行，其他田间管理按生产田进行。

（3）测定项目与方法

①产量测定　成熟后各小区单独收获计产（除去取样植株所占面积），并随机选取 20 穗风干后进行考种，分别测其穗长、穗粗、穗行数、行粒数、及百粒重等，所有指标均 3 次重复。

②土壤硝态氮测定　称取 5.000g 土壤样品于 100mL 塑料瓶中，加入 50mL 1 mol/L KCl 浸提液，拧紧瓶盖，于室温条件下振荡 0.5h（180±20r/min），干过滤，吸取 25mL 浸提液于 50mL 三角瓶中，加入 1mL 10%硫酸酸化，尽可能排除部分无机盐的影响，摇匀。然后将待测液装入 1cm 光径的石英比色皿中，采用紫外分光光度法进行比色，读取吸光值（A220 和 A275），以酸化的浸提液调节仪器（UV9 600 紫外可见光分光光度计）零点。

NO_3^- 的吸光值（△A）可由下式求得：△A＝A220－A275×2.2。

土壤硝态氮积累量（kg/hm²）＝土层厚度（cm）×土壤容重（g/cm³）×土壤硝态氮含量（mg/kg）/10。

③玉米植株全氮测定——凯氏定氮法　将成熟期采集的植物样品不同器官部位（茎、叶、穗轴、籽粒）进行烘干、粉碎磨细，分别称取样品

0.500 0g，置于 50mL 消煮管中，采用 H_2SO_4—H_2O_2 消煮，将消煮液无损地洗入 100mL 容量瓶中，定容后采用凯氏定氮仪进行测量。

（4）数据处理及分析

试验数据采用 Excel 2007 进行整理与分析，相关参数计算如下。

植株氮含量（%）＝[茎含氮量（%）×茎干重＋叶含氮量（%）×叶干重＋穗轴含氮量（%）×穗轴干重＋籽粒含氮量（%）×籽粒干重]/（茎干重＋叶干重＋穗轴干重＋籽粒干重）；

植株氮素积累量（kg/hm²）＝植株氮含量（%）×每公顷植株干物质重（kg/hm²）；

氮收获指数（%）＝籽粒氮吸收量/植株氮总吸收量×100；

氮肥利用率（%）＝（施氮区作物吸氮量—不施氮区作物吸氮量）/氮肥施用量×100；

氮肥农学效率（kg/kg）＝（施氮区作物产量—不施氮区作物产量）/氮肥施用量；

氮肥偏生产力（kg/kg）＝施氮区作物产量/氮肥施用量。

3.6.2 不同施氮水平对春玉米产量的影响

从图 3-41 中可以看出，不同年份不同施氮水平对玉米产量的影响不同。从五年平均的产量结果看，试验区土壤基础肥力相对较高，为 9 051kg/hm²。与不施氮肥处理相比，施氮处理玉米产量提高了 5.8%～12.8%。当其他磷、钾水平保持不变，施氮水平为 N240 时，玉米产量达到最高为 12 467kg/hm²，增产幅度最大，比 CK（不施肥处理）（9 051kg/hm²）增产 37.7%，比 N0 处理（11 055kg/hm²）增产 12.8%。其次增产幅度较大的为 N120（11 821kg/hm²），比 CK（不施肥处理）增产 30.6%，比 N0 处理增产 6.9%。

玉米产量随着施氮量的增加呈先上升而后下降的趋势，即当氮肥施用量低于一定水平时，随着施氮量的提高，玉米的产量不断增加，但随后再继续增加氮肥的施用量，产量反而出现一定的下降（图 3-42）。这说明在土壤肥力一定的情况下，只是一味地提高氮肥的施用量并不会继续增加玉米的产量，相反还会出现减产的现象。因此，在田间施肥时，一定要注意肥料合理的施用范围，以免出现增加成本反而减产，并且造成农田环境污染的现象。将玉米产量（y，kg/hm²）与施氮量（x，kg/hm²）进行曲线拟合回归，得到一元二次方程如下：$y = -0.017\,6x^2 + 6.865x +$

11 872，$R^2 = 0.998\ 9$。得出最佳施氮量是 195kg/hm²，对应的最高产量是 12 541kg/hm²。

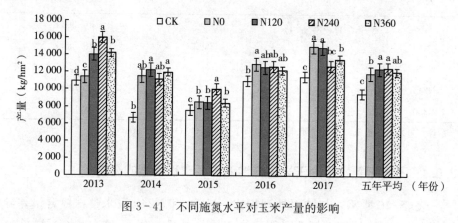

图 3－41　不同施氮水平对玉米产量的影响

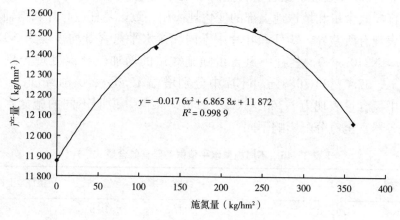

$$y = -0.017\ 6x^2 + 6.865\ 8x + 11\ 872$$
$$R^2 = 0.998\ 9$$

图 3－42　施氮量与玉米产量的关系

3.6.3　不同施氮水平对春玉米产量效益的影响

多年平均肥效试验表明（表 3－45），当施氮量为 N240 时，玉米产量最大达 12 467kg/hm²，比施氮量为 N360 时产量增加 772kg/hm²，增产 6.6%，节约成本 292.5 元/hm²，增加经济效益 1 682 元/hm²。与 N360 处理相比，N120 处理产量增加 126kg/hm²，增产 1.1%，节约成本 585 元/hm²，增加经济效益 811.8 元/hm²。试验区还进一步对产量与施肥量进行多元回归分析表明，试验区最佳施肥量为 N＝219.3kg/hm²，P＝107.3kg/hm²，K＝121.7kg/hm²，因此，生产上应提倡保持磷肥不变，进行减氮增钾。

表 3 - 45　玉米不同施氮处理下产量经济效益

处理	产量（kg/hm²）	成本（元/hm²）	收益（元/hm²）
CK	9 051	0	16 291.8
N0	11 099	769.5	19 208.7
N120	11 821	1 354.0	19 923.3
N240	12 467	1 647.0	20 793.6
N360	11 695	1 939.5	19 111.5

注：玉米 1.8 元/kg，N 3.9 元/kg，P_2O_5 4.3 元/kg，K_2O 5.1 元/kg。

3.6.4　不同施氮水平对玉米植株地上部氮素积累量的影响

表 3 - 46 所示，与缺氮处理相比，N120 和 N240 玉米整株氮含量差异不明显，N360 处理下氮含量明显高于缺氮处理，提高 11.6%。不同施氮水平籽粒氮含量和植株地上部的变化规律相一致，茎秆、叶片和穗轴与籽粒的表现有所差异。茎秆和叶片中不同施氮水平氮含量均表现为 N120＞N360＞N240＞N0，茎秆中氮含量随施氮量的增加较缺氮处理分别增幅78.7%、57.0% 和 76.8%，叶片中分别增幅 19.6%、0.31% 和 13.9%。穗轴中氮含量表现为 N360＞N120＞N0＞N240。说明不同的施氮水平对植株各器官全氮分配影响不同。

表 3 - 46　不同施氮水平植株各器官氮含量（%）

处理	籽粒	茎	叶	轴	植株地上部
CK	1.055 d	0.317 c	0.621 c	0.472 b	0.78 b
N0	1.325 b	0.272 d	0.648 b	0.462 bc	0.95 ab
N120	1.260 c	0.486 a	0.775 a	0.465 b	0.94 ab
N240	1.280 bc	0.427 b	0.650 b	0.459 c	0.98 ab
N360	1.400 a	0.481 a	0.738 a	0.537 a	1.06 a

表 3 - 47 为收获后不同施氮量植株各器官氮素积累量及积累比例，其中籽粒和植株地上部氮素积累量均表现为 N240＞N360＞N120＞N0＞CK，反映了适宜地增施氮肥能够有效促进作物产量的提高，但施氮量过高反而会抑制作物产量的提高。植株各器官的氮素积累量随施氮量的变化存在明显差异。地上部植株氮素积累量随施氮量的增加而增加，较缺氮处理分别增长 23.78%、41.48% 和 44.48%。植株各器官中籽粒和茎秆的氮素

积累量与地上部表现一致，且 N240 和 N360 籽粒中氮素积累量相差不大。叶片和穗轴中氮素积累量均表现为 N120＞N360＞N240＞CK＞N0。综上分析知，籽粒和茎秆对整株的影响较大，与各器官氮素积累量所占比例一致。

表 3－47　不同施氮水平植株各器官氮素积累量

处理	籽粒		茎		叶		轴		植株地上部
	含量 (kg/hm^2)	比例 (%)	含量 (kg/hm^2)	比例 (%)	含量 (kg/hm^2)	比例 (%)	含量 (kg/hm^2)	比例 (%)	
CK	81.79 c	74.46	5.26 c	4.79	13.34 c	12.14	9.45 c	8.60	109.84 c
N0	111.70 b	80.91	5.49 c	3.98	13.18 c	9.55	7.69 c	5.57	138.06 c
N120	119.42 b	69.89	6.24 bc	3.65	24.16 a	14.14	21.06 a	12.32	170.88 b
N240	156.14 a	79.94	7.55 ab	3.86	16.54 bc	8.47	15.10 b	7.73	195.33 a
N360	154.37 a	77.39	9.79 a	4.91	18.53 b	9.29	16.78 b	8.41	199.47 a

3.6.5　不同施氮水平对氮素利用效率的影响

由表 3－48 可知，0～360kg/hm^2 施氮水平范围内，其氮积累量为 109.84～199.47kg/hm^2，与不施氮肥处理相比，施氮处理玉米氮吸收量提高了 23.8%～44.5%，可见，增施氮肥可显著提高单位面积玉米植株中的氮积累量。随施氮量增加，氮素利用率和氮肥偏生产力均逐渐降低（表 3－48）。0～360kg/hm^2 施氮水平范围内，120kg/hm^2（N120）处理的氮素利用效率和氮肥偏生产力均表现最高，分别为 27.35% 和 98.51。氮收获指数（NHI）随施氮量的增加先增后降，以 N240 处理最高，为 79.94%。试验中不施肥（CK）和不施氮（N0）处理下氮收获指数偏高，可能说明土壤中基础氮素含量较高。

表 3－48　不同施氮水平下玉米氮素利用效率

处理	吸氮总量（kg/hm^2）	氮收获指数（%）	氮素利用率（%）	氮肥偏生产力（kg/kg）
CK	109.84 d	74.46 b	—	—
N0	138.06 c	80.91 a	—	—
N120	170.88 b	69.89 c	27.35 a	98.51 a
N240	195.33 a	79.94 ab	23.86 b	51.95 b
N360	199.47 a	77.39 ab	17.06 c	32.49 c

3.6.6 不同施氮水平对农田土壤硝态氮积累量的影响

图 3-43 为不同施氮水平下春玉米收获后土壤 $NO_3^- - N$ 残留变化情况。结果表明,各施氮处理土壤 $NO_3^- - N$ 残留量明显高于对照处理。从土壤剖面看,0~100cm 土层深度内各土层各施氮水平的 $NO_3^- - N$ 残留量表现出随施氮量增加土壤 $NO_3^- - N$ 逐渐增加的趋势,N240 处理土壤 $NO_3^- - N$ 在 40~60cm 土层出现峰值,为 38.37mg/kg,N360 残留量呈现双峰值,主要分布在 20~80cm 土层深度,土壤 $NO_3^- - N$ 为 43.55~46.92mg/kg。随着土层的向下增加,土壤 $NO_3^- - N$ 残留量趋于减小。且不施肥及不施氮肥处理 $NO_3^- - N$ 残留量均较少。

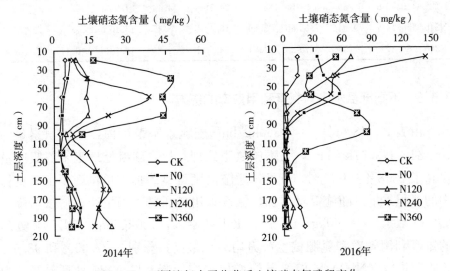

图 3-43 不同施氮水平收获后土壤硝态氮残留变化

3.6.7 讨论

合理施氮是调控玉米产量形成的有效途径之一。在一定施氮量范围内玉米产量随施氮量的增加而增加,当超过这一范围,玉米产量开始下降(郑伟,2011)。本研究结果也表明,玉米产量随施氮量的增加先增后降,其中当施氮量增加至 360kg/hm²,玉米产量下降。通过产量与施肥量的拟合回归,求得试验区最佳施氮量是 195kg/hm²,对应的最高产量是 12 541kg/hm²,比实际最高产量处理(N 240kg/hm²)还偏高。大量研究表明,作物产量和氮吸收量随着施氮量的增加而增加,而氮素利用效率降低(侯云鹏,

2015；邹晓锦，2011；王端，2013）。本研究结果表明，施氮量在 $120\sim$ $360kg/hm^2$ 范围内，玉米氮吸收量随施氮量的增加而增加，但氮素利用率和偏生产力却表现为随施氮量的增加而下降的趋势。尽管低施氮量（N120）处理氮素利用效率的各项指标较高，但相对应的玉米氮吸收量和产量却较低。而施氮量 $240kg/hm^2$ 处理虽然氮素利用效率的各项指标低于前者，但其玉米产量和氮吸收量均较高，说明该施氮量可满足玉米生长发育对氮素的需求。由此可见，在关注氮肥利用效率各项指标的同时，还需关注作物产量及氮素吸收总量，应在保证满足作物对氮素需求的前提下减少氮素的损失，使作物获得较高产量。氮收获指数很大程度上是玉米营养体氮素吸收与转运关系协调的结果（景立权，2013），相关研究表明，适宜的氮肥用量可以提高玉米抽穗期植株养分向籽粒的转运，氮肥供应过量或不足，均会使玉米氮素向籽粒中的转运及分配比例下降（郑伟，2011；戴明宏，2008）。本研究中，不同施氮处理下，玉米氮收获指数随施氮量的增加先增后降，以施氮量为 $240kg/hm^2$ 处理最大，为 79.94%，表明在该施氮量下，有利于玉米生育后期氮素的吸收和营养体氮素养分向籽粒的转运，从而提高籽粒中氮养分比例。试验中不施肥（CK）和不施氮（N0）处理下氮收获指数也偏高，这可能说明土壤中的基础氮素含量较高。

　　研究表明，在一定施氮范围内，增加氮肥用量可以提高耕层土壤硝态氮积累量，超过这一范围，则会使耕层土壤硝态氮积累量下降（叶东靖，2010）。本研究土壤 $NO_3^- - N$ 残留量与施氮量存在显著的正相关性。N240处理土壤 $NO_3^- - N$ 在 $40\sim60cm$ 土层出现峰值，为 $38.37mg/kg$，N360 残留量呈现双峰值，主要分布在 $20\sim80cm$ 土层深度，土壤 $NO_3^- - N$ 为 $43.55\sim$ $46.92mg/kg$。随着土层的向下增加，土壤 $NO_3^- - N$ 残留量趋于减小。施入土壤中的氮素除被当季作物吸收利用之外，剩余氮素一部分残留在土壤中，可为后季作物吸收利用；另一部分氮素通过硝态氮淋溶、氨挥发和反硝化作用等途径损失（李世清，2000；王西娜，2006），氮肥施入土壤后均会产生一定比例的积累或损失。因此进一步研究需进行土壤氮素平衡研究。

3.6.8　结论

　　玉米产量随施氮量的增加先增后降，通过产量与施肥量的拟合回归，得到试验区最佳施氮量是 $195kg/hm^2$，对应的最高产量是 $12\,541kg/hm^2$。玉米氮吸收量随施氮量的增加而增加，但氮素利用率和偏生产力却表现为随施氮量的增加而下降的趋势。施氮量为 $240kg/hm^2$，玉米氮收获指数最高，有利于玉米生育后期氮素的吸收和营养体氮素养分向籽粒的转运。因此，在当地地力基础条件下，玉米施氮量为 195～240kg/hm²，可提高玉米产量和氮肥利用率。

3.7 晋中平川区春玉米"一盖两深三优化"节本增效种植技术

3.7.1 技术原理

针对晋中平川区降雨特点、土壤类型及玉米种植模式，以机械化秸秆粉碎覆盖（保蓄秋冬休闲期土壤水分、提高土壤有机质）为基础，以深松（打破犁底层、增厚活土层、扩大土壤库容）、侧深施肥（优化施肥量、减少氮肥损失、提高氮肥利用率）为保证，以增密（采用耐密型玉米品种，通过机械化精量播种）为核心，加以其他必要配套技术措施，整合保水、蓄水、播种、施肥、耕作栽培，集成晋中平川区春玉米"一盖两深三优化"节水减肥高效栽培技术，进而提高农田水分利用效率和肥料利用效率，并通过轻简化种植，简化种植流程，最终实现节本增效。

①冬春休闲期秸秆覆盖可增加土壤含水量 19%、土壤速效钾含量 48mg/kg 和播前土壤贮水量 33.8mm，进而提高玉米产量 7.0% 和水分利用效率 7.9%。因此，利用玉米收割机械在收获作业时将玉米秸秆粉碎，并均匀覆盖于地表，对农田实施免耕管理。这样可提高上年秋雨和冬春休闲期降水的保蓄率，是减缓春旱的重要措施，并具有培肥土壤的功能。

②由于连年只旋不耕带来的耕作层变浅，导致玉米根系生长发育严重受阻，难以深扎，吸水吸肥及抗旱能力下降。因此，秋深松可打破犁底层，对耕层进行改良，进而提高玉米的产量和水分利用效率。试验结果显示，深松比翻耕休闲期蓄水率提高 22.5%，可增产 5.7%，水分利用效率提高 4.4%，净收益提高 10.1%。

③针对生产上存在的化肥用量及分配时期不合理和肥料利用率低等问题，优化施肥量，将氮肥控制在 240kg/hm² 内，可增产 5.5%～37.7%，提高氮肥利用率 6.8%。

④针对生产中种植密度不够，达不到耐密型玉米品种所要求的密度低限的问题，通过采用耐密型玉米品种增加密度，通过机械化精量播种及防治地下害虫等技术，保证实际留苗密度达到所要求的适宜密度。从而提高玉米产量潜力，玉米单产可提高 10%～15%。

3.7.2　技术内容

"一盖"：秸秆覆盖。作业方式：玉米机械在收获的同时粉碎秸秆，周年覆盖地表。留茬高度≤10cm，秸秆粉碎长度≤10cm；秸秆要均匀覆盖于地表。作业功能：减少风蚀，保护表土，保护环境；减少蒸发，保蓄秋冬休闲期土壤水分；秸秆腐烂还田，提高土壤有机质。

"两深"：深松、深施肥。作业方式：秋季（隔年）深松≥30~40cm；采用玉米免耕侧深施肥精量播种（2BMZF-4）机进行播种同时侧深施肥≥10cm。作业功能：打破犁底层，促进根系生长；改良耕层，扩大土壤库容、增强夏秋雨水入渗；深施肥：减少肥料挥发损失，提高肥料利用率。

"三优化"：优选品种、优化种植、优化肥水管理。"优选品种"：选用耐密、节水、生育期适宜的品种，如"大丰30，强盛288，先玉335"等。"优化种植"：种植密度为 6.0 万~6.75 万株/hm²，等行距 60cm 或 40cm×80cm 宽窄行种植。播期 5 月上旬。"优化肥水"：产量在 11 250~12 750kg/hm² 的地块，氮 210~240kg/hm²，磷 165~180kg/hm²，钾 90~120kg/hm²，采用缓释复合肥。种肥（磷酸氢二铵）75~150kg/hm²。灌溉农田 7 月初灌 600~900m³/hm²。

（a）机械收获、秸秆覆盖

（b）隔年深松、改良耕层

（c）免耕播种、侧深施肥

（d）大田玉米长势

图 3-44　一盖两深三优化种植技术

3.7.3　技术应用效果

在晋中祁县谷恋村建立核心示范区进行示范，并在榆次、寿阳等地进行了"一盖两深三优化"节水减肥栽培集成模式示范。与常规模式相比，本技术使春玉米增产 2 565～3 427kg/hm²，按玉米平均价格 1.6 元/kg 计算，每公顷增收 0.41 万～0.55 万元。而且通过秸秆还田覆盖保墒，改善了土壤水分，增加了土壤有机质，减少了焚烧污染，因此具有明显的经济效益、社会效益和生态效益。具体示范效果如下。

①增产效应　表 3-49 显示，不同种植模式下玉米籽粒产量差异均显著。虽然由于气候条件的影响，不同年份间玉米籽粒产量结果略有不同。但与常规模式相比，集成模式三年平均产量提高 2 900kg/hm²，增产 30.3%，尤其在 2015 年夏伏严重干旱其效果更显著，产量提高达 41.4%。因此，通过合理采用覆盖保墒、中耕深松、增密种植等技术，配套适宜高产品种，可显著提高籽粒产量，集成的节水技术适宜于该试验区。

表 3-49　不同种植模式的玉米产量

处理	2015 年产量 (kg/hm²)	2016 年产量 (kg/hm²)	2017 年产量 (kg/hm²)	平均	
				产量（kg/hm²）	递增率（%）
农户模式	8 271 b	9 404 b	11 069 b	9 581 b	—
集成模式	11 698 a	12 113 a	13 634 a	12 481 a	30.3

②水分效应　图 3-50 看出，玉米水分利用效率与产量结果表现一致。不同种植模式下玉米水分利用效率差异显著。与常规模式相比，集成模式三年平均水分利用效率提高 8.93kg/(hm² · mm)，WUE 增效 28.8%。可见，通过集成技术模式对于大面积节水增效具有重要的意义。

表 3-50　不同种植模式的玉米水分利用效率

处理	2015 年 WUE [kg/(hm² · mm)]	2016 年 WUE [kg/(hm² · mm)]	2017 年 WUE [kg/(hm² · mm)]	平均	
				WUE [kg/ (hm² · mm)]	递增率 （%）
农户模式	32.78 a	33.67 b	26.57 b	31.00 b	—
集成模式	32.86 a	41.18 a	45.76 a	39.93 a	28.8

③养分效应　年际不同种植模式的玉米籽粒含氮量、氮肥偏生产力和氮农学效率存在差异（表3-51）。与农户模式比，集成模式三年籽粒氮含量平均提高9.1%，氮肥偏生产力提高8.8%，氮农学效率提高61.1%

表3-51　不同种植模式对玉米籽粒含氮量、

氮肥偏生产力、氮农学效率的影响

年份	处理	籽粒含氮量（g/kg）	氮肥偏生产力（kg/kg）	氮农学效率（kg/kg）
2015	农户模式	11.94 b	46.19 b	11.93 b
	集成模式	13.93 a	51.40 a	23.56 a
2016	农户模式	12.10 a	47.47 a	13.21 b
	集成模式	13.30 a	50.94 a	23.10 a
2017	农户模式	14.29 a	38.99 b	14.16 a
	集成模式	14.60 a	42.00 a	16.72 a
平均	农户模式	12.78 ab	44.22 ab	13.10 b
	集成模式	13.94 a	48.11 a	21.1 a

④经济效益　不同种植模式的经济效益分析结果如表3-52所示，由于不同年份不同模式下籽粒产量不同，可以看出，与农户模式相比，集成模式下2015年每公顷增加净收入4 186元，2016年增加3 037元，而2017年增加2 806元，净收入三年平均增加3 342元，增收41.6%。

表3-52　不用种植模式下玉米的产量经济效益

单位：元/hm²

年度	处理	产出	投入	净收入	产投比	较CK净收入
2015	农户模式	13 234	7 297	5 937	1.8	—
	集成模式	18 718	8 595	10 123	2.2	4 186
2016	农户模式	15 046	7 297	7 749	2.1	—
	集成模式	19 381	8 595	10 786	2.3	3 037
2017	农户模式	17 710	7 297	10 413	2.4	—
	集成模式	21 814	8 595	13 219	2.5	2 806
平均	农户模式	15 330	7 297	8 033	2.1	—
	集成模式	19 970	8 595	11 375	2.3	3 342

3.7.4 技术应用范围

本技术适用于半干旱地区水浇地及旱地机械化作业的一年一熟中晚熟春播玉米。

本章参考文献：

白树明，黄中艳，王宇，2003. 云南玉米需水规律及灌溉效应的试验研究 [J]. 中国农业气象，24 (3)：18-21.

蔡红光，张秀芝，任军，等，2012. 东北春玉米连作体系土壤剖面无机氮的变化特征 [J]. 西北农林科技大学学报（自然科学版），40 (5)：143-148，156.

蔡红光，米国华，张秀芝，等，2012. 不同施肥方式对东北黑土春玉米连作体系土壤氮素平衡的影响 [J]. 植物营养与肥料学报，18 (1)：89-97.

戴明宏，陶洪斌，王利纳，等，2008. 不同氮肥管理对春玉米干物质生产、分配及转运的影响 [J]. 华北农学报，23 (1)：154-157.

邓西平，山仑，1998. 半干旱区春小麦高效利用有限灌水的研究 [J]. 水土保持研究，5 (1)：65-69.

樊修武，池宝亮，黄学芳，等，2008. 不同水分梯度下玉米水分利用效率研究 [J]. 山西农业科学，36 (11)：60-63.

冯鹏，王晓娜，王清郦，等，2012. 水肥耦合效应对玉米产量及青贮品质的影响 [J]. 中国农业科学，45 (2)：376-384.

高华峰，2009. 环境变化对晋中市可利用水资源的影响 [J]. 地下水，31 (4)：80-84.

高飞，贾志宽，路文涛，等，2011. 秸秆不同还田量对宁南旱区土壤水分、玉米生长及光合特性的影响 [J]. 生态学报，31 (3)：777-783.

高玉红，郭丽琢，牛俊义，等，2012. 栽培方式对玉米根系生长及水分利用效率的影响 [J]. 中国生态农业学报，20 (2)：210-216.

宫亮，孙文涛，包红静，等，2011. 不同耕作方式对土壤水分及玉米生长发育的影响 [J]. 玉米科学，19 (3)：118-120，125.

官情，王俊，宋淑亚，等，2011. 黄土旱塬区不同覆盖措施对土壤水分及冬小麦水分利用效率的影响 [J]. 地下水，33 (1)：21-24.

侯云鹏，陆晓平，赵世英，等，2014. 平衡施肥对春玉米产量及养分吸收的影响 [J]. 玉米科学，22 (4)：126-131.

侯云鹏，孔丽丽，李前，等，2015. 不同施氮水平对春玉米氮素吸收、转运及产量的影响 [J]. 玉米科学，23 (3)：136-142.

侯云鹏，杨建，李前，等，2016. 施氮对水稻产量、氮素利用及土壤无机氮积累的影响 [J]. 土壤通报，47 (1)：118-124.

胡志桥，田霄鸿，张久东，等，2011. 石羊河流域主要作物的需水量及需水规律 [J]. 干旱地区农业研究，29（3）：1-6.

淮贺举，张海林，蔡万涛，等，2009. 不同施氮水平对春玉米氮素利用及土壤硝态氮残留的影响［J］. 农业环境科学学报，28（12）：2651-2656.

景立权，赵福成，王德成，等，2013. 不同施氮水平对超高产夏玉米氮磷钾积累与分配的影响［J］. 作物学报，39（8）：1478-1490.

隽英华，孙文涛，韩晓日，等，2014. 春玉米土壤矿质氮累积及酶活性对施氮的响应［J］. 植物营养与肥料学报，20（6）：1368-1377.

李凤英，黄占斌，山仑，2000. 夏玉米水分利用效率的时空变化规律研究［J］. 西北植物学报，20（6）：1010-1015.

李世清，李生秀，2000. 旱地农田生态系统氮肥利用率的评价［J］. 中国农业科学，33（1）：76-81.

李玮，陈根发，刘家宏，等，2011. 黑龙港地区夏玉米生长期综合 ET 试验研究［J］. 干旱地区农业研究，29（5）：129-132.

李静静，李从锋，李连禄，等，2014. 苗带深松条件下秸秆覆盖对春玉米土壤水温及产量的影响［J］. 作物学报（10）：1787-1796.

梁宗锁，康绍忠，李新有，1995. 有限供水对夏玉米产量及其水分利用效率的影响［J］. 西北植物学报，15（1）：16-21.

梁金凤，齐庆振，贾小红，等，2010. 不同耕作方式对土壤性质与玉米生长的影响研究［J］. 生态环境学报，19（4）：945-950.

梁运香，韩龙，赵海英，等，2011. 近50年晋中市气候变化及对农作物的影响［J］. 山西农业大学学报（自然科学版），31（4）：1-7.

刘战东，肖俊夫，刘祖贵，等，2011. 高产条件下夏玉米需水量与需水规律研究［J］. 节水灌溉（6）：4-6.

刘占军，谢佳贵，张宽，等，2011. 不同氮肥管理对吉林春玉米生长发育和养分吸收的影响［J］. 植物营养与肥料学报，17（1）：38-47.

刘瑞，周建斌，崔亚胜，等，2014. 不同施氮量下春玉米田土壤剖面硝态氮累积及其与土壤氮素平衡的关系［J］. 西北农林科技大学学报（自然科学版），42（2）：193-198.

鲁向晖，高鹏，王飞，等，2008. 宁夏南部山区秸秆覆盖对春玉米水分利用及产量的影响［J］. 土壤通报，39（6）：248-251.

吕丽华，陶洪斌，夏来坤，2008. 不同种植密度下的夏玉米冠层结构及光合特性［J］. 作物学报，34（3）：447-455.

吕开宇，仇焕广，白军飞，等，2013. 中国玉米秸秆直接还田的现状与发展［J］. 中国人口资源与环境，23（3）：171-176.

马荣田，周雅清，朱俊峰，等，2007. 晋中近49年气候变化特征及对水资源的影响［J］. 气象，33（1）：107-111.

牛玉萍，2009. 有限滴灌下种植密度对棉花产量形成及水分利用效率的影响［J］. 应用生态学报，20（8）：1868-1875.

秦红灵，高旺盛，马月存，等，2008. 两年免耕后深松对土壤水分的影响 [J]. 中国农业科学，41（1）：78-85.

任三学，赵花荣，霍治国，等，2004. 有限供水对夏玉米根系生长及底墒利用影响的研究 [J]. 水土保持学报，18（2）：162-165.

山仑，徐萌，1991. 节水农业及其生理生态基础 [J]. 应用生态学报，2（1）：70-76.

滕树川，2003. 夏播玉米密度不同对产量的影响 [J]. 玉米科学（增刊），65-67.

王应刚，2007. 晋中盆地城市化发展对区域生态环境影响研究 [D]. 太原：山西大学.

王西娜，王朝辉，李生秀，等，2006. 黄土高原旱地冬小麦/夏玉米轮作体系土壤的氮素平衡 [J]. 植物营养与肥料学报，12（6）：759-764.

王昕，贾志宽，韩清芳，等，2009. 半干旱区秸秆覆盖量对土壤水分保蓄及作物水分利用效率的影响 [J]. 干旱地区农业研究，27（4）：196-202.

王宜伦，李潮海，何萍，等，2010. 超高产夏玉米养分限制因子及养分吸收积累规律研究 [J]. 植物营养与肥料学报，16（3）：559-566.

王红丽，张绪成，宋尚有，2011. 半干旱区旱地不同覆盖种植方式玉米田的土壤水分和产量效应 [J]. 植物生态学报，35（8）：825-833.

王蒙，赵兰坡，王立春，等，2012. 不同氮肥运筹对东北春玉米氮素吸收和土壤氮素平衡的影响 [J]. 玉米科学，20（6）：128-131，136.

王端，纪德智，马琳，等，2013. 春玉米产量和施氮量对氮素利用率的影响 [J]. 中国土壤与肥料（6）：44-46.

肖俊夫，刘战东，陈玉民，2008. 中国玉米需水量与需水规律研究 [J]. 玉米科学，16（40）：21-25.

谢佳贵，侯云鹏，尹彩侠，等，2014. 施钾和秸秆还田对春玉米产量、养分吸收及土壤钾素平衡的影响 [J]. 植物营养与肥料学报（5）：1110-1118.

徐振峰，刘宏胜，高玉红，等，2014. 密肥互作对全膜双垄沟播玉米产量及水分利用效率的影响 [J]. 干旱地区农业研究，32（2）：85-90.

杨贵羽，罗远培，李保国，等，2003. 不同土壤水分处理对冬小麦根冠生长的影响 [J]. 干旱地区农业研究，21（3）：104-109.

杨镇，才卓，景希强，等，2006. 东北玉米 [M]. 北京：中国农业出版社.

杨丽，刘文，兰韬，等，2017. 我国秸秆还田技术与标准的现状研究 [J]. 中国农业信息（21）：12-17.

叶东靖，高强，何文天，等，2010. 施氮对春玉米氮素利用及农田氮素平衡的影响 [J]. 植物营养与肥料学报，16（3）：552-558.

战秀梅，李秀龙，韩晓日，等，2012. 深耕及秸秆还田对春玉米产量花后碳氮积累及根系特征的影响 [J]. 沈阳农业大学学报，43（4）：461-466.

战秀梅，宋涛，冯小杰，等，2017. 耕作及秸秆还田对辽南地区土壤水分及春玉米水分利用效率的影响 [J]. 沈阳农业大学学报，48（6）：666-672.

张冬梅，池宝亮，黄学芳，等，2008. 地膜覆盖导致旱地玉米减产的负面影响 [J]. 农业工程学报，24（4）：99-102.

张福锁，王激清，张卫峰，等，2008. 中国主要粮食作物肥料利用率现状与提高途径 [J]. 土壤学报，45（5）：915-924.

张文斌，2009. 种植密度对全膜双垄沟播玉米生理特性及产量的影响 [D]. 兰州：甘肃农业大学.

赵洪祥，边少锋，孙宁，等，2012. 氮肥运筹对玉米氮素动态变化和氮肥利用的影响 [J]. 玉米科学，20（3）：122-129.

郑伟，何萍，高强，等，2011. 施氮对不同土壤肥力玉米氮素吸收和利用的影响 [J]. 植物营养与肥料学报，17（2）：301-309.

邹晓锦，张鑫，安景文，等，2011. 氮肥减量后移对玉米产量和氮素吸收利用及农田氮素平衡的影响 [J]. 中国土壤与肥料（6）：25-29.

朱兆良，文启孝，1992. 中国土壤氮素 [M]. 南京：江苏科学技术出版社.

朱兆良，张绍林，尹斌，等，2010. 太湖地区单季晚稻产量氮肥施用量反应曲线的历史比较 [J]. 植物营养与肥料学报，16（1）：1-5.

朱敏，石云翔，孙志友，等，2017. 秸秆还田与旋耕对川中土壤物理性状及玉米机播质量的影响 [J]. 中国生态农业学报，25（7）：1025-1033.

ABU-HAMDEH N H，2003. Compaction and subsoiling effects on corn growth and soil bulk density [J]. Soil Science Society of America Journal，67（4）：1212-1218.

BORONTOV O K，NIKULNIKOV I M，2005. The water-physical properties and water regime of leached chernozems under different tillage and fertilization practices in crop rotation [J]. Eurasian Soilence，38（1）：103-110.

BHATT R，KHERA K L，2006. Effect of tillage and mode of straw mulch application on soil erosion in the submontaneous tract of Punjab，India [J]. Soil & Tillage Research，88（1/2）：107-115.

BU L D，LIU J L，ZHU L，et al，2013. The effects of mulching on maize growth，yield and water use in a semi-arid region [J]. Agric Water Manage（123）：71-78.

CHAKRABORTY D，GARG R N，TOMAR R K，et al，2010. Synthetic and organic mulch and nitrogen effect on winter wheat（*Triticum aestivum* L.）in a semi-arid environment [J]. Agric Water Manage（97）：738-748.

CUI M，SUN X C，HU C X，et al，2011. Effective mitigation of nitrate leaching and nitrous oxide emissions in intensive vegetable production systems using a nitrification inhibitor，dicyandiamide [J]. Journal of Soils and Sediments，11（5）：722-730.

DENG X P，SHAN L，ZHANG H，et al，2006. Improving agricultural water use efficiency in arid and semiarid areas of China [J]. Agric. Water Manage，80（1-3）：23-40.

DEVKOTA M，MARTIUS C，LAMERS J P A，et al，2013. Combining permanent beds and residue retention with nitrogen fertilization improves crop yields and water productivity in irrigated arid lands under cotton wheat and spring maize [J]. Field Crops Research，

149：105－114.

DIACONO M，MONTEMURRO F，2010. Long－term effects of organic amendments on soil fertility [J]. A review. Agronomy for Sustainable Development，30：401－422.

FERNANDEZ R，QUIROGA A，NOELLEMEYER E，et al，2008. A study of the effect of the interaction between site－specific conditions，residue cover and weed control on water storage during fallow [J]. Agric Water Manage，95 (9)：1028－1040.

FOLEY J A，RAMANKUTTY N，BRAUMAN K A，et al，2011. Solutions for a cultivated planet [J]. Nature，478 (7369)：337－342.

GAN Y，SIDDIQUE K H M，TURNER N C，et al，2013. Ridge－furrow mulch systems－an innovative technique for boosting crop productivity in semiarid rainfed environments [J]. Adv Agron，118：429－476.

IOANNIS S T，TOKATLIDISAL，2000. Variation within maize lines and hybrids in the absence of competition and relation between hybrid potential yields per plant with line traits [J]. The Journal Agricalture Science，134：391－398.

KASIRAJAN S，NGOUAJIO M，2012. Polyethylene and biodegradable mulches for agricultural applications：a review [J]. Agron Sustainable Dev，32：501－529.

LI S X，WANG Z H，LI S Q，et al，2013. Effect of plastic sheet mulch，wheat straw mulch，and spring maize growth on water loss by evaporation in dryland areas of China [J]. Agric Water Manage，116：39－49.

LI Y S，WU L H，ZHAO L M，et al，2007. Influence of continuous plastic film mulching on yield，water use efficiency and soil properties of rice fields under non－flooding condition [J]. Soil Tillage Res，93：370－378.

LIANG G M，WANG Y G，CHI B L，et al，2018. Exploring optimal soil mulching to enhance maize yield and water use efficiency in dryland areas in China [J]. Acta agriculturae scandinavica，section B－Soil & plant science，68 (3)：273－282.

MUELLER N D，GERBER J S，JOHNSTON M，et al，2012. Closing yield gaps through nutrient and water management [J]. Nature，490：254－257.

PATANÈA C，COSENTINO S L，2013. Yield，water use and radiation use efficiencies of kenaf (*Hibiscus cannabinus* L.) under reduced water and nitrogen soil availability in a semi－arid Mediterranean area [J]. European Journal Agronomy，46：53－62.

RANA G，KATERJ N，1998. A measurement based sensitivity analysis of the Penman－Monteith actual evapotranspiration model for crops of different height and in cont rasting water status [J]. Theoretical and Applied Climatology，60：141－149.

SALADO－NAVARRO L R，SINCLAIR T R，MORANDINI M，2013. Estimation of soil evaporation during fallow seasons to assess water balances for no－tillage crop rotations [J]. J Agron Crop Sci，199：57－65.

SINGH B，MALHI S S，2006. Response of soil physical properties to tillage and residue management on two soils in a cool temperate environment [J]. Soil & Tillage Research, 85 (1): 143 - 153.

STEWART D W, COSTA C, DWYER L M, et al, 2003. Canopy structure, light interception, an photosynthesis in maize [J]. Agronomy Journal, 95: 1465 - 1474.

VERHULST N, SAYRE K D, VARGAS M, et al, 2011. Wheat yield and tillage - straw management system × year interaction explained by climatic co - variables for an irrigated bed planting system in northwestern Mexico [J]. Field Crops Res, 124: 347 - 356.

WANG X B, OENEMA O, HOOGMOED W B, et al, 2006. Dust storm erosion and its impact on soil carbon and nitrogen losses in northern China [J]. Catena, 66: 221 - 227.

WANG Y J, XIE Z K, MALHI S S, et al, 2009. Effects of rainfall harvesting and mulching technologies onwater use efficiency and crop yield in the semi - arid and Loess Plateau, China [J]. Agric Water Manage, 96: 374 - 382.

ZHANG G S, CHAN K Y, LI G D, 2008. Effect of straw and plastic film management under contrasting tillage practices on the physical properties of an erodible loess soil [J]. Soil & Tillage Research, 98 (2): 113 - 119.

ZHANG S L, SADRAS V, CHEN X P, et al, 2014. Water use efficiency of dryland spring maize in the Loess Plateau of China in response to crop management [J]. Field Crops Res, 163: 55 - 63.

ZHOU H, LÜ Y, YANG Z, et al, 2007. Influence of conservation tillage on soil aggregates features in north China plain [J]. Agricultural Sciences in China, 6 (9): 1099 - 1106.

本章作者：池宝亮、梁改梅、李娜娜、陈稳良、韩彦龙

第4章 临汾盆地小麦玉米节水减肥稳产高效栽培技术研究

4.1 区域概况与研究背景

临汾盆地位于山西省西南部，东倚太岳，与长治、晋城为邻；西临黄河，与陕西省隔河相望；北起韩信岭，与晋中、吕梁毗连；南与运城市接壤。位于北纬 $35°23'\sim36°57'$，东经 $110°22'\sim112°34'$。水资源总量 $1.52\times10^9m^3$，人均占有量 $350m^3$，不足全国水平的 $1/6$，低于严重缺水线（$500m^3$）。临汾市处于半干旱、半湿润季风气候区，属温带大陆性气候，四季分明，雨热同期。据裴雪霞等对近 54 年来临汾市气象数据统计，年平均日照时数 $1\,792.6\sim2\,567.7h$，年平均气温 $11.7\sim14.5℃$，年降水量 $248.6\sim735.8mm$，无霜期 $127\sim280$ 天。临汾市土地面积 $3\,044.98$ 万亩，占全省的 13%，其中平川、山地和丘陵分别占 19.4%、51.4% 和 29.2%；耕地面积 742.0 万亩，占全省的 11.75%；粮食种植面积 605.4 万亩，占全省的 12.33%，粮食总产量 2.22×10^9kg，占全省的 17.43%，平均每亩产量为 $367.0kg$。其中，小麦种植面积 342.6 万亩，占全省的 33.26%，玉米种植面积 343.8 万亩。光热资源相对充足，农田复种指数高达 $130\%\sim150\%$。冬小麦-夏玉米一年两熟制为平川水地主要种植制度，年种植面积 123.2 万亩。

旱地小麦生产中存在的问题，一是生育期阶段性干旱，十年九旱名副其实，且干旱是影响山西省旱地小麦稳产高产的首要因素；二是休闲期纳雨蓄墒措施不到位，伏雨利用率低；三是连年旋耕，犁底层变浅，耕作整地粗放、质量差；四是抗旱稳产高产品种使用面积小，产量低；五是肥料运筹失调，管理措施简单粗放、效率低，抵御逆境能力差；六是播期播量不合理，早播旺长或晚播弱苗比例大，冻害严重。

冬小麦-夏玉米两熟种植制度下，冬小麦、夏玉米生产存在两方面逆境，即自然逆境和栽培逆境。冬小麦生产中存在的自然逆境包括生育期阶段性干旱、冻（冷害）和后期干热风。耕作栽培逆境包括冬小麦-夏玉米一年两熟无间隙种植和多年旋耕，造成无法晒垡活土、耕作层变浅、犁底层增厚、肥水利用效率低、后期倒伏等；冬小麦、夏玉米品种搭配不当，造成早播旺长或晚播弱苗比例大，冻害严重，构建高产群体难；耕作整地播种质量差；水肥运筹失调，田间管理农机缺乏，管理措施简单粗放、效率低，抵御自然逆境能力差。夏玉米生产中存在的自然逆境主要是阶段性干旱，尤其是小喇叭口至扬花期干旱。栽培逆境包括品种、播种方式选择不合理（套种、硬茬播种）、播种质量和均匀度差、密度低，生长后期遇风易倒伏，是单产突破的瓶颈。目前临汾盆地冬小麦、夏玉米水肥管理均采取撒施化肥后大水漫灌，且以各自为施肥单元，肥水资源浪费严重，利用效率低。

气象因素、播期、耕作、灌水、施肥、病虫草害防治等均影响作物的高产高效。裴雪霞等研究了近 54 年来临汾市气候变化及其对旱地小麦产量的影响，结果表明，年降水量呈波动中下降趋势，年日平均气温呈 0.040 6℃/年的上升趋势，年日照时数呈缩短趋势，旱地麦田产量与年降水量间显著正相关。武永利、于亚军等也进行了近半个世纪以来山西省气温、降水变化规律、气候生产潜力时空变化特征等方面的研究。党建友、裴雪霞、张晶等研究了播期、休闲期深翻时间和施肥方式、有机肥与氮肥、磷肥配施对旱地小麦土壤蓄水量、产量及其生理特性的影响，结果表明，8 月上中旬深翻配合施用磷肥、播种时施入猪粪和氮肥，10 月上旬播种，可最大限度纳秋雨蓄墒、提高旱地小麦产量和水分利用率。党建友、裴雪霞、张定一等对水地小麦栽培研究表明，播期、品种、灌水时期及灌水量、施肥种类、施肥方式、病虫草害防治时期及用药量等对小麦生长发育、产量、品质、籽粒水分利用率等有显著影响。裴雪霞等对玉米秸秆还田、耕作方式对土壤理化性状、微生物特性等的研究表明，秸秆还田可增加磷脂脂肪酸（PLFA）的种类、总 PLFA 含量及细菌、放线菌 PLFA 含量，同时降低了土壤真菌 PLFA 含量；隔年"深松＋旋耕"，可提高总 PLFA 含量、改善土壤理化性状、提高土壤碱性磷酸酶、蛋白酶和脲酶活性，同时提高小麦、玉米产量。郑海泽等研究表明，施肥时期、追肥种类对夏玉米产量及籽粒水分利用率影响显著。小麦玉米一体化施肥模式下，施氮量及两季作物施氮比例、磷肥、钾肥在两季作物间分配比例均影响小麦、玉米产量及肥料利用效率。王丽、宜丽宏研究表明，不同灌水方式（漫灌、畦灌、微喷灌、滴灌）对小麦、玉米产量和水分利用率、0～160cm 土壤水分运移规律和硝态氮运移规律等的影响不同。毛平平、张梦妮研究表明，不同微喷水肥一体化模式对小麦、玉米产量、水分和硝态氮运移、籽粒水分利用率、植株氮素分布等的影响不同。

针对临汾盆地的光热资源、旱地小麦生产的现状、冬小麦-夏玉米周年高产面临的主要限制因素，建立临汾盆地作物高产与水肥气热资源高效利用理论与技术体系，克服逆境，集成旱地小麦绿色高产高效、小麦玉米一年两熟节水省肥稳产高效关键技术，对确保国家粮食安全，提高山西省人民口粮自给率，实现农民增产增收均具有重要的现实意义。

4.2 旱地小麦高产高效绿色栽培技术研究

4.2.1 山西省临汾市近 54 年来气候变化特征

近年来，"暖干化"气候变化趋势引起国内外学者的广泛关注，据政府间气候变化专门委员会（IPCC）第五次评估报告，过去 130 年来全球地表温度升高 0.85℃，且 20 世纪的最后 20 多年增温明显加速。其中 20 世纪 90 年代是全球最暖的 10 年，1998 年是最暖年份，同时全球变暖使中纬度地区趋于干旱。专家预测，我国华北地区的气温将出现较大幅度的增温现象，在 IPCC 颁布的最新温室气体和 SO_2 排放方案（SRES）中的 A2 和 B2 排放情景下，到 2020 年时，年平均气温分别增加 1.0℃ 和 1.2℃，而降水变化则显得异常复杂，从长期发展看，华北地区降水量将有所增加，但在 21 世纪前 20 年降水量将减少。黄土高原年平均气温以每年 0.026℃ 的速率呈明显的上升趋势，年降水量和植物生长季降水量均呈递减趋势。于亚军等认为，晋南地区气温也呈"暖干化"变化趋势，且气温递增速率高于全国平均水平。

山西省属黄土高原半干旱地区，属大陆性季风气候，植被稀疏，水土流失严重，是全球气候变化反应敏感的生态脆弱带之一。"暖干化"气候变化趋势对山西经济的可持续发展和人们的日常生活影响重大。临汾市位于山西省南部，为山西省主产麦区和商品小麦生产基地，旱地小麦占该区总种植面积的 60%。因此，分析该区气候变化趋势及其与旱地小麦产量的相关性，对晋南麦区小麦稳产高产具有重要意义。全国各地针对各自所处的生态区气候变化分析研究较多，但针对山西省临汾市这样的小区域气候变化尤其是旱地小麦生育期气候变化研究较少。

（1）研究方法

气象资料来源于国家气象信息中心（网址：http：//www.nmic.cn/）

国家基准站点山西省临汾市 1961 年 6 月至 2015 年 5 月逐日降水量、平均气温、最低气温、最高气温和日照时数资料。计算山西省临汾市旱地小麦休闲期（6 月 1 日—9 月 30 日）、生育期（10 月 1 日—翌年 5 月 31 日）和全年（6 月 1 日—翌年 5 月 31 日）降水量，年日均气温，年日照时数；计算旱地小麦越冬前（播种到日均气温 5 天稳定在 0℃日期）积温和日照时数，越冬期（越冬始期到日均温连续稳定在 3℃以上日期）日均温和日照时数，越冬期≥0℃积温，返青—成熟期日照时数；计算越冬前积温≥700℃、≥750℃和≥800℃的年份的概率；按 10 年一个阶段划分为 1961—1969 年、1970—1979 年、1980—1989 年、1990—1999 年、2000—2009 年和 2010—2015 年共 6 个阶段，计算小麦不同生育阶段降水、气温和日照时数。

采用国内较常用的降水年型划分标准划分降水年型

丰水年：$P_i > \bar{P} + 0.33\delta$

枯水年：$P_i < \bar{P} - 0.33\delta$

式中：P_i 为当年降水量（mm）；$\bar{P}$ 为多年平均降水量（mm）；δ 为多年降水量的均方差（mm）。

选用国家黄淮冬麦区旱地组对照小麦品种为该地区代表性的品种：秦麦 3 号（1986—1989 年）、晋麦 33 号（1990—1997 年）和晋麦 47 号（1998—2015 年），分析 1986—2015 年对照品种年际单产与降水量、气温和日照时数的相关性。

采用 Excel 软件，利用一元线性回归以及多年趋势线进行气候变化趋势与特征分析作图；采用 DPS15.1 统计软件进行相关性分析。

（2）年降水量、降水年型及旱地小麦生育期降水量变化

①年际年降水量变化　由图 4-1 看出，54 年（1961 年 6 月至 2015 年 5 月）降水量年际波动较大，总体呈下降趋势。其中年降水量平均值为 478.2mm，最高降水量为 735.8mm（2004 年度），最低降水量为 248.6mm（1966 年度），80% 年份年降水量在 360～600mm；旱地小麦休闲期（6～9月）降水量平均值为 335.0mm，最高降水量为 559.4mm（1972 年），最低降水量为 178.4mm（1966 年度），80% 年份降水量在 250～500mm；旱地小麦生育期（10 月至 5 月）降水量平均值 143.2mm，最高降水量 246.0mm（1983 年度），最低降水量 70.2mm（1966 年度），80% 年份降水量在 90～200mm。从 20 世纪 60 年代开始每 10 年平均降水量呈先减少后增加趋势，其中 90 年代最少，较 54 年年平均降水量少 50.74mm，60 年代最多，较 54 年平均均降水量多 60.03mm，2010—2015 年度次之，较

54 年年平均降水量高 40.72mm，70 年代年平均降水量与 54 年年平均降水量基本持平，80 年代和 2000—2010 年度分别减少 11.28mm 和 11.09mm。旱地小麦休闲期降水量变化规律与年降水量相同。旱地小麦生育期降水量 60 年代最多，较 54 年旱地小麦生育期年平均降水量多 23.51mm，70 年代最少，较生育期年平均降水量少 23.19mm，80 年代后与生育期年平均降水量持平。另外，年际年降水量、旱地小麦休闲期和生育期降水量变异系数分别为 22.2%、27.5%和 31.0%，最高值较最低值分别高 196.0%、213.6%和 250.4%，因此，年际年降水量变幅最小，旱地小麦生育期降水量变幅最大。

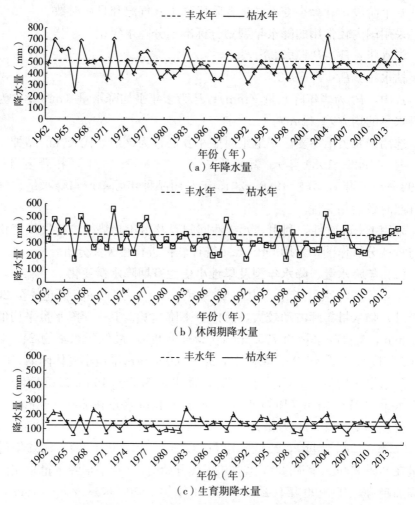

图 4-1　山西省临汾市逐年年降水量、小麦生育期和休闲期降水量

②降水年型划分　根据山西省临汾市 54 年降水资料计算得出，年降水量、旱地小麦休闲期和生育期降水量均方差分别为 105.3mm、91.2mm 和 44.0mm，年平均降水量分别为 478.2mm、335.0mm 和 143.2mm。根据降水年型划分标准，丰水年年降水量＞512.9mm，枯水年年降水量＜443.5mm，结合图 4-1 可看出，丰水年型、平水年型和枯水年型分别为 16 年、17 年和 21 年。其中 60 年代丰水年 5 年，枯水年 1 年，70 年代、80 年代丰水年为 3 年，枯水年为 5 年，90 年代和 2000—2009 年丰水年为 1 年，枯水年均为 5 年，最近 5 年丰水年为 3 年。旱地小麦休闲期降水量丰水年型、平水年型和枯水年型分别为 18 年、14 年和 22 年，生育期降水量丰水年型、平水年型和枯水年型分别为 21 年、12 年和 21 年。因此，20 世纪 70 年代至 21 世纪前 10 年，丰水年份比例在减少，枯水年份比例在增加，近 54 年来，枯水年型占 40％左右。

③不同时间段降水变化　将山西省临汾市麦区旱地小麦一个种植年度分为 5 个主要时间段：6～7 月，休闲前期；8～9 月，休闲后期；10 月 1 日至 12 月 10 日，冬前期；12 月 10 日至 3 月 1 日，越冬期（这段时间有效降水极少，不予分析）；3 月 1 日至 5 月 20 日，生长发育旺盛期。由表 4-1 看出，从 20 世纪 60 年代至今，全年降水主要集中在 6～9 月，占年降水量的 65.88％～73.27％。总的看来，休闲前期和冬前期 10 年平均降水量呈下降趋势，每 10 年分别下降 4.95mm 和 3.41mm；休闲后期 10 年平均降水量 90 年代前呈下降趋势，90 年代后明显增加，返青至成熟期年均降水量变化幅度较小。全年降水量呈先减少后增加的趋势，其中 90 年代最低。

表 4-1　旱地小麦生育期和休闲期不同时间段降水量

单位：mm

时间段	60 年代	70 年代	80 年代	90 年代	2000—2009 年	2010—2015 年
6～7 月	170.96	194.50	147.22	175.05	159.96	151.48
8～9 月	197.11	154.83	160.41	111.68	164.97	215.70
10 月至 12 月 10 日	64.23	45.56	41.88	53.13	49.37	35.82
3 月至 5 月 20 日	77.42	53.67	74.70	63.28	65.36	67.66
全年	538.23	476.79	466.92	427.56	467.11	518.92

(3) 年平均气温及旱地小麦生育期气温变化

①年日均温、年日均最高和最低气温变化　由图 4-2 看出，1962—2015 年，年日均温、年日均最高气温和最低气温分别在 11.67～14.53℃、

18.19～21.13℃和5.61～9.81℃，最高值分别出现在2007年度、1999年度和2015年度，最低值分别出现在1985年度、1972年度和1981年度，且分别以每年0.040 6℃，0.024 6℃和0.064 9℃的趋势逐年升高。年际日均温、年日均最高和最低气温变异系数分别为6.33％、3.88％和15.43％，最高值较最低值分别高出24.51％、16.16％和74.87％，因此年际间日均最低气温变化幅度最大，年日均气温变化幅度居中。年日均温逐年增加的主要原因是年日均最低气温逐年增加。

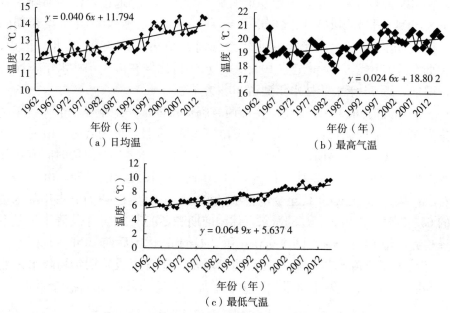

图4-2　山西省临汾市年日均温、年日均最高和最低气温

　　②冬前和越冬期积温变化　由图4-3看出，1962—2015年度，越冬前积温、越冬期≥0℃积温和越冬期日均温分别在598.70～914.20℃、4.70～68.1℃和-4.26～0.38℃，最高值分别出现在2014年和2015年，最低值分别出现在1982年、1995年和1968年，且分别以每年2.944 5℃、0.403 3℃和0.037 4℃趋势升高。越冬期≥0℃积温年际波动幅度较大，2013—2015年达61.5～68.1℃，增幅最大，2015年越冬期日均温为0.38℃，小麦带绿越冬。越冬前积温≥700℃的年份占74.1％，越冬始期（日均气温5天稳定在0℃以下的日期）呈推迟趋势，从20世纪60年代、70年代的11月下旬推迟到21世纪后的12月上中旬，这为旱地小麦适播期推迟提供了理论依据。

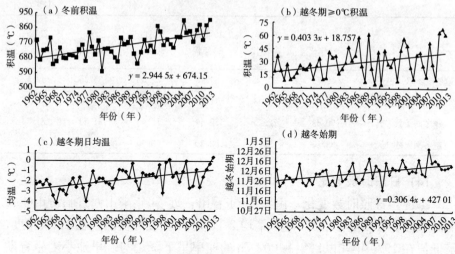

图 4-3　山西省临汾市冬前积温、越冬期≥0℃积温和越冬期日均温

③不同时间段气温变化　由表 4-2 看出，日均温、冬前积温呈持续上升趋势，其中 20 世纪 80 年代前差异较小，90 年代后增幅较大，冬前积温≥700℃，≥750℃和≥800℃年份概率从 90.0%、50.0%和 20.0%增加到 100%、100%和 66.7%。因此，20 世纪 90 年代后，临汾市小麦越冬前气温变暖趋势明显。小麦越冬始期逐渐推迟，20 世纪 80 年代前在 11 月30 日至 12 月 2 日进入越冬期，21 世纪推迟到 12 月 11 日。越冬期≥0℃积温和越冬期日均温呈阶梯式升高趋势，明显分为 3 个阶段：1962—1979 年、1980—2009 年和 2010—2015 年，凸显暖冬趋势。同时，旱地小麦越冬前天数逐渐延长，越冬期天数从 20 世纪 90 年代开始明显缩短，这为我们下一步研究旱地小麦适播期和所种植品种的冬春性提供了理论依据。

表 4-2　不同时间段旱地小麦气温及生育期天数变化

参数	20 世纪 60 年代	20 世纪 70 年代	20 世纪 80 年代	20 世纪 90 年代	2000—2009 年	2010—2015 年
日均温（℃）	12.37	12.30	12.30	13.00	13.86	13.93
冬前积温（℃）	717.69	715.70	716.68	751.11	809.77	850.42
≥700℃年份概率（%）	55.6	40.0	60.0	90.0	100.0	100.0
≥750℃年份概率（%）	22.2	20.0	30.0	50.0	90.0	100.0
≥800℃年份概率（%）	11.1	10.0	20.0	20.0	60.0	66.7
越冬始期	11 月 30 日	11 月 30 日	12 月 2 日	12 月 7 日	12 月 11 日	12 月 11 日

（续）

参数	20 世纪60 年代	20 世纪70 年代	20 世纪80 年代	20 世纪90 年代	2000—2009 年	2010—2015 年
越冬期≥0℃积温（℃）	19.79	23.54	34.43	27.57	31.35	47.42
越冬期日均温（℃）	−2.75	−2.53	−1.78	−1.42	−1.44	−0.97
越冬前天数（天）	70.63	72.20	72.40	76.10	81.50	81.83
越冬期天数（天）	83.25	79.20	83.30	69.00	62.30	68.33

（4）日照时数变化

①逐年日照时数变化　由图 4-4 看出，近 54 年来山西省临汾市年日照时数在 1 792.6～2 567.7h，平均 2 170.17h，最高值出现在 1966 年度，最低值在 1970 年，以每年 8.007 7h 的速率呈下降趋势。旱地小麦生育期日照时数在 1 163.4～1 711.1h，呈逐年下降趋势，平均为 1 420.7h，与农业部小麦专家指导组编著《小麦高产创建示范技术》中的日照时数适宜范围（1 300～1 600h）相吻合。旱地小麦冬前、越冬期和越冬后日照时数分别在 271.4～565.6h、117.4～683.6h 和 509.9～888.1h，其中越冬期日照时数以每年 5.859 7h 逐渐缩短，对年日照时数缩短影响最大，原因可能与小麦越冬期雾霾天气逐年增加和越冬期变短有关，冬前和冬后日照时数变化较为平缓。

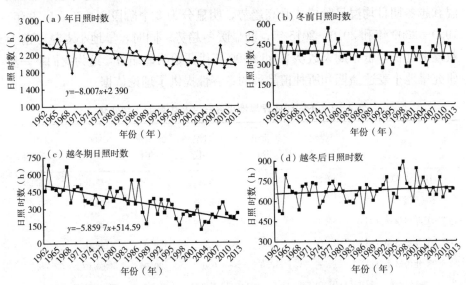

图 4-4　山西省临汾市年日照时数及小麦生育期日照时数

②不同时间段日照时数变化 由表4-3看出，近54年来年日照时数明显分为3个阶段：1962—1969年最长，为2 416.08h，1970—1989年次之，为2 213.81~2 229.09h，1990—2015年最低，为2 021.84~2 083.61h。越冬期日照时数则从20世纪60年代的502.78h，下降到近几年的269.07h，冬前和越冬后日照时数变化幅度较小。说明1990年后山西省临汾市冬季日照时数缩短趋势明显。

表4-3 不同时间段旱地小麦日照时数变化

单位：h

时间点	20世纪60年代	20世纪70年代	20世纪80年代	20世纪90年代	2000—2009年	2010—2015年
全年	2 416.08	2 229.09	2 213.81	2 083.61	2 021.84	2 062.85
冬前	399.13	415.54	392.41	374.84	354.24	415.45
越冬期	502.78	402.23	424.70	290.11	227.89	269.07
越冬后	656.68	683.76	641.41	674.90	723.81	680.83

③旱地小麦产量与气候条件相关性分析 近30年来国家黄淮冬麦区旱地组对照小麦品种的产量与降水量、气温和日照时数的相关系数表明（表4-4），降水量与旱地小麦产量间相关系数最高，其中小麦生育期降水量与小麦产量间相关系数达0.05显著水平；气温与小麦产量间呈正相关，未达显著水平；日照时数与小麦产量间呈负相关，其中冬前日照时数与小麦产量间相关系数达0.05显著水平，原因可能是冬前日照时数长，易造成小麦旺长，使产量降低。因此，我国黄淮麦区降水是影响旱地小麦产量的主要限制因子。

表4-4 旱地小麦产量与气候条件相关系数

产量	年降水量	休闲期降水量	小麦生育期降水量	越冬前降水量	越冬后降水量
	0.314 9	0.178 5	0.373 9*	0.277 2	0.105 3
产量	日均温	冬前积温	越冬期≥0℃积温	越冬期均温	越冬后均温
	0.050 3	0.010 8	0.055 7	0.248 2	0.058 7
产量	年日照时数	冬前日照时数	越冬期日照时数	越冬后日照时数	灌浆期日照时数
	−0.186 4	−0.365 6*	0.066 6	−0.040 0	−0.016 4

注：$r_{0.05}=0.355\ 1$，$r_{0.01}=0.455\ 6$。

（5）结论与讨论

近年来，全球"暖干化"气候变化趋势受国内外学者广泛关注，全球地表温度升高，导致我国各地平均气温逐年明显升高、降水量年际波动中降低。分析表明，20世纪最后20年增温明显加速，我国华北地区21世纪前20年气温将大幅增加，降水量将减少；黄土高原近40年年平均气温升高明显，降水量逐年递减。本研究表明，临汾市降水量在波动中呈下降趋势，90年代降水最少，21世纪开始有所回升，其中6～7月降水和小麦越冬前降水对全年降水量影响最大，近54年来平水年和枯水年份分别占31.5％和38.9％，20世纪后30年枯水年份比例较高；日均气温、最高和最低气温分别以每年0.040 6℃，0.024 6℃和0.064 9℃的趋势逐年升高，1990年以来增温速率明显加快。于亚军也认为，山西省南部地区增温速率高于山西省和全国气温平均增长率。

山西省旱地小麦播种面积占总播种面积的60％左右，其丰歉对山西省粮食总产有重要意义。武永利等认为，降水是制约山西省作物气候生产潜力提高的限制因素。姚玉璧等认为，"暖湿型"气候对作物生产最有利，平均增产幅度为5.9％。刘新月等认为，起身至拔节期≥0℃积温和平均气温对黄淮麦区旱地小麦产量影响较大。本研究表明，旱地小麦休闲前期和冬前期每10年平均降水量明显减少，20世纪90年代开始8～9月和小麦返青后降水量增加，有利于旱地麦田休闲期土壤贮水和产量提高；旱地小麦冬前积温、越冬期均温逐年升高，其中74.1％的年份冬前积温≥700℃，容易造成旱地小麦冬前旺长，越冬始期从20世纪60年代、70年代的11月下旬推迟到21世纪后的12月上中旬，20世纪90年代后小麦越冬期增温明显，为当前气候条件下确定旱地小麦适播期提供了重要的理论依据；年日照时数逐年缩短，其中小麦越冬期缩短最为明显，这可能与近年来雾霾天增多、越冬期缩短有关；晋南旱地小麦生育期降水量与旱地小麦产量呈显著正相关，气温参数与旱地小麦产量间相关性均未达显著水平，说明降水仍是晋南旱地小麦稳产高产的关键制约因素，这与武永利等人的研究结果相同。基于此，晋南旱地麦田应采取推迟播期、休闲期广集雨水等措施来应对气温逐年升高、小麦生育期降水变幅较大的气候变化特征，以保证旱地小麦持续稳产和高产。

4.2.2　休闲期深翻时间对旱地麦田土壤水分特性和小麦产量的影响

山西省属黄土高原半干旱地区，年降水量400～600mm，受大陆性季风气候影响，降雨时空分布不均，60％左右集中在7～9月。小麦是我国最主要的口粮作物，山西旱地小麦种植面积占全省总面积的60％，干旱缺水是制约产量的关键因素。休闲期深翻或深松打破犁底层，使耕层深厚，可提高土壤渗水速度，增加降水蓄纳能力，最大限度接纳天然降水，促进小麦根系生长，吸收深层土壤水分，提高降水利用率和产量。黄土高原休闲期雨期与小麦生育期错位，使麦田土壤水分变化呈积蓄恢复和利用耗散两个阶段4个时期，即弱有效水恢复期、易有效水蓄积期和土壤水分缓慢蒸散期、深层土壤大量调用消耗期。合理耕作可最大限度利用休闲期降水，实现旱地小麦高产稳产，在确保国家粮食安全中备受重视。孙敏等研究表明，7月上旬深翻或深松，8月底旋耕耙耱，可增加播前土壤蓄水量，促进小麦对深层土壤水分的吸收，实现增产。刘爽等认为，休闲期免耕和深松可显著增加土壤含水率，保墒效果好；毛红玲等认为，旱地小麦收获后立即免耕和深松比翻耕保墒效果好，使0～300cm土壤蓄水量增加，从而增产。目前耕作方式对旱地麦田土壤蓄水效果的研究较多，而耕作时间对蓄水效果的研究较少。本研究针对晋南丘陵旱地小麦收获和耕作方式改变后，传统精耕细作蓄墒保墒技术无法实现的现状，为发挥小麦机械收获留高茬和麦秸还田覆盖保墒的作用，开展深翻时间对休闲期土壤蓄水量和小麦生长发育的影响研究，以期为麦秸覆盖保墒和适时深翻提高渗水速度，增加土壤蓄水，提高降水利用效率，实现旱地小麦高产栽培提供理论依据。

（1）研究方法

①试验地概况　试验于2011—2014年在临汾市尧都区大阳镇岳壁村丘陵旱地进行。试验地位于36°05.520′N，111°45.727′E，海拔693.5m；年均气温12.6℃，年降水量430～550mm，无灌溉条件，小麦收获后为休闲期。按常用降水年型标准划分降雨年型（1～12月）、休闲期（6～9月）和生育期（10月至翌年5月）降雨年型。尧都区年均降水量478.2mm（1962—2014年），年降水量＞512.9mm为丰水年，年降水量＜443.5mm为枯水年；休闲期平均降水量335.0mm，降水量＞365.1mm属丰水年，降水量＜304.9mm属枯水年；旱地小麦生育期平均降水量143.2mm，降水量＞157.7mm属丰水年，降水量＜128.7mm属枯水年。由表4-5可以看出，2011年、2013年和2014年属丰水年，2012年属平水年；休闲期2011年和2012年属平水，2013年属丰水；生育期2012年（2011年10月至2012年5月，下同）和2014年度属丰水年，2013年度属平水年。试验地土壤为石灰性褐土，中壤，土层深厚，2011年播前测定0～20cm耕层土壤含有机质9.11g/kg、碱解氮36.47mg/kg、有效磷17.96mg/kg、速效钾140.24mg/kg。

表 4-5　2011—2014 年试验区降雨情况

单位：mm

年份	月份												6～9月	生育期	年降水量
	1	2	3	4	5	6	7	8	9	10	11	12			
2011 年	0.6	16.2	5.3	19	41.4	13	91.2	93.8	134.7	36.5	62	0.9	332.7		514.6
2012 年	2.5	0.8	16.6	39.9	35.9	28.6	125.1	136.6	62.2	8.6	9.9	5.3	352.5	195.1	472.0
2013 年	2.4	5.1	2.7	14.9	81.9	29.5	285.9	43.3	39.3	23.8	4.3	0	398.0	130.8	533.1
2014 年	0	23.2	11.3	65.3	71.3	32.8	62.4	140.4	182.4	17.7	7.1	0		199.2	613.9
1962—2104 年均值	3.7	8.8	10.1	26.6	49.9	43.5	113.8	97.0	85.5	27.0	12.3	3.8	335.0	143.2	478.2

②试验设计　小麦机械收获时留茬高度 23～28cm，麦秸全部均匀覆盖还田。试验设 7 月 19 日、8 月 2 日、8 月 16 日和 8 月 30 日深翻 4 个处理，深翻 27～30cm，深翻后无保墒措施。设计大区面积为 10m×30m；重复 2 次，为深翻方便，按顺序排列。9 月 28 日播种小麦，播前撒施纯 N 150kg/hm²，P_2O_5 105kg/hm²，旋耕整地播种镇压一次完成，条播行距 20cm，播量 150kg/hm²。供试品种"晋麦 92 号"。

③测定项目与方法　土壤蓄水量：播种和收获当天用土钻取 0～200cm（每 20cm 一层）土样，用铝盒烘干法测定土壤蓄水量。按 $W=w×\rho_s×h×0.1$ 计算蓄水量，式中，W 为土层蓄水量（mm）；w 为土层含水量（%）；ρ_s 为土壤容重（g/cm³）；h 为土层厚度（cm）；0.1 为单位换算系数。

产量水分利用效率（WUE）：$WUE=$产量/生育期耗水量。生育期耗水量＝播前 0～200cm 土壤蓄水量＋降水量－收获时 0～200cm 土壤蓄水量。

茎数调查：三叶期前，每个大区固定 3 个 1.0m² 样方，调查基本苗（适当间苗，确保基本苗一致）、越冬前和拔节期的茎数。根据基本苗和茎数计算单株分蘖。

植株全氮、磷含量：收获期每个大区在调查样方外，随机取 20 个单茎，按籽粒和籽粒外植株分开，并分别烘干粉碎，测定籽粒和植株全氮、磷含量。样品用 $H_2SO_4—H_2O_2$ 消化后，全氮用半微量凯氏定氮法测定，全磷用钒钼黄比色法测定。氮（磷）总吸收量＝植株氮（磷）含量×植株干物质质量＋籽粒氮（磷）含量×籽粒质量；氮（磷）利用效率（kg/kg）＝产量/氮（磷）总吸收量。

产量构成：收获前调查各大区样方内所有穗粒数大于 3 粒的麦穗，求均值为成穗数；每个大区选 1 个样方，样方内随机选 1 行，拔取行长 20cm 的全部植株，去除穗粒数小于 3 粒的麦穗，数取穗数和总粒数，计算穗粒数；各处理收获 2 个未取样样方，再随机收获 1 个 1.0m² 植株脱粒，风干后称量；数 500 粒称量，换算成千粒重，2 次重复（重复间相差≤0.5g）。

④数据处理　采用 Microsoft Excel 2003 软件处理数据和作图，用 DPS 13.5 统计软件进行统计分析，用新复极差法进行差异显著性检验。图表中数据为平均值±标准差。

（2）休闲期降雨及深翻时间对土壤蓄水的影响

播前 0～200cm 土壤蓄水量受休闲期降水量、降雨分布和深翻时间的影响（表 4-5、图 4-5）。休闲期降雨 2013 年最多，2011 年最少，播前 0～200cm 土壤蓄水量 2011 年最高，2012 年最低。各土层蓄水量 2011 年和 2012 年呈"低—高—低"分布，40～140cm 土层蓄水量较高，180～200cm 土层蓄水量较低，2011 年 0～140cm 土壤蓄水量高于 2012 年，160～200cm 土层则低于 2012 年，这与 2011 年 7～9 月降雨分布平均，且 9 月较多；2012 年 7～8 月降雨较多，9 月降雨少有关。2013 年度 0～200cm 各土层蓄水量变化较小，仅 120～140cm 土壤蓄水量相对较高，20～120cm 土壤蓄水量低于 2011 年和 2012 年，140～200cm 土层高于前两年，这与 2013 年 7 月降雨 285.9mm，补充了深层土壤水分，8～9 月降雨少有关。随休闲期深翻时间的推迟，播前 0～200cm 土壤蓄水量先升高后降低，2011 年和 2012 年 8 月 16 日深翻最高，2013 年 8 月 2 日深翻最高；2011 年深翻时间对蓄水量的影响大于 2012 年和 2013 年。2011 年 7 月 19 日深翻与 8 月 3 个深翻处理相比，蓄水量减少主要来自 160～200cm；2012 年蓄水量减少主要来自 40～100cm 土层；2013 年蓄水量减少主要来自 60～140cm。休闲期降雨早而集中有利于增加深层土壤蓄水量，后期降雨多有利于增加中上层和总蓄水量，8 月上中旬深翻有利于纳雨，增加土壤蓄水量。

（3）深翻时间对旱地小麦茎数和单株分蘖的影响

由表 4-6 可以看出，3 个年度冬前茎数和单株分蘖均随深翻时间的推迟先升高后降低，2012 年和 2013 年 8 月 16 日深翻最高，2014 年 8 月 2 日深翻最高。2012 年和 2014 年拔节期茎数和单株分蘖随深翻时间的推迟先升高后降低，分别以 8 月 2 日和 8 月 16 日深翻最高，2013 年单株分蘖随深翻时间的推迟而升高。

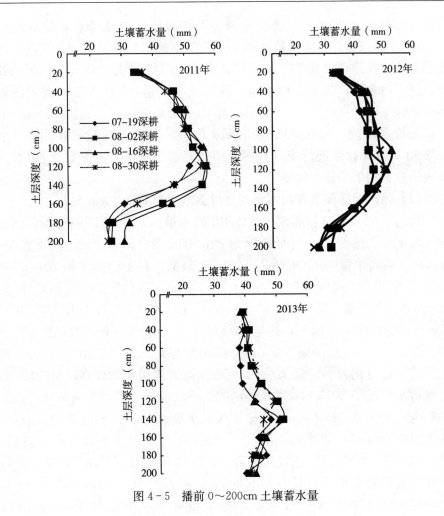

图 4-5 播前 0～200cm 土壤蓄水量

表 4-6 各深翻处理的总茎数和单株分蘖

年份	深翻时间	基本苗 （×10⁴/hm²）	越冬期		拔节期	
			茎数 （×10⁴/hm²）	单株分蘖	茎数 （×10⁴/hm²）	单株分蘖
2012 年	07 月 19 日	212.0±13.3aA	828.4±35.2bB	3.91±0.17cC	1 048.1±41.9bB	4.94±0.20bB
	08 月 02 日	210.0±12.6aA	865.4±19.8aA	4.12±0.10abAB	1 126.5±43.2aA	5.36±0.21aA
	08 月 16 日	208.7±8.7aA	876.5±39.7aA	4.20±0.19aA	1 011.6±29.6cC	4.85±0.14cC
	08 月 30 日	204.5±14.6aA	835.6±41.3bB	4.03±0.20bBC	975.6±33.7dD	4.70±0.16dD

（续）

年份	深翻时间	基本苗 （×10⁴/hm²）	越冬期		拔节期	
			茎数 （×10⁴/hm²）	单株分蘖	茎数 （×10⁴/hm²）	单株分蘖
2013年	07月19日	298.4±3.7aA	978.5±43.9bB	3.28±0.15bB	1 202±25.9bB	4.01±0.09cB
	08月02日	297.1±11.9aA	986.4±27.8bB	3.28±0.10bB	1 209±33.7bB	4.11±0.12bB
	08月16日	295.7±15.5aA	1 185.4±18.7aA	4.01±0.06aA	1 396±19.7aA	4.72±0.07aA
	08月30日	294.6±6.1aA	1 165.6±51.4aA	3.96±0.18aA	1 395±41.8aA	4.74±0.15aA
2014年	07月19日	231.0±12.1aA	927.0±37.5bB	4.01±0.17cB	996.0±46.5cC	4.31±0.21bB
	08月02日	226.5±4.5aA	999.0±22.5aA	4.41±0.10aA	1 053.0±36.0aA	4.65±0.16aA
	08月16日	225.5±8.4aA	981.0±42.0aA	4.35±0.19aA	1 063.5±28.5aA	4.71±0.13aA
	08月30日	226.5±10.6aA	936.0±25.5bB	4.13±0.12bB	1 023.0±42.0bB	4.52±0.18bB

（4）深翻时间对旱地小麦产量及其构成的影响

由表 4-7 可以看出，3 个年度成穗数和产量均随深翻时期的推迟先升高后降低，2012 年和 2013 年 8 月 16 日深翻最高，8 月 2 日深翻次之；2014 年 8 月 2 日深翻最高，8 月 16 日深翻次之。2012 和 2013 年度穗粒数随深翻时间的推迟先降低后升高，2014 年度则先降低后升高再降低。深翻时间对千粒重的影响年度间存在差异，随深翻时间的推迟 2012 年度先降低后升高，2013 年度升高，2014 年度先升高后降低再升高。旱地小麦生育期降雨及其分布对年度产量及其构成的影响较大。2012 年和 2014 年度生育期降水量分别为 195.1mm 和 199.2mm，2012 年度冬前降雨较多，成穗数多，穗粒数和千粒重中等，产量居中；2014 年 4～5 月降雨较多，成穗数居中，穗粒数和千粒重高，产量最高；2013 年生育期降雨 130.8mm，且降雨集中在 5 月下旬（76.2mm），对产量作用小，产量最低。

表 4-7　各深翻处理的产量及其构成

年份	深翻时间	成穗数（×10⁴/hm²）	穗粒数	千粒重（g）	产量（kg/hm²）
2012年	07月19日	461.3±26.5cB	32.7±0.3aA	41.5±0.3cB	5 278.2±61.4cC
	08月02日	474.2±31.2bB	31.6±0.2cC	40.8±0.2dC	5 471.5±34.5bB
	08月16日	489.5±19.8aA	31.2±0.2dD	41.6±0.2bAB	5 751.6±22.4aA
	08月30日	471.4±23.4bB	32.1±0.2bB	41.9±0.2aA	5 443.9±71.3bB

（续）

年份	深翻时间	成穗数（$\times 10^4/\text{hm}^2$）	穗粒数	千粒重（g）	产量（kg/hm²）
2013年	07月19日	340.1±18.9dD	29.8±0.2bB	37.3±0.3cC	3 387.1±45.6dD
	08月02日	383.2±22.3bB	29.0±0.3cC	37.4±0.2cC	3 713.3±34.9 cC
	08月16日	401.3±17.8aA	29.1±0.2cC	38.2±0.2bB	4 002.7±51.3aA
	08月30日	354.2±25.3cC	30.7±0.2aA	38.8±0.2aA	3 778.5±21.6bB
2014年	07月19日	408.0±18.0dD	39.9±0.8cC	43.1±0.4bB	6 282.0±126.0cC
	08月02日	463.5±19.5aA	38.7±1.1dD	43.4±0.4aA	6 598.5±69.0aA
	08月16日	439.5±24.0bB	42.0±0.6aA	42.4±0.3dD	6 624.0±121.5aA
	08月30日	421.5±16.5cC	41.0±0.8bB	42.8±0.3cC	6 499.5±93.0bB

（5）深翻时间对旱地小麦氮、磷吸收及利用效率的影响

由表4-8可以看出，3个年度植株、籽粒和总氮吸收量均随深翻时间的推迟先升高后降低，8月16日深翻最高，处理间差异达显著或极显著水平。3个年度植株磷吸收量随深翻时间的推迟先升高后降低；2012年籽粒和总磷吸收量随深翻时间的推迟而升高；2013和2014年植株、籽粒和总磷吸收量随深翻时间的推迟先升高后降低，2013年8月16日深翻最高，2014年8月2日深翻最高。2012年和2013年度氮利用效率随深翻时间的推迟先降低后升高，2014年先升高后降低再升高。2012年和2014年磷利用效率随深翻时间的推迟先降低后升高再降低，2014年则降低。3个年度氮利用效率差异较小，磷利用效率差异较大，说明降水量和蓄水量对磷吸收的影响较大。

（6）深翻时间对小麦水分利用效率和生育期土层耗水量的影响

由表4-9可以看出，3个年度小麦生育期耗水量均随深翻时间的推迟先升高后降低；2012年和2013年8月16日深翻最多，2014年度8月2日深翻最多。2012年度产量水分利用效率随深翻时间的推迟先降低后升高，2013年和2014年先升高后降低。3个年度生育期耗水量表现为2012年＞2014年＞2013年，水分利用效率表现为2014年＞2013年＞2012年；这是因为2013年度生育期降雨少，耗水主要来自土壤蓄水，2012年度冬前降雨多，冬季蒸发量大，2014年度降雨集中在春季小麦生长关键期，产量和水分利用效率均最高。

表 4-8 各深翻处理的氮、磷吸收量和利用效率

年份	深翻时间	每株 N 吸收量（g）			每株 P 吸收量（g）			利用效率（%）	
		植株	籽粒	总量	植株	籽粒	总量	氮	磷
2012年	07月19日	45.29±4.63cC	112.43±3.92cC	157.72	8.269±0.192dD	52.016±3.463cC	60.285	33.5	87.6
	08月02日	49.44±3.15bB	118.18±4.77bBC	167.62	8.721±0.190aA	54.414±4.137bBC	63.135	32.6	86.7
	08月16日	53.35±4.98aA	127.69±2.00aA	181.04	8.607±0.153 bB	56.588±1.939aAB	65.195	31.8	88.2
	08月30日	50.00±5.46bB	120.31±4.41bB	170.31	8.549±0.170 cC	57.978±3.762aa	66.527	32.0	81.8
2013年	07月19日	38.3±2.0dC	75.53±3.59dD	113.83	5.807±0.125dD	24.285±1.352cB	30.092	29.8	112.6
	08月02日	42.0±3.2cB	83.92±4.68cC	125.92	6.354±0.108cC	26.958±2.453bAB	33.312	29.5	111.5
	08月16日	45.7±3.5aA	93.66±5.18aA	139.36	6.887±0.126aA	29.661±1.982aA	36.548	28.7	109.5
	08月30日	43.5±3.0bB	86.53±3.56bB	130.03	6.597±0.075bB	28.680±3.546abA	35.277	29.1	107.1
2014年	07月19日	46.15±1.54cC	143.86±4.15cC	190.01	10.190±0.132cC	65.021±4.311bB	75.211	33.1	83.5
	08月02日	47.98±2.37bB	149.79±2.89bB	197.77	10.678±0.158aA	70.132±2.564aA	80.810	33.4	81.7
	08月16日	50.34±1.37aA	151.69±3.64aA	202.03	10.337±0.110bB	68.871±3.145aA	80.009	32.8	82.8
	08月30日	45.36±2.01cC	144.94±2.98cC	190.30	10.193±0.176cC	69.672±2.116aA	79.064	34.2	82.2

表4-9　各深翻处理的产量水分利用效率

年份	深翻时间	休闲期蓄水量（mm）	生育期降水量（mm）	收获期蓄水量（mm）	生育期耗水量（mm）	产量水分利用效率[kg/(hm²·mm)]
2012年	07月19日	415.3	195.1	220.41	390.0	13.534
	08月02日	442.3	195.1	227.54	409.8	13.350
	08月16日	461.1	195.1	237.50	418.7	13.737
	08月30日	420.3	195.1	235.06	380.4	14.313
2013年	07月19日	401.0	130.8	292.4	239.4	14.148
	08月02日	411.8	130.8	300.3	242.4	15.325
	08月16日	425.8	130.8	272.8	283.8	14.104
	08月30日	423.0	130.8	277.5	276.2	13.675
2014年	07月19日	416.8	192.2	237.4	371.6	16.905
	08月02日	440.7	192.2	250.1	382.7	17.237
	08月16日	433.9	192.2	256.8	369.3	17.937
	08月30日	433.0	192.2	260.2	365.0	17.807

　　由图4-6可以看出，2012年小麦生育期深翻处理对0～60cm土层耗水量的影响相对较小，80～160cm的影响相对较大，180～200cm土层耗水量仅8月16日深翻较多。2013年小麦生育期深翻处理对0～20cm和180～200cm土层耗水量的影响相对较小，40～160cm相对较大，尤其是60～100cm。2014年小麦生育期深翻处理对40～140cm土层耗水量的影响相对较大，但小于2012年和2013年。3个年度深翻处理均对小麦生育期60～140cm土层耗水量的影响较大。

（7）小麦产量与蓄水量、耗水量间的相关性

　　由表4-10可以看出，3个年度产量与冬前茎数、成穗数、休闲期土壤蓄水量、生育期土层耗水量均呈较高的正相关。冬前茎数与3个年度的成穗数、休闲期土壤蓄水量呈较高的正相关，与2012年和2013年总耗水量和土层耗水量也呈较高的正相关，与2014年耗水量和土层耗水量虽呈正相关，但相关性低。成穗数与休闲期土壤蓄水量和耗水量呈较低的正相关。生育期总耗水量与休闲期蓄水量、土层耗水量呈正相关，2012年和2013年相关性高，2014年仅与0～200cm耗水量相关性高。小麦生育期降雨分布影响产量、冬前茎数、成穗数与土层耗水量的相关性，春季关键生育期降雨多，相关性低，否则相关性高。

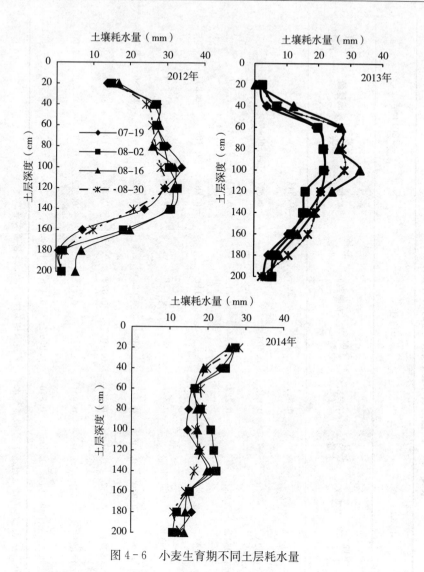

图 4-6　小麦生育期不同土层耗水量

(8) 结论与讨论

纳雨蓄墒是旱地小麦高产栽培的关键。针对小麦生长发育与降雨错位，苗果园等提出精耕细作、纳秋雨保表墒的旱地麦田休闲期"四早三多"蓄水保墒技术，使小麦播前 0～200cm 土壤多蓄水 20.3mm。侯贤清等研究发现，休闲期深松和翻耕能有效蓄雨保墒，提高小麦播前 0～200cm 土壤蓄水量。任爱霞等研究表明，小麦收获后 45 天深翻或深松，对播前 0～300cm 土壤蓄水的增加效果优于收获后 15 天，深翻优于深松，

表 4 - 10 产量与蓄水量、耗水量的相关性分析

	2012 年				2013 年				2014 年			
	产量	冬前茎数	成穗数	总耗水量	产量	冬前茎数	成穗数	总耗水量	产量	冬前茎数	成穗数	总耗水量
冬前茎数	0.874				0.811				0.841			
成穗数	0.998**	0.896			0.842	0.403			0.827	0.969*		
穗粒数	-0.933	-0.964*	-0.952		-0.233	0.294	-0.719		0.211	-0.206	-0.350	
千粒重	0.073	-0.421	0.024		0.629	0.910	0.111		-0.283	0.106	0.264	
总耗水量	0.745	0.939	0.763		0.841	0.998**	0.461		0.230	0.688	0.734	
休闲期蓄水量	0.927	0.984*	0.940	0.936	0.947	0.932	0.625	0.941	0.932	0.813	0.886	0.382
0~60cm 耗水量	0.650	0.823	0.657	0.964*	0.954*	0.948	0.672	0.964*	0.375	0.100	0.097	0.556
0~160cm 耗水	0.595	0.886	0.621	0.975*	0.801	0.995**	0.417	0.996**	0.252	0.572	0.718	0.901
0~200cm 耗水量	0.744	0.938	0.761	1.000**	0.840	0.998**	0.458	1.000**	0.249	0.679	0.751	0.994**

注：$r_{0.05}$ = 0.950；$r_{0.01}$ = 0.990。** 表示都能通过达 0.01 极显著水平，* 表示相关性达到 0.05 显著水平。

并促进氮素吸收运转与积累,使成穗数、穗粒数增加而增产。本研究表明,随深翻时间推迟,0~200cm 土壤蓄水量先升高后降低,8 月 2 日或 8 月 16 日深翻土壤蓄水效果最好,较 7 月 19 日深翻多蓄水 23.9~45.8mm,且蓄水效果受休闲期降水量和降水分布的影响,8~9 月降雨多有利于增加土壤蓄水量,这与苗果园等认为此时进入旱地麦田土壤易有效水积蓄期一致。翻耕时间对越冬期茎数、成穗数和产量的影响与土壤蓄水量一致,且呈较高的正相关;与拔节期茎数虽呈正相关,但相关性较小,可能与生育期降雨有关。同年度深翻时间影响土壤蓄水量和产量,年度间休闲期降水量和降水分布影响休闲期土壤蓄水量,休闲期土壤蓄水量和生育期降水量及其分布决定产量水平,这与前人的研究结果相似。

土壤水分是影响养分吸收利用的重要因素,且存在调控和互补效应,土壤水分充足,可促进养分吸收,提高养分利用率,干旱胁迫则相反。休闲期降水多和深翻等耕作措施可增加旱地麦田播前土壤蓄水量,促进小麦对氮、磷的吸收,提高水分和氮、磷利用率。本研究表明,氮吸收量随深翻时间的推迟先升高后降低,与休闲期 0~200cm 蓄水量呈显著或极显著正相关(相关系数 0.581~0.833,$r_{0.05}=0.576$,$r_{0.01}=0.708$)。深翻时间对磷吸收量的影响虽在年度和部位间存在差异,但磷吸收量与休闲期蓄水量呈不显著正相关。氮利用效率年度间差异较小,磷利用效率差异较大。因此,降雨和土壤蓄水对磷吸收量的影响大,这与孙敏等的研究结果相似。

除耕作措施和时间影响休闲期土壤蓄水量外,休闲期降雨是影响小麦播前土壤蓄水量的主要因素。孙敏等研究表明,小麦播前 0~300cm 土壤蓄水量丰水年最高,枯水年最低,且影响土层蓄水量分布,休闲期降水量多,深层土壤含水量和蓄水量增加,并影响小麦生育期土层耗水量。枯水年和平水年小麦播种至开花期 0~60cm 土壤耗水较多;丰水年小麦播种至拔节期 0~60cm 和 120~180cm 土壤耗水较多。本研究表明,休闲期降水量及其分布影响休闲期 0~200cm 土壤蓄水量及各土层蓄水量,且降雨分布的影响更大。2011 年休闲期降水量最少,但 7~9 月降水量分布平均,0~140cm 土层蓄水多,总蓄水量最多;2013 年休闲期降水量最多,但降雨集中在 7 月,120~140cm 土层蓄水量较高,总蓄水量居中,这与其他研究结果存在差异,可能与试验年降水量及其分布有关。小麦生育期总耗水量和土层耗水量年际存在差异。2012 年和 2013 年小麦生育期总耗水量与休闲期蓄水量呈正相关,与土层耗水量呈显著或极显著正相关;土壤耗水量占总耗水量的 45.4%~53.9%,60~140cm 土层耗水量较多,深翻时间对 40～140cm 土层耗水量的影响较大；2014 年小麦生育期总耗水量与 0～200cm 土层耗水量呈极显著正相关，与休闲期蓄水量的正相关性较小；土壤耗水量占总耗水量的 47.3％～49.8％，深翻时间对 80～160cm 土层耗水量的影响较大。

综上所述，休闲期蓄水量受深翻时间、休闲期降水量和降雨分布的共同影响。随休闲期深翻时间的推迟，0～200cm 土壤蓄水量先升高后降低，8 月上中旬深翻蓄水效果好，较 7 月中旬深翻多蓄水 23.9～45.8mm；休闲期降雨多，或集中在 8～9 月，有利于增加土壤蓄水。休闲期适时深翻可增加土壤蓄水量，促进小麦对氮、磷的吸收，增加冬前茎数和成穗数，8 月中上旬深翻较 7 月中旬深翻增产 3.7％～18.2％。产量与休闲期 0～200cm 土壤蓄水量、生育期各层土壤耗水量呈正相关，且受春季小麦生育关键期降雨影响较大，降雨多时相关性低，否则相关性高。因此，目前耕作条件下，山西南部丘陵旱地在立秋（8 月 6 日）前发挥留高茬和麦秸覆盖的保墒作用，立秋后至处暑（8 月 21 日）期间深翻提高土壤渗水特性，纳秋雨多蓄水，可增加小麦冬前茎数和成穗数，使产量增加。

4.2.3 不同降水年型下旱地深翻时间和施肥方式对小麦产量及水肥利用率的影响研究

山西省属黄土高原半干旱区，年降水量集中分布在旱地小麦休闲期（7～9 月），年际降水量相差较大。据裴雪霞等对近 54 年来临汾市气象数据统计，临汾市年降水量 248.6～735.8mm，其中小麦休闲期（7～9 月）降水量 178.4～559.4mm。山西省小麦种植面积 $6.67 \times 10^5 hm^2$ 左右，其中旱地小麦占 60％，干旱缺水是旱地小麦稳产高产的瓶颈，因此运用合理的耕作栽培措施，充分接纳并利用有限的自然降水是解决该区小麦产量低而不稳的重要途径。休闲期深松或深翻可打破犁底层，最大限度接纳降水，促进小麦根系生长，并吸收深层土壤水分，提高小麦降水利用效率和产量。研究表明，休闲期深松可提高小麦花后干物质积累量和对籽粒的贡献率，从而提高产量；深松＋条旋耕比条旋耕和旋耕效果好，可促进小麦灌浆期干物质积累，进而增加产量和水分利用效率。陈梦楠等认为，深松或深翻覆盖可促进小麦对深层土壤水分的吸收而增产。合理施肥是提高旱地小麦产量的另一重要措施，施用化肥或与有机肥配施可提高旱地小麦产量。氮、磷是小麦生长发育所必需的营养元素，合理施用磷肥能促进小麦根系下扎，增加根系对土壤氮的吸收范围、吸收量，促进小麦植株对氮的积累，从而实现增产。休闲期耕作配施磷肥可促进植株对氮素的吸收和积累、提高氮肥偏生产力、提高成穗数而增产。目前，有关耕作方式、氮肥、磷肥施用量及施用方式对旱地麦田土壤蓄水的单因素效应研究较多，而将休闲期耕作时间和氮肥、磷肥施用方式结合的研究较少。本研究针对不同降水年型，探讨休闲期深翻时间与氮肥、磷肥施用时间对旱地麦田土壤蓄水量、籽粒产量及水肥利用率的影响，以期为提高自然降水和肥料利用率，实现旱地小麦稳产高产栽培提供理论依据。

（1）研究方法

①试验地概况　试验于 2009—2014 年在临汾市尧都区大阳镇岳壁村进行。试验地位于 36°05.520′N，111°45.727′E，海拔 693.5m；年均气温 12.6℃，年降水 430～550mm，无灌溉条件，小麦收获后休闲。按降水年型标准划分降水年型（1～12 月）、休闲期（6～9 月）和生育期（10 月至翌年 5 月）降水型。尧都区年均降水量 478.2mm（1962—2014 年），年降水量＞512.9mm 为丰水年，年降水量＜443.5mm 为枯水年；休闲期平均降水量 335.0mm，降水量＞365.1mm 属丰水年，降水量＜304.9mm 属枯水年；旱地小麦生育期平均降水量为 143.2mm，降水量＞157.7mm 属丰水年，降水量＜128.7mm 属枯水年。由表 4 - 11 知，自然年（1～12 月）2011 年、2013 年和 2014 年属丰水年，2010 年和 2012 年属平水年，2009 年属枯水年。试验年 2010 年（2009 年 6 月至 2010 年 5 月，下同）属休闲期（6～9 月）枯水，生育期（10 月至翌年 5 月）平水；2011 年属休闲期平水，生育期枯水；2014 年属休闲期丰水，生育期丰水。试验地石灰性褐土，中壤，土层深厚，2009 年播前测定 0～20cm 耕层土壤含有机质 9.081g/kg、碱解氮 35.24mg/kg、有效磷 17.08mg/kg 和速效钾 141.57mg/kg。

表 4 - 11　2009—2014 年试验区降雨情况

单位：mm

年份	月份												休闲期	生育期	年降水量
---	1	2	3	4	5	6	7	8	9	10	11	12			
2009 年	0.0	21.5	13.5	10.1	100.0	25.5	79.3	79.7	46.1	24.1	35.3	1.1	230.6		436.2
2010 年	0.0	10.4	4.0	36.3	30.9	7.8	97.9	211.9	33.9	16.5	0.2	0.0	351.5	150.3	449.8
2011 年	0.6	16.2	5.3	19.0	41.4	13.0	91.2	93.8	134.7	36.5	62.0	0.9	332.7	99.2	514.6
2012 年	2.5	0.8	16.6	39.9	35.9	28.6	125.1	136.6	62.2	8.6	9.9	5.3	352.5	195.1	472.0
2013 年	2.4	5.1	2.7	14.9	29.5	24.5	85.9	43.3	39.2	23.8	4.3	0.0	398.0	130.8	533.1
2014 年	0.0	23.2	11.3	65.3	71.3	32.8	62.4	140.4	182.4	17.7	7.1	0.0	199.2		613.9
均值	3.7	8.8	10.1	26.6	49.9	43.5	113.8	97.0	85.5	27.0	12.3	3.8	335.0	143.2	478.2

②试验设计　小麦机械收获时留茬高度为 23～28cm，麦秸全部均匀覆盖还田。试验为裂区试验：主区为 7 月 19 日、8 月 2 日、8 月 16 日和 8 月 30 日 4 个深翻时期，深翻 27～30cm 后不采取保墒措施；裂区为氮肥、磷肥施用方式，氮肥、磷肥分施（简称分施，翻耕时施 P_2O_5 105kg/hm²，播种时施纯 N 150kg/hm²），和氮肥、磷肥同施（简称同施，播种时施纯 N 150kg/hm² 和 P_2O_5 105kg/hm²），共 8 个处理。采用大区设计，大区面积 225m²（7.5m×30m），重复 2 次。为深翻方便，重复间按深翻时间顺序排列。9 月 28 日播种，旋耕、整地、播种、镇压一次完成，条播行距 20cm，播量 150kg/hm²。供试品种为晋麦 92 号。

③测定项目与方法　土壤蓄水量和生育期耗水量：播种和收获当天用土钻取 0～200cm（每 20cm 为一层）土样，铝盒烘干法测定土壤含水量，按 $W = w × \rho_s × h × 0.1$ 计算蓄水量。W 为土层蓄水量（mm），w 为土层含水量（%）；ρ_s 为土壤容重（g/cm³）；h 为土层厚度（cm）；0.1 为单位换算系数。生育期耗水量（mm）＝播前 0～200cm 土壤蓄水量＋降水量—收获 0～200cm 土壤蓄水量。

茎数调查：三叶期前，每个大区固定 3 个 1.0m² 样方，调查基本苗（适当间苗，确保基本苗一致）、越冬前和拔节期的茎数。根据基本苗和茎数计算单株分蘖。

植株全氮、磷含量：收获期每个大区在调查样方外，随机取 20 个单茎，按籽粒和非籽粒部分分开，烘干粉碎，测定籽粒和非籽粒部分全氮、磷含量。用 $H_2SO_4—H_2O_2$ 消化后，全 N 含量用半微量凯氏定氮法，全磷含量用钒钼黄比色法测定。

氮（磷）总吸收量＝非籽粒部分氮（磷）含量×非籽粒部分干重＋籽粒氮（磷）含量×籽粒重

氮（磷）利用效率＝产量÷氮（磷）总吸收量

产量及其构成：收获前调查各大区样方内所有穗粒数大于 3 粒的麦穗，求均值为成穗数；每个大区随机选取 1 行，调查 20cm 样段去除穗粒数小于 3 粒的麦穗，统计穗粒数；各大区随机收获 3 个 1.0m² 样方，脱粒、风干后称重；数 500 粒称重，换算成千粒重，2 次重复（重复间相差≤0.5g）。计算水分利用效率（WUE＝产量÷生育期耗水量）。

④数据处理　2012 年与 2014 年、2013 年与 2010 年降水年型相同，数据变化趋势一致，因此选取 2010 年、2011 年和 2014 年数据进行分析。试验数据用 DPS 15.10 统计软件分析。

(2) 深翻时间和施肥方式对旱地小麦总茎数和单株茎蘖的影响

深翻时间和施肥方式对旱地小麦生育期总茎蘖数和单株分蘖均产生一定影响（表 4-12）。随深翻时间的推迟，2010 年，越冬期总茎数和单株茎蘖数逐渐降低，2011 年先升后降，2014 年先降后升；拔节期总茎数和单株茎蘖数均先升后降，2010 年以 8 月 2 日深翻最高，2011 年和 2014 年以 8 月 16 日最高。深翻时间、施肥方式及降水年型在总茎数和单株茎蘖上存在互作效应。7 月 19 日深翻时不同年度越冬前和拔节期氮磷同施的总茎数及单株分蘖均高于氮磷分施，8 月 16 日和 8 月 30 日深翻时则氮磷分施高于氮磷同施，8 月 2 日深翻时丰水年型下氮磷分施后两个时期的总茎数及单株分蘖及平水年型下拔节期总茎数及单株分蘖均高于氮磷同施。

表 4-12 耕作时间及施肥方式的总茎数和单株茎数

| 年份 | 深翻时间 | 施肥方式 | 基本苗（$\times 10^4/hm^2$） | 越冬期 | | 拔节期 | |
				总茎数（$\times 10^4/hm^2$）	单株茎蘖数	总茎数（$\times 10^4/hm^2$）	单株茎蘖数
2010 年	7 月 19 日	AS	338.9±9.8a	631.8±13.4a	1.864±0.015a	1 215.0±35.6a	3.585±0.001a
		AD	339.3±10.3a	581.4±21.3bc	1.713±0.011c	940.0±24.9f	2.770±0.011e
	8 月 02 日	AS	336.3±9.5a	594.9±31.4b	1.768±0.044b	1 115.0±15.9b	3.316±0.047b
		AD	337.7±11.6a	554.7±5.9d	1.644±0.039d	1 056.7±30.1d	3.129±0.019c
	8 月 16 日	AS	335.8±10.3a	542.5±19.8d	1.616±0.010d	1 055.0±11.6d	3.143±0.062c
		AD	339.4±7.3a	589.0±22.4bc	1.735±0.029bc	1 078.3±23.5c	3.177±0.001c
	8 月 30 日	AS	338.5±12.1a	544.0±30.6d	1.607±0.033d	998.3±34.5e	2.949±0.004d
		AD	335.9±5.6a	580.0±22.7c	1.726±0.039bc	1 068.3±32.4cd	3.180±0.044c
2011 年	7 月 19 日	AS	239.1±12.0a	1 060.1±33.1c	4.436±0.085ab	1 201.2±28.1b	5.028±0.135a
		AD	239.3±14.4a	862.0±19.4g	3.608±0.137e	1 119.5±55.9c	4.678±0.048b
	8 月 02 日	AS	241.4±12.2a	1 041.4±37.6d	4.314±0.063b	1 111.4±42.6c	4.604±0.056b
		AD	240.4±3.3a	924.0±40.6f	3.843±0.116d	1 213.6±32.5b	5.045±0.066a
	8 月 16 日	AS	244.6±8.5a	986.3±34.5e	4.031±0.001c	1 129.7±41.6c	4.616±0.010b
		AD	253.1±11.3a	1 118.2±39.7b	4.418±0.040ab	1 258.5±64.3a	4.969±0.032a
	8 月 30 日	AS	238.4±15.0a	848.0±26.5g	3.562±0.113e	1 061.0±47.3d	4.454±0.082c
		AD	253.2±7.9a	1 138.5±44.6a	4.493±0.036a	1 279.5±4.9a	5.054±0.139a
2014 年	7 月 19 日	AS	226.5±11.7a	1 056.0±16.5a	4.662±0.026a	999.6±22.1c	4.413±0.053cd
		AD	228.0±3.2a	942.5±28.5bc	4.131±0.067c	967.5±24.3d	4.243±0.047ef

（续）

年份	深翻时间	施肥方式	基本苗（×10⁴/hm²）	越冬期		拔节期	
				总茎数（×10⁴/hm²）	单株茎蘖数	总茎数（×10⁴/hm²）	单株茎蘖数
	8月02日	AS	223.5±2.1a	873.0±17.7e	3.906±0.011e	1 053.2±3.2b	4.713±0.068b
		AD	223.5±3.9a	918.6±17.0d	4.112±0.140c	1 012.3±17.1c	4.535±0.161c
	8月16日	AS	226.5±2.3a	921.5±12.3cd	4.067±0.037cd	1 064.2±55.5b	4.696±0.140b
		AD	228.0±3.2a	951.5±48.2b	4.282±0.109b	1 111.4±18.5a	5.007±0.043a
	8月30日	AS	234.0±5.6a	927.4±33.0cd	3.961±0.037de	1 023.6±23.1c	4.375±0.017de
		AD	231.0±6.2a	951.3±14.1b	4.118±0.050c	954.0±14.2d	4.131±0.050f

（3）深翻时间和施肥方式对旱地小麦产量及其构成的影响

深翻时间和施肥方式均影响旱地小麦产量及其构成（表4-13）。随深翻时间的推迟，2010年成穗数先降后升，2011年和2014年均先升后降。深翻时间对穗粒数影响无明显规律，年度间存在差异。2010年和2014年千粒重随深翻时间推迟先升后降，2011年则先降后升。2010年产量随深翻时间推迟而升高，2011年和2014年则先升后降，且以8月16日深翻最高。深翻时间与施肥方式间互作对小麦产量及其构成也有影响。7月19日深翻时成穗数和产量均表现为氮磷同施高于氮磷分施，8月16日和8月30日深翻时表现相反。休闲期枯水年型下氮磷同施的穗粒数高于氮磷分施，平水年型和丰水年型下则相反。休闲期枯水年型和丰水年型下氮磷分施的千粒重均高于氮磷同施，平水年型下7月19日和8月2日深翻时也表现出相同趋势。不同降水年型下以8月16日深翻的氮磷分施处理籽粒产量最高。3个年度旱地小麦产量及其构成因素均表现为休闲期丰水年＞平水年＞枯水年。

表4-13　深翻时间和施肥方式的产量及其构成

年份	深翻时间	施肥方式	成穗数（×10⁴/hm²）	穗粒数	千粒重（g）	产量（kg/hm²）
2010年	07月19日	AS	245.0±13.5bc	26.1±1.3e	34.6±1.3d	2 325.6±33.5e
		AD	233.3±19.8d	25.9±0.8e	37.1±2.1b	2 186.1±46.9g
	08月02日	AS	241.7±8.9cd	28.2±2.1b	36.3±0.9bc	2 545.6±26.9b
		AD	235.8±20.6d	28.3±1.6b	36.5±1.4bc	2 251.8±22.7f

（续）

年份	深翻时间	施肥方式	成穗数（×10⁴/hm²）	穗粒数	千粒重（g）	产量（kg/hm²）
	08 月 16 日	AS	220.8±16.7e	31.2±2.4a	37.1±2.2b	2 412.6±31.4c
		AD	263.3±12.4a	26.9±0.7d	38.4±0.6a	2 578.6±26.4a
	08 月 30 日	AS	233.3±13.7d	28.0±1.4bc	36.0±1.4c	2 364.4±40.9d
		AD	251.7±6.7b	27.3±2.7cd	38.5±1.8a	2 567.9±26.7a
2011 年	07 月 19 日	AS	358.2±7.4de	28.4±0.1f	37.11±0.05f	3 513.0±108.3d
		AD	323.5±16.4f	29.5±0.5cde	37.51±0.03e	3 260.9±117.8f
	08 月 02 日	AS	398.1±3.2b	29.5±0.5cde	37.07±0.15f	3 865.3±68.7c
		AD	368.2±16.8d	30.0±0.5bcd	37.40±0.04e	3 560.0±35.3d
	08 月 16 日	AS	380.6±14.3c	29.0±0.8ef	37.88±0.02c	3 818.6±60.5c
		AD	423.2±21.4a	29.2±0.8def	36.81±0.09g	4 185.1±55.0a
	08 月 30 日	AS	354.4±19.1e	29.5±0.1cde	38.53±0.07b	3 405.0±44.2e
		AD	386.1±10.3c	30.9±0.7ab	37.67±0.01d	4 059.2±85.2b
2014	07 月 19 日	AS	438.0±9.0b	39.0±1.3de	41.89±0.52b	6 347.5±56.3d
		AD	379.5±22.5d	40.8±0.5cd	44.33±0.32a	6 216.5±65.2e
	08 月 02 日	AS	454.5±30.0ab	37.8±1.9e	42.72±0.90b	6 447.0±82.5c
		AD	472.5±9.0a	37.6±1.4e	44.21±0.70a	6 748.5±99.5b
	08 月 16 日	AS	417.0±34.5c	43.0±2.0b	42.68±0.41b	6 256.5±140.2e
		AD	460.5±21.0a	45.0±3.0a	42.92±0.08b	6 990.0±163.0a
	08 月 30 日	AS	415.5±28.5c	40.7±0.4cd	42.40±0.87b	6 190.5±165.4e
		AD	460.5±36.0a	41.2±0.9c	42.41±0.72b	6 807.0±118.3b

（4）深翻时间和施肥方式对旱地小麦氮、磷吸收及利用效率的影响

由表 4-14 知，随深翻时间的推迟，不同降水年型下非籽粒部分和籽粒氮、磷吸收量及植株吸收量（籽粒和非籽粒部分的总和）均先升后降，8 月 16 日深翻时非籽粒部分和籽粒氮素吸收量及植株吸收量均最高，2010 年和 2011 年籽粒和非籽粒部分的磷吸收量最高，2014 年非籽粒部分的磷吸收量最高。2010 年和 2014 年氮利用效率随深翻时间推迟先降后升，7 月 19 日深翻时最高；2011 年则先升后降，8 月 16 日深翻时最高。2010 年磷利用效率随深翻时间推迟先降后升，7 月 19 日深翻时最高；2011 年先降后升再降，8 月 16 日深翻时最高；2014 年则先升后降，8 月

表4-14 深翻处理和施肥方式的氮、磷吸收量和利用效率

年份	深翻时间	施肥方式	氮吸收量（kg/hm²）			磷吸收量（kg/hm²）			利用效率（g/kg）	
			籽粒	非籽粒部分	总量	籽粒	非籽粒部分	总量	氮	磷
2010年	07月19日	AS	58.35±2.31d	36.94±1.36d	95.29	28.98±0.69d	5.46±0.16d	34.44	24.41	67.53
		AD	50.26±1.26f	33.52±1.59f	83.78	28.53±1.34d	4.98±0.34e	33.51	26.09	65.24
	08月02日	AS	66.59±3.33ab	40.58±0.98b	107.17	33.75±0.89b	6.99±0.46b	40.74	23.75	62.48
		AD	56.00±4.16e	35.38±2.13e	91.38	29.23±0.36d	5.32±0.43d	34.55	24.64	65.18
	08月16日	AS	63.12±1.69c	38.64±0.56c	101.76	33.99±2.16b	7.03±0.34b	41.02	23.71	58.82
		AD	65.68±2.06b	41.60±1.46a	107.28	35.92±1.83a	7.56±0.29a	43.48	24.04	59.31
	08月30日	AS	60.13±3.16d	37.11±1.32d	97.24	31.35±0.26c	6.45±0.64c	37.80	24.32	62.55
		AD	67.99±4.12a	40.93±0.64ab	108.92	36.49±1.11a	7.23±0.29b	43.72	23.58	58.74
2011年	07月19日	AS	85.89±3.56c	36.07±1.35d	121.96	39.87±2.56c	7.46±0.59bc	47.33	28.80	74.22
		AD	81.07±4.36e	38.80±0.46ab	119.86	37.37±1.36d	7.74±0.34b	45.11	27.20	72.29
	08月02日	AS	91.84±1.34b	37.30±2.46cd	129.14	45.03±2.22a	7.74±0.69b	52.77	29.93	73.25
		AD	85.55±0.98cd	39.81±1.15a	125.36	41.05±3.16b	8.41±0.33a	49.46	28.40	71.98
	08月16日	AS	92.26±5.61b	38.62±2.22abc	130.87	45.17±1.94a	7.67±0.67bc	52.84	29.18	72.27
		AD	100.32±4.38a	37.77±0.68bc	138.09	45.99±3.14a	8.41±0.35a	54.40	30.31	76.93
	08月30日	AS	82.95±3.47de	36.29±2.46d	119.23	39.63±2.67c	7.43±0.23c	47.06	28.56	72.35
		AD	97.66±1.64a	38.38±1.34bc	136.04	45.10±1.64a	8.66±0.46a	53.76	29.84	75.51
2014年	07月19日	AS	143.86±4.15c	46.15±1.54d	190.01	65.02±3.69c	10.19±0.32de	75.21	33.41	75.21
		AD	144.62±5.69c	43.56±2.69e	188.18	64.35±4.35c	9.86±0.43e	74.21	33.03	74.21
	08月02日	AS	149.79±2.98b	47.98±2.37c	197.77	70.13±1.36ab	10.68±0.13c	80.81	32.60	80.81
		AD	152.09±6.49ab	51.02±0.98ab	203.11	70.96±2.65ab	11.98±0.64b	82.94	33.23	82.94
	08月16日	AS	151.69±7.16b	50.34±1.37b	202.03	68.87±5.64b	10.34±0.35cd	79.21	30.97	79.21
		AD	154.33±3.59a	52.34±2.69a	206.67	71.36±4.36a	12.39±0.64a	83.75	33.82	83.75
	08月30日	AS	144.94±5.99c	45.36±2.01d	190.3	69.67±2.66ab	10.19±0.76de	79.87	32.53	79.87
		AD	150.99±6.03b	51.64±3.15ab	202.63	69.78±3.64ab	12.12±0.62ab	81.90	33.59	81.9

2 日深翻时最高。深翻时间与施肥方式对氮、磷吸收和利用效率均存在互作效应。7 月 19 日深翻时氮磷同施的籽粒和总氮、磷吸收量高于氮磷分施，8 月 16 日和 8 月 30 日深翻时表现相反；休闲期枯水年氮、磷利用效率 7 月 19 日至 8 月 16 日深翻均以分施高于同施，平水年和丰水年 7 月 19 日深翻同施高于分施，8 月 16 日和 8 月 30 日深翻分施高于同施。交互效应中，休闲期枯水年的氮利用效率以 7 月 16 日深翻、氮磷分施处理最高，氮磷同施处理的磷利用效率最高，平水年和丰水年氮、磷利用效率均以 8 月 16 日深翻、氮磷分施处理最高。不同降水年型下氮、磷吸收总量和氮、磷利用效率均表现为休闲期丰水年＞平水年＞枯水年。

(5) 深翻时间和施肥方式对旱地小麦水分利用效率（WUE）的影响

由表 4-15 知，随深翻耕时间推迟，播前 0～200cm 土壤贮水量先升后降，休闲期枯水年和平水年以 8 月 16 日深翻贮水量最多，丰水年则以 8 月 2 日深翻最多；收获期 0～200cm 土壤贮水量 2010 年随深翻时间推迟也先升后降，以 8 月 16 日深翻最高，2011 年和 2014 年随深翻时间推迟而升高。生育期耗水量在 2010 年表现为 8 月 30 日深翻＞8 月 2 日深翻＞7 月 19 日深翻＞8 月 16 日深翻；2011 年表现为 8 月 16 日深翻＞8 月 30 日深翻＞7 月 19 日深翻＞8 月 2 日深翻；2014 年随深翻时间推迟则先升后降，以 8 月 2 日深翻耗水量最高。WUE 随深翻耕时间推迟，在 2010 年和 2014 年先升后降，以 8 月 16 日深翻最高；2011 年先降后升，以 8 月 2 日深翻最低，8 月 30 日深翻最高。深翻时间相同时，不同降水年型下收获期 0～200cm 土壤贮水量均以氮磷分施高于氮磷同施；生育期耗水量则相反。在休闲期枯水年和平水年 8 月 16 日和 8 月 30 日深翻时氮磷分施的 WUE 高于氮磷同施；丰水年深翻时间相同时，氮磷分施的 WUE 高于氮磷同施。不同降水年型下 WUE 表现为休闲期丰水年＞平水年＞枯水年。

表 4-15　深翻时间和施肥方式的水分利用效率

年份	深翻时间	施肥方式	播前 0～200cm 土壤贮水量 (mm)	生育期降水量 (mm)	收获期 0～200cm 土壤贮水量 (mm)	生育期总耗水量 (mm)	WUE [kg/ (mm·hm²)]
2010 年	07 月 19 日	AS	296.59	150.3	167.39	279.50	8.321
		AD			172.24	274.65	7.960
	08 月 02 日	AS	316.82	150.3	181.83	285.29	8.923
		AD			181.72	285.41	7.890

（续）

年份	深翻时间	施肥方式	播前 0～200cm 土壤贮水量（mm）	生育期降水量（mm）	收获期 0～200cm 土壤贮水量（mm）	生育期总耗水量（mm）	WUE [kg/(mm·hm²)]
	08 月 16 日	AS	327.10	150.3	182.48	284.09	8.180
		AD			186.71	279.86	8.871
	08 月 30 日	AS	316.27	150.3	176.41	300.99	8.149
		AD			176.45	300.95	8.851
2011 年	07 月 19 日	AS	371.74	99.2	214.34	256.6	15.064
		AD			219.39	251.55	14.152
	08 月 02 日	AS	372.41	99.2	219.63	251.98	13.942
		AD			226.96	244.65	13.329
	08 月 16 日	AS	420.59	99.2	217.25	302.54	12.622
		AD			240.72	279.07	14.997
	08 月 30 日	AS	388.60	99.2	227.87	259.93	13.100
		AD			242.51	245.29	16.549
2014 年	07 月 19 日	AS	416.80	199.2	236.90	379.10	15.473
		AD			237.91	378.09	17.714
	08 月 02 日	AS	440.70	199.2	243.11	396.79	16.251
		AD			257.02	382.88	17.629
	08 月 16 日	AS	433.90	199.2	245.33	387.77	16.134
		AD			266.41	366.69	19.063
	08 月 30 日	AS	433.00	199.2	251.20	381.00	16.245
		AD			269.22	362.98	18.752

（6）深翻时间和施肥方式对旱地小麦干物质积累和转移的影响

深翻时间对灌浆期和收获期茎叶、穗部和总干物质重的影响年度间存在差异（表 4-16）。随深翻时间推迟，灌浆初期总干物质重在 2010 年先升后降，以 8 月 16 日深翻总干物质重最高；2011 年则先降后升，以 8 月 16 日深翻最低；2014 年先升后降再升，但处理间差异较小。灌浆期总干物质重在不同降水年型下均随深翻时间推迟先升后降，2010 年以 8 月 2 日深翻最高，2011 年和 2014 年均以 8 月 16 日深翻最高。收获期总干物质重在不同降水年型下均随深翻时间推迟，先升后降，且以 8 月 16 日深翻最高。深翻时间相同时，灌浆初期和收获期总干物质重在不同降水年型下

表 4-16　深翻时间和施肥方式的灌浆期干物质积累和转移

单位：g/stem

年份	深翻时间	施肥方式	灌浆初期			收获期			变化量		
			茎叶	穗部	总重	茎叶	穗部	总重	茎叶	穗部	总重
2010 年	7 月 19 日	AS	1.144	0.455	1.599	0.544	1.182	1.726	−0.600	0.727	0.127
		AD	1.123	0.438	1.561	0.555	1.197	1.752	−0.568	0.759	0.191
	8 月 02 日	AS	1.197	0.437	1.634	0.665	1.345	2.010	−0.532	0.908	0.376
		AD	1.276	0.456	1.732	0.799	1.573	2.372	−0.477	1.117	0.640
	8 月 16 日	AS	1.333	0.444	1.777	0.770	1.278	2.048	−0.563	0.834	0.271
		AD	1.364	0.465	1.829	0.837	1.706	2.543	−0.527	1.241	0.714
	8 月 30 日	AS	1.258	0.470	1.728	0.714	1.258	1.972	−0.544	0.788	0.244
		AD	1.308	0.458	1.766	0.805	1.539	2.344	−0.503	1.081	0.578
2011 年	7 月 19 日	AS	1.304	0.546	1.850	0.780	1.333	2.113	−0.524	0.787	0.263
		AD	1.292	0.531	1.823	0.790	1.072	1.862	−0.502	0.541	0.039
	8 月 02 日	AS	1.277	0.521	1.798	0.910	0.995	1.905	−0.367	0.474	0.107
		AD	1.278	0.539	1.817	0.890	1.226	2.116	−0.388	0.687	0.299
	8 月 16 日	AS	1.229	0.487	1.716	0.930	1.171	2.101	−0.299	0.684	0.385
		AD	1.232	0.498	1.730	0.960	1.242	2.202	−0.272	0.744	0.472
	8 月 30 日	AS	1.228	0.511	1.739	0.850	1.044	1.894	−0.378	0.533	0.155
		AD	1.233	0.509	1.742	0.870	1.105	1.975	−0.363	0.596	0.233
2014 年	7 月 19 日	AS	1.841	0.346	2.187	1.334	1.130	2.464	−0.507	0.784	0.277
		AD	1.664	0.347	2.011	1.522	1.302	2.824	−0.142	0.955	0.813
	8 月 02 日	AS	1.760	0.366	2.126	1.449	1.269	2.718	−0.311	0.903	0.592
		AD	1.784	0.346	2.130	1.567	1.369	2.936	−0.217	1.023	0.806
	8 月 16 日	AS	1.681	0.324	2.005	1.627	1.369	2.996	−0.054	1.045	0.991
		AD	1.850	0.346	2.196	1.932	1.692	3.624	0.082	1.346	1.428
	8 月 30 日	AS	1.674	0.322	1.996	1.569	1.372	2.941	−0.105	1.050	0.945
		AD	1.908	0.390	2.298	1.781	1.542	3.323	−0.127	1.152	1.025

均表现为氮磷分施高于氮磷同施（仅 2011 年 7 月 19 日深翻时氮磷同施高于氮磷分施）。花后茎叶干物质转运量年际存在差异，在休闲期枯水年和平水年均表现为氮磷同施高于氮磷分施（仅 2011 年 8 月 2 日深翻时氮磷分施高于氮磷同施），丰水年则在 8 月 16 日和 8 月 30 日深翻时则氮磷分施高于氮磷同施；整个灌浆期穗部干重增加量和净光合产物积累量在不同

降水年型下均表现为氮磷分施高于氮磷同施（仅2011年7月19日深翻时氮磷同施高于氮磷分施）。灌浆期穗部干物质增加量和净光合产物积累量以休闲期丰水年最高，平水年最低；茎叶干物质转运量则以枯水年最高，丰水年最低，而对穗部干重增加的贡献率则以平水年最高，丰水年最低。

（7）结论与讨论

黄土高原休闲期雨期与小麦生长发育时期错位，最大限度利用伏期降水，是旱地小麦稳产高产的关键。休闲期耕作可有效纳雨保墒，增加旱地小麦播前土壤蓄水量，促进养分吸收和运转，提高产量。孙敏等研究表明，休闲期深翻或深松有利于蓄积休闲期降水，提高播种前0～300cm土壤蓄水量、氮素吸收和生产效率，其中深翻贮水效果优于深松。党建友等认为，休闲期适时深翻可提高小麦播前0～200cm土壤蓄水量、籽粒产量和氮素利用率。本研究表明，不同降水年型下随深翻时间推迟，旱地小麦产量均呈升高或先升再降趋势，其中8月中旬深翻时播前0～200cm土壤贮水量和旱地小麦产量均最高，较7月中旬深翻增产5.43%～18.15%，播前贮水量较7月份深翻增加12.12～18.45mm；8月中下旬深翻时水分利用效率和磷素利用效率较高。这与前人研究结果相似。

施肥是保持土壤肥力水平和小麦高产的重要措施，氮、磷配施可延长旱地小麦灌浆持续期，提高生物量，从而增产。研究表明，旱地小麦施用磷肥可提高其抗旱性，增加成穗数，提高产量。休闲期耕作配施 P_2O_5 150kg/hm²，可促进小麦的氮素吸收和运转，提高氮肥偏生产力，提高成穗数和产量。本研究表明，与播种前配施氮肥、磷肥相比，8月上中旬深翻时配施磷肥，播种前施入氮肥，可提高越冬期和拔节期总茎数、单株茎蘖数、成穗数和穗粒数，从而增产；8月上中旬深翻时配施磷肥，播种前施入氮肥，可提高干物质积累量、促进植株和籽粒对氮、磷的吸收，提高氮、磷利用效率，这与前人研究结果相似；8月上中旬深翻时配施磷肥，播种前施入氮肥较播种前氮磷同施收获时0～200cm土壤贮水量提高4.23～23.47mm，籽粒水分利用效率提高0.691～2.929kg/(mm·hm²)。

除耕作时间和施肥方式影响旱地小麦播前土壤蓄水量、水分利用效率和产量外，休闲期降水量及降水分布直接影响小麦播前土壤蓄水量，小麦播前土壤蓄水量和生育期降水量及其分布决定年度产量水平。孙敏等研究表明，丰水年小麦播前0～300cm土壤蓄水量最高，枯水年最低，且影响土层蓄水量分布，休闲期降水量多，则深层土壤含水量和蓄水量增加。胡雨彤等认为，不同降水年型下小麦产量主要受氮肥和磷肥施用量、休闲期和越冬前降水的影响。本研究表明，2010 年休闲期降水量属枯水，且集中在 7～8 月，播前 0～200cm 土壤贮水量最低，虽生育期降水量属平水，但产量最低，2014 年休闲期降水量属丰水，且 7 月份降水量达 285.9mm，播前 0～200cm 土壤贮水量最高，同时生育期降水量较高，且小麦关键生育期均有降水，因此产量最高，籽粒水分利用效率也最高。这与胡雨彤等的研究结果相似。

综上所述，休闲期降水量及其分布、深翻时间和施肥方式共同影响旱地小麦播前 0～200cm 土壤蓄水量、产量、水肥利用效率。休闲期丰水年较平水年和枯水年分别增产 75.29％和 170.39％，播前 0～200cm 土壤贮水量分别多 42.77mm 和 116.91mm，水分利用效率分别高 2.94kg/（mm·hm²）和 8.77kg/（mm·hm²），氮、磷利用效率也较高。8 月中上旬深翻蓄水效果较好，可促进小麦植株和籽粒对氮、磷的吸收，增加冬前茎数和成穗数，8 月中旬深翻较 7 月中旬深翻增产 5.43％～18.15％，播前 0～200cm 土壤贮水量多 12.12～18.45mm，水分利用效率和磷素利用率也较高。与播种前配施氮、磷肥相比，8 月中上旬深翻时配施磷肥，播种前施入氮肥，可提高冬前和拔节期茎数、成穗数和穗粒数，促进氮、磷积累和运转，从而增产，同时收获期 0～200cm 土壤贮水量较多，水分利用率较高。当前气候、栽培条件下，晋南丘陵旱地不同降水年型下均以 8 月中上旬深翻配施磷肥，播种前施入氮肥可提高土壤渗水特性，最大限度纳秋雨蓄墒，增加小麦冬前和拔节期茎数和成穗数，使产量增加，水肥利用效率提高。

4.2.4　不同降水年型下播期对旱地小麦产量和水分利用率的影响

山西省属暖温带、温带大陆性气候，处于黄土高原半干旱区，年降水量 400～600mm，受大陆性季风气候影响，降水时空分布不均，其中 60％左右集中在休闲期（7～9 月），冬春少雨雪而多风，0～20cm 土层蒸发量大，小麦生育期名副其实的"十年九旱"。小麦是我国最主要的口粮作物，山西旱地小麦种植面积占全省总面积的 60％，干旱缺水是制约产量的关键因素，发展旱作农业，研究全球气候变暖背景下小麦适播期和播量，保证旱地农业的可持续发展是我国农业发展的重大课题。不同播期，小麦生育期温度、光照等生态条件均有差异，对产量构成因素和水分利用效率有显著影响。张敏等研究表明，播期推迟，小麦成穗率增加，但成穗数显著降低，籽粒产量下降，籽粒中蛋白质含量提高，蛋白质组分发生变化。李彩虹等、赵青松等研究表明，播期影响小麦叶绿素含量的冠层光谱模型拟合程度，播期播量对小麦产量影响显著。裴雪霞等研究表明，暖冬条件下，播期过早，气温连续偏高，易引起冬前小麦旺长，生育期提前，个体偏弱，群体质量下降，产量降低；播期过晚，气温偏低，冬前小麦个体偏弱，群体质量差，穗数少，产量降低。徐成忠、白洪立等针对积温变迁研究了小麦玉米一年两熟制下冬小麦和夏玉米的适宜播期。目前播期对小麦生长发育及产量的影响研究较多，但不同降水年型下适宜播期临界期研究少见报道。本研究针对山西省南部丘陵旱地降水主要分布在小麦休闲期，且年际年降水量波动大的特点，连续7年（2008—2015年）研究了不同播期对小麦生长发育及产量的影响。通过不同降水年型、不同播期下旱地小麦不同生育期积温、降水及日照时数、产量、水分利用率及其相关性分析，摸清制约旱地小麦籽粒产量、水分利用率等的关键气候参数，以期为旱地小麦稳产高产提供理论依据。

（1）研究方法

①试验区基本情况　试验于2008年9月至2015年6月在山西省临汾市尧都区大阳镇岳壁村丘陵旱地（36°5.520′N，111°45.727′E）进行。试验地海拔693.5m，年均气温12.6℃，年降水量430～550mm，无灌溉条件，小麦一年1作。试验地为壤质石灰性褐土，2008年播前测定0～20cm耕层土壤含有机质9.08g/kg、碱解氮39.29mg/kg、有效磷20.32mg/kg、速效钾128.64mg/kg。

根据国内较常用的降水年型划分标准划分试验年份的降水年型。试验区2009年和2010年为枯水年，2012年、2014年和2015年为丰水年，其余2年为平水年。试验年份降水量见表4-17。

表4-17　2008—2015年试验区降水分布

单位：mm

年份	月份												休闲期降水量	生育期降水量	全年降水量
	6	7	8	9	10	11	12	1	2	3	4	5			
2008—2009	62.4	33.3	61.0	70.2	9.1	4.3	0.0	0.0	21.5	13.5	10.1	100	226.9	158.5	385.4
2009—2010	25.5	0.0	79.7	46.1	24.1	35.3	1.1	0.0	10.4	4.0	36.3	30.9	151.3	142.1	293.4
2010—2011	7.8	97.9	211.9	33.9	16.5	0.0	0.0	0.6	16.2	5.3	19.0	41.4	351.5	99.2	450.7
2011—2012	13.0	91.5	93.8	134.7	36.5	62.0	0.0	2.5	0.0	16.6	39.9	35.9	332.7	195.1	527.8
2012—2013	28.6	125.1	136.6	62.2	8.6	9.9	5.3	2.4	5.1	2.7	14.9	81.9	352.5	130.8	483.3

（续）

年份	月份											休闲期降水量	生育期降水量	全年降水量
	6	7	8	9	10	11	12	1	2	3	4	5			
2013—2014	29.5	285.9	43.3	39.3	23.8	4.3	0.0	0.0	23.2	11.3	65.3	71.3	398.0	199.2	597.2
2014—2015	32.8	62.4	140.4	182.4	17.7	7.7	0.0	7.7	7.7	4.8	39.2	33.5	418.0	118.3	536.3
1962—2015 均值	43.5	113.8	97.0	85.5	27.0	12.3	3.8	3.7	8.8	10.1	26.6	49.9	335.0	143.2	478.2

②试验设计　设 3 个播期处理，2008—2009 年为：9 月 20 日播种、播量为 112.5kg/hm²，9 月 30 日播种、播量为 165.0kg/hm²，10 月 5 日播种、播量为 187.5kg/hm²。2009—2015 年为：9 月 22 日播种、播量为 112.5kg/hm²，9 月 28 日播种、播量为 150.0kg/hm²，10 月 4 日播种、播量为 187.5kg/hm²。每年均施 N 150kg/hm²、P_2O_5 120kg/hm²、K_2O 60kg/hm²，播前随整地一次性施入；供试品种为国审麦晋麦 92 号（2008—2012 年度为新品系临 Y8159，2013 年通过国审，定名晋麦 92 号）。小区面积为 7m×20m＝140m²，3 次重复。

③测定项目与方法　小麦生育期积温、日照时数和降水量资料源于国家气象信息中心（网址：http：//www.nmic.cn/）国家基准站点山西省临汾市 2008—2015 年逐日平均气温、日照时数和降水量资料。

产量构成因素及产量：小麦成熟期每个处理随机取 3 个行长 20cm 单行全部植株，去除穗粒数小于 6 粒单株后，其余成穗的茎数计数为有效成穗数，数取所有籽粒数，求平均值为穗粒数；每个处理随机收获 5 个 1.0m² 样方，脱粒、风干后称重，换算成籽粒产量；数取 500 粒称重，换算成千粒重，2 次重复（重复间相差≤0.5g）。

产量水分利用效率：播种和收获当天用土钻取 0～200cm（每 20cm 一层）土样，铝盒烘干法测定土壤含水量：$W＝w×\rho_s×h×0.1$，式中，W 为土层蓄水量（mm），w 为土层含水量（%），ρ_s 为土壤容重（g·cm³），h 为土层厚度（cm），0.1 为单位换算系数，

生育期耗水量（mm）＝播前 0～200cm 土壤蓄水量＋降水量—收获期 0～200cm 土壤蓄水量

产量水分利用效率（$WUE_{产量}$）＝产量÷生育期耗水量

④数据处理　用 Microsoft Excel 对小麦生育期积温、日照时数和降

水量数据进行统计计算，用 DPS 15.10 进行方差分析、相关性分析和逐步回归分析。

（2）播期对小麦生育阶段持续时间、积温、日照时数和降水量的影响

由表 4-18 和表 4-19 可以看出，试验年份播期范围内，不同播期的小麦生育期出现的时间、持续时间、积温、日照时数和降水量不同，降水年型对小麦生育期持续时间、积温、日照时数和降水量影响较小。播期早，生育期长，总积温高，日照时数长，降水量多。播期对小麦生育期持续时间的影响主要表现在苗期、分蘖期和拔节期，对抽穗期和成熟期影响较小。随播期推迟，播种—出苗期、出苗—分蘖期持续时间均延长；播种—出苗期所需积温明显增加，出苗—分蘖期所需积温差异较小；分蘖—拔节期持续时间明显缩短，积温和日照时数均减少。降水年型对旱地小麦生育期出现的时间、持续时间、积温、日照时数和降水量影响较小。

各生育阶段持续时间与积温、日照时数、降水量间的相关性分析结果表明，播种—出苗期持续时间与此阶段积温呈极显著正相关（$r=0.712^{**}$）；分蘖—拔节期、拔节—抽穗期持续时间与日照时数呈极显著或显著正相关（$r=0.659^{**}$ 和 $r=0.440^{*}$）；抽穗—成熟期持续时间与此阶段积温和日照时数间呈极显著正相关（$r=0.883^{**}$ 和 $r=0.751^{**}$）；全生育期持续时间与积温呈显著正相关（$r=0.462^{*}$），与降水量间相关性均未达显著水平。

（3）降水年型和播期对旱地小麦产量及其构成因素的影响

由表 4-20 可以看出，年降水量对旱地小麦产量及其构成影响较大。其中丰水年型＞平水年型＞枯水年型，丰水年型产量明显高于其他年型。从产量构成因素看，丰水年型成穗数显著高于平水年型和枯水年型，是影响旱地小麦产量的主要因素；穗粒数也高于平水年型和枯水年型；千粒重与平水年型相近。

丰水年型中 2012 年和 2015 年，成穗数和产量随播期推迟而增加，2014 年则 9 月 28 日播种最高；2014 年和 2015 年穗粒数随播期推迟而减少，2012 年则相反；千粒重随播期推迟而增加。平水年型和枯水年型，成穗数和产量随播期推迟先升高后降低，9 月 28 日播种最高，除 2011 年外，早播成穗数和产量均最低；穗粒数随播期推迟而增加（除 2010 年度 9 月 28 日播种最高外）；千粒重随播期推迟变化规律不明显。

降水在年度间分布对旱地小麦产量影响也较大。其中 2014 年属丰水年型，生育期降水量为 199.2mm，4～5 月降水较多（136.6mm），有利于

表4-18　不同降水年型不同播期的小麦生育期及持续时间

降水年型	年度	播期	播种期—出苗期		出苗期—分蘖期		分蘖期—拔节期		拔节期—抽穗期		抽穗期—成熟期		全生育期
			出苗期	天数	分蘖期	天数	拔节期	天数	抽穗期	天数	成熟期	天数	
枯水年	2009年	09-20	09-27	7	10-08	11	03-19	162	04-22	34	06-02	41	255
		09-30	10-08	8	10-19	11	03-21	153	04-22	32	06-02	41	245
		10-05	10-14	9	10-26	12	03-23	148	04-23	31	06-02	40	240
	2010年	09-22	09-28	6	10-07	9	03-18	162	04-26	39	06-10	45	261
		09-28	10-04	6	10-16	12	03-20	155	04-26	37	06-10	45	255
		10-04	10-12	8	10-24	12	03-22	149	04-27	36	06-10	44	249
	2011年	09-22	09-29	7	10-09	10	04-04	177	04-30	26	06-07	38	258
		09-28	10-06	8	10-17	11	04-06	171	04-30	24	06-07	38	252
		10-04	10-12	8	10-23	11	04-09	168	04-30	21	06-07	38	246
平水年	2013年	09-22	09-28	6	10-08	10	03-11	154	04-16	36	05-27	41	247
		09-28	10-05	7	10-15	10	03-13	149	04-16	34	05-27	41	241
		10-04	10-11	7	10-24	13	03-16	143	04-17	32	05-27	40	235
	2012年	09-22	09-29	7	10-10	11	03-26	168	04-23	28	06-06	44	258
		09-28	10-06	8	10-17	11	03-28	163	04-23	26	06-06	44	252
		10-04	10-12	8	10-25	13	04-01	158	04-24	24	06-06	43	246
丰水年	2014年	09-22	09-29	7	10-08	9	03-18	161	04-18	31	06-05	48	256
		09-28	10-04	6	10-13	9	03-19	157	04-18	30	06-05	48	250
		10-04	10-10	6	10-22	12	03-21	150	04-19	29	06-05	47	244
	2015年	09-22	09-28	6	10-08	10	03-18	161	04-17	30	06-01	45	252
		09-28	10-05	7	10-16	11	03-20	155	04-17	28	06-01	45	246
		10-04	10-11	7	10-23	12	03-22	150	04-18	27	06-01	44	240

表4-19 不同降水年型不同播期的小麦生育期积温、日照时数和降水量

年度	播期	播种期—出苗期 积温(℃)	日照(h)	降水(mm)	出苗期—分蘖期 积温(℃)	日照(h)	降水(mm)	分蘖期—拔节期 积温(℃)	日照(h)	降水(mm)	拔节期—抽穗期 积温(℃)	日照(h)	降水(mm)	抽穗期—成熟期 积温(℃)	日照(h)	降水(mm)	全生育期 积温(℃)	日照(h)	降水(mm)
2009年	09月20日	123.9	0.0	54.5	175.0	61.2	6.5	757.1	765.9	44.7	515.5	228.3	7.4	820.4	306.9	102.9	2391.9	1362.3	216.0
	09月30日	131.3	47.5	3.5	179.9	61.2	0.0	607.0	704.7	44.8	485.7	228.3	7.3	820.4	306.9	102.9	2224.3	1348.6	158.5
	10月05日	130.6	34.4	1.8	175.2	74.8	5.2	552.6	687.5	39.6	471.4	208.3	10.2	805.3	306.9	100.0	2135.1	1311.9	156.8
2010年	09月22日	123.5	42.4	0.2	175.2	66.1	4.1	593.3	694.7	69.4	471.4	237.8	37.7	933.5	332.2	35.4	2296.9	1373.2	146.8
	09月28日	124.0	48.2	0.0	183.3	52.7	20.2	488.5	676.2	53.3	444.1	221.5	37.7	933.5	332.2	35.4	2173.4	1330.8	146.6
	10月04日	125.6	17.9	20.2	169.0	97.9	0.0	399.8	619.5	53.3	433.5	226.6	37.7	921.5	320.7	35.4	2049.4	1282.6	146.6
2011年	09月22日	115.6	40.3	3.0	169.5	76.1	0.6	661.4	1061.2	43.4	461.7	241.8	13.8	809.2	306.8	44.2	2217.4	1726.2	105.0
	09月28日	129.4	58.1	0.6	180.5	67.0	5.8	556.9	1022.0	39.2	442.5	236.8	12.2	809.2	306.8	44.2	2118.5	1690.7	102.0
	10月04日	136.9	52.4	5.8	170.3	60.1	0.0	506.1	1025.7	39.2	400.5	207.3	12.2	809.2	306.8	44.2	2023.0	1652.3	101.4
2013年	09月22日	115.3	31.3	4.3	170.5	62.8	3.5	604.4	711.4	27.8	490.9	271.3	11.3	906.1	257.0	86.4	2287.2	1333.8	133.3
	09月28日	118.7	55.0	3.5	169.5	51.4	0.1	510.2	676.7	27.7	467.4	262.4	11.3	906.1	257.0	86.4	2171.9	1302.5	129.0
	10月04日	118.1	44.0	0.3	173.0	69.5	5.0	434.9	636.9	23.5	460.3	258.4	10.5	884.0	246.4	86.4	2070.3	1255.2	125.7
2012年	09月22日	126.0	45.8	12.5	179.0	54.9	13.6	641.0	614.1	103.1	439.5	224.0	10.7	955.7	304.1	67.7	2341.2	1242.9	207.6
	09月28日	126.4	40.9	0.1	173.3	70.9	25.5	566.5	578.4	91.1	411.3	209.9	10.7	955.7	304.1	67.7	2233.2	1204.2	195.1
	10月04日	131.9	35.3	24.5	177.2	83.3	11.1	511.6	575.7	83.6	378.3	181.4	39.9	937.7	301.8	35.9	2136.7	1177.5	195.0
2014年	09月22日	117.7	40.2	11.4	179.1	68.8	0.0	735.7	677.7	52.9	476.4	192.5	67.4	967.7	391.6	78.9	2476.6	1370.8	210.6
	09月28日	120.9	44.0	0.0	177.5	75.8	0.0	649.8	638.0	52.9	463.2	189.4	67.4	967.7	391.6	78.9	2379.1	1338.8	199.2
	10月04日	117.7	50.7	0.0	175.9	70.5	15.7	556.5	612.7	37.2	455.3	170.7	68.9	952.8	390.2	77.4	2258.2	1294.8	199.2
2015年	09月22日	119.6	19.9	20.6	176.6	48.8	8.9	845.1	659.9	35.5	398.9	180.2	26.0	933.8	338.6	47.8	2474.0	1247.4	138.8
	09月28日	124.0	31.4	8.9	169.1	38.3	0.0	752.1	645.5	35.5	375.4	173.7	26.0	933.8	338.6	47.8	2354.4	1227.5	118.2
	10月04日	122.8	35.5	0.0	169.5	18.5	8.3	673.0	657.8	27.2	362.9	155.6	30.8	918.5	338.6	43.0	2246.7	1206.0	109.3

表 4-20　不同降水年型不同播期的小麦产量及其构成因素

降水年型	年份	播期	成穗数（×10⁴/hm²）	穗粒数	千粒重（g）	产量（kg/hm²）
枯水年型	2009 年	09 月 20 日	244.5±9.5aA	19.1±1.0cC	31.86±0.16bB	1 422.0±129.0bB
		09 月 30 日	286.0±5.0aA	20.2±1.0bB	38.31±0.58aA	2 623.3±86.2 aA
		10 月 05 日	246.5±5.5aA	21.4±1.3aA	38.19±0.50aA	2 382.4±394.3 aA
		平均	259.0	20.2	36.12	2 142.6
	2010 年	09 月 22 日	187.5±4.2bB	36.9±0.1bB	32.97±0.09 cC	2 376.0±92.3cC
		09 月 28 日	207.0±1.2aA	39.9±0.2aA	35.05±0.11 aA	2 785.5±101.0aA
		10 月 04 日	189.0±3.1bB	37.0±0.3bB	33.71±0.08 bB	2 665.5±102.1bB
		平均	194.5	37.9	33.91	2 609.0
平水年型	2011 年	09 月 22 日	333.0±28.0bB	30.0±1.2bB	38.7±0.07bB	3 534.0±119.3bB
		09 月 28 日	400.5±24.1aA	30.0±1.1bB	37.3±0.12cC	4 041.0±101.1aA
		10 月 04 日	327.0±11.1cC	35.5±0.5aA	43.1±0.02aA	3 193.5±208.0cB
		平均	353.5	32.2	39.70	3 589.5
	2013 年	09 月 22 日	246.5±11.7aA	23.5±0.4cB	42.32±0.16aA	1 831.5±72.0cB
		09 月 28 日	267.0±9.9aA	24.7±0.7bAB	41.54±0.10bB	2 203.5±24.0aA
		10 月 04 日	258.0±13.1aA	26.1±0.3aA	41.20±0.12cB	2 005.5±67.5bAB
		平均	257.2	24.8	41.69	2 013.5
丰水年型	2012 年	09 月 22 日	396.0±11.3cC	33.0±0.4cB	40.16±0.08bA	5 068.5±102.1cC
		09 月 28 日	429.0±16.2bB	35.9±0.5bA	41.81±1.03aA	5 359.5±97.6bB
		10 月 04 日	468.0±6.9aA	36.7±0.1aA	41.69±0.23aA	5 761.5±53.6 aA
		平均	431.0	35.2	41.22	5 396.5
	2014 年	09 月 22 日	421.5±3.0 aA	42.8±1.5aA	46.29±0.54bB	6 534.0±103.5aAB
		09 月 28 日	435.0±12.0 aA	39.0±0.3 bBA	47.95±1.29abA	6 676.5±186.0aA
		10 月 04 日	306.0±19.5bB	36.6±0.7bB	48.40±0.56aA	6 277.5±60.0 bB
		平均	387.5	39.5	47.55	6 496.0
	2015 年	09 月 22 日	525.6±3.8cC	36.8±1.2aA	36.60±0.24aA	4 699.5±66.5bB
		09 月 28 日	543.9±6.7bB	34.4±1.1cB	36.57±0.36aA	4 702.5±55.9bB
		10 月 04 日	596.7±9.5aA	35.0±0.9bB	37.37±0.95aA	5 355.0±72.3aA
		平均	555.4	35.4	36.85	4 919.0

注：同一年度不同大小写字母表示差异达 0.01 和 0.05 显著水平。后续表中字母含义与此相同。

穗粒数增加和籽粒灌浆，穗粒数和千粒重高，因此产量最高；2013年属平水年型，但小麦生育期降水仅130.8mm，且集中在5月下旬（76.2mm），为无效降水，产量最低。

（4）降水年型和播期对小麦产量、水分利用效率的影响

由表4-21可以看出，生育期耗水量与年降水量密切相关。总体表现为生育期耗水量：丰水年型＞平水年型＞枯水年型，且均随播期推迟而降低。产量水分利用率为：丰水年型＞枯水年型＞平水年型，丰水年型和枯水年型时，产量水分利用率随播期推迟而升高，平水年型时，产量水分利用率随播期推迟先升高后降低。

降水量、土壤贮水量与生育期耗水量和水分利用效率相关性分析表明，小麦生育期耗水量与休闲期降水量、年降水量、播前土壤贮水量均呈极显著正相关（$r=0.589^{**}$、0.686^{**}、0.843^{**}），产量水分利用效率与降水量及土壤贮水量间相关性均未达显著水平。

表4-21 不同降水年型不同播期的小麦产量水分利用效率

降水年型	年份	播期	播前贮水量 （mm）	有效降水量 （mm）	收获期贮水量 （mm）	生育期总耗水量（mm）	WUE [kg/ （hm²·mm）]
枯水年型	2009年	09月20日	240.34±10.30aA	216.0	278.40±20.16cC	177.94±8.67aA	7.99±0.51cB
		09月30日	240.47±12.60aA	158.5	289.53±16.27bB	109.44±6.94bB	23.97±1.26bA
		10月05日	240.46±11.40aA	156.8	302.79±19.52aA	94.47±7.33cC	25.22±1.08aA
		平均	240.42	177.1	290.24	127.28	19.06
	2010年	09月22日	316.78±11.68bB	146.6	170.87±16.58cC	292.51±10.23aA	8.12±0.29cC
		09月28日	327.12±12.61aA	146.4	179.45±13.24bB	291.07±11.26aA	9.47±0.45bB
		10月04日	308.52±10.31cC	146.4	193.89±15.22aA	261.03±8.35bB	10.21±0.39aA
		平均	317.47	146.5	181.40	281.54	9.27
平水年型	2011年	09月22日	360.94±18.21aA	105.1	220.75±10.63cB	245.29±12.34aA	14.41±1.02cB
		09月28日	356.58±14.26abA	102.0	227.73±14.20bB	230.85±16.25bB	17.50±1.33aA
		10月04日	353.46±17.33bA	101.4	243.20±13.55aA	211.66±11.01cC	15.09±1.00bB
		平均	356.99	102.8	230.56	229.27	15.67
	2013年	09月22日	418.46±16.94aA	133.3	285.24±12.38bB	266.52±10.26aA	6.87±0.26cC
		09月28日	408.92±18.24bB	129.0	292.41±15.64aA	245.51±10.00bB	8.98±0.42aA
		10月04日	399.69±16.11cC	129.0	280.20±14.36cB	242.49±8.26bB	8.07±0.53bB
		平均	409.02	130.4	285.95	251.51	7.97

（续）

降水年型	年份	播期	播前贮水量 （mm）	有效降水量 （mm）	收获期贮水量 （mm）	生育期总耗水量（mm）	WUE［kg/ （hm²·mm）］
丰水年型	2012年	09月22日	442.15±15.24aA	207.6	228.26±12.99bA	421.49±20.16aA	12.03±1.06cC
		09月28日	437.22±16.27bB	195.1	233.10±13.54aA	399.22±19.25bB	13.02±1.21bB
		10月04日	431.6±13.74cC	195.0	230.82±15.63abA	395.78±17.36bB	14.55±0.95aA
		平均	436.99	199.2	230.73	405.50	13.20
	2014年	09月22日	444.22±13.28aA	210.7	246.24±12.28bB	408.68±17.56aA	15.99±0.95cC
		09月28日	427.80±12.45bB	199.2	247.55±16.94bB	379.45±16.21bB	17.60±1.03bB
		10月04日	412.21±15.69cC	199.2	281.67±11.36aA	329.74±10.28cC	19.04±0.99aA
		平均	428.08	203	258.49	372.62	17.54
	2015年	09月22日	515.16±20.04aA	138.8	250.87±20.13abA	403.09±18.69aA	11.66±1.00cC
		09月28日	460.30±18.26bB	129.3	259.64±18.64aA	330.46±12.34bB	14.23±0.67bB
		10月04日	436.99±9.25cC	109.3	242.20±9.58bA	304.09±10.28cC	17.61±1.63aA
		平均	470.82	126.0	250.90	345.88	14.50

（5）小麦生育阶段积温、日照时数、降水量与产量及其构成因素的相关性

由表4-22和表4-23可以看出，旱地小麦产量与拔节—抽穗期的积温和日照时数间分别呈达显著和极显著负相关，与降水量呈极显著正相关，与灌浆期的积温、日照时数均呈极显著正相关。产量构成因素中成穗数与分蘖拔节期的积温呈极显著正相关，与拔节—抽穗期的积温和日照时数呈极显著负相关。穗粒数与拔节—抽穗期日照时数呈极显著负相关，与灌浆期积温、日照时数呈极显著正相关，与该时段降水量呈极显著负相关。千粒重仅与拔节—抽穗期的降水量呈显著正相关。生育期耗水量与生育期积温呈显著正相关，与拔节—抽穗期的积温和日照时数呈显著负相关，与分蘖期和拔节抽穗期的降水量呈显著正相关，与灌浆期的积温呈极显著正相关。产量与产量构成因素、生育期耗水量间均呈极显著正相关，生育期耗水量与成穗数、穗粒数呈极显著正相关。

逐步回归分析表明，总日照时数和成穗数对产量的直接通径系数较高（0.772和0.529），成穗数主要通过拔节抽穗期日照时数间接影响产量（间接通径系数为0.236）；产量、拔节抽穗期降水量、灌浆期降水量对产量水分利用效率的直接通径系数较高（2.788、3.165和4.657），产量主要通过拔节—抽穗期的降水量和积温间接影响水分利用率（间接通径系数为 2.108 和 1.706）。

表 4 - 22　小麦各生育阶段积温、日照时数、降水量

	参数	全生育期	播种期—出苗期	出苗期—分蘖期	分蘖期—拔节期	拔节期—抽穗期	抽穗期—成熟期
积温	产量	0.400	−0.063	0.234	0.317	−0.476*	0.597**
	成穗数	0.398	0.036	−0.043	0.561**	−0.723**	0.315
	穗粒数	0.343	−0.071	0.185	0.210	−0.420	0.639**
	千粒重	0.081	−0.209	0.060	−0.077	0.015	0.328
	生育期耗水量	0.490*	−0.299	0.141	0.288	−0.448*	0.858**
	水分利用率	−0.059	0.341	0.208	0.101	−0.034	−0.341
日照时数	产量	−0.204	0.212	−0.052	−0.264	−0.757**	0.713**
	成穗数	−0.216	−0.012	−0.492*	−0.111	−0.720**	0.347
	穗粒数	−0.086	−0.149	0.027	−0.155	−0.567**	0.705**
	千粒重	−0.017	0.416	0.173	−0.118	−0.210	0.285
	生育期耗水量	−0.386	0.023	−0.074	−0.430	−0.435*	0.419
	水分利用率	0.189	0.276	−0.010	0.163	−0.426	0.418
降水量	产量	0.406	−0.161	0.259	0.349	0.666**	−0.224
	成穗数	0.004	−0.013	0.100	0.074	0.177	−0.266
	穗粒数	0.135	0.279	0.276	0.375	0.721**	−0.626**
	千粒重	0.297	−0.389	0.016	0.003	0.459*	0.295
	生育期耗水量	0.399	0.005	0.392	0.505*	0.529*	−0.388
	水分利用率	0.057	−0.326	−0.199	−0.210	0.157	0.240

注：$r_{0.05}=0.433$，$r_{0.01}=0.549$；＊和＊＊分别表示相关性达 0.05 和 0.01 水平。

表 4 - 23　小麦产量及构成因素、生育期耗水量间的相关系数

	产量	成穗数	穗粒数	千粒重	生育期耗水量
产量					
成穗数	0.738**				
穗粒数	0.650**	0.340			
千粒重	0.596**	0.230	0.111		
生育期耗水量	0.756**	0.567**	0.763**	0.361	
水分利用率	0.303	0.225	−0.231	0.265	−0.272

注：$r_{0.05}=0.433$，$r_{0.01}=0.549$；＊和＊＊分别表示相关性达 0.05 和 0.01 水平。

（6）结论与讨论

随着全球"暖干化"气候变化特征日益明显，播期对小麦生长发育和产量的影响备受关注。徐成忠等针对山东省济宁市近 40 年来小麦生育期间和越冬前≥0℃积温，提出小麦适播期应推迟到 10 月 5 至 9 日，暖冬和偏春性品种再推迟 5 天。白洪立等针对山东省兖州区近年来气温持续升高的特征，根据冬前壮苗所需 0℃以上积温提出，小麦适播期应比 20 世纪 70 年代推迟 5 天左右。但关于生育期内气象因素的变化报道较少。本研究表明，随播期推迟，旱地小麦生育期缩短，生育期内总积温值变低，日照时数变短，生育期降水量减少；播期对旱地小麦出苗到抽穗期的生育进程影响较大，不同播期的抽穗期和成熟期差异较小。

播期对小麦产量及水分利用效率有显著影响。张敏等、赵青松等、张耀辉等的研究表明，随播期推迟小麦产量明显降低，需通过加大播量来提高成穗数获得高产，前人的研究主要集中在特定年份播期对小麦产量的影响，关于不同降水年型下播期对小麦产量的相关研究较少。本研究表明，降水年型显著影响旱地小麦产量水平，丰水年型较平水年型和枯水年型分别提高 100.0％和 135.9％，小麦关键生育期降水对小麦产量增加作用较大，丰水年型 2014 年度 4～5 月（拔节—抽穗期）降水较多（136.6mm），成穗数居中，穗粒数和千粒重高，导致产量最高，平水年型 2013 年度小麦生育期降水少，且集中在 5 月下旬（灌浆期，76.2mm），为无效降水，对产量作用小，产量和籽粒水分利用率均最低；丰水年型生育期耗水量分别较平水年型和枯水年型高 55.86％和 83.29％，这主要与休闲后期降水多密切相关，并从播前土壤贮水量测定得到验证。降水年型影响小麦适播期，丰水年型适播期在 10 月 4 日左右，可获得高产，产量因素协调，同时生育期耗水量最少，水分利用率较高；平水年型和枯水年型适播期在 9 月 28 日左右，产量最高，水分利用率也较高。

前人对小麦生育期气温变化与产量及其构成相关性的研究较多，对降水和日照时数与旱地小麦产量及生育期耗水量和产量水分利用效率的相关性研究较少。刘新月等研究表明，起身至拔节期≥0℃积温对黄淮旱地小麦产量表现为正效应，决定因子占 26.17％。本研究表明，在拔节—抽穗期，旱地小麦产量和生育期耗水量与积温和日照时数显著负相关，与降水量显著正相关，在抽穗—成熟期，与积温、日照时数显著正相关，因此拔节—抽穗期低温、多雨有利于旱地小麦产量构成三因素的协调，抽穗—成熟期积温高、晴天光照足，有利于旱地小麦光合产物的积累产量提高。本研究结论对丰富雨养旱地小麦栽培学具有借鉴意义。

4.2.5 不同有机肥和氮磷配施对旱地小麦的增产机理研究

我国传统农业生产是通过施用有机肥培肥地力，以达到增产的目的。随着农业生产的迅速发展，化肥用量日益增加，甚至完全取代了有机肥。过量施用化肥造成土壤质量变差、肥料利用率低、生产成本高及农业水土环境污染等一系列问题。有机无机肥配施可使土壤微生物获得充足的碳氮源，改善土壤供氮特性，提高氮肥利用效率。适量的有机无机肥配施可以保持微量营养元素平衡，有效降低重金属污染风险，实现农业可持续发展。有机无机肥配施时，化肥肥效迅速，主要在开花前促进分蘖，有机肥肥效持久，可延长叶片功能期和灌浆进程，有利于后期干物质的积累和转运。为充分利用农牧业有机废弃物和有机肥，提高化肥利用效率，培肥地力，本研究连续 2 年通过田间试验，研究了有机肥与氮磷配施对旱地小麦旗叶光合性能、籽粒灌浆特性、干物质积累及产量的影响，旨在为山西省南部丘陵旱地实现小麦高产高效栽培提供适宜的有机肥与氮磷配施量。

(1) 研究方法

①试验地概况 试验于 2012—2014 年，在山西省临汾市尧都区大阳镇岳壁村（$36°5.520'N$，$111°45.727'E$）同一地块连续进行，试验地土壤为石灰性褐土（质地中壤），海拔 693.5m，年均气温 12.6℃，年降水量 430～550mm。连续 2 年试验数据趋势基本一致，本书以 2013—2014 年试验数据进行分析。本年度小麦生育期有效降水量 232.1mm。耕层土壤理化性状为：有机质 9.08g/kg、碱解氮 48.33g/kg、有效磷 12.44g/kg、速效钾 128g/kg。

②试验设计 裂区设计，3 次重复，有机肥为主区，设施羊粪 22.5t/hm²（M_S，有机质 188.79g/kg，全 N 26.67g/kg，全 P 28.11g/kg，全 K 13.69g/kg）、猪粪 22.5t/hm²（M_P，有机质 179.62g/kg，全 N 23.93g/kg，全 P 22.47g/kg，全 K 11.80g/kg）、精制有机肥 2.25t/hm²（M_O，有机质 505.37g/kg，全 N26.19g/kg，全 P 23.34g/kg，全 K 15.51g/kg）；氮、磷配施量为副区，设不施氮肥和磷肥（N_0P_0）、N 105kg/hm²、P_2O_5 75kg/hm²（$N_{105}P_{75}$）、N 150kg/hm²、P_2O_5 105kg/hm²（$N_{150}P_{105}$），以不施肥为对照（CK），共 10 个处理。供试品种晋麦 92 号，9 月 28 日播种，播量 150kg/hm²，6 月 5 日收获，田间管理和病虫害防治同当地高产麦田。

③测定项目与方法　SPAD 相对值：采用日本 SPAD - 502 型叶绿素计测定叶片的 SPAD 相对值。从花后 7 天开始，每 7 天于上午 9 点随机选取长势、朝向和大小基本相同的旗叶，每小区测定 20 片，取平均值。

籽粒灌浆特性：初花期每个小区标记长势一致且同一天开花的 100 穗，在开花 7 天后每隔 5 天取 10 穗，将每穗剥出，统计数目后烘干称重。用 Logistic 方程 $Y = K/(1 + e^{a+bt})$ 拟合籽粒千粒重（Y）随开花后天数（t）的变化规律。式中：K 为千粒重潜力值；a 和 b 为参数。对该方程求一阶和二阶导数得灌浆速率方程和次级灌浆参数。参数包括 T 灌浆持续天数（天）；R 为平均灌浆速率（g/天）；R_{max} 表示最大灌浆速率（g/天）；T_1、T_2、T_3 分别表示渐、快和缓增期灌浆持续时间（天）；R_1、R_2、R_3 分别表示渐、快和缓增期平均灌浆速率（g/天）。

干物质积累量：各小区在定点调查样方外，于开花期、灌浆期、成熟期随机选取代表性植株 20 个单茎装入密封塑料袋，带回室内将植株按茎叶、穗部分开，在 105℃烘箱内杀青 30min 后，80℃烘至恒重称干重。

产量和产量构成因素：收获当天在各小区 2 个调查样方中的 1 个内随机拔取行长 20cm 全部植株，随机取 5 株，去除穗粒数小于 5 粒穗数后，准确计数有效成穗数，并调查每穗粒数，求平均值为穗粒数；各处理收获 2 个未取样调查样方外，再随机取 3 个 1.0m²，脱粒，风干后称重；数取 500 粒称重，换算成千粒重，2 次重复（重复间相差≤0.5g），80℃下烘至恒重，计算籽粒风干含水率，按 13% 含水率计算千粒重和产量。

④数据处理　试验数据用 Excel 和 DPS 软件 15.1 进行分析。

（2）有机肥与氮磷配施对旱地小麦旗叶 SPAD 相对值的影响

由图 4 - 7 看出，有机肥与氮磷配施花后 28 天旗叶 SPAD 相对值均高于 CK。单施猪粪 7～21 天旗叶 SPAD 相对值最高，单施精制有机肥 21～28 天旗叶 SPAD 相对值最高。羊粪与氮磷配施花后旗叶 SPAD 相对值持续升高，21 天最高，随后下降，其中羊粪与 $N_{150}P_{105}$ 配施（$M_SN_{150}P_{105}$）灌浆期旗叶 SPAD 相对值均高于羊粪其余处理。猪粪与氮磷配施花后 7～21 天旗叶 SPAD 相对值比较稳定，花后 28 天猪粪与 $N_{105}P_{75}$ 配施（$M_PN_{105}P_{75}$）SPAD 相对值高于猪粪其余处理。精制有机肥与 $N_{105}P_{75}$ 配施旗叶 SPAD 相对值随生育期推迟而下降，$N_{150}P_{105}$ 先升后降，花后 28 天精制有机肥与 $N_{105}P_{75}$ 配施（$M_ON_{105}P_{75}$）SPAD 相对值高于精制有机肥其余处理。

（3）有机肥与氮磷配施对旱地小麦籽粒灌浆特性的影响

用 Logistic 方程对有机肥与氮磷配施籽粒灌浆进程进行拟合，千粒

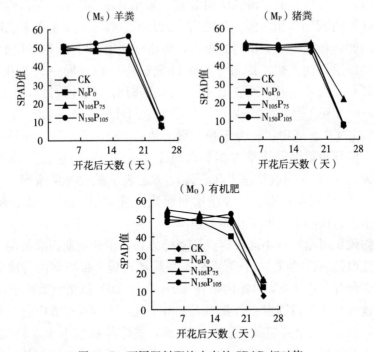

图 4-7 不同肥料配施小麦的 SPAD 相对值

重（Y）与花后天数（t）的拟合方程见表 4-24，各方程的决定系数在 0.990～0.999，拟合度高，说明方程可以客观反映有机肥与氮磷配施对小麦品种籽粒灌浆进程的影响。单施有机肥时，精制有机肥灌浆持续时间（T）最长，猪粪平均灌浆速率（R）和最大灌浆速率（R_{max}）最高。羊粪与氮磷配施 T 随氮磷肥施用量增加而升高，R 和 R_{max} 则降低，$N_{150}P_{105}$ 快增期、缓增期持续天数（T_2、T_3）及灌浆速率（R_1、R_2、R_3）均最高；猪粪、精制有机肥与氮磷配施 T 随氮磷肥施用量增加先升高后降低，R 和 R_{max} 则相反，$N_{105}P_{75}$ 灌浆各时期持续天数（T_1、T_2、T_3）均最高。

（4）有机肥与氮磷配施对旱地小麦干物质积累和转运的影响

由表 4-25 可看出，有机肥与氮磷配施总干物质积累量均高于 CK。单施有机肥时，精制有机肥茎叶转运量和穗部积累量最高。羊粪与氮磷配施茎叶干物质转运量随氮磷肥施用量增加先升高后降低，穗部和总干物质积累量随氮磷肥施用量增加而增加，以 $N_{150}P_{105}$ 最高；猪粪、精制有机肥与氮磷配施茎叶干物质转运量随氮磷肥施用量增加先降低后提高，穗部干物质和总积累量则相反，以 $N_{105}P_{75}$ 最高。

表 4 - 24　不同肥料配施小麦籽粒灌浆进程曲线模拟参数

处理		拟合方程	R^2	T_1	R_1	T_2	R_2	T_3	R_3	T	R	R_{max}
M_S	N_0P_0	$Y=40.632\,8/(1+e^{4.679\,4-0.213\,37t})$	0.998 0	15.76	0.54	12.34	0.38	15.36	0.52	43.47	0.93	2.17
	$N_{105}P_{75}$	$Y=40.541\,0/(1+e^{4.748\,8-0.213\,22t})$	0.998 9	16.10	0.53	12.35	0.35	15.37	0.49	43.82	0.93	2.16
	$N_{150}P_{105}$	$Y=40.105\,0/(1+e^{4.412\,4-0.196\,7t})$	0.999 3	15.74	0.54	13.39	0.43	16.67	0.59	45.79	0.88	1.97
M_P	N_0P_0	$Y=40.007\,3/(1+e^{4.691\,9-0.217\,94t})$	0.999 3	12.41	0.68	9.69	0.47	12.05	0.65	34.15	1.17	2.72
	$N_{105}P_{75}$	$Y=38.208\,8/(1+e^{4.528\,8-0.205\,8t})$	0.997 1	15.61	0.52	12.80	0.39	15.93	0.53	44.33	0.86	1.97
	$N_{150}P_{105}$	$Y=37.461\,3/(1+e^{4.942\,6-0.243\,389t})$	0.999 4	14.99	0.53	10.82	0.31	13.47	0.43	39.28	0.95	2.28
M_0	N_0P_0	$Y=38.955\,2/(1+e^{4.443\,5-0.204\,11t})$	0.999 9	15.32	0.54	12.90	0.42	16.06	0.58	44.28	0.88	1.99
	$N_{105}P_{75}$	$Y=40.569\,5/(1+e^{4.400\,1-0.191\,11t})$	0.999 6	16.13	0.53	13.78	0.43	17.15	0.58	47.07	0.86	1.94
	$N_{150}P_{105}$	$Y=38.189\,0/(1+e^{4.527\,1-0.212\,2t})$	0.997 3	15.13	0.53	12.41	0.40	15.45	0.55	42.99	0.89	2.03
CK		$Y=36.556\,6/(1+e^{4.964\,2-0.239\,82t})$	0.999 9	15.21	0.51	10.98	0.30	13.67	0.42	39.86	0.92	2.19

表 4-25 不同肥料配施小麦的干物质积累和转运量

单位：g/株

处理		茎叶			穗部			总积累量
		灌浆初期	收获期	转运量	灌浆初期	收获期	转运量	
M_S	N_0P_0	1.760	1.500	−0.260	0.371	2.067	1.696	1.436
	$N_{105}P_{75}$	1.781	1.519	−0.262	0.346	2.196	1.850	1.588
	$N_{150}P_{105}$	1.735	1.504	−0.231	0.345	2.353	2.008	1.777
M_P	N_0P_0	1.989	1.486	−0.503	0.384	2.235	1.851	1.348
	$N_{105}P_{75}$	1.693	1.427	−0.266	0.341	2.230	1.889	1.623
	$N_{150}P_{105}$	1.857	1.500	−0.357	0.394	2.165	1.771	1.414
M_O	N_0P_0	2.068	1.479	−0.589	0.415	2.339	1.924	1.335
	$N_{105}P_{75}$	1.755	1.518	−0.237	0.340	2.288	1.948	1.711
	$N_{150}P_{105}$	1.659	1.405	−0.254	0.351	2.180	1.829	1.575
	CK	1.917	1.505	−0.412	0.397	2.140	1.743	1.331

（5）有机肥与氮磷配施对旱地小麦产量及其构成的影响

由表 4-26 可看出，产量以有机肥与氮磷配施＞单施有机肥＞CK。单施有机肥处理的产量差异不显著。羊粪与氮磷配施成穗数、穗粒数、千粒重及产量均随氮磷施用量增加而升高，以 $N_{150}P_{105}$ 最高；猪粪、精制有机肥与氮磷配施成穗数、千粒重及产量随氮磷施用量增加先高后降低，以 $N_{105}P_{75}$ 最高，穗粒数则相反。$M_SN_{150}P_{105}$ 与对照差异达极显著水平，$M_PN_{105}P_{75}$ 与对照差异达显著水平。

表 4-26 不同肥料配施小麦的产量及其构成

	处理	成穗数（×10⁴/hm²）	穗粒数	千粒重（g）	产量（kg/hm²）
M_S	N_0P_0	438.36±4.71abA	34.0±4.06bA	43.12±0.24bcABC	6 329.4±502.5abAB
	$N_{105}P_{75}$	475.86±38.89abA	38.2±4.21abA	43.12±0.54bcABC	6 432.2±184.9abAB
	$N_{150}P_{105}$	520.03±66.00aA	41.0±5.0abA	44.15±0.53abABC	6 860.8±209.5aA
M_P	N_0P_0	420.02±68.36abA	39.8±3.70abA	42.11±1.50cBC	6 090.1±279.1bB
	$N_{105}P_{75}$	515.03±49.50abA	34.8±5.22bA	44.36±0.38abAB	6 708.9±387.5aAB
	$N_{150}P_{105}$	448.36±51.85abA	43.6±2.88aA	43.52±0.88abcABC	6 389.9±238.9abAB
M_O	N_0P_0	433.36±7.08abA	36.4±10.50abA	43.56±1.00abcABC	6 303.1±186.7abAB
	$N_{105}P_{75}$	491.69±16.50abA	34.4±7.02bA	44.97±1.17aA	6 565.6±243.6abAB
	$N_{150}P_{105}$	461.89±28.28abA	41.4±8.23abA	43.44±0.63abcABC	6 416.2±118.3abAB
	CK	410.86±12.96bA	40.2±4.76abA	41.93±0.81cC	6 020.4±288.3bB

（6）结论与讨论

有机无机肥配施能够提高灌浆中后期叶绿素含量，延缓灌浆后期叶片衰老。本研究表明，单施有机肥、有机无机配施均能提高小麦灌浆后期SPAD 相对值，延缓叶片衰老。单施有机肥处理时，猪粪在小麦灌浆中期的 SPAD 相对值和平均灌浆速率最高，这可能与猪粪中有效磷含量相对较高，磷对籽粒灌浆有促进作用有关。精制有机肥使小麦灌浆后期能维持较高的 SPAD 相对值和灌浆持续天数最长，这可能与精制有机肥中富含有益微生物，施入后与土壤微生物形成共生增值关系，提高土壤中养分有效性，从而延缓小麦灌浆后期叶片衰老。有机无机肥适量配施，既有速效养分又有缓效有机养分，充分发挥各自优势，既促进分蘖，又满足小麦后期养分需求，延缓灌浆后期叶片衰老，提高叶片光合性能。本研究表明有机肥与氮磷配施时，羊粪与高量氮磷肥配施、猪粪和精制有机肥与低量氮磷肥配施可提高叶片光合能力，有效延长灌浆持续期。

合理肥料运筹可协调花前花后的物质积累，保持源库畅通，促进物质向籽粒中快速转移，对于提高作物产量具有重要意义。本研究表明，有机肥与氮磷配施总干物质积累量均高于单施有机肥和对照，这与有机肥与氮磷配施改善光合性能，延缓旗叶衰老，促进干物质积累与转移有关。

有机肥与氮磷配施产量均高于单施有机肥和对照，这与前人研究结果一致。赵隽等认为，施用有机肥可提高千粒重，但穗粒数和成穗数降低。本研究表明，单施有机肥和有机肥与氮磷配施使成穗数和千粒重提高，与前人研究结果存在差异，这与施肥量、基础地力不同有关。单施有机肥增产幅度较小，有机肥与氮磷配施增产幅度较大，其中羊粪和高量氮磷肥配施与对照差异极显著、猪粪和低量氮磷肥配施产量与对照差异显著，增产主要与成穗数和千粒重有关。

综上所述，有机肥与氮磷配施使小麦灌浆后期 SPAD 相对值下降缓慢。单施有机肥时，猪粪使小麦灌浆中期 SPAD 相对值和平均灌浆速率最高，精制有机肥使灌浆后期 SPAD 相对值最高，灌浆持续期延长最多，茎叶转移量和穗部积累量最高。有机肥与氮磷配施时，$M_SN_{150}P_{105}$、$M_PN_{105}P_{75}$、$M_ON_{105}P_{75}$ 有利于提高旗叶后期 SPAD 相对值、延长灌浆持续期，使干物质积累量增加。有机肥与氮磷配施产量较单施有机肥使成穗数和千粒重提高，产量增加；$M_SN_{150}P_{105}$ 产量最高，其次是 $M_PN_{105}P_{75}$。山西南部丘陵旱地小麦有机肥与适量化肥配施，使成穗数增加，并可以改善光合特性，延长灌浆持续期，增加千粒重实现增产。其中施羊粪 $22.5t/hm^2$

时，配施纯 N 150kg/hm²、P₂O₅ 105kg/hm² 增产效果最好；施猪粪 22.5t/hm² 时，配施纯 N 105kg/hm²、P₂O₅ 75kg/hm² 可实现减施高产。

4.3 水地小麦玉米合理耕层构建技术研究

耕作方式对石灰性褐土理化性状、磷脂脂肪酸（PLFA）、酶活性及小麦产量的影响

土壤微生物是陆地生态系统最丰富的物种，是土壤中物质循环的主要动力和植物有效养分的储备库。土壤微生物的组成与活性决定着生物地球化学循环、土壤有机质的周转及土壤肥力和质量，也与植物的生产力有关。耕作方式对土壤的理化性状具有重要影响。大量研究结果表明，以免耕为代表的各种保护性耕作措施在增加土壤有机质，改善土壤结构，增加土壤持水性能、抗蚀性和通透性等方面具有明显效果。而传统耕翻在不施有机肥料或补充不足的条件下，易加剧有机质矿化，不利于土壤肥力的维持。因此，采用适宜的土壤耕作施肥方式不仅可以改善土壤特性，还可以提高田间水分利用效率，达到保水增产的目的。

PLFA 被广泛应用于原位土壤活体微生物的研究，土壤中 PLFA 的存在及其丰度可作为有效指示活体土壤微生物群落结构变化及微生物种类多样性的标志物之一。国内外学者研究了温度、土壤类型、有机物与重金属污染等环境因素对不同菌群 PLFA 含量的影响。而用不同耕作方式、秸秆还田、长期施肥等对 PLFA 含量的定量分析来指示土壤微生物学特性和土壤质量逐渐成为研究的热点，如崔俊涛等研究了玉米秸秆还田对土壤微生物性质的影响，认为秸秆还田可以增加土壤细菌和真菌的数量，特别是溶磷真菌的数量；长期施用有机肥可提高土壤真菌生物量，革兰式阳性细菌更易受化肥施用的影响，但将土壤养分、土壤酶学和 PLFA 含量结合起来指示土壤质量变化的研究并不多见。本书旨在研究秸秆还田和不同耕作方式下土壤理化性状、PLFA 含量及水解酶的变化，为晋南地区培肥地力、节水增产的可持续发展提供理论依据。

（1）研究方法

①试验地概况 试验设在山西省农业科学院小麦研究所试验田，该地属暖温带半干旱大陆性气候，四季分明，雨热同期，种植制度为小麦-玉米一年两熟。海拔 420m，全年日照 2 186.1h，年平均气温 12.6℃，年平均降水量 468.5mm，无霜期平均 195.3 天。供试土壤为石灰性褐土，质

地为黏壤，有机质 12.02g/kg，硝态氮 35.73mg/kg，铵态氮 3.01mg/kg，有效磷 15.33mg/kg，速效钾 118mg/kg，pH 为 7.48。

②试验设计　耕作试验从 2010 年小麦季开始。设 4 种耕作方式：玉米秸秆还田下旋耕、深松和翻耕，秸秆不还田下旋耕为对照（CK）。3 次重复，小区面积为 3.5m×100m。具体处理：a. 旋耕（RT），玉米收获后秸秆全部粉碎还田，施撒化肥，旋耕机旋耕 2 遍（耕深 8～10cm），播种小麦并镇压；b. 深松（ST），玉米收获后秸秆全部粉碎还田，深松机深松（隔年深松一次，深度 40～45cm），施撒化肥，旋耕播种小麦并镇压；c. 翻耕（CT），玉米收获后秸秆全部粉碎还田，铧式犁翻耕（翻深 25～30cm），施撒化肥，旋耕播种小麦并镇压；d. CK，玉米收获后秸秆全部移出田外，施撒化肥，旋耕机旋耕 2 遍（耕深 8～10cm），播种小麦并镇压。肥水管理：小麦季各处理基施纯 N 157kg/hm²，P_2O_5 135kg/hm²，K_2O 105kg/hm²，各处理统一浇越冬水 450m³/hm²，拔节水 900m³/hm²（追施纯 N 68kg/hm²）；玉米季共施纯 N 150kg/hm²，P_2O_5 75kg/hm²。试验所得数据用 DPS 13.5 统计软件进行方差分析、相关性分析、逐步回归分析和主成分分析，用单因素方差分析（LSD 法）检验差异显著性（3 次重复）。主成分分析具体指标为：旋转方法采用 Varimax 法，最大迭代步数为 25，公因子提取采用主成分分析法。用 Excel 软件对主成分作图。

（2）耕作方式对土壤养分含量的影响

由表 4 - 27 看出，与 CK 相比，秸秆还田下深松（ST）、翻耕（CT）可显著提高土壤全氮、总有机碳、硝态氮、有效磷、速效钾含量，降低土壤铵态氮含量和 pH，秸秆还田下旋耕（RT）可显著提高速效钾含量，土壤全氮、总有机碳、硝态氮含量稍高于秸秆不还田下旋耕（CK）处理，但差异未达显著水平。

表 4 - 27　不同耕作方式下的土壤养分含量

处理	全氮（g/kg）	总有机碳（g/kg）	硝态氮（mg/kg）	铵态氮（mg/kg）	有效磷（mg/kg）	速效钾（mg/kg）	pH
RT	0.88b	6.98ab	37.52b	2.81b	13.86b	120.4b	7.43a
ST	1.14a	7.29a	42.65a	2.60c	16.32a	145.9a	7.39a
CT	1.01a	7.15a	40.58a	2.83b	14.98a	130.7ab	7.40a
CK	0.78b	6.91b	36.43b	3.07a	14.01b	100.3c	7.47a

注：RT 表示秸秆还田下旋耕；ST 表示秸秆还田下深松；CT 表示秸秆还田下翻耕；CK 表示秸秆不还田下旋耕。

(3) 耕作方式对土壤微生物 PLFA 的影响

从供试土样中共检测到 30 种 PLFA，其中有 18 种细菌 PLFA、2 种真菌 PLFA、3 种放线菌 PLFA（表 4-28）。总体上，玉米秸秆还田促进了土壤微生物的积累，CK 的 PLFA 种类较少，含量最低；隔年深松有利于微生物活动，PLFA 种类最多，含量最高。细菌 PLFA 的变化趋势为 ST>CT、RT>CK，放线菌 PLFA 的变化趋势为 ST>CT>RT、CK，其中 ST 细菌 PLFA 和放线菌 PLFA 分别比 CK 高 88.6% 和 61.9%。真菌 PLFA 和真菌 PLFA/细菌 PLFA 均表现为 CK>RT、CT>ST。PLFA 总量表现为 ST>CT>RT>CK，其中 ST 总 PLFA 较 CK 高 85.2%。

表 4-28　不同耕作方式下的土壤 PLFA 类型和含量

处理	细菌	Gram+	Gram−	其他细菌	真菌	真菌/细菌	放线菌	其他微生物	微生物总PLFA
RT	55.04b	13.45b	32.26c	9.33	7.09ab	0.13b	9.49c	8.42	80.04c
ST	82.39a	21.74a	46.09a	14.55	5.91c	0.07c	13.64a	10.5	112.46a
CT	67.67b	16.07b	39.99bc	11.61	6.81b	0.10bc	11.55b	12.67	98.70b
CK	43.68c	9.60b	26.79d	7.29	7.98a	0.18a	8.43c	4.3	64.38d

注：Gram+ 为 i14∶0, i15∶0, i16∶0, i17∶0, a15∶0, a17∶0。Gram− 为 16∶1ω5c, 16∶1ω7c, 17∶1ω8c, 18∶1ω5c, 18∶1ω7c, 18∶1ω9c, cy17∶0, cy19∶0。其他细菌为 15∶0, 16∶0, 17∶0, i19∶0。真菌为 18∶2ω6c, 18∶1ω9。放线菌为 10Me16∶0, 10Me17∶0, 10Me18∶0。其他微生物为 a16∶0, a18∶0, 18∶0, 20∶0, 16∶12OH, 16∶1ω11, 20∶4ω6。同列不同字母表示差异显著（$P<0.05$）。

由细菌 PLFA、革兰氏阳性细菌（G+）、革兰氏阴性细菌（G−）、真菌 PLFA、真菌 PLFA/细菌 PLFA、放线菌 PLFA、微生物总 PLFA 的主成分分析结果表明（图 4-8），第 1 主成分的方差贡献率为 99.88%，第 1 主成分与第 2 主成分的方差贡献率之和达 99.99%。根据主成分分析原理，当累积方差贡献率≥80% 时，即可用于反映系统的变异信息，可见，用第 1、第 2 主成分两个因素即可代表系统内的变异情况。由主成分的组成因素可知，第 1 主成分主要综合了微生物总 PLFA 和细菌 PLFA 的变异信息，第 2 主成分主要综合了真菌 PLFA、G− PLFA 的变异信息。

由图 4-9 看出，ST 位于第 1 因子的最右端，CT 次之；CK 位于第 2 因子的最上端。说明秸秆还田下隔年深松和翻耕能增加土壤微生物 PLFA 总量和细菌 PLFA 量，而秸秆不还田旋耕土壤中的真菌 PLFA 量相对较高。

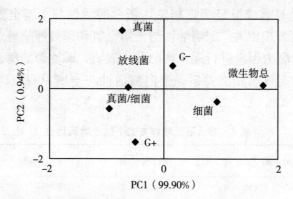

图4-8 不同耕作处理土壤微生物PLFA的主成分分析

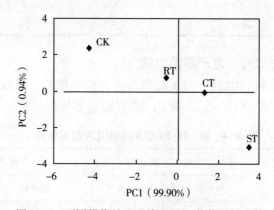

图4-9 不同耕作处理土壤PLFA载荷因子贡献

相关性分析结果表明,细菌PLFA与土壤全氮、总有机碳、硝态氮、速效钾呈显著或极显著正相关（$P<0.05$ 或 $P<0.01$,下同）;逐步回归分析结果也表明,细菌PLFA与全氮、硝态氮有关。真菌PLFA、真菌PLFA/细菌PLFA与土壤全氮、总有机碳、速效钾呈显著或极显著负相关;逐步回归分析表明,真菌PLFA与土壤肥力因子无显著相关关系。放线菌PLFA、微生物PLFA总量与土壤全氮、总有机碳、硝态氮、速效钾呈显著或极显著正相关;逐步回归分析表明,放线菌与土壤总有机碳和硝态氮有关,微生物PLFA总量仅与土壤全氮有关。

（4）耕作方式对土壤酶活性的影响

由表4-29看出,秸秆还田下3种耕作方式可显著提高土壤碱性磷酸酶、蛋白酶和脲酶活性,其中ST处理最高,与CT间差异不显著,与RT和CK差异显著。相关性分析表明,碱性磷酸酶活性与土壤总有机碳和有效磷呈显著或极显著正相关，蛋白酶活性与土壤全氮、总有机碳和速效钾呈显著正相关，脲酶活性与土壤全氮和速效钾呈显著正相关。对土壤酶活性与肥力因素进行逐步回归分析表明，碱性磷酸酶、脲酶活性与土壤肥力因子无显著相关关系，蛋白酶活性与土壤总有机碳有关（$R^2 = 0.9799^{**}$，$P < 0.01$）。

表 4 - 29　不同耕作方式下的土壤酶活性

土壤酶	碱性磷酸酶 [mg/(g·h)]	蛋白酶 [μg/(g·h)]	脲酶 [mg/(g·天)]
RT	3 380c	19.45b	13 020b
ST	5 330a	25.57a	16 010a
CT	5 040a	23.44a	15 580a
CK	3 560b	15.67b	11 020c

（5）耕作方式对小麦产量的影响

①小麦茎蘖数　由表 4 - 30 看出，越冬期茎蘖数、单株分蘖和拔节期单株分蘖均以 CK＞CT＞ST＞RT；拔节期茎蘖数以 CT＞CK＞ST＞RT。

表 4 - 30　耕作方式的小麦生育期茎蘖数

处理	基本苗（×10⁴/hm²）	总茎数（×10⁴/hm²）		单株分蘖（个）	
		越冬前	拔节期	越冬前	拔节期
RT	334.5±36.0aA	1 183.5±56.9dC	1 450.5±69.8dC	3.55±0.21cC	4.36±0.27bB
ST	325.5±43.5aA	1 269.0±78.9cB	1 554.0±55.6cB	3.92±0.29bB	4.81±0.48aAB
CT	331.5±18.0aA	1 345.5±46.9bA	1 633.5±76.3aA	4.06±0.08bB	4.93±0.04aA
CK	316.5±22.5aA	1 384.5±54.3aA	1 584.0±46.8bB	4.38±0.14aA	5.01±0.21aA

②小麦产量及其构成　由表 4 - 31 看出，产量为 ST＞CT＞RT＞CK。ST 产量最高达 7 951.5kg/hm²，与 CT 差异不显著，与其他处理差异显著。秸秆还田下各耕作方式较不还田增产 427.5～1 056.0kg/hm²。CT 和 ST 使成穗数明显提高，ST 利于穗粒数和千粒重增加。说明秸秆还田促进后期发育，提高产量构成因素。

（6）耕作方对水分利用效率的影响

由表 4 - 32 看出，生育期耗水量以 ST＞CT＞RT＞CK。籽粒产量水分利用效率以 ST 最高，达 19.215kg/(mm·hm²)，CT 次之，CK 最低，仅为 17.595kg/(mm·hm²)。

表 4 - 31 耕作方式的小麦产量及产量构成

处理	成穗数（×10⁴/hm²）	穗粒数（粒）	千粒重（g）	产量（kg/hm²）
RT	636.0±18.0cC	33.6±1.1b	40.2±0.4b	7 323.0±183.0cB
ST	684.0±4.5bB	38.2±1.0a	44.5±0.9a	7 951.5±316.5aA
CT	721.5±31.5aA	36.3±0.4a	40.3±0.6b	7 693.5±426.0bA
CK	604.5±22.5dC	32.4±1.0b	38.7±0.2c	6 895.5±288.0dC

表 4 - 32 耕作方式的土壤水分利用效率

处理	播种时贮水量（mm）	灌水量（mm）	收获期贮水量（mm）	生育期耗水量（mm）	水分利用效率 [kg/(mm·hm²)]
RT	223.1	135	99	434.7	18.090
ST	223.1	135	90	443.7	19.215
CT	223.1	135	92	441.7	18.690
CK	223.1	135	112	421.7	17.595

（7）结论与讨论

随着农田有机肥投入的逐年减少，玉米秸秆还田已成为增加土壤有机质、培肥地力的主要途径。前人研究表明，秸秆连续还田 9 年后土壤有机质含量可提高 0.09%～0.12%；秸秆还田两年后，土壤全氮、全磷、碱解氮含量分别提高了 11.0%、10.0% 和 41.0%，并能维持 0～60cm 土壤钾素平衡；秸秆还田后可为土壤微生物提供充足的能源，对土壤微生物的数量和活性具有促进作用，显著增加土壤细菌和真菌数量，且对真菌的促进作用要大于细菌。本研究结果表明，与秸秆不还田旋耕相比，秸秆还田下旋耕、深松和翻耕可提高土壤总有机碳含量、速效养分含量、土壤细菌和放线菌 PLFA 含量和水解酶活性，但真菌 PLFA 含量和真菌 PLFA/细菌 PLFA 显著降低，这可能与真菌菌丝体可以运动、寄居并降解土壤表面植物残体等有机物有关，因而较细菌更能适应贫瘠的环境，这与颜慧的研究结果一致。

陈晓娟、毕明丽等研究表明，耕作方式影响了土壤环境，从而影响土壤微生物的数量与组成。不同耕作方式对真菌中度或轻度抑制，对细菌则表现为轻度或中度激发。高云超等研究表明，翻耕能提高土壤细菌的生长和真菌的活性，增加土壤微生物的周转率；长期秸秆覆盖免耕增加了土壤总生物量，却降低了活动微生物量。本研究结果表明，与秸秆不还田旋耕相比，深松和翻耕增强了土壤通气性，改善了土壤理化性状，提高了土壤总 PLFA 含量、细菌和放线菌 PLFA 含量，降低了土壤真菌 PLFA 含量和真菌 PLFA/细菌 PLFA，原因可能是旋耕相对通气性能较差、土壤养分含量低，有利于真菌生长。相关性分析表明，真菌 PLFA 含量与土壤全氮、总有机碳、速效钾间显著或极显著负相关；逐步回归分析则表明，真菌 PLFA 与土壤肥力因子无显著相关关系。原因可能是土壤理化环境对真菌 PLFA 含量的影响作用大于土壤养分，土壤养分含量只是间接的影响真菌的数量及活性。

土壤酶活性可以作为衡量土壤质量的指标。研究表明，秸秆还田 2 年后土壤中过氧化氢酶、转化酶、脲酶和磷酸酶活性分别提高了 $5.0\%\sim$ 7.9%、$7.6\%\sim11.3\%$、$9.7\%\sim13.9\%$ 和 $9.6\%\sim14.9\%$，这与秸秆本身带入大量活的微生物有关。王芸等研究表明，深松耕与常规耕作相比，可提高土壤脲酶和蔗糖酶活性。本研究结果表明，与秸秆不还田旋耕相比，深松可显著提高土壤碱性磷酸酶、蛋白酶和脲酶活性。相关性分析表明，土壤碱性磷酸酶、脲酶活性与一些土壤养分含量间显著或极显著正相关；逐步回归分析则表明，仅土壤蛋白酶活性与总有机碳含量显著正相关，这与前人的研究结果不太一致，原因可能是研究者所采用的土壤质地不同，导致土壤养分和土壤酶活性变化有明显差异，本试验采用的土壤养分对土壤水解酶活性的直接影响较小，而主要表现在间接影响上。

总之，秸秆还田下，深松、翻耕可显著提高土壤全氮、总有机碳、硝态氮、有效磷、速效钾含量，降低土壤铵态氮含量和 pH；同时使土壤碱性磷酸酶、蛋白酶和脲酶活性提高，且以深松最好，翻耕次之。秸秆还田下，深耕和深松可促进冬春分蘖，提高成穗数、穗粒数和千粒重，实现增产，其中"深松＋旋耕"增产效果最好。采取"旋耕＋旋耕"时，秸秆还田后虽生育期总茎数较少，但产量构成和产量均优于不秸秆还田。

综上所述，不同耕作处理的土壤酶活性、养分含量及微生物群落多样性有较大差异；秸秆还田下 3 种耕作方式增加了 PLFA 的种类、总 PLFA 含量及细菌、放线菌 PLFA 含量；秸秆还田处理的土壤真菌 PLFA 含量低于秸秆不还田处理，细菌 PLFA 含量则相反，说明真菌较细菌更能适应贫瘠的环境。隔年深松和深翻处理的 PLFA 总量均高于秸秆还田连年旋耕和 CK 处理，两处理分别较 CK 处理高 74.7% 和 53.3%，表明隔年深松和深翻更有利于作物生长。秸秆还田下隔年深松和深翻还可改善土壤理化性状、提高土壤碱性磷酸酶、蛋白酶和脲酶活性，为作物高产稳产提供了有利的土壤条件。

4.4　水地小麦玉米品种播期双改技术研究

4.4.1　播期对水地小麦籽粒灌浆特性及旗叶光合特性的影响

小麦产量构成三因素中，粒重遗传力最重要（为 52%～82%），同时也最稳定。但研究表明，地区、年际和栽培条件等对粒重仍有一定影响。高产条件下，单位面积穗数和穗粒数对产量的贡献相对稳定，提高粒重则是增产较为关键的措施。籽粒灌浆是受旗叶光合特性及灌浆进程影响，进而影响粒重乃至产量形成的重要生理过程。环境温度、光照、土壤水分和养分、特别是 N 素状况对小麦灌浆过程及相关参数有显著影响。因此，摸清小麦籽粒灌浆特性及其影响因素，并通过栽培措施调控，提高小麦籽粒库容具有十分重要的理论和现实意义。

蛋白质含量是评价小麦营养品质的重要指标，除受气候条件和水肥供应影响外，籽粒灌浆期是决定小麦蛋白质含量的关键时期。小麦籽粒蛋白质含量的 40% 由遗传决定，60% 受环境因素影响。高蛋白品种比低蛋白品种对环境因素更敏感，且中筋品种敏感程度大于强筋品种。目前关于灌浆期小麦籽粒积累规律研究较多，但与蛋白质含量、蛋白质产量及旗叶光合特性结合起来分析的较少。本研究分析了播期对 2 个小麦品种籽粒灌浆过程中旗叶生理特性、灌浆进程及蛋白质含量积累的动态规律，旨在为进一步调控优质小麦品种的蛋白质含量和粒重，实现小麦优质、高产、稳产栽培提供理论依据。

（1）研究方法

①试验设计　试验在山西省农业科学院小麦研究所试验地进行。前茬作物为油葵。土壤质地黏质，理化性状：有机质 20.0g/kg，碱解氮 97.80mg/kg，有效磷 11.52mg/kg，速效钾 165.00mg/kg，pH 为 7.48。

采用裂区设计，主区为播期：9 月 25 日、10 月 2 日、10 月 9 日和 10 月 16 日。副区为小麦品种：强筋品种临优 145 和中筋品种临优 2018。肥料施用为纯 N 225kg/hm²（尿素，含 N46%），P_2O_5 165kg/hm²（过磷酸钙，含 P_2O_5 12%），K_2O 180kg/hm²（氯化钾，含 K_2O 60%），其中 60% 氮肥和全部磷、钾肥底施，40% 氮肥拔节期追施。小区面积 25m²，4 次重复（1 次重复测定灌浆进程和蛋白质积累，3 次重复测定旗叶面积、叶绿素、光合速率和千粒重）。随机区组排列，全生育期间浇 3 次水：越冬水、拔节水和灌浆水。6 月 11 日收获。

②测定项目及方法　叶面积：4 月 25 日每小区选抽穗期一致的旗叶 10 片，测定旗叶长和宽，查表得叶面积。

叶绿素相对含量：4 月 25 日旗叶完全展开时，选朝向长势基本一致的旗叶 10 片标记，于 4 月 27 日开始，上午 9：00～10：00 用 SPAD-502 叶绿素计测定旗叶中部叶绿素相对含量，每 6 天测 1 次，从 5 月 27 日开始每 3 天测一次，6 月 2 日结束，共测 8 次。

净光合速率：4 月 25 日选朝向长势基本一致的旗叶 5 片标记，于 5 月 1 日开始，5 月 31 日结束，每 10 天测定 1 次。上午 9：00～11：00 用 ECA-PB0402 光合测定仪测定光合速率，测定时光强为 $1\,150\pm50\mu mol/(m^2 \cdot s)$，温度为 $30\pm1℃$，CO_2 浓度为 $260\pm10\mu mol/mol$，共测 4 次。

籽粒灌浆进程：每小区选取扬花期一致的主茎穗 100 穗挂牌标记，从扬花后第 5 天开始每隔 4 天取样 1 次，每次取 10 穗，每穗取中下部 5 排小穗的第 1～2 位小花的籽粒 20 粒，105℃下杀青 20min，然后 80℃恒温烘至恒重，将样品粉碎，采用半微量凯氏定氮法按 GB5511-85 标准测定蛋白质含量。以开花天数（x）为自变量，籽粒千粒重或蛋白质含量（y）为因变量，利用最小二乘法对粒重和蛋白质积累过程进行一元三次多项式曲线 $y=a+bx+cx^2+dx^3$ 拟合，a、b、c、d 为方程中各项系数，方程的各特征量具有相应的小麦粒重和蛋白质含量动态变化的生物学意义。

籽粒灌浆持续期（S）：令 $y'=0$，求得灌浆起始、终止时间 x_1' 和 x_2（$x_1<x_2$），则 $S=x_{2-}x_1$。

理论最高粒重（W）和平均灌浆速率（R）：将籽粒灌浆终止时间 x_2 代入曲线方程，得理论最高粒重（W），$R=W/S$。

最大灌浆速率（R_{max}）和最大灌浆速率出现时间（T_{max}）：令 $y''=0$，得 $T_{max}=-2c/6d$，将 T_{max} 代入 y'，$R_{max}=b+2cT_{max}+3dT_{max}^2$。

有效灌浆持续期（S_e）和有效灌浆持续期灌浆速率（R_s）：把粒重积累曲线的线性增长阶段定义为该曲线斜率≥1 的部分，令 $y'=b+2cx+3dx^2=0.1$，求得 x_1' 和 x_2'（$x_1'<x_2'$），有效灌浆持续期（S_e）$=x_2'-x_1'$，有效灌浆期内粒重增加值（Ws）$=a+bx_2'+cx_2'^2+dx_2'^3-(a+bx_1'+cx_1'^2+dx_1'^3)$，有效灌浆持续期灌浆速率（$R_s$）$=W/S_e$；

籽粒初始生长势（C_0）：当 $t=0$ 时即开花期，得起始生长势 $C_0=a$，是灌浆未开始时小花子房、胚珠的重量。

蛋白质含量积累曲线参数：对一元三次方程曲线 $y = a + bx + cx^2 + dx^3$ 分别求一阶导数和二阶导数，并令其等于 0，求出蛋白质含量最低出现时间 T_t 和曲线拐点即积累速率最低出现时间 T_m，将 T_t 代入曲线，得出 Y_t，依此推出灌浆开始到蛋白含量最低这段时间的平均灌浆速率 V_t，将 T_m 代入一阶导数求出蛋白质下降最快速率 V_m。

③数据处理　利用 DPS 数据分析软件进行统计分析。

（2）播期对小麦籽粒灌浆进程中粒重变化的影响

①籽粒灌浆模型的建立　由图 4 - 10 看出，2 个小麦品种不同播期下千粒重积累均呈"慢—快—慢"的 S 形变化趋势，由表 4 - 33 看出，一元三次方程曲线的相关指数 R' 均达极显著水平，说明模拟方程可客观地反映优质小麦粒重的形成，不同播期下曲线形式相同，但参数有差异。

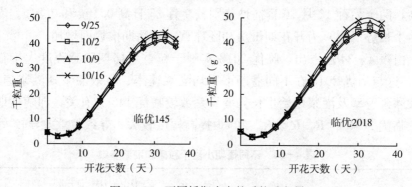

图 4 - 10　不同播期小麦的千粒重积累

表 4 - 33　不同播期小麦粒重积累曲线方程

品种	播期	a	b	c	d	R'
临优 145	09 月 25 日	4.600 3	−1.058 5	0.172 1	−0.003 2	0.999 6**
	10 月 02 日	4.645 7	−1.049 6	0.173 5	−0.003 3	0.999 1**
	10 月 09 日	4.661 2	−1.044 9	0.180 4	−0.003 4	0.997 0**
	10 月 16 日	4.691 7	−1.042 5	0.184 4	−0.003 5	0.997 3**
临优 2018	09 月 25 日	5.147 7	−1.226 8	0.187 4	−0.003 4	0.996 3**
	10 月 02 日	5.389 9	−1.183 0	0.186 2	−0.003 4	0.994 5**
	10 月 09 日	5.396 5	−1.253 1	0.198 1	−0.003 7	0.993 5**
	10 月 16 日	5.559 0	−1.283 6	0.205 0	−0.003 8	0.996 8**

注：R' 代表三次方程拟合的相关指数，$R_{0.01} = 0.959$，$R_{0.05} = 0.878$，** 表明相关指数达到 0.01 极显著水平，* 表明相关指数达到 0.05 显著水平。

②小麦籽粒灌浆参数和千粒重 由表 4-33 可以看出，2 个小麦品种的实测千粒重均随播期推迟而提高。临优 145 品种 10 月 16 日播种与 10 月 9 日播种间差异不显著，于 9 月 25 日和 10 月 2 日播种间差异达极显著；临优 2018 播期间差异达极显著。最高粒重（W）即粒重增长潜力随播期推迟而提高。灌浆持续期（S）随播期推迟而延长。平均灌浆速率（R）随播期推迟而提高，两品种 10 月 16 日播种 R 分别较 9 月 25 日播种高 0.13g/天和 0.17g/天。有效灌浆持续期（S_e）为粒重积累曲线线性增长阶段，对最后粒重起着重要作用，晚播使有效灌浆期延长，有效灌浆期灌浆速率（R_s）明显提高。有效灌浆期内粒重增加值（W_S）随播期推迟而提高，两个品种 10 月 16 日播种分别较 9 月 25 日播种高 3.57g 和 4.65g。最大灌浆速率（R_{max}）出现时间在开花后 17 天左右，晚播使最大灌浆速率提高，两个品种 10 月 16 日播种分别较 9 月 25 日高 0.19g 和 0.24g。灌浆起始生长势（C_0）为开花期子房和胚珠重，随播期推迟而增加。

由表 4-34 还看出，临优 2018 实测千粒重对播期敏感程度大于临优 145，这与临优 2018 在不同播期下平均灌浆速率、有效灌浆期灌浆速率、最大灌浆速率及灌浆期始生长势变异系数较临优 145 大有关，即随播期推迟，临优 2018 的 R、R_s、R_{max} 和 C_0 提高幅度较大，导致粒重差异较大。

表 4-34 不同播期小麦千粒重和灌浆参数

品种	播期	千粒重(g)	理论最高粒重 $W(g)$	灌浆持续期 S	平均每天灌浆速率 $R(g)$	有效灌浆持续期 Se	每天有效灌浆期灌浆速率 R_s (g)	有效持续期内粒重增加值 $W_S(g)$	每天最大灌浆速率 R_{max} (g)	达到最大速率时间 T_{max}	起始生长势 C_0 (g)
临优145	09 月 25 日	36.91c C	40.90	28.64	1.43	27.91	1.47	38.00	1.99	17.71	4.60
	10 月 02 日	37.58b B	41.50	28.67	1.45	27.95	1.48	38.51	2.02	17.66	4.65
	10 月 09 日	39.15a A	43.52	28.68	1.52	27.99	1.55	40.43	2.12	17.50	4.66
	10 月 16 日	40.92a A	44.73	28.69	1.56	28.02	1.60	41.57	2.18	17.42	4.69
	变异系数（%）	3.79	4.17	0.07	4.10	0.17	3.99	4.20	4.13	0.77	0.82
临优2018	09 月 25 日	40.66d D	45.07	29.03	1.55	28.35	1.59	42.04	2.17	18.15	5.15
	10 月 02 日	42.25c C	45.70	29.05	1.57	28.43	1.61	42.28	2.21	18.07	5.39
	10 月 09 日	43.55b B	48.29	29.08	1.66	28.45	1.70	44.98	2.32	18.04	5.40
	10 月 16 日	44.91a A	50.14	29.09	1.72	28.48	1.76	46.69	2.41	18.00	5.56
	变异系数（%）	4.56	4.97	0.12	4.91	0.20	4.79	5.08	5.02	0.35	3.15

③籽粒灌浆参数与粒重的相关性 由表4-35看出，最高粒重与实测千粒重间极显著正相关，说明用一元三次方程模拟籽粒灌浆过程现实可行；R、R_s、R_{max} 与 2 个优质品种小麦千粒重间极显著或显著正相关，其中临优 2018 的 R、R_s 与千粒重的相关系数大于临优 145；S_e 与千粒重正相关，临优 145 达显著水平；S 和 C_0 与千粒重呈正相关，但未达显著水平；最大灌浆速率出现时间与千粒重负相关，说明达到最高粒重时间和达到最大灌浆速率时间较早有利于粒重形成。因此，播期主要通过灌浆速率来影响小麦千粒重，灌浆持续期的影响相对较小。

表 4-35 灌浆参数与千粒重的相关系数

品种	W	S	R	S_e	R_s	W_s	R_{max}	T_{max}	C_0
临优 145	0.990 7**	0.886 2	0.989 4*	0.971 3*	0.992 9*	0.990 5**	0.990 7**	−0.985 0*	0.911 6
临优 2018	0.995 9**	0.540 8	0.994 4**	0.889 7	0.994 4**	0.989 1*	0.988 4*	−0.927 5	0.896 4

注：* 和 ** 分别表示达 5%显著和 1%极显著水平。

（3）播期对小麦产量及其构成的影响

由表 4-36 看出，随播期推迟，2 个品种成穗数减少，粒重提高，穗粒数和产量先增加后降低。临优 145 和临优 2018 均为 10 月 9 日播种产量最高，分别达 8 286.95kg/hm² 和 8 796.11kg/hm²，与 10 月 2 日播种差异不显著，与 9 月 25 日和 10 月 16 日差异显著或极显著。

表 4-36 不同播期小麦产量及其构成

品种	播期	成穗数（×10⁴/hm²）	穗粒数（粒）	千粒重（g）	产量（kg/hm²）
临优 145	09 月 25 日	568.87±31.82aA	38.31±1.26bBC	36.91±1.56cC	8 043.95±86.89bB
	10 月 02 日	557.03±29.65aA	39.15±1.51abAB	37.58±0.73bB	8 195.34±185.26aA
	10 月 09 日	532.91±26.89bB	39.72±1.08aA	39.15±2.46aA	8 286.95±142.23aA
	10 月 16 日	467.25±16.78cC	37.42±2.09cC	40.92±0.49aA	7 154.66±59.86cC
临优 2018	09 月 25 日	569.23±12.08aA	36.14±1.08bB	40.66±0.12dD	8 364.56±156.28bA
	10 月 02 日	550.22±37.5abAB	36.92±1.29abAB	42.25±1.44cC	8 582.72±198.26abA
	10 月 09 日	532.50±19.2bB	37.93±2.16aA	43.55±2.08bB	8 796.11±285.60aA
	10 月 16 日	473.97±15.23cC	37.37±1.09aAB	44.91±0.89aA	7 954.58±46.58cB

（4）播期对小麦籽粒灌浆过程中蛋白质含量变化的影响

①小麦籽粒蛋白质含量动态积累方程的建立 由表 4-37 可以看出，在 x 的取值范围内，绝大多数 $y''>0$，曲线基本为凹型，相关指数 R' 均达

到极显著水平。因此,小麦灌浆期籽粒蛋白质含量随时间动态变化的普遍规律符合一元三次多项式凹型(单谷)曲线,播期对籽粒蛋白质含量形成动态的影响可通过方程特征量体现出来。

表 4-37 不同播期小麦籽粒蛋白质积累曲线方程参数

品种	播期	a	b	c	d	R'
临优 145	09 月 25 日	16.745 4	−0.196 1	−0.007 3	0.000 3	0.976 5**
	10 月 02 日	17.918 5	−0.294 4	−0.005 2	0.000 3	0.985 1**
	10 月 09 日	18.151 4	−0.305 7	−0.005 2	0.000 3	0.966 1**
	10 月 16 日	18.830 7	−0.347 3	−0.004 3	0.000 4	0.988 5**
临优 2018	09 月 25 日	15.310 0	−0.223 7	−0.009 0	0.000 5	0.992 9**
	10 月 02 日	16.252 7	−0.311 1	−0.005 8	0.000 5	0.982 5**
	10 月 09 日	16.514 2	−0.320 7	−0.005 7	0.000 5	0.994 5**
	10 月 16 日	17.108 6	−0.350 7	−0.006 5	0.000 4	0.992 8**

注: * 和 ** 表达 5% 显著和 1% 极显著水平。

②小麦籽粒蛋白质积累参数 由表 4-38 可以看出,籽粒实测蛋白质含量随播期推迟显著提高,且临优 145 蛋白质含量高于临优 2018。从变异系数知,播期对临优 145 蛋白质积累参数影响均大于临优 2018,说明强筋小麦对播期变化较中筋小麦敏感。结合图 4-11 可以看出,灌浆初期,光合产物向籽粒的运输缓慢,籽粒碳水化合物积累少,籽粒蛋白质含量较高,随着籽粒增大,碳水化合物积累快速增加,蛋白质含量逐渐降低,到开花后 23 天左右下降到最低,之后开始迅速回升直至成熟,且最后蛋白质含量均低于初始含量,即蛋白质含量随籽粒灌浆进程呈"高—低—高"的 V 形趋势,两个品种小麦灌浆期蛋白质含量变化趋势一致。整个灌浆期内,籽粒蛋白质含量随播期推迟提高;蛋白质含量降到最低的时间和蛋白质下降最快速率出现时间随播期推迟而提前,平均积累速率和蛋白质含量下降最快速率随播期推迟而提高。

③小麦籽粒蛋白质产量 小麦籽粒灌浆过程是干物质向籽粒转移积累的过程,也是 N 素向籽粒转化积累的过程,蛋白质积累与干物质积累密切相关,籽粒产量和蛋白质产量呈同步增加,籽粒产量越高,蛋白质产量也越高。由图 4-12 看出,不同播期下,籽粒蛋白质产量随灌浆的进行持续增加;随播期推迟,籽粒蛋白质产量提高。10 月 9 日播种千粒重和蛋白质含量较高,单位面积穗数适宜,蛋白质产量最高;10 月 16 日播种虽

然千粒重和蛋白质含量最高，但成穗数较少，因此蛋白质产量次之。

表 4 - 38　不同播期小麦籽粒蛋白质积累参数

品种	播期	蛋白质（%）	蛋白质含量最低出现时间 T（天）	蛋白质最低含量 Y（g）	蛋白质平均降低速率 V（g/天）	蛋白质积累速率最低出现时间 T_m（天）	蛋白质下降最快速率 V_m（g/天）	起始积累势 C_0（g）
	09 月 25 日	15.00 d D	23.18	12.40	0.19	7.35	−0.25	16.75
	10 月 02 日	15.41 c C	23.11	12.46	0.24	5.19	−0.32	17.92
临优 145	10 月 09 日	16.00 b B	22.82	12.59	0.24	5.01	−0.33	18.15
	10 月 16 日	16.98 a A	22.26	12.97	0.26	3.96	−0.36	18.83
	变异系数（%）	5.42	1.83	2.01	13.91	26.43	15.23	4.85
	09 月 25 日	13.31 c C	23.33	10.20	0.22	7.60	−0.29	15.31
	10 月 02 日	13.50 c C	23.19	10.41	0.25	5.35	−0.34	16.25
临优 2018	10 月 09 日	13.87 b B	23.15	10.54	0.26	5.24	−0.36	16.51
	10 月 16 日	14.62 a A	22.81	10.64	0.28	5.24	−0.38	17.11
	变异系数（%）	4.19	0.96	1.82	10.50	19.87	11.22	4.59

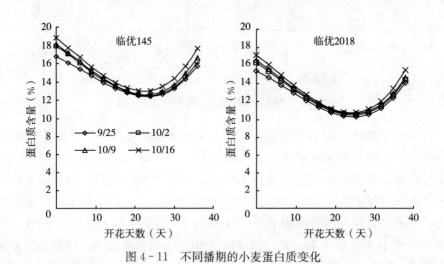

图 4 - 11　不同播期的小麦蛋白质变化

（5）播期对小麦旗叶光合特性的影响

①小麦旗叶叶绿素相对含量　由图 4 - 13 看出，小麦旗叶叶绿素从开花期开始持续较高，临优 145 品种 5 月 15 日（开花后 20 天）后逐渐下

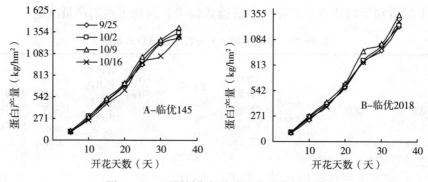

图 4-12　不同播期的小麦蛋白质产量变化

降，临优 2018 到 5 月 21 日（开花后 26 天）后快速下降。随播期推迟，小麦旗叶叶绿素相对含量提高，10 月 9 日播种最高，10 月 16 日播种次之，9 月 25 日播种叶绿素相对含量最低，两个小麦品种趋势相同。

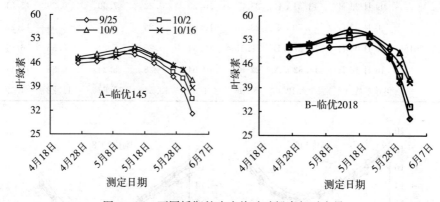

图 4-13　不同播期的小麦旗叶叶绿素相对含量

　　②小麦旗叶叶面积和净光合速率　由表 4-39 可以看出，小麦旗叶光合速率在灌浆前期随灌浆进程呈升高趋势，5 月 15 日达最高，而后快速下降。临优 2018 旗叶叶面积较临优 145 小，但除 5 月 15 日外，整个灌浆期内光合速率均高于临优 145，因此千粒重较临优 145 高。随播期推迟叶面积增大，10 月 9 日播种的叶面积最大，与 10 月 16 日差异不显著，与 10 月 2 日和 9 月 25 日差异极显著。光合速率也是 10 月 9 日播种最高，晚播使光合速率下降。临优 145 品种 10 月 9 日播种与 10 月 16 日播种在灌浆前期（5 月 7 日）和后期（6 月 1 日）光合速率差异不显著，中期差异极显著。临优 2018 整个灌浆期 10 月 9 日播种与 10 月 16 日播种光合速率差异极显著。

　　由表 4-40 看出，两个小麦品种的旗叶叶绿素与净光合速率和穗粒重显著或极显著正相关；千粒重与蛋白质产量显著或极显著正相关；旗叶光合速率与穗粒重正相关，临优 145 达显著水平；千粒重与穗粒重正相关，临优 2018 达显著水平；旗叶叶面积与叶绿素和光合速率正相关，与千粒重和蛋白质产量负相关，均未达显著水平。

表 4 - 39　不同播期的小麦旗叶叶面积和净光合速率

品种	播期	叶面积（cm²）	净光合速率 P_n [μmol/(m²·s)]			
			05 月 07 日	05 月 15 日	05 月 23 日	06 月 01 日
临优 145	09 月 25 日	21.40±1.65b C	17.53±0.46b B	22.17±0.16c C	13.50±0.23c C	11.10±0.05b B
	10 月 02 日	22.00±1.23b BC	18.20±1.02b B	22.27±0.22c C	15.90±0.19b B	11.27±0.11b B
	10 月 09 日	23.50±1.84 a A	19.87±0.19a A	24.70±0.59a A	17.73±0.85a A	12.70±0.63a A
	10 月 16 日	22.86±1.06a AB	19.27±0.56a A	23.50±0.23b B	16.40±0.42a A	12.57±0.15a A
临优 2018	09 月 25 日	18.70±1.12c C	18.07±0.16c C	21.17±0.56c C	17.57±0.13c C	13.10±0.05c C
	10 月 02 日	19.04±1.56bc BC	18.50±0.56c C	21.70±0.84c BC	17.85±0.15c C	13.43±0.10c C
	10 月 09 日	19.65±1.25a A	23.10±1.53a A	24.40±0.23a A	20.83±0.76a A	17.40±0.53a A
	10 月 16 日	19.35±1.27ab AB	20.97±1.00b B	22.53±0.12b B	19.23±0.11b B	16.27±0.12b B

表 4 - 40　旗叶光合特性与粒重及蛋白质产量间相关系数

项目	临优 145					临优 2018				
	叶面积	叶绿素	光合速率	千粒重	穗粒重	叶面积	叶绿素	光合速率	千粒重	穗粒重
叶绿素	0.186	1				0.054	1			
光合速率	0.225	0.981*	1			0.108	0.952*	1		
千粒重	−0.502	0.738	0.729	1		−0.385	0.879	0.735	1	
穗粒重	0.102	0.991**	0.988*	0.804	1	−0.230	0.951*	0.834	0.984*	1
蛋白质产量	−0.546	0.708	0.693	0.998**	0.775	−0.541	0.795	0.659	0.985*	0.941

注：* 和 ** 表示达 5% 显著和 1% 极显著水平。

(6) 结论与讨论

试验播期范围内，优质小麦灌浆期粒重和蛋白质动态积累均可用一元三次曲线描述。这与赵秀兰的研究结果一致。灌浆期内粒重积累呈"慢—快—慢"的 S 形趋势；蛋白质积累呈"高—低—高"的 V 形趋势，开花后 23 天左右蛋白质含量最低；蛋白质产量随灌浆进程呈持续上升趋势，10 月 9 日播种的小麦蛋白质产量最高。

随播期推迟，优质小麦最高千粒重、最大灌浆速率、平均灌浆速率及起始生长势提高，灌浆持续期和有效灌浆持续期延长。前人研究表明，灌浆速率与千粒重呈极显著正相关，但对灌浆持续期与千粒重关系结论不一。蔡庆生、钱兆国、赵新华等认为小麦千粒重主要受灌浆速率的控制，灌浆持续期与千粒重相关性不大，王立国认为灌浆持续期与千粒重极显著正相关。本研究表明，灌浆速率与千粒重极显著正相关，临优145有效灌浆持续期与千粒重显著正相关，临优2018有效灌浆持续期与千粒重间相关性不显著。另外，随播期推迟，优质小麦千粒重提高，但成穗数减少，产量先增加后减少，10月9日播种产量最高。

灌浆期小麦旗叶光合特性直接影响粒重和蛋白质的积累。本研究表明，随播期推迟，旗叶叶面积和光合速率均提高，10月9日播种最高，10月16日播种稍下降，且灌浆后期下降较慢。相关性分析表明，旗叶叶绿素和光合速率与穗粒重呈显著或极显著正相关，千粒重与蛋白质产量显著或极显著正相关，说明灌浆后期保持较高的叶绿素含量和光合速率，有利于延缓旗叶衰老，可提高粒重和蛋白质产量。

综上所述，不同播期小麦灌浆进程及蛋白质含量符合一元三次方程，分别呈"慢—快—慢"的S形和"高—低—高"的V形变化；开花后23天左右蛋白质含量最低；蛋白质产量随灌浆进程呈持续上升的趋势。随播期推迟，小麦最大粒重、最大灌浆速率、平均灌浆速率及起始生长势提高，灌浆持续期和有效灌浆持续期延长，旗叶叶面积、叶绿素相对含量和净光合速率提高，产量呈先升高后降低，并以10月9日播种最高。相关性分析表明，灌浆速率与千粒重极显著正相关，临优145有效灌浆持续期与千粒重显著正相关，临优2018有效灌浆持续期与千粒重间相关性不显著。

4.4.2 基因型和播期对水地小麦生长发育及产量的影响

小麦产量和品质受基因型、环境和栽培措施及互作效应的影响。基因型是决定小麦产量高低的内在因素，生态环境条件是外在因素。播期是作物栽培学研究的古老课题，播期不同造成作物生长发育期温度、光照等生态条件的差异，使作物生长发育过程中光合作用及营养物质的运转分配也相应发生变化，因而对作物籽粒产量产生影响。近年来，随着全球气候变化，暖冬对小麦的生长发育产生了较大影响。因此，深入开展播期对小麦生长发育研究具有较强的现实意义。程玉民等认为，暖冬条件下，播期过早，因气温连续偏高，引起大面积麦田旺长，甚至小麦提前拔节，导致冻害发生，特别是播期早、春性强的小麦品种更为严重。本试验选取强筋和中筋小麦品种，较系统地研究基因型和播期对小麦生长发育及产量的影响，为不同基因型小麦品种确定适播期，以获得优质高产提供理论依据。

(1) 研究方法

①试验设计　试验在山西省农业科学院小麦研究所试验地进行。试验地土壤为石灰性褐土，土壤有机质 14.30g/kg，碱解氮 37.80mg/kg，有效磷 11.52mg/kg，速效钾 125.00mg/kg，pH 为 7.48。试验采用裂区设计，主区为播期：9 月 25 日、10 月 2 日、10 月 9 日和 10 月 16 日。副区为小麦品种：强筋品种临优 145 和临汾 138，中筋品种临优 2018。化肥施用为纯 N 225kg/hm²、P_2O_5 165kg/hm² 和 K_2O 180kg/hm²，其中 60%氮肥和全部磷、钾肥底施，40%氮肥拔节期追施。小区面积为 25m²，4 次重复，随机区组排列。全生育期间浇 3 次水：越冬水、拔节水和灌浆水。

②调查分析项目　生长发育特性：齐苗后，各处理选 1 次重复，每小区固定 3 个 2m² 长势均匀的样段，调查群体动态、冻害、生育期和叶面积系数，测定干物质重；越冬期间（12 月 28 日）每小区选 15 株长势均匀的幼苗，调查苗期分蘖、叶龄、次生根，观察穗分化进程。

产量和农艺性状：各处理的其余 3 次重复，于齐苗后，每小区固定 1m² 长势均匀的样段，调查分蘖成穗规律。收获期（6 月 10 日）每小区选 20 株，测量株高，选 20 个穗调查穗粒数、小穗数、不孕小穗数和穗长。每小区收获 15m²（未取过样）计产。数 500 粒称重，再换算成千粒重，2 次重复（重复间相差≤0.5g），取平均值。

各因子（品种、播期及基因型×播期）的作用力（%）＝各因子平方和/（总平方和－区组平方和－误差平方和）×100。

(2) 播期对小麦生长发育特性的影响

①小麦生育期间气象因素分析　试验年度，小麦生育期日照 1 274.0 小时，≥0℃积温 2 507.5℃，降水 135.8mm，蒸发 769.3mm，比历年日照少 176.2h，积温高 514.4℃，降水少 70.0mm，蒸发多 72.1mm。从小麦主要发育阶段看，播种—分蘖（9 月 25 日至 11 月 25 日）降水为 18.5mm，较历年少 61.1mm，蒸发为 135.3mm，较历年多 26.6mm，不利于小麦出苗和分蘖；分蘖—抽穗、开花（11 月 25 日至 4 月 30 日）降水 27.8mm，较历年少 55.9mm，土壤供水不足，影响小麦生长，对产量形成不利；而籽粒灌浆成熟期（5 月至 6 月上旬）降水为 89.5mm，较历年多 47.0mm，对籽粒灌浆不利，导致千粒重偏低。

②小麦的生育期和积温　由表 4-41 可以看出，试验播期范围内，小

麦各生育期出现的时间、经历天数和积温因播期不同而存在差异，播期愈早，生育期愈长，总积温值愈高。但全生育期日平均积温差异较小，最多相差 0.3℃。基因型不同，各发育期持续时间有所差异，临优 145 和临优 2018 播种—抽穗期较临汾 138 长 2 天，积温高 47.9℃～51.9℃，抽穗—成熟期较临汾 138 短 4 天，积温低 94.3℃～100.2℃。播期对各生育期虽有明显影响，但抽穗期最多相差 2 天，成熟期仅相差 1 天，说明成熟期是由品种决定，播期影响较小。

③小麦生育期持续时间　由表 4-41 还可以看出，播期对小麦生育期持续时间的影响，主要表现在出苗到抽穗这段时间，随播期推迟小麦生育期推迟，到抽穗和成熟期差异较小。播种—出苗持续时间随播期推迟明显加长，9 月 25 日播种仅历时 6 天，10 月 16 日播种需 9～10 天；分蘖—拔节持续时间随播期推迟明显缩短，9 月 25 日播种历时 158～160 天，10 月 16 日播种历时 132～134 天，相差 26 天；抽穗—成熟持续时间随播期推迟差异更小，早播较晚播的品种仅长 1 天。播期推迟引起生育时期的变化，对小麦器官建成、个体生长与群体发展及产量都产生不利影响。据田间调查，10 月 9 日以后播种，冬前虽进入分蘖期，但分蘖少（3 个品种一级蘖分别为 2.1 个、2.2 个和 1.6 个），群体小，成穗数低，直接影响产量。因此，晋南麦区小麦的适宜播期不应晚于 10 月 9 日。

④小麦苗期的生长发育　播期因积温的差异，导致苗期株高、分蘖、总根数、主茎叶片数、穗分化进程以及冻害等生长发育状况产生明显差异。在越冬期间调查（表 4-41）表明，9 月 25 日播种，苗期历时 94 天，积温 716.0℃，日平均积温 7.62℃，3 个品种株高分别为 23.4cm、28.7cm 和 30.6cm，分蘖分别为 7.0 个、7.5 个和 5.5 个（其中二级分蘖分别为 2.3 个、2.3 个和 2.0 个），主茎叶片数分别为 7.5 个、8.0 个和 6.7 个，幼穗分化进入单棱期，遇到 -10.1℃～-14.0℃（12 月 30 日至翌年 1 月 2 日）的低温，冻害严重，临优 145 达到 3 级，主茎多数死亡，部分一级蘖也发生冻害，临汾 138 和临优 2018 达 2 级；10 月 2 日播种，3 个品种的分蘖分别达 5.8 个、6.9 个和 5.0 个，穗分化进入单棱期，临优 145 冻害较重，临汾 138 和临优 2018 冻害较轻；10 月 16 日播种，3 个品种主茎叶龄 3.8～5.0 个，发生轻微冻害。临优 145 和临优 2018 于 10 月 9 日播种，临汾 138 于 10 月 2 日播种，分蘖分别达到 4.1 个、4.5 个和 5.0 个，主茎叶片数分别为 5.5 个、6.1 个和 5.8 个，幼穗分化均进入单棱期，次生根分别达 6.1 条、7.2 条和 7.9 条，冻害较轻，群体和个体发展

表4-41 不同播期的小麦生育期、持续时间和积温（≥0℃）

品种	播期	出苗期	播种—出苗			分蘖期	出苗—分蘖			拔节期	分蘖—拔节		
			天数(天)	积温(℃)	日均积温(℃)		天数(天)	积温(℃)	日均积温(℃)		天数(天)	积温(℃)	日均积温(℃)
临优145、临优2018	09月25日	10月01日	6	107.0	17.8	10月19日	18	255.9	14.2	03月26日	158	609.8	3.9
	10月02日	10月09日	7	108.8	15.5	10月28日	19	227.9	12.0	03月28日	151	548.6	3.6
	10月09日	10月17日	8	108.8	13.6	11月08日	22	244.5	11.1	03月30日	142	451.1	3.2
	10月16日	10月26日	10	115.3	11.5	11月22日	27	223.1	8.3	04月03日	132	434.7	3.3
临汾138	09月25日	10月01日	6	107.0	17.8	10月18日	17	242.0	14.2	03月27日	160	638.0	4.0
	10月02日	10月08日	6	91.6	15.3	10月26日	18	226.9	12.6	03月29日	154	581.3	3.8
	10月09日	10月16日	7	94.4	13.5	11月07日	22	248.6	11.3	03月31日	144	476.1	3.3
	10月16日	10月25日	9	108.2	12.0	11月21日	27	224.5	8.3	04月04日	134	458.2	3.4

品种	播期	抽穗期	拔节—抽穗			成熟期	抽穗—成熟			全生育期		
			天数(天)	积温(℃)	日均积温(℃)		天数(天)	积温(℃)	日均积温(℃)	天数(天)	积温(℃)	日均积温(℃)
临优145、临优2018	09月25日	04月29日	34	588.5	17.3	06月07日	39	874.3	22.4	255	2 422.5	9.5
	10月02日	04月30日	33	582.9	17.7	06月07日	38	850.2	22.4	248	2 318.4	9.3
	10月09日	05月01日	32	578.8	18.1	06月08日	38	852.0	22.4	242	2 235.2	9.2
	10月16日	05月01日	28	515.7	18.4	06月08日	38	852.0	22.4	235	2 161.8	9.2
临汾138	09月25日	04月27日	31	522.3	16.9	06月09日	43	974.5	22.7	257	2 483.8	9.7
	10月02日	04月28日	30	518.2	17.3	06月09日	42	948.7	22.6	250	2 366.7	9.5
	10月09日	04月29日	29	516.2	17.8	06月10日	42	946.3	22.5	244	2 281.6	9.4
	10月16日	04月29日	25	450.0	18.0	06月10日	42	946.3	22.5	237	2 227.2	9.4

表4-42 播期对小麦苗期生长发育的影响

品种	播期	出苗期	分蘖			叶龄	主茎穗分化	次生根	冻害级别	拔节期（03月28日）		抽穗期（04月30日）	
			1级	2级	牙鞘					叶面积	系数	叶面积	系数
临优145	09月25日	10月01日	4.7	2.3	0.2	7.5	单棱期	7.5	2~3	190.4	5.72	183.3	6.13
	10月02日	10月09日	4.0	1.8	0.1	6.2	单棱期	6.8	2	188.7	5.66	196.5	6.44
	10月09日	10月17日	3.2	0.9	0.0	5.5	单棱期	6.1	1~2	143.2	4.30	212.4	6.66
	10月16日	10月26日	2.1	0.0	0.0	4.3	圆锥—伸长	5.7	1	93.6	2.81	175.7	5.35
临优2018	09月25日	10月01日	5.2	2.3	0.2	8.0	单棱期	7.8	2	169.8	5.09	160.6	5.38
	10月02日	10月08日	4.6	2.3	0.1	7.3	单棱期	7.0	1~2	160.7	4.82	176.2	5.70
	10月09日	10月16日	3.2	1.3	0.0	6.1	单棱期	7.2	1	130.5	3.91	189.2	5.93
	10月16日	10月25日	2.2	1.1	0.0	5.0	圆锥—伸长	6.8	1	86.9	2.61	156.8	4.79
临汾138	09月25日	10月01日	3.5	2.0	0.0	6.7	单棱期	7.5	2	170.3	5.11	163.7	5.35
	10月02日	10月08日	2.9	2.1	0.0	5.8	单棱期	7.9	1~2	162.5	4.87	183.2	5.80
	10月09日	10月16日	2.0	1.0	0.0	4.9	伸长期	7.7	1	131.3	3.94	165.9	5.09
	10月16日	10月25日	1.6	0.0	0.0	3.8	圆锥—伸长	7.4	1	88.5	2.65	157.3	4.48

较为协调。

在一定范围内，叶面积系数可衡量群体大小及产量高低，群体叶面积系数越大，产量就越高。由表 4 - 42 可以看出，拔节期叶面积和叶面积系数随播期推迟而减小，10 月 16 日播种，3 个品种叶面积系数分别较 9 月 25 日播种低 50.87%、48.72% 和 48.14%；抽穗期叶面积及叶面积系数随播期推迟先增加后减小，其中临优 145 和临优 2018 于 10 月 9 日播种，临汾 138 于 10 月 2 日播种叶面积系数最大，3 个品种分别达 6.66、5.93 和 5.80，比 10 月 16 日播种的叶面积系数大 53.02%、49.81% 和 48.68%。

⑤优质小麦生育期干物质积累量变化　由表 4 - 43 看出，临优 2018 全生育期及各生育期干物质积累量基本最多，临优 145 干物质积累量最少。试验播期范围内，随播期推迟，3 个品种干物质积累量先增加后减少，其中临优 145 和临优 2018 于 10 月 9 日播种，临汾 138 于 10 月 2 日播种，干物质积累量最高，分别达 $1.645 \times 10^4 \, kg/hm^2$、$1.799 \times 10^4 \, kg/hm^2$ 和 $1.767 \times 10^4 \, kg/hm^2$。播期较早有利于冬前分蘖，群体发展大，地力消耗多，遇低温易遭受冻害或后期发生倒伏，干物质积累量反而不是最高。

表 4 - 43　不同播期的小麦各生育期干物质质量

品种	播期	出苗—拔节			拔节—抽穗			抽穗—成熟			总干重 $(\times 10^3$ $kg/hm^2)$
		天数 (天)	干物重 $(\times 10^3$ $kg/hm^2)$	百分数 (%)	天数 (天)	干物重 $(\times 10^3$ $kg/hm^2)$	百分数 (%)	天数 (天)	干物重 $(\times 10^3$ $kg/hm^2)$	百分数 (%)	
临优 145	09 月 25 日	176	5.45	34.3	34	5.54	34.86	39	4.90	30.84	15.89
	10 月 02 日	170	3.70	22.95	33	7.24	44.91	38	5.18	32.13	16.12
	10 月 09 日	164	2.90	17.63	32	7.93	48.21	38	5.62	34.16	16.45
	10 月 16 日	159	2.11	14.66	28	5.42	37.67	38	6.86	47.67	14.39
临优 2018	09 月 25 日	176	5.87	34.94	34	5.79	34.46	39	5.14	30.60	16.80
	10 月 02 日	170	4.21	24.66	33	7.14	41.83	38	5.72	33.51	17.07
	10 月 09 日	164	3.70	20.57	28	8.01	44.52	38	6.28	34.91	17.99
	10 月 16 日	159	2.29	13.56	28	6.67	39.49	38	7.93	46.95	16.89
临汾 138	09 月 25 日	177	5.78	34.86	31	5.70	34.38	43	5.10	30.76	16.58
	10 月 02 日	172	4.14	23.43	30	7.83	44.31	42	5.70	32.26	17.67
	10 月 09 日	166	3.56	21.24	28	7.02	43.70	42	5.48	32.70	16.06
	10 月 16 日	161	2.25	14.56	25	5.30	34.30	42	7.90	51.13	15.45

由表 4-43 还可以看出，小麦各生育期干物质积累量及占单位面积总干重比例有一定差异。出苗—拔节期（3 月 30 日测定，前 3 个播期进入拔节期），随播期推迟，3 个品种干物质积累量、占单位面积总干重的比例均呈下降趋势；拔节—抽穗期（4 月 30 日测定，均进入抽穗期），临优 145 和临优 2018 于 10 月 9 日播种，临汾 138 于 10 月 2 日播种的干物质积累量最多，占单位面积总干重的比例最大；抽穗—成熟期（6 月 10 日测定，均收获），随播期推迟，3 个品种的干物质积累量和占单位面积总干重的比例基本随播期推迟而增加。

由表 4-44 可以看出，不同播期条件下，总干物质积累量与产量（表 4-46）间呈极显著正相关，其中出苗—拔节期和拔节—抽穗期干物质积累量与产量显著正相关，抽穗—成熟期则呈显著负相关。这是由于随播期推迟，发育向后推迟，生长中心向后转移，干物质积累量和占单位面积总干重的比例逐渐上升，晚播导致抽穗—成熟期干物质积累量较多，千粒重提高，但由于成穗数较少，产量较低。

表 4-44　各生育期干物质积累量与产量的相关性

项目	出苗—拔节期	拔节—抽穗期	抽穗—成熟期	总干重
拔节—抽穗期	−0.14	1.00	—	—
抽穗—成熟期	−0.80**	−0.17	1.00	—
总干重	0.35	0.68**	−0.20	1.00
产量	0.63*	0.59*	−0.57*	0.88**

注：*表示 0.05 显著水平，**表示 0.01 极显著水平。

(3) 播期对小麦主要农艺性状的影响

由表 4-45 可以看出，从变异系数看，单株有效分蘖变异最大，说明播期对单株有效分蘖影响最大。根据单株有效分蘖成穗规律，将 3 个品种小麦分为：主茎分蘖成穗并重型品种临优 145 和临优 2018，主茎成穗为主型品种临汾 138。单株次生根数量变化表明，各播期和基本苗返青期的次生根数显著高于越冬期，说明有一定量的次生根在冬季发生消长现象，且不同播期和基本苗次生根消长率不同。临优 145 和临优 2018 都表现出 10 月 9 日播种，单株次生根情况最好，增长率分别为 272.1% 和 204.2%；临汾 138 表现出 10 月 2 日播种，单株次生根生长情况最好，增长率为 181.0%。

表 4 - 45 不同播期的小麦农艺性状

品种	播期	单株有效分蘖（个）	结实小穗（个）	穗长（cm）	株高（cm）	单株次生根		
						越冬期	返青期	增长率（%）
临优 145	09 月 25 日	1.99	17.00	8.66	76.23	7.5	20.3	170.7
	10 月 02 日	1.90	16.30	8.58	74.47	6.8	21.5	216.2
	10 月 09 日	1.72	15.43	8.37	69.30	6.1	22.7	272.1
	10 月 16 日	1.61	15.33	8.36	66.23	5.7	19.8	247.4
	变异系数（%）	9.52	4.91	1.77	6.44			
临优 2018	09 月 25 日	1.98	14.20	8.93	82.23	7.8	21.1	170.5
	10 月 02 日	1.89	14.00	8.87	80.57	7.0	20.8	197.1
	10 月 09 日	1.87	13.93	8.86	78.63	7.2	21.9	204.2
	10 月 16 日	1.77	13.63	8.75	72.67	6.8	20.0	194.1
	变异系数（%）	4.59	1.68	0.84	5.31			
临汾 138	09 月 25 日	1.14	15.60	9.22	82.43	7.5	20.2	169.3
	10 月 02 日	1.10	15.40	8.95	79.23	7.9	22.2	181.0
	10 月 09 日	1.03	15.40	8.71	76.43	7.7	20.8	170.1
	10 月 16 日	1.02	15.00	8.68	72.67	7.4	19.1	158.1
	变异系数（%）	5.35	1.64	2.84	5.34			

注：增长率＝（返青期次生根数—越冬期次生根数)/越冬期次生根数×100%。

（4）播期对小麦产量及其构成的影响

由表 4 - 46 看出，播期推迟，成穗数减少，千粒重提高，穗粒数和产量先增加后降低，其中临优 145 和临优 2018 于 10 月 9 日播种产量最高，分别达 7 416.71kg/hm² 和 8 084.34kg/hm²，与 10 月 2 日播种差异不显著，与 9 月 25 日播种和 10 月 16 日播种差异显著或极显著。临汾 138 于 10 月 2 日播种产量最高，为 8 195.14kg/hm²，与 9 月 25 日播种差异不显著，与其余 2 个播期的差异显著或极显著。

（5）品种和播期对小麦产量及其构成的作用力

由表 4 - 47 可以看出，品种和播期对产量和产量构成作用力大小存在差异。从主效应看，产量主要受播期的影响，作用力占总平方和的 63.39%，其次是品种，作用力占总平方和的 25.11%；产量 3 因素中成穗数主要受播期的影响，作用力占总平方和的 94.74%，品种仅占总平方和的 4.88%；穗粒数受品种和播期的共同影响，作用力分别占总平方和的 38.31% 和 31.88%；千粒重主要受品种的影响，作用力占总平方和的

70.37%。品种和播期对穗粒数影响较大。由此可见，播期是引起小麦产量和产量构成变化的主要因素；而千粒重主要由品种的遗传特性决定。

表 4 - 46　不同播期的产量及其构成

品种	播期	成穗数（×10⁴/hm²）	穗粒数	千粒重（g）	产量（kg/hm²）
临优 145	09 月 25 日	551.81±31.82aA	38.31±1.26bBC	36.91±1.56cB	7 208.52±86.89bB
	10 月 02 日	540.32±29.65aA	39.15±1.51abAB	37.58±0.73bcB	7 341.87±185.26aA
	10 月 09 日	516.92±26.89bB	39.72±1.08aA	39.15±2.46abAB	7 416.71±142.23aA
	10 月 16 日	453.24±16.78cC	37.42±2.09cC	40.92±0.49aA	6 370.45±59.86cC
临优 2018	09 月 25 日	557.84±12.08aA	36.14±1.08bB	41.66±0.12cB	7 870.82±156.28bA
	10 月 02 日	539.22±37.5abAB	36.92±1.29abAB	42.25±1.44bcB	7 900.63±198.26abA
	10 月 09 日	521.85±19.2bB	37.93±2.16aA	43.55±2.08abAB	8 084.34±285.60aA
	10 月 16 日	464.49±15.23cC	37.37±1.09aAB	44.91±0.89aA	7 223.63±46.58cB
临汾 138	09 月 25 日	538.84±42.15aA	38.47±1.59bAB	40.94±1.46cB	8 047.55±246.58aA
	10 月 02 日	522.26±35.52bAB	39.93±1.46aA	42.11±1.82bAB	8 195.14±55.38aA
	10 月 09 日	505.77±29.85cB	38.37±0.59bAB	42.50±2.06aA	7 602.00±111.23bB
	10 月 16 日	436.47±24.67dC	36.95±2.05cB	43.29±1.16abAB	6 459.46±46.95cC

表 4 - 47　品种和播期对产量及其构成的作用力

单位：%

差异源	成穗数	穗粒数	千粒重	产量
品种	4.88	38.31	70.37	25.11
播期	94.74	31.88	27.46	63.69
品种×播期	0.37	29.81	2.18	11.20

(6) 结论与讨论

有关播期对小麦生长发育规律的影响，前人已做了大量的研究，但针对目前气温不断升高，对播期对不同筋型小麦的生长发育研究较少。因此从作物生态学理论出发，在持续暖冬的气候条件下，研究了播期对不同品种小麦生长发育的影响。结果表明，播期对小麦各生育期及持续时间的影响主要表现在出苗至抽穗阶段，随播期推迟小麦发育期推迟，到抽穗—成熟期差异较小，这与前人研究结果一致。同期播种，品种不同，各生育期持续时间存在差异，临优 145 和临优 2018 的播种—抽穗期较临汾 138 长 2 天，抽穗—成熟期较临汾 138 短 4 天，但 3 品种成熟期仅相差 1 天，导致不同品种小麦的个体生长、器官建成和群体发展以及产量差异。

从小麦的生长发育状况分析，播期不同，使得株高、分蘖、叶面积系数、单株次生根、主茎叶龄、穗分化进程和冻害情况不同。晋南麦区水地小麦的适宜播期为 10 月 2 日至 10 月 9 日，结合品种的分蘖成穗规律，以主茎、分蘖成穗并重的品种临优 145 和临优 2018 适当晚播，以主茎成穗为主品种临汾 138 适当早播，叶面积系数最大，越冬次生根增长率最高，干物质积累量最多，有利于高产。

品种和播期对小麦的产量调控效应，前人已做过一些研究。阴卫军、郭天财等研究表明，不论是强筋品种还是弱筋品种，早播或晚播都不利于形成较高的单位面积穗数、穗粒数、千粒重和产量，而且随着播期的推迟，各项指标均是先上升后降低。本研究表明，供试的 3 个小麦品种均随播期推迟，成穗数、穗粒数和产量均先上升后降低，千粒重随播期的推迟而提高。由于分蘖成穗特性不同，相应的适播期存在一定差异，主茎分蘖成穗并重型品种临优 145 和临优 2018 以 10 月 2 日至 10 月 9 日为适播期，10 月 9 日播种产量最高；主茎成穗为主型品种临汾 138 以 9 月 25 日至 10 月 2 日为适播期，10 月 2 日播种产量最高。2 个可控因素对小麦产量影响的作用力为播期＞基因型，因此适期播种对提高小麦产量尤为重要。

综上所述，播期对小麦各生育期持续时间有明显影响，但抽穗期最多相差 2 天，成熟期不超过 1 天，适期播种，有利于小麦分蘖的发生、穗分化发育、干物质积累及安全越冬；在同一产量水平，2 个可控因素对小麦产量影响的作用力为播期＞基因型，适期播种能够较好地协调小麦的个体特征、群体质量，达到成穗数、穗粒数、千粒重结构合理，实现高产。

4.4.3　小麦玉米品种播期双改对水地小麦玉米产量的影响

临汾盆地小麦玉米一年两熟制存在的问题是小麦玉米品种搭配不当，播期不合理，光热资源利用效率和周年产量低而不稳。据统计，山西省临汾市近 54 年来年积温平均为 4 715.2℃，且呈逐年上升的趋势，近 10 年年积温平均为 5 103.2℃。冬小麦春性增强，出苗—单棱期所需时间缩短，单叶所需积温减少，传统播期易造成冬前旺长，群体质量低，产量不稳。近 54 年来年日照时数平均为 2 170.2h，呈逐年下降趋势，近 10 年年日照时数平均为 2 004.5h，小麦玉米一年两熟光热资源略显不足；加之品种搭配不当，造成光热资源浪费，无法实现周年稳产高产。因此，针对全球气候变暖，冬小麦品种春性增强，研究小麦品种温光特性，确定更细的温光分类指标，根据新指标确定品种温光类型，根据品种温光特性研究其适播期和收获期，根据玉米播期，筛选熟期适宜的耐密型高产夏玉米品种，提高该地区光热资源利用率，实现双季高产增效。

（1）研究方法

试验设在山西省农业科学院小麦研究所试验田，共开展 3 项试验。

①小麦品种播期试验：主区设 4 个播期：9 月 25 日、10 月 2 日、10 月 9 日和 10 月 16 日，副区为 32 个不同温光特性的小麦品种：临丰 3 号、临旱 6 号、临丰 615、临选 2035、临优 2018、临优 2069、临优 7287、临远 8 号、临汾 138、临优 145、尧麦 16、临汾 8050、舜麦 1718、运旱 618、运旱 20410、晋麦 47、晋麦 79、晋麦 84、邯 6172、石麦 19、石 4185、衡观 35、烟农 19、济南 17、良星 66、良星 99、济麦 22、京 9428、晋太 170、中麦 175、长 6878、长 4738。小区面积为 4m×10m＝40m²，观测各生育时期持续天数、积温、幼穗分化进程，调查记录生育期、安全越冬、冬前积温、冬前壮苗和产量构成等指标，构建适宜晋南麦区小麦品种温光特性分类指标及其与适播期间的关系。

②夏玉米品种试验：设 10 个夏玉米品种：大丰 30、强盛 51、联科 96、屯玉 99、先玉 335、太玉 511、联科 532、士海 738、太玉 811 和 JK1403。小区面积为 128m×2.3m＝294.4m²。施肥量：喇叭口期追施纯 N 300kg/hm²，P_2O_5 75kg/hm²。6 月 15 日人工播种。灌水模式：蒙头水（6 月 22 日，750m³/hm²）＋拔节水（7 月 16 日，450m³/hm²）＋灌浆水（8 月 12 日，450m³/hm²）。

③夏玉米播期试验：设 4 个播期分别为 6 月 15 日、6 月 18 日、6 月 21 日和 6 月 24 日播种。供试品种为先玉 335，小区面积为 10m×2.3m＝23m²，施肥量和浇水同玉米品种试验。

（2）小麦温光发育类型的细分及适播期

①播期对小麦生育期和穗分化进程的影响　由表 4-48 可以看出，播期早，生育期长，生育期积温多。播期对前期生长发育，尤其是冬前生长发育影响大，对抽穗期后发育影响较小。同时，播期对生育期的日平均积温影响较小，相差≤0.3℃。因此，小麦成熟期由品种感温发育类型决定，与播期相关性较小。

通过电镜穗分化进程观察，播期早，穗分化进程提前（图 4-14）。室内人工模拟和播期试验表明，在一定生态区域内，品种安全越冬的抗（耐）寒性与冬春性相关性较小，与发育进程、低温诱导（抗寒锻炼）相关性高。山西省南部麦区小麦安全越冬发育进程为单棱期。

表 4 - 48　播期对生育期和积温的影响（≥0℃）

播期	出苗期	播种期—出苗期			分蘖期	出苗期—分蘖期			拔节期	分蘖期—拔节期		
		天数(天)	积温(℃)	日均积温(℃)		天数(天)	积温(℃)	日均积温(℃)		天数(天)	积温(℃)	日均积温(℃)
09月25日	10月01日	6	107.0	17.8	10月19日	18	255.9	14.2	03月26日	158	609.8	3.9
10月02日	10月09日	7	108.8	15.5	10月28日	19	227.9	12.0	03月28日	151	548.6	3.6
10月09日	10月17日	8	108.8	13.6	11月08日	22	244.5	11.1	03月30日	142	451.1	3.2
10月16日	10月26日	10	115.3	11.5	11月22日	27	223.1	8.3	04月03日	132	434.7	3.3

播期	抽穗期	拔节期—抽穗期			成熟期	抽穗期—成熟期			全生育期		
		天数(天)	积温(℃)	日均积温(℃)		天数(天)	积温(℃)	日均积温(℃)	天数(天)	积温(℃)	日平均积温(℃)
09月25日	04月29日	34	588.5	17.3	06月07日	39	874.3	22.4	255	2 422.5	9.5
10月02日	04月30日	33	582.9	17.7	06月07日	38	850.2	22.4	248	2 318.4	9.3
10月09日	05月01日	32	578.8	18.1	06月08日	38	852.0	22.4	242	2 235.2	9.2
10月16日	05月01日	28	515.7	18.4	06月08日	38	852.0	22.4	235	2 161.8	9.2

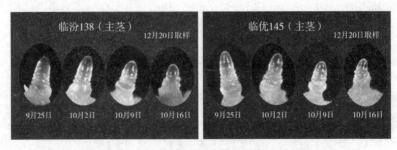

图 4-14　播期的小麦穗分化进程

②小麦品种感温发育类型新划分　根据单叶发育积温、进入单棱期历时、冬前叶龄等指标，将供试的 32 个小麦品种进行聚类分析，可将小麦品种感温生态类型由过去的冬性和半冬性，重新划分为冬性、半冬性偏冬性、半冬性和半冬性偏春性 4 类（图 4-15、表 4-49）。其中冬性品种出苗期—单棱期时间为 68.5 天，单叶积温 95.7～99.1℃，品种有京 9428、晋太 170、中麦 175、长 6878、长 4738 等；半冬偏冬性品种出苗期—单棱期时间为 62.3 天，单叶积温 89.1～93.7℃，品种有晋麦 47、临丰 3 号、

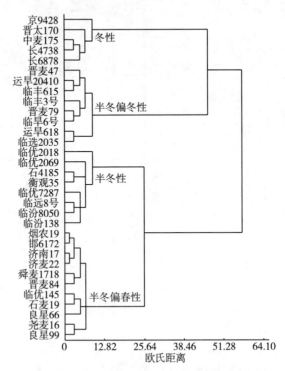

图 4-15　小麦品种感温发育类型聚类分析图

晋麦 79、运旱 618、运旱 20410、临旱 6 号、临丰 615、临选 2035 等；半冬性品种出苗期—单棱期时间为 55.9 天，单叶积温 84.0～88.6℃，品种有临优 2018、临优 2069、临优 7287、临远 8 号、临汾 138、临汾 8050、石 4185、衡观 35 等；半冬性偏春性品种出苗期—单棱期时间为 48.6 天，单叶积温 79.5～84.3℃，品种有烟农 19、临优 145、尧麦 16、舜麦 1718、晋麦 84、济南 17、良星 66、良星 99、济麦 22、邯 6172、石麦 19 等。

表 4 - 49　小麦品种感温发育类型划分新旧指标对照

感温"三类"	春化温度（℃）	0～3		0～7	0～12
	春化时间（天）	>35		15～35	5～15 或不经低温
	类型	冬性		弱（半）冬性	春性
细化分类型	类型	冬性	半冬性偏冬性	半冬性	半冬性偏春性
	出苗期—单棱期时间（天）	68.5	62.3	55.9	48.6
	单叶积温（℃）	95.7～99.1	89.1～93.7	84.0～88.6	79.5～84.3

③不同感温发育类型划分指标和适播期　确定了各感温发育类型品种出苗到单棱期所需积温、适播期平均气温、冬前单叶所需积温、主茎叶龄等指标（表 4 - 50）。其中冬性品种生育期在 255 天左右，适播期为 9 月 23 日至 25 日，播种时适宜气温在 17.9℃，冬前主茎叶龄 6.5～7.0，单株分蘖 4～6 个；半冬偏冬性品种生育期在 245.5 天左右，适播期为 9 月 29 日至 10 月 1 日，播种时适宜气温在 16.8℃，冬前主茎叶龄 6.0～6.5，单株分蘖 4～5 个；半冬性品种生育期在 240.6 天左右，适播期为 10 月 5 日至 6 日，播种时适宜气温在 15.9℃，冬前主茎叶龄 5.5～6.0，单株分蘖 2～4 个；半冬偏春性品种生育期在 237 天左右，适播期为 10 月 10 日至 11 日，播种时适宜气温在 15.2℃，冬前主茎叶龄 5.0～5.5，单株分蘖 2～2.5 个。

(3) 不同夏玉米品种的生育期及产量

①不同夏玉米品种的生育时期　由表 4 - 51 可以看出，不同玉米品种生育期相差 0～3 天，其中屯玉 99 生育期最长，为 136 天。10 个玉米品种出苗期和拔节期无差异，抽雄期最多相差 4 天，成熟期最多相差 3 天。先玉 335、大丰 30、强盛 51、JK1403 抽雄吐丝较晚，但成熟快，说明灌浆后期籽粒脱水较快，干物质积累快。

表 4-50　小麦品种感温发育类型与发育指标、适播期的对照表

| 温光适应性 | 生育期天数（出苗期—成熟期） | 安全越冬天数（出苗期—单棱期） | 适播 | | 冬前积温（℃） | 冬前 | | | 产量构成 | | 代表品种 |
			温度（℃）	播期		主茎叶龄	单株分蘖	单叶积温（℃）	成穗数	穗粒数	
冬性	255.0	68.5	17.9	9月23～25日	644.0～690.9	6.5～7.0	4～6	95.7～99.1	38.4	33.5	京9428、晋太170、中麦175、长6878、长4738
半冬性偏冬性	245.5	62.3	16.8	9月29日～10月1日	554.4～600.8	6.0～6.5	4～5	89.1～93.7	37.3	32.1	晋麦47、临丰3号、晋麦79、运旱618、运旱20410、临旱6号、临丰615、临选2035
半冬性	240.6	55.9	15.9	10月5～6日	466.6～499.6	5.5～6.0	2～4	84.0～88.6	40.6	31.6	临优2018、临优2069、临优7287、临远8号、临汾138、临汾8050、石4185、衡观35
半冬性偏春性	237.0	48.6	15.2	10月10～11日	412.8～443.8	5.0～5.5	2～2.5	79.5～84.3	41.9	29.9	烟农19、临优145、尧麦16、舜麦1718、晋麦84、济南17、良星66、良星99、济麦22、邯6172、石麦19

表 4-51　不同玉米品种生育时期

品种	出苗期	拔节期	抽雄期	成熟期	生育期（天）
大丰30	6月27日	7月16日	8月14日	10月7日	133
强盛51	6月27日	7月16日	8月14日	10月7日	133
联科96	6月27日	7月16日	8月10日	10月9日	135
屯玉99	6月27日	7月16日	8月10日	10月10日	136
先玉335	6月27日	7月16日	8月14日	10月7日	133
太玉511	6月27日	7月16日	8月13日	10月7日	133
联科532	6月27日	7月16日	8月13日	10月7日	133
士海738	6月27日	7月16日	8月11日	10月7日	133
太玉811	6月27日	7月16日	8月11日	10月9日	135
JK1403	6月27日	7月16日	8月14日	10月7日	133

②不同夏玉米品种的收获指数 由表 4-52 可以看出，10 个玉米品种单株籽粒重、穗轴重、茎叶干重及收获指数均有较大差异。单株籽粒干重为 JK1403＞先玉 335＞大丰 30＞强盛 51＞太玉 511＞士海 738＞太玉 811＞联科 96＞联科 532＞屯玉 99，单株穗轴重为 JK1403＞联科 532＞强盛 51＞先玉 335＞联科 96＞太玉 511＞大丰 30＞士海 738＞太玉 811＞屯玉 99，单株茎叶干重为 JK1403＞先玉 335＞太玉 511＞强盛 51＝士海 738＞太玉 811＞联科 96＞大丰 30＝屯玉 99＞联科 532。收获指数在 42.86%～53.72%，其中大丰 30 籽粒较重、穗轴重和茎叶较轻，因此收获指数最高；联科 532 籽粒较轻，茎叶最轻，收获指数次之，JK1403 各部分均最高，收获指数最低，仅为 42.86%。

表 4-52 不同玉米品种的收获指数

品种	籽粒（g/株）	穗轴（g/株）	茎叶（g/株）	收获指数（%）
大丰 30	180.01	27.09	128.00	53.72
强盛 51	175.76	32.36	144.00	49.92
联科 96	156.23	30.47	132.00	49.02
屯玉 99	129.26	24.72	128.00	45.84
先玉 335	197.76	31.73	168.00	49.75
太玉 511	168.96	27.70	148.00	49.02
联科 532	151.79	32.69	116.00	50.52
士海 738	168.72	26.92	144.00	49.68
太玉 811	161.91	24.90	136.00	50.16
JK1403	214.92	34.49	252.00	42.86

③不同夏玉米品种的产量及其构成 由表 4-53 可以看出，10 个玉米品种产量及其构成存在较大差异。产量在 7 980～14 820kg/hm²，JK1403＞先玉 335＞士海 738＞大丰 30＞强盛 51＞太玉 511＞联科 532＞屯玉 99＞太玉 811＞联科 96，出籽率在 85.26～88.48%，JK1403 最高，先玉 335 次之，联科 96、太玉 811、屯玉 99 较低。穗长在 15.90～21.55cm，JK1403 最长，联科 96 最短，秃尖在 0.65～2.60cm，联科 532、强盛 51 较长，大丰 30、先玉 335 较短。

穗粒数在 567.24～720.68 粒/穗，其中 JK1403 最多，先玉 335、大丰 30 次之，联科 96、太玉 811 较少；百粒重在 23.47～31.80g，JK1403＞先玉

335＞士海 738＞大丰 30＞强盛 51＞太玉 511＞联科 532＞太玉 811＞屯玉 99＞联科 96。

表 4-53　不同玉米品种的产量及其构成

品种	穗长 (cm)	秃尖 (cm)	穗粒数	百粒重 (g)	株数 (株/hm²)	产量 (kg/hm²)	出籽率 (%)
大丰 30	18.75	0.65	663.92	28.93 b	60 195	10 680c	87.25
强盛 51	19.55	2.30	606.72	28.50 b	60 345	10 200 d	87.18
联科 96	15.90	0.85	590.96	23.47 e	60 255	7 980 f	85.26
屯玉 99	17.90	0.80	625.60	26.20 d	59 970	8 940 e	86.13
先玉 335	20.70	0.75	680.40	30.46 a	59 595	11 820 b	87.56
太玉 511	18.95	1.55	639.60	27.84 c	61 530	9 960 d	86.91
联科 532	19.90	2.60	623.90	27.58 c	60 315	9 840 d	87.23
士海 738	19.65	0.85	657.28	29.65 ab	59 910	11 700 b	87.44
太玉 811	17.35	1.60	567.24	27.24 cd	59 040	8 820 e	86.47
JK1403	21.55	1.30	720.68	31.80 a	60 240	14 820 a	88.48

（4）播期对夏玉米生长发育及产量的影响

①播期对夏玉米生育时期的影响　由表 4-54 可以看出，不同播期夏玉米到达出苗期、拔节期、抽雄期、成熟期的时间均有差异，出苗期和拔节期 6 月 15 日播种与 6 月 24 日播种相差 7 天，到抽雄期仅相差 3 天。6月 15 日播种虽然成熟期最早，但全生育期较 6 月 24 日播种长 5 天，灌浆期光照充足。

表 4-54　不同播期夏玉米的生育时期

播期	出苗期	拔节期	抽雄期	成熟期	生育期（天）
6 月 15 日	6 月 27 日	7 月 16 日	8 月 14 日	10 月 7 日	133
6 月 18 日	6 月 30 日	7 月 19 日	8 月 15 日	10 月 8 日	131
6 月 21 日	7 月 2 日	7 月 22 日	8 月 17 日	10 月 9 日	130
6 月 24 日	7 月 5 日	7 月 25 日	8 月 17 日	10 月 9 日	128

②播期对夏玉米干物质积累及转移的影响　由表 4-55 看出，抽雄期，夏玉米单株茎、叶、穗干重均随播期推迟而降低；成熟期，夏玉米单株茎干重随播期推迟先增加后降低，6 月 21 日播种最高，单株叶干重随

播期推迟先降低后增加，6月15日播种最高，单株穗干重随播期推迟而降低；茎干物质转移量随播期推迟而增加，叶干物质重随播期推迟先转移后积累，穗部干物质积累随播期推迟而减少，总光合产物随播期推迟而增加。

表4-55　不同播期的干物质积累和转运

单位：g

播期	抽雄期			成熟期			干物质转移量			
	茎	叶	穗	茎	叶	穗	茎	叶	穗	光合产物
6月15日	54.56	87.35	10.06	71.49	69.79	141.91	16.93	−17.56	131.85	131.21
6月18日	35.64	68.09	9.12	79.85	61.12	103.73	44.21	−6.97	95.77	131.85
6月21日	38.19	64.82	8.23	86.95	65.40	102.00	48.77	0.59	92.61	142.12
6月24日	28.27	53.91	6.33	81.02	68.64	82.18	52.75	14.73	75.85	143.32

③播期对夏玉米产量的影响　由表4-56看出，夏玉米籽粒产量在8 526.2～9 842.4kg/hm²，随播期推迟夏玉米籽粒产量降低，其中6月15日播种较6月24日播种增产1 316.2kg/hm²；夏玉米出籽率在84.72%～87.64%，随播期推迟出籽率降低。夏玉米穗长随播期推迟而减少，秃尖随播期推迟而增加；穗粒数随播期推迟而减少；百粒重随播期推迟先增加后减少，其中6月18日播种最高。

表4-56　不同播期玉米产量及产量构成

播期	穗长 (cm)	秃尖 (cm)	穗粒数	株数 (株/hm²)	百粒重 (g)	产量 (kg/hm²)	出籽率 (%)
6月15日	19.20	1.48	638.78	60 255	27.64	9 842.4 a	87.47
6月18日	18.60	1.55	609.84	59 925	29.03	9 335.1 b	86.63
6月21日	18.55	1.75	590.52	60 180	27.63	9 092.0 c	86.09
6月24日	17.48	2.08	545.24	59 955	25.64	8 526.2 d	84.72

(5) 结论与讨论

依据晋南麦区光热资源变化和小麦品种感温发育类型的重新划分，结合播期试验，总结了"小麦-玉米品种播期双改技术"，即冬小麦改过去种植冬性品种（出苗期—单棱期平均68.5天，单叶积温95.7～99.1℃）为种植半冬性（出苗期—单棱期平均55.9天，单叶积温84.0～88.6℃）或半冬性偏冬性品种（出苗期—单棱期平均62.3天，单叶积温89.1～

93.7℃），改中晚熟品种（6月20日后收获）为中早熟品种（6月15日前收获），夏玉米改短生育期普通型品种（95～98天，每公顷52 500～60 000株）为长生育期耐密型品种（105～110天，每公顷64 500～67 500株），出籽率应高于87.0%；改冬小麦早播（9月25日～10月3日）晚收（6月16日以后）为适播（10月8日至13日，确保小麦越冬期处于单棱期）早收（6月15日前），改夏玉抢时（6月6日至10日）人工麦行套播为小麦收获后及时机械化硬茬密播（每公顷出苗66 000株左右）。"小麦-玉米品种播期双改技术"，首先实现了小麦冬前个体健壮，群体质量高，壮苗越冬，为高产奠定坚实基础；其次延长了夏玉米生育时期，实现了夏玉米产量大幅提高，提高光热资源利用率高；第三解决了晋南小麦-玉米一年两熟光热资源不足，实现了小麦玉米双季双高产；第四提高了小麦玉米种植机械化程度，节省劳动力投入；第五实现了小麦-玉米一年两熟种植区的北移。因此，"小麦玉米品种播期双改技术"是小麦玉米周年高产高效栽培的重要技术组成部分。

4.5　小麦玉米肥料减施增产增效技术研究

4.5.1　风化煤复合包裹控释肥对小麦生长发育及土壤酶活性的影响

控释肥能提高肥料利用率，减少肥料使用次数，降低环境污染，应用前景良好。各国已实现工业化生产的缓/控释肥主要有脲甲醛、草酰胺、硫包衣尿素及聚合物包膜肥料。控释材料是控释肥生产的重要基础，高效低成本控释材料是研制的关键技术。近年来，我国在控释材料研究方面取得了一些成果，如沸石、膨润土、木质素、改性矿物和天然多糖等作为控释材料获得了成功。风化煤富含活性物质腐殖酸，而腐殖酸具有多种活性基团（羧基、酚羟基、醇羟基、甲氧基等），赋予腐殖酸多种功能，如酸性、亲水性、阳离子交换性、络合能力及较高的吸附能力。同时，腐殖酸是有机质重要组成部分，对促进作物营养代谢，增强作物抗逆性能，改善土壤理化性状等都有良好作用，其开发利用前景十分广阔。山西省风化煤资源丰富，价格低廉。因此，以风化煤和其他聚合材料为控释材料研制了复合包裹型控释肥，并研究其对冬小麦生长发育的影响，为风化煤复合包裹控释材料应用提供科学依据。

（1）研究方法

①供试材料　供试肥料为3种自制风化煤复合包裹型控释肥料。控释

肥由核心肥料、风化煤包裹层和致密包裹层组成。核心肥料为尿素、磷酸二氢铵和氯化钾制成 $N : P_2O_5 : K_2O$ 为 $22 : 8 : 11$ 的复合肥，约占总重的 75%，然后包裹 20% 的风化煤，最后包裹 5% 不同控释材料，形成致密包裹层，（包裹层总厚度约为 0.2mm）。外层控释材料分别为改性淀粉、聚乙烯树脂和水玻璃。转盘造粒工艺制成 $N : P_2O_5 : K_2O$ 为 $16 : 6 : 8$ 的控释肥，经筛分后，以直径为 $3.0 \sim 4.0$mm 供试颗粒。3 种控释肥分别用 MCRF、RCRF 和 WCRF 表示。供试肥料为：尿素（N 46%），磷酸二氢铵（N 11%，P_2O_5 44%）、普钙（P_2O_5 17%）、氯化钾（K_2O 60%）；小麦品种为临优 2069。

②试验设计　试验在山西省农业科学院小麦研究所试验田进行。试验地为石灰性褐土，质地中壤，$0 \sim 25$cm 耕层土壤有机质为：14.52g/kg，全氮 1.18g/kg、碱解氮 84.62mg/kg、有效磷 8.57mg/kg、速效钾 101.35mg/kg，pH 为 7.9。

试验设 CK：不施肥对照。氮磷钾配施处理（后文简称 NPK 处理）：施肥量为 N 225kg/hm²，P_2O_5 120kg/hm²，K_2O 150kg/hm²。MCRF$_1$、RCRF$_1$ 和 WCRF$_1$：使用量所含 N、P、K 养分量与 NPK 处理相等（即等养分量处理）。MCRF$_2$、RCRF$_2$ 和 WCRF$_2$：使用量所含 N、P、K 养分量为 NPK 处理的 80%（80% 养分量处理），控释肥处理中 P、K 养分不足部分由普钙和氯化钾补足。共 8 个处理，重复 4 次，随机区组排列，小区面积为 4.0m×5.0m。

NPK 处理磷、钾肥全部基施，氮肥 60% 基施，40% 于返青期追施，控释肥全部基施。10 月 2 日播种，6 月 10 日收获。其他管理措施同大田。

③测定项目与方法　产量及其构成：收获前，每小区选 2 个有代表性的 1m² 样方调查成穗数，另取 10 株进行室内考种，调查穗粒数等。晾干后数 500 粒称重，换算成千粒重，重复 2 次（重复间相差≤0.5g）。

光合速率：从返青期开始，选取朝向长势基本一致的叶片测定净光合速率，直到蜡熟期结束。于上午 9：00～11：00 用英国 Lci 光合测定仪测定净光合速率（P_n）。测定时光强为 $1\,500 \pm 50\mu mol/(m^2 \cdot s)$，温度为 (30 ± 1)℃，CO_2 浓度为 $380 \pm 10\mu mol/mol$ 空气，共测 6 次。

植株和土壤养分：分别于越冬前、返青期、拔节期、孕穗期、灌浆期和成熟期每小区取冬小麦 10 株，迅速带回室内清洗干净，在 100℃ 左右杀青 30min 后，70℃ 烘至恒重，称重，然后粉碎测定植株 N、K 含量；取 $0 \sim 25$cm 土壤样品风干后测定土壤中速效养分和土壤酶活性。植株全氮用半微量凯氏定氮法，土壤碱解氮用碱解扩散法，土壤有效磷用钼锑抗比色法，植株全钾和土壤速效钾用火焰光度计法测定。土壤脲酶活性用苯酚-次氯酸钠比色法测定，以 $NH_3-Nmg/(g·天)$ 表示；蔗糖酶用 3, 5-二硝基水杨酸比色法测定，以葡萄糖 $mg/(g·天)$ 表示；磷酸酶活性用磷酸苯二钠比色法测定，以酚 $mg/(g·天)$ 表示；过氧化氢酶活性用高锰酸钾活性测定，以 $KMnO_4$ $mL/(g·天)$ 表示。

（2）控释肥对冬小麦产量结构、籽粒产量及蛋白质含量的影响

由表 4-57 看出，与 CK 和 NPK 处理比较，控释肥处理能使小麦千粒重和穗粒数提高，差异达显著或极显著水平。其中以 $WCRF_1$ 提高最多，千粒重分别提高 6.25% 和 8.80%；穗粒数提高 1.25% 和 1.10%。成穗数控释肥处理较 CK 每公顷增加了 $5.314×10^5 \sim 9.104×10^5$ 穗，差异达极显著水平；但较 NPK 处理每公顷减少了 $6.89×10^4 \sim 4.481×10^5$ 穗。小麦产量分别增产 14.95% $\sim$ 32.63% 和 1.33% $\sim$ 16.92%。其中，以 $WCRF_1$ 增产效果最好，与其他处理间差异达极显著水平。施肥使籽粒蛋白质含量提高，等养分量控释肥处理籽粒蛋白质含量较 NPK 处理提高，差异达显著或极显著水平，80% 养分量控释肥处理与 NPK 处理相近。控释肥虽使成穗数小幅减少，但小麦千粒重、穗粒数、籽粒蛋白质含量和产量提高。

表 4-57　小麦产量、产量构成和蛋白质含量

处理	千粒重（g）	穗粒数	成穗数（$×10^4/hm^2$）	产量（kg/hm^2）	籽粒蛋白质（%）
CK	35.36±1.63 cdBC	40.27±0.76 eC	403.22±5.10 dF	4 637.22±32.33 gG	13.45±0.21 dD
NPK	34.53±0.82 dC	40.80±0.50	501.22±2.03 aA	5 260.34±53.33 fF	14.15±0.26 cBC
$MCRF_1$	36.51±0.74 abcAB	44.60±1.84 abA	490.48±16.93	5 612.37±29.36 cC	14.27±0.17 bBC
$RCRF_1$	36.61±0.34 abAB	44.75±1.67 abA	486.55±0.30 bB	5 992.08±27.69 bB	14.31±0.09 bB
$WCRF_1$	37.57±0.88 aA	45.30±0.22 aA	494.24±5.71 aAB	6 150.46±61.48 aA	14.54±0.24 aA
$MCRF_2$	35.60±1.47 bcBC	42.21±0.84	469.06±12.54 bD	5 330.50±38.05 eE	14.11±0.23 cC
$RCRF_2$	35.45±1.92 bcBC	43.95±0.82	456.41±13.70 cD	5 400.29±107.63	14.14±0.13 cBC
$WCRF_2$	35.96±0.57 bcBC	43.37±1.44	475.45±4.03 bCD	5 501.34±57.53	14.20±0.11 bcBC

（3）控释肥对小麦叶片净光合速率（P_n）的影响

由表 4-58 看出，施肥使叶片净光合速率（P_n）提高，且与 CK 差异达极显著水平。返青期、拔节期和孕穗期以 NPK 处理叶片 P_n 最高；返青期除 $MCRF_1$ 和 $RCRF_1$ 外，NPK 处理与其他处理间差异达显著或极显

著水平；拔节期和孕穗期各处理间差异较小。随着生育期推移，控释肥处理叶片 P_n 下降相对缓慢，抽穗期等养分量控释肥处理叶片 P_n 高于 NPK 处理；灌浆期和蜡熟期控释肥处理均高于 NPK 处理，以 WCRF$_1$ 处理最高，到蜡熟期其叶片 P_n 仍达 $7.10\mu mol/(m^2 \cdot s)$，与其他处理间差异达极显著。小麦生长发育后期叶片保持较高的 P_n，有利于干物质积累提高粒重增产。

（4）控释肥对小麦植株养分利用率的影响

①小麦各生育期植株干重　由表 4-59 看出，施肥使植株干重提高，与 CK 差异均达极显著水平。越冬前、返青期和拔节期以 NPK 处理干重最高，但越冬前、返青期差异未达显著水平，拔节期仅达差异显著。孕穗期到成熟期控释肥处理植株干重逐渐快速提高，NPK 处理提高相对较慢，干重较低。控释肥中以 WCRF 效果较好，说明控释肥对小麦中后期干物质积累有促进作用。

②小麦各生育期植株全 N、全 K 含量　施肥使各生育期植株全 N 含量明显提高 [图 4-16（a）]。越冬期到拔节期以 NPK 处理植株全 N 含量高于控释肥，但与等养分量控释肥差异较小；孕穗期后 NPK 处理全 N 含量下降较快，植株全 N 含量低于等养分量控释肥处理；抽穗以后植株全 N 含量以 WCFR$_1$ 最高。

越冬前和返青期以 NPK 处理植株全 K 含量最高，控释肥相对较低；返青期后，控释肥处理植株全 K 含量提高相对较快，到拔节期植株全 K 含量高于 NPK 处理 [图 4-16（b）]。抽穗期后，以 WCFR$_1$ 植株全钾含量最高，但与其他控释肥间差异较小。

③氮、钾利用效率　控释肥明显提高了氮肥、钾肥的利用率（表 4-60），等养分量控释肥处理，氮肥、钾肥利用率为 30.84%～42.98% 和 40.81%～55.39%，较 NPK 处理提高 11.89%～24.03% 和 11.28%～25.86%；80% 养分量控释肥利用率为 23.79%～35.44% 和 35.01%～42.39%，较 NPK 处理提高 4.83%～16.48% 和 4.95%～12.86%。控释肥中以 WCRF 效果最好，氮肥、钾肥利用率最高。

（5）控释肥对土壤中速效养分含量及酶活性的影响

①土壤中速效养分含量　越冬前到拔节期土壤中碱解氮均以 NPK 处理最高，较等养分量控释肥处理提高 6.66～22.21mg/kg；从孕穗期开始 NPK 处理土壤碱解氮含量快速下降，低于等养分量控释肥处理 [图 4-17（a）]。越冬前到拔节期土壤有效磷均以 NPK 处理最高，控释肥处理相对较低；

表 4-58 各施肥处理的小麦叶片净光合速率（P_n）变化 （$\mu mol/(m^2 \cdot s)$）

处理	返青期	拔节期	孕穗期	抽穗期	灌浆期	蜡熟期
CK	15.41±0.15 dC	18.39±3.13 cB	21.03±1.48 f D	17.10±1.22 dD	17.13±0.73 cC	1.02±0.20 dD
NPK	18.99±1.16 aA	22.05±1.11 aA	25.90±1.25 aA	19.22±0.85 bBC	18.15±1.04 bB	1.78±0.14 cC
MCRF$_1$	18.34±0.88 abAB	21.93±0.67 aA	23.95±1.90 bcdAB	19.47±0.78bABC	19.56±1.15 aA	2.88±0.95 cC
RCRF$_1$	18.00±0.32 abcAB	21.16±1.23 abA A	24.56±1.28 abAB	19.78±0.81 bAB	19.79±1.57 aA	4.63±1.68 bB
WCRF$_1$	17.19±1.26 bcABC	20.58±1.92 abA	24.44±1.01 abcAB	21.20±0.70 aA	19.90±2.035 aA	7.10±1.06 aA
MCRF$_2$	17.74±0.46 abcAB	20.06±1.33 abA A	22.16±1.46 deB	17.80±0.99 cC	18.64±1.72 bB	2.29±0.25 cC
RCRF$_2$	16.89±1.13 cBC	19.92±1.50 abA	23.44±1.02bcdeAB	18.73±1.09 bcBC	18.84±1.27 bAB	2.35±0.62 cC
WCRF$_2$	16.70±0.49 cdBC	19.27±1.48 abA	22.70±1.22 cdeB	19.11±1.02 bcBC	19.63±0.93 aA	4.53±1.50 bB

表 4-59 各施肥处理的各生育期时单株干重

单位：g

处理	越冬前	返青期	拔节期	孕穗期	抽穗期	灌浆期	成熟期
CK	0.67±0.05 cB	0.94±0.14 dC	1.34±0.05 dC	1.71±0.11 dD	2.06±0.10 cC	2.68±0.09 cC	3.59±0.10 cC
NPK	0.94±0.15 aA	1.25±0.17 aA	1.96±0.02 aA	2.25±0.27 abAB	2.58±0.17 bB	3.23±0.02 bB	3.68±0.14 bAB
MCRF$_1$	0.89±0.06 abA	1.23±0.14 aaAB	1.78±0.05 bAB	2.26±0.21 abAB	2.71±0.05baBA	3.29±0.16 bB	3.91±0.26 bAB
RCRF$_1$	0.87±0.07 abA	1.19±0.19 aaAB	1.76±0.14 bAB	2.35±0.11 aA	2.78±0.04 aA	3.46±0.02bAB	4.05±0.15 aA
WCRF$_1$	0.85±0.11 abA	1.11±0.11 abAB	1.69±0.11 bAB	2.34±0.12 aA	2.86±0.14 aA	3.61±0.08 aA	4.18±0.05 aA
MCRF$_2$	0.80±0.10	1.10±0.21 abAB	1.55±0.14 cBC	2.01±0.15 bcBC	2.59±0.07 bB	3.26±0.08 bB	3.80±0.13 bB
RCRF$_2$	0.78±0.08 bcAB	1.06±0.19 abAB	1.52±0.17 cdBC	2.18±0.23 bBC	2.62±0.03 bBA	3.27±0.07 bB	3.80±0.15 bB
WCRF$_2$	0.78±0.07 bcAB	1.02±0.14 bAB	1.43±0.00 cdC	2.07±0.16 bcBC	2.68±0.15 baBA	3.31±0.12 bB	3.89±0.05bAB

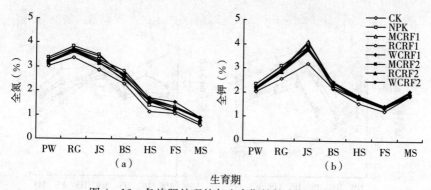

图 4-16　各施肥处理的各生育期植株全氮和全钾

（PT—冬前；RG—返青期，JS—拔节期，BS—孕穗期，HS—抽穗期，FS—灌浆期，MS—成熟期）

表 4-60　各施肥处理的氮肥、钾肥的利用效率

处理	氮素			钾素		
	吸收量（kg/hm²）	利用率（%）	提高（%）	吸收量（kg/hm²）	利用率（%）	提高（%）
CK	166.36	—	—	188.07	—	—
NPK	209.01	18.95	—	224.83	29.53	—
MCRF₁	235.76	30.84	11.89	238.87	40.81	11.28
RCRF₁	254.51	39.18	20.22	254.94	53.72	24.19
WCRF₁	263.07	42.98	24.03	257.02	55.39	25.86
MCRF₂	209.18	23.79	4.83	222.94	35.01	5.48
RCRF₂	223.51	31.75	12.79	222.41	34.48	4.95
WCRF₂	230.15	35.44	16.48	230.29	42.39	12.86

注：吸收量＝茎秆干重×N 含量＋籽粒干重×N 含量。

随着生育期推移，NPK 处理土壤有效磷持续快速下降，直至收获期，而控释肥处理土壤中有效磷含量先提高，然后缓慢降低［图 4-17（b）］。

图 4-17（c）看出，CK 和 NPK 处理土壤速效 K 含量从越冬前到灌浆期持续降低，成熟期才有所提高；控释肥处理土壤速效 K 含量先逐渐升高，返青期达最高，然后降低，至收获时有所回升。控释肥中以WCRF 效果较好。施用控释肥，冬小麦生育前期土壤速效养分含量相对较低，而中后期土壤中保持较高的速效养分水平，保证了冬小麦高产对养分需求。另外，收获期控释肥土壤速效养分含量较高，有利于下茬作物吸收利用。

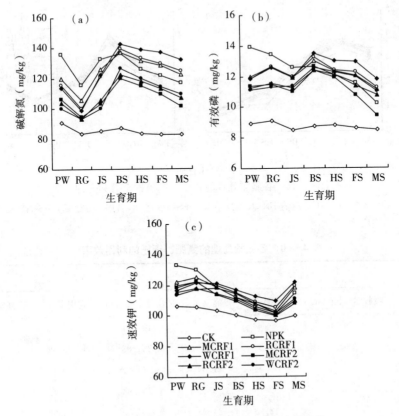

图 4 - 17　各施肥处理的各生育期土壤速效养分

②土壤酶活性　由表 4 - 61 看出，施肥使土壤酶活性均较 CK 处理提高，差异达极显著水平。控释肥处理土壤酶活性高于 NPK 处理。拔节期等量养分条件下，土壤脲酶、蔗糖酶和过氧化氢酶活性以控释肥 MCRF 最高，其次是 WCFR，而收获期以 WCFR 最高；拔节期和收获期磷酸酶均以 WCFR 活性最高，MCRF 次之。控释肥提高了土壤酶活性，改善土壤养分供应状况，提高肥料的利用率，保护了土壤中微生物正常活动，为冬小麦创造了良好的生长条件。

(6) 结论与讨论

控释肥能调控各养分比例静态平衡和供肥过程动态平衡，可根据作物生长发育期需肥量调节其养分释放速度，肥料利用率高，节肥增产。风化煤复合包裹型控释肥富含腐殖质等有机活性物质和丰富的高吸附基团等，养分释放缓急相济，互补长短，与小麦需肥规律具有较高的同步性。施用

表 4 – 61　各施肥处理的拔节期和收获期土壤中酶活性

处理	脲酶 [NH₃ N mg/(g·天)]		蔗糖酶 [mg/(g·天)]		磷酸酶 [mg/(g·天)]		过氧化氢酶 [mL/(g·天)]	
	JS	MS	JS	MS	JS	MS	JS	MS
CK	1.95±0.09fD	1.53±0.11hG	0.45±0.05 dC	0.49±0.04eD	1.95±0.12 fF	2.05±0.15	6.97±0.25 eE	7.35±0.30 eD
NPK	2.69±0.12 eC	2.43±0.09 gF	0.54±0.03 cB	0.64±0.05 d C	2.26±0.13 eE	2.3±0.11cB	7.69±0.16 dD	7.99±0.21dC
MCRF	3.26±0.11 aA	3.05±0.1	0.69±0.06 aA	0.73±0.06abA	2.56±0.09abA	2.76±0.21ab	8.64±0.09 aA	9.26±0.15 aA
RCRF₁	3.15±0.14 dB	2.76±0.06 fE	0.63±0.02	0.68±0.07	2.45±0.16cdCD	2.73±0.09ab	8.41±0.24bB	9.13±0.13abA
WCRF	3.22±0.06	3.11±0.04 aA	0.66±0.01	0.75±0.01 aA	2.59±0.18 aA	2.79±0.13	8.53±0.19abA	9.2±0.09 aA
MCRF	3.23±0.07	2.99±0.11cB	0.66±0.06	0.7±0.03	2.5±0.2bcAB	2.68±0.15	8.24±0.23 cC	8.99±0.05
RCRF₂	3.16±0.13 cdB	2.86±0.15eD	0.61±0.01bA	0.64±0.05 d C	2.39±0.11 dD	2.68±0.06	8.23±0.14 cC	8.92±0.25 cB
WCRF	3.19±0.15bcdA	2.93±0.09dC	0.64±0.1 abA	0.73±0.07abA	2.46±0.1	2.69±0.16	8.24±0.06 cC	8.92±0.16 cB

控释肥在小麦生长发育前期土壤速效养分含量较 NPK 处理低，中后期较 NPK 处理高，满足了小麦中后期生长发育的需求，这与王茹芳等结论相同。施用控释肥虽使小麦成穗数有所降低，但千粒重、穗粒数和籽粒蛋白质含量提高，达到了增产提质效果。控释肥中以 WCRF 效果最好，在等养分条件下，千粒重、穗粒数、籽粒蛋白质含量最高，增产效果最好。

小麦叶片 P_n、干重、植株全氮全钾含量及运转与养分数量、肥料种类相关，并受土壤养分供应影响。本研究表明，控释肥促进了小麦中后期生长发育，使叶片 P_n、干重、植株全氮全钾含量均明显高于 NPK 处理，有利于小麦后期干物质积累与转移，提高粒重增产。控释肥中 WCRF 效果最好，这与产量结果一致。

土壤酶活性和微生物是表征土壤肥力的重要指标之一。土壤酶活性高低反映了土壤养分转化状况。风化煤复合包裹型控释肥为小麦生长发育提供了有机活性物质，为土壤微生物提供了有机能源，改善了根际微环境，从不同程度上激活了土壤酶活性，更有利于小麦对土壤养分的吸收与运转，使得肥料利用效率提高。

综上所述，施用控释肥较不施肥（CK）和氮磷钾配施处理（NPK 处理）小麦产量均提高，结构改善。与 NPK 处理相比成穗数降低，千粒重和穗粒数提高；等养分量控释肥增产 6.69%～16.92%。控释肥使小麦中后期叶片 P_n、植株干重、全氮和全钾含量提高；等养分量控释肥较 NPK 处理籽粒蛋白质含量提高。与 NPK 处理相比，控释肥处理土壤速效养分在小麦生长发育前期低、中后期高，同时提高了土壤酶活性，有利于小麦养分吸收与运转，使得肥料利用率提高。供试控释肥中以水玻璃控释材料包裹的控释肥（WCRF）效果最好，明显激活了土壤酶活性，使土壤养分供应充足，小麦生长发育后期叶片 P_n、干重及养分含量及籽粒产量最高。

4.5.2 复合包裹控释肥对水地小麦生长发育及土壤养分的影响

控释肥能提高肥料利用率，减少肥料使用次数，降低环境污染，应用前景良好。各国已实现工业化生产的缓/控释肥主要有脲甲醛、草酰胺、硫包衣尿素及聚合物包膜肥料。控释材料是控释肥生产的重要基础，高效低成本控释材料是研制的关键技术。近年来我国在控释材料研究中取得了一些成果，沸石、膨润土、木质素、改性矿物和天然多糖等作为控释材料获得了成功。风化煤富含活性物质腐殖酸具有多种活性基团（羧基、酚羟基、醇羟基、甲氧基等），赋予腐殖酸多种功能，如酸性、亲水性、阳离子交换性、络合能力及较高的吸附能力，同时腐殖酸是有机质重要组成部分，对促进作物营养代谢，增强作物抗逆性能，改善土壤理化性状，改善品质有良好作用，开发利用前景十分广阔。山西省风化煤资源丰富，价格低廉，为开展以风化煤为控释材料的控释肥研究提供了有利条件，但单一包裹风化煤养分释放期相对较短。因此，本研究以风化煤和其他材料相结合为控释材料研制复合包裹型控释肥，研究其对冬小麦生长发育的影响，为风化煤复合控释肥应用于生产，走向大田提供理论依据。

（1）研究方法

①试验设计 设不施肥对照（CK）；氮磷钾配施处理（NPK 处理）：施 N 225kg/hm²、P_2O_5 105kg/hm²、K_2O 120kg/hm²；与 NPK 处理等养分量的复合肥处理（CF）（N：P_2O_5：K_2O 为 20：10：10）；CCRF、MCRF、RCRF、WCRF，共 7 个处理，重复 4 次，随机区组排列，小区面积为 4.0m×5.0m。

NPK 处理磷肥、钾肥全部基施，氮肥 60% 基施，40% 于返青期追施；复合肥和控释肥全部基施。10 月 2 日播种，6 月 10 日收获。基本苗为每公顷 225.0×10⁴ 株。其他管理措施同大田管理。

②测定项目与方法 产量结构：收获前，每小区选 2 个 1.0m² 样方调查成穗数，另取 10 株进行考种，调查穗粒数等。

千粒重：晾干后数 500 粒称重，换算成千粒重，2 次重复（重复间相差≤0.5g）。

净光合速率（P_n）：返青期开始至蜡熟期结束，选取朝向长势基本一致的叶片测定净光合速率。于上午 9：00～11：00 用英国 Lci 光合测定仪测定，净光合速率为 1 500±50μmol/（m²·s），温度为 30±1℃，CO_2 浓度 380±10μmol/mol，每次每小区测定 10 片取平均值，共测 6 次。

灌浆进程：于开花期，每处理选长势基本一致的单穗 100 穗挂牌标记，开花后第 5 天开始，每 5 天取样 1 次，每小区取 10 穗，剥取全部籽粒，立即在 105℃烘箱内杀青 30min，然后恒温 80℃烘干至恒重，计算千粒重。以扬花后天数（t）为自变量，千粒重（Y）为依变量，对籽粒灌浆进行 Logistic 方程 $Y=K/(1+e^{a+bt})$ 拟合，K 为最大千粒重（g），a、b 均为回归参数，与灌浆速率和灌浆持续时间有关。并计算灌浆进程指标。灌浆参数 R 表示平均灌浆速率（g/天）；R_{max} 表示最大灌浆速率（g/天）；R_1、R_2 和 R_3 分别表示渐、快和缓增期平均灌浆速率（g/天）；T 表示灌浆持续时间（天），T_1、T_2 和 T_3 分别表示渐、快和缓增期灌浆持续时间（天）；C_0 为籽粒初始生长势。

植株和土壤养分：分别于越冬前、返青期、拔节期、孕穗期、灌浆期和成熟期每小区取样 10 株，迅速带回室内清洗干净，在 105℃ 左右杀青 30min 后，在 80℃ 烘 24h 至恒重，称重粉碎，测定植株氮钾含量；取 0～25cm 土壤样品测定土壤中速效养分。植株全氮用半微量凯氏定氮法、土壤碱解氮用碱解扩散法；有效磷用钼锑抗比色法，植株和土壤中钾含量用火焰光度计测定。

试验数据用 DPS 统计软件进行分析。

（2）复合控释肥对小麦产量和蛋白质含量的影响

由表 4-62 看出，NPK 处理使千粒重和穗粒数较 CK 极显著降低；其余处理均使千粒重和穗粒数较 CK 和 NPK 处理提高，复合控释肥处理提高较多，与 CK 和 NPK 处理及 CF 处理差异极显著；各处理中 WCRF 效果最好，其次是 RCRF。施肥使成穗数较 CK 处理极显著提高，且 NPK 处理成穗数最高，达每公顷 5.05×10^6 穗，其次是 CF，复合控释肥成穗数相对较低，但施肥各处理间差异不显著。施肥使产量较 CK 提高，差异达极显著；施肥处理以 NPK 处理和 CF 产量较低，复合控释肥产量较高，其中 WCRF 最高，分别较 CK 和 NPK 处理增产 35.37％ 和 16.05％。施肥使籽粒蛋白质含量显著提高，施肥处理中 CF 和 CCRF 籽粒蛋白质含量较 NPK 处理提高较少，未达差异显著，复合控释肥极显著提高，且以 WCRF 提高最多。因此，复合控释肥虽使成穗数相对减少，但千粒重、穗粒数和籽粒蛋白质含量提高，高产优质同步协调。

表 4-62　复合控释肥处理的产量、产量构成和蛋白质含量

处理	千粒重（g）	穗粒数	成穗数（$\times 10^4/hm^2$）	产量（kg/hm^2）	籽粒蛋白质（％）
CK	38.89±0.13dD	39.58±0.22fE	395.16±25.11cB	5 111.46±31.56gG	13.99±0.12dE
NPK	37.98±0.24eE	39.06±0.13gF	505.19±25.05aA	5 962.64±56.43fF	14.67±0.24cD
CF	38.92±0.25dD	40.94±0.26eD	495.67±61abA	6 165.42±76.91eE	14.71±0.19cCD
CCRF	39.16±0.12cC	42.63±0.25dC	489.35±34.46abA	6 250.33±88.64dD	14.72±0.21cCD
MCRF	40.16±0.09bB	43.26±0.15cB	475.67±13.12abA	6 494.85±98.71cC	14.98±0.08bB
RCRF	40.27±0.11bB	43.41±0.14bB	472.81±25.65bA	6 645.84±64.17bB	14.88±0.16bB
WCRF	41.32±0.21aA	43.94±0.34aA	479.27±19.34abA	6 919.52±100.41aA	15.12±0.11aA

（3）复合控释肥对籽粒灌浆参数、叶片 P_n 的影响

①籽粒灌浆参数　由表 4-63 可以看出，施肥使 C_0 提高，且 NPK 处理提高最多，CCRF 提高最少。控释肥使钾（K）较 CK 处理提高，"库"

容增加；NPK 处理使"库"容降低，这与实测千粒重一致（表 4 - 61）。复合控释肥使最大灌浆速率（R_{max}）、平均灌浆速率（R）和各渐、快缓增期灌浆速率（R_1、R_2、R_3）较 NPK 处理和 CF 处理提高，与 CK 处理相近。施肥均使灌浆持续时间（T）较 CK 处理延长，且 WCRF 延长最多，其次是 RCRF，NPK 处理和 CCRF 延长较少。因此，复合控释肥通过提高灌浆速率和延长灌浆持续时间增加粒重增产；NPK 处理虽使灌浆持续时间延长，但灌浆速率降低，粒重较低；CCRF 虽灌浆速率最高，但灌浆持续时间较短，千粒重较复合控释肥低。

表 4 - 63 复合控释肥处理的籽粒灌浆参数

处理	K	C_0	a	b	R_{max}	R	R_1	R_2	R_3	T	T_1	T_2	T_3
CK	40.436	1.261	3.436	−0.158	1.596	0.762	0.543	1.399	0.392	50.868	13.423	16.681	20.764
NPK	37.380	1.441	3.217	−0.151	1.411	0.687	0.513	1.237	0.347	51.737	12.581	17.443	21.712
CF	40.482	1.368	3.354	−0.152	1.538	0.740	0.536	1.348	0.378	52.313	13.403	17.334	21.576
CCRF	41.246	1.238	3.476	−0.157	1.618	0.700	0.545	1.419	0.398	51.444	13.761	16.787	20.896
MCRF	41.335	1.367	3.375	−0.153	1.579	0.758	0.547	1.384	0.398	52.169	13.472	17.238	21.457
RCRF	41.662	1.359	3.390	−0.154	1.588	0.761	0.547	1.400	0.395	52.716	13.627	17.457	21.632
WCRF	41.977	1.328	3.421	−0.150	1.573	0.752	0.537	1.379	0.386	53.487	14.041	17.572	21.873

②叶片净光合速率（P_n） 由表 4 - 64 看出，施肥使冬小麦各生育期叶片净光合速率（P_n）提高，与 CK 差异达极显著。返青期和拔节期以 NPK 处理叶片 P_n 最高，其次是 CF 和 CCRF，复合控释肥处理叶片 P_n 相对较低；随生育期推移，到孕穗期 NPK 处理叶片 P_n 开始降低，而其他处理叶片 P_n 提高，其中复合控释肥提高较多；抽穗期到蜡熟期以复合控释肥处理叶片 P_n 较高，NPK 处理和 CF 处理相对较低，其中 WCRF 叶片 P_n 一直最高，蜡熟期叶片 P_n 仍达 $7.81\mu mol/(m^2 \cdot s)$，与其余处理差异达极显著。小麦生长发育后期保持较高的叶片 P_n，有利于干物质积累。

（4）复合控释肥对小麦各生育期植株干重及养分含量的影响

①小麦各生育期植株干重 由表 4 - 65 可以看出，施肥使小麦各生育期植株干重较 CK 极显著提高。越冬前、返青期和拔节期 NPK 处理植株干重最高，与其他处理差异极显著，其次是 CF 和 CCRF，复合控释肥植株干重相对较低；孕穗期到成熟期复合控释肥处理植株干重快速提高，且 WCRF 最高，NPK 和 CF 提高较慢，干重相对较低。这说明复合控释肥对小麦中后期干物质积累有明显促进作用。

表 4-64　复合控释肥处理的叶片净光合速率 (P_n)

单位：$\mu mol/(m^2 \cdot s)$

处理	返青期	拔节期	孕穗期	抽穗期	灌浆期	蜡熟期
CK	15.19±0.19eF	18.57±1.60eE	20.71±0.99fF	17.96±0.76fF	17.99±0.71dD	1.12±0.12fF
NPK	18.71±0.97aA	22.27±0.75aA	21.83±0.76eE	18.69±0.73eE	19.06±0.75cC	1.96±0.15eE
CF	18.25±0.18abAB	22.15±0.41aAB	23.09±0.77dD	19.67±0.77dD	19.57±1.00bBC	2.52±0.19dD
CCRF	17.73±0.74bcBC	21.37±0.85bBC	23.59±1.29cC	20.18±0.79cC	19.78±0.81bB	2.59±0.33dD
MCRF	17.48±0.96cCD	20.26±1.07cdD	24.07±0.94bB	20.44±0.81cBC	20.54±0.81aA	3.17±0.24cC
RCRF	16.94±0.31dDE	20.12±1.06dD	25.51±0.77aA	21.37±0.82bB	20.78±0.94aA	5.09±0.38bB
WCRF	16.64±0.41dE	20.79±1.41bcCD	24.19±0.80dE	22.26±0.91aA	21.30±1.17aA	7.81±0.60aA

表 4-65　复合控释肥处理的每株植株干重

单位：g

处理	冬前	返青期	拔节期	孕穗期	抽穗期	灌浆期	蜡熟期
CK	0.65±0.04eD	0.99±0.09eE	1.33±0.03eD	1.68±0.07dD	2.09±0.07eE	2.64±0.05eD	3.54±0.06fD
NPK	0.92±0.11aA	1.30±0.10aA	1.94±0.02aA	1.98±0.10cC	2.62±0.11dD	3.18±0.07dD	3.62±0.08eD
CF	0.87±0.04bB	1.26±0.11bB	1.74±0.10bcB	2.15±0.16bB	2.63±0.03dD	3.21±0.05cdC	3.74±0.09dC
CCRF	0.85±0.05bcB	1.27±0.09bAB	1.76±0.03bB	2.22±0.19bAB	2.66±0.03dCD	3.22±0.11cdC	3.74±0.08dC
MCRF	0.83±0.07cB	1.18±0.13cC	1.67±0.08cB	2.23±0.15bAB	2.75±0.10cBC	3.24±0.10cC	3.85±0.17cC
RCRF	0.78±0.07dC	1.14±0.07dCD	1.50±0.13dC	2.30±0.08aA	2.82±0.09bAB	3.41±0.07bB	3.99±0.09bB
WCRF	0.76±0.05dC	1.13±0.11dD	1.53±0.10dC	2.31±0.07aA	2.90±0.04aA	3.56±0.05aA	4.12±0.05aA

②小麦各生育期全氮、全钾含量 由图4-18可以看出，施肥使各生育期植株全氮含量提高。越冬期到拔节期以NPK植株全氮含量最高，其次是CF和CCRF，复合控释肥相对较低；孕穗期后NPK处理和CF植株全氮含量下降较快，而复合控释肥下降较慢，全氮含量高于NPK处理和CF以及CCRF，其中WCFR含量最高。施肥使植株全钾含量提高（图4-18）。越冬前和返青期以NPK处理植株全氮含量最高，其次是CF和CCRF，复合控释肥相对较低；此后复合控释肥、CCRF和CF植株全氮含量提高较快，NPK处理提高较慢，到拔节期以MCRF植株全氮含量最高，而NPK处理则相对较低；抽穗期到成熟期植株全氮含量以复合控释肥较高，NPK处理和CF较低，其中WCFR最高。

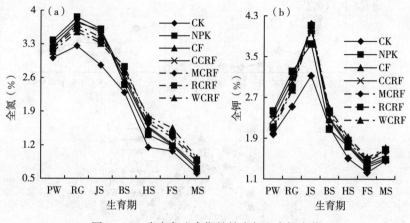

图4-18 小麦各生育期植株全氮和全钾变化

（5）复合控释肥对土壤养分含量及肥料利用率的影响

①土壤养分含量 由图4-19（a）可以看出，从越冬前到孕穗期土壤中碱解氮以NPK最高，其次是CF和CCRF，复合控释肥相对较低；从孕穗期开始NPK处理和CF土壤碱解氮持续降低，而控释肥在抽穗期达到最高，然后开始下降，以WCRF最高。越冬前开始CK和NPK土壤有效磷一直降低，其他施肥处理土壤有效磷呈先升高再逐渐降低，但达到最高值时期存在差异；CF、CCRF和复合控释肥分别于返青期、拔节期和孕穗期达最高值；从越冬前到拔节期复合控释肥处理土壤有效磷相对较低，而孕穗期到成熟期则含量较高，其中以WCRF最高，而NPK处理和CF相对较低［图4-19（b）］。CK和NPK土壤速效钾从越前到灌浆期持续降低，成熟期才有所提高，其余处理呈先升高再降低，成熟期再升高；

在越冬前和返青期土壤速效钾分别以 NPK 处理和 CF 最高，控释肥处理相对较低，拔节期后以复合控释肥较高，NPK 处理和 CF 相对较低，其中以 WCRF 效果最好 ［图 4 - 19 （c）］。小麦发育前期速效养分含量较低，中后期保持较高，说明复合控释肥能平稳持久保证小麦对养分的需求。

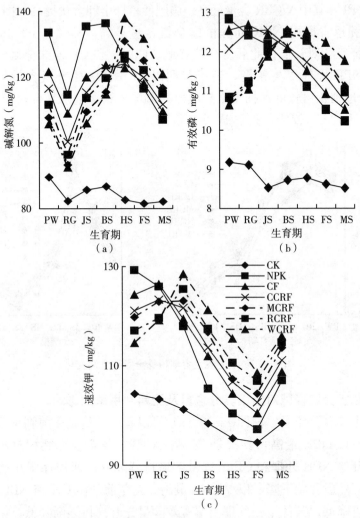

图 4 - 19　各生育期土壤速效养分的变化

②氮肥、钾肥利用效率　由表 4 - 66 看出，控释肥均提高了氮、钾的利用效率。其中 CCRF 的氮、钾利用效率分别为 29.05％和 50.01％，较 NPK 处理提高 7.08％和 17.02％；复合控释肥氮、钾利用效率达 36.87％～45.15％和 55.97％～60.71％，较 NPK 处理提高 14.89％～23.18％和

22.98%～27.72%，其中以 WCRF 效果最好，氮肥、钾肥利用效率均为最高。

表 4 - 66　复合控释肥处理的氮、钾利用效率

处理	氮素			钾素		
	吸收量（kg/hm²）	利用率（%）	提高（%）	吸收量（kg/hm²）	利用率（%）	提高（%）
CK	179.13	—		145.97		
NPK	228.57	21.98	—	178.82	32.99	
CR	235.92	25.24	3.27	186.39	40.59	7.60
CCRF	244.49	29.05	7.08	195.77	50.01	17.02
MCRF	262.08	36.87	14.89	201.70	55.97	22.98
RCRF	267.07	39.08	17.11	202.80	57.08	24.08
WCRF	280.72	45.15	23.18	206.42	60.71	27.72

注：吸收量＝茎秆干重×N 含量＋籽粒干重×N 含量。

（6）结论与讨论

控释肥是一种能调控各养分比例静态平衡和供肥过程动态平衡的复合肥料，可根据作物生长发育期需肥量调节其养分释放速度，利用率高，节肥增产。复合包裹型控释肥富含腐殖质等有机活性物质和丰富的高吸附基团等，养分释放缓急相济，互补长短与冬小麦需肥规律具有较高的同步性。因此，施用包裹控释肥在冬小麦生长发育前中期土壤速效养分含量较NPK 和 CF 处理低，而后期较高，满足了冬小麦后期生长发育的需求，这与王茹芳等结论相同，仅有风化煤层而无致密包裹层的控释肥 CCRF控释效果低于复合控释肥。复合控释肥虽使冬小麦成穗数较 NPK、CF（普遍复合肥）和 CCRF 降低，但千粒重、穗粒数和籽粒蛋白质含量提高，达到了增产提质效果，其中以 WCRF 效果最好。

小麦叶片 P_n、干重、植株全氮钾含量与养分数量、肥料种类相关，并受土壤养分供应影响。本研究结果表明：复合控释肥明显促进了小麦中后期生长发育，使叶片 P_n、干重、植株全氮、全钾含量高于 NPK 和 CF处理，并使籽粒灌浆速率提高，灌浆持续时间延长，促进了冬小麦后期干物质积累与转移，使氮和钾利用效率提高 14.89%～23.18% 和 22.98%～27.72%，以 WCRF 效果最好。

我国风化煤资源丰富且价格低廉，富含有机活性物质和吸附基团，可吸附和减缓速效养分挥发或流失，单一包裹风化煤养分释放期相对较短，

控释效果较差，通过包裹致密层形成复合包膜控释肥，延长了养分释放期，为控释肥走向大田提供了可能。

综上所述，3 种复合控释肥较不施肥（CK）、N、P、K 配施、复合肥（CF）及单一控释肥（CCRF）冬小麦中后期叶片净光合速率（P_n）和灌浆速率提高、灌浆持续时间延长、千粒重提高、穗粒数增加，但成穗数减少，产量增加、蛋白质含量提高，分别较 NPK 处理和 CF 增产 8.93%～16.05%和 5.34%～12.23%；复合控释肥使土壤速效养分在小麦生长发育前中期相对较低后期较高，促进了干物质积累与转移，使植株干重和全氮、全钾含量明显提高。复合控释肥中以 WCRF 效果最佳，使小麦产量、中后期叶片 P_n、植株干重及全氮、全钾均最高，养分释放更符合小麦需肥规律。

4.5.3 冬灌时间与施氮方式对冬小麦生长发育及水肥利用效率的影响

黄淮海冬麦区年降水量为 500～700mm，且多集中在夏秋季，冬小麦生育期降水仅满足总耗水量的 25%～30%，其余需通过灌水来满足高产需求。研究表明，冬小麦生育期无须总保持充足的土壤水分，适度限量灌溉条件下，通过调整灌水模式和时间可减少田间灌水用量，发挥土壤贮存水分的作用，降低农田耗水量，提高灌溉水的利用效率，实现增产和节水高效栽培。

小麦籽粒产量的 67%～75%来自花后功能叶光合作用，25%～33%来自茎叶贮存干物质的再分配。因此，小麦生长发育后期既要有较强的光合生产能力，又要有一定的贮存干物质转移到籽粒。土壤水分和养分既影响小麦光合生产能力，又对茎叶贮存干物质和运转有重要调控作用。氮是植物生长发育的必需营养元素。施氮肥作为土壤氮素的有效补充，可增加植物光合产物积累，协调产量结构增产。关于有限灌溉和秸秆还田条件下，合理施氮既提高灌水和肥料利用效率，改善土壤氮素供应状况，增加土壤有机质含量，增加产量的研究较多，但有关山西省小麦-玉米一年两熟种植区，玉米秸秆还田后，通过调整冬前灌水时间和施氮方式，对冬小麦籽粒产量和水分利用效率的研究相对较少。本书通过田间试验研究了冬灌时间和施氮方式对冬小麦籽粒产量和水分利用效率的影响，以期为秸秆还田条件下冬小麦高产高效节水栽培提供依据。

（1）研究方法

①试验设计 山西省临汾市属黄淮海冬麦区北片，温带大陆性气候，

四季分明，雨热同期，年均气温 13.0℃，年均降水量为 527.4mm。试验期间 2010 年 7 月至 2011 年 6 月降水量为 455.9mm，其中休闲期（7～9月）降水量为 343.7mm，冬小麦生育期（10 月至翌年 6 月）降水量为 112.2mm；2011 年 7 月至 2012 年 6 月降水量为 543.4mm，其中休闲期降水量为 319.7mm，冬小麦生育期降水量为 223.7mm。试验地点位于临汾市尧都区吴村镇洪堡村农场（36°13.228′N，111°33.711′E），连续 5 年小麦复播夏玉米，玉米秸秆还田后，旋耕 2 遍播种小麦。两年度试验数据变化趋势基本一致，本书以 2011—2012 年度数据进行分析。2011 年播种时耕层（0～25cm）土壤有机质 14.07g/kg、碱解氮 56.4mg/kg、有效磷 21.3mg/kg、有效钾 130.0mg/kg。

相同灌水量下，设 3 个冬前灌水时间，分别为 11 月 10 日（W_1）、11 月 25 日（W_2）和 12 月 10 日（W_3）；设 2 种氮肥方式，分别为一次性底施（$N_{10:0}$）和"底施 70％＋拔节期追施 30％（$N_{7:3}$）"。大区设计，不设重复，大区面积为 4m×40m＝160m²，每个大区划 4 个小畦，分区定点调查。施肥量为：施纯 N 225kg/hm² 和 P_2O_5 135kg/hm²，氮肥按设计施入，磷肥全部底施。冬前灌水量为 450m³/hm²，春季于拔节期灌水（4 月 5日），灌水量 900m³/hm²。10 月 15 日条播，行距为 20cm，6 月 13 日收获。供试品种为临优 2069。

②测定项目与方法　　总茎数：三叶期前，各处理的每个小畦各确定 1个 1.0m² 样方，调查基本苗（适当间苗，确保基本苗一致）、越冬前和拔节期的总茎数，并计算单株分蘖数。

干物质积累和转移：在调查样方外，随机取 20 个单株装入密封塑料袋，带回室内将 10 株按照茎叶、穗部分开，在 105℃烘箱内杀青 30min后，80℃烘 24h 至恒重，称重，其余 10 株烘干后粉碎测定全氮含量。

产量构成：在 2 个调查样方内各随机选一行，拔取行长 20cm 的全部植株，去除穗粒数小于 5 粒的穗子后，为有效成穗数，并调查每穗粒数，求均值为穗粒数；各处理收获 2 个未取样的样方外，再随机收获 2 个 1.0m²，脱粒，风干后称重；数 500 粒称重，换算成千粒重，2 次重复（重复间相差≤0.5g）。

土壤含水量：播种和收获当天测定 0～20cm、20～40cm、40～60cm、60～80cm、80～100cm、100～150cm 和 150～200cm 土层含水量。按 $W＝w×\rho_s×h×0.1$ 计算土层贮水量，W 为土层贮水量（mm），w 为土层含水量（％）；ρ_s 为土壤容重（g/cm³）；h 为土层厚度（cm）；0.1 为单位

换算系数；田间总耗水量（mm）＝播种时土壤贮水量＋生育期灌水量＋有效降水量－收获期土壤贮水量；按籽粒产量与田间总耗水量之比计算籽粒水分生产率（$WUE_{籽粒}$）。

植株氮含量：样品用 H_2SO_4—H_2O_2 消化后，半微量凯氏定氮法测定。

肥料表观利用率（％）＝（施肥区养分吸收量－未施肥区养分吸收量）/施肥量×100，养分利用效率（kg/kg）＝籽粒产量/养分总吸收量，养分生产效率（kg/kg）＝籽粒产量/养分施入量。

（2）冬灌时间和施氮对冬小麦产量及其构成的影响

由表 4-67 看出，收获时株高随冬灌时间推迟而增加；氮肥一次性底施（$N_{10:0}$）高于"底肥＋拔节期"追肥（$N_{7:3}$），且差异达显著或极显著水平。成穗数随冬灌时间推迟呈先升高后降低趋势，且以 $N_{10:0}$ 高于 $N_{7:3}$；$N_{10:0}$ 时 11 月 10 日灌水（W_1）处理低于 12 月 10 日灌水（W_3）处理，$N_{7:3}$ 则相反，处理间差异达显著或极显著水平。穗粒数随冬灌时间推迟呈先升高后降低趋势，$N_{10:0}$ 处理间差异显著，但 $N_{7:3}$ 处理间差异不显著；W_1 时 $N_{10:0}$ 高于 $N_{7:3}$，其余处理则相反。$N_{10:0}$ 时千粒重随冬灌时间推迟而升高，$N_{7:3}$ 时则相反，且 $N_{10:0}>N_{7:3}$，处理间差异达显著或极显著水平。冬灌时间和施氮对产量的影响与成穗数一致，各处理间差异均达极显著水平；以 $W_2N_{10:0}$ 产量最高，达 8 283.5kg/hm²，以 $W_3N_{7:3}$ 最低，且处理间差异达极显著水平。

表 4-67　冬灌时间和施氮处理的小麦产量及构成

处理	株高（cm）	成穗数（×10⁴/hm²）	穗粒数	千粒重（g）	产量（kg/hm²）
$W_1N_{7:3}$	72.4±2.1dC	811.5±42.0dC	33.5±2.8abcA	34.7±0.3eE	7 212.0±202.5eE
$W_2N_{7:3}$	74.2±2.9cB	841.5±31.5bB	33.8±2.2abcA	34.9±0.4eE	7 407.0±174.0dD
$W_3N_{7:3}$	75.8±3.1bA	790.5±48.0eD	32.7±1.3cA	35.8±0.2dD	6 709.5±160.5fF
$W_1N_{10:0}$	76.3±2.1abA	825.0±40.5cC	33.1±2.5bcA	39.9±0.5aA	7 935.0±163.5bB
$W_2N_{10:0}$	76.5±2.5abA	862.5±42.0aA	34.5±1.2aA	38.1±0.4bB	8 383.5±120.0aA
$W_3N_{10:0}$	77.3±1.5aA	850.5±48.0bAB	34.2±1.3abA	36.7±0.5cC	7 612.5±186.0cC

（3）冬灌时间和施氮对小麦总茎数和单株茎蘖的影响

由表 4-68 可以看出，随冬灌时间推迟越冬期和拔节期的总茎数、单株茎蘖均呈先增加后降低趋势，越冬期以 W_1 高于 W_3，拔节期则相反。冬前总茎数 $N_{7:3}$ 高于 $N_{10:0}$；拔节期则相反。

表 4-68 冬灌时间和施氮处理的冬小麦群体和单株茎蘖

处理	基本苗（万株/hm²）	总茎数（$\times 10^4$/hm²）		单株茎蘖（个）	
		越冬期	拔节期	越冬期	拔节期
$W_1N_{7:3}$	531.0±18.0aA	853.5±40.5cB	1 536.0±91.5dD	1.61±0.08bB	2.89±0.17cD
$W_2N_{7:3}$	546.0±37.5aA	912.0±33.0aA	1 608.0±111.0cC	1.67±0.06aA	2.95±0.21cCD
$W_3N_{7:3}$	543.0±51.0aA	814.5±54.0dC	1 594.5±123.0cC	1.50±0.10dC	2.94±0.23cD
$W_1N_{10:0}$	526.5±43.5aA	826.5±40.5dC	1 629.0±73.5bcBC	1.57±0.07cB	3.09±0.14bB
$W_2N_{10:0}$	529.5±24.0aA	894.0±55.5bA	1 693.5±91.5aA	1.69±0.11aA	3.20±0.17aA
$W_3N_{10:0}$	547.5±27.0aA	811.5±42.0dC	1 663.5±118.5abAB	1.48±0.08dC	3.04±0.22bBC

（4）冬灌时间和施氮对干物质积累及运转的影响

由表 4-69 看出，越冬期植株干重随冬灌时间推迟呈降低趋势，拔节期则相反，且 $N_{10:0}$ 高于 $N_{7:3}$；扬花期 $N_{7:3}$ 植株干重随冬灌时间推迟而降低，$N_{10:0}$ 则先升高后降低，且茎叶干重直接影响植株干重；收获期 $N_{7:3}$ 植株总干重随冬灌时间推迟先降低后升高，$N_{10:0}$ 则升高，而穗部干重决定植株干重。灌浆期茎叶干物质转移量随冬灌时间推迟先升高后降低，W_3 处理干物质转移量最少；穗部、总干物质增加量随冬灌时间推迟而升高，W_3 处理最高。

表 4-69 灌水时间和施氮处理的小麦干重及灌浆期干物质运转

处理	越冬期	拔节期	扬花期（g/株）			收获期（g/株）			灌浆期干物质运转积累量（g/株）		
			茎叶	穗部	总干重	茎叶	穗部	总干重	茎叶转移量	穗部积累量	总积累量
$W_1N_{7:3}$	0.65	1.07	1.45	0.35	1.80	0.86	1.45	2.31	−0.59	1.10	0.51
$W_2N_{7:3}$	0.63	1.14	1.40	0.35	1.75	0.80	1.48	2.28	−0.60	1.13	0.53
$W_3N_{7:3}$	0.59	1.16	1.22	0.32	1.54	0.91	1.72	2.63	−0.31	1.40	1.09
$W_1N_{10:0}$	0.67	1.12	1.30	0.33	1.63	0.84	1.36	2.20	−0.46	1.03	0.57
$W_2N_{10:0}$	0.64	1.17	1.35	0.32	1.67	0.88	1.37	2.25	−0.47	1.05	0.58
$W_3N_{10:0}$	0.61	1.20	1.21	0.34	1.55	0.89	1.63	2.52	−0.32	1.29	0.97

（5）灌水时间和施氮对产量水分利用效率的影响

由表 4-70 看出，生育期耗水量和籽粒产量水分利用效率随冬灌时间推迟呈先升高后降低趋势；且耗水量以 $N_{7:3}$ 高于 $N_{10:0}$，籽粒产量水分利用效率则相反。各处理中以 11 月 25 日灌水，氮肥一次性底施最高。

表 4-70 灌水时间和施氮的产量水分利用效率

处理	0~100cm 土壤贮水量（mm）		生育期降水量（mm）	生育期灌水量（mm）	生育期耗水量（mm）	水分利用效率[kg/(mm·hm²)]
	播种时	收获时				
$W_1N_{7:3}$	226.6	108.5	148.6	135.0	401.7	17.96
$W_2N_{7:3}$	228.6	101.8	148.6	135.0	410.4	18.05
$W_3N_{7:3}$	227.2	111.4	148.6	135.0	399.4	16.80
$W_1N_{10:0}$	229.1	111.3	148.6	135.0	401.4	19.77
$W_2N_{10:0}$	228.9	106.9	148.6	135.0	405.6	20.67
$W_3N_{10:0}$	227.2	112.9	148.6	135.0	397.9	19.13

（6）灌水时间和施氮对氮素利用效率的影响

由表 4-71 看出，越冬期植株氮素积累量随冬灌时间推迟呈先升高后降低趋势，拔节期则升高，且均以 $N_{10:0}$ 处理高于 $N_{7:3}$ 处理，各处理间差异达显著或极显著水平。收获期氮素吸收量、氮肥表观利用率、氮肥生产效率随冬灌时间推迟呈先升高后降低趋势，均以 $N_{10:0}$ 处理高于 $N_{7:3}$ 处理。其中氮肥表观利用率 $N_{10:0}$ 较 $N_{7:3}$ 提高 $6.84\%\sim7.81\%$。

表 4-71 灌水时间和施氮的小麦氮素积累和利用效率

处理	氮素积累量（kg/hm²）			氮肥表观利用率 N（%）	氮素利用效率（kg/kg）	氮肥生产效率（kg/kg）
	越冬期	拔节期	收获期			
$W_1N_{7:3}$	173.1±3.1dC	306.6±13.5eD	254.8±11.3dDE	31.87	28.30	32.05
$W_2N_{7:3}$	177.5±5.1cB	346.7±12.9dC	261.4±9.8cCD	34.80	28.34	32.92
$W_3N_{7:3}$	145.6±4.6fE	351.1±15.6dC	247.7±10.6eE	28.71	27.09	29.82
$W_1N_{10:0}$	182.2±5.9bA	361.7±8.9cB	270.2±8.9bB	38.71	29.37	35.27
$W_2N_{10:0}$	185.4±6.4aA	396.7±7.6bA	278.9±12.6aA	42.58	30.06	37.26
$W_3N_{10:0}$	157.4±6.1eD	403.5±11.6aA	264.6±7.6bcBC	36.22	28.77	33.83
W_2N_0	131.6±3.7gF	231.5±8.9fE	183.1±6.7fF	—	—	—

（7）结论与讨论

相同灌水量下，分配方式直接影响着小麦产量和水分利用效率。小麦苗期灌水时间主要影响分蘖和总茎数，而成穗数受冬春灌水时间共同影响。合理氮素供应是提高小麦群体质量和增产的关键。研究表明，相同灌水量和施氮量下，冬灌时间推迟总茎数、成穗数和产量均先升高后降低，说明适期冬灌对增加群体，提高成穗数而增产。玉米秸秆还田后，氮肥采取"70%底施＋30%拔节期追施"虽冬前总茎数略高于一次性底施，但拔节期总茎数和收获期成穗数均低于一次性底施。这可能与氮肥一次性底施可改善春季氮素供应，促进早春分蘖，提高成穗率有关。因此，秸秆还田下，氮肥一次性底施，11月下旬冬浇，配合拔节期浇水可增加穗数，实现增产。

研究表明，拔节前轻度水分胁迫，叶片光合速率无明显下降，灌拔节期水后具有超补偿效应；且拔节期和成熟期灌水有利于干物质从茎叶向籽粒的转移，提高产量和水分利用效率。土壤水分是影响养分吸收利用的最重要因素，且存在着调控和互补效应，土壤水分充足可促进对 N、P、K的吸收，提高养分利用率；干旱胁迫则降低其吸收量。本研究表明，冬灌时间提前使越冬期植株干重提高，但拔节期、灌浆期植株干重及干物质积累量降低，这可能与早春干旱胁迫有关；拔节期追氮有利于灌浆期植株干重提高和茎叶干物质向穗部运转，但总物质积累相对较少。

综上所述，随着冬前灌水时间的推迟，总茎数、单株分蘖数、成穗数、产量和水分利用效率、氮肥表观利用率先升高后降低，11月25日冬灌最高。施氮量相同条件下，氮肥一次性底施（$N_{10:0}$），拔节期总茎数、成穗数、产量、水分利用效率和氮素吸收量、表观利用率高于"氮肥70%底施＋30%拔节期追施（$N_{7:3}$）"，冬前总茎数、单株分蘖数则相反。冬前灌水时间提前和氮肥一次性底施有利于提高前期单株干重；推迟冬前灌水时间和后期追氮则有利于灌浆期穗部和总干物质的积累。因此，山西省南部小麦-玉米一年两熟种植区，玉米秸秆还田后播种小麦，11月下旬浇灌越冬水，配合拔节期灌水，氮肥采取一次性底施可提高灌水和氮肥利用效率，提高成穗数而增产，实现了冬小麦高产高效栽培。

4.5.4　小麦玉米统筹施肥对水地小麦玉米产量及肥料利用率的影响

晋南盆地属暖温带半干旱季风气候区，平均降水量 420～600mm，年平均气温 9.0～13.0℃，水面蒸发量 900～1 200mm。晋南盆地光热资源相对充足，农田复种指数高达 130%～150%，是全省人民的口粮主产区，承担着粮食安全和生态安全的重任。随着种植结构调整，冬小麦-夏玉米一年两熟，已成主要种植制度，其中水地 90% 以上，旱地 35% 以上。晋南盆地冬小麦-夏玉米两熟种植制度下，冬小麦、夏玉米生产中施肥方面存在的问题是重氮轻磷钾，冬小麦重底肥、轻追肥，夏玉米轻种肥、重追肥，且各自为政，造成肥料过量使用，当季利用率较低，因此，将冬小麦、夏玉米作为一个施肥单元，研究目标产量的施肥量及氮肥、磷肥在两季作物间的分配比例，提高氮肥、磷肥利用效率，实现化肥减施，减轻农业面源污染和农业增效、农民增收。

（1）研究方法

试验安排在山西省农业科学院小麦研究所韩村实验基地，2014 年 10 月至 2016 年 10 月，共定位 4 季作物。在施用 3 000kg/hm² 精制有机肥基础上，再裂区设计：主区为两季作物磷肥、钾肥分配（A），磷肥、钾肥全部小麦季施（A_1）、2/3 小麦季＋1/3 玉米季（A_2）；裂区为总施氮量（B），375.0kg/hm²（B_1）、525kg/hm²（B_2）；再裂区为小麦、玉米季施氮比例（C），5：5（C_1）和 6：4（C_2），即 $A_1B_1C_1$（$N_{12.5}P_{12}K_9＋N_{12.5}P_0K_0$，下标为小麦季和玉米季每亩施肥量，下同）、$A_2B_1C_1$（$N_{12.5}P_8K_6＋N_{12.5}P_4K_3$）、$A_1B_1C_2$（$N_{15}P_{12}K_9＋N_{10}P_0K_0$）、$A_2B_1C_2$（$N_{15}P_8K_6＋N_{10}P_4K_3$）、$A_1B_2C_1$（$N_{17.5}P_{12}K_9＋N_{17.5}P_0K_0$）、$A_2B_2C_1$（$N_{17.5}P_8K_6＋N_{17.5}P_4K_3$）、$A_1B_2C_2$（$N_{21}P_{12}K_9＋N_{14}P_0K_0$）、$A_2B_2C_2$（$N_{21}P_8K_6＋N_{14}P_4K_3$），仅施有机肥为相对对照，不施肥为绝对对照，共 10 个处理。小区面积为 10.0m×2.3m＝23.0m²。播期播量：小麦 10 月 15 日左右播种，基本苗为 625×10⁴/hm²；玉米 6 月 15 日左右播种。供试品种：小麦良星 99；玉米先玉 335。灌水模式：蒙头水（6 月 22 日，750m³/hm²）＋拔节水（7 月 16 日，450m³/hm²）＋灌浆水（8 月 12 日，450m³/hm²）。

（2）统筹施肥对小麦玉米产量及其构成的影响

由表 4-72 可以看出，2014—2015 年，磷肥、钾肥全部分配到小麦季（A_1），周年施氮 375kg/hm²（B_1），小麦季和玉米季氮肥比例为 5：5（C_1）时，周年作物籽粒产量分别高于 2/3 小麦季＋1/3 玉米季（A_2），周年施氮 525kg/hm²（B_2），小麦季和玉米季氮肥比例为 6：4（C_2）。施肥使周年产量较绝对 CK 提高 51.49%～59.53%，较相对 CK 提高 43.71%～51.34%。其中 $A_1B_1C_1$ 处理周年产量最高，$A_2B_1C_1$ 处理次之。2015—2016 年与上年度相比，CK 处理产量降低，施肥处理产量增加。施肥使小麦-玉米周年产量较绝对 CK 提高 134.20%～168.90%，较相对 CK 提高 190.94%～233.93%。仍然是 $A_1B_1C_1$ 周年产量最高；$A_2B_2C_2$ 周年产量次之，仅相差 71.10kg/hm²。

表 4 - 72　小麦玉米一体化施肥的小麦玉米产量及其构成

| 年度 | 处理 | 小麦季 | | | | 玉米季 | | | 周年产量 (kg/hm²) |
		成穗数 (×10⁴/hm²)	穗粒数	千粒重 (g)	产量 (kg/hm²)	穗粒数	百粒重 (g)	产量 (kg/hm²)	
2014— 2015	CK	327.5	25.4	41.20	2 536.5	517.7	26.97	7 500.0	10 036.5
	相对 CK	301.7	26.2	40.20	2 689.5	602.6	28.39	7 890.0	10 579.5
	$A_1B_1C_1$	434.1	26.4	43.03	6 441.0	604.5	27.58	9 570.0	16 011.0
	$A_2B_1C_1$	552.5	28.4	41.74	6 366.0	627.2	28.39	9 615.0	15 981.0
	$A_1B_1C_2$	449.8	26.4	43.57	6 561.0	592.3	26.93	9 345.0	15 906.0
	$A_2B_1C_2$	482.6	25.4	42.79	6 057.0	365.0	27.79	9 825.0	15 882.0
	$A_1B_2C_1$	454.2	30.2	41.23	5 742.0	622.9	27.42	9 780.0	15 522.0
	$A_2B_2C_1$	430.1	30.8	42.45	4 960.5	631.1	29.08	10 320.0	15 280.5
	$A_1B_2C_2$	470.0	32.0	41.80	6 354.0	562.4	28.19	8 850.0	15 204.0
	$A_2B_2C_2$	533.4	31.8	43.22	6 378.0	568.0	27.20	8 970.0	15 348.0
平均值 (除 CK)		475.8	28.9	42.48	6 108.0	571.9	27.82	9 534.0	15 642.0
2015— 2016	CK	315.0	19.5	41.24	1 969.5	315.0	23.81	4 354.5	6 324.0
	相对 CK	296.7	20.7	40.13	1 792.5	294.7	23.07	3 298.5	5 091.0
	$A_1B_1C_1$	412.5	39.4	44.42	6 462.0	614.5	29.70	10 539.0	17 001.0
	$A_2B_1C_1$	479.3	35.5	42.21	6 135.0	601.8	27.60	10 327.5	16 462.5
	$A_1B_1C_2$	395.0	37.1	44.20	5 599.5	565.8	29.25	10 339.5	15 939.0
	$A_2B_1C_2$	376.7	38.1	44.10	6 301.5	600.0	28.78	10 077.0	16 378.5
	$A_1B_2C_1$	408.3	38.8	43.42	5 959.5	524.7	27.86	8 851.5	14 812.5
	$A_2B_2C_1$	510.8	38.3	42.55	6 007.5	620.2	29.15	10 374.0	16 381.5
	$A_1B_2C_2$	425.9	33.6	42.36	6 748.5	577.8	34.44	9 858.0	16 606.5
	$A_2B_2C_2$	466.7	38.1	41.12	6 196.5	604.6	34.64	10 732.5	16 929.0
平均值 (不包括 CK)		434.4	37.4	43.05	6 177.0	588.7	30.18	10 137.0	16 314.0

　　从小麦季看，2014—2015 年，施肥使产量较绝对 CK 提高 95.56％～158.66％，较相对 CK 提高 84.44％～143.95％。$A_1B_1C_2$ 产量最高，千粒重最高，$A_1B_1C_1$ 产量次之，千粒重较高；2015—2016 年，施肥使产量较绝对 CK 提高 184.3％～242.6％，较相对 CK 提高 212.67％～276.32％，$A_1B_2C_2$ 产量最高，$A_1B_1C_1$ 产量次之。

从玉米季看，2014—2015 年，施肥使产量较绝对 CK 提高 18.00％～37.66％，较相对 CK 提高 12.17％～30.80％。其中 $A_2B_2C_1$ 产量最高，百粒重和穗粒数均最高，$A_2B_1C_2$ 玉米籽粒产量次之。2015—2016 年，$A_2B_2C_2$ 产量最高，$A_1B_1C_1$ 产量次之。

（3）结论与讨论

周年施氮 375kg/hm²，磷肥、钾肥全部施入小麦季，小麦和玉米季氮肥比例为 5∶5，小麦和玉米均可获得较高产量，周年产量最高。周年施氮 525kg/hm²，磷肥、钾肥全部施入小麦季，小麦玉米季氮肥比例为 6∶4 有利于小麦高产，磷肥、钾肥 2/3 小麦季＋1/3 玉米季则有利于玉米高产和周年高产。因此，周年施氮 375kg/hm²，磷肥、钾肥全部施入小麦季，小麦和玉米季氮肥比例 5∶5，是减施高产高效最佳一体化施肥模式。

4.5.5 追肥时期与肥料种类对夏玉米产量及水肥利用率的影响

玉米是世界上三大粮食作物之一，2014 年国内玉米播种面积 $3.7×10^7$ hm²，总产为 $2.1×10^8$ t，已发展为世界上重要的粮（食）、饲（料）、经（济）兼用作物，玉米高产栽培一直是国内外学者的研究热点。小麦-玉米一年两熟制是山西省南部主要的种植制度，夏玉米播种面积占山西省夏播作物的 75％以上，是山西省第二大粮食作物，夏玉米高产栽培在全省粮食生产中占很重要的地位。品种、施肥、密度、栽培方式、水肥一体化等均可影响夏玉米产量、水肥利用效率。目前关于氮肥施用量、氮肥形态、氮肥运筹、追肥时期等对夏玉米产量及产量构成、土壤养分利用率、玉米品质的影响已有较多研究。施用控（缓）释氮肥可提高玉米百粒重、促进养分吸收、积累和转移，提高产量，氮肥利用效率也可提高；不同氮肥用量、追氮时期对夏玉米产量、品质有较大差异。而关于氮磷配合追施对不同夏玉米品种产量及水肥利用率的影响研究甚少。因此，研究不同追肥时期和追肥种类，对不同夏玉米品种的产量及水肥利用率的影响，以期为山西省南部小麦-玉米一年两熟制下夏玉米节本增效高产栽培提供理论依据。

（1）研究方法

①试验地概况　试验设在山西省农业科学院小麦研究所试验田，该地属暖温带半干旱大陆性气候，四季分明，雨热同期，小麦-玉米一年两熟种植制度。海拔 420m，全年日照 2 186.1h，年平均气温 12.6℃，年平均

降水量 468.5mm，无霜期平均 195.3 天。供试土壤为石灰性褐土，质地为黏壤，有机质 12.02g/kg，硝态氮 37.22mg/kg，铵态氮 2.84mg/kg，有效磷 15.33mg/kg，速效钾 136mg/kg，pH 为 7.35。

②试验设计　采用再裂区设计，主区为 4 个夏玉米品种（A）：先玉 335（A_1）、浚单 20（A_2）、临玉 3 号（A_3）和强盛 51（A_4）。裂区为 2 个施肥时期（B）：拔节期（B_1，7 月 18 日）和大喇叭口期（B_2，8 月 7 日）。再裂区为 2 种肥料种类（C）：追施尿素和磷酸氢二铵（C_1，纯 N 225kg/hm^2，P_2O_5 120kg/hm^2）、仅追尿素（C_2，纯 N 225kg/hm^2）。前茬作物为冬小麦，收获时秸秆粉碎后留田。小区面积为 3.5m×20m＝70m^2，3 次重复，行距 44cm，株距 35cm，随机区组排列。2014 年 6 月 17 日人工点播，10 月 4 日收获。施肥处理按试验设计人工追施，统一浇蒙头水（6 月 19 日）和吐丝水（8 月 12 日）各 750m^3/hm^2，其他管理同大田。

③测定项目与方法　株数，收获前每小区选取 2 个样方，每样方调查 3 行×3m 的夏玉米株数，换算成公顷株数；每小区取 10 株，调查其行数和行粒数，计算穗粒数；脱粒晾干后称籽粒重和穗轴重，计算出籽率；成熟期收获每试验小区内未取过样的中间四垄玉米，按 14％水分计产；数 3 个 100 粒称重，求平均值为百粒重，3 次重复间相差≤0.5g。

④数据处理　试验数据采用 Microsoft Excel 2003 处理，用 DPS 15.10 统计软件进行方差分析和多重比较。

(2) 施肥时期和肥料种类对夏玉米产量及产量构成的影响

变异系数是衡量资料中各观测值的变异程度。由表 4－73 可以看出，不同处理间夏玉米产量及其构成的变异系数相差较大。其中夏玉米产量变异系数最高，穗粒数次之，株数和出籽率变异系数最小，说明影响夏玉米产量的主要因素是穗粒数，其次是百粒重。从 4 个夏玉米品种产量平均值看，先玉 335＞强盛 51＞临玉 3 号＞浚单 20。

追肥时期和追肥种类在不同品种上产量效应有明显差异，先玉 335 拔节期追施尿素＋磷酸氢二铵产量最高，喇叭口期追施尿素＋磷酸氢二铵次之；强盛 51，喇叭口期追施尿素产量最高，拔节期追施尿素＋磷酸氢二铵次之；临玉 3 号，喇叭口期追施尿素＋磷酸氢二铵产量最高，拔节期追施尿素次之；浚单 20，拔节期追施尿素产量最高，拔节期追施磷酸氢二铵次之。

表4-73　施肥时期和肥料种类的夏玉米产量及其构成

处理	株数（株/hm²）	穗粒数	百粒重（g）	产量（kg/hm²）	出籽率（%）
$A_1B_1C_1$	62 253.0	634.2±22.1cC	31.53±1.2bB	12 864.0±aA	84.29
$A_1B_1C_2$	61 114.5	659.5±19.3aA	29.85±1.1cC	11 496.0±bB	84.29
$A_1B_2C_1$	62 461.5	645.3±30.2bB	33.17±0.8aA	12 363.0±aA	83.61
$A_1B_2C_2$	62 038.5	633.8±12.2cC	30.80±0.9bB	12 240.0±aA	84.07
A_1 平均	61 966.9	643.2	31.34	12 240.8	84.07
$A_2B_1C_1$	64 323.0	546.1±20.3bB	31.12±1.3aA	10 894.5±bB	86.40
$A_2B_1C_2$	65 086.5	573.5±21.1aA	30.22±0.9aA	11 241.0±aA	86.56
$A_2B_2C_1$	63 205.5	536.8±26.4cC	29.81±1.2bB	10 030.5±cC	85.33
$A_2B_2C_2$	60 439.5	521.0±30.1dD	29.54±0.8bB	8 790.0±dD	87.71
A_2 平均	63 263.6	544.4	30.17	10 239.0	86.50
$A_3B_1C_1$	60 553.5	572.5±20.3aA	33.58±1.2bB	10 798.5±cC	83.77
$A_3B_1C_2$	60 573.0	542.6±19.3bB	34.75±0.9aA	11 037.0±bB	85.50
$A_3B_2C_1$	62 052.0	569.3±22.1aA	35.73±0.7aA	12 019.5±aA	84.79
$A_3B_2C_2$	62 542.5	523.6±28.5cC	33.07±1.8bB	9 571.5±dD	83.89
A_3 平均	61 430.3	552.0	34.28	10 856.6	84.49
$A_4B_1C_1$	60 987.0	638.4±17.8cC	30.77±1.2bB	10 386.0±bB	86.30
$A_4B_1C_2$	60 396.0	624.3±19.7cC	30.91±0.7bB	8 241.0±cC	83.38
$A_4B_2C_1$	60 792.0	686.2±20.1bB	31.76±0.8aA	10 203.0±bB	86.78
$A_4B_2C_2$	62 344.5	735.3±22.9aA	32.92±1.5aA	14 767.5±aA	86.56
A_4 平均	61 129.9	671.1	31.59	10 899.4	85.76
变异系数（%）	3.37	10.14	5.78	14.56	1.60

注：产量后的小写字母表示差异达0.05显著水平，大写字母表示差异达0.01极显著水平。

对表4-73的夏玉米产量进行方差分析，结果如表4-74，可以看出，处理A（品种）间F值为79.53，达0.01极显著水平；处理B（施氮时期）、A×B交互效应F值分别为74.83和535.07，均达0.01极显著水平；处理C（施氮种类）F值为26.69，达0.01极显著水平，A×C、B×C、A×B×C交互效应均达0.01极显著水平。充分说明夏玉米品种、施氮时期与施氮种类及其交互效应均极显著影响夏玉米的产量。

（3）施肥时期和肥料种类对夏玉米籽粒水分利用效率的影响

由表4-75可以看出，播前土壤贮水量差异较小，收获期土壤贮水量、田间总耗水量及产量水分利用率差异较大。不同品种田间总耗水量为

411.2～426.2mm，其中强盛 51＞先玉 335＞临玉 3 号＞浚单 20。强盛 51
和先玉 335 在拔节期追施尿素田间总耗水量最高。肥料种类相同时，拔节
期追肥高于大喇叭口期追肥；追肥时期相同时，拔节期追肥的单施尿素高
于尿素与磷酸氢二铵配施，大喇叭口期追肥则相反；其中临玉 3 号大喇叭
口期追施尿素田间总耗水量最高；浚单 20 大喇叭口期追施尿素和磷酸氢
二铵最高。

表 4-74　夏玉米产量方差分析结果

变异来源	平方和	自由度	均方	F 值	p 值
区组	76 050.0	2	38 025.0		
处理 A	113 926.6	3	37 975.5	79.5**	0
误差 a	2 865.0	6	477.5		
主区	192 841.6	11			
处理 B	7 623.5	1	7 623.5	74.8**	0
A×B	163 532.0	3	54 510.7	535.1**	0
误差 b	815.00	8	101.9		
裂区	364 812.1	23			
处理 C	3 946.5	1	3 946.5	26.7**	9.38×10^{-5}
A×C	41 927.0	3	13 975.7	94.5**	1×10^{-7}
B×C	11 280.4	1	11 280.4	76.3**	1.74×10^{-7}
A×B×C	176 406.3	3	58 802.1	397.7**	1×10^{-7}
误差 c	2 366.0	16	147.9		
再裂区	600 738.4	47			

注：A 为玉米品种；B 为施肥时期；C 为肥料种类。**差异达 0.01 极显著水平。

表 4-75　施肥时期和肥料种类的夏玉米产量水分利用效率

处理	播前土壤贮水量 （mm）	生育期灌水量 （mm）	收获期土壤贮水量 （mm）	田间总耗水量 （mm）	产量水分利用率 （kg/mm）
$A_1B_1C_1$	315.2	120	429.3	425.1	2.017
$A_1B_1C_2$	321.0	120	422.6	437.6	1.751
$A_1B_2C_1$	313.4	120	429.6	423.0	1.948
$A_1B_2C_2$	312.1	120	435.2	416.1	1.961
A_1 平均	315.4	120	429.2	425.5	1.920

（续）

处理	播前土壤贮水量 （mm）	生育期灌水量 （mm）	收获期土壤贮水量 （mm）	田间总耗水量 （mm）	产量水分利用率 （kg/mm）
$A_2B_1C_1$	309.1	120	436.9	411.4	1.765
$A_2B_1C_2$	316.4	120	442.6	413.0	1.815
$A_2B_2C_1$	314.2	120	431.5	421.9	1.585
$A_2B_2C_2$	308.6	120	449.5	398.3	1.471
A_2 平均	312.1	120	440.1	411.2	1.659
$A_3B_1C_1$	308.4	120	432.6	415.0	1.735
$A_3B_1C_2$	312.5	120	440.2	411.5	1.788
$A_3B_2C_1$	320.4	120	438.1	421.5	1.901
$A_3B_2C_2$	316.7	120	426.1	429.8	1.485
A_3 平均	314.5	120	434.3	419.5	1.707
$A_4B_1C_1$	309.6	120	423.9	424.9	1.630
$A_4B_1C_2$	312.5	120	419.4	432.3	1.271
$A_4B_2C_1$	311.6	120	423.6	427.5	1.591
$A_4B_2C_2$	309.4	120	428.6	420.0	2.344
A_4 平均	310.8	120	423.8	426.2	1.729

注：玉米生育期降水量为 419.2mm。

品种间产量水分利用率为先玉 335＞临玉 3 号＞强盛 51＞浚单 20。先玉 335 在拔节期追施尿素和磷酸氢二铵产量水分利用率最高，大喇叭口期追施尿素次之；临玉 3 号大喇叭口期追施尿素和磷酸氢二铵最高；强盛 51 在大喇叭口期追施尿素最高；浚单 20 在拔节期追施尿素和磷酸氢二铵最高。

（4）施肥时期和肥料种类对氮肥利用效率的影响

由表 4-76 可以看出，不同处理的氮肥表观利用率（NFUE）在 14.34%～70.21%，品种的氮肥表观利用率为先玉 335＞强盛 51＞临玉 3 号＞浚单 20。强盛 51 在大喇叭口期追施尿素的 NFUE 高于尿素和磷酸氢二铵配施，以及拔节期追肥和其余 3 个品种；相同追肥时期时，尿素和磷酸氢二铵配施的 NFUE 均高于单独追施尿素，说明 NP 配合追施有利于提高氮肥利用效率，其中先玉 335、强盛 51 和浚单 20，尿素和磷酸氢二铵在拔节期追施的 NFUE 高于大喇叭口期，临玉 3 号则相反。

表 4 - 76 施肥时期和肥料种类的氮肥利用效率

处理	籽粒含氮量（%）	籽粒吸氮量（kg/hm²）	秸秆产量（kg/hm²）	秸秆含氮量（%）	秸秆吸氮量（kg/hm²）	总吸氮量（kg/hm²）	氮肥表观利用率（%）
$A_1B_1C_1$	1.23	158.23	12 984.1	0.59	76.61	234.83	59.82
$A_1B_1C_2$	1.03	118.41	11 356.2	0.53	60.19	178.60	34.83
$A_1B_2C_1$	1.26	155.77	12 069.1	0.60	72.42	228.19	56.87
$A_1B_2C_2$	1.22	149.33	12 036.1	0.61	73.42	222.75	54.45
A_1 平均	1.19	145.43	12 111.5	0.58	70.66	216.09	51.49
$A_2B_1C_1$	1.24	135.09	11 697.2	0.58	67.84	202.94	45.65
$A_2B_1C_2$	1.1	123.65	11 659.3	0.53	61.79	185.45	37.87
$A_2B_2C_1$	1.23	123.38	10 656.1	0.56	59.67	183.05	36.81
$A_2B_2C_2$	1.19	104.60	9 439.5	0.59	55.69	160.29	26.70
A_2 平均	1.19	121.68	10 863.0	0.57	61.25	182.93	36.76
$A_3B_1C_1$	1.18	127.42	11 368.2	0.62	70.48	197.91	43.41
$A_3B_1C_2$	0.97	107.06	11 694.3	0.63	73.67	180.73	35.78
$A_3B_2C_1$	1.22	146.64	12 429.1	0.59	73.33	219.97	53.22
$A_3B_2C_2$	1.09	104.33	10 237.6	0.52	53.24	157.56	25.48
A_3 平均	1.12	121.36	11 432.3	0.59	67.68	189.04	39.47
$A_4B_1C_1$	1.29	133.98	10 869.1	0.62	67.39	201.37	44.95
$A_4B_1C_2$	1.08	89.00	8 369.6	0.52	43.52	132.52	14.35
$A_4B_2C_1$	1.26	128.56	10 568.9	0.62	65.53	194.08	41.71
$A_4B_2C_2$	1.15	169.83	15 238.7	0.58	88.38	258.21	70.21
A_4 平均	1.20	130.34	11 261.6	0.59	66.21	196.55	42.81

注：无肥区总吸氮量 100.23kg/hm²。

(5) 结论和讨论

4 个夏玉米品种产量、产量构成和氮肥利用效率综合分析表明，先玉 335 产量和水、氮利用率均最高，较其他品种产量增幅为 12.31%～19.55%，产量水分利用效率和氮肥表观利用效率较其他品种提高 7.38%～15.73% 和 20.28%～40.07%，其次是强盛 51，浚单 20 产量最低，这与品种特性有关。夏玉米产量及其构成的变异系数结果表明，决定夏玉米产量的主要因素是穗粒数，其次是百粒重。小麦-玉米一年两熟制下，先玉 335 在拔节期追施尿素＋磷酸氢二铵产量、WUE 和 NFUE 分别高 1 368.0kg/hm²、0.266kg/hm² 和 24.99%，强盛 51 则分别高 2 145.0kg/hm²、

0.359kg/hm² 和 30.60%，达到高产高效；尿素单施则应在大喇叭口期，玉米产量和水肥利用效率均较高。

研究表明，先玉 335 是高产高效夏玉米品种。氮肥合理运筹可提高夏玉米产量、促进干物质及氮磷钾养分向籽粒转移。姜涛等认为，夏玉米施氮量 300kg/hm²，采取基肥和大喇叭口期各施 50%产量最高，籽粒粗蛋白含量最高；杨君立等认为，施氮量 300kg/hm²，采取基肥＋大喇叭口期＋抽雄期 3∶3∶2 产量最高。李伟等认为，与仅施普通尿素相比，普通尿素掺 50%的控释尿素，可提高穗位叶净光合速率、叶绿素含量、硝酸还原酶活性、产量和氮素农学利用效率；武继承等认为，适量氮、磷配施可提高夏玉米产量、磷肥利用率、土壤有效磷含量。本研究表明，应根据追肥时期选用追肥种类，拔节期追肥应选用尿素和磷酸氢二铵配施；大喇叭口期追肥则应选尿素，可提高穗粒数和百粒重，而获得高产，产量水分利用效率和氮素表观利用效率均较高。

试验选用的 4 个夏玉米品种产量、氮肥表观利用率以先玉 335＞强盛51＞临玉 3 号＞浚单 20，产量水分利用效率为强盛 51＞先玉 335＞临玉 3号＞浚单 20。高产米品种先玉 335 和强盛 51，拔节期追施尿素和磷酸氢二铵，产量及水肥利用率均高于单追尿素；大喇叭口期追施尿素，产量及水肥利用率则高于尿素和磷酸氢二铵配施。因此，晋南小麦玉米一年两熟制下，拔节期一次性追施尿素和磷酸氢二铵配施，或大喇叭口期一次性追施尿素，可获得夏玉米高产高效。

4.5.6 钾及钾锌配施对夏玉米生长发育和产量的影响

临汾盆地自然条件优越，光照充足，生产力水平高，是山西省粮食主产区。冬小麦和夏玉米是该地区种植的主要作物。近年来由于复种指数提高，氮肥、磷肥施用量增加，有机肥使用量减少，使土壤中的钾及微量元素被带走增加又得不到有效补充，导致钾及一些微量元素成为限制产量的主要因素。玉米是对锌敏感的作物之一，该地区因夏玉米多年连作已在一些地块已发现缺锌的白化苗。针对这种情况，进行了该项试验，旨在为夏玉米持续高产和合理施用钾肥、锌肥提供科学依据。

(1) 研究方法

试验设在临汾市洪堡村，试验地为壤质石灰性褐土，耕层理化性状为有机质 14.40g/kg，全氮 0.79g/kg，速效氮 55.34mg/kg，有效磷 7.14mg/kg，速效钾 103.32mg/kg。试验为裂区设计。氮肥底施 225.0kg/hm²，其中

1/3 作基肥，2/3 在拔节期和大喇叭口期追施。试验因子为钾、锌；主区为钾的不同施用量，分设 0kg/hm²、75kg/hm²、150kg/hm²、225kg/hm²、300kg/hm²、375kg/hm² 六个水平，副区为施锌与不施锌 15.0kg/hm² 两个水平，具体处理见表 4-77。因冬小麦施用 P_2O_5 180.0kg/hm²，夏玉米不再施用磷肥，其他管理同大田。供试品种为中早熟品种晋单 34 号，小区面积 53.3m²，种植密度为每公顷 52 500 株，重复 2 次，随机区组排列。6 月 20 日播种，9 月 28 日收获，收获时选有代表性 20 株进行室内烤种、测产，并计小区实产。

表 4-77　试验处理

单位：kg/hm²

处理	1	2	3	4	5	6	7	8	9	10	11	12
K_2O	0	75	150	225	300	375	0	75	150	225	300	375
$ZnSO_4$	0	0	0	0	0	0	15	15	15	15	15	15

（2）钾及钾锌对夏玉米次生根和单株干物质的影响

玉米的次生根，是吸收水分和养分的主要器官及养分向上运输的主要通道，次生根的多少、发育的好坏对夏玉米个体的生长十分重要。由表 4-78 看出，各施肥处理单株次生根数均有不同程度增加，但钾、锌配施的效果优于单施钾肥处理。配施单株产次生根增加 11~30 条，单施增加 5~19 条，其中处理 11 的单株次生根增加 30 条，增幅达 69.77%，这说明钾、锌适量配施更有利于夏玉米次生根的生长。单施钾单株干物质增加 18.1~69.9g，配施的效果更明显，干物质增加 14.2~81.6g。这表明适量的钾、锌配施更有利于促进茎叶的生长，提高单株干物质的积累，为夏玉米秆壮、穗大、增产打下良好的基础。

表 4-78　各处理的夏玉米次生根、单株干物质和发病率

处理	1	2	3	4	5	6	7	8	9	10	11	12
次生根（条）	43	48	51	57	62	59	50	59	67	69	73	67
干物质（g）	249.3	267.4	293.8	312.8	319.2	317.3	263.5	277.2	303.1	321.3	330.9	327.8
发病率（%）	5.37	3.50	2.72	2.31	1.95	1.94	3.41	2.50	1.93	1.24	1.02	1.20

（3）钾及钾、锌配施对夏玉米抗病力的影响

近年来玉米粗缩病、叶斑病在山西省一些地区有大面积发生的趋势。

1998 年山西省晋中地区因玉米叶斑病、粗缩病等造成玉米大面积减产，有的甚至绝收。临汾盆地也呈上升趋势。防治办法除选育抗病品种、药剂拌种和及时喷药等措施外，合理施肥对提高玉米抗病力有一定的作用。从试验结果（表 4-78）可以看出，对照发病率高达 5.37％，单施钾肥的发病率为 3.50％～1.94％；而钾、锌配施夏玉米抗病力进一步增强，发病率仅为 2.50％～1.02％。其中处理 11 的效果最好，发病率仅 1.02％。

（4）钾及钾、锌配施对夏玉米穗部性状及产量的影响

钾及钾、锌配施促进了夏玉米干物质积累，使其穗部性状明显改善。由表 4-79 可以看出，单施穗长增加 2.62～5.10cm，配施增加 3.09～6.81cm；单施和配施穗粗分别增加 0.33～0.42cm 和 0.41～0.70cm；穗行数分别增加 0.28～0.67 和 0.80～1.02 行；行粒数增多 5.1～6.5 和 5.3～8.2 粒；千粒重分别提高 10.3～17.6 行和 10.9～19.8g；秃尖降低 0.30～1.95cm 和 1.54～2.50cm。所有处理中以施钾 300kg/hm²，配施 15.0kg/hm² $ZnSO_4$ 处理最好。结果说明适量钾、锌配施能更好地改善夏玉米穗部性状，使产量达到一个较高水平。

表 4-79　钾及钾、锌配施处理的夏玉米穗部性状和产量

处理	1	2	3	4	5	6	7	8	9	10	11	12
穗长（cm）	16.20	18.82	19.10	20.17	21.30	21.28	18.50	20.10	21.14	22.50	23.01	22.10
穗粗（cm）	4.80	5.13	5.13	5.20	5.22	5.17	4.90	5.21	5.25	5.40	5.50	5.49
穗行数（行）	14.30	14.58	14.90	14.96	14.97	14.89	14.31	15.10	15.26	15.20	15.32	15.30
行粒数（粒）	35.0	40.1	40.2	41.0	41.5	40.8	39.0	40.3	40.8	41.7	43.2	42.0
千粒重（g）	293.5	303.8	305.1	306.2	311.1	308.2	300.1	304.4	306.7	309.2	313.3	311.7
秃尖长（cm）	3.30	3.00	2.10	1.50	1.35	1.53	2.20	1.76	1.67	1.10	0.80	0.82
产量（kg/hm²）	7 185.0	7 738.5	8 605.5	9 237.0	9 477.0	9 192.0	7 533.8	8 247.0	9 001.5	9 361.5	9 877.5	9 736.5
增产量（kg/hm²）	0	553.5	1 420.5	2 052.0	2 292.0	2 007.0	348.8	1 062.0	1 816.5	2 176.5	2 692.5	2 551.5
增产率（％）	0	7.7	19.77	28.56	31.80	27.93	4.85	14.78	25.28	30.29	37.47	35.51

（5）钾及钾、锌配施对夏玉米产量的影响

由表 4-79 看出，单施或钾、锌配施对夏玉米都有明显的增产效果。在相同施钾量下配施的增产效果优于单施。配施的增产幅度在 14.78％～37.47％，其中处理 11 增产效果最好，增产达 2 692.5kg/hm²。

经方差分析，增产效果达极显著水平。回归分析夏玉米的经济产量与钾施量呈正相关。相关系数分别为 $r=0.982^{**}$ 和 $r=0.992^{**}$。单施钾肥

的回归方程为：$y = 7\ 026.56 + 14.02x - 0.021x^2$。其最大施肥量为 338.1kg/hm²，最高产量为 9 366.3kg/hm²。按当时每千克 K_2O 2.50 元，玉米市场价每千克 1.04 元计算，最佳经济施肥量为 275.8kg/hm²，产量可达 9 295.1kg/hm²。钾、锌配施的回归方程为 $y = 7\ 476.97 + 12.61x - 0.018x^2$，最大施肥量和最高产量分别为 371.2kg/hm² 和 9 815.4kg/hm²，而最佳施肥量和产量分别为 283.5kg/hm² 和 9 605.2kg/hm²。

（6）结论与讨论

夏玉米施钾及钾锌配施结果表明，施肥单一或不合理会造成植物营养代谢平衡失调、产量降低。在缺钾地区，夏玉米在施氮的基础上增施钾或钾、锌后协调了土壤养分平衡，促进了夏玉米的生长发育，使次生根、干物质增加，抗病力增强，穗部性状改善，经济产量提高。

夏玉米钾锌配施的增产效果优于单施。单施钾肥增产幅度在 553.5～2 292.0kg/hm²，最佳施钾量为 275.8kg/hm²。钾、锌配施的增产幅度在 1 062.0～2 692.5kg/hm²，最佳施钾量为 283.5kg/hm²。临汾盆地冬小麦、夏玉米一年两作，在冬小麦施用氮、磷肥夏玉米施氮的基础上，应补施 K_2O 275.8～283.5kg/hm² 为宜。施钾的基础上配施锌肥 15.0kg/hm² $ZnSO_4$，使玉米的增产效果更加明显。

4.6　小麦玉米水肥一体化节水减肥技术研究

4.6.1　灌溉方式对小麦玉米产量及水肥利用率的影响

干旱缺水是制约山西省农业生产最主要自然因子。据统计山西省水资源缺乏，总量仅为 143.5 亿 m³，占全国水资源总量的 5%，耕地亩均用水量位列全国倒数 1 位，自然降水少而干旱和水资源缺乏直接影响粮食单产与总产。目前生产条件下，水肥运筹失调，高投入低产出，也是导致山西省粮食生产单产低、总产徘徊，农民种粮积极性低的重要原因。因此，合理统筹施肥，强化水肥耦合及互作调控效应，使其表现出最大的稳产提质增效，是解决当前农业生产可持续发展的重要前提和基础。目前解决水资源供需矛盾的唯一出路是提高水资源利用率。从农业可持续发展和节水农业考虑，微喷灌、滴灌是易于推广、节水效果好的技术措施，除实现节水灌溉外，还可增加作物株间湿度、调节温度和改善田间小气候，与漫灌、畦灌等地面灌溉相比，可提高作物光合能力和光合速率，改善作物生长环境和生理代谢，提高光合产物向"库"运转，增加作物群体结构、结实率、粒重而增产。地表面灌溉与之配套施肥方式相对较少，仅通过施用底肥和灌溉时撒施不能满足作物对养分的需求，水肥互作效应低，无法及时满足作物各生育期养分的需求。微喷灌、滴灌等节水技术，改传统肥水管理"少次多量"为"多次少量"，实现了按作物需求，定量、定时供给，提高了供需吻合度，减施增效。同时筛选研制水肥一体"专用配方肥"，实现平衡施肥、节本、高产与高效同步。

(1) 研究方法

试验安排在山西省临汾市尧都区屯里镇韩村试验基地。小麦季设 3 种灌溉模式。①漫灌：越冬期 2 025m³/hm² ＋拔节期 1 500m³/hm²。②滴灌：越冬期 600m³/hm²＋拔节期 600m³/hm²＋灌浆期 600m³/hm²。③微喷灌：越冬期 600m³/hm²＋拔节期 600m³/hm²＋灌浆期 600m³/hm²。施肥量为纯氮 225kg/hm²、P_2O_5 135kg/hm²、K_2O 75kg/hm²。N 基肥：拔节期追施比为 7：3，磷肥、钾肥全部基施。漫灌施肥方式为撒施，滴灌和微喷灌为水肥一体化。供试品种为良星 99，10 月 12 日播种，6 月 13 日收获，基本苗每公顷 375 万株。

夏玉米季设三种灌溉模式。①漫灌：小喇叭口期 1 500m³/hm²＋抽雄期 1 500m³/hm²。②滴灌：苗期 450m³/hm²＋小喇叭口期 450m³/hm²＋大喇叭口期 600m³/hm²＋抽雄期 600m³/hm²。③微喷灌：苗期 450m³/hm²＋小喇叭口期 450m³/hm²＋大喇叭口期 450m³/hm²＋抽雄期 450m³/hm²。施肥量为 N 300kg/hm²，P_2O_5 90kg/hm²，施氮方式为漫灌撒施，小喇叭期：抽雄期＝2：1，滴灌和微喷水肥一体化，基肥：小喇叭口期：抽雄期＝3：10：2，磷肥全部做基肥施入。玉米品种为先玉 335，6 月 15 日播种，密度为每公顷 67 500 株，9 月 28 日收获。

(2) 灌溉方式对小麦玉米产量及其构成的影响

由表 4-80 和表 4-81 看出，灌溉方式对小麦、玉米产量均产生一定影响。小麦产量以微喷灌＞滴灌＞漫灌；产量构成中成穗数以滴灌最多，漫灌最少，滴灌较漫灌每公顷增加 38.5 万穗；微喷灌的穗粒数最多，其次是漫灌，滴灌最少，微喷灌较滴灌穗粒数增加 4.3 粒；千粒重以滴灌最高，滴灌最低，漫灌分别较滴灌和微喷灌高 6.6g 和 4.1g，因此微喷灌产量构成均衡协调，产量最高。夏玉米产量以滴灌＞微喷灌＞漫灌。与漫灌相比滴灌使夏玉米百粒重提高而增产，微喷灌是穗粒数增加而增产，滴灌和漫灌较漫灌分别增产 2 108.1kg/hm² 和 1 902.4kg/hm²。小麦-玉米周年产量以滴灌＞微喷灌＞漫灌。

表4-80 不同灌溉方式的小麦产量及其构成

处理	成穗数（×10⁴/hm²）	穗粒数（粒）	千粒重（g）	产量（kg/hm²）
漫灌	517.0	36.0	40.82	5 476.2
滴灌	555.5	33.9	34.22	5 489.4
微喷灌	540.4	38.2	36.72	5 591.5

表4-81 不同灌溉方式的玉米产量及其构成

处理	穗粒数（粒）	百粒重（g）	产量（kg/hm²）	周年产量（kg/hm²）
漫灌	542.68	29.47	9 077.6	14 553.8
滴灌	618.65	31.64	11 185.7	16 675.1
微喷灌	623.00	30.60	10 980.0	16 571.5

（3）灌溉方式对土壤含水量的影响

由图4-20可以看出，小麦越冬—灌浆期前漫灌各土层含水量均最高，滴灌最低；灌浆期以微喷灌＞滴灌＞漫灌，其中0～100cm土层含水量差异较大，100～160cm土层差异相对较小；成熟期微喷灌和滴灌各土层土壤含水量均高于漫灌。玉米小喇叭口和大喇叭口漫灌土层含水量均最高，微喷灌和滴灌均较低；抽雄期0～100cm土层含水量微喷灌和滴灌高于漫灌，

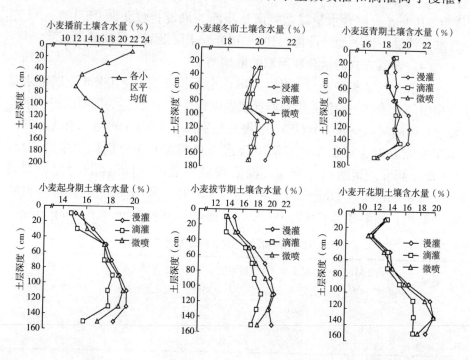

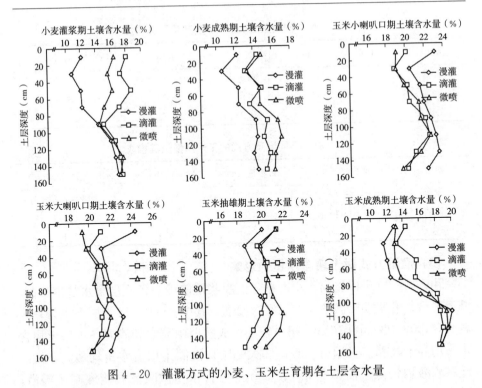

图4-20 灌溉方式的小麦、玉米生育期各土层含水量

100～160cm土层含水量以微喷灌＞漫灌＞滴灌；收获期0～100cm土层含水量滴灌＞微喷灌＞漫灌，100～160cm土层漫灌＞微喷灌＞滴灌。

（4）灌溉方式对水分利用率的影响

由表4-82和表4-83可以看出，小麦收获期0～160cm土层贮水量为微喷灌＞滴灌＞漫灌，生育期耗水量则相反，$WUE_{小麦}$为微喷灌＞滴灌＞漫灌，微喷灌和滴灌的$WUE_{小麦}$较漫灌分别高4.13kg/mm和3.58kg/mm。玉米季收获期土壤贮水量滴灌＞漫灌＞微喷灌，生育期耗水量则相反，$WUE_{玉米}$滴灌＞微喷灌＞漫灌，滴灌和微喷灌的$WUE_{玉米}$较漫灌分别高11.39kg/mm和9.32kg/mm。从小麦-玉米周年$WUE_{周年}$看，滴灌＞微喷灌＞漫灌，滴灌和微喷灌的$WUE_{周年}$漫灌高7.19kg/mm和6.86kg/mm。

表4-82 不同灌溉方式的小麦季水分利用率

处理	播前土壤贮水量（mm）	灌水量（mm）	成熟期土壤贮水量（mm）	生育期耗水量（mm）	$WUE_{小麦}$ [kg/(mm·hm²)]
漫灌	457.63	405.00	302.69	775.14	7.06
滴灌	457.63	180.00	336.88	515.95	10.64
微喷灌	457.63	180.00	353.12	499.71	11.19

表4-83 不同灌溉方式的玉米季和周年水分利用率

处理	灌水量 (mm)	成熟期土壤贮水量 (mm)	生育期耗水量 (mm)	$WUE_{玉米}$ (kg/mm)	$WUE_{周年}$ [kg/(mm·hm²)]
漫灌	405.00	350.82	633.07	14.34	10.33
滴灌	180.00	358.43	434.65	25.73	17.54
微喷灌	180.00	345.27	464.05	23.66	17.19

注：小麦季降水量为215.2mm，玉米季降水量为276.2mm。

(5) 灌溉方式对土壤硝态氮含量的影响

由图4-21看出，3种灌溉模式小麦越冬前0~20cm和80cm以下土层硝态氮含量较低，20~80cm土壤硝态氮含量较高；返青期微喷灌和滴灌20~40cm土层硝态氮含量高于漫灌，其余土层均低于漫灌。说明越冬期漫灌上层土壤中硝态氮向下移动较多。小麦拔节期—玉米成熟期漫灌处理各土层硝态氮含量均最低；滴灌在小麦返青期—成熟期0~40cm土层硝态氮含量高于微喷灌，下层差异较小，玉米生育期0~40cm土层均表现为滴灌高于微喷灌，100cm以下土层相反。微喷灌和滴灌对土壤硝态氮淋溶较慢。

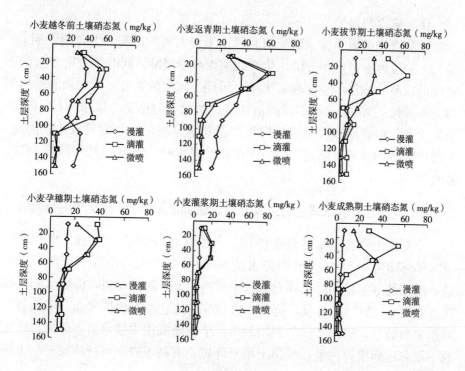

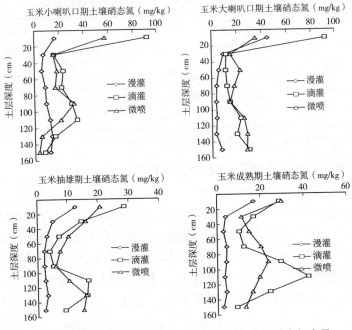

图 4-21 灌溉方式的小麦、玉米生育期各土层硝态氮含量

(6) 结论与讨论

微喷灌和滴灌小麦（灌浆前）和玉米（大喇叭口期）生育期中期 0～100cm 土层含水量低于漫灌，生育后期则高于漫灌，同时使上层土壤硝态氮含量较高，满足了小麦和玉米生育后期对水氮的需要。其中滴灌的周年和玉米产量、WUE 最高，微喷灌次之，微喷灌的小麦产量和 WUE 最高，滴灌次之，但滴灌和微喷灌的周年产量和水分利用效率差异较小。因此，采用微喷灌和滴灌可满足小麦、玉米高产对水分的需求，实现节水高产高效栽培。

4.6.2 小麦玉米水氮耦合对土壤水分、硝态氮及小麦玉米产量的影响

小麦是山西省重要的粮食作物，占粮食总产的 30% 左右。山西南部麦区年降雨集中在 6～9 月，降水量为 450～580mm，小麦生育期降水不足，需在关键生育期通过补充灌水来提高产量。研究表明，微喷水肥一体化可增加小麦叶绿素含量，提高光合速率，防止水氮深层渗漏，降低氨挥发速率和总量，提高肥料的利用效率，节约灌溉用水量，节省劳力，防止地下水和地面水源污染，改善土壤小环境，有利于农业可持续发展。土壤

氮素对小麦光合生产能力有重要调控作用，施氮肥可补充土壤氮素，增加植物光合产物积累而增产。由于作物秸秆 C/N 比高，秸秆还田后土壤 C/N 比升高，秸秆腐熟矿化变慢，氮素对作物的有效性减弱，严重影响作物生长，合理的施氮模式可调节秸秆 C/N 比例，提高有机质矿化速率，促进秸秆腐熟分解，提高氮肥利用率。

（1）研究方法

试验设在山西省临汾市尧都区屯里镇韩村试验基地。耕层理化性状为：有机质 19.11g/kg，NO_3^- - N 43.19mg/kg，NH_4^+—N 3.14mg/kg，有效磷 11.78mg/kg，速效钾 148.2mg/kg，pH 为 8.17。

小麦季：二因素设计，分别为灌水模式和施氮模式。施氮模式设 3 个处理：习惯施氮（N_1），施纯 N 300kg/hm²，底∶拔＝6∶4；目标施氮（N_2），施纯氮 225kg/hm²，底∶拔＝6∶4；优化施氮（N_3），施纯氮 225kg/hm²，底∶拔∶灌＝6∶3∶1。各处理底施 P_2O_5 135kg/hm² 和 K_2O 90kg/hm²。氮肥为尿素（46.2%），磷肥为磷酸氢二铵（18 - 46），钾肥为硫酸钾（K_2O 51%）。灌水模式设 3 个处理：微喷灌 3 次（W_1），越冬水＋拔节水＋灌浆水＝（450＋600＋450）m³/hm²；微喷灌 4 次（W_2）：越冬水＋拔节水＋孕穗水＋灌浆水＝（450＋600＋375＋375）m³/hm²；漫灌＋微喷灌（W_3），冬前漫灌＋拔节水＋灌浆水＝（900＋450＋450）m³/hm²。另设一个对照处理（CK）：习惯施氮处理（N_1），漫灌，灌水时期：越冬水＋拔节水，灌水量为（900＋1 200）m³/hm²，共 13 个处理。大区设计，小区面积为 60m×2.3m。玉米秸秆粉碎还田。供试品种良星 99，10 月 12 日播种，6 月 13 日收获，基本苗 375 万株/hm²。

玉米季：在小麦季小区基础上进行。二因素设计，分别为灌水模式和施氮模式。施氮模式设 3 个处理：习惯施氮，施纯 N 300kg/hm²，种肥∶小喇叭口期＝1∶2（$N_{习1}$）、种肥∶大喇叭口期＝1∶2（$N_{习2}$）；目标施氮，施纯 N 227.5kg/hm²，种肥∶小喇叭口期＝1∶2（$N_{目1}$）、种肥∶大喇叭口期＝1∶2（$N_{目2}$）；优化施氮，施纯 N 227.5kg/hm²，种肥∶小喇叭口期∶孕穗肥（抽雄期）＝1∶3∶1（$N_{优1}$）、种肥∶大喇叭口期∶孕穗肥＝1∶3∶1（$N_{优2}$）。各处理施 P_2O_5 90kg/hm²，做种肥一次施入。灌水量设置 2 个处理：微喷灌 3 次（W_1）：播种后＋小喇叭口期＋孕穗期；微喷灌水 4 次（W_2）：播种后＋小喇叭口期＋大喇叭口期＋孕穗期，灌水量均为 450m³/hm²。另设一个对照处理（CK）：施氮同 $N_{习1}$，漫灌 2 次，播种后＋小喇叭口期，每次灌水量 900m³/hm²。

（2）灌水和施氮模式对小麦、玉米及周年产量及其构成的影响

由表 4-84 看出，灌水和施氮方式对小麦产量及其构成有显著影响。小麦产量以微喷 4 次（W_2）＞漫灌＋微喷（W_3）＞漫灌（CK）＞微喷 3 次（W_1）。施氮模式主要影响产量及其构成因素，灌水模式影响施氮模式的增产效果。其中微喷 3 次，目标施氮（N_2）产量最高，优化施氮（N_3）次之；微喷 4 次和漫灌＋微喷，优化施氮产量最高，习惯施氮次之。水氮互作组合中微喷 4 次＋优化施氮（W_2N_3）产量最高，漫灌＋微喷＋优化施氮（W_3N_3）次之。增产与成穗数增加有关，与大水漫灌＋习惯施肥（CK）相比，W_2N_1、W_2N_3 和 W_3N_3 处理增产。

表 4-84　灌水和施氮模式的小麦产量及其构成

处理		成穗数（$\times 10^4/hm^2$）	穗粒数（粒）	千粒重（g）	产量（kg/hm^2）
	N_0	433.70	30.06	44.73	5 212.3
	N_1	463.05	36.72	45.19	5 221.8
W_1	N_2	444.78	38.78	45.85	5 513.0
	N_3	412.18	38.39	43.82	5 388.4
施氮均值		438.43	35.99	44.90	5 374.4
	N_0	500.22	30.67	44.63	5 292.0
	N_1	539.35	39.11	44.51	5 814.5
W_2	N_2	453.92	38.44	45.87	5 504.0
	N_3	513.26	37.06	43.88	5 995.6
施氮均值		501.69	36.32	44.72	5 771.4
	N_0	393.92	22.61	43.25	4 649.4
	N_1	378.26	38.17	46.23	5 179.5
W_3	N_2	412.83	36.72	46.77	5 148.0
	N_3	506.74	38.56	44.38	5 897.0
施氮均值		422.94	34.02	45.16	5 408.2
CK		500.55	37.00	44.42	5 726.9

由表 4-85 看出，灌水和施氮模式对玉米产量及其构成产生一定影响。玉米产量以微喷 4 次（W_2）＞微喷 3 次（W_1）。W_2 时，施氮方式中大喇叭口施肥效果优于小喇叭口施肥；W_1 时，习惯施氮＞目标施氮＞优化施氮，W_2 时，优化施氮＞目标施氮＞习惯施氮。灌水互作施氮组合中，$W_2N_{习2}$ 产量最高，其次是 $W_2N_{目2}$ 和 $W_2N_{优2}$。

表 4 - 85　灌水和施氮模式的玉米产量及其构成

处理		穗粒数（粒）	百粒重（g）	产量（kg/hm²）	周年产量（kg/hm²）
W_1	N_0	367.8	23.11	3 640.9	8 853.2
	$N_{习1}$	653.7	30.64	10 474.1	15 695.9
	$N_{目1}$	522.6	28.79	9 077.6	14 590.6
	$N_{优1}$	587.2	28.74	9 450.0	14 838.4
施肥均值		587.8	29.40	9 667.2	15 041.6
W_2	N_0	547.3	26.99	4 680.0	9 972.0
	$N_{习1}$	582.0	29.91	9 411.4	15 225.9
	$N_{目1}$	653.5	29.30	9 945.0	15 449.0
	$N_{优1}$	607.7	29.46	10 059.7	16 055.3
施肥均值		614.4	29.60	9 805.4	15 576.7
W_2	N_0	361.7	25.04	4 441.9	9 091.3
	$N_{习2}$	625.3	29.22	10 890.0	16 069.5
	$N_{目2}$	577.1	30.70	10 495.2	15 643.2
	$N_{优2}$	586.2	30.81	10 462.5	16 359.5
施肥均值		596.2	30.20	10 615.9	16 024.1
CK		576.4	29.8	5 726.9	15 128.7

小麦-玉米周年产量以小麦季漫灌＋微喷、玉米季喷灌 4 次（W_3＋W_2）＞小麦季、玉米季均微喷 4 次（W_2＋W_2）＞小麦季、玉米季均微喷 3 次（W_1＋W_1）；施氮周年产量高于不施氮。W_1＋W_1 时，习惯施氮＞优化施氮＞目标施氮；W_2＋W_2 时，优化施氮＞目标施氮＞习惯施氮；W_3＋W_2 时，优化施氮＞习惯施氮＞目标施氮。水氮互作组合中，$W_3N_{优}$＋$W_2N_{优2}$ 周年产量最高，其次是 $W_3N_{习}$＋$W_2N_{习2}$ 和 $W_2N_{优}$＋$W_2N_{优1}$。W_3＋W_2、W_2＋W_2 的各施肥处理均较 CK 增产。

（3）灌水和施氮模式对土层含水量的影响

由图 4 - 22 可以看出，随小麦、玉米生育期进程，不同灌水和施氮模式处理各土层含水量均存在一定差异。小麦拔节期前和玉米小喇叭口期前各土层差异相对较小，小麦灌浆期—成熟期，玉米成熟期差异较大。漫灌下的习惯施氮（CK）在小麦越冬前—拔节期、玉米小喇叭口期—抽雄期 0～100cm 土层含水量最高，其余时期均较低。小麦、玉米均微喷灌 3 次，各生育期的土层含水量均较低，小麦季漫灌＋微喷灌＋玉米微喷灌 4 次，在小麦灌浆期—成熟期前土层含水量低于小麦、玉米季均微喷灌 4 次，其余时期均最高。相同灌水处理时施氮方式对土层含水量影响较小。

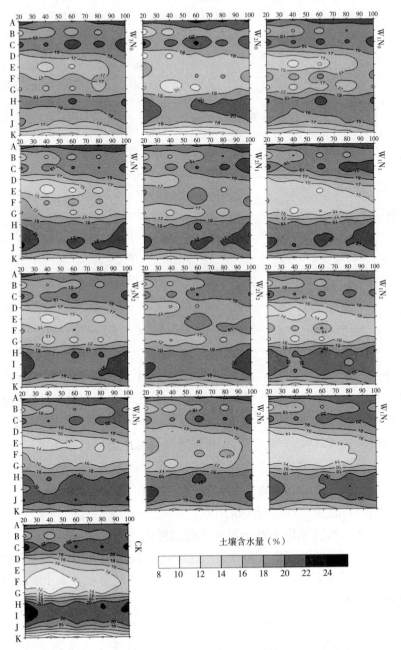

图 4-22　小麦玉米生育期 0～100cm 土壤各土层含水量

（4）灌水和施氮模式对小麦、玉米和周年产量水分利用率的影响

由表 4 - 86 可以看出，小麦收获期 0～100cm 土层贮水量为微喷 4 次＞漫灌＋微喷＞微喷 3 次＞CK，不施氮土层贮水量高于施氮处理。微喷 3 次时，各施氮模式处理间差异较小；漫灌＋微喷时，优化施氮处理的贮水量最高，目标施氮处理次之；微喷 4 次时，目标施氮处理的贮水量最高。小麦生育期耗水量为 CK＞漫灌＋微喷＞微喷 4 次＞微喷 3 次，不施氮处理生育期耗水量低于相应施氮处理。小麦产量水分利用率（$WUE_{小麦}$）为微喷 4 次＞微喷 3 次＞漫灌＋微喷＞CK，微喷 4 次较漫灌＋微喷和 CK 提高 1.28kg/mm 和 2.36kg/mm，微喷 3 次分别提高 0.4kg/mm 和 1.44kg/mm。不施氮处理水分利用率低于相应施氮处理，微喷 4 次和漫灌＋微喷，优化施氮处理 $WUE_{小麦}$ 均最高。水氮互作组合中漫灌＋微喷下的优化施氮处理 $WUE_{小麦}$ 最高，微喷 4 次的优化施氮处理次之。

表 4 - 86　灌水和施氮模式的小麦季水分利用率

处理		播前土壤贮水量（mm）	灌水量（mm）	成熟期土壤贮水量（mm）	生育期耗水量（mm）	水分利用率 [kg/(mm·hm²)]
W₁	N_0	212.49	150.00	213.16	364.53	13.30
	N_1	212.49	150.00	193.42	384.27	13.59
	N_2	212.49	150.00	196.57	381.12	14.47
	N_3	212.49	150.00	190.34	387.35	13.91
施氮均值		212.49	150.00	193.44	384.25	13.99
W₂	N_0	212.49	180.00	225.34	382.35	13.84
	N_1	212.49	180.00	216.39	391.30	14.86
	N_2	212.49	180.00	228.95	378.74	14.53
	N_3	212.49	180.00	213.94	393.94	15.22
施氮均值		212.49	180.00	219.70	387.99	14.87
W₃	N_0	212.49	180.00	240.12	367.57	12.65
	N_1	212.49	180.00	185.39	422.30	12.26
	N_2	212.49	180.00	211.49	396.20	12.99
	N_3	212.49	180.00	227.75	379.94	15.52
施氮均值		212.49	180.00	208.21	399.48	13.59
CK		212.49	210.00	179.80	457.89	12.51

注：小麦生育期降水量 215.2mm。

由表 4-87 看出，玉米收获期 $0\sim100cm$ 土层贮水量为 $W_2>W_1>$ CK；生育期耗水量为 $CK>W_2>W_1$。$WUE_{玉米}$ 为 $W_1>W_2>CK$；W_2 时的 $WUE_{玉米}$ 大喇叭口期施氮效果优于小喇叭口期，平均提高 5.83kg/mm 和 2.46kg/mm；W_1 的 $WUE_{玉米}$ 较 CK 提高 6.2kg/mm。不施氮处理 $WUE_{玉米}$ 低于相应施氮处理，W_1 时，$N_{习1}$ 最高，W_2 时，$N_{习2}$ 最高。水氮互作组合中，$W_1N_{习1}$ $WUE_{玉米}$ 最高，其次 $W_2N_{习2}$ 和 $W_2N_{目2}$。因此，玉米季互作效应中施氮的效应大于灌水效应。

表 4-87　灌水和施氮模式的玉米季和周年水分利用率

处理		播前土壤贮水量（mm）	灌水量（mm）	成熟期土壤贮水量（mm）	生育期耗水量（mm）	玉米 $WUE_{籽粒}$（kg/mm）	周年 $WUE_{籽粒}$ [kg/(mm·hm²)]
	N_0	213.16	135.00	245.19	379.17	9.60	11.90
	$N_{习1}$	193.42	135.00	232.42	372.20	28.14	19.75
W_1	$N_{目1}$	196.57	135.00	214.51	393.26	23.08	18.84
	$N_{优1}$	190.34	135.00	217.40	384.14	24.60	19.23
施肥均值			135.00	221.44	383.20	25.27	19.61
	N_0	225.34	180.00	240.63	440.91	10.61	12.11
	$N_{习1}$	216.39	180.00	230.38	442.21	21.28	18.27
W_2	$N_{目1}$	228.95	180.00	207.94	477.21	20.84	18.05
	$N_{优1}$	213.75	180.00	222.48	447.47	22.48	19.08
施肥均值			180.00	220.27	455.63	21.53	18.47
	N_0	240.12	180.00	190.63	505.69	8.78	10.41
	$N_{习2}$	185.39	180.00	235.61	405.98	26.82	19.40
W_2	$N_{目2}$	211.49	180.00	229.21	438.48	23.94	18.74
	$N_{优2}$	227.75	180.00	247.06	436.89	23.95	20.03
施肥均值			180.00	237.29	427.12	24.90	19.39
CK		179.80	180.00	143.09	492.91	19.07	15.91

注：玉米生育期降水量为 276.2mm。

小麦-玉米周年产量的 $WUE_{周年}$，小麦和玉米季均微喷 3 次＞小麦季漫灌＋微喷、玉米季喷灌 4 次＞小麦季、玉米季均微喷 4 次。施氮处理的周年 $WUE_{周年}$ 高于不施氮肥，小麦季、玉米季均微喷 3 次，习惯施氮周年的 $WUE_{周年}$ 最高，优化施氮次之；小麦季、玉米季均微喷 4 次，和小麦季漫灌＋微喷 2 次＋玉米季喷灌 4 次，优化施氮处理周年 $WUE_{周年}$ 最高，习惯施氮处理次之。水氮互作组合中小麦季漫灌＋微喷 2 次＋玉米季喷灌 4 次，优化施氮周年 $WUE_{周年}$ 最高，与漫灌相比，3 种灌水模式下施氮模式的 $WUE_{周年}$ 均提高，不施氮周年 $WUE_{周年}$ 低于相应施氮处理和 CK。

（5）灌水和施氮模式对土层硝态氮含量的影响

由图 4-23 可以看出，小麦收获期 0～100cm 土层硝态氮含量存在较大差异。微喷 3 次的习惯施氮 20～80cm 土层硝态氮＞20mg/kg，优化施氮＞10mg/kg；微喷 4 次的目标施氮各层土壤硝态氮＞10mg/kg，漫灌＋微喷，各施肥处理随土层加深硝态氮降低。

由图 4-23 可以看出，玉米收获期 0～100cm 土层硝态氮含量低于小麦收获期，且处理间存在较大差异。微喷 3 次的习惯施氮和优化施氮处理各土层硝态氮含量均较高，小麦季和玉米季均微喷 4 次，目标施氮处理各土层硝态氮含量均较高，小麦季漫灌＋微喷、玉米季微喷 4 次，处理间差异较小。

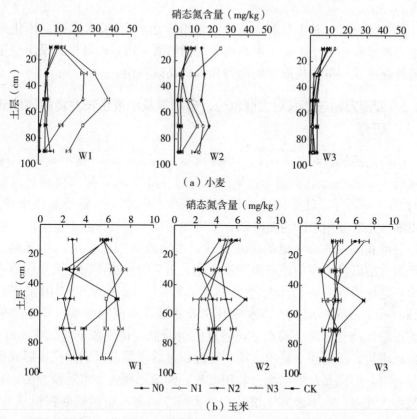

图 4-23　小麦、玉米成熟期 0～100cm 土层硝态氮含量

(6) 结论与讨论

灌水和施氮模式对小麦、玉米及周年产量和水分利用效率的影响。一是灌溉方式对单季和周年产量影响较小,灌水次数对产量影响较大,灌水次数增加产量提高。微喷灌 4 次和冬前漫灌＋微喷灌 2 次小麦产量高,玉米季微喷灌 4 次产量高,周年产量也以小麦季漫灌＋微喷 2 次＋玉米季喷灌 4 次较高,其次是小麦和玉米季均微喷灌 4 次,且水肥利用效率高;二是灌水模式影响施氮效果,微喷灌 3 次时,习惯施肥产量较高,小麦和玉米季均微喷灌 4 次或小麦漫灌＋微喷灌 2 次＋玉米季微喷灌 4 次下,优化施氮方式产量高,这说明增加灌水次数可提高氮肥利用效率,减少施氮量;三是对土层含水量的影响主要来自灌水模式,且对小麦和玉米的生育后期土层含水量影响较大。灌水模式中小麦和玉米季均微喷 4 次或漫灌＋微喷 2 次＋玉米季微喷灌 4 次,使小麦和玉米生育后期保持较高的土壤含水量,可满足其生长发育需求而获得高产,且玉米季和周年水分利用效率高。

综合分析产量和水分利用效率,临汾盆地小麦-玉米水肥一体化最佳节水省肥模式是:小麦和玉米季均采用微喷灌 4 次,施氮模式采用少量多次的优化模式,可实现周年的高产和水肥高效利用。

4.6.3 灌溉方法与施氮对土壤水分、硝态氮及小麦生长发育的调控效应研究

山西南部属黄海冬麦区,年均降水量为 478.2mm,其中 6～9 月平均降水量为 335.0mm,小麦生育期降水量仅 143.2mm,降水仅满足总耗水量的 25%～30%,其余需通过灌水满足高产需求。小麦是高耗水作物,麦田灌水是农业用水的主要方面,水资源短缺,直接影响小麦生产。漫灌仍是目前我国农业最主要的灌水方式,占灌溉面积的 97%。喷滴灌、微灌等节水灌溉技术在山西省多用于蔬菜、瓜果等经济作物,粮食作物面积很少,这使山西省农田水分生产率仅 0.8～1.0kg/m³,低于国家规范的 1.2kg/m³。漫灌用水量大,水分利用效率低,水资源浪费。冬小麦生育期无须总保持充足的土壤水分,适度限量灌溉,可发挥土壤贮存水作用,降低耗水量,提高灌水利用效率,因此通过灌水量和时期调控,形成适度水分胁迫,可提高产量和水分利用效率。滴灌是高效节水灌溉方法,通过少量多次灌水,在不破坏土壤结构的条件下,将水肥精确施到根系周围,为根系创造良好的生长条件,减少无效消耗,达到节水高产的目的。微喷

灌是通过微喷带将水喷射到空中，散成细小雾滴，喷洒到根区的一种节水灌溉技术，设施简单廉价，易于收放。喷灌、滴灌可改善麦田生态环境，提高灌水分布均匀系数，与漫灌相比，可降低灌水量 12.9%～41.5%，产量和水分利用效率提高 11.3%～30.0% 和 3.1%～56.0%。

氮是植物生长必需的大量元素。$NO_3^- - N$ 是土壤溶液中氮存留的主要形式。施肥和作物生长对土壤 $NO_3^- - N$ 影响大，施氮增加，土壤 $NO_3^- - N$ 提高，作物生长土壤 $NO_3^- - N$ 减少。土壤表层含水量高氮有向下淋洗趋势，适量灌水能减少深层土壤 $NO_3^- - N$ 累积，减少氮淋失风险。适量施肥微喷灌、滴灌有利于保持土壤 0～60cm 土壤 $NO_3^- - N$，且 0～100cm $NO_3^- - N$ 积量逐渐下降，但 60～80cm 有上升趋势。本研究针对晋南小麦-玉米一年两熟区，漫灌氮肥撒施，水肥利用效率低等问题，探索漫灌、微喷灌和滴灌对土壤水氮分布、积累和小麦生长发育的影响，以期为微喷灌、漫灌及其氮肥合理施用提供理论依据。

(1) 试验方法

①试验设计　试验于 2016 年度在临汾市尧都区小麦研究所韩村试验基地进行（36°6′24″N，111°30′55″E），试验区属典型温带大陆性半干旱气候，属黄淮麦区北片，年均气温 13.1℃，年日照时数 2 400h 左右，年蒸发量 2 150mm。试验地为中壤石灰性褐土，连续 7 年小麦-玉米一年两熟轮作。试验年度小麦生育期降水 188.7mm。小麦播前土壤理化性状见表 4-88。

表 4-88　播前土壤理化性质

土层 (cm)	pH	有效氮 (mg/kg)	有效磷 (mg/kg)	速效钾 (mg/kg)	有机质 (g/kg)	全氮 (g/kg)	全磷 (g/kg)	全钾 (g/kg)
0～20	8.17	58.31	11.78	148.17	19.11	1.18	0.48	29.17
20～40	8.47	28.83	2.47	109.80	7.58	0.69	0.29	28.13
40～60	8.53	17.02	2.53	116.40	5.95	0.64	0.24	28.75

试验设 3 种灌溉方法：漫灌（FI）、微喷灌（SI）和滴灌（DI）；微喷灌、滴灌下设 2 种灌水施氮模式，共 5 个处理，具体灌水施氮模式见表 4-89。漫灌灌水量为水表实测值，微喷灌和滴灌用水表控制灌水量；大区设计，大区面积 60m×2.4m=144m²，每个大区划分 3 个取样小区，为统计分析重复。机械条播，行距 19.5cm，播量 225.0kg/hm²。各处理施肥量相同，纯 N225.0kg/hm²，P_2O_5 135kg/hm² 和 K_2O 75kg/hm²，氮按试验方案施

入，磷、钾全作基肥撒施。2016 年 10 月 11 日播种，2017 年 6 月 13 日收获。试验用肥料为尿素（N46.4）、磷酸氢二铵（18 - 46）、氯化钾（60）。试验用微喷带直径 40mm 的斜 5 孔微喷带，滴灌为直径 16mm 的内镶贴片式滴灌带，滴头间距 15cm。为计算氮肥利用效率，设漫灌施磷、钾不施氮处理（FIN_0）。其他管理措施同大田。

表 4 - 89　试验方案

处理	灌溉方法	灌水时期和灌水量（m^3/hm^2）				总灌水量（$m^3 \cdot hm^2$）	施肥方式	施肥时期和施氮量（kg/hm^2）			总施氮量（kg/hm^2）
		越冬期	拔节期	开花期	灌浆期			基肥	拔节期	灌浆期	
$S_1 N_1$	微喷	600	600		600	1 800	水肥一体化	157.5	67.5	0.0	225.0
$S_2 N_2$	微喷	450	600	375	375	1 800	水肥一体化	157.5	45.0	15.0	225.0
$D_1 N_1$	滴灌	600	600		600	1 800	水肥一体化	157.5	67.5	0.0	225.0
$D_2 N_2$	滴灌	450	600	375	375	1 800	水肥一体化	157.5	45.0	15.0	225.0
FI	漫灌	2 025	1 350	0	0	3 375	撒施	157.5	67.5	0.0	225.0

②测定项目与方法　群体：三叶期前，每个划分小区中确定 1 个 1.0m² 样方，调查基本苗、越冬期和拔节期的总茎数，并计算单株分蘖数。

③产量构成　每个处理调查 3 个定点样方内所有 ≥3 粒的穗数，为有效成穗数。其中 1 个调查样方内随机选 2 个单行，拔取单行 20cm 的全部穗数，去除穗粒数小于 3 粒的穗为有效穗，调查有效穗的粒数，求平均值为穗粒数。各处理收获 2 个未取样的样方，再随机收获 2 个 1.0m²，脱粒，风干后称重；数 500 粒称重，换算成千粒重，2 次重复（重复间相差 ≤0.5g）。

④土壤含水量　播种和收获当天、越冬期、起身期、孕穗期和灌浆期测定 0～160cm 土壤含水量，每 20cm 一层，共 8 层，用铝盒烘干法测定重量含水量。按 $W = w \times \rho_s \times h \times 0.1$ 计算土层贮水量，W 土层贮水量（mm），w 土层含水量（%）；ρ_s 土壤容重（g/cm^3）；h 土层厚度（cm）；0.1 为单位换算系数。田间耗水量（mm）＝播种时土壤贮水量＋生育期灌水量＋降水量－收获期土壤贮水量；产量水分利用效率（WUE）＝产量÷田间耗水量。

⑤土壤 $NO_3^- - N$　越冬期、拔节期、孕穗期、灌浆期和成熟期测定 0～100cm 土壤各层 $NO_3^- - N$ 含量，每 20cm 一层，共 5 层。土样风干后过 2mm 土筛，用 2mol/L 的 KCl 浸提，用紫外分光光度计比色测定。

⑥植株氮含量　成熟期各处理随机拔取 30 个单茎，按籽粒和茎秆

（叶片、颖壳等）分开，测定氮含量。用 H_2SO_4—H_2O_2 消化后，用半微量凯氏定氮法测定。

氮肥表观利用率（％）＝（施肥区氮吸收量－未施氮的氮吸收量）/施肥量×100。

氮利用效率（kg/kg）＝籽粒产量/氮总吸收量。

氮生产效率（kg/kg）＝籽粒产量/氮施入量。

⑦数据处理：采用 Excel 作图，用 DPS 13.5 统计软件分析数据。

（2）灌溉方法与施氮对土壤含水量的影响

由图 4-24 可知，播种时各处理 0～160cm 土层含水量差异较小，仅 100～120cm 含水量存在差异。3 种灌溉方法及灌水施氮模式均对生育期土壤含水量产生影响。冬前灌水使越冬期微喷灌（SI）0～80cm 含水量高于播前，100～160cm 则低于播前，滴灌（DI）和漫灌（FI）0～160cm 均高于播前；灌溉方法中各土层含水量以 SI＜FI＜DI；SI 和 DI 中冬前灌水量多的处理各土层含水量。与越冬期比，起身期灌溉方法间各土层含水量差异变小，其中 0～20cm 含水量均明显低于越冬期，SI 和 FI40～60cm 含水量变化较小，80～160cm 含水量增加，以 SI 增加较多，DI80～100cm 含水量增加，其余土层降低；SI 和 DI 中冬前灌水量多降低多。虽拔节期各处理灌水，孕穗期 0～160cm 含水量均低于起身期，其中 0～100cm 和 140～160cm 降低较多；3 种灌溉方法中 SI 降低少，DI 和 FI 降低多；SD 和 DI 中冬前灌水多的处理降低多。孕穗期各土层含水量进一步降低，其中 40～80cm 和 120～160cm 含水量降低多，且以 FI 降低最多，DI 次之，SI 最少；SI 和 DI 中开花期灌水处理降低较多。收获期各处理 0～40cm 含水量高于灌浆期，这与降雨有关，其中 S_2N_2 和 D_2N_2 增加较多，FI 增加较少；各处理 100～160cm 含水量低于灌浆期，其中 S_2N_2 和 D_1N_1 降低少，FI 降低多。与播种时相比，成熟期仅 S_2N_2 的 0～40cm 含水量增加，其余处理及土层均降低。

由图 4-25 可知，播种时 0～160cm 土壤贮水量差异较小，灌水使越冬期贮水量增加，FI 增加最多，DI 次之，SI 最少；SI 和 DI 中灌水多增加多；起身期 DI0～160cm 土壤贮水量较越冬期降低最多，FI 和 S_1N_1 降低较少，S_2N_2 则增加。起身期至灌浆期土壤贮水量持续降低，DI 降低最多，FI 次之，SI 最少，SI 和 DI 中冬前灌水多降低多。成熟期因降雨（6月 5 日降雨 27.5mm）使土壤贮水量比灌浆期增加，S_2N_2 增加最多，D_2N_2 次之，S_1N_1 增加最少。

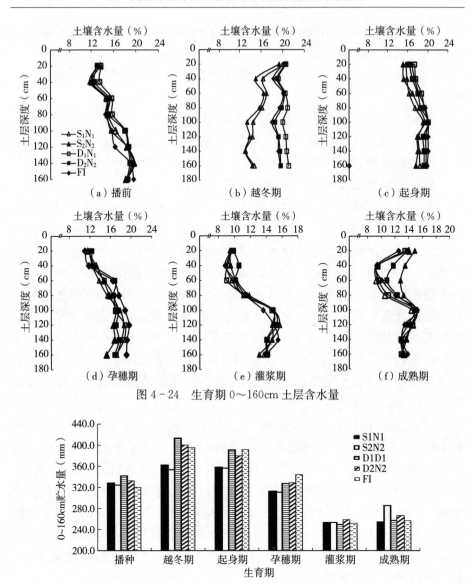

图 4-24　生育期 0～160cm 土层含水量

图 4-25　生育期 0～160cm 土壤贮水量

由表 4-90 知，播种时 0～160cm 土壤贮水量基本一致，灌溉方法和施氮对成熟期贮水量、生育期总耗水量和产量水分利用效率均产生影响。成熟期土壤贮水量以中后期灌水多的 S_2N_2 和 D_2N_2 较多，其余 3 个处理贮水量少且差异不明显。生育期总耗水量以 FI 最多，滴灌次之，微喷灌最少，同灌溉方法冬前灌水多的处理总耗水量多。产量水分利用效率（$WUE_{产量}$）微喷灌高于滴灌，远高于漫灌，微喷灌和滴灌中均以中后期

灌水多的处理 $WUE_{产量}$ 高。微喷灌的 $WUE_{产量}$ 比漫灌提高 40.20% ～ 57.08%，滴灌提高 31.72% ～ 38.78%。

表 4 - 90　灌溉方法与施氮的生育期耗水量及产量水分利用效率

处理	播前贮水量 (mm)	成熟期贮水量 (mm)	降水量 (mm)	灌水量 (mm)	总耗水量 (mm)	WUE [kg/(mm·hm²)]
S_1N_1	328.5	254.4	188.7	180	442.82	16.53
S_2N_2	324.6	285.4	188.7	180	407.93	18.52
D_1N_1	342.2	257.0	188.7	180	453.84	15.53
D_2N_2	333.0	266.9	188.7	180	434.74	16.48
FI	320.5	256.7	188.7	337.5	589.98	11.79

(3) 灌溉方法与施氮对土壤 $NO_3^- - N$ 含量的影响

由图 4 - 26 知，灌溉方法和施氮均影响生育期 0～100cm 土壤 $NO_3^- - N$ 含量，且对越冬期、拔节期和灌浆期影响较大，这与施氮有关。越冬期灌溉方法对土层 $NO_3^- - N$ 含量影响大，SI 0～40cm 土壤 $NO_3^- - N$ 含量明显高于 DI 和 FI，40～100cm 则快速降低，DI 0～100cm $NO_3^- - N$ 含量随土层降低，$NO_3^- - N$ 低于 SI，FI 0～100cm $NO_3^- - N$ 含量随土层加深先升高后降低，40～60cm $NO_3^- - N$ 含量最高，且 40～100cm $NO_3^- - N$ 含量高于 SI 和 DI，这说明 FI 使 $NO_3^- - N$ 向下淋失。拔节期各处理 0～100cm 土层 $NO_3^- - N$ 含量降低，SI 0～40cm 降低最多，FI 的 40～100cm 次之，DI 各土层降低较少；SI 和 DI 中冬前灌水多的处理 $NO_3^- - N$ 含量减少多。孕穗期各处理 0～100cm $NO_3^- - N$ 含量随土层加深先降低后升高，60～80cm 最低；其中 0～20cm $NO_3^- - N$ 含量均比拔节期降低，20～100cm 则因灌溉方法存在差异，SI 增加，且以 S_2N_2 增加较多，DI 20～60cm 降低，60cm 以下升高，D_2N_2 的 $NO_3^- - N$ 含量降低较少；FI 0～100cm $NO_3^- - N$ 含量均降低。灌浆期比孕穗期各处理 0～100cm $NO_3^- - N$ 含量均升高，其中 SI 和 DI 各土层 $NO_3^- - N$ 含量比 FI 升高多，SI 和 DI 各土层 $NO_3^- - N$ 变化受拔节期施氮影响大，施氮多 $NO_3^- - N$ 含量高，以 S_1N_1 升高最多，D_1N_1 次之。成熟期仅 S_2N_2、D_2N_2 和 FI 0～20cm 土壤的 $NO_3^- - N$ 含量比灌浆期升高，其余处理和土层的 $NO_3^- - N$ 含量降低，20～100cm $NO_3^- - N$ 含量以 SI 降低最多，DI 次之，FI 最少；SI 和 DI 中灌浆期施氮处理降低较多。

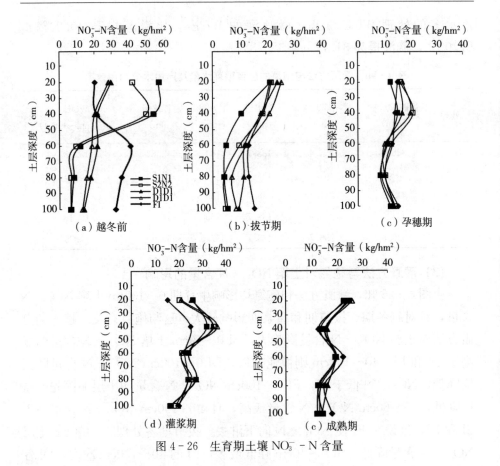

图 4-26　生育期土壤 $NO_3^- - N$ 含量

由图 4-27 可知，灌水方法和施氮的 0～100cm 土壤 $NO_3^- - N$ 积累量随生育期均呈现降低后增加再降低，SI 拔节期 $NO_3^- - N$ 积累量最低，DI和 FI 孕穗期最低。3 种灌溉方法中 FI 越在越冬期、拔节期和成熟期 0～100cm 土壤 $NO_3^- - N$ 积累量最高，孕穗期居中，灌浆期最低；SI 因越冬期 0～40cm 土层 $NO_3^- - N$ 含量高而积累量最高，滴灌最低，拔节期、孕穗期和成熟期则相反；SI 和 DI 中越冬期、灌浆期和成熟期以 N_1 的 $NO_3^- - N$积累量高于 N_2，拔节期和孕穗期相反。越冬期土壤 $NO_3^- - N$ 积累量与灌水量有关，中后期则与施氮有关。

(4) 灌溉方法与施氮对小麦产量的影响

由表 4-91 知，在基本苗相近下，越冬期以 SI 的总茎数和单株茎蘖最高，DI 次之，FI 最低，拔节期以 DI 最高，SI 次之，FI 最低。SI 和 DI中冬前灌水多有利于冬前分蘖，使总茎数增加，拔节期则相反。

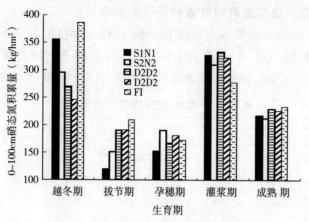

图 4-27 生育期土壤 $NO_3^- - N$ 积累量

表 4-91 灌溉方法与施氮的生育期群体变化

处理	基本苗 ($\times 10^4/hm^2$)	越冬前		拔节期	
		总茎数 ($\times 10^4/hm^2$)	单株茎蘖数 (个)	总茎数 ($\times 10^4/hm^2$)	单株茎蘖数 (个)
S_1N_1	417.3±22.8aA	1 199.0±77.2aA	2.88±0.15aA	1 502.5±50.6abcAB	3.60±0.08bB
S_2N_2	433.1±6.1aA	1 163.8±43.9aA	2.69±0.13bAB	1 429.0±50.2cB	3.30±0.07cC
D_1N_1	432.8±7.5aA	1 122.9±76.5aA	2.59±0.14bBC	1 547.3±64.1abAB	3.58±0.09bB
D_2N_2	409.8±6.0aA	956.7±47.7bB	2.33±0.14cCD	1 606.7±26.5aA	3.92±0.01aA
FI	407.8±11.6aA	924.7±37.2bB	2.27±0.04cD	1 464.2±43.2bcAB	3.59±0.12bB

由表 4-92 知，SI 的成穗数和成穗率最高，DI 次之，FI 最低；SI 和 DI 中冬前灌水多成穗数和成穗率高。同灌水施氮模式中穗粒数以 FI 最多，SI 次之，DI 最少，SI 和 DI 中，N_2 的穗粒数多。千粒重 SI 最高，FI 次之，DI 最低，SI 和 DI 中 N_2 的千粒重高。产量以 SI＞DI＞FI，SI 和 DI 中 N_2＞N_1。

表 4-92 灌溉方法与施氮的产量及其构成

处理	成穗数 ($\times 10^4/hm^2$)	分蘖成穗率	穗粒数 (粒)	千粒重 (g)	产量 (kg/hm^2)
S_1N_1	703.1±24.2aA	0.47±0.02aA	30.1±1.0bcAB	41.24±0.78cC	7 321.5±185.7abAB
S_2N_2	667.1±19.7cC	0.47±0.10aA	33.3±0.3aA	43.25±0.96aA	7 555.2±90.8aA
D_1N_1	684.9±25.9bB	0.44±0.11bB	28.9±1.4cB	38.30±1.10eE	7 046.3±96.0cBC
D_2N_2	644.4±23.0dD	0.40±0.13dD	31.4±1.4abAB	39.57±1.14dD	7 164.0±118.2bcBC
FI	614.8±23.5eE	0.42±0.06cC	30.5±1.2bcAB	41.96±0.58bB	6 954.4±58.4cC

（5）灌溉方法与施氮对氮素利用率的影响

由表4－93知，氮吸收总量以DI＞SI＞FI，SI和DI中N_2＞N_1。氮肥当季表观利用率DI＞SI＞FI，SI和DI中N_2＞N_1。氮素利用效率FI＞S_2N_2＞S_1N_1＞D_1N_1＞D_2N_2。氮肥生产效率以SI＞FI＞DI，SI和DI中N_2＞N_1。

表4－93　灌溉方法和施氮的氮素利用

处理	N 吸收量（kg/hm²）			氮肥表观利用率（%）	N 利用效率（kg/kg）	氮肥生产效率（kg/kg）
	秸秆	籽粒	总量			
S_1N_1	31.17±0.56bcABC	179.47±3.96bAB	210.64	41.68	34.76	48.81
S_2N_2	30.83±0.32bcBC	183.63±3.44abA	214.46	44.23	35.23	50.37
D_1N_1	32.58±0.70abAB	177.03±4.53bAB	209.61	41.00	33.62	46.98
D_2N_2	33.64±1.39aA	189.39±2.98aA	230.26	49.95	32.12	47.76
FI	29.63±1.73cC	167.13±5.49cB	196.77	32.44	35.34	48.81
FIN_0	27.68	120.43	148.11	—	—	—

（6）讨论

灌溉方法对土壤水分养分的分布、小麦生长和产量均有一定影响。微喷灌和滴灌在比漫灌（畦灌）灌水量减少情况下，0～40cm土壤含水量以微喷灌＞漫灌＞滴灌，40～100cm则漫灌＞微喷灌＞滴灌，微喷灌有利于保持0～40cm含水量。灌溉方法对土壤水分影响随土层加深而减小。本研究表明，小麦生育期土层含水量和贮水量受灌溉方法和灌水施氮模式共同影响，对越冬期至孕穗期和灌浆期至成穗数0～160cm土层含水量的影响土层加深而减小，0～40cm含水量变化大；孕穗期至灌浆期40～80cm变化大，80cm以下变化较小。冬前灌水使SI0～80cm和DI、FI各土层含水量高于播前，返青期至灌浆期各土层含水量持续降低，返青期至孕穗期0～80cm土层含水量变化大，80cm以下变化小，孕穗期至灌浆期60～80cm变化大，其余土层变化小，灌浆期至成熟期0～20cm含水量因降雨增加多，其他土层含水量变化小。越冬期、孕穗期、灌浆期和成熟期各土层含水量变化以FI最大，DI次之，SI最小，这与前人结论既有相同又有不同，可能与本研究在玉米秸秆还田下进行且灌水量不同有关。起身期SI变化最大，DI次之，FI最小。SI和DI中灌水量多生育期土层含水量高、贮水多，变化幅度大。

施氮量或高肥力会使土壤中NO_3^-－N含量增加，但随土层加深含量逐渐降低，作物生长使NO_3^-－N含量降低，灌水量和灌水方式会使NO_3^-－

N 向下淋失。微喷灌下表层土壤 $NO_3^- - N$ 含量远高于深层，且随土层加深含量逐渐降低。施肥量相同 $NO_3^- - N$ 累积随灌水量增加而降低，且影响土层 $NO_3^- - N$ 分布，灌水量少上层土壤 $NO_3^- - N$ 含量高。本研究表明，灌溉方法和施氮共同影响土壤 $NO_3^- - N$ 分布和积累。SI 对各生育期 0～100cm 土层 $NO_3^- - N$ 含量影响最大，DI 和 FI 因生育期存在差异；越冬期至孕穗期 FI 变化大于 DI，孕穗期后则 DI 大于 FI。越冬期至拔节期 SI 0～40cm 土壤 $NO_3^- - N$ 含量高变化大，DI 和 FI 的 $NO_3^- - N$ 含量低变化小，40cm 以下 $NO_3^- - N$ 含量 SI 含量低变化小，DI 和 FI 含量高变化，尤其是 FI；孕穗期至成穗数 3 种灌溉方法 20～80cm 土层 $NO_3^- - N$ 含量均增加较多。SI 和 DI 中冬前灌水量多的 N_1 土层 $NO_3^- - N$ 含量高变化大。本研究与前人结论存在异同，这与灌水量、灌水施氮模式不同有关。

灌溉方法、灌水量及灌水时间均影响小麦群体、水肥利用率和产量。小麦生育期漫灌和微喷灌灌水量≤120mm 时，微喷灌是千粒重提高而较漫灌显著提高产量和 WUE；灌水量≥180mm 时，则漫灌产量和 WUE 高，滴灌对穗粒数和千粒重影响小，使表层根系、成穗数增加而比漫灌增产。小麦是对氮反应强烈的谷类作物。玉米秸秆还田后播种小麦，增加基施氮肥比例可增加冬前分蘖，提高成穗数而增产，拔节期＋挑旗期施氮比拔节期一次施氮使籽粒库容增加，灌浆特性改善，千粒重增加而增产。本研究表明，越冬期 SI 的总茎数和单株分蘖最高，DI 次之，FI 最低，拔节期以 DI 最高，SI 灌次之。SI 和 DI 增加冬前灌水量有利于冬春总茎数和成穗数增加而增产。灌溉方法中穗粒数 FI＞SI＞DI，千粒重则以 SI＞FI＞DI 滴灌；产量和氮肥当季利用率以 SI＞DI＞FI。SI 和 DI 中穗粒数、千粒重、产量和氮肥当季利用效率均以分次追氮的 $N_2＞N_1$，这与前人结果基本一致。因此，晋南小麦-玉米一年两熟轮作区，玉米秸秆还田后播种小麦，SI 和 DI 可代替漫灌，在节水基础上，使成穗数增加，千粒重提高而增产，尤其是微喷灌分次追氮的 S_2N_2，是节水高产高效最佳栽培模式。

综上所述，灌溉方法和灌水施氮模式共同影响土壤含水量和贮水量。灌溉方法对越冬期和返青期 0～60cm、孕穗期和灌浆期 0～160cm、成熟期 100～160cm 土层含水量影响小，对越冬期和返青期 80～160cm、成熟期 0～80cm 土层含水量影响大；其中 FI 对含水量和贮水量影响最大，DI 次之，SI 最小；SI 和 DI 的灌水施氮模式中灌水量多，则土层含水量高、贮水量多，变化大。$NO_3^- - N$ 含量受灌溉方法和施氮的影响，施氮对 0～20cm 影响大，SI 生育期 $NO_3^- - N$ 含量变化大，DI 越冬期至孕穗期 $NO_3^- - N$ 含量变化小，此后变化大，FI 与 DI 相反；生育前中期灌水量对 $NO_3^- - N$ 含量影响大，后期施氮对 $NO_3^- - N$ 含量影响大；SI 和 DI 的 2 种灌水施氮模式中冬前灌水量多的 $NO_3^- - N$ 含量变化大。灌溉方法中 SI 越冬期总茎数和单株分蘖高，成穗数率高，成穗数多，产量、WUE 和氮素利用效率最高，滴灌次之，漫灌最低；SI 和 DI 中 N1 生育期总茎数、成穗数多，但穗粒数和千粒重低，产量、WUE 和氮利用效率低于 N2。因此，玉米秸秆还田后播种小麦，微喷灌代替漫灌生育期灌 4 水，施足基肥，拔节期和灌浆期分次追氮，是山西南部小麦-玉米一年两熟区小麦节水高产高效栽培模式。

4.7 临汾盆地小麦玉米节水减肥稳产高效栽培技术集成

4.7.1 临汾盆地旱地小麦高产高效绿色栽培技术

(1) 技术原理

针对临汾盆地降雨时空分布不均，小麦生育期降雨无法满足生长发育需要、地力水平低下、耕作制度改变和气温升高，造成旱地小麦产量低而不稳，水肥利用效率低等原因。本技术原理：

①收获留高茬，发挥麦秸覆盖保墒，增加弱有效水恢复期麦田水分缓变层（80～200cm）贮水量；易有效水蓄积期，适时深翻增加麦田水分巨变层（0～80cm）和缓变层的贮水量，最大限制增加土壤贮水量，实现伏雨周年调控利用。

②通过增施优质腐熟有机肥（猪粪），培肥地力增加土壤涵养水肥能力，增强小麦抗旱性；通过深翻时施磷播时施氮，增加磷在耕层分布均匀度，提高氮磷互作效应和当季利用效率。

③构建综合评价产量及其产量构成的抗旱节水品种筛选技术，通过种植抗旱节水稳产高产品种高效用水。

④通过历史气象资料分析，明确越冬前至越冬期气温升高，冬前积温增加，针对冬前培壮防旺，调整播期，减少秋冬春土壤水分消耗，配合冬春耙糖保墒，达到保墒减耗节水。

该技术将纳雨增蓄、培肥养水、水肥互作、品种节水和栽培省水相结合，达到增加土壤贮水和高效用水相统一，实现雨养旱地小麦高产高效栽培。

(2) 技术内容

①休闲伏期适期耕翻纳雨蓄墒技术　机械收割时留茬 15～20cm，麦秸全部还田覆盖保墒，8 月上中旬深翻耕 25～30cm 或深松 30cm 以上，并

施入 P_2O_5 75～90kg/hm²，9 月上中旬雨后，土壤墒情适宜时耙耱保墒，增加土壤贮水量。

②筛选种植抗旱稳产高产小麦品种　构建了通过综合分析丰水年、平水年和枯水年品种的产量及其构成，形成筛选种植千粒重和穗粒数，尤其是千粒重年际间变异小的抗旱稳产高产小麦品种，如晋麦 47 号、临丰 3 号和晋麦 92 号等。

③增施优质有机肥减施化肥技术　播种时施入腐熟猪粪 22 500kg/hm² 和纯氮 105～120kg/hm² 的氮肥，培肥地力，增加抗旱性，实现培肥减施增效。

④适期播种技术　根据冬前培育壮苗防旺长所需积温，将播期由 9 月 20 前，推迟到 9 月 28 日至 10 月 4 日，减少冬前水肥消耗，播量 150kg/hm²。

⑤配合镇压耙耱保墒技术　整地镇压，土壤踏实，确保播深一致；播种时镇压，使土壤与种子紧密接触，确保出苗，增强抗旱性；冬前和顶凌期耙耱保墒减少水分无效消耗。

⑥全生育期病虫草害绿色防治技术　播前种子或土壤处理，防治苗期病虫害和地下害虫；冬前小麦 3～5 叶期，杂草 2～4 叶期，化学除草；密切监测病虫害发生，科学选药防控，结合灌浆前中期"一喷三防"，防病虫、护旗叶，延衰增粒重。

(3) 技术应用效果

本技术休闲期可增加 0～200cm 土壤贮水量 23.9～45.8mm，可实现丰水年增产 5.05%～5.44%，平水年增产 3.66%～8.97%，枯水年增产 9.63%～18.17% 以上，使山西省小麦单产和总产年际间波动减轻 5%～10%，自然降水利用效率提高 0.065～0.103kg/hm²；氮磷肥当季利用效率分别提高 0.98%～3.64% 和 0.31%～1.35%，并使氮磷肥减施 30%，施用优质猪粪使土壤有机质含量年提高 0.001 1～0.003 2g/kg，实现了减施培肥绿色稳产高产栽培。

(4) 技术应用范围

本技术适宜于山西省南部麦区丘陵雨养旱地小麦一年一作区，也可推广到山西、甘肃等西北同类地区。

4.7.2　临汾盆地水地小麦玉米合理耕层构建技术

(1) 技术原理

①耕层是农田土壤微生物、肥力、结构组成质量的载体，也是作物根

系吸收养分、水分的主要区域，合理耕层厚度及其结构是作物生长最重要的物质条件。

②耕层厚度和组成结构直接影响着小麦根系的空间分布，根量多少，以及吸收养分的能力和多少。

③根据耕层评级标准一级有效土层＞100cm，耕层厚度＞40cm；二级有效土层50～100cm，耕层厚度25～40cm；三级有效土层30～50cm，耕层厚度15～25cm；四级有效土层15～30cm，耕层厚度10～15cm。山西省旱地麦田耕层可达2～3级，水地麦田耕层厚度仅12～15cm，仅为4级。

④小麦根系虽可深达2m以上，但吸收水肥的根系主要分布在0～60cm，其中0～40cm可占总根系分布量的60%～80%，而深层根系所占比例较小。小麦和玉米耕层土壤最佳深度是＞50cm，适宜临界深度在25～50cm。

⑤针对耕作方式和种植制度改变，通过科学的耕作农机具、耕作方式和耕作周期，构建麦田合理耕层，是确保土壤质量，实现小麦-玉米高产稳产的基础。

(2) 技术内容

①旱地一年一作麦田，小麦收获时留高茬和麦田抛撒覆盖还田，于8月上中旬深翻28～30cm，晒垡活土，最好每隔2年深松免耕一次，深松深度应在35～40cm。

②水地玉米秸秆还田后应隔年或每隔2年深松一次，深松深度应在25～30cm，然后旋耕播种，旋耕深度应在15～18cm。

③小麦-玉米一年两作麦田也可采取轮作休耕方式，更好增加耕层厚度，改善土壤质量。即每隔3年不种植夏作物，深翻25cm以上，晒垡活土；或种植短生育期作物如绿豆或大豆，豆类收获及时深翻25cm左右，并保证晒垡活土时间在15～20天。

(3) 技术应用效果

①翻耕后晒垡活土，可切断土壤毛细管，减少土壤蒸发而保墒，增加土壤通透性和孔隙度，降低耕层容重，增加纳雨蓄墒能力，同时改善土壤微生物及酶活性，减少土传病害和地下害虫。

②深松和深翻，可有效打破犁底层，增加土壤养分均匀度和分布层，促进根系下扎生长，20～40cm根系分布量5.6%～9.8%，0～60cm土壤养分吸收量增加13.6%～17.5%，其中20～60cm土层养分量增加16.4%～22.70%。

（4）技术应用范围

地块平整的丘陵旱地和小麦-玉米一年两作区。

4.7.3 临汾盆地水地小麦玉米品种播期双改技术

（1）技术原理

通过田间播期试验，并电镜观测幼穗分化，确保冬小麦安全越冬，将适宜山西省种植的冬小麦品种由 2 种温光发育类型细分为 4 种类型，为品种播期双改技术奠定理论基础，结合玉米株型和生育期集成了"临汾盆地小麦玉米品种播期双改技术"，根据产量和种植效益合理搭配品种与播期，实现高产高效种植。本技术原理：

①自 2000 年以来，临汾市平均气温较 20 世纪 90 年代升高 0.88℃，冬小麦越冬前积温增加 58.66～99.31℃；越冬期推迟 5～6 天，生育期缩短 6～7 天，这为小麦玉米品种播期双改技术提供了气象条件。

②气温升高主要来自冬季（12 月至翌年 3 月），这使小麦品种安全越冬所需温度要求提高。品种安全越冬的抗（耐）寒性与冬春性相关性较小，与发育进程、低温诱导（抗寒锻炼）相关性高，晋南麦区小麦安全越冬发育进程为单棱期。

③根据单叶发育积温、进入单棱期历时、冬前叶龄等指标，通过聚类分析，将晋南麦区适宜种植小麦品种感温生态类型由过去的冬性和半冬性，细分为为冬性、半冬性偏冬性、半冬性和半冬性偏春性，根据品种出苗到单棱期所需积温合理确定播期和品种选择。

形成改过去种植冬性小麦品种为半冬性偏冬性小麦品种，改过去小麦早播为适期播种，玉米早收为适期收获的小麦玉米品种播期双改技术，既保证了小麦安全越冬，又提高了周年光热资源利用。

（2）技术内容

①冬小麦改过去种植冬性品种为种植半冬性或半冬性偏冬性品种，改中晚熟品种为中早熟品种（6 月 15 日成熟）；夏玉米改短生育期普通型品种为长生育期耐密型品种，且出籽率应高于 87.0%；实现冬小麦稳产高产，夏玉米高产，周年双季增产。

②冬小麦改过去种植冬性品种为种植半冬性或半冬性偏冬性的中晚熟高产品种（6 月 18 日成熟），夏玉米改短生育期普通型品种为中长生育期耐密型品种，且出籽率应高于 85.0%；实现冬小麦高产，夏玉米稳产，周年双季稳产增效生产。

③改冬小麦早播晚收为适播适收，改夏玉米抢时人工套播为小麦收获后及时机械化硬茬直播，减少套播小麦踩踏损失 10%，夏玉米 10 月 5 日至 10 日适期收获，确保冬小麦和夏玉米稳产高产，双季增产增收或稳产增效。

(3) 技术应用效果

小麦玉米品种播期双改技术，可使冬小麦适播期较习惯播期推迟 4～7 天，冬前有效积温减少 97.8～104.8℃，越冬期主茎叶龄达 5 叶至 5 叶一心，单株分蘖 2～2.5 个的壮苗个体，避免冬前旺长、早春迟发，延长穗分化时间，提高成穗率，增加穗粒数，实现冬小麦稳产增产。同时，夏玉米播期提前 1.5～3.0 天，收获期推迟 3.8～6.3 天，增加生育期积温 117.0～124.50℃，种植先玉 335、大丰 30 等长生育期品种，实现夏玉米增产，提高了临汾盆地光热资源利用效率。

该技术以提高光热资源利用率为核心，通过冬小麦冬前培育健壮个体、高质量群体，壮苗越冬，奠定高产基础；和夏玉米早播和延长生育期，实现冬小麦稳产高产，夏玉米高产，周年双季高产；科学的解决了临汾盆地小麦-玉米一年两熟光热资源不足，并使小麦-玉米一年两熟种植区的北移。

(4) 技术应用范围

临汾、运城盆地及同类生态区的小麦-玉米一年两熟为主的种植区。

4.7.4 临汾盆地小麦-玉米一体化节水减肥技术

(1) 技术原理

①将冬小麦、夏玉米作为一个施肥单元，根据其生育期需肥及养分吸收特性和规律，确定氮磷钾在小麦季和玉米季的所需养分总量、分配比例和施用时期，实现周年增产和肥料高效利用。

②冬小麦吸收水肥的根系主要分布在 0～60cm，其中 0～40cm 可占总根系分布量的 60%～80%，而深层根系所占比例较小。因此小麦根系吸收的水肥主要集中在 0～40cm 土层。

③水地麦田 0～20cm 为剧变层，20～60cm 为缓变层，60cm 以下为稳定层，因此麦田水分调控主要是在 0～60cm，即可满足冬小麦生长发育对水分的需求。

④试验探明秸秆全量还田下，冬小麦和夏玉米肥水需求规律，制定合理的水肥一体化管理体系，达到控水节肥，水肥高效利用。

⑤生物材料复合包裹型控释肥，既实现速效肥料养分控缓释，满足小麦各生育期对养分的需求，又增加了土壤中有机活性物质和有益微生物，促进了小麦对土壤养分的吸收，提高了肥料利用效率。

（2）技术内容

①小麦-玉米一体化施肥技术 小麦-玉米周年两季施纯 375～450kg/hm²，小麦季和玉米季比例 5∶5 施入，小麦季配施 P_2O_5 180.0kg/hm² 和 K_2O 135.0kg/hm²，可实现冬小麦高产，夏玉米稳产，周年增产。

②小麦玉米水肥一体化技术

小麦季：整地前施入腐熟有机肥 30 000.0kg/hm² 或生物有机肥 3 000.0kg/hm²、纯 N 135.0～157.5kg/hm²（小麦季施氮量的 70%）、P_2O_5 180.0kg/hm² 和 K_2O 135kg/hm²，小麦 4 叶期浇越冬水（11 月 20 日前后），漫灌应适当减少灌水量，微喷灌灌水量为 675.0～750.0m³/hm²；拔节期和灌浆初期采取微喷灌或滴灌灌水 600.0m³/hm² 和 450.0m³/hm²，水肥一体化技术施入纯 N 37.5～45.0kg/hm² 和 18.8～22.5kg/hm²。

玉米季：玉米播种后采用微喷灌灌水 300.0m³/hm² 确保出全苗，苗期（4～5 叶）采用微喷灌或滴灌灌水 450.0m³/hm²，并水肥一体化技术施入纯 N 61.5～75.0kg/hm² 和 P_2O_5 30～45kg/hm²；大喇叭口期采用微喷灌或滴灌灌水 450.0m³/hm²，并水肥一体化技术施入纯 N 126.0～150.0kg/hm² 和 P_2O_5 30～45kg/hm²，花粒期采用微喷灌或滴灌灌水 450.0m³/hm²。

③施用控缓释肥技术 小麦播种时作底肥施入相当于纯 N 225.0kg/hm²、P_2O_5 120.0kg/hm² 和 K_2O 150.0kg/hm² 的控缓释肥，可实现小麦增产，或底施纯 N 180.0kg/hm²、P_2O_5 96.0kg/hm² 和 K_2O 120.0kg/hm²（减施 20%）的控缓释肥，可实现稳产减施增效。

（3）技术应用效果

①小麦-玉米一体化施肥技术，实现了周年减施氮肥 75～150kg/hm²，磷钾肥全部施入小麦季，确保小麦高产 6 750～7 500kg/hm²、夏玉米稳产 9 750～10 200kg/hm²，周年产量 16 500～17 700kg/hm²。

②在减施化肥 25% 基础上，小麦季底肥采用撒施，小麦生育期和夏玉米全生育期采用微喷灌或滴灌水肥一体化技术，生育期可减少灌水量 4 650～4 725m³/hm²，减幅达 57.4%～58.3%，实现稳产高产高效。

③小麦播种时施入减施 20% 的复合控释肥，可使氮肥和钾肥当季利

用效率提高 14.89%～23.18% 和 22.98%～27.72%，或等量施入复合控释肥，可促进小麦中后期生长发育，提高籽粒灌浆速率，延长灌浆时间，可实现增产 6.69%～16.92%。

（4）技术应用范围

晋南小麦-玉米一年两熟种植区及同生态类型区。

本章参考文献：

白洪立，孟淑华，王立功，等，2009. 积温变迁对冬小麦夏玉米一年两熟播期的影响 [J]. 作物杂志 (3)：55-58.

毕军，夏光利，毕研文，等，2005. 腐殖酸生物活性肥料对冬小麦生长及土壤微生物活性的影响 [J]. 植物营养与肥料学报 (1)：99-103.

毕明丽，宇万太，姜子绍，等，2010. 利用 PLFA 方法研究不同土地利用方式对潮棕壤微生物群落结构的影响 [J]. 中国农业科学 (9)：1834-1842.

蔡瑞国，王振林，李文阳，等，2004. 氮素水平对不同基因型小麦旗叶光合特性和子粒灌浆进程的影响 [J]. 华北农学报 (4)：36-41.

陈磊，郝明德，张少民，等，2007. 黄土高原旱地长期施肥对小麦养分吸收及土壤肥力的影响 [J]. 植物营养与肥料学报 (2)：230-235.

陈梦楠，高志强，孙敏，等，2015. 休闲期耕作配施磷肥对旱地小麦氮素吸收与转运的影响 [J]. 麦类作物学报，35 (11)：1568-1575.

陈晓娟，吴小红，刘守龙，等，2013. 不同耕地利用方式下土壤微生物活性及群落结构特性分析：基于 PLFA 和 MicrorespTM 方法 [J]. 环境科学 (6)：2375-2382.

程西永，王志强，吕德彬，2005. 小麦新品种豫农 9901 籽粒灌浆特性分析 [J]. 河南农业大学学报 (1)：1-4.

褚鹏飞，于振文，王东，等，2012. 耕作方式对小麦开花后旗叶水势与叶绿素荧光参数日变化和水分利用效率的影响 [J]. 作物学报 (6)：1051-1061.

崔俊涛，窦森，张伟，等，2005. 玉米秸秆对土壤微生物性质的影响 [J]. 吉林农业大学学报 (4)：424-428.

崔世明，于振文，王东，等，2009. 灌水时期和数量对小麦耗水特性及产量的影响 [J]. 麦类作物学报 (3)：442-446.

党建友，王秀斌，裴雪霞，等，2008. 风化煤复合包裹控释肥对小麦生长发育及土壤酶活性的影响 [J]. 植物营养与肥料学报 (6)：1186-1192.

党建友，杨峰，屈会选，等，2008. 复合包裹控释肥对小麦生长发育及土壤养分的影响 [J]. 中国生态农业学报 (6)：1365-1370.

党建友，王姣爱，张晶，等，2011. 干旱年份播期对旱地冬小麦产量及水分利用效率的影响 [J]. 干旱地区农业研究 (1)：172-176.

党建友，裴雪霞，张晶，等，2011. 秸秆还田条件下灌水模式对冬小麦产量和水肥利用效

率的影响 [J]. 应用生态学报（10）：2511 - 2516.

党建友，裴雪霞，王姣爱，等，2012. 灌水时间对冬小麦生长发育及水肥利用效率的影响 [J]. 应用生态学报（10）：2745 - 2750.

党建友，裴雪霞，张定一，等，2014. 玉米秸秆还田下冬灌时间与施氮方式对冬小麦生长发育及水肥利用效率的影响 [J]. 麦类作物学报（2）：210 - 215.

党建友，裴雪霞，张定一，等，2014. 秸秆还田下施氮模式对冬小麦生长发育及肥料利用率的影响 [J]. 麦类作物学报（11）：1552 - 1558.

邓洁，陈静，贺康宁，2009. 灌水量和灌水时期对冬小麦耗水特性和生理特性的影响 [J]. 水土保持研究（2）：191 - 194.

邓妍，高志强，孙敏，等，2014. 夏闲期深翻覆盖对旱地麦田土壤水分及产量的影响 [J]. 应用生态学报（1）：132 - 138.

范炳全，刘巧玲，2005. 保护性耕作与秸秆还田对土壤微生物及其溶磷特性的影响 [J]. 中国生态农业学报（3）：130 - 132.

范仲学，王志芬，张凤云，等，2001. 有机肥对济旱 197 开花后营养体内同化物积累转运及产量的影响 [J]. 麦类作物学报（4）：72 - 75.

冯尚宗，彭美祥，孔金花，等，2015. 氮肥运筹对高产夏玉米干物质积累、叶面积指数及产量的影响 [J]. 江西农业学报（2）：1 - 6.

付雪丽，赵明，周宝元，等，2009. 冬小麦-夏玉米"双晚"种植模式的产量形成及资源效率研究 [J]. 作物学报（9）：1708 - 1714.

高聚林，刘克礼，张永平，等，2003. 春小麦磷素吸收、积累与分配规律的研究 [J]. 麦类作物学报，23（3）：107 - 112.

高文华，李忠勤，张明军，等，2011. 山西晋南地区近 56 年的气候变化特征、突变与周期分析 [J]. 干旱区资源与环境（7）：124 - 127.

高绪科，王小彬，汪德水，等，1991. 旱地麦田蓄水保墒耕作措施的研究 [J]. 干旱地区农业研究（4）：1 - 9.

高艳梅，孙敏，高志强，等，2014. 旱地小麦休闲期覆盖施磷对土壤水库的调控作用 [J]. 中国生态农业学报（10）：1139 - 1145.

高云超，朱文珊，陈文新，2001. 秸秆覆盖免耕土壤细菌和真菌生物量与活性的研究 [J]. 生态学杂志（2）：30 - 36.

宫飞，陈阜，杨晓光，等，2001. 喷灌对冬小麦水分利用的影响 [J]. 中国农业大学学报，6（5）：30 - 34.

龚月桦，刘迎洲，高俊凤，2004. K 型杂交小麦 901 及亲本籽粒灌浆的生长分析 [J]. 中国农业科学（7）：1288 - 1292.

郭明明，赵广才，郭文善，等，2015. 播期对不同筋力型小麦旗叶光合及籽粒灌浆特性的影响 [J]. 麦类作物学报（2）：192 - 197.

郭天财，张学林，樊树平，等，2003. 不同环境条件对三种筋型小麦品质性状的影响 [J]. 应用生态学报（6）：917 - 920.

何刚，王朝辉，李富翠，等，2016. 地表覆盖对旱地小麦氮磷钾需求及生理效率的影响 [J]. 中国农业科学 (9)：1657 - 1671.

贺婧，颜丽，杨凯，等，2003. 不同来源腐殖酸的组成和性质研究 [J]. 土壤通报 (4)：343 - 345.

贺立恒，高志强，孙敏，等，2012. 旱地小麦休闲期不同耕作措施对土壤水分蓄纳利用与产量形成的影响 [J]. 中国农学通报 (15)：106 - 111.

侯翠翠，冯伟，李世莹，等，2013. 不同水氮处理对小麦耗水特性及产量的影响 [J]. 麦类作物学报 (4)：699 - 704.

侯贤清，韩清芳，贾志宽，等，2009. 半干旱区夏闲期不同耕作方式对土壤水分及小麦水分利用效率的影响 [J]. 干旱地区农业研究 (5)：52 - 58.

胡雨彤，郝明德，王哲，等，2017. 不同降水年型下长期施肥旱地小麦产量效应 [J]. 应用生态学报，28 (1)：135 - 141.

黄玲，高阳，邱新强，等，2013. 灌水量和时期对不同品种冬小麦产量和耗水特性的影响 [J]. 农业工程学报 (14)：99 - 108.

纪德智，王端，赵京考，等，2015. 不同氮肥形式对春玉米产量、土壤硝态氮及氮素利用率的影响 [J]. 玉米科学 (2)：111 - 116，123.

姜东，于振文，许玉敏，等，1999. 有机无机配合施用对冬小麦根系和旗叶衰老的影响 [J]. 土壤学报 (4)：440 - 447.

姜涛，2013. 氮肥运筹对夏玉米产量、品质及植株养分含量的影响 [J]. 植物营养与肥料学报 (3)：559 - 565.

蒋向，任志志，贺德先，2011. 轮耕对麦田土壤容重和小麦根系发育的影响 [J]. 麦类作物学报 (3)：569 - 574.

柯福来，马兴林，黄瑞冬，等，2010. 高产玉米品种的产量结构特点及形成机制 [J]. 玉米科学 (2)：65 - 69.

孔文杰，倪吾种，2006. 有机无机肥配合施用对土壤—水稻系统重金属平衡和稻米重金属含量的影响 [J]. 中国水稻科学 (5)：517 - 523.

李彩虹，冯美臣，王超，等，2014. 不同播期冬小麦叶绿素含量的冠层光谱响应研究 [J]. 核农学报 (2)：309 - 316.

李朝苏，汤永禄，吴春，等，2015. 施氮量对四川盆地小麦生长及灌浆的影响 [J]. 植物营养与肥料学报 (4)：873 - 883.

李春明，熊淑萍，杨颖颖，等，2009. 不同肥料处理对豫麦 49 小麦冠层结构与产量性状的影响 [J]. 生态学报 (5)：2514 - 2519.

李东坡，武志杰，梁成华，等，2006. 缓/控释氮素肥料对土壤生物学活性的影响 [J]. 农业环境科学学报 (3)：664 - 669.

李建奇，2007. 不同玉米品种的品质、产量差异及机理研究 [J]. 玉米科学 (4)：13 - 17.

李娟，赵秉强，李秀英，等，2008. 长期有机无机肥料配施对土壤微生物学特性及土壤肥

力的影响 [J]. 中国农业科学 (1)：144 - 152.

李世清，邵明安，李紫燕，等，2003. 小麦籽粒灌浆特征及影响因素的研究进展 [J]. 西北植物学报 (11)：2031 - 2039.

李素真，周爱莲，王霖，等，2005. 不同播期播量对不同类型超级小麦产量构成因子的影响 [J]. 山东农业科学 (5)：12 - 15.

李廷亮，谢英荷，洪剑平，等，2013. 晋南旱地麦田夏闲期土壤水分和养分变化特征 [J]. 应用生态学报 (6)：1601 - 1608.

李廷亮，谢英荷，洪坚平，等，2013. 施磷水平对晋南旱地冬小麦产量及磷素利用的影响 [J]. 中国生态农业学报，21 (6)：658 - 665.

李彤霄，刘荣花，王君，等，2012. 河南省近50年气候变化分析 [J]. 河南水利与南水北调 (2)：4 - 7.

李伟，李絮花，李海燕，等，2012. 控释尿素与普通尿素混施对夏玉米产量和氮肥效率的影响 [J]. 作物学报 (4)：699 - 706.

李秀君，潘宗东，2005. 不同粒重小麦灌浆特性研究 [J]. 中国农业科技导报 (1)：27 - 29.

李永朝，郭宏伟，罗家传，等，2003. 播期对优质强筋小麦郑9023生长发育及品质的影响 [J]. 安徽农业科学 (2)：182 - 184.

李勇军，曹庆军，拉民，等，2012. 不同耕作处理对土壤酶活性的影响 [J]. 玉米科学 (3)：111 - 114.

梁斌，赵伟，杨学云，等，2012. 小麦-玉米轮作体系下氮肥对长期不同施肥处理土壤氮含量及作物吸收的影响 [J]. 土壤学报 (4)：748 - 757.

梁斌，赵伟，杨学云，等，2012. 氮肥及其与秸秆配施在不同肥力土壤的固持及供应 [J]. 中国农业科学 (9)：1750 - 1757.

梁海玲，吴祥颖，农梦玲，等，2012. 根区局部灌溉水肥一体化对糯玉米产量和水分利用效率的影响 [J]. 干旱地区农业研究 (5)：109 - 114.

廖允成，文晓霞，韩思明，等，2003. 黄土台塬旱地小麦覆盖保水技术效果研究 [J]. 中国农业科学 (5)：548 - 552.

刘立晶，高焕文，李洪文，2004. 玉米-小麦一年两熟保护性耕作体系试验研究 [J]. 农业工程学报 (3)：70 - 73.

刘爽，武雪萍，吴会军，等，2007. 休闲期不同耕作方式对洛阳冬小麦农田土壤水分的影响 [J]. 中国农业气象 (3)：292 - 295.

刘小飞，孙景生，王景雷，等，2008. 冬小麦喷灌水量与产量关系研究 [J]. 安徽农业科学 (2)：475 - 513.

刘新月，裴磊，卫云宗，等，2015. 气温变化背景下中国黄淮旱地冬小麦农艺性状的变化特征——以山西临汾为例 [J]. 中国农业科学 (10)：1942 - 1954.

刘星华，王琦，贾生海，2015. 栽培方式对旱作春玉米土壤酶活性及干物质积累和产量形成的影响 [J]. 西北农林科技大学学报（自然科学版）(9)：73 - 81.

刘杏兰，高宗，刘存寿，等，1996. 有机—无机肥料配施的增产效益及对土壤肥力影响的定位研究 [J]. 土壤学报 (2)：138-147.

刘秀梅，张夫道，冯兆滨，等，2005. 风化煤腐殖酸对氮磷钾的吸附和解析特性 [J]. 植物营养与肥料学报 (5)：641-646.

刘益仁，李想，郁洁，等，2012. 有机无机肥配施提高麦-稻轮作系统中水稻氮肥利用率机制 [J]. 应用生态学报 (1)：81-86.

刘战东，肖俊夫，南纪琴，等，2010. 播期对夏玉米生育期、形态指标及产量的影响 [J]. 西北农业学报 (6)：91-94.

卢其明，冯新，孙克君，等，2005. 聚合物/膨润土复合控释材料的应用研究 [J]. 植物营养与肥料学报 (2)：183-186.

路文涛，贾志宽，张鹏，等，2011. 宁南旱区有机培肥对冬小麦光合特性和水分利用效率的影响 [J]. 植物营养与肥料学报 (5)：1066-1074.

罗俊杰，黄高宝，2009. 黄土高原半干旱区集雨补灌灌溉制度研究 [J]. 灌溉排水学报 (3)：102-104.

吕鹏，张吉旺，刘伟，等，2011. 施氮量对超高产夏玉米产量及氮素吸收利用的影响 [J]. 植物营养与肥料学报 (4)：852-860.

吕雯，汪有科，2006. 不同秸秆还田模式冬麦田土壤水分特征比较 [J]. 干旱地区农业研究 (3)：68-71.

马伯威，王红光，李东晓，等，2015. 水氮运筹模式对冬小麦产量和水氮生产效率的影响 [J]. 麦类作物学报 (8)：1141-1147.

马小龙，佘旭，王朝辉，等，2016. 旱地小麦产量差异与栽培、施肥及主要土壤肥力因素的关系 [J]. 中国农业科学，49 (24)：4757-4771.

马兴华，王东，于振文，等，2010. 不同施氮量下灌水量对小麦耗水特性和氮素分配的影响 [J]. 生态学报 (8)，1955-1965.

马迎辉，王玲敏，叶优良，等，2012. 栽培管理模式对冬小麦干物质积累、氮素吸收及产量的影响 [J]. 中国生态农业学报 (10)：1282-1288.

毛红玲，李军，贾志宽，等，2010. 旱作麦田保护性耕作蓄水保墒和增产增收效应 [J]. 农业工程学报 (8)：44-51.

门洪文，张秋，代兴龙，等，2011. 不同灌水模式对冬小麦籽粒产量和水、氮利用效率的影响 [J]. 应用生态学报 (10)：2517-2523.

孟晓瑜，王朝辉，李富翠，等，2012. 底墒和施氮量对渭北旱塬冬小麦产量与水分利用的影响 [J]. 应用生态学报 (2)：369-375.

孟兆江，贾大林，刘安能，等，2003. 调亏灌溉对冬小麦生理机制及水分利用效率的影响 [J]. 农业工程学报 (4)：66-69.

苗果园，ADAMS W A，高志强，等，1997. 旱地小麦降水年型与氮素供应对产量的互作效应与土壤水分动态的研究 [J]. 作物学报 (3)：264-270.

南纪琴，肖俊夫，刘战东，2010. 黄淮海夏玉米高产栽培技术研究 [J]. 中国农学通报

（21）：106 - 110.

南雄雄，田霄鸿，张琳，等，2010. 小麦和玉米秸秆腐解特点及对土壤中碳、氮含量的影
　　响 [J]. 植物营养与肥料学报 (3)：626 - 633.

潘洁，姜东，戴廷波，等，2005. 不同生态环境与播种期下小麦籽粒品质变异规律的研究
　　[J]. 植物生态学报 (3)：467 - 473.

裴雪霞，王姣爱，党建友，等，2008. 播期对优质小麦籽粒灌浆特性及旗叶光合特性的影
　　响 [J]. 中国生态农业学报 (1)：121 - 128.

裴雪霞，王姣爱，党建友，等，2008. 基因型和播期对优质小麦生长发育及产量的影响
　　[J]. 中国生态农业学报 (5)：1109 - 1115.

裴雪霞，党建友，张定一，等，2014. 不同耕作方式对石灰性褐土磷脂脂肪酸及酶活性的
　　影响 [J]. 应用生态学报 (8)：2275 - 2280.

裴雪霞，党建友，张定一，等，2016. 近 54 年来晋南气候变化及其对旱地小麦产量的影
　　响 [J]. 麦类作物学报 (11)：1502 - 1509.

裴雪霞，党建友，张定一，等，2017. 不同降水年型下播期对晋南旱地小麦产量和水分利
　　用率的影响 [J]. 中国生态农业学报，25 (4)：553 - 582.

钱兆国，吴科，丛新军，2004. 小麦灌浆特性研究 [J]. 安徽农业科学 (1)：5 - 6.

任爱霞，孙敏，赵维峰，等，2013. 夏闲期耕作对旱地小麦土壤水分及植株氮素吸收、运
　　转特性的影响 [J]. 应用生态学报 (12)：3471 - 3478.

任国玉，吴虹，陈正洪，2000. 我国降水变化趋势的空间特征 [J]. 应用气象学报 (3)：
　　322 - 330.

任红松，王有武，曹连莆，等，2004. 小麦品种籽粒灌浆特性分析 [J]. 石河子大学学报
　　（自然科学版）(3)：188 - 193.

邵立威，王艳哲，苗文芳，等，2011. 品种与密度对华北平原夏玉米产量及水分利用效率
　　的影响 [J]. 华北农学报 (3)：182 - 188.

申源源，陈宏，2009. 秸秆还田对土壤改良的研究进展 [J]. 中国农学通报 (19)：
　　291 - 294.

石珊珊，周苏玫，尹钧，等，2013. 高产水平下水肥耦合对小麦旗叶光合特性及产量的影
　　响 [J]. 麦类作物学报 (3)：549 - 554.

宋羽，赵振峰，2006. 小麦籽粒灌浆参数与粒重的相关及通径分析 [J]. 新疆农业科学
　　(2)：125 - 127.

栗丽，洪坚平，王宏庭，等，2012. 水氮互作对冬小麦耗水特性和水分利用效率的影响
　　[J]. 水土保持学报 (6)：291 - 296.

孙慧敏，于振文，颜红，等，2006. 施磷量对小麦品质和产量及氮素利用的影响 [J]. 麦
　　类作物学报，26 (2)：135 - 138.

孙克君，卢其明，毛小云，等，2005. 复合控释材料的控释性、肥效及其成膜特性研究
　　[J]. 土壤学报 (1)：127 - 133.

孙克君，毛小云，卢其明，等，2005. 几种控释氮肥的饲料玉米肥效及其生理效应研究

[J]. 植物营养与肥料学报 (3)：345-351.

孙敏，温斐斐，高志强，等，2014. 休闲期深松配施氮肥对旱地土壤水分及小麦籽粒蛋白质积累的影响 [J]. 作物学报 (8)：1459-1469.

孙敏，葛晓敏，高志强，等，2014. 不同降水年型休闲期耕作蓄水与旱地小麦籽粒蛋白质形成的关系 [J]. 中国农业科学 (9)：1692-1704.

孙泽强，康跃虎，刘海军，等，2006. 喷灌冬小麦农田土壤水分分布特征及水量平衡 [J]. 干旱地区农业研究 (1)：100-107.

谭华，郑德波，邹成林，等，2015. 水肥一体膜下滴灌对玉米产量与氮素利用的影响 [J]. 干旱地区农业研究 (3)：18-23.

陶林威，马洪，葛芬莉，2000. 陕西省降水特性分析 [J]. 陕西气象 (5)：6-9.

田慎重，宁堂原，王瑜，等，2010. 不同耕作方式和秸秆还田对麦田土壤有机碳含量的影响 [J]. 应用生态学报 (2)：373-378.

田中伟，王方瑞，戴廷波，等，2012. 小麦品种改良过程中物质积累转运特性与产量的关系 [J]. 中国农业科学 (4)：801-808.

同延安，赵营，赵护兵，等，2007. 施氮量对冬小麦氮素吸收、转运及产量的影响 [J]. 植物营养与肥料学报 (1)：64-69.

王兵，刘文兆，党廷辉，等，2011. 黄土高原氮磷肥水平对旱作冬小麦产量与氮素利用的影响 [J]. 农业工程学报，27 (8)：101-107.

王春虎，杨文平，2011. 不同施肥方式对夏玉米植株及产量性状的影响 [J]. 中国农学通报 (9)：305-308.

王德梅，于振文，张永丽，等，2010. 不同灌水处理条件下不同小麦品种氮素积累、分配与转移的差异 [J]. 植物营养与肥料学报 (5)：1041-1048.

王红光，于振文，张永丽，等，2012. 耕作方式对旱地小麦耗水特性和干物质积累的影响 [J]. 作物学报，38 (4)：675-682.

王立国，许民安，鲁晓芳，等，2003. 冬小麦籽粒灌浆参数与千粒重相关性研究 [J]. 河北农业大学学报 (3)：30-32.

王玲敏，叶优良，陈范骏，等，2012. 施氮对不同品种玉米产量、氮效率的影响 [J]. 中国生态农业学报 (5)，529-535.

王楷，王克如，王永宏，等，2012. 密度对玉米产量（＞15 000kg/hm²）及其产量构成因子的影响 [J]. 中国农业科学 (16)：3437-3445.

王秋君，张小莉，罗佳，等，2009. 同有机无机复混肥对小麦产量、氮效率和土壤微生物多样性的影响 [J]. 植物营养与肥料学报 (5)：1003-1009.

王荣辉，王朝辉，李生秀，等，2011. 施磷量对旱地小麦氮磷钾和干物质积累及产量的影响 [J]. 干旱地区农业研究，29 (1)：115-121.

王如芳，张夫道，刘秀梅，等，2005. 胶结型缓释肥在小麦上应用效果研究 [J]. 植物营养与肥料学报 (3)：340-344.

王维，张建华，杨建昌，等，2004. 适度土壤干旱对贪青小麦茎鞘贮藏性糖运转及籽粒充

实的影响 [J]. 作物学报（10）：1019 - 1025.

王小燕，储鹏飞，于振文，2009. 水氮互作对小麦土壤硝态氮运移及水、氮利用效率的影响 [J]. 植物营养与肥料学报（5）：992 - 1002.

王小燕，郑成岩，于振文，等，2009. 水氮互作对小麦土壤水分利用和茎中果聚糖含量的影响 [J]. 应用生态学报（8）：1876 - 1882.

王旭，孙兆军，杨军，等，2016. 几种节水灌溉新技术应用现状与研究进展 [J]. 节水灌溉（10）：109 - 112，116.

王宜伦，李潮海，谭金芳，等，2011. 氮肥后移对超高产夏玉米产量及氮素吸收和利用的影响 [J]. 作物学报（2）：339 - 347.

王应，袁建国，2007. 秸秆还田对农田土壤有机质提升的探索研究 [J]. 山西农业大学学报（自然科学版）（6）：120 - 121.

王芸，韩宾，史忠强，等，2006. 保护性耕作对土壤微生物特性及酶活性的影响 [J]. 水土保持学报（4）：120 - 122.

汪芝寿，孔令聪，汪建来，等，2003. 播期与密度对皖麦 44 生长发育的影响 [J]. 安徽农业科学（6）：950 - 951.

吴成龙，沈其荣，夏昭远，等，2010. 麦稻轮作系统有机无机肥料配施协同氮素转化的机制研究 II——小麦季残留 ^{15}N 对水稻的有效性分析 [J]. 土壤学报（5）：905 - 912.

吴光磊，郭立月，崔正勇，等，2012. 氮肥运筹对晚播冬小麦氮素和干物质积累与转运的影响 [J]. 生态学报（16）：5128 - 5137.

武继承，杨永辉，康永亮，等，2011. 氮磷配施对玉米生长和养分利用的影响 [J]. 河南农业科学（10）：68 - 71.

吴少辉，高海涛，张学品，等，2004. 播期对不同习性小麦品种籽粒灌浆特性的影响 [J]. 麦类作物学报（4）：105 - 107.

武雪萍，梅旭荣，蔡典雄，等，2005. 节水农业关键技术发展趋势及国内外差异分析 [J]. 中国农业资源与区划（4）：28 - 32.

武永利，卢淑贤，王云峰，等，2009. 近 45 年山西省气候生产潜力时空变化特征分析 [J]. 生态环境学报（2）：567 - 571.

奚振邦，王寓群，杨佩珍，2004. 中国现代农业发展中的有机肥问题 [J]. 中国农业科学（12）：1874 - 1878.

肖军，赵景波，2006. 西安市 54 年来气候变化特征分析 [J]. 中国农业气象（3）：179 - 182.

肖俊夫，刘战军，段爱旺，等，2006. 不同灌水处理对冬小麦产量及水分利用效率的影响研究 [J]. 灌溉排水学报（2）：20 - 23.

谢佳贵，韩晓日，王立春，等，2013. 不同施氮模式对春玉米产量、养分吸收及氮肥利用率的影响 [J]. 玉米科学（2）：135 - 138.

徐成忠，董兴玉，杨洪宾，等，2009. 积温变迁对夏玉米冬小麦两熟制播期的影响 [J]. 山东农业科学（2）：34 - 37.

徐明岗，李冬初，李菊梅，等，2008. 化肥有机肥配施对水稻养分吸收和产量的影响
　　[J]. 中国农业科学（10）：3133-3139.

薛吉全，张仁和，马国胜，等，2010. 种植密度、氮肥和水分胁迫对玉米产量形成的影响
　　[J]. 作物学报（6），1022-1029.

闫翠萍，裴雪霞，王姣爱，等，2011. 秸秆还田与施氮对冬小麦生长发育及水肥利用率的
　　影响 [J]. 中国生态农业学报（2）：271-275.

颜慧，钟文辉，李忠佩，2008. 长期施肥对红壤水稻土磷脂脂肪酸特性和酶活性的影响
　　[J]. 应用生态学报（1）：71-75.

杨君立，安志伟，段林，2013. 不同时期追肥对夏玉米性状及产量的影响 [J]. 现代农业
　　科技（19）：23-24.

杨利华，马瑞崑，张丽华，等，2006. 冬小麦、夏玉米品种搭配及氮磷钾统筹施肥技术研
　　究 [J]. 河北农业大学学报（4）：1-5.

杨宪龙，路永莉，同延安，等，2014. 陕西关中小麦-玉米轮作区协调作物产量和环境效
　　应的农田适宜氮肥用量 [J]. 生态学报（21）：6115-6123.

姚钦，宋洁，潘凤娟，等，2012. 磷脂脂肪酸技术在不同土地管理方式下土壤微生物多样
　　性研究的应用 [J]. 大豆科技（2）：26-30.

姚玉璧，李耀辉，王毅荣，等，2005. 黄土高原气候与气候生产力对全球气候变化的响应
　　[J]. 干旱地区农业研究（2）：202-208.

姚玉璧，王毅荣，李耀辉，等，2005. 中国黄土高原气候暖干化及其对生态环境的影响
　　[J]. 资源科学（5）：146-152.

尹梅，洪丽芳，付立波，等，2012. 不同施肥时期对玉米产量和质量的影响 [J]. 云南农
　　业大学学报（1）：123-129.

阴卫军，刘霞，倪大鹏，等，2005. 播期对优质小麦籽粒灌浆特性及产量构成的影响
　　[J]. 山东农业科学（5）：16-18.

郁洁，蒋益，徐春森，等，2012. 不同有机物及其堆肥与化肥配施对小麦生长及氮素吸收
　　的影响 [J]. 植物营养与肥料学报（6）：1293-1302.

于利鹏，黄冠华，刘海军，等，2010. 喷灌灌水量对冬小麦生长、耗水与水分利用效率的
　　影响 [J]. 应用生态学报（8）：2031-2037.

于亚军，王蕾，张永清，2012. 晋南地区近50年来气温与降水量变化趋势分析 [J]. 山
　　西师范大学学报（自然科学版）（4）：75-79.

于振文，田奇卓，潘庆民，等，2002. 黄淮麦区冬小麦超高产栽培的理论与实践 [J]. 作
　　物学报（5）：577-585.

袁汉民，董立国，徐华军，等，2008. 水分和温度对冬小麦和玉米免耕作产量影响的研究
　　[J]. 干旱区资源与环境（7）：172-177.

袁丽金，巨晓棠，张丽娟，等，2009. 磷对小麦利用土壤深层累积硝态氮的影响 [J]. 中
　　国农业科学，42（5）：1665-1671.

张北赢，徐学选，刘文兆，等，2008. 黄土丘陵沟壑区不同降水年型下土壤水分动态

[J]. 应用生态学报 (6)：1234-1240.

张电学, 韩志卿, 刘微, 等, 2005. 不同促腐条件下玉米秸秆直接还田的生物学效应研究 [J]. 植物营养与肥料学报 (6)：742-749.

张定一, 张永清, 杨武德, 等, 2006. 不同基因型小麦对低氮胁迫的生物学响应 [J]. 作物学报 (9)：1349-1354.

张定一, 党建友, 王姣爱, 等, 2007. 施氮量对不同品质类型小麦产量、品质和旗叶光合作用的调节效应 [J]. 植物营养与肥料学报 (4)：535-542.

张定一, 张永清, 闫翠萍, 等, 2009. 基因型、播期和密度对不同成穗型小麦籽粒产量和灌浆特性的影响 [J]. 应用与环境生物学报 (1)：28-34.

张海军, 武志杰, 梁文举, 等, 2003. 包膜肥料养分控释机理研究进展 [J]. 应用生态学报 (12)：2337-2341.

张海燕, 孙琦, 张德贵, 等, 2013. 低氮胁迫下我国不同年代玉米品种产量及产量构成因子变化趋势研究 [J]. 玉米科学 (5)：13-17.

张卉, 程永明, 江渊, 2014. 山西省近 49 年降水量变化特征及趋势分析 [J]. 中国农学通报 (8)：197-204.

张建军, 王勇, 樊廷录, 等, 2013. 耕作方式与施肥对陇东旱塬冬小麦-春玉米轮作农田土壤理化性质及产量的影响 [J]. 应用生态学报 (4)：1001-1008.

张洁, 姚宇卿, 吕军杰, 等, 2011. 水肥耦合对小麦产量及淀粉特性的影响 [J]. 中国粮油学报 (12)：1-4.

张晶, 张定一, 王丽, 等, 2017. 不同有机肥和氮磷组合对旱地小麦增产机理研究 [J]. 植物营养与肥料学报 (1)：238-243.

张晶, 党建友, 张定一, 等, 2018. 微喷灌水肥一体化小麦磷钾肥减施稳产体质研究 [J]. 中国土壤与肥料 (5)：115-121.

张俊华, 李国栋, 史桂芬, 等, 2015. 气候变化对亚热带—暖温带过渡区信阳冬小麦生育期的影响 [J]. 河南大学学报 (自然科学版) (6)：681-690.

张俊灵, 孙美荣, 闫金龙, 等, 2015. 山西省旱地小麦育种进展与育种策略探讨 [J]. 农学学报 (9)：17-21.

张黎萍, 荆奇, 戴廷波, 等, 2008. 温度和光照强度对不同品质类型小麦旗叶光合特性和衰老的影响 [J]. 应用生态学报 (2)：311-316.

张玲丽, 王辉, 孙道杰, 等, 2005. 不同类型高产小麦品种的光合特性研究 [J]. 西北农林科技大学学报 (自然科学版) (3)：53-56.

张勉, 孙敏, 高志强, 等, 2016. 施磷对旱地小麦土壤水分、干物质累积和转运的影响 [J]. 麦类作物学报, 36 (1)：98-103.

张敏, 王岩岩, 蔡瑞国, 等, 2013. 播期推迟对冬小麦产量形成和籽粒品质的调控效应 [J]. 麦类作物学报 (2)：325-330.

张宁, 杜雄, 江东玲, 等, 2009. 播期对夏玉米生长发育及产量影响的研究 [J]. 河北农业大学学报 (5)：7-11.

张其德，蒋高明，朱新广，等，2001. 12 个不同基因型冬小麦的光合能力 [J]. 植物生态学报（5）：532-536.

张睿，刘党校，2007. 氮磷与有机肥配施对小麦光合作用及产量和品质的影响 [J]. 植物营养与肥料学报（4）：543-547.

张少民，郝明德，柳燕兰，等，2007. 黄土区长期施用磷肥对冬小麦产量、吸氮特性及土壤肥力的影响 [J]. 西北农林科技大学学报（自然科学版），35（7）：159-163.

张胜全，方保停，王志敏，等，2009. 春灌模式对晚播冬小麦水分利用及产量形成的影响 [J]. 生态学报（4）：2035-2044.

张树清，孙大鹏，1998. 甘肃省旱作土壤蓄水保墒培肥综合技术 [J]. 干旱地区农业研究（3）：11-14.

张小莉，孟琳，王秋君，等，2009. 不同有机无机复混肥对水稻产量和氮素利用效率的影响 [J]. 应用生态学报（3）：624-630.

张艳君，汪仁，刘艳，等，2015. 棕壤定位施氮对土壤养分及春玉米产量的影响 [J]. 辽宁农业科学（3）：6-9.

张耀辉，宋建荣，岳维云，等，2011. 陇南雨养旱区播期与密度对冬小麦产量与品质的影响 [J]. 干旱地区农业研究（6）：74-78.

张英华，张琪，徐学欣，等，2016. 适宜微喷灌灌水频率及氮肥量提高冬小麦产量和水分利用效率 [J]. 农业工程学报（5）：88-95.

张玉铭，张佳宝，胡春胜，等，2011. 水肥耦合对华北高产农区小麦-玉米产量和土壤硝态氮淋失风险的影响 [J]. 中国生态农业学报（3）：532-539.

赵秉强，李凤超，薛坚，等，1997. 不同耕法对冬小麦根系生长发育的影响 [J]. 作物学报（5）：287-296.

赵炳梓，徐福安，2000. 水肥条件对小麦、玉米 N、P、K 吸收的影响 [J]. 植物营养与肥料学报（3）：260-266.

赵春，宁堂原，焦念元，等，2005. 基因型与环境对小麦籽粒蛋白质和淀粉品质的影响 [J]. 应用生态学报（7）：1257-1260.

赵广才，常旭红，杨玉双，等，2011. 氮磷钾运筹对不同小麦品种产量和品质的调节效应 [J]. 麦类作物学报（1）：106-112.

赵桂香，赵彩萍，李新生，等，2006. 近 47 年来山西省气候变化分析 [J]. 干旱区研究（3）：499-505.

赵洪亮，刘恩才，马瑞崑，等，2006. 冬小麦籽粒灌浆特性参数分析 [J]. 安徽农业科学（8）：1560-1562.

赵红梅，杨艳君，李洪燕，等，2016. 不同保墒耕作与播种方式对旱地小麦农艺性状及产量的影响 [J]. 灌溉排水学报，35（5）：74-78.

赵隽，董树婷，刘鹏，等，2015. 有机无机肥长期定位配施对小麦群体光合特性及籽粒产量的影响 [J]. 应用生态学报（8）：2362-2370.

赵鹏，陈阜，2008. 秸秆还田配施化学氮肥对冬小麦氮效率和产量的影响 [J]. 作物学报

(6)：1014 - 1018.

赵青松，高金成，殷跃军，2014. 不同播期与播量对小麦产量的影响 [J]. 耕作与栽培
　　(4)：51 - 52.

赵秀兰，李文雄，2005. 氮磷水平与气象条件对春小麦籽粒蛋白质含量形成动态的影响
　　[J]. 生态学报 (8)：1914 - 1920.

郑成岩，于振文，张永丽，等，2010. 不同施氮水平下灌水量对小麦水分利用特征和产量
　　的影响 [J]. 应用生态学报 (11)：2799 - 2805.

郑成岩，崔世明，王东，等，2011. 土壤耕作方式对小麦干物质生产和水分利用效率的影
　　响 [J]. 作物学报 (8)：1432 - 1440.

郑海泽，张红芳，郑彩萍，等，2016. 追肥时期与肥料种类对夏玉米产量及水肥利用率的
　　影响 [J]. 中国农学通报 (27)：63 - 68.

朱菜红，董彩霞，沈其荣，等，2010. 配施有机肥提高化肥氮利用效率的微生物作用机制
　　研究 [J]. 植物营养与肥料学报 (2)：282 - 288.

朱兆良，金继运，2013. 保障我国粮食安全的肥料问题 [J]. 植物营养与肥料学报 (2)：
　　259 - 273.

宗英飞，杨学强，纪瑞鹏，等，2013. 播种期温度变化对玉米出苗速率的影响 [J]. 中国
　　农学通报 (9)：70 - 74.

范仲卿，2014. 肥水运筹对冬小麦产量、品质及植株—土壤氮素平衡的影响 [D]. 泰安：
　　山东农业大学.

顾顺芳，2012. 保护性土壤耕作制度对土壤肥力及夏玉米产量的影响 [D]. 洛阳：河南科
　　技大学.

关松荫，1986. 土壤酶及其研究法 [M]. 北京：农业出版社.

李慧，2010. 土壤水分和灌溉水配置对冬小麦产量及水氮利用效率的影响 [D]. 泰安：山
　　东农业大学.

刘高洁，2010. 长期施肥对麦玉两熟作物光合和保护酶活性的影响 [D]. 北京：中国农业
　　科学院.

张萌，2015. 旱地小麦氮磷肥施用时间与不同土层水肥利用研究 [D]. 晋中：山西农业大学.

鲁如坤，2001. 土壤农化分析 [M]. 北京：中国农业出版社.

金善宝，1996. 中国小麦学 [M]. 北京：中国农业出版社.

农业部小麦专家指导组，2008. 小麦高产创建示范技术 [M]. 北京：中国农业出版社.

孙其信，1987. 杂交小麦育种的系统方法 [D]. 北京：北京农业大学.

王科，2013. 低压喷灌对冬小麦节水省肥及增产效应研究 [D]. 郑州：河南农业大学.

武志杰，陈利军，2003. 缓释/控释肥料原理与应用 [M]. 北京：科学出版社.

徐学欣，2013. 微喷带灌溉对土壤水分布与小麦耗水特性和产量的影响 [D]. 泰安：山东
　　农业大学.

徐兆飞，2006. 山西小麦 [M]. 北京：中国农业出版社.

严昌荣，2004. 干暖气候条件下华北地区农业生产的问题与措施 [C]//2004 年中国节水

农业科技发展论坛.2004 年中国节水农业科技发展论坛论文集.

于振文，2003. 作物栽培学［M］. 北京：中国农业出版社.

AMANS E B，SLANGEN J H G，1994. The effect of controlled‐release fertilizer 'Osmocote' on growth，yield and composition of onion plants［J］. Fertilzer Research（1）：79‐84.

AZII I，MAHMOOD T，ISLAM K R，2013. Effect of long term no‐till and conventional tillage practices on soil quality［J］. Soil and Tillage Research（131）：28‐35.

BANDYOPADHYAY K K，MISRA A K，GHOSH P K，et al，2010. Effect of intergrated use of farmyard manure and chemical fertilizers on soil physical properties and productivity of soybean［J］. Soil and Tillage Research（110）：115‐125.

BESCANSA P，IMAZI M J，VIRTO I，et al，2006. Soil water retention as affected by tillage and residue management in semiarid Spain［J］. Soil and Tillage Research（1）：19‐27.

BOSSIO D，SCOW K，GUNAPALA N，et al，1998. Determinants of soil microbial communities：effects of agricultural management，season，and soil type on phospholipid fatty acid profiles［J］. Microbial Ecology（1）：1‐12.

CHEN S Y，ZHANG X Y，SUN H Y，et al，2010. Effects of winter wheat row spacing on evopatranpsiration，grain yield and water use efficiency［J］. Agricultural Water Management（97）：1126‐1132.

CHENG H，QI Y C，2011. Soil biological and biological quality of wheat‐maize cropping system in long‐term fertilizer experiments［J］. Experimental Agriculture（4）：593‐608.

FERRISE R，TRIOSSI A，STRATONOVITCH P，et al，2010. Sowing date and nitrogen fertilisation effects on dry matter and nitrogen dynamics for durum wheat：An experimental and simulation study［J］. Field Crops Research（2/3）：245‐257.

GUPTA A K，KAUR K，KAUR N，2011. Stem reserve mobilization and sink activity in wheat under drought conditions［J］. American Journal of Plant Sciences（2）：70‐77.

HU X K，SU F，JU X T，et al，2013. Greenhouse gas emissions from a wheat‐maize double cropping system with different nitrogen fertilization regimes［J］. Environmental Pollution（5）：198‐207.

IPCC. Climate change 2013：The Physical Science Basis［EB/OL］.（2013‐09‐30）［2018‐09‐30］http：//www. ipcc. ch/report/ar5/wg1/.

KAHLON M S，LAL R，MERRIE A V，2013. Merrie Ann‐Varughese Twenty two years of tillage and mulching impacts on soil physical characteristics and carbon sequestration in Central Ohio［J］. Soil and Tillage Research（126）：151‐158.

KUMAR A，SENQAR R S，2013. Effect of delayed sowing on yield and proline content of different wheat cultivars [J]. Research on Crops (2): 409 - 415.

LADHA J K, PATHAK H, KRUPNIK T J, et al, 2005. Efficiency of fertilizer nitrogen in cereal production: Retrospects and Propects [J]. Advances in Agronomy (87): 86 - 156.

LAL R, 2005. World crop residues production and implications of its use as a biofuel [J]. Environment International (4): 575 - 584.

LI Y C, ZHANG C Y, PANG Q H, et al, 2008. Study on wheat resistance to droughtin the different growing stages under drought stress [J]. Southwest China Journal of Agricultural Sciences (3): 621 - 624.

MALOSSO E, ENGLISH L, HOPKINS D W, et al. , 2004. Use of 13C - labelled plant materials and ergosterol, PLFA and NLFA analyses to investigate organic matter decomposition in Antarctic soil [J]. Soil Biology and Biochemistry (1): 165 - 175.

MIRALLES D J, FERRO B C, SALFER G A, 2001. Developmental responses to sowing date in wheat, barley and rapeseed [J]. Field Crops Research (3): 211 - 223.

MORENO J L, BASTIDA F, SNCHEZMONEDERO M A, et al, 2013. Response of soil microbial community to a high dose of fresh Olive mill wastewater [J]. Pedosphere (3): 281 - 289.

MUNKOIM L J, HECK R J, DEEN B, 2013. Long - term rotation and tillage effects on soil structure and crop yield [J]. Soil and Tillage Research (127): 85 - 91.

OWEIS T, ZHANG H, PALA M, 2000. Water use efficiency of rainfed and irrigated bread wheat in a Mediterranean environment [J]. Agronomy Journal (2): 231 - 238.

RAGASITS I, DEBRECZENI K, BERECZ K, 2000. Effect of long - term fertilization on grain yield, yield components and quality parameters of winter wheat [J]. Acta Agronomica Hungarica (2): 155 - 163.

RIAZIAT A, SOLEYMANI A, SHAHRAJABIAN M H, 2012. Changes in seed yield and biological yield of six wheat cultivars on the basis of different sowing dates [J]. Journal of Food, Agriculture & Environment (1): 467 - 469.

ROLDAN A, CARAVACA F, HERNANDEZ M T, et al, 2003. No - tillage, crop reside additions, and legume cover cropping effects on soil quality characteristics under maize in Patzcuaro watershed (Mexico) [J]. Soil and Tillage Research (1): 65 - 68.

RUTER J M, 1992. Influence of source, rate, and method of applicating controlled release fertilizer on nutrient and growth of 'Savannah' holly [J]. Fertilizer Research (32): 101 - 106.

SAHA S, GOPINATH K A, LAL M B, et al, 2008. Influence of continuous application of inorganic nutrients to a maize - wheat rotation on soil enzyme activity and grain quality in a rainfed Indian soil [J]. European Journal of Soil Biology (5): 521 - 531.

SASAL M C, ANDRIULO A E, ABOADA M A, 2006. Soil porosity characteristics and water movement under zero tillage insilty soils in Argentinian Pampas [J]. Soil and Tillage Research (1): 9 - 18.

SINCLAIR T R, PINTER J R, KIMBALL B A, et al, 2000. Leaf nitrogen concentration of wheat subjected to elevated [CO_2] and either water or N deficits [J]. Agriculture, Ecosystems and Environment (79): 53 - 60.

TAPLEY M, ORTIZ B V, SANTEN E V, et al, 2013. Location, seeding date, and variety interactions on winter wheat yield in Southeastern United States [J]. Agronomy Journal (2): 509 - 518.

TIDA G, CHEN X J, YUAN H Z, et al, 2013. Microbial biomass, activity, and community structure in horticultural soils under conventional and organic management strategies [J]. European Journal of Soil Biology (58): 122 - 128.

ZENG L, ZHAO Y F, SONG Y F, et al, 2015. Effects of urea ammonium chloride of different fertilization patterns on maize yield and yield components [J]. Agricultural Science & Technology (7): 1462 - 1466.

ZHAI B N, LI S X, 2005. Study on the key and sensitive stage of winter wheat responses to water and nitrogen coordination [J]. Scientia Agricutura Sinica (6): 1188 - 1195.

ZHANG S L, LI Z J, LIU J M, et al, 2015. Long - term effects of straw and nanure on crop micronutrient nutrition under a wheat - maize cropping system [J]. Journal of Plant Nutrition (5): 742 - 753.

ZHAO B Q, LI X Y, LI X H, et al, 2009. Long - term fertilizer experiment network in China: crop yields and soil nutrient trends [J]. Agronomy Journal (1): 216 - 230.

ZHAO B Q, LI X Y, LIU H, et al, 2011. Results from long - term fertilizer experiments in China: The risk of groundwater pollution by nitrate [J]. NJAS - Wageningen Journal of Life Sciences (57): 177 - 183.

ZHAO S C, HE P, QIU S J, et al, 2014. Long - term effects of potassium fertilization and straw return on soil potassium level and crop yields in north - central China [J]. Field Crops Research (169): 116 - 122.

ZHAO S C, QIU S J, CAO C Y, et al, 2014. Responses of soil properties, microbial community and crop yields to various rates of nitrogen fertilization in a wheat - maize cropping system in north - central China [J]. Agriculture, Ecosystem and Environment (194): 29 - 37.

ZHENG C Y, YU Z W, MA X H, et al, 2008. Water consumption characteristic and dry matter accumulation and distribution in high - yield wheat [J]. Acta Agronomica Sinica (8): 1450 - 1458.

ZHONG H, WANG Q, ZHAO X H, et al, 2014. Effects of different nitrogen applications on soil Physical, chemical properties and yield in maize (*Zea mays* L.). Agricultural

Sciences（14）：1440－1447.

ZHU Q，SCHMIDT J P，et al，2015. Maize（*Zea mays* L.）yield response to nitrogen as influenced by spatio－temporal variations of soil－water－topography dynamics ［J］. Soil and Tillage Research（146）：174－183.

本章作者：党建友　裴雪霞　张定一　张晶
　　　　　　王姣爱　杨峰　程麦凤

第5章 运城盆地小麦玉米节水减肥与高效栽培技术研究

5.1 区域概况与研究背景

运城市古称河东，位于山西省西南部，是三国蜀汉名将关羽的故乡，禹凿龙门、舜耕历山、后稷稼穑、嫘祖养蚕等有关农耕文明的传说都发生在这里，有悠久的农耕文明历史。地理坐标为东经 $110°15'\sim112°04'$，北纬 $34°35'\sim35°49'$。北依吕梁山与临汾市接壤，东峙中条山和晋城市、河南济源市毗邻，西、南与陕西省渭南市、河南省三门峡市隔黄河相望。地形是东北西南向倾斜，东西长 201.87km，南北宽 127.47km。全市总面积 14 233km^2，其中平原区 8 621km^2（含 100km^2 盐池面积），占总面积 60.6%；山地丘陵区面积 5 204km^2，占总面积的 36.6%；滩地水面面积 408km^2，占总面积的 2.8%。常用耕地面积 5.57×10^{5}hm^2，其中水浇面积 2.91×10^{5}hm^2，旱地面积 2.66×10^{5}hm^2，分别占耕地总面积的 52.2% 和 47.8%（李芙蓉，2014）。全市辖 1 区 2 市 10 县 5 个省级开发区、149 个乡镇（街道办事处）、3 173 个行政村，常住人口 533.6 万人（2017 年数据），其中乡村人口 272.4 万人，占总人口的 51.0%。

这里是山西省粮食主产区和国家小麦优势区，粮食播种面积历年均为山西省第一，据《山西省统计年鉴》（2016 年）数据，运城市粮食作物种植面积 6.22×10^{5}hm^2，其中小麦种植面积 3.13×10^{5}hm^2、玉米种植面积 2.8×10^{5}hm^2，分别占山西省粮食作物总面积的 19.3%、小麦种植面积的 55.4% 和玉米种植面积的 15.0%；粮食总产 321.5 万 t，其中小麦总产 154.1 万 t、玉米总产 158.6 万 t，分别占山西省粮食总产的 23.3%、小麦总产的 67.2% 和玉米总产的 15.5%。

该区地势平坦，耕地集中连片，土壤以褐土性土、石灰性褐土为主，土层深厚，土质肥沃，水土流失轻微。属暖温带大陆性季风气候，四季明显。多年平均降水量525mm（1956—2005 年），降水年际变化大，最大年份降水量945.8mm，发生在 1958 年，最小 305.0mm，发生在 1997 年。

降水量年内分配极不均匀，冬春较少，占全年 20％左右，夏秋季集中，占全年的 70％左右；7 月、8 月降水量占年降水量的 40％左右。受地形及气候因素的影响，降水量区域分布不均匀，从东南的 750mm 向西北递减至 500mm。年平均气温 13.2℃，≥0℃的积温 4 600～5 400℃，≥10℃的有效积温 3 900～4 600℃，年日照 2 200～2 400h，无霜期 188～238 天，≥0℃的积温和≥10℃的有效积温均处全省前列，无霜期为全省最长，光热资源丰富，气候条件较好，农业生产资源相对丰富，是黄土高原区光热水土条件匹配最好的区域之一，承担着粮食安全和生态维护的重担。本区农作物复种指数达 130％～150％，主要种植方式：水浇地一般采用冬小麦-夏玉米一年两熟、雨养旱地一般采用冬小麦或春玉米一年一熟。

随着全球气候变化的影响，1971—2010 年，运城市年平均气温呈波动上升趋势，冬、春季升温明显，夏、秋季升温幅度较小，冬季、春季分别以每 10 年 0.33℃和 0.35℃的速度上升；年降水量呈波动性缓慢下降趋势，冬季略呈增长趋势，其他季节呈下降趋势，其中春、秋季下降幅度较大，夏季变幅相对较小，3 月、4 月和 7 月呈现下降趋势，容易形成春旱和伏旱等季节性干旱（裴秀苗，2012）。气候变暖已成为不可逆转的趋势，并必然会对农业生态系统造成相应的影响，农业生产如何适应气候变化，变不利因素为可利用因素，提高气候资源利用率，是当代农业必须思考的问题。当前由于农民工的外出打工，农村青壮年劳动力缺乏，农村劳动力趋于老化，农业新技术知识更新缓慢，粮食生产许多环节虽然基本实现了机械化，但机械与技术配套不到位，作物播种期仍沿用过去的经验，生产管理简单粗放，不适应气候变化和农业现代化的新形势。

当前该区小麦生产中存在的问题是前茬玉米秸秆还田质量不高，整地质量不好，小麦播种期偏早，冬前幼苗旺长，抗逆性变差，病虫害发生加重，生产管理简单粗放，肥料农药使用不科学，小麦生长期常遇低温冻害、霜冻害、干热风等灾害危害。夏玉米生产中存在的问题包括播种质量不高、种植密度偏低、植株均匀度不够、病虫害加重、生长期受风雨袭击易发生倒伏，每年玉米因倒伏造成的产量损失 5％～25％。小麦玉米均是大水漫灌，大水大肥，水肥资源浪费严重，利用效率低。因此需要按照增产增效并重、良种良法配套、农机农艺融合、生产生态协调的原则，以充分利用当地光热资源和挖掘玉米 C_4 作物的高光合特性为技术路径，开展冬小麦-夏玉米一年两熟制两晚两增（小麦晚播玉米晚收、小麦增加播量玉米增加密度）、两作施肥统筹、节水灌溉与水肥协同管理、化控防灾减灾等关键技术研究，并集成配套少（免）耕保护性耕作、秸秆全量还田土壤培肥技术等，在保持高产的同时，实现肥料农药减施、水肥资源高效利用和环境友好，构建适宜于运城平原区两熟集约种植的节水减肥高产增效技术模式，最终达到可持续增产增收的目标。

5.2 小麦-玉米轮作两晚两增关键技术研究

5.2.1 适度晚播小麦品种鉴选

运城地区热量充足，小麦玉米生产一般采用一年两熟耕作制度。随着气候变暖的影响，传统的播期已不适应，小麦需适当晚播，防止麦苗冬旺冻害加重。为此开展小麦适度晚播抗逆高产品种鉴选试验。本研究开展了两个年度，两批品种试验。

（1）2015—2016 年度小麦品种鉴选试验

参试品种 6 个：鲁原 502、临汾 8050、山农 22、晋麦 84、良星 99、舜麦 1718（CK）。播期为 10 月 27 日（晚播）。

试验结果表明，产量排前三名的是良星 99、晋麦 84 和山农 22，该 3 个品种之间产量差异不显著，均与 CK 舜麦 1718 产量差异显著，分别比 CK 增产 21.0%、20.2%和 15.6%（表 5-1）；从生育期看，3 个品种生育期在 226~228 的，成熟期比 CK 早熟（表 5-2）；从抗逆性表现看，3 个品种抗倒伏特性、抗病性均好于 CK（表 5-3）。因此初步确定良星 99、晋麦 84 号、山农 22 为初选入围品种。

表 5-1 不同参试品种的产量及产量结构

品种	穗数 （×10⁴/hm²）	穗粒数 （个）	千粒重 （g）	产量 （kg/hm²）
良星 99	538.8a	29.3b	42.8b	6 749.4a
晋麦 84	408.2b	33.1a	49.6a	6 707.4a
山农 22	501.8ab	32.3a	39.7bc	6 449.2a
临汾 8050	550.3a	26.9c	43.0b	6 357.2ab
鲁原 502	407.7b	34.5a	43.9b	6 187.1ab
舜麦 1718（CK）	503.8ab	29.2b	37.9c	5 578.8b

注：同列不同小写字母表示在 0.05 水平差异性显著。

表 5-2 参试品种群体动态和生育期

品种	基本苗 ($\times 10^4/hm^2$)	越冬期茎数 ($\times 10^4/hm^2$)	最高茎数 ($\times 10^4/hm^2$)	灌浆期茎数 ($\times 10^4/hm^2$)	成穗率 (%)	株高 (cm)	生育期 (d)
良星 99	303	414.0	996	538.8	54.1	78.0	226
晋麦 84	315	355.5	963	408.2	42.4	76.0	227
山农 22	377	459.0	1 190	501.8	42.2	77.0	228
鲁原 502	321	322.5	924	407.7	44.1	76.0	227
临汾 8050	315	357.0	900	550.3	61.1	76.0	227
舜麦 1718（CK）	321	400.5	1 127	503.8	44.7	75.0	229

表 5-3 参试品种的抗性表现

品种	抗冻性 分级	抗倒伏 分级	白粉病 反应型	锈病 反应型	赤霉病 反应型
良星 99	2	中	中抗	中感	高感
晋麦 84	2	强	中感	中感	中感
山农 22	2	中	高感	中感	高感
临汾 8050	3	中	中感	中感	高感
鲁原 502	3	中	高感	高感	高感
舜麦 1718（CK）	3	强	高感	高感	高感

(2) 2017—2018 年小麦品种鉴选试验

参试品种 16 个：济麦 22、周麦 18、舜麦 1718、晋麦 84、临 Y8012、山农 28、烟 1212、济麦 23、山农 30、冀麦 325、科农 2009、师栾 02-1、衡杂 102、中麦 36、西农 585、西农 529。适度晚播。

在 2018 年春季发生霜冻害情况下，产量排名前 4 名的依次为济麦 22、临 Y8012、山农 28、烟 1212（表 5-4）。

表 5-4 拔节期低温 16 个品种产量和幼穗冻伤率（2017—2018 年）

品种名称	产量 (kg/亩)	幼穗死伤率（%） (4 月 25 调查)
济麦 22	548.2a	1.3b
品育 8012	537.9ab	7.3b
山农 28	536.6ab	2.6b

（续）

品种名称	产量 （kg/亩）	幼穗死伤率（%） （4 月 25 调查）
烟农 1212	512.1ab	8.6b
中麦 36	504.0abc	3.6b
济麦 23	489.9abc	3.2b
舜麦 1718	483.8abc	7.2b
山农 30	474.1abc	11.3b
晋麦 84	470.7bcd	16.8ab
衡杂 102	470.7bcd	17.2ab
周麦 18	468.7bcd	41.8a
科农 2009	464.8bcd	23.5ab
师栾 02 - 1	457.6bcde	17.5ab
冀麦 325	417.4cde	20.8ab
西农 585	385.6de	26.9ab
西农 529	288.5f	38.0a

注：同列不同小写字母表示在 0.05 水平差异性显著。

对 16 个品种的 8 项生理生化指标进行测定，并计算综合隶属度，综合排在前 4 名有山农 28、济麦 22、济麦 23、临 Y8012（表 5 - 5）。

表 5 - 5　拔节期低温处理后各品种综合隶属度值（2017—2018 年）

品种 名称	相对 电导率	叶绿素	叶绿素 荧光	光合速率	POD 活性	CAT 活性	SOD 活性	MDA	D （平均值）
山农 28	0.929	0.946	0.855	1.000	0.802	0.818	0.934	1.000	0.911
济麦 22	1.000	0.770	1.000	0.931	0.716	0.259	0.871	0.938	0.811
济麦 23	0.560	0.651	0.641	0.699	1.000	1.000	1.000	0.852	0.800
临 Y8012	0.798	0.995	0.967	0.563	0.597	0.482	0.654	0.579	0.704
中麦 36	0.690	0.831	0.899	0.663	0.527	0.271	0.732	0.877	0.686
舜麦 1718	0.843	0.586	0.460	0.736	0.522	0.497	0.725	0.897	0.658
烟农 1212	0.183	1.000	0.940	0.545	0.797	0.058	0.570	0.620	0.589
山农 30	0.679	0.892	0.555	0.526	0.521	0.000	0.838	0.669	0.585
晋麦 84	0.556	0.434	0.456	0.508	0.643	0.762	0.659	0.437	0.557
衡杂 102	0.058	0.793	0.890	0.649	0.672	0.489	0.349	0.462	0.545
冀麦 325	0.177	0.478	0.741	0.469	0.451	0.325	0.281	0.569	0.437

(续)

品种名称	相对电导率	叶绿素	叶绿素荧光	光合速率	POD活性	CAT活性	SOD活性	MDA	D（平均值）
师栾 02-1	0.435	0.277	0.462	0.370	0.281	0.435	0.388	0.627	0.409
西农 585	0.080	0.852	0.777	0.665	0.000	0.534	0.033	0.311	0.406
科农 2009	0.197	0.671	0.727	0.000	0.541	0.614	0.000	0.000	0.344
周麦 18	0.000	0.267	0.177	0.236	0.180	0.882	0.006	0.237	0.248
西农 529	0.140	0.000	0.000	0.121	0.204	0.784	0.057	0.227	0.192

对产量、幼穗冻伤率及抗逆生理指标综合聚类，结果如图 5-1，从 A 距离划分，参试品种分为三类：

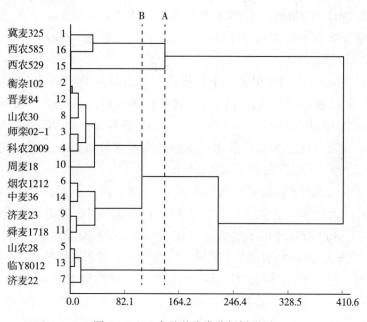

图 5-1 16 个品种聚类分析树形图

①济麦 22、临 Y8012、山农 28 该类品种属于半冬性偏冬性品种，且耐播期长。

②舜麦 1718、济麦 23、烟农 1212、中麦 36；周麦 18、科农 2009、师栾 02-1、山农 30、晋麦 84、衡杂 102 这类品种属于半冬性品种。

③西农 529、西农 585、冀麦 325 这类品种属于弱春性、或前期发育较快的半冬性品种。

（3）适度晚播小麦品种鉴选结果

综合两个年度试验结果，确定运城盆地水地适宜适度晚抗逆品种：

骨干品种选择耐播期长的品种：济麦 22、临 Y8012、山农 28、良星 99；

搭配品种选择山西南部审定及与其聚类为同类的品种和第一年试验入围的品种：晋麦 84 号、山农 30、烟农 1212、济麦 23、山农 22、舜麦 1718。

5.2.2 适度晚收的玉米品种鉴选

2015 年、2016 年开展了两年夏播玉米品种鉴选试验。

2015 年，参试品种 9 个：大丰 30、大丰 133、浚单 20、浚单 28、正大 16、运单 66、东岳 116、黎乐 66、郑单 958（CK）。试验在山西省农业科学院棉花研究所牛家凹农场进行，播期 2015 年 6 月 13 日，种植密度 4 300 株/hm²，随机区组，小区面积 50m²（2.5m×20m），3 次重复。生育期灌水 3 次，每次灌水量 900m³/hm²，底肥施尿素 427kg/hm²，重过磷酸钙 324kg/hm²。

2016 年，参试品种仍为 9 个：将上年 9 个品种中的浚单 20 换成吉祥 1 号，其余品种相同。试验在山西省农业科学院棉花研究所牛家凹农场进行，播期 2016 年 6 月 15 日，种植密度 4 300 株/hm²，小区面积 20m²，随机区组，重复 3 次。生育期灌水三次，每次灌水量 900m³/hm²。底肥施尿素 480kg/hm²，重过磷酸钙 325kg/hm²。

表 5-6 试验结果表明，两年平均产量排名前 4 的品种有：大丰 30、大丰 133、运单 66、正大 16，2015 年该 4 个品种间产量差异不显著，与 CK 郑单 958 产量差异也不显著；2016 年大丰 30 产量显著高于大丰 133、运单 66、正大 16，大丰 133、运单 66、正大 16 三个品种彼此之间产量差异不显著，这四个品种与 CK 郑单 958 产量差异均显著。从表 5-7 成熟期分析，这 4 个品种成熟期除大丰 30 与 CK 郑单 958 相同外，其他三个品种生育期比 CK 郑单 958 晚 2~4 天，符合玉米适度晚收的需要。

表 5-6 2015 年、2016 年玉米品种鉴选产量结果

品种	试验年份产量		两年平均产量（kg/km²）	排名
	2015 年产量（kg/km²）	2016 年产量（kg/km²）		
大丰 30	10 301.8ab	9 182.2a	9 742.1	1
大丰 133	10 678.7a	8 240.4b	9 459.7	2

（续）

品种	试验年份产量		两年平均产量 （kg/km²）	排名
	2015 年产量 （kg/km²）	2016 年产量 （kg/km²）		
运单 66	10 615.3a	8 195.3b	9 405.2	3
正大 16	9 711.5ab	8 018.3b	8 865.2	4
郑单 958（CK）	10 341.8ab	7 384.0c	8 863	5
浚单 28	9 678.2ab	7 237.9c	8 458	6
黎乐 66	9 354.7ab	7 126.4c	8 208.4	7
吉祥 1 号		7 126.7c		
浚单 20	8 911.2b			

注：同一列中小写字母表示在 0.05 水平上差异显著。

因此确定，适于运城小麦-玉米一年两作两晚两增种植的玉米品种有：大丰 30、大丰 133、运单 66、正大 16（表 5 - 6、表 5 - 7）。

表 5 - 7 不同品种玉米的生育期（2016 年）

品种	出苗期	抽雄期	吐丝期	成熟期
大丰 30	6 月 20 日	8 月 7 日	8 月 10 日	10 月 3 日
大丰 133	6 月 20 日	8 月 8 日	8 月 11 日	10 月 7 日
运单 66	6 月 20 日	8 月 9 日	8 月 12 日	10 月 5 日
正大 16	6 月 20 日	8 月 9 日	8 月 12 日	10 月 7 日
郑单 958（CK）	6 月 20 日	8 月 7 日	8 月 10 日	10 月 5 日
浚单 28	6 月 20 日	8 月 6 日	8 月 9 日	10 月 3 日
东岳 116	6 月 20 日	8 月 7 日	8 月 9 日	10 月 5 日
黎乐 66	6 月 20 日	8 月 7 日	8 月 10 日	10 月 5 日
浚单 20	6 月 20 日	8 月 6 日	8 月 9 日	10 月 3 日

5.2.3 适度晚播小麦播期密度研究

小麦产量同时受品种遗传特性、生态环境、栽培措施及其互作效应的影响（张定一，2009；苏玉环，2015）。播期和密度是影响小麦群体性状、产量和品质的 2 个主要因素（陈爱大，2010；李宁，2010；蒋会利，2012；刘萍，2013；薛亚光，2016）。目前，关于播期和密度对小麦产量影响的研究报道较多。众多研究表明（张永丽，2004；李素真，2005；李兰真，2007；刘万代，2009；蔡东明，2010；田文仲，2011；简大为，2011），在不同生产区域，播期和密度对产量构成因素的影响不同，不同品种实现高产的适宜播期和密度有差别。在山西南部小麦-玉米一年两作区，为充分利用有限的光热资源，实现周年粮食高产，将小麦玉米作为一个单元，基于玉米是 C_4 作物，比小麦增产潜力大，栽培上"适期两晚"即玉米晚收小麦晚播是实现周年高产的有效措施。生产中急需主栽品种在现有耕作栽培条件下的适宜播期与密度，调整及完善当前小麦的播期密度等栽培技术措施。晋麦 84 号为山西省确定的主推品种之一，该品种分蘖中等，后期叶功能好，粒质量大，千粒质量 50g 左右，稳产高产，抗倒抗寒性好。本试验以晋麦 84 号为研究材料，在山西南部一年两作区进行了播期、播量试验，旨在探讨不同播期、播量对小麦生长发育、群体性状、光合特性及产量构成的影响，为制定当地小麦高产栽培技术提供理论依据。

（1）试验地概况

试验于 2015 年 10 月至 2016 年 6 月在山西省农业科学院棉花研究所夏县牛家凹试验农场进行。试验所在地为黄土母质壤质土，肥力均匀，前茬为玉米，播前 0～20cm 耕层土壤有机质 15.08g/kg，全氮 0.95g/kg，全磷 0.79g/kg，碱解氮 67.72mg/kg，有效磷 15.4mg/kg，速效钾 181mg/kg。播前施尿素 340kg/hm²，重过磷酸钙 326kg/hm²；于拔节期 3 月 25 日结合浇水追施尿素 150kg/hm²。小麦整个生育期降水 206.3mm，于拔节期和灌浆期各浇水一次。

（2）试验设计与方法

试验采用裂区设计，以播期为主区，以密度（基本苗）为裂区。设 10 月 12 日（S1）、10 月 22 日（S2）和 11 月 1 日（S3）3 个播期。设 285.0 万株/hm²（D1）、337.5 万株/hm²（D2）和 390.0 万株/hm²（D3）3 个种植密度（基本苗）。3 次重复。小区面积为 150m²。供试小麦品种为晋麦 84 号，由山西省农业科学院棉花研究所选育提供。

测定项目及方法：

光合特性在小麦灌浆期选择天气晴朗的 5 月 19 日，采用英国生产的 LC*pro* 便携式光合测定仪，每小区随机选取生长一致的旗叶 3 片，于 9：00～11：00 在叶片相同部位测定，每个叶片测定 2min 左右，同时测得小麦旗叶光合速率（P_n）、蒸腾速率（T_r）、气孔导度（G_s）、胞间 CO_2 浓度

（C_i）等参数，取 3 片叶的平均值分析使用。

产量及产量构成因素调查：3 叶期定苗，固定 1m 长 2 行样点，每区 3 个重复，在小麦主要生育时期调查各期总茎数，在小麦蜡熟期调查穗数；在调查行内随机剪取 20 个穗，统计穗粒数；脱粒清选后随机数取 2 组样品，每组 500 粒，称质量计算千粒质量；于小麦成熟时取样测产，每小区取样面积 15m²，以 2 次重复的平均值作为该小区产量，换算为标准含水量质量（水分含量 12.5%），并折算为公顷产量。

数据统计：采用 Microsoft Excel 2007 软件对数据进行处理，采用 DPS 7.05 数据分析软件进行统计分析，并进行新复极差多重比较。

（3）结果与分析

①播期、密度对晋麦 84 号旗叶光合特性的影响　小麦的生态生理因子共同作用参与光合作用，在光合过程中大多数生态生理因子表现出明显的变化（何海军，2006；刘海霞，2008）。由表 5 - 8 可知，播期对旗叶光合速率、蒸腾速率、气孔导度有极显著的影响，对胞间 CO_2 浓度有显著的影响；密度对气孔导度有显著的影响；播期×密度的互作对旗叶光合速率、蒸腾速率、气孔导度、胞间 CO_2 浓度的影响较小。

表 5 - 8　光合参数方差分析

变异来源	光合速率（P_n）		蒸腾速率（T_r）		气孔导度（G_s）		胞间 CO_2 浓度（C_i）	
	F 值	P 值	F 值	P 值	F 值	P 值	F 值	P 值
S	27.07	0.000 1	32.72	0.000 1	22.42	0.000 1	4.74	0.024 2
D	2.24	0.139 2	1.45	0.263 2	4.47	0.028 7	0.16	0.853 7
S×D	0.78	0.556 4	1.08	0.398	1.36	0.291 7	1.26	0.324 4

从表 5 - 9 可以看出，小麦叶片光合速率、蒸腾速率、气孔导度随着播期的推迟而降低，S1 和 S2 播期比 S3 播期光合速率分别高 75.04% 和 64.47%，且差异达到极显著水平；蒸腾速率 S1，S2 播期比 S3 播期分别高 81.41% 和 37.37%，且 3 个播期间差异达到极显著水平；叶片的气孔导度 S1，S2 播期分别是 S3 播期的 2.25 倍和 1.625 倍，且 3 个播期间差异达到极显著水平；叶片胞间 CO_2 浓度随着播期的推迟有降低趋势，S1 播期比 S3 播期高 9.83%，但是 3 个播期间差异未达极显著水平。表明晚播使光合源的制造及输出同化物的能力下降。小麦叶片光合速率、蒸腾速率、气孔导度、胞间 CO_2 浓度随着密度的增加均有降低趋势，除气孔导度 D1 比 D3 差异显著外，3 种密度间差异均未达到显著水平。

表 5-9 播期、密度水平间光合参数的差异显著性检验

处理	光合速率（P_n） [μmol/(m² · s)]			蒸腾速率（T_r） [mmol/(m² · s)]			气孔导度（G_s） [μmol/(m² · s)]			胞间 CO_2 浓度（C_i） (mol/mol)	
S1	9.09	a	A	3.53	a	A	0.18	a	A	250.29	a
S2	8.54	a	A	2.67	b	B	0.13	b	B	224.19	b
S3	5.19	b	B	1.95	c	C	0.08	c	C	227.88	b
D1	8.15	a	A	2.90	a	A	0.15	a	A	237.1	a
D2	7.72	a	A	2.67	a	A	0.12	ab	A	232.38	a
D3	6.95	a	A	2.58	a	A	0.11	a	A	232.88	a

注：同一列中小写字母和大写字母分别表示在 0.05 和 0.01 水平上差异显著。

从表 5-10 可以看出，S1D2 的光合速率最高为 9.26μmol/(m² · s)，比最低的 S3D3 高 85.94%，且差异达到极显著水平；S1 播期的 3 个处理组合的光合速率均显著高于 S3 播期，S2 处理的 S2D1 和 S2D2 的光合速率均显著高于 S3 播期；S1D2 蒸腾速率最高，为 3.80mmol/(m² · s)，比最低的 S3D2 高 114.69%，且差异达到极显著水平。因此可以得出，S1 播期最有利于改善小麦的光合特性，S2 播期较利于小麦的光合特性，而增加种植密度不利于小麦光合特性的改善。

表 5-10 不同播期和密度处理对小麦光合特性的影响

处理	光合速率 [μmol/(m² · s)]			蒸腾速率 [mmol/(m² · s)]			气孔导度 [μmol/(m² · s)]			胞间 CO_2 浓度 (mol/mol)	
S1D1	9.24	ab	A	3.59	ab	AB	0.177	a	AB	253.00	a
S1D2	9.26	ab	A	3.80	a	A	0.194	a	A	257.03	a
S1D3	8.77	ab	A	3.19	abc	ABC	0.154	ab	AB	240.83	ab
S2D1	9.64	a	A	2.93	bcd	BCD	0.162	ab	AB	219.87	ab
S2D2	8.87	ab	A	2.52	de	CDE	0.112	bc	BC	213.80	b
S2D3	7.11	bc	AB	2.57	cde	BCDE	0.113	bc	BC	238.90	ab
S3D1	5.58	c	AB	2.18	def	CDE	0.115	bc	BC	238.43	ab
S3D2	5.01	c	B	1.68	f	E	0.060	c	C	226.30	ab
S3D3	4.98	c	B	1.97	ef	DE	0.065	c	C	218.90	ab

注：同一列中小写字母和大写字母分别表示在 0.05 和 0.01 水平上差异显著。

②播期和密度对晋麦 84 号产量及其构成因素的影响

播期、密度对晋麦 84 号籽粒产量的影响 方差分析结果显示（表 5-11），

播期和密度对小麦产量的影响均达极显著水平，表明播期和密度对产量均有显著的影响。由表 5-12 可知，随着播期的推迟，小麦产量呈逐渐降低趋势，不同播期平均产量大小依次为 S1＞S2＞S3，S1 比 S2 和 S3 分别增产 3.53％和 13.00％，不同播期间差异达到极显著水平，表明在 S1 播期（10 月 12 日）播种有利于获得高产，是该品种的最佳播期。说明在适度晚播条件下，播期越早，产量越高。播期×密度对晋麦 84 号产量的影响达到极显著水平，说明同一播期不同密度间或同一密度不同播期间存在显著互作效应。

表 5-11　产量和产量构成因素的方差分析表（F 值）

变量	产量（kg/hm²）	成穗数（×10⁴/hm²）	穗粒数	千粒重（g）
S	113.93**	24.89**	7.92**	4.08**
D	13.27**	33.28**	7.06**	2.61
S×D	16.55**	1.947	1.86	3.94**

注：** 表示在 0.01 水平上差异显著。

表 5-12　不同播期产量及产量构成因素比较

处理	成穗数（×10⁴/hm²）	穗粒数	千粒重（g）	产量（kg/hm²）
S1	427.45 a A	32.72 a A	50.10 a A	7 001.05 a A
S2	428.79 a A	32.21 a B	48.99 b A	6 762.21 b B
S3	400.47 b B	31.50 b B	49.16 b A	6 195.60 c C

从表 5-13 还可以看出，随着密度的增大，产量呈增加趋势，不同密度产量大小依次为 D3＞D2＞D1，D3 和 D2 产量分别比 D1 高 4.08％和 3.34％，且差异极显著；但 D2 与 D3 之间差异不显著，表明在推迟播期的基础上，适当增加播量密度有利于该品种发挥最大产量潜力。

表 5-13　不同密度产量及产量构成因素比较

处理	成穗数（×10⁴/hm²）	穗粒数	千粒重（g）	产量（kg/hm²）
D1	398.97 c A	32.81 a A	49.60 a A	6 492.34 b B
D2	422.28 b A	31.87 b AB	49.78 a A	6 709.14 a A
D3	435.45 a B	31.76 b B	48.87 a A	6 757.39 a A

注：同一列中小写字母和大写字母分别表示在 0.05 和 0.01 水平上差异显著。

从表 5-14 可以看出，在 S1 播期下，以 D2 的产量最高，分别比 D1 和 D3 显著增产 7.97％和 8.45％，密度间产量差异达显著水平；在 S2 播期下，以 D3 产量最高，分别较 D1 和 D2 增产 5.84％和 6.30％，密度间产量差异达极显著水平；在 S3 播期下，籽粒产量随密度增加而提高，以 D3 的产量最高，D3 产量显著高于 D1 和 D2。说明晚播时增大密度对提高晋麦 84 号籽粒产量具有一定效果。综上考虑，播期、密度及播期×密度对晋麦 84 号产量影响极显著，在晚播条件下，S1 播期（10 月 12 日）为适播期，播种密度为每公顷 337.5 万株，晚于 10 月 12 日播种的要适当增加播种密度，密度增大到每公顷 390.0 万株时，晋麦 84 号籽粒产量有所增加。

表 5-14 不同播期、密度下晋麦 84 号的籽粒产量及其构成因素

处理	产量 （kg/hm²）	成穗数 （×10⁴/hm²）	千粒重 （g）	穗粒数
S1D1	6 829.77 bcBC	407.40 cD	50.17 abAB	33.42 aA
S1D2	7 373.98 aA	433.65 abABC	51.60 aA	32.98 abAB
S1D3	6 799.38 cBC	441.29 aAB	48.53 bB	31.75bcdABC
S2D1	6 642.69 cdCD	414.60 cCD	49.07 bB	32.67 abAB
S2D2	6 613.56 cdCD	422.45 bcBCD	49.24 bB	31.8 bcd ABC
S2D3	7 030.37 bB	449.32 aB	48.66 bB	32.17bcABC
S3D1	6 004.54 cE	374.89 dE	49.55 bAB	32.33abcABC
S3D2	6 139.85 eE	410.75 cCD	48.50 bB	30.82 dC
S3D3	6 442.41 dE	415.75 cCD	49.43 bAB	31.35cdBC

注：同一列中小写字母和大写字母分别表示在 0.05 和 0.01 水平上差异显著。

播期、密度对晋麦 84 号产量构成因素的影响 从表 5-11 可以看出，播期对晋麦 84 号产量构成因素的影响均达显著或极显著水平，密度对穗数、穗粒数的影响达极显著水平，播期×密度的互作对千粒质量的影响达极显著水平，表明播期和密度对产量构成因素有显著的影响。表 5-13 结果表明，在试验设定的 3 个播期中，成穗数大小依次为 S2＞S1＞S3，S1 和 S2 间差异不显著，但 S1 和 S2 与 S3 间差异达到极显著水平；穗粒数以播期 S1 为最多，其次为 S2，S3 最少，播期 S1 与 S2 间差异不显著，与 S3 间差异达极显著水平；千粒质量以播期 S1 最高，与 S2 和 S3 间差异达到显著水平；从种植密度对产量构成因素的影响看，随密度增大成穗数显著增多，而穗粒数下降，千粒质量变化不明显，说明种植密度过高不利于

形成大穗。因此，选择适宜播期、密度对晋麦 84 号发挥高产潜力尤为重要。

产量三因素与产量的相关性分析　结果表明（表 5 - 15），成穗数与产量呈极显著正相关（$R=0.750$），而穗粒数与产量也呈极显著正相关（$R=0.484$），而千粒质量与产量相关关系不显著（$R=0.368$），因此，成穗数和穗粒数是影响产量的主要因子，保持成熟期较高的穗数和穗粒数是晋麦 84 号在山西南部获得高产的关键。

表 5 - 15　产量三因素与产量的相关性分析

产量性状	相关系数	P 值
成穗数	0.750	0.000
穗粒数	0.484	0.01
千粒重	0.368	0.059

（4）结论与讨论

本研究结果表明，播期、密度对晋麦 84 号旗叶光合性能、产量与其构成因素有显著影响。适宜的播种期和密度，可以从各播期中不同密度的平均产量及不同播期与密度组合的产量分析得出。以播种期 10 月 12 日，基本苗为 337.5 万株/hm^2 时，产量表现最高，达到 7 373.98kg/hm^2，即 10 月 12 日为最佳播种期，适宜播种密度（基本苗）为 337.5 万株/hm^2。如果因为收获玉米过晚等因素造成晚播时，密度应增加到 390 万/hm^2 左右，也可获得较高的产量，但与适宜播期密度的产量相比显著降低。确定 10 月 12 日为最佳播种期也与气候变暖及生态条件的变化相符合。小麦从播种到长成 6 叶龄（5 叶 1 心）的壮苗需要 570℃积温（于振，2003），试验地 2010—2015 年 10 月 10 日至越冬前平均积温为 558.6℃，二者积温相符。根据研究结果，晋麦 84 号在山西南部的适宜播期应在传统适播期的基础上适当推迟。这与河北省藁城市（北纬 38.03°）20 世纪末传统的小麦播种期在 10 月 1 日前后（张立言，1987），到 2007 年最佳播期推迟为 10 月 7 日的观点一致（胡焕焕，2008）。本研究表明，由于暖冬天气的影响，造成小麦越冬前发育的生态条件发生变化，原有的小麦播期与密度已经不适宜当前的生产条件（冯钢，1999；王夏，2011）。生产中应依据品种类型、气候生态条件、灌溉条件、栽培措施、产量目标等进行大量试验，最终确定适宜播期与密度。

本研究表明，播期、密度对晋麦 84 号旗叶光合性能、产量及其构成因素有显著影响，晋麦 84 号适期播种（10 月 12 日），旗叶净光合速率比偏晚播种（10 月 22 日）、晚播（11 月 1 日）分别提高 6.43%，75.04%。

适期播种的产量分别比偏晚播种、晚播提高 3.53％和 13.00％，本试验偏晚播密度比适期播种产量仅差 3.53％，且该播期随密度增加产量是提高的趋势，没有出现拐点（表 5-13），本试验产量与产量构成三因素相关分析结果也表明，产量与成穗数相关系数最高为 0.750，而与穗粒数、千粒重相关系数仅分别为 0.484 和 0.368，说明偏晚播（10 月 22）这一播期适度增加密度也可以实现高产，经分析盐湖区 2014—2018 年冬前积温变化，五年 10 月 25 日至冬前积温分别为 343.6℃、345.5℃、384.8℃、308.1℃、327.7℃，五年平均 341.9℃，最低年份 2017 年也达 308.1℃，这个积温在适度增加播量情况下可以实现高产，所以确定本区小麦适度晚播播期为 10 月 12 日至 10 月 25 日。

5.2.4 适度晚收的夏玉米播期密度研究

(1) 试验设计

本研究选用大丰 133 和晋单 82 两个玉米品种，每个品种设置 5 个密度梯度：52 500 株/hm²，60 000 株/hm²，67 500 株/hm²，75 000 株/hm²，82 500 株/hm²。进行了夏玉米播期研究。4 次重复，小区面积 20m²。试验于 2015 年 6 月 13 日机械播种，9 月 30 日收获。

(2) 结果与分析

①种植密度对主要农艺性状的影响　由表 5-16 可知，随着密度的增加，两个品种的株高和穗位高均逐渐增加，而茎粗则随着密度的增加逐渐减小。

表 5-16　种植密度对玉米农艺性状的影响

品种	密度 （株/hm²）	株高 （cm）	穗位高 （cm）	茎粗 （cm）
	52 500	304.4	140.8	3.002
	60 000	306.2	141.2	2.891
晋单 82	67 500	307	145.6	2.814
	75 000	314.2	148.4	2.517
	82 500	317	148.8	2.269
	52 500	276	127.4	3.295
	60 000	277.8	128.4	3.283
大丰 133	67 500	282.2	130	3.245
	75 000	283	131.4	3.222
	82 500	284	135.8	2.98

②种植密度对产量及产量构成因素的影响　由表 5 - 17 可知，随着密度的增加，晋单 82 的穗长逐渐增加，果穗较粗；大丰 133 在 52 500 株/hm² 密度下果穗最长，随着密度的增加果穗逐渐变短，由此可见大丰 133 在高密度下果穗会变短。

表 5 - 17　种植密度对穗部性状的影响

品种	密度 （株/hm²）	穗长 （cm）	穗粗 （cm）	穗重 （g）
大丰 133	52 500	18.8	5.521	294.6
	60 000	18.75	5.516	292.3
	67 500	18.275	5.495	279
	75 000	17.875	5.372	269.5
	82 500	17.8	5.463	276.9
晋单 82	52 500	19.25	5.616	289.7
	60 000	19.25	5.632	276.95
	67 500	19.3	5.703	296.65
	75 000	19.325	5.649	291
	82 500	19.625	5.682	297.9

由表 5 - 18 可知，在密度 82 500 株/hm² 时大丰 133 和晋单 82 产量都达到最高，且在 67 500 株/hm²、75 000 株/hm²、82 500 株/hm² 时产量与密度 52 500 株/hm² 和 60 000 株/hm² 时产量之间达到显著水平。因此，大丰 133 存在适宜的种植密度范围即 67 500～82 500 株/hm²，在此密度范围内均能取得较高的产量水平。密度对不同品种穗粒数、百粒重也有一定的影响。随着密度的增加大丰 133 的穗粒数和百粒重均呈现降低的趋势，晋单 82 的百粒重有增加的趋势。

表 5 - 18　种植密度对产量的影响

品种	密度（株/hm²）	穗粒数（粒）	百粒重（g）	产量（kg/hm²）
大丰 133	52 500	591.6	32.24	16 321.95
	60 000	598.8	31.44	15 752.1
	67 500	588.1	31.00	16 762.65
	75 000	544.3	31.03	16 660.95
	82 500	583.5	29.91	19 393.45

（续）

品种	密度（株/hm²）	穗粒数（粒）	百粒重（g）	产量（kg/hm²）
	52 500	618.9	30.50	15 526.5
	60 000	566.4	30.66	14 538
晋单 82	67 500	600.2	30.54	13 768.2
	75 000	623.2	31.53	15 105.9
	82 500	615.5	31.69	16 031.7

（3）结论与讨论

玉米的产量由有效穗数、穗粒数和百粒重三因素决定，而密度又是影响产量的重要因素。因此，研究二者的关系对提高玉米产量具有重要意义。本研究结果表明两个品种种植密度均为 82 500 株/hm² 时，穗长、穗粗、百粒重、干物质等方面比较适宜，籽粒产量达最高；密度较低时，穗大但穗数偏少，产量达不到最高值；密度较大时，穗数虽然增加，但百粒重、穗长降低，产量也不能达到最大值。由此说明，不同玉米品种达到高产所需要的适宜密度也不同。生产中，应根据实际情况合理密植，协调产量三因素间的关系，最终实现高产的目的。

5.3 小麦-玉米轮作周年氮磷统筹及施肥技术研究

5.3.1 小麦-玉米轮作周年氮肥统筹技术研究

氮素在作物产量和品质形成中起着关键作用（潘家荣，2009）。氮肥是粮食增产的主要肥力因素，对粮食产量增加的贡献率达 40% 左右，氮肥大量投入已成为粮食高产稳产所依赖的条件之一（朱兆良，2013）。我国以占世界 9% 的耕地养活了 20% 的人口，但也使用了世界上近 1/3 的氮肥（巨晓棠，2014）。目前，我国氮肥过量施用现象已相当普遍，导致农业生产中肥料利用率明显下降，据统计，我国主要粮食作物氮肥利用率，已由 20 世纪末的 35%，下降到目前的 27%（张福锁，2008），这不仅造成了经济和资源的巨大浪费，还带来了巨大的环境风险，对人类的健康生存构成严重威胁（孙志梅，2006）。因此，氮肥的合理施用成为农业高产高效和可持续发展的必然要求。

冬小麦-夏玉米轮作是华北地区一年两熟种植区的主要粮食作物种植

体系，运城地区作为山西省冬小麦-夏玉米主产区，氮肥不合理施用已相当严重，农民不能根据冬小麦-夏玉米对氮素的需求量及需肥特点而进行科学施肥，尤其对麦玉两季作物氮肥周年运筹上缺乏科学性，因此，对麦玉轮作种植体系进行周年氮肥统筹科学设计，实现麦玉两熟作物周年均衡增产和肥料高效利用显得尤为必要。

前人研究多集中于施肥量、施肥时期以及施肥方式对单季作物及其产量影响（刘恩科，2004；武际，2006；陈祥，2008；陈现勇，2009；刘小虎，2012；冯金凤，2013），且两季作物间氮肥分配比例对轮作体系中作物生长发育、产量品质形成及养分利用效率的影响也有报道（薛泽民，2012；陈远学，2014；王永华，2017）。但较少将冬小麦、夏玉米作为整体来统筹考虑周年轮作种植体系的适宜施氮量与配比模式，为此，本文以冬小麦-夏玉米轮作体系为对象，研究在不同施氮肥水平下两季作物氮肥配比对轮作体系中干物质积累、产量及养分利用效率的影响。以期为该体系的氮肥合理施用与高产高效生产提供科学依据。

（1）试验设计

试验于 2015 年 10 月至 2017 年 6 月在山西省农业科学院棉花研究所牛家凹农场进行，试验地属半干旱温带大陆性气候，位于北纬 33°32′，东经 112°29′，海拔 46.5m。试验年度播前土壤有机质 12.14g/kg，全氮 0.95g/kg，有效磷 15.4mg/kg，速效钾 181mg/kg。2015—2016 年，冬小麦于 2015 年 10 月 10 日播种，2016 年 6 月 8 日收获，夏玉米于 2016 年 6 月 9 日播种，2016 年 10 月 8 日收获；2016—2017 年，冬小麦于 2016 年 10 月 13 日播种，2017 年 6 月 9 日收获，夏玉米于 2017 年 6 月 12 日播种，2016 年 10 月 8 日收获。

供试冬小麦品种为晋麦 84，夏玉米品种为郑单 958。试验设置三个周年氮肥投入水平（300kg/hm²、450kg/hm²、600kg/hm²），三种小麦玉米两季间的氮肥分配比例（4:6、5:5、6:4），共 9 个处理（表 5 - 19），另设一空白不施肥对照（CK）。田间随机排列，重复 3 次。小区面积为 20m²（5m×4m）。试验中氮肥为尿素（含纯氮 46%），磷肥为过磷酸钙（含 46% P_2O_5）。小麦施磷肥（P_2O_5）180kg/hm²，玉米施磷肥（P_2O_5）90kg/hm²，均全部底施。小麦季氮肥的 70% 于播种前底施，其余 30% 于拔节期追施；玉米季 60% 的氮肥于底肥施入，剩余 40% 的氮肥于大喇叭口期追施。

表 5 - 19 不同处理氮肥用量

处理	全年施氮量 (kg/hm²)	麦：玉 分配比列	冬小麦 (kg/hm²)	夏玉米 (kg/hm²)
N1	300	4∶6	120	180
N2	300	5∶5	150	150
N3	300	6∶4	180	120
N4	450	4∶6	180	270
N5	450	5∶5	225	225
N6	450	6∶4	270	180
N7	600	4∶6	240	360
N8	600	5∶5	300	300
N9	600	6∶4	360	240

(2) 测定项目与方法

样品获取干物质积累量 小麦成熟期随机取 10 植株；玉米成熟期随机取 5 株，测量干物质量。将成熟期小麦和玉米按籽粒和茎叶两部分器官分样称量并粉碎，以备植株氮磷钾养分含量测定。

氮磷钾养分含量测定 将植株样品用 $H_2SO_4 - H_2O_2$ 消煮法制备待测液，采用凯氏定氮法测定全氮含量，钒钼黄比色法测定全磷含量，火焰光度法测定全钾含量（杨新泉，2003）。

相关指标计算方法（王永华，2017）：

植株氮素总积累量（kg/hm²）＝Σ植株各器官干重×氮含量；

氮素利用效率（kg/kg)＝籽粒重/植株氮素总积累量

氮素吸收效率（kg/kg)＝植株氮素总积累量/施氮量

氮素收获指数＝籽粒氮素积累量/成熟期植株氮素总积累量

氮肥偏生产力（kg/kg)＝施氮作物产量/施氮量；

氮肥利用率＝(施氮区吸氮量－不施氮区吸氮量)/施氮量×100％；

计产与考种：

冬小麦成熟期调查各处理穗数，成熟时各小区收割 2m²（1m×2m），脱粒晒干，折算成实际产量（kg/hm²），同时每小区取 10 株代表性进行室内考种，调查穗部性状，并测定其每穗粒数和粒重。夏玉米每小区收 30 株折算实际产量，同时每小区取 5 株，用以考察产量构成。试验数据采用 excel 和 SPSS 软件进行统计分析。

(3) 结果与分析

①周年氮肥统筹对作物产量及其构成因素的影响

周年氮肥统筹对产量的影响　由表 5 - 20 可知，两年度冬小麦产量，周年中肥（N4、N5、N6）各处理平均产量略高于高肥（N7、N8、N9）和低肥（N1、N2、N3），增幅分别为 3.28% 和 3.75%。在周年低氮水平下，产量随着小麦季施氮量的增加而增加，均以 N3 处理最高，2015—2016 年，N3 显著高于 N1 和 N2，2016—2017 年，显著高于 N1；周年中氮水平下，N5 产量最高，且在 2016—2017 年，产量达 7 892kg/hm²，显著高于 N4 和 N6；在周年高氮水平下，产量随着小麦季施氮量的增加而降低，N7 处理产量最高，其中 2015—2016 年 N7 处理产量为 7 003.6kg/km²，显著高于其他处理。夏玉米产量两年中肥各处理平均产量最高，较高肥增加4.69%，较底肥增加 6.73%；在周年低氮水平下，产量随着玉米季施氮量的增加而增加，均以 N1 处理最高；周年中氮水平下，两年度有所不同，2015—2016 年 N5 产量最高，达 10 337.7kg/km²，2016—2017 年 N6 产量最高，达 9 798.4kg/km²；在周年高氮水平下，产量随着玉米季施氮量的增加而降低。两年度麦玉轮作周年产量中氮水平（施 N 量为 450kg/hm²）产量高于低氮和高氮，其中，中氮水平下 N5 处理即麦玉两季氮肥分配比例为 5∶5 时产量最高，两年分别达到 17 276.5kg/hm² 和 17 488.5kg/hm²

表 5 - 20　不同氮肥处理作物产量（kg/hm²）

处理	2015—2016 年			2016—2017 年		
	冬小麦	夏玉米	周年总产量	冬小麦	夏玉米	周年总产量
CK	5 411.0 d	7 813.0 e	13 224 g	5 701.2 e	7 437 d	13 138.2 e
N1	**6 565.4 c**	**9 973.2 ab**	**16 538.6 bc**	**7 202.4 d**	**9 110.9 b**	**16 313.3 bc**
N2	6 683.0 c	9 698.4 c	16 381.4 cd	7 492.1 bc	8 721.4 bc	16 213.6 bc
N3	6 712.5 b	9 312.2 cd	16 024.7 ef	7 683.9 ab	8 721.4 c	16 216.0 bc
N4	6 844.8 ab	10 100.0 a	16 944.8 ab	7 669.7 b	9 348.6 b	17 018.4 ab
N5	**6 938.9 a**	**10 337.7 a**	**17 276.5 a**	**7 892.0 a**	**9 596.4 ab**	**17 488.5 a**
N6	6 900.6 a	9 892.4 b	16 793 ab	7 483.5 c	9 798.4 a	17 281.9 a
N7	7 003.6 a	8 794.3 d	15 797.9 f	7 264.9 d	8 769.6 bc	16 034.6 c
N8	6 751.1 b	9 514.8 cd	16 265.9 de	7 233.6 d	9 508.8 ab	16 742.4 b
N9	**6 740.5 b**	**9 900.1 b**	**16 640.6 bc**	**7 156.0 d**	**9 795.4 a**	**16 951.4 ab**

注：同一列中小写字母表示在 0.05 水平上差异显著。

但与其他中氮水平处理差异不显著；在低氮水平下（施肥量为 300kg/hm²），麦玉两季氮肥分配比例为 4∶6 时周年作物产量最高，在高氮水平下（施肥量为 600kg/hm²）麦玉两季氮肥分配比例为 6∶4 时周年作物产量最高。

周年氮肥统筹对产量构成因素的影响 从表 5-21 可以看出，冬小麦成穗数随着小麦季施氮肥量的增加而增加，两年均以 N9 处理最多，N1 最少；小麦穗粒数在低氮和中氮水平，随着小麦季施肥量的增加而增加，高氮水平下反之，穗粒数随着小麦季施肥量的增加而减少，两年度分别表现为 N3＞N7＞N6＞N5＞N8＞N9＞N4＞N2＞N1 和 N6＞N5＞N7＞N8＞N4＞N9＞N2＞N3＞N1，综合两年的结果，小麦季施肥量在 225～270kg/hm² 时最有利于冬小麦穗粒数的增加。小麦千粒重在年度和处理间的变化不尽一致，2015—2016 年，中氮＞低氮＞高氮，中氮比低氮平均高 0.18g，比高氮平均高 0.45g；2016—2017 年，低氮＞中氮＞高氮，低氮比中氮平均高 1.36g，比高氮平均高 2.52g，在低氮和高氮水平下，均是麦玉两季氮肥分配比例为 5∶5 时千粒重最高。玉米穗数中氮水平高于低氮和高氮，在同一周年氮肥水平下，麦玉两季氮肥分配比例为 5∶5 时千粒重最高；玉米穗粒数的大小为高氮＞中氮＞低氮，在同一周年氮肥水平下，玉米穗数随着玉米季施氮肥量的减少而减少。玉米百粒重平均值中氮＞高氮＞低氮，低氮水平下，随着玉米季施肥量的降低而降低；高氮水平下，玉米百粒重随着玉米季施肥量的降低而增加；中氮水平下，麦玉两季氮肥分配比例为 5∶5 时百粒重最高。可见施氮量过多不利于玉米百粒重的提高。

表 5-21 不同氮肥处理产量构成因素

年份	处理	冬小麦			夏玉米		
		穗数（×10⁴/hm²）	穗粒数（粒）	千粒重（g）	穗数（株/hm²）	穗粒数（粒）	百粒重（g）
2015—2016 年	N1	488.1 d	35.82 c	37.78 a	64 750 ab	509.9 ab	31.77 ab
	N2	536.1 c	36.20 c	38.29 a	65 250 ab	494.7 b	31.39 b
	N3	577.7 b	38.55 a	36.63 b	62 500 b	479.4 b	30.83 b
	N4	591.0 b	37.29 ab	36.65 b	66 500 ab	524.3 a	32.18 ab
	N5	597.0 ab	37.92 a	38.94 a	67 750 a	519.9 a	32.51 a
	N6	604.9 ab	38.26 a	37.65 ab	67 500 a	510.7 ab	32.82 a
	N7	602.4 ab	38.31 a	37.95 a	64 000 ab	529.1 a	31.72 ab
	N8	617.3 a	37.85 a	37.24 a	66 750 a	523.4 a	31.98 ab
	N9	629.2 a	37.57 ab	36.69 b	62 250 b	518.3 a	32.08 ab

（续）

年份	处理	冬小麦			夏玉米		
		穗数 （×10⁴/hm²）	穗粒数 （粒）	千粒重 （g）	穗数 （株/hm²）	穗粒数 （粒）	百粒重 （g）
	N1	492.9 d	38.7 b	37.61 ab	63 000 b	479.6 ab	34.58 ab
	N2	530.7 c	39.9 b	38.32 a	66 750 a	469.3 b	33.89 b
	N3	571.8 bc	39.3 b	37.72 a	62 250 b	455.1 b	34.36 ab
2016—	N4	585.1 bc	40.4 b	36.08 ab	62 250 b	497.8 a	35.73 a
2017 年	N5	590.9 b	41.60 ab	37.10 ab	67 750 a	493.1 a	33.90 b
	N6	598.8 b	42.80 a	36.40 ab	66 000 ab	484.5 b	35.16 ab
	N7	615.9 ab	41.00 b	36.09 ab	62 750 b	502.6 a	34.43 ab
	N8	618.9 ab	40.80 b	35.20 b	62 750 b	496.9 a	34.01 b
	N9	627.7 a	40.2 b	34.82 b	66 250 b	482.1 b	34.95 ab

注：同一列中小写字母表示在 0.05 水平上差异显著。

②周年氮肥统筹对生物量的影响　表 5 - 22 可以看出，冬小麦和夏玉米生物量基本随着各自单季施氮肥量的增加而增加，平均值呈现高肥＞中肥＞低肥的规律。在周年低氮水平下，周年生物量 N1＞N2＞N3；中氮水平下，周年生物量 N6 生物量最大；高氮水平下，周年生物量在年度和处理间的差异不尽一致，2015—2016 年 N8 最大，2016—2017 年 N9 最大。可见在中高氮水平下，氮肥一半或重施在小麦上，有利于作物周年生物量的增加。

表 5 - 22　不同氮肥处理生物量（kg/hm²）

处理	2015—2016 年			2016—2017 年		
	冬小麦	夏玉米	周年	冬小麦	夏玉米	周年
N1	14 698 e	22 656 b	37 355 b	15 895 f	21 690 d	37 585 e
N2	15 014 e	20 879 c	35 893 c	16 228 e	21 110 d	37 338 e
N3	16 197 d	19 868 d	36 065 c	17 198 d	19 580 e	36 778 e
N4	17 251 bc	23 646 ab	40 897 b	17 458 d	23 189 bc	40 647 d
N5	17 763 bc	22 972 b	40 735 b	19 326 c	22 788 c	42 115 cd
N6	18 368 b	22 887 b	41 254 b	20 470 b	21 777 d	42 247 c
N7	18 542 b	24 017 a	42 558 ab	20 543 b	23 729 a	44 272 ab
N8	19 884 a	23 223 ab	43 107 a	20 937 b	23 206 b	44 143 b
N9	19 783 a	22 777 b	42 560 ab	21 778 a	23 021 bc	44 799 a

注：同一列中小写字母表示在 0.05 水平上差异显著。

③周年氮肥统筹对氮素吸收与利用的影响 从表5-23可以看出两年度高氮水平下各处理的作物地上部全年总吸氮量较中氮水平下的相应处理显著提高，平均增幅为4.8%，中氮较低氮平均增幅为15%。而氮素利用效率、氮素吸收用效率、氮素收获指数、氮肥偏生产力高氮＜中氮＜低氮，这四个指标高氮较中氮减幅分别为8.7%、21.4%、9.6%和28.1%，中氮较低氮减幅分别为8.5%、23.3%、4.1%和29.8%。两年度氮肥利用率中氮水平下的相应处理最高，分别较高氮和低氮提高14.5%和15.4%。低氮水平下，植株总吸氮量，氮素吸收用效率和氮肥利用率，这三个指标，2015—2016年以N1处理最大，2016—2017年以N2最大，氮素利用效率和氮素收获指数这两个指标2015—2016年以N2处理最大，2016—2017年以N1最大，氮肥偏生产力两年度均以N1处理最大；中氮水平下，2015—2016年，植株总吸氮量和氮肥利用率以N4处理最高，氮素利用效率、氮素吸收用效率、氮素收获指数和氮肥偏生产力这四个指标以N5最高，2016—2017年，氮素收获指数以N4处理最高，植株总吸氮量、氮肥利用率氮素利用效率、氮素吸收用效率、和氮肥偏生产力均以N5最高；高氮水平下，两年度规律相同，植株总吸氮量、氮素吸收用效率、氮肥利用率以N8处理最高，氮素利用效率、氮素收获指数和氮肥偏生产力均以N9最高。可见随着周年施肥量的增加，氮肥一半或重施在小麦上，有利于周年作物氮素吸收与利用。

表5-23 不同氮肥处理氮素吸收与利用

年度	处理	植株总吸氮量（kg/hm²）	氮素利用效率	氮素吸收效率	氮素收获指数	氮肥利用率（%）	氮肥偏生产力（kg/kg）
	N1	475.9 d	34.75 a	1.59 a	0.74 a	33.72 b	55.13 a
	N2	469.5 d	34.89 a	1.57 ab	0.74 a	31.61 cd	54.6 ab
	N3	469.9 d	34.1 ab	1.57 b	0.73 ab	31.72 c	53.42 b
	N4	548.7 b	30.88 c	1.22 c	0.7 bc	38.67 a	37.66 cd
2015—2016年	N5	545 bc	31.7 b	1.21 cd	0.71 b	37.84 ab	38.39 c
	N6	535.6 c	31.36 bc	1.19 d	0.71 b	35.74 b	37.32 d
	N7	568.9 ab	27.77 d	0.95 e	0.63 d	32.36 bc	26.33 f
	N8	576.2 a	28.23 cd	0.96 e	0.63 cd	33.58 bc	27.11 ef
	N9	560.6 ab	29.68 cd	0.93 e	0.66 c	30.98 d	27.73 e

（续）

年度	处理	植株总吸氮量（kg/hm²）	氮素利用效率	氮素吸收效率	氮素收获指数	氮肥利用率（%）	氮肥偏生产力（kg/kg）
	N1	493 c	33.09 a	1.64 b	0.74 a	33.78 cd	54.38 a
	N2	500.9 c	32.37 ab	1.67 a	0.72 ab	36.41 b	54.05 a
	N3	498 c	32.56 a	1.66 ab	0.73 ab	35.42 bc	54.05 a
2016—	N4	569.2 b	29.9 bc	1.26 d	0.71 b	39.44 a	37.82 c
2017年	N5	574 ab	30.47 b	1.28 c	0.7 bc	40.51 a	38.86 b
	N6	570.9 b	30.27 b	1.27 cd	0.69 c	39.83 a	38.4 bc
	N7	601.3 a	26.67 d	1 e	0.61 e	34.94 c	26.72 e
	N8	604.1 a	27.71 cd	1.01 e	0.64 d	35.41 c	27.9 de
	N9	594.3 a	28.52 c	0.99 e	0.65 d	33.77 d	28.25 d

注：同一列中小写字母表示在 0.05 水平上差异显著。

（4）结论与讨论

作物生长发育往往受水、肥、气、热及栽培管理措施等因素的影响，在气候条件和栽培管理措施相对一致的情况下，肥料投入的多少是影响作物产量的关键因素（刘欢，2016），现代农业生产高投入高产出的管理模式，虽然获得了较高的作物产量，但其造成的浪费和对环境的破坏，使得人们不得不从生态的角度重新审视农田氮素的合理作用（杨新泉，2003）。在肥料投入量一定的条件下，如何分配麦玉两季施氮比例同样会影响氮肥效益的发挥。本研究结果表明在不同氮肥总量下，不同氮肥分配影响冬小麦-夏玉米轮作产量、生物量、物氮素吸收与利用效率。

由结果可知，单季作物和周年作物产量均以中氮（施肥量为 450kg/hm²）水平最高，冬小麦产量两年度分别在 N7 和 N5 即小麦季施肥量为 240kg/hm² 和 225kg/hm² 时达到最高；小麦季施肥量在 225～270kg/hm² 时最有利于冬小麦穗粒数的增加，夏玉米产量两年度分别在 N5 和 N6 处理即玉米季施肥量为 225kg/hm² 和 180kg/hm² 时达到最高，且施肥量过多均不利与单季作物粒重的增加。施氮肥对单季作物产量影响与前人的研究结果基本一致（刘学军，2002；赵俊晔，2006；王西娜，2007；吕鹏，2011；李廷亮，2013），单季作物年度间差异可能与年度间气候和前茬作物肥料投入的后效差异的影响，这还需要进一步的研究。周年作物产量以中氮水平下 N5 处理即氮肥平均分配在麦玉两季时产量最高，在低氮水平下（施肥量为 300kg/hm²），氮肥重施在玉米上（玉米 60%），在高氮水平下（施肥量为 600kg/hm²）氮肥重施在小麦上（小麦 60%），有利于周年作物产量的提高，薛泽明（2012）在山西临汾研究结果表明，在总氮量控制的条件下，冬小麦季施氮 231kg/hm²（N 含量 55%）夏玉米季施氮 189kg/hm²（N 含量 45%）能获得轮作的最大产量，这与本研究结果相似。

研究表明随着施肥量的增加作物生物量、植株总吸氮量不断增加，而氮素利用效率、氮素吸收用效率、氮素收获指数、氮肥偏生产力反而降低，氮肥利用率中氮最高。可见过高的施用氮肥并不利于作物对氮肥的吸收利用。在中高氮水平下，氮肥一半或重施在小麦上，有利于作物周年生物量的增加和作物氮素吸收与利用。巨晓棠等（2002）的研究也表明，冬小麦比夏玉米对氮肥的反应更敏感，氮肥的分配应以冬小麦为主，夏玉米为辅。

综上所述，冬小麦、夏玉米轮作体系下，综合考虑产量和氮肥效率，中氮水平最佳；同一氮肥水平下，不同麦玉氮肥分配比例对作物产量、生物量以及氮肥利用吸收效率的影响不同，在周年低氮水平下（施肥量为 300kg/hm²），麦玉分配比为 4∶6 最佳；中氮水平下（施肥量为 450kg/hm²），麦玉分配比为 5∶5 最佳；高氮水平下（施肥量为 450kg/hm²），麦玉分配比为 6∶4 最佳。因此，冬小麦夏玉米轮作体系下，不同的施肥量应配置不同施肥方案，从而提高作物产量及氮肥利用率，达到高产、节省氮肥和提高氮肥利用率的作用根本目的。

5.3.2 小麦-玉米轮作周年磷肥统筹技术研究

磷是作物生长的必要营养元素，也是影响作物产量的重要因素之一（徐本生，1981；李继云，2000）。磷肥对作物的增产效应十分明显（张桂兰，1981；贾佳，2001；王兰珍，2003；张金帮，2007；张存岭，2010；王旭，2010；刘志琴，2011；毛国栋，2013），由于磷在土壤中易被固定（安迪，2013；吕家珑，1999）和不易移动（张广恩，1981），磷肥当季作物利用率低。小麦-玉米一年两熟是运城地区传统的种植制度，为了满足两季作物高产的需要和磷肥的高效利用，我们进行了磷肥周年统筹试验，为磷肥高效利用提供理论基础和技术支撑。

（1）试验设计

试验设在山西省农科院棉花研究所牛家凹农场进行。种植制度为小麦-玉米轮作制。试验时间为 2015—2017 年。小麦于每年 10 月上旬播种，品种为晋麦 84 号，次年 6 月收获；玉米品种为郑单 958，9 月底至 10 月初收获。在小麦、玉米两季氮肥总量 450kg/hm² （小麦、玉米各占一半）施肥基础上开展小麦、玉米两季施用磷肥试验，两季磷肥按照 P_2O_5 为 270kg/hm² 总量控制，设计 4 个两季磷肥不同施用比例试验处理，试验方案见表 5 - 24，小区面积 20m²，随机区组，重复 4 次。其中两季 N 肥施用方法为：小麦氮肥 70％用于底施、30％用于拔节期追肥，玉米氮肥 40％用于种肥、60％用于大喇叭口期。

表 5 - 24　小麦-玉米轮作不同施磷比例试验方案

代号	处理	小麦季施用量（kg/hm²）	玉米季施用量（kg/hm²）
Ⅰ	100％施用于小麦	270	0
Ⅱ	1︰1 比例分别用于小麦和玉米	135	135
Ⅲ	1︰3 比例分别用于小麦和玉米	67.5	202.5
Ⅳ	100％施用于玉米	0	270

（2）结果与分析

①小麦-玉米两作不同施磷比例对两作产量的影响　由表 5 - 25 可知，两年试验结果基本一致，小麦产量均是处理Ⅰ最高、处理Ⅳ最低，最高产量较最低产量高 9.9％和 8.1％，二者间差异达到显著水平；玉米产量以处理Ⅳ最高、处理Ⅰ最低，最高产量比最低产量高 7.5％和 2.9％。表明磷肥对小麦增产的贡献高于玉米。综合产量间比较，从高到低依次为Ⅱ＞Ⅰ＞Ⅲ＞Ⅳ，最高产量仅比最低产量高 1％，表明小麦玉米两季轮作不同施磷比例对其综合产量影响不大。

表 5 - 25　不同施磷比例对小麦和玉米产量的影响（kg/hm²）

处理	2015—2016 年			2016—2017 年			综合平均
	小麦	玉米	两作合计	小麦	玉米	两作合计	
Ⅰ	7 427.9aA	10 012.5bA	17 440.4	8 871.1aA	10 860.6bA	19 731.7	18 586.0
Ⅱ	7 237.3bB	10 325.2abA	17 562.5	8 597.6bAB	11 057.7abA	19 655.3	18 608.9
Ⅲ	7 093.7cC	10 392.7abA	17 486.4	8 424.2bcBC	11 028.9abA	19 453.1	18 469.7
Ⅳ	6 757.1dD	10 762.9aA	17 520.0	8 204.1cC	11 180.1aA	19 384.2	18 452.1

注：同一列中小写字母和大写字母分别表示在 0.05 和 0.01 水平上差异显著。

②不同施磷比例对作物产量构成因素的影响

对玉米产量构成因素的影响 试验结果表明，小麦玉米轮作周期中不同施磷比例对玉米的百粒重、密度影响不大，而对穗粒数有显著影响（表5-26），2016年穗粒数处理Ⅲ显著高于处理Ⅰ、Ⅱ、Ⅳ，处理Ⅰ、Ⅱ、Ⅳ之间差异不显著；2017年处理Ⅲ穗粒数显著低于Ⅰ、Ⅱ、Ⅳ，分析其两年不一致的原因，是2017年处理Ⅲ穗数显著高于其他三个处理造成的。

表5-26 小麦-玉米两作不同施磷比例对玉米产量构成因素的影响

年份	处理	百粒重 （g）	穗数 （株/亩）	穗粒数 （粒/穗）
2016 年	Ⅰ	33.78a	4 452a	444a
	Ⅱ	34.26a	4 758a	422a
	Ⅲ	34.71a	4 035a	495b
	Ⅳ	34.82a	4 847a	425a
2017 年	Ⅰ	34.67a	4 122b	519a
	Ⅱ	34.34a	4 187b	513a
	Ⅲ	33.29a	5 287a	404b
	Ⅳ	32.11a	4 410b	532a

注：同一列中小写字母和大写字母分别表示在0.05和0.01水平上差异显著。

对小麦产量构成因素的影响 试验结果表明（表5-27），第一试验年度不同施磷比例下小麦的千粒重以处理Ⅰ最高，第二年度以处理Ⅱ最高，两年平均以处理Ⅱ最高；群体穗数两个试验年度及两年平均值均以处理Ⅱ最高，处理Ⅳ最低；穗粒数两个试验年度均以处理Ⅰ最高。综合三因素可以看出，处理Ⅱ因其千粒重和群体穗数两年平均值均为4个处理中最高，所以其最终产量第一。

表5-27 小麦-玉米两作不同施磷比例对小麦产量构成因素的影响

年份	处理	千粒重 （g）	穗数 （$\times 10^4/hm^2$）	穗粒数 （粒/穗）
2015—2016 年	Ⅰ	46.87	481.2	33.2
	Ⅱ	46.78	499.1	31.4
	Ⅲ	46.41	482.7	31.4
	Ⅳ	46.50	453.6	32.3

（续）

年份	处理	千粒重 （g）	穗数 （×10⁴/hm²）	穗粒数 （粒/穗）
2016—2017 年	Ⅰ	46.08	578.9	33.7
	Ⅱ	47.23	572.3	31.4
	Ⅲ	46.23	569.4	31.7
	Ⅳ	47.00	528.9	32.8
两年平均	Ⅰ	46.48	530.1	33.5
	Ⅱ	47.01	535.7	31.4
	Ⅲ	46.32	526.1	31.6
	Ⅳ	46.75	491.3	32.6

综上所述，小麦玉米周年轮作中，施磷比例以小麦：玉米为 1：1 时效果最好，100％施于小麦次之，但两者产量差异仅 1％。为简化田间操作，可将磷肥全部施于小麦。

5.3.3　分层施磷对冬小麦生长及产量的影响

磷是作物生长发育所必需的营养要素，也是影响作物产量的重要因素之一（徐本生，1981；李继云，2000）。磷肥对小麦的增产效应十分明显（张桂兰，1981；贾佳，2001；王兰珍，2003；张金帮，2007；张存岭，2010；王旭，2010；刘志琴，2011；毛国栋，2013）。但是，磷肥的当季利用率很低，有关研究表明，小麦对不同品种磷肥的利用率仅为 7.3％～20.1％（张福锁，2008）。研究磷肥使用方式对提高土壤磷素供应、增加小麦产量具有重要作用（Westerman 1985；Jarvis，1990；Sande，1999）。肖习明（2014）认为磷肥施在 0～5cm 耕层比施在其他各层更有利于增加小麦有效穗数和提高千粒重，从而提高小麦产量 14.2％～37.30％；訾新国（1982）认为磷肥深施 13.33cm 比施 6.67cm 和 20cm 能够明显提高有效穗数和穗粒数，而千粒重变化不明显，小麦产量分别提高 9.4％和 7.7％，而秦武发（1984）认为在施磷肥显著增产的前提下，不管磷肥深耕或浅耕施对小麦产量没有显著影响。这些研究的结论不一致，施磷肥深度一般在 0～20cm 的耕作层，而对小麦磷肥更深层次的使用效果的研究报道相对较少。运城是山西省主要粮食基地之一，该区多为小麦-玉米一年两熟种植制度，因近年来玉米免耕播种技术、旋耕技术及机械化施肥技术的推广应用，造成磷肥施用深度普遍较浅（0～5cm 或 0～15cm），同时，由于磷在土壤中易被固定（安迪，2013；吕家珑，1999）和不易移动（张广恩，1981），使土壤中的有效磷主要集中分布在表层土中，而小麦属于须根系的深根系作物，其根系在土壤中可达 300cm 深（李玉山，1980），根长密度、根质量密度的 57.7% 和 66.7% 分布在 0～50cm 土层内（刘荣花，2008），因此，小麦根系接触到的有磷土壤体积小，从而导致小麦磷肥利用率低，产量不高。由于磷素在土壤中主要靠扩散作用移动，但速率很慢，土壤磷养分只有移动到根表或当根伸展到养分处时才能被根系吸收，因此本试验试图通过分层施磷，增加小麦根系和土壤接触机会，缩短养分运输距离，提高小麦对磷素吸收量和效率，从而提高磷肥利用效率。本研究通过把磷肥分层施于 0～20cm、20～40cm、40～50cm，以增加小麦根系与磷肥接触机会的方式，以明确冬小麦对分层施磷的响应，为冬小麦高产栽培提供科学依据。

（1）试验设计

试验在山西省农业科学院棉花研究所杨包试验农场进行。试验地块为小麦-玉米一年两作田，前茬作物为玉米，土壤为黏土，有机质 18.34g/kg，全氮 0.81mg/kg，有效磷 18.30mg/kg，速效钾 220.68mg/kg，pH 为7.1。试验用氮肥为尿素（含 N 46%）；磷肥为重过磷酸钙（含 P_2O_5 46%）。试验供试小麦品种山农 22 由山西省农科院棉花研究所杨包试验农场提供。

试验设计共设 6 个处理：处理 T1（CK）为不施肥对照；处理 T2，单施氮肥，施在 0～20cm 深土层；处理 T3，单施磷肥，施在 0～20cm 深土层；处理 T4，表层施磷，氮、磷肥均施在 0～20cm 深土层；处理 T5，分层施磷，磷肥分层施在 0～20cm、20～40cm 和 40～50cm 深土层，各施1/3，氮肥施在 0～20cm 深土层；处理 T6，深层施磷，施在 40～50cm 深土层，氮施在 0～20cm 深土层。随机区组，重复 3 次，各处理施肥方法及施肥量详见表 5-28。

试验全生育期取 3 次样，共分 3 组，每组 18 个 PVC 管（直径 25cm，长 1.0m）（6 个处理、3 次重复），共计 54 管。自试验田内按照 0～10cm、10～20cm、20～30cm、30～40cm、40～50cm，50～100cm，分层挖取各层土壤，按层过筛分别堆放，在田间挖 90cm 深的沟，可埋入 54 根长 1m，直径 25cm 的 PVC 管，管高出地面 10cm，管间用细土填充，然后将上述各层土壤依序装入 PVC 管中，并将各处理应施入的肥料均匀施入对应层

次。试验于 2014 年 10 月 12 日采用人工点播方式播种，每管均匀撒播精
选饱满小麦包衣种子 20 粒，3 叶前选择均匀一致的麦苗每管定株 15 株基
本苗。试验中磷肥按各处理设计方法于播前一次底施，氮肥全部表施，其
中 60% 播前底施、10% 于冬前追施、30% 返青起身期追施。冬前、返青
期、扬花期、灌浆期依生产常规各灌水 1 次。

表 5 - 28　试验处理设计（kg/hm^2）

处　　理		不同土层的施肥量（kg/hm^2）			
		0～20cm		20～40cm	40～50cm
		N	P$_2$O$_5$	P$_2$O$_5$	P$_2$O$_5$
T1（CK）	不施肥对照	0	0	0	0
T2	单施氮肥	300	0	0	0
T3	单施磷肥	0	225	0	0
T4	表层施磷	300	225	0	0
T5	分层施磷	300	75	75	75
T6	深层施磷	300	0	0	225

　　试验于拔节期、扬花期和成熟期各测定 1 组。拔节期、扬花期调查每
管总茎蘖数、单株茎蘖数、地上部生物学干重以及各个土层的根系重量。
小麦成熟后按柱收获，剪取地上部分后在室内测定每柱分蘖数、穗长、穗
粒数、千粒重、产量等指标。剪下每管的地上部样品后，用手提电动切割
机将每穴 PVC 管小心切开（不要伤到根系），用自来水将根冲洗干净，收
取各层根系。将根系和地上部分样品生物量，采用 DFH74 型电热鼓风干
燥箱，在 105℃下杀青 30min，80℃下烘干 12h，称量各器官的干重。计
算磷素农学效率（P agronomic efficiency，PAE）：

　　PAE（kg/kg）=（施磷处理籽粒产量－不施磷处理籽粒产量）/施磷量。

（2）结果与分析

　　①不同磷肥处理对小麦分蘖的影响　由表 5 - 29 可见，施磷肥明显促
进了小麦生长发育，分蘖数显著增加。在返青期，不同处理春季单株茎蘖
数（含主茎）由大到小排序为 T5＞T4＞T6＞T3＞T2＞T1，单施氮肥和
单施磷肥的处理 T2 和 T3 春季茎蘖数分别比不施肥处理 T1（CK）提高
16.74% 和 43.06%，说明磷肥促进分蘖的效应略高于氮肥。氮磷配施情
况下，分层施磷处理（T5）的春季茎蘖数最高，其次为传统施磷（T4）

和深层施磷（T6），分别比不施肥处理对照 T1（CK）高 91.90%、72.24% 和 68.80%，分层施磷（T5）比 T4 和 T6 的总茎数分别增加11.42% 和 13.69%。在抽穗期，氮磷配施的处理间穗数差异不显著，但均明显高于单施氮、磷和不施肥处理。说明，在氮磷配施情况下，分层施磷肥比表层施磷和深层施磷更能促进小麦分蘖。

表 5-29　不同磷肥处理分蘖情况

处理	返青期		抽穗期
	总茎蘖数 （个/管）	单株茎蘖数 （个/株）	穗数 （个/管）
T1	69.67 dC	4.64 eE	28.0 bC
T2	81.33 dC	5.42 dD	31.67 bBC
T3	99.67 cB	6.64 cC	29.33 bC
T4	120.00 bA	8.00 bB	46.67 aA
T5	133.70 aA	8.91 aA	48.67 aA
T6	117.60 bA	7.84 bB	41.33 aAB

注：同一列中小写字母和大写字母分别表示在 0.05 和 0.01 水平上差异显著。

②不同磷肥处理对小麦地上部干物质量的影响　由图 5-2 可知，施肥促进了小麦的生长发育，显著增加了地上部干物质总量，尤其是分层施磷处理对干物质影响更为突出。返青期、抽穗期和收获期各处理地上部生物学干重由大到小分别排序为 T5＞T4＞T6＞T3＞T2＞T1 和 T5＞T4＞T6＞T2＞T3＞T1、T5＞T6＞T4＞T2＞T3＞T1。返青期，T5 处理干物质显著高于其他处理，分别比其他施磷肥处理的 T3、T4 和 T6 提高了121.62%、26.09% 和 28.38%；抽穗期，T5 处理干物质比对照 T1（CK）、T3、T4 和 T6 分别提高了 70.20%、66.77%、3.63% 和 9.08%，除 T4 外，T5 与其他处理差异均达到显著水平。收获期，T5 处理干物质比对照 T1（CK）、T3、T4 和 T6 分别提高了 95.53%、75.81%、16.16% 和 7.46%，除 T6 外，T5 与其他处理差异均达到显著水平。T4处理，3 个时期测定值分别比 T1（CK）提高 128.95% 和 95.13% 和68.34%，分别比 T3 提高 75.76% 和 60.94% 和 51.36%；T6 处理，3 个时期测定值分别比不施肥对照 T1（CK）提高 124.87% 和 90.37% 和81.96%，分别比 T3 提高了 72.63% 和 52.88% 和 63.61%。说明分层施磷肥能显著促进地上部生长发育。

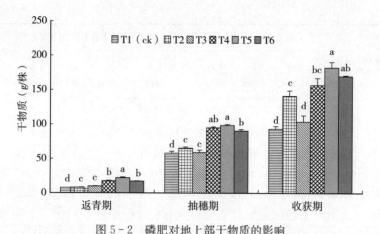

图 5 - 2 磷肥对地上部干物质的影响

注：图中不同字母表示分别代表不同处理间差异达到 0.05 显著水平。

③不同磷肥处理对小麦根系干重及其垂直分布的影响 由表 5 - 30 反映了不同处理在返青期、抽穗期和成熟期的根系干重变化情况。3 个生育时期的 T4、T5、T6 等 3 个处理根系干重显著高于 T2、T3 和 T1，比空白对照分别增加 62.5% ～ 88.12%、44.34% ～ 76.19% 和 45.27% ～ 68.99%，差异达到显著水平。分层施磷的 T5 处理，其根系干重始终高于其他处理。返青期，T5 与 T4、T6 的根系干重差异不显著；抽穗期，T5 与 T4 没有显著差异，但显著高于 T6；成熟期 T5 的根系干重分别比 T3、T4 和 T6 提高了 61.13%、16.33% 和 11.90%。说明分层施磷可促进小麦根系的生长发育。

表 5 - 30 不同磷肥处理对小麦根系的影响

时期	处理	根重（g）					根重分布比例（%）			
		0～20cm	20～40cm	40～60cm	60～100cm	总干重（g/盆）	0～20cm	20～40cm	40～60cm	60～100cm
返青期	T1	3.98b	0.44 c	0.22 c	0.16c	4.80bC	82.92	9.17	4.58	3.33
	T2	4.27b	0.47 c	0.23 bc	0.16c	5.13bB	83.24	9.16	4.48	3.12
	T3	4.63b	0.52 c	0.25 bc	0.19bc	5.59bBC	82.83	9.30	4.47	3.40
	T4	6.67a	0.80 b	0.28 b	0.24ab	7.99aA	83.48	10.01	3.50	3.00
	T5	7.15a	1.22 a	0.37 a	0.29a	9.03aA	79.18	13.51	4.10	3.21
	T6	6.16a	0.99 ab	0.39 a	0.26a	7.80a AB	78.97	12.69	5.00	3.33

（续）

时期	处理	根重（g）				根重分布比例（%）				
		0～20cm	20～40cm	40～60cm	60～100cm	总干重（g/盆）	0～20cm	20～40cm	40～60cm	60～100cm
抽穗期	T1	12.14 c	0.74 b	0.47 b	0.34 c	13.69 cB	88.68	5.41	3.43	2.48
	T2	12.65 c	0.73 b	0.52 b	0.45 bc	14.35 cB	88.15	5.09	3.62	3.14
	T3	12.31 c	0.77 b	0.52 b	0.43 bc	14.03 cB	87.74	5.49	3.71	3.06
	T4	19.05 ab	1.15 a	0.90 a	0.66 ab	21.76 abA	87.55	5.28	4.14	3.03
	T5	20.86 a	1.40 a	1.00 a	0.86 a	24.12 aA	86.48	5.80	4.15	3.57
	T6	16.91 b	1.21 a	0.90 a	0.74 a	19.76 bA T6	85.58	6.12	4.55	3.75
成熟期	T1	14.85 c	0.66 c	0.37 c	0.31d	16.19 dD	91.72	4.08	2.29	1.91
	T2	19.02 b	0.86 c	0.60 bc	0.39cd	20.87 cC	91.14	4.12	2.87	1.87
	T3	15.41 c	0.82 c	0.46 c	0.29d	16.98 dD	90.75	4.83	2.71	1.71
	T4	20.76 b	1.51 b	0.78 b	0.47bc	23.52 bBC	88.27	6.42	3.32	2.00
	T5	23.41 a	2.21 a	1.10 a	0.64a	27.36 aA	85.56	8.08	4.02	2.34
	T6	20.67 b	2.08 ab	1.09 a	0.61ab	24.45 bAB	84.54	8.51	4.46	2.49

注：同一列中小写字母和大写字母分别表示在 0.05 和 0.01 水平上差异显著。

不同施肥处理的各层根量随着土壤深度增加而递减（表 5-30）。从各层根量的百分比来看，在不同处理中 T5 和 T6 处理的 0～20cm 表层根量比例相对较低，而 20cm 以下土层的根量比例相对较高，说明分层施磷和深层施磷改变了根系分布，促进根系下扎。

不同磷肥处理的根冠比随着生育进程而逐渐变小（表 5-31），说明作物在初期发根，随着根系的发育，其吸收水分养分的能力增强，从而促进了冠部的发育，根冠比逐渐下降，直到收获，降到最小，以形成最大的经济产量为目标。在返青期，T5、T6、T4 的根冠比显著低于 T1 和 T2，而在抽穗期，T5 根冠比最大，但与其他 5 个处理之间没有显著差异，在收获期，T5、T6、T4 的根冠比显著低于 T1。说明与地下部根系相比，无机营养对地上部的促进作用更大，并降低了根冠比。

④不同磷肥处理对小麦产量的影响　不同磷肥处理对小麦的产量构成因素和产量的影响不同（表 5-32）。从产量构成来看，对产量影响最大的是成穗数，其次为千粒重，各处理的穗粒数差异不大。在成穗上，各处理的成穗数由大到小排序为 T5＞T6＞T4＞T2＞T3＞T1，T5 成穗最多，

显著高于其他各处理。

表 5 - 31　不同磷肥处理不同时期根冠比变化

处理	返青期	抽穗期	成熟期
T1	0.64 aA	0.24 a	0.17 a
T2	0.63 aA	0.22 a	0.15 b
T3	0.57 abAB	0.24 a	0.17 ab
T4	0.46 bcB	0.23 a	0.15 b
T5	0.41 bcB	0.24 a	0.15 b
T6	0.46 bcB	0.22 a	0.14 b

注：同一列中小写字母和大写字母分别表示在 0.05 和 0.01 水平下差异显著。

表 5 - 32　不同磷肥处理对小麦的产量构成、产量及磷素农学效率的影响

处理	成穗数（个/管）	穗粒数（粒/穗）	千粒重（g）	产量（g/管）	氮素农学效率（kg/kg）	磷素农学效率（kg/kg）
T1（CK）	25.33 cB	34.04 b	43.30ab	37.36 e	—	—
T2	37.00 bAB	34.54 b	44.13a	56.39 d	12.93 c	—
T3	27.00 cB	34.58 b	44.50a	41.55 e	—	3.80c
T4	42.33 abA	35.46 a	41.90b	62.89 c	14.50bc	5.89bc
T5	47.00 aA	35.30 a	44.03a	73.05 a	21.40 a	15.09a
T6	45.00 abA	35.46 a	42.60ab	67.98 b	17.955 6ab	10.50ab

注：同一列中小写字母和大写字母分别表示在 0.05 和 0.01 水平下差异显著。

　　不同施磷处理显著影响了小麦产量（表 5 - 32）。产量大小依次为 T5＞T6＞T4＞T2＞T3＞T1。T5、T6、T4 处理的小麦产量显著高于 T2、T3、T1，分别比空白对照 T1 增产 95.53％、81.89％和 68.34％。其中 T5 处理的小麦产量最高，比 T6 和 T4 分别提高 7.46％和 16.16％，差异均达到显著水平。T6 比 T4 显著增产 7.94％。说明分层施磷增加了磷肥与小麦根系的接触机会，提高了磷肥肥效，产量增加。

　　⑤不同磷肥处理对小麦磷素农学利用效率的影响　由表 5 - 32 可以看出，各处理的磷素农学效率大小依次为 T5＞T6＞T4＞T3，其中 T5 的磷素农学效率分别比 T6、T4 和 T3 处理的高 43.71％、156.20％和297.63％；各处理的氮素农学效率大小依次为 T5＞T6＞T4＞T2，其中

T5 的氮素农学效率分别比 T6、T4、T2 处理的高 19.18％、47.61％和 65.50％。说明在 0～50cm 分层施磷时，不仅磷素利用效率最大，同时也促进了氮素的利用效率。

(3) 结论与讨论

增施磷肥具有明显的增产作用，单施氮肥或磷肥效果低于氮磷配施，以分层施磷效果最好。关于施磷深度对小麦产量的影响，肖习明（2014）认为 0～5cm 施磷肥处理具有较好的增产效果，比 5～20cm 其他土层深施增产，訾新国（1982）认为磷肥深施 13.3cm 效果比 6.7cm 和 20cm 深度的效果好。Singh（2005）报道 5～7cm 和 10～15cm 磷肥增产结果显著，秦武发（1984）研究认为不论全层施肥、上层、中层、下层，或深耕施、浅耕施磷处理差异不显著但均比不施磷肥增产显著。Westerman（1985）报道连续几年磷肥深施（15cm）不如撒施效果好。也有研究报道表明，磷肥深施可以提高玉米和大豆对磷的吸收和利用，从而提高作物的产量（赵亚丽，2010；Hairston，1990）。但这些研究的深施磷肥主要集中在耕层 0～20cm 范围。石岩（2000）在旱地小麦上研究发现，深施肥料在 40～60cm 土层效果最好，过浅（0～20cm）或过深（60～80cm）皆不好。本研究结果表明，在 0～50cm 分层施磷效果最好，优于深层施磷，深层施磷优于表层施磷。

根与肥料接触是提高磷肥利用的重要方面（Eghball，1989），因此磷放置的位置能影响根—磷接触，从而影响小麦对磷营养的吸收利用。由于磷在土壤中具有固定性和不易移动性，土壤中能够吸收到磷的根系多、根系与肥料的接触面积大时，植株才能吸收和利用更多的磷。另一个影响磷吸收的重要因素是肥料施用深度与植株根系生长点的距离。这个距离不仅决定了根系能否与肥料接触，还影响了根系与肥料接触所需时间的长短，进而影响植株对磷的吸收（Russell，1968）。石岩（2001）研究表明肥料深施可增加小麦深层根系，提高根系活力，减缓根系衰老。史瑞青（2007）认为不同施肥深度对小麦根系生长有不同影响，施肥过深不但不利于前期小麦生长，而且也不利于后期小麦生长，根系生长发育较差。我们研究表明小麦分层深施磷肥，增加了根系与磷肥接触机会以及缩短了根系与肥料的距离，调节了磷在土层中的分布，促进了下层根系生长，从而促进了小麦的产量和磷肥利用率的提高。未来通过农业机械的改革，如在深松犁上配套分层施肥装置，可实现磷肥分层深施，这将为生产上提高磷肥利用率提供可行方法。

5.4　小麦-玉米轮作高效灌水技术及效应研究

5.4.1　小麦-玉米轮作体系下周年低压微喷灌模式研究

微喷灌溉技术具有投资低、节水、安装使用简单、抗堵塞能力强等优势，在果园、设施农业中逐渐推广使用（张学军，2002；黄玉芹，2004；王凤民 2009）。在高密度作物小麦的应用中，通过选择适宜喷射角度、微喷带长度（满建国，2013）、微喷频率（张英华，2016）可以提高灌水均匀性，提高小麦千粒重和产量（姚素梅，2011），提高水分利用效率和灌溉水分利用效率（刘海军，2003；姚素梅，2011；满建国，2013；张英华，2016）。研究表明，喷灌可以改善农田小气候（刘海军，2003）、延缓叶片衰老（张英华，2016）、降低叶片蒸腾速率（杨晓光，2000；高鹭，2005）和提高小麦叶片光合效率（姚素梅，2005）。喷灌可以提高玉米水分利用效率（孙雪梅，2013；陈家存，2015），降低土壤水分变化幅度，提高 20～60cm 土层土壤含水量（王勇，2012）。目前，在山西南部小麦、玉米一年两作区传统漫灌模式需要灌溉 5～6 次，灌水总额约为 8 000～10 000m³/hm²，水资源消耗量较大。而且近几年来，人工劳动成本提高，增加了作物生产成本。采用微喷水肥一体化技术可以实现水、肥精量控制，降低作物生产成本。为此，研究了在冬小麦-夏玉米轮作体系中，综合考虑土壤墒情和作物不同生育时期对土壤水分需求条件下，结合测墒补灌技术的最优微喷灌溉制度，以期为微喷灌溉技术的推广提供理论支持。

（1）试验设计

试验共设计 4 个处理。以运城地区小麦、玉米现行漫灌制度平均年灌溉量 9 000m³/hm²，作为微喷足额灌溉 S1，S2 为微喷减量灌溉，S3 为微喷测墒补水灌溉（作物不同生育时期测土深度及补灌标准如表 5 - 34），CK 为漫灌，灌溉量为实际灌溉量，具体试验设计如表 5 - 34。试验共设计 4 次重复，小区为 35m×2.5m，每个小区安装水表与阀门控制灌溉量。试验于 2014 年 10 月至 2015 年 10 月在山西省农科院棉花研究所杨包试验农场进行。试验区降雨主要分布在 7～9 月，2014 年 10 月至 2015 年 10 月共降雨 433.4mm（如图 5 - 3）。供试土壤为黏土，播前测定 0～40cm 土层养分含量，有机质 28.1g/kg、全氮 0.72g/kg、碱解氮 42.5mg/kg、有效磷 68.1mg/kg、速效钾 214.6mg/kg。灌溉使用井灌，每小时出水量为 45.1m³，输水主管道 PVC 管埋于地下 60cm，田间每隔 35m 留一对出水口。冬小麦采用等行种植，每小区 10 行，中间放置一根微喷带，喷射角度为 80°，喷射高度为 1.2m，喷幅为 1.5m，支管压强为 0.4MPa，毛管压强为 0.02MPa。夏玉米采用宽窄行种植，60cm＋80cm，微喷带放置于宽行中，喷射角度为 60°，喷射高度为 0.8m，喷幅为 1.0m，支管压强为 0.4MPa，毛管压强为 0.01MPa。

表 5-33　不同处理灌溉量（m³/hm²）

| 处理 | 小麦生长季灌溉 | | | | | | 玉米生长季灌溉 | | | | | | 周年总灌溉量 |
	播种	越冬	拔节	开花	灌浆中期	灌溉量	播种	拔节	大口期	开花	灌浆中期	灌溉量	
S1	900	900	900	900	900	4 500	900	900	900	900	900	4 500	9 000
S2	450	450	450	450	450	2 250	450	450	450	450	450	2 250	4 500
S3	612	496.5	826.5	704.5	613.5	3 393	435	648	952	923	687	3 345	6 838
CK	1 578	1 002	1 564.5	1 600.5	0	5 745	1 664	0	1 602	1 584	0	4 849.5	10 594.5

表 5-34　小麦、玉米不同生育期土壤含水量补灌标准

小麦	土壤相对含水量	土层深度（cm）	玉米	土壤相对含水量	土层深度（cm）
出苗-越冬期	65%±5%	0~30	出苗-拔节期	65%±5%	0~30
越冬-拔节期	75%±5%	0~30	拔节-大喇叭口期	75%+5%	0~60
拔节-开花期	75%±5%	0~60	大口-开花期	75%±5%	0~60
开花-收获期	65%±5%	0~90	开花-收获期	65%±5%	0~90

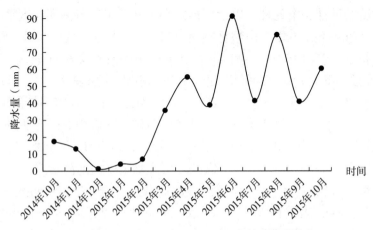

图 5-3　2014 年 10 月至 2015 年 10 月降水量分布

小麦品种为舜麦 1718，于 2014 年 10 月 16 日播种，6 月 11 日收获，播种量统一为 150kg/hm²。夏玉米品种为郑单 958，于 2015 年 6 月 15 日播种，10 月 12 日收获，5 叶期统一留苗为 60 000 株/hm²，其他管理相同。

土壤水分及补充灌溉量计算：根据作物生育时期灌溉指标所需测定土层深度，土钻取每 30cm 土层混合均匀后取样，烘干法计算土壤含水量，灌溉量用水表控制。根据韩占江（2010）文献计算灌水量：

$$灌水量(mm) m_i = \rho b H (\beta_i - \beta_j)$$

式中，H 为第 i 土层计划灌溉土层深度（cm），ρb 为土层平均容重（g/cm³），β_i 为设计田间含水量，β_j 为灌溉前土壤含水量。

$$补充灌溉量(mm) M_i = \sum_{i=1}^{n} m_i$$

全生育期耗水量 ET（mm）＝播前土壤储水量（mm）＋生育期间自然降水量 P（mm）＋灌水量（mm）－收获期土壤储水量（mm）。

水分利用效率（water use efficiency，WUE，kg/mm）＝籽粒产量/全生育期耗水量。

灌溉水生产效率（Irrigation water use efficiency，IWUE）(kg/mm)＝籽粒产量（kg）/灌水量（mm）。

（2）结果与分析

①不同灌溉模式对作物产量、产量结构、收获指数的影响　不同灌溉处理对作物产量、产量结构、地上部生物量影响结果不同（表 5 - 35）小麦微喷模式中 S1（足额微喷）、S3（测墒补灌）处理与传统漫灌模式穗粒数差异不显著，S2 穗粒数显著低于对照；S1、S3 处理千粒重显著高于对照，S2 千粒重则显著低于对照；S1、S3 处理单位面积穗数与对照差异不显著，S2 处理单位面积穗数显著降低；4 个处理中 S1 处理籽粒产量比 CK 增产 4.4%（$P < 0.05$），S3 比对照增产 0.2%（$P > 0.05$），S2 则显著降低；玉米生长季中，S2 穗粒数显著低于其他 3 个处理，主要是由于穗行数显著降低的缘故。S1 产量比对照增产 10.0%（$P < 0.05$），S3 产量与对照差异不显著（$P > 0.05$），S2 比对照减产 37.2%（$P < 0.05$）。四个处理中 S1 玉米千粒重显著高于其他 3 个处理，S3 与对照差异不显著；收获时 4 个处理单位面积有效穗数差异不显著。从表 5 - 35 可以看出，微喷灌溉模式下小麦、玉米收获指数均显著高于漫灌模式。

表 5 - 35　不同灌溉处理对小麦、玉米产量及地上部生物量的影响

处理	小麦					玉米				
	穗粒数	千粒重 (g)	穗数 (×10⁴/ hm²)	产量 (kg/hm²)	收获 指数	穗粒数	千粒重 (g)	穗数 (×10⁴/ hm²)	产量 (kg/hm²)	收获 指数
S1	54.5a	47.3a	779.7a	9 420.4a	0.45ab	698.8a	364.9a	5.8a	11 611.9a	0.46b
S2	46.5b	38.0c	473.9c	5 807.2c	0.44b	380.6b	277.7c	5.7a	6 625.5c	0.46b
S3	57.8a	45.8a	738.0a	9 042.6ba	0.47a	661.1a	346.0b	5.7a	10 539.9b	0.51a
CK	56.3a	41.8b	679.0ab	9 019.8a	0.42c	664.3b	349.5b	6.0a	10 555.4a	0.42c

注：不同小写字母表示处理间 0.05 水平上差异显著。

②不同灌溉模式对水分利用效率的影响　对小麦生长季、玉米生长季、周年 WUE 进行分析（图 5 - 4）。在小麦生长季四个处理中，微喷测墒补灌（S3）模式 WUE 高于其他 3 个处理，小麦 WUE 分别 CK 提高 42.3%（$P < 0.05$）。S1、S2 分别比 CK 提高 25.6%（$P < 0.05$）、22.5%（$P < 0.05$）。在玉米生长季中，S3 模式 WUE 仍显著高于其他 3 个处理（$P < 0.05$），但 S2 模式 WUE 比 CK 降低了 4.33%（$P > 0.05$），主要是由于亏缺灌溉导致产量显著下降的缘故。在周年作物生产中，微喷测墒补灌模式（S3）WUE 显著高于其他 3 种模式，比传统漫灌模式（CK）提高 32.8%（$P < 0.05$）。

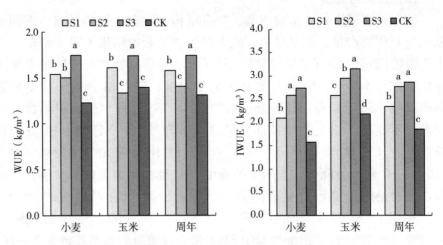

图 5 - 4　不同处理水分利用效率和灌溉水分效率

注：不同小写字母表示处理间 0.05 水平上差异显著。

对小麦生长季、玉米生长季、周年 IWUE 进行分析表明，3 种低压微喷模式均显著高于传统漫灌模式（图 5-4）。在小麦生长季中，S1、S2、S3 IWUE 分别比对照提高 33.3％、64.4％、74.4％；在玉米生长季中，S1、S2、S3 IWUE 分别比对照提高 18.6％、35.3％、44.7％；周年 IWUE，S3 比对照提高 54.8％（$P<0.05$）。

　　③不同灌溉模式对叶绿素含量的影响　从 4 月 30 日开始，每隔 7 天测定一次不同灌溉模式小麦期叶 SPAD 值（图 5-5）。漫灌模式 CK 在 5 月 14 日（灌浆中期 5 月 18 日）期叶 SPAD 值与 S1、S3 模式差异不显著，在 5 月 21 日显著下降，分别比 S1、S3 下降 50.6％（$P<0.05$）、38.4％（$P<0.05$）。由于水分胁迫原因，S2 模式小麦期叶 SPAD 值不同时期均低于其他几个处理，其变化趋势与 CK 模式相同。S1、S3 模式期叶 SPAD 值快速下降期滞后于 CK 和 S2，5 月 28 日测定时，小麦期叶 SPAD 值与 CK 差异不显著（$P>0.05$）。

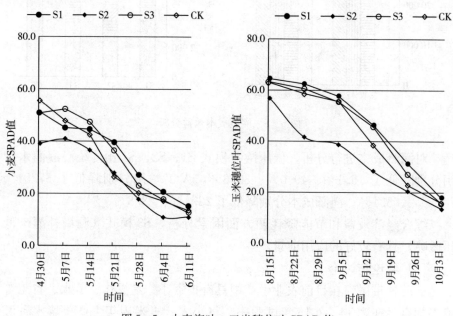

图 5-5　小麦旗叶、玉米穗位叶 SPAD 值

　　不同灌溉模式玉米灌浆后穗位叶 SPAD 值变化趋势基本与小麦相同，S1、S3 模式穗位叶 SPAD 值快速下降期滞后于 CK 和 S2。

　　以上分析表明，S1、S3 低压微喷模式可以延缓灌浆后期小麦旗叶、玉米穗位叶 SPAD 下降趋势。

　　④不同灌溉模式经济效益分析　对不同处理周年效益进行分析表明，

S1、S3 处理与 CK 总收入差异不显著（图 5-6），S2 显著低于对照。去除灌溉成本后收入 S1、S3 处理显著高于 CK，主要是由于漫灌成本高达 9 535.1 元/hm²，分别比 S1、S3 处理高 34.3%、22.4%。S2 处理尽管灌溉成本仅为 4 880.0 元/hm²，但由于周年粮食产量导致总收入和去除灌溉成本后收入显著低于对照。低压微喷 S1、S3 处理比 CK 去除灌溉成本后增收 4 669.5 元/hm²、2 756.2 元/hm²。

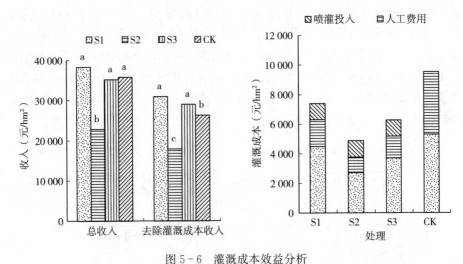

图 5-6　灌溉成本效益分析

对灌溉成本进行分析，低压微喷模式 S1、S2、S3 比传统漫灌灌水费用分别降低了 15.1%、49.0%、30.3%，人工费用分别降低了 57.5%、74.5%、65.1%。灌溉成本分别降低了 22.4%、48.8%、34.3%。

综合经济效益和节能降耗两方面因素分析，S3 模式（测墒补灌＋低压微喷）具有较好的应用前景。

(3) 结论与讨论

低压软带微喷在目前农业生产中具有投资小、易操作、节水、省工等诸多优点。在 2014—2015 年试验中，将小麦、玉米周年生产土壤水资源作为一个整体考虑，结合测墒补水技术，可以使土壤水库和降雨资源得到更有效利用。S3 土壤水分利用效率（WUE）分别比漫灌（CK）和微喷充分灌溉（S1）提高 32.8%、10.4%。

在本研究中，低压微喷模式可以延缓灌浆后期小麦旗叶、玉米穗位叶 SPAD 下降趋势，与前人研究结果一致（姚素梅，2011；张英华，2016）。在研究中同时也发现，低压软带微喷模式在一年两季生产区，小麦、玉米对微喷的喷射角度、幅度要求不同。在出水量为 40m³/h 左右传统井灌区，输水主管道压力达到 0.4MPa，支管压力为 0.02MPa，小麦要求喷射仰角 70°～80°，喷幅为 1.5m，喷射最高点达到 1.2～1.5m，支管铺设长度≤50m，基本可保证灌溉均匀度。夏玉米要求喷射仰角 50°～60°，喷幅为 1.5m，喷射最高点达到 0.8～1.0m，支管铺设长度≤50m，基本可保证灌溉均匀度。

采用微喷技术主要是实现微灌水肥一体化，因此本研究下一步研究主要集中在微灌模式下水肥周年高效利用与作物产量形成。

5.4.2　夏玉米滴灌模式研究

玉米作为高耗水的粮食作物，高效灌溉技术探索是农业节水领域的主要热点之一（郭相平，2000）。众多研究表明，滴灌作为一种高效精准灌溉技术，与传统漫灌相比，在玉米大田生产上具有提高产量和水分利用效率的优势（张晓伟，1999；李晓玲，2006；崔福柱，2008；李铁男，2011）。在滴灌条件下，灌溉区域主要集中在作物根部，作物需水规律有一定的特殊性，其灌溉制度及作物需水规律成为滴灌技术研究的重点（李久生，2003）。20 世纪 90 年代，中国学者开展了大田滴灌条件下玉米需水规律及灌溉制度研究，并制定出不同区域的灌溉指标（陈渠昌，1998；张晓伟，1999；刘祖贵，1999）。刘战东等（2011）研究认为，在膜下滴灌条件下，玉米株高、茎节数、产量随滴灌定额增加而增加，土壤水分主要在0～60cm 土层变化。刘学军等（2012）综合分析了不同覆膜条件下膜上滴灌、膜下滴灌、膜上穴灌 3 种灌溉模式，认为玉米在种植、拔节、抽雄期、大喇叭口期，灌溉定额应在 150m³/hm² 为宜。除滴灌定额外，其他学者在滴灌条件下水肥运行（张航，2012）、土壤环境（李蓓，2009）、灌溉频率（隋娟，2008）、灌溉均匀系数（张航，2011）等进行了相关研究，为玉米滴灌制度的制定提供了参考。滴灌作为一种节水灌溉技术，在实施过程中应考虑包含经济效益在内的节水综合效益评价，达到高产、高效的生产目的（雷波，2004）。本研究旨在探索以提高经济效益为目标的节水、高产、高效的玉米滴灌制度，为中国北方夏玉米节水高产栽培提供技术参考。

（1）试验设计

2012 年在山西省农业科学院棉花研究所杨包试验农场采用 5 个灌水模式（表 5 - 36），模式 1 参照常规漫灌制度设计（DI - 1），其他 4 个为滴灌模式，滴灌灌水定额用水表控制。

表 5 - 36　不同滴灌定额灌溉模式

单位：m³/hm²

模式	播种 6 月 12 日	拔节期 7 月 13 日	小喇叭口期 7 月 26 日	大喇叭口期 8 月 6 日	抽雄吐丝期 8 月 18 日	灌浆中期 9 月 13 日	灌溉定额
DI - 1	840	840	0	840	840	0	3 360
DI - 2	480	480	480	480	480	480	2 880
DI - 3	480	480	240	480	480	240	2 400
DI - 4	480	240	240	480	480	240	2 160
DI - 5	480	240	240	240	240	240	1 680

（2）结果与分析

①不同滴灌定额对玉米株高、穗位高及叶面积指数的影响　由图 5 - 7 可以看出，玉米株高、穗位高随滴灌定额的减少呈降低趋势。与充分灌溉的 DI - 1 模式相比，DI - 2 拔节期至大喇叭口期灌溉定额降低了 14.3%，株高、穗位高分别降低了 6.6% 与 23.1%。DI - 5 模式拔节期至大喇叭口期灌溉定额比 DI - 1 降低了 57.1%，株高、穗位高分别降低了 21.1% 与 41.6%。因此，拔节期至大口期适当降低灌溉定额可以降低玉米株高、穗位高，防止后期倒伏。

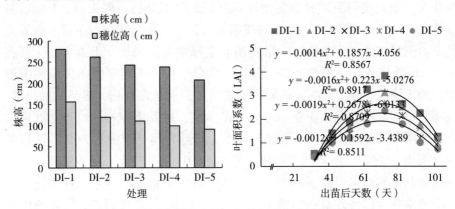

图 5 - 7　不同滴灌模式对玉米株高及叶面积指数的影响

玉米叶面积指数随滴灌定额的减少而降低，但发育规律并没有改变（图 5 - 7）。玉米 LAI 最大值出现在出苗后 70 天左右，DI - 1、DI - 2、DI - 3 之间 LAI 最大值差异不显著，DI - 4、DI - 5 模式 LAI 最大值则显著降低。测定玉米后期叶片 LAI 值下降速率表明，除 DI - 5 模式外，其余 4 个模式后期 LAI 下降速率差异不明显，这可能与后期规律性灌溉有关。

②不同滴灌定额模式玉米叶片光合性能及叶绿素含量的影响　吐丝期时测定玉米穗位叶光合速率（P_n）及蒸腾强度（T_r）表明（图 5-8），DI-2、DI-3、DI-4、模式的 P_n、T_r 与 DI-1 差异不显著，DI-5 模式 P_n、T_r 均显著低于对照。在测定中发现 DI-5 模式气孔导度（G_s）为 31.5mol/（$m^2 \cdot s$）比 DI-1 气孔导度降低 21.6%，光合速率 P_n 下降了 23.8%，说明在 DI-5 模式灌溉定额下，玉米植株叶片受到一定的水分胁迫模式而导致光合速率下降。

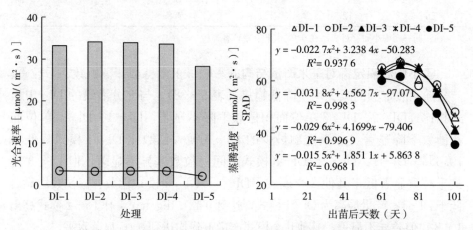

图 5-8　不同滴灌定额对玉米光合性能及叶绿素含量的影响

在玉米生长后期，DI-1 灌溉定额为 840m^3/hm^2，DI-2 灌溉定额为 960m^3/hm^2，DI-3、DI-4 灌溉定额为 720m^3/hm^2，DI-5 灌溉定额为 480m^3/hm^2。从出苗后 70 天开始连续测定不同模式穗位叶 SPAD 值表明，SPAD 值下降速率最低的为 DI-2 模式，平均每天降低 0.64，其次为 DI-1，平均每天降低 0.71。下降最快的为 DI-5，平均每天降低 0.87。可见，玉米叶片 SPAD 值下降速率随灌溉定额降低而增加。

③不同滴灌定额对玉米穗部性状的影响　随着滴灌定额降低，玉米穗长呈降低趋势（表 5-37）。与充分灌溉的 DI-1 模式相比，DI-2 穗长下降不明显，DI-3、DI-4、DI-5 模式穗长降低达到 0.05 显著水平。玉米穗部秃尖长度随灌溉量降低呈增加趋势，DI-5 模式平均秃尖长度比 DI-1 增加了 1.2cm。玉米穗粗受灌溉量影响不明显，5 个模式间差异不显著。穗行数除 DI-5 外，其他几个模式差异不显著。DI-2 模式行粒数与对照差异不显著，DI-3、DI-4、DI-5 模式行粒数均显著低于 DI-1。从以上分析可知，玉米穗部性状中穗长、秃尖长、行粒数受灌溉定额影响较大。

表 5 - 37 不同滴灌定额模式对玉米穗部性状的影响

模式	穗长 (cm)	秃尖 (cm)	穗粗 (mm)	穗行数	行粒数
DI-1	17.4a	0.6c	48.1a	15.6a	36.1a
DI-2	16.7ab	0.7c	49.5a	15.8a	35.6a
DI-3	15.4b	1.3c	48.3a	15.6a	31.6b
DI-4	15.3b	1.4b	47.4a	15.4a	25.4c
DI-5	12.7c	1.8a	47.8a	14.0b	20.3d

注：同一列中小写字母表示在 0.05 水平上差异显著。

④不同滴灌定额对玉米产量结构的影响 玉米穗数、穗粒数、千粒重、产量随滴灌定额的减少均呈降低趋势（表 5 - 38）。与充分灌溉的 DI-1 模式相比，DI-2、DI-3 单位面积穗数下降不显著，DI-4、DI-5 单位面积穗数下降显著。灌溉定额最少的 DI-5 模式穗数比 DI-1 模式降低了 10.6%。DI-1、DI-2、DI-3 模式之间穗粒数差异不显著，但 DI-3 模式千粒重显著低于其他 2 个模式。DI-4、DI-5 模式穗数、穗粒数均显著低于 DI-1。产量最高为 DI-1 模式，达到 9 421.1kg/hm²，比 DI-2 模式高出 1.6%，但差异不显著，其他几个模式产量下降均达到 0.05 显著水平。

表 5 - 38 不同滴灌定额模式对玉米产量及产量结构的影响

模式	穗数 ($\times10^4$/hm²)	穗粒数	千粒重 (g)	产量 (kg/hm²)
DI-1	4.83a	432.7a	393.5a	9 421.1a
DI-2	4.81a	438.8a	386.7a	9 293.6a
DI-3	4.83a	436.5a	355.3b	8 565.8b
DI-4	4.65b	401.3b	324.7c	7 848.3c
DI-5	4.32c	362.3c	286.6d	6 475.5d

注：同一列中小写字母表示在 0.05 水平上差异显著。

⑤不同滴灌定额对水分利用效率及经济效益的影响 由图 5 - 9 可知，玉米水分利用效率（WUE）最高为 DI-3 模式，达到 2.3kg/m³，最低为 DI-1 模式，为 2.0kg/m³。从图 5 - 8 中也可看出，随着灌溉定额增加，玉米水分利用效率提高，达到最大值后，水分利用效率随灌溉定额增加而降低。说明灌溉定额增加到一定值后，玉米水分利用效率逐渐降低。灌溉

水利用效率（IWUE）随灌溉定额降低呈上升趋势，IWUE 最大值为 DI - 5 模式的 3.9kg/m³，最小值为 DI - 1 模式的 2.8kg/m³。

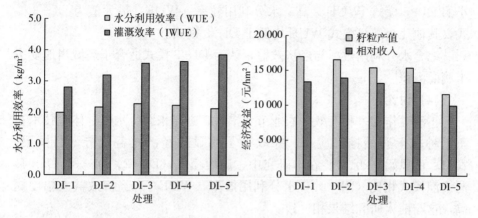

图 5 - 9　不同滴灌定额对水分利用效率及经济效益的影响

注：玉米籽粒价格按照 1.8 元/kg 计算，灌水费用按照 1 元/m³ 计算，相对收入为籽粒产值减去灌水费用。

从经济效益分析，随着灌溉定额减少，玉米籽粒产值呈下降趋势。最大经济产值为 DI - 1 模式，最小为 DI - 5 模式，主要是由于产量降低的缘故。从相对收入分析看，最大值为 DI - 2 模式，达到 13 848.5 元/hm²，分别比 DI - 1、DI - 5 模式高出 250.6 元/hm²、3 872.6 元/hm²。

综合水分利用效率与经济效益考虑，DI - 2 灌溉模式比较适宜于生产应用。

(3) 结论

玉米株高、穗位高、最大叶面积系数随滴灌定额的增加而增加。玉米在大口期前降低滴灌定额可以降低株高、穗位高，降低玉米后期倒伏的风险。

玉米生长后期叶面积系数、穗位叶叶绿素含量（SPAD 值）下降速率随滴灌定额的增加而降低。灌溉量相近情况下，增加玉米生育后期灌溉频率也可以降低叶面积系数与穗位叶 SPAD 值下降速率。DI - 1 灌溉模式下降速率快于 DI - 2 模式下降速率。

灌溉定额较大的前 4 种模式之间，吐丝期时穗位叶光合速率、蒸腾强度差异不显著，但 DI - 5 穗位叶光合速率及蒸腾强度显著降低。说明此模式灌溉定额在 2012 年降雨条件下受到一定的干旱胁迫。

玉米穗数、穗粒数、千粒重、产量随滴灌定额的减少均呈降低趋势，灌溉定额最大的 DI-1 模式产量显著高于灌溉定额最小的 DI-5 模式。

灌溉水利用效率（IWUE）随灌溉定额降低呈上升趋势，灌溉定额最小的 DI-5 模式 IWUE 最高。水分利用效率（WUE）最大值为 DI-3 模式，其他几个灌溉模式 WUE 均低于 DI-3 模式。

综合水分利用效率与经济效益，认为 DI-2 模式适合于运城当地夏玉米滴灌灌溉。

（4）讨论

①滴灌作为一种有效的农业节水措施，近年来结合水肥一体化技术在玉米种植上开始推广应用，并取得了明显的经济效益优势（吕国梁，2011；沈凤娟，2011）。在本研究中，滴灌模式（DI-2、DI-3、DI-4）与漫灌模式相比（DI-1），水分利用效率（WUE）和经济效益大幅度提高，这与前人研究结果相一致。

②目前的滴灌模式大多参考新疆膜下滴灌种植模式（徐敏，2005），这种模式适合于大面积、规模化种植，而与内地一家一户小面积种植模式不配套。本技术研究立足于实用和推广，采用低压微灌（将滴灌主输水管通过过滤器直接与田间出水口相连接），根据灌溉水井的出水量（30～40m³/h），一次可以同时灌溉 1.0～1.3hm² 农田，在提高灌溉效率的同时提高了水井的使用效率。

③本研究从夏玉米的生长发育、光合生理、产量构成、水分利用效率、经济效益等几个方面综合分析了不同滴灌定额的技术经济效益，筛选出适合于运城当地夏玉米生产的滴灌灌溉模式，具有较好的使用和推广价值。但在玉米株行距配置、速效水溶性肥料的研制、滴灌带铺设、回收机械以及与小麦种植相适应的水肥周年一体化管理模式仍需要进一步的研究。

5.5 小麦、玉米灾害及化学调控技术研究

5.5.1 倒伏对玉米产量的影响模拟研究

华北地区受大陆性季风气候条件的影响，在夏玉米生长后期常因风雨袭击发生倒伏（薛金涛，2008；刘战东，2010；徐丽娜，2012）。玉米籽粒灌浆期至成熟期是决定玉米产量和品质的重要阶段（曹庆军，2013），也是最终决定产量的重要时期（卜俊周，2010）。随玉米产量不断提高，玉米倒伏问题已成为我国北方地区高产再高产和机械收获的严重障碍之一（孙世贤，1989；刘战东，2010）。而且倒伏一直是影响玉米产量和品质的

重要因素（李得孝，2004；袁刘正，2010；丰光，2010；李波，2012），我国每年因倒伏造成玉米产量损失近100万t（丰光，2008）。前人很重视玉米倒伏研究，其中，对自然倒伏产量调查研究较多，而对模拟倒伏产量损失及效益评估研究较少，就倒伏对叶绿素荧光参数的影响未见报道。为研究倒伏对叶绿素荧光参数的影响，评估灾后倒伏程度对玉米造成的产量损失，为补偿金、保险理赔金的确定提供参考依据，本试验开展了夏玉米灌浆期模拟倒伏对产量的影响和效益评估的研究。

（1）试验设计

试验共设5个处理，即茎秆与地面的夹角分别成90°角、60°角、45°角、30°角、0°角，代表无倒伏（CK）、轻度倒伏、中度倒伏、重度倒伏、严重倒伏。3次重复，随机排列，小区面积为2.5m×4.0m。倒伏时间：当地易发生大风降雨时间，即吐丝结束灌浆初期的8月16日。倒伏处理方法：雨后（或灌水）玉米根部湿润，用手轻压玉米茎秆使其根倒伏，倾斜至需要的角度，用竹竿固定。供试玉米品种为郑单958。

（2）试验地概况及管理措施

试验在山西省农科院棉花研究所牛家凹农场（35°05′16″N，111°05′16″E）进行。该地土壤质地为壤土，有机质1.69%，全氮0.12%，碱解氮101mg/kg，有效磷40.8mg/kg，速效钾165.5mg/kg。连续6年种植小麦-玉米，属于黄河流域典型的小麦-玉米两作区。于2013年6月8日进行播种。在播前底施磷酸氢二铵300kg/hm²、尿素150kg/hm²。种植密度为6.75万株/hm²，于7月26日结合浇水追施尿素150kg/hm²，8月27日灌浆后期浇水，生育期降水量为246.8mm。收获期为9月22日。

（3）测定项目及方法

叶绿素荧光动力学参数用美国OS-30P叶绿素荧光仪测定，每处理选10株挂牌，模拟倒伏后间隔10天定点测定，测定部位为穗位叶叶片中部，于晴天9：00～11：00测量，测量前将叶片预先暗适应30min，测出初始荧光（Fo）、最大荧光（Fm）和PSⅡ原初光能转化效率（Fv/Fm）等参数，取10片叶的平均值作为测定值。

产量性状收获前每处理随机取样10穗，测定果穗长、穗粗、秃尖长、穗行数等穗部性状。每个小区取中间4行，单收、脱粒、单晒，测定地上部分生物产量及经济产量，并折算成公顷产量。

（4）数据分析

数据采用Microsoft Excel 2012进行处理，运用DPS 13.0统计软件进行方差分析。

(5) 结果与分析

①不同倒伏处理对叶绿素荧光动力学参数（Fv/Fm）的影响 光合作用是决定玉米产量的重要因素，叶绿素荧光参数常被用于评价作物光合系统效率及环境胁迫对作物的影响（张守仁，1999；魏湜，2013；席吉龙，2014；米国全，2015），Fv/Fm 为 PSⅡ最大光化学量子产量或称最大 PSⅡ的光能转换效率，Fv/Fm 的降低常被作为判断是否发生光抑制的标准（张仁和，2010；陈梅，2013）。从表 5-39 可以看出，8 月 17 日玉米各处理 Fv/Fm 值之间无差异，倒伏 10 天后，Fv/Fm 值随着倒伏程度的加大而降低，严重、重度倒伏处理 Fv/Fm 值比对照分别降低 3.8%，2.0%，低于对照且差异显著，中度、轻度倒伏处理 Fv/Fm 值小于对照，但差异不显著。倒伏 20 天后，Fv/Fm 值随着倒伏程度的加大而降低，严重、重度倒伏处理 Fv/Fm 值比对照分别降低 4.0%，1.8%，且差异显著，中度、轻度倒伏处理 Fv/Fm 值比对照分别降低 1.7%，0.6%，但差异不显著。倒伏 30 天后，Fv/Fm 值随着倒伏程度的加大而大幅降低，轻度、中度、重度、严重倒伏处理 Fv/Fm 值比对照分别降低 13.9%，32.8%，57.0%，78.6%，且差异均显著。玉米倒伏后 Fv/Fm 降低，光合效率降低，倒伏程度越重，Fv/Fm 降低越大，光合效率越低，在灌浆后期重度倒伏处理 Fv/Fm 急剧下降，植株早衰，光合衰退，严重影响产量。

表 5-39　不同倒伏处理对叶绿素荧光动力学参数（Fv/Fm）的影响

处理	08-17	08-27	9-07	9-17
无倒伏（CK）	0.811 aA	0.815 aA	0.823 aA	0.772 aA
轻度倒伏	0.810 aA	0.811 abA	0.818 abA	0.665 bA
中度倒伏	0.811 aA	0.803 abAB	0.809 abAB	0.519 cB
重度倒伏	0.809 aA	0.799 bAB	0.808 bAB	0.332 dC
严重倒伏	0.811 aA	0.784 cB	0.790 cB	0.165 eD

注：同一列中小写字母和大写字母分别表示在 0.05 和 0.01 水平上差异显著。

②不同倒伏处理对产量构成因素及产量的影响 试验结果（表 5-40）表明，倒伏对玉米籽粒产量性状有明显影响，对穗行数有影响但差异不大，倒伏后显著降低了行粒数、穗长，倒伏程度越重各性状表现越差；倒伏后秃尖明显伸长，倒伏程度越重秃尖越长，由轻到重秃尖占穗长比例为 8.8%～49.5%；倒伏后穗粒数显著低于对照，由轻到重穗粒数减少 15.7%～

33.6％；倒伏后千粒质量显著低于对照，由轻到重千粒质量减少 21.5％～43.5％。随着茎秆倾斜程度的增大，夏玉米生物产量和籽粒产量显著降低，生物学产量分别比对照降低 20.6％，30.6％，36.4％和 42.8％，与对照差异达到显著水平；玉米籽粒产量由 11 044.1kg/hm² 降低到 4 175.1kg/hm²，减产 33.8％～62.2％。由此可见，夏玉米灌浆期倒伏程度不同对产量和生物产量的影响不同，倒伏程度越重产量及生物产量的损失越多。玉米倒伏后，打乱了叶片在空间的正常分布秩序，绿叶面积减少，光合减弱，并破坏了茎秆的输导系统，导致籽粒灌浆速率下降，从而造成玉米的不同程度减产。

表 5 - 40　不同倒伏处理对产量构成因素及产量的影响

处理	穗行数	行粒数	穗长 (cm)	秃尖 (cm)	穗粒数 (个)	千粒重 (g)	生物产量 (kg/hm²)	产量 (kg/hm²)
无倒伏 (CK)	15.1aA	34.7aA	16.6aA	0.1dD	516.6aA	316.9aA	23 936.1aA	11 044.1aA
轻度倒伏	15.1aA	28.6bAB	14.7bAB	1.3cC	435.3bB	248.9bB	19 016.8bAB	7 314.5bB
中度倒伏	15.1aA	27.0bcAB	14.6bAB	2.1cC	412.3bB	236.5bcBC	16 623.2bBC	6 596.3bcB
重度倒伏	14.4aA	24.8bcB	13.8bA	3.1bB	363.4cC	227.2cC	15 232.2bcB	5 580.8cdBC
严重倒伏	14.4aA	21.2cB	10.1cC	5.0aA	343.1cC	179.1dD	13 697.7cB	4 175.1dC

注：同一列中小写字母和大写字母分别表示在 0.05 和 0.01 水平上差异显著。

③经济效益分析　从表 5 - 41 可以看出，每公顷玉米的生产成本为 9 750 元，玉米单价以当地市场价 2.1 元/kg 计算，严重倒伏处理的纯收益为 -982.4 元/hm²，每公顷比对照收益减少了 14 425 元，其余由轻到重倒伏处理的纯收益均为正，比对照收益减少 58.3％～85.4％。总之，倒伏程度越重，玉米产量和效益损失越大。

表 5 - 41　不同倒伏处理经济效益分析

处理	产量 (kg/hm²)	产值 (元/hm²)	机灌水电 (元/hm²)	种子 (元/hm²)	化肥农药 (元/hm²)	人工费 (元/hm²)	纯效益 数值 (元/hm²)	纯效益 比 CK 减少
无倒伏 (CK)	11 044.1	23 192.56	3 000	600	3 900	2 250	13 442.6	
轻度倒伏	7 314.5	15 360.45	3 000	600	3 900	2 250	5 610.5	7 832.1
中度倒伏	6 596.3	13 852.15	3 000	600	3 900	2 250	4 102.2	9 340.4
重度倒伏	5 580.8	11 719.73	3 000	600	3 900	2 250	1969.7	11 472.8
严重倒伏	4 175.1	8 767.62	3 000	600	3 900	2 250	-982.4	14 425.0

（6）结论与讨论

叶绿素荧光技术可以用来快速、灵敏和非破坏性地分析逆境因子对光合作用的影响（武文明，2012）。当环境条件变化时，植物体内叶绿素荧光参数的变化可以在一定程度上反映环境因子对植物的影响（武文明，2012）。大量研究表明，在低温胁迫（武文明，2012；杨猛，2012）、干旱胁迫（丛雪，2010；齐华，2009）、渍水（武文明，2012）、低磷胁迫（李绍长，2004）下植物叶绿素荧光参数发生明显变化，主要表现为 PSII 的光能转换和电子传递效率 Fv/Fm 下降。本研究结果表明，玉米倒伏后 Fv/Fm 降低，且差异均显著，表明 PSII 的光能转换和电子传递效率降低，倒伏程度越重 Fv/Fm 降低越大，灌浆后期各处理 Fv/Fm 比对照分别降低 13.9%，32.8%，57.0%，78.6%。叶绿素荧光动力学参数可进一步揭示倒伏对玉米光合作用影响的机理，为玉米抗倒伏研究提供理论依据，还有待进一步深入研究。灌浆期是玉米籽粒产量形成的关键期（李绍长，2004；曹庆军，2013），倒伏是玉米减产的主要因素之一。本试验证明，玉米倒伏后，叶片在空间的正常分布秩序被打乱，群体结构被破坏，绿叶面积减少，叶绿素荧光参数（Fv/Fm）降低，致使叶片的光合效率锐减，茎折破坏了茎秆的输导系统，既影响根系向叶片运输水分和养料，也影响叶片向果穗输送光合产物，造成减产（李绍长，2004）。玉米倒伏程度不同对产量影响不同，轻度倒伏减产率为 33.8%，中度倒伏减产率为 40.3%，重度倒伏减产率为 49.5%，严重倒伏减产率为 62.2%。严重倒伏多为茎折，它破坏了水分、养分和光合产物的运输，所造成的产量损失比根倒更严重（李永忠，1990）。本研究轻度倒伏减产率达 33.8%，比刘战东等（2010）试验中轻度倒伏减产率 5.8% 高，是因为玉米不同生育时期倒伏对产量的影响不同，在吐丝结束后灌浆初期，玉米倒伏越早穗粒数越少，百粒质量越低，减产越严重，这与孙世贤等（1989a；1989b）研究结果一致。

玉米倒伏不仅造成减产损失，而且不利于机械化操作。本研究结果表明，倒伏比对照收益减少 58.3%～85.4%，严重倒伏造成效益亏损。总之，倒伏程度越重，玉米产量和效益损失越大。

玉米倒伏是品种特性、栽培技术以及土壤、气候等内外因素综合作用的结果（孙世贤，1989；袁公选，1999），其中，风和雨是玉米倒伏的直接诱导因素（宋朝玉，2006；丰光，2008）。因此，预防玉米倒伏，要采取综合措施，选择抗倒伏品种，增加土壤耕层促进根系发育，合理密植，科学调控水肥，提高田间管理质量，合理使用化学药剂促壮保稳健（王恒亮，2011；田晓东，2014），加强病虫害的监测与防治，建立农业气象灾害预警机制，才能提高玉米抗倒伏能力，保证玉米产量潜力的更大发挥。

5.5.2 30%胺鲜酯·乙烯利对玉米的化控效果与应用技术研究

玉米生产在山西省的农业生产、国民经济中占有十分重要的地位（王娟玲，2009）。国内外的高产典型经验表明，玉米高产都是在较高种植密度下创出的（王娟玲，2009），增加群体密度是当前世界和我国提高玉米产量的主要途径（Tollenaar，2002；勾玲，2007）。单纯的增加种植密度又会增加夏玉米倒伏风险，密植与倒伏矛盾日益突出（刘伟，2010；孙世贤，1989）。增加群体密度要有配套的系列技术，化学调控就是应对玉米倒伏的重要配套技术之一。化控剂对玉米株型、倒伏、穗部性状、产量等方面的影响已有报道（薛金涛，2009；赵玉路，2010；杨振芳，2015），多数学者研究认为，玉黄金（30%胺鲜酯·乙烯利）可以降低株高、穗位高和增加茎粗（董志强，2008；张玉志，2009；田晓东，2014；魏湜，2015），但对玉米产量产生明显的正负影响（董志强，2008；张玉志，2009），造成生产中想用却不敢使用化控剂的局面。化控剂的运用效果与制剂类型、用药时间、用量、品种及栽培等密切相关。为了给山西省南部夏播玉米制定以"增密为核心"的高产技术，本研究在前期玉米化控制剂鉴选基础上，选择较好的化控制剂玉黄（30%胺鲜酯·乙烯利）开展不同密度、不同浓度的喷施试验，研究该制剂对玉米倒伏及产量的影响，旨在为该制剂在山西南部小麦-玉米两作区的进一步合理施用提供技术依据。

（1）试验地概况

试验于2016年6月至10月在山西省农科院棉花研究所夏县牛家凹试验农场进行。前茬作物为小麦，播前0～20cm耕层土壤有机质12.14g/kg，全氮0.738g/kg，有效磷12.73mg/kg，速效钾221.1mg/kg。播前施尿素450kg/hm²，重过磷酸钙326kg/hm²。6月13日免耕直播，播后浇蒙头水，大喇叭口期浇水，并结合浇水追施尿素150kg/hm²，灌浆初期浇水1次。整个生育期降水185.4mm，于10月2日收获。

（2）试验设计

试验采用裂区设计，以耐密品种郑单958为研究材料，供试药剂为山西浩之大生物科技有限公司生产 30%胺鲜酯·乙烯利，商品名为"玉黄金"，从农资市场购买。采用裂区试验设计，主区为种植密度，副区为玉黄金浓度。种植密度（A 因素）设 6.75 万株/hm²（A1）、7.5 万株/hm²（A2）、8.25 万株/hm²（A3）、9 万株/hm²（A4）共 4 个水平。化控剂玉黄金（B 因素）设 4 个喷施处理，分别为：等量清水对照（B1）；1：3 000 倍稀释（B2）；1：1 500 倍稀释（B3）；1：750 倍稀释（B4），用水量按 450kg/hm² 计算。小区面积 20m²，种植 4 行，随机区组排列，重复 3 次。于玉米 8 叶期喷施玉黄金，各处理田间管理相同。

测定项目及方法

在喷药处理后 10 天、20 天及收获时测量株高。收获时每小区取 10 株，分别调查穗位高、茎粗及穗部性状，每小区全部收获称质量，折算为公顷产量。

数据采用 DPS7. 05 软件对进行分析。

（3）结果与分析

①不同处理对玉米产量及产量构成因素的影响　由表 5 - 42 可知，玉米密度（A 因素）、玉黄金浓度（B 因素）、A×B，均对玉米产量有极显著的影响。

表 5 - 42　方差分析结果

变异来源	平方和	自由度	均方	F 值	P 值
A 因素	36 248.79	3	12 082.93	94.408 4	0.000 1
B 因素	7 721.49	3	2 573.83	20.110 3	0.000 1
A×B	11 369.27	9	1 263.252	9.870 3	0.000 1
误差	3 839.57	30	127.985 8		
总变异	67 099.26	47			

密度对玉米产量的影响　多重检验表明，密度处理的平均产量 A2，A3，A4 极显著高于 A1 水平，各处理间差异均达到极显著水平。在不同浓度处理条件下，密度对产量的影响不一样。各处理均表现出随着密度的增加产量增加趋势。就种植密度而言，郑单 958 以 9 万株/hm² 产量最高（表 5 - 43）。

玉黄金浓度对玉米产量的影响　经多重比较分析表明，不同玉黄金浓度对产量有显著影响，B2 和 B3 水平的产量（均值）极显著高于 B1（清水）和 B4（高浓度）处理，而清水处理和高浓度处理间差异不显著（表 5 - 44）。

表 5 - 43　播种密度对产量的影响（kg/hm²）

种植密度	玉黄金化控				
	B1（CK）	B2	B3	B4	平均
A1	8 663.3aA	8 489.2cC	8 447.3cC	7 695.6cC	8 323.9dD
A2	8 688.9aA	9 058.3bB	9 371.7bB	8 868.1bB	8 996.8cC
A3	8 749.0aA	9 226.6bB	9 336.0bB	9 306.8aA	9 154.6bB
A4	8 926.7aA	9 612.1aA	9 760.1aA	9 490.1aA	9 447.2aA

注：同一列中小写字母和大写字母分别表示在 0.05 和 0.01 水平上差异显著。

表 5 - 44　玉黄金浓度对产量的影响（kg/hm²）

玉黄金化控	种植密度				
	A1	A2	A3	A4	平均
B1（CK）	8 663.3aA	8 688.9cB	8 749.0bB	8 926.7bB	8 757.0bB
B2	8 489.2aA	9 058.3bAB	9 226.6aA	9 612.1aA	9 096.5aA
B3	8 447.3aA	9 371.7aA	9 336.0aA	9 760.1aA	9 228.8aA
B4	7 695.6bB	8 868.1bcB	9 306.8aA	9 490.1aA	8 840.2bB

注：同一列中小写字母和大写字母分别表示在 0.05 和 0.01 水平上差异显著。

在低密度（A1）水平下，使用玉黄金处理的产量均比清水处理减产，B1 与 B2，B3 处理间差异不显著，与 B4 处理差异显著，A1B4 产量比 A1B1（CK）减产 11.2%。在密度（A2～A4）水平下，喷施玉黄金比对照产量显著提高，A2B3 处理比对照 A2B1 提高 7.9%，A3B3 比对照 A3B1 提高 6.7%，A4B3 产量比对照 A4B1 提高 9.3%。在同一密度下，以 B3 水平产量最高，但与 B2 差异不显著，因此，郑单 958 品种玉黄金喷施浓度以 B3、B2 水平处理的玉米产量较高，即以稀释 1 500～3 000 倍浓度喷施较好。

不同处理对穗粒数和百粒质量的影响　表 5 - 45 可知，玉米密度（A 因素）、玉黄金浓度（B 因素）均对玉米穗粒数有极显著影响，A 因素×B 因素的互作对玉米穗粒数有显著影响。

由表 5 - 46 可知，玉米密度（A 因素）、A 因素×B 因素的互作均对玉米百粒质量有极显著影响，玉黄金浓度（B 因素）对玉米百粒质量有显著影响。

表5-45 穗粒数方差分析结果

变异来源	平方和	自由度	均方	F 值	P 值
A 因素	8 929.17	3	2 976.39	41.780 2	0.00
B 因素	3 544.98	3	1 181.66	16.587 2	0.00
A×B	1 533.57	9	170.396 6	2.391 9	0.04
误差	2 137.18	30	71.239 3		
总变异	17 779.90	47			

表5-46 百粒质量方差分析结果

变异来源	平方和	自由度	均方	F 值	P 值
A 因素	81.909 2	3	27.303 1	68.632	0.00
B 因素	4.791 1	3	1.597 0	4.014 5	0.02
A×B	15.386 6	9	1.709 6	4.297 5	0.001
误差	11.934 6	30	0.397 8		
总变异	118.231 8	47			

②不同处理对株高、穗位高、茎粗的影响 由表5-47可知，喷施玉黄金能降低玉米株高，且随浓度增加，降低幅度有增大趋势，株高降低了10~14cm，本试验结果与他人的研究结论基本一致。

表5-47 玉黄金浓度对株高的影响 （cm）

玉黄金化控	种植密度				
	A1	A2	A3	A4	平均
B1	250.7aA	244.3aA	244.7aA	243.0aA	245.7aA
B2	241.7bB	239.3bB	240.7bB	239.7bB	240.3bB
B3	241.3bB	236.7cB	238.7bB	237.3bC	238.5cC
B4	236.0cC	234.3dC	234.7cC	229.7dC	233.7dD

注：同一列中小写字母和大写字母分别表示在0.05和0.01水平上差异显著。

从表5-48可以看出，喷施玉黄金能降低玉米的穗位高，且随着浓度的增加，降低幅度有增大趋势，穗位降低了21.0~22.3cm，本试验结果与他人的研究结论基本一致。经多重比较分析表明（表5-48），不同玉黄金浓度对茎粗有极显著影响。

表 5 - 48　玉黄金浓度对穗位高的影响（cm）

玉黄金化控	种植密度				
	A1	A2	A3	A4	平均
B1	108.0aA	106.3aA	107.3aA	105.3aA	106.8aA
B2	100.7bB	101.7bB	96.0bB	96.0bB	98.7bB
B3	96.0cC	94.0cC	92.3cC	91.0cC	93.3cC
B4	86.3dD	84.0dD	85.0dD	84.3dD	84.9dD

注：同一列中小写字母和大写字母分别表示在 0.05 和 0.01 水平上差异显著。

(4) 结论与讨论

本研究结果表明，郑单 958 为耐高密度品种，随密度增加产量增高，以 9 万株/hm² 的产量最高。不同栽植密度与喷施浓度对产量影响不同，密度在 6.75 万株/hm² 以下，喷施低浓度稍有减产或平产，喷施高浓度玉黄金减产 11.2%；密度在 7.5 万～9 万株/hm² 时，喷施增产，但以喷施中低浓度为好，即喷施 1 500 倍和 3 000 倍玉黄金时利于增产。其增产是通过增加穗数、穗粒数和百粒质量来实现的。由于品种、生产生态条件不同、喷施时期不同对产量、生长发育可能存在差异，并不是喷施就能增产，只有喷施适宜浓度的玉黄金才能达到增产效果。本研究表明，郑单 958 在 8 叶期喷施不同浓度的玉黄金能显著降低株高和穗位高，显著增加茎粗，增强了玉米抗倒性。本试验期最大风力 4.7m/s（8 月 17 日），风力大于 3m/s 时共出现 21 天，其中，7 月 18 日至 19 日风力 3.2m/s，突降暴雨（降雨 48.8mm）时，试验玉米未发生倒伏，试验田旁的大田玉米发生了大面积倒伏，究其原因一是试验玉米株高 1.2m 小于大田玉米 1.7m，二是播种后灌溉踏实了土壤。

玉黄金主要成分为胺鲜酯和乙烯利，是生长促进剂和生长延缓剂的复配制剂，克服了玉米单独使用乙烯利化控易秃尖的副作用，可有效调节玉米生长发育过程，显著提高根系活力，增加根层数，降低株高，具有明显得抗倒伏作用，并能显著提高产量和品质，增强抗逆性。本研究在玉米 8 叶期使用，有较好效果，该产品使用时期应掌握在玉米拔节初期 6～10 叶期，用量一般为 300～450mL/hm²，兑水量一般为 450kg/hm²，不同品种不同地力条件适当调整。另外在使用上，注意玉米一生喷施一次，喷施时保证喷施均匀，不得重喷或漏喷。

表 5 - 49　玉黄金浓度对茎粗的影响（cm）

玉黄金化控	种植密度				
	A1	A2	A3	A4	平均
B1	2.73dD	2.73dD	2.67dD	2.67cC	2.70dD
B2	2.82cC	2.80cC	2.76cC	2.76bB	2.79cC
B3	2.87bB	2.85cbB	2.84bB	2.83aA	2.85bB
B4	2.92aA	2.90aA	2.88aA	2.86aA	2.89aA

玉米倒伏是品种特性、栽培技术以及土壤、气候等内外因素综合作用的结果（袁公选，1999；席吉龙，2012），因此，预防玉米倒伏必须采用综合措施。首先选用抗倒伏品种，在栽培上要合理密植、避免氮肥过多、化学药剂调控、减少病虫害、灌溉踏实土壤、提高田间管理质量等措施，降低倒伏风险，以提高玉米单产。

5.5.3　小麦抗干热风制剂研究

干热风是指在小麦生长发育后期出现的高温低湿并伴有一定风力的灾害性天气，是我国北方小麦生产上的重大气象灾害之一，一般出现在 5 月中下旬至 6 月上中旬，主要影响灌浆，轻者灌浆速度下降，粒重降低，重者提前枯死麦粒瘪瘦，严重减产。一般年份干热风可使小麦减产 5％～10％，严重时可达 20％以上。1982 年北方麦区受干热风危害面积达 2.1 亿亩，占该地区播种面积的 71％，减产 18.4 亿～38.6 亿 kg。一般来说，发生轻度干热风（冬麦区当 14 时气温≥32℃，田间相对湿度≤30％，风力≥2m/s 时），小麦就会受到危害，干热风强度越大，持续时间越长危害越大。

目前小麦生产中防御干热风的措施主要有：加强农业基础设施建设，建造防护林带，改善农田小气候；进行土壤改良增强土壤抗灾缓冲能力；选育应用抗旱、抗病、抗干热风的品种；浇好灌浆水；后期喷施磷酸二氢钾、草木灰或生长调节剂等，为了丰富抗干热风制剂产品类型，研究新型抗干热风制剂具有重要意义。

本研究以有灾防灾减灾、无灾抗逆增产的多功能新型抗干热风制剂为目标，开展配方研究。通过配方初选、配方优化与配方验证试验，从 16 个配方中筛选出 1 个较好的小麦抗干热风制剂配方。

（1）抗干热风制剂配方初选试验

以舜麦 1718 为材料，通过在小麦拔节期、灌浆期喷施自行设计的 16

个配方和清水对照,测定喷药后光合作用、脯氨酸含量、千粒重和产量,以千粒重、产量为主判定配方抗干热风能力。

试验结果表明(表 5-50),有 7 个配方千粒重比对照增加,比对照增产的有 13 个配方,有 11 种配方提高了光合速率,结合试验年度气候条件综合分析得出初步结果:6 个配方千粒重、产量均高于对照,说明这 6 个配方有一定的抗干热风能力,分别是 KN-2、KN-3、KN-6、KN-8、KN-15、KN-16,千粒重比 CK 提高 0.68~6.54g,产量比 CK 提高 6.16%~14.39%,增产幅度最大的是 KN-8,增产率 14.39%。

表 5-50 小麦抗干热风配方初步筛选结果

制剂号	光合速率 [$\mu mol/(m^2 \cdot s)$]	千粒重 (g)	亩产量 (kg)	增产率 (%)
KN-8	13.48	40.03	587.3	18.2%
KN-3	12.81	38.57	563.7	13.4%
KN-2	12.31	36.28	562.8	13.2%
KN-6	12.13	42.20	559.1	12.5%
KN-11	15.05	34.22	546.4	9.9%
KN-16	12.52	37.86	545.9	9.8%
KN-15	13.77	36.45	545.0	9.7%
KN-1	11.58	35.73	526.7	6.0%
KN-4	13.42	34.67	526.3	5.9%
KN-7	13.10	34.03	525.4	5.7%
KN-13	15.81	35.54	525.4	5.7%
KN-14	13.37	34.78	524.0	5.4%
KN-10	14.54	34.34	515.4	3.7%
CK（清水）	12.53	35.66	513.40	—
KN-9	15.04	34.27	506.6	1.9%
KN-12	15.81	33.80	501.6	0.9%
KN-5	11.06	33.40	497.0	0.0%

(2) 抗干热风制剂配方优选试验

对初筛选出的 6 个配方 KN-2、KN-3、KN-6、KN-8、KN-15、KN-16,次年在山西省农业科学院棉花研究所牛家凹农场于小麦灌浆期喷施 2 次(5 月 4 日第一次喷施、5 月 14 日再喷一次),对照喷等量清水。

6月4日小麦成熟后，按小区收获测产，统计分析产量及产量结构，以千粒重、产量为主判定配方抗干热风能力。同样的处理在运城、临汾、郑州也布点试验。

试验结果表明，6个配方千粒重均比对照增加，千粒重比CK提高1.3～2.5g，4个配方千粒重、产量均显著高于对照，说明这4个配方有一定的抗干热风能力，产量由高到低依次为 KN-8、KN-2、KN-6、KN-3，千粒重、产量表现最好的是 KN-8，增产率20.2%（表5-51）。结合运城、临汾、郑州三点结果（表5-52），判断 KN-8 为抗干热风效果显著的配方，其次是 KN-2 和 KN-6。

表5-51 抗干热风制剂配方筛选

制剂号	亩穗数 （×10⁴/亩）	穗粒数 （粒）	千粒重 （g）	产量 （kg/亩）
KN-2	32.2	27.9	42.4*	381.3*
KN-3	31	27.9	42.2*	364.6*
KN-6	31.9	28.0	42.3*	379.1*
KN-8	32	27.8	43.1**	390.3*
KN-15	30.3	27.5	41.9*	350.8
KN-16	30.2	27.6	42.5*	356.5
17（CK）	30.2	26.4	40.6	324.7

注：* 表示在0.05上差异显著，** 表示在0.01水平上差异显著。

表5-52 抗干热风制剂对千粒重的影响（3个示范点结果）

制剂号	（运城）千粒重 （g）	（临汾）千粒重 （g）	（郑州）千粒重 （g）	平均 （g）	排序
KN-8	44.9	38.6	49.3	44.3	1
KN-16	43.0	35.8	50.2	43.0	2
KN-2	42.7	34.6	49.9	42.4	3
KN-15	41.8	39.1	43.5	41.5	4
KN-3	42.5	37.0	44.4	41.3	5
17（CK）	41.2	38.1	43.3	40.9	6
KN-6	42.8	38.7	36.6	39.4	7

结论：Kn-8为抗干热风效果显著的配方。

（3）抗干热风制剂配方验证与决选试验

对上年产量排名前三的抗干热风制剂开展验证决选试验，设 5 个处理：KN-8、KN-6、KN-2、0.2%磷酸二氢钾、清水（CK），4 次重复。在我所牛家凹农场小麦试验地进行，小区面积 $20m^2$。前茬玉米，播前施肥，耕作，播种，品种良星 99。在小麦抽穗-灌浆期分别于 4 月 23 日、5 月 5 日、5 月 13 日喷施 3 次，喷施后于 4 月 27 日和 5 月 16 日测电导率、叶绿素荧光参数。6 月 10 日小麦成熟收获，按小区取样测产，统计分析产量及产量结构，以千粒重、产量为主判定配方抗干热风能力。

试验结果表明，在抽穗灌浆期喷施改良 KN-2、KN-8、磷酸二氢钾能显著降低叶片电导率（表 5-53），增强抗干热风能力，产量比对照显著增产 8.84%、8.67%、6.97%，千粒重比对照分别提高 2.9g、2.3g、2.2g，KN-2（改良）、KN-8 还提高穗粒数 1.3 粒、1.2 粒，KN-2（改良）、KN-8 即能显著增加千粒重也能显著提高穗粒数，而磷酸二氢钾仅提高了小麦千粒重。依据上年试验结果和本年试验确定 KN-2（改良）、KN-8 为抗干热风效果显著的配方（表 5-54）。

表 5-53　喷施不同制剂对小麦电导率的影响

制剂号	KN-2（改良）	KN-6	KN-8	KH₂PO₄	水
电导率	12.46*	14.65	12.76*	11.92*	16.30

注：＊表示在 0.05 水平上差异显著。

表 5-54　喷施不同制剂对小麦产量及产量结构的影响

处理	穗数 （个/亩）	穗粒数 （粒）	千粒重 （g）	产量 （kg/亩）	增产率 （%）
KN-2（改良）	31.7	28.7*	47.1*	422.4*	8.84
KN-6	31.2	28.5*	46.0	409.2	5.44
KN-8	31.8	28.6*	46.5*	421.8*	8.67
KH₂PO₄	32.1	27.9	46.4*	415.1*	6.97
水	32.1	27.4	44.2	388.1	

注：＊表示在 0.05 水平上差异显著。

（4）抗干热风制剂与同类产品效果比较

试验以决选确定的效果好的 2 个配方 KN-2（改良）、KN-8 与抗旱剂 FA 旱地龙（由新疆汇通旱地龙腐殖酸有限公司生产）、天达 2 116（山东天达生物股份有限公司生产）和磷酸二氢钾进行比较。参试小麦品种为鲁原502。

设5种制剂和清水（CK）喷施共6个处理，重复4次，小区面积20m²。试验地为小麦-玉米一年两熟制典型地块，灌浆期喷施2次（5月4日、5月14日各喷施1次）。药液稀释倍数：KN-2、KN-8稀释500倍；FA旱地龙稀释500倍；天达2116稀释600倍；磷酸二氢钾浓度0.2%；药剂用量每小区7.5kg，人工机动喷雾。6月10日收获，单收单打，统计分析产量及产量结构，以千粒重、产量为主判定配方抗干热风能力。

结果表明：喷施抗干热风制剂显著提高了千粒重与穗粒数，各药剂均比对照增产，产量由高到低依次为KN-8＞天达2 116＞KN-2＞旱地龙＞磷酸二氢钾，增产率7.48%～11.79%（表5-55）。各制剂均能保护细胞膜，降低膜的通透性，达到抗干热风及增产的效果。

表5-55　不同处理对小麦产量和产量结构的影响

处理	穗数 （×10⁴/hm²）	穗粒数 （粒）	千粒重 （g）	产量 （kg/hm²）	增产率 （%）
KN-8	484.5a	33.3a	42.2a	6 807.6a	11.79
天达2 116	484.5a	33.1a	42.4a	6 801.7a	11.69
KN-2	484.5a	32.5b	42.0b	6 607.0b	8.49
KH₂PO₄	484.5a	32.9ab	41.1ab	6 547.5b	7.52
FA旱地龙	484.5a	32.9ab	41.1ab	6 545.0b	7.48
CK	484.5a	31.3c	40.0c	6 089.7c	

注：同一列中小写字母表示在0.05水平上差异显著。

（5）抗干热风制剂最佳使用量试验

采用盆栽试验，盆内径38.5cm，高50cm，将盆埋于大田。每盆土量相同，盆内土与有机肥混合均匀，播前每盆施尿素、重过磷酸钙各4g。10月8日播种，每盆留基本苗30株，越冬期、返青期、拔节期水肥管理相同，麦株生长发育一致。于4月4日每盆统一留茎60个，去除多余茎蘖。各制剂设5个处理，4个浓度梯度，喷清水对照，每盆为一次重复，重复5次，每种制剂共25盆。4月8日在孕穗期第一次喷施制剂。4月22日第2次喷施制剂，2次喷施药剂、方法相同。于4月13日，23日，27日，分别测荧光参数、叶绿素、电导率，6月1日按盆收获，每盆装一袋，单收单打，测产量及产量构成。

①KN-2制剂最佳使用量试验　喷施KN-2制剂试验结果表明

（表 5-56、表 5-57），处理 3、4、5 能不同程度的降低电导率，提高叶片相对含水量、束缚水含量、荧光参数（Fm/Fv）值，能显著增产，千粒重显著提高。因此，喷施 KN-2 制剂的使用浓度为稀释 400～800 倍，以 800 倍最佳。

表 5-56　**KN-2 制剂不同浓度喷施生理指标测定值**（4 月 27 日）

处理编号	处理	电导率	叶片相对含水量（%）	束缚水含量（%）	荧光参数
1	CK	13.97	74.69	14.74	0.763
2	1 000 倍稀释	12.48	71.73	15.16	0.780
3	800 倍稀释	11.38	80.59	17.4	0.799
4	600 倍稀释	11.50	79.03	17.14	0.798
5	400 倍稀释	11.80	73.25	15.93	0.793

表 5-57　**KN-2 制剂不同浓度喷施对产量及产量结构的影响**

处理编号	处理	盆穗数（个）	穗粒数	千粒重（g）	产量（g/盆）	增产率（%）
1	CK	60	30.88	40.65	75.58	
2	1 000 倍稀释	60	31.61	40.68	77.16	2.09
3	800 倍稀释	60	34.55*	46.02*	95.43*	26.26
4	600 倍稀释	60	32.43*	45.51*	88.71*	17.38
5	400 倍稀释	60	32.88	43.79*	86.46*	14.39

②KN-8 制剂最佳使用量试验　喷施 KN-8 制剂试验结果表明（表 5-58、表 5-59），处理 2、3、4、5 能不同程度的降低电导率，提高叶片相对含水量、束缚水含量、荧光参数（Fm/Fv）值，能显著增产，千粒重显著提高。因此，喷施 KN-8 制剂的使用浓度为稀释 400～1 000 倍，以 600 倍最佳。

表 5-58　**KN-8 制剂不同浓度喷施生理指标测定值**（4 月 27 日）

处理编号	处理	电导率	叶片相对含水量（%）	束缚水含量（%）	荧光参数
1	CK	15.91	66.54	16.14	0.787
2	1 000 倍稀释	13.87	75.60	15.30	0.801
3	800 倍稀释	13.13	79.61	18.51	0.791
4	600 倍稀释	11.10	79.92	21.17	0.798
5	400 倍稀释	11.01	73.19	18.41	0.811

表 5 - 59　KN - 8 制剂不同浓度喷施对产量及产量结构的影响

处理编号	处理	盆穗数（个）	穗粒数	千粒重（g）	产量（g/盆）	增产率（%）
1	CK	60.0	32.5	38.24	74.68	
2	1 000 倍稀释	60.0	32.9	42.28*	83.61*	11.96
3	800 倍稀释	60.0	32.15	42.41*	81.79*	9.52
4	600 倍稀释	60.0	33.69	42.6*	86.17*	15.39
5	400 倍稀释	60.0	32.78	42.53*	83.74*	12.13

注：* 表示在 0.05 水平上差异显著。

(6) 结论与讨论

综合配方初选、配方优选、配方验证与决选、与同类产品比较等多组试验结果，表明：KN - 8 制剂既是最好的抗干热风配方，KN - 2 制剂是较好的抗干热风配方。KN - 8 使用浓度为稀释 400～1 000 倍喷雾，以 600 倍最佳；KN - 2 使用浓度为稀释 400～800 倍喷雾，以 800 倍最佳。喷施时期与次数均为灌浆期喷施次数以 2 次为佳。由于该产品具有多功能特性，所以在抽穗前其他时期也可以使用。

5.6　玉米带耕沟播节水节肥种植模式与配套机具研究

5.6.1　玉米带耕沟播种植模式研究

近年来，在小麦-玉米一年两作种植区中，明显存在许多不足：一是麦留高茬、硬茬播种，为害虫滋生创造了良好的栖息环境（马继芳，2012；张战备，2015）；二是等行距或小宽行种植，田间通风透光不良（邹吉波，2006；王敬亚，2009；崔晓朋，2013）；三是灌水周期长、灌水时效性差；四是"一炮轰"施肥方式虽能满足养分的总量控制，却不能满足作物不同生育时期对养分的需求（杨俊刚，2009）。因此，深入分析制约小麦-玉米一年两作粮食生产的关键所在，大胆创新种植模式（乔志录，2008；何萍，2010；李淑金，2014；赵培芳，2015；黄大海，2015；薛玉海，2015），改善粮食生产条件，增加艺机融合度，对提高作物单产，降低生产投入，促进农民增产增收，确保山西省粮食安全，具有十分重要的作用和意义。

垄作沟灌模式在我国干旱与半干旱地区作为重要的集雨抗旱模式而备

受重视（李国华，2009；方彦杰，2010；王红丽，2013）。王俊鹏等（1999）研究表明，在宁南旱作区采用垄沟微集雨种植模式可以改善土壤供水能力和水分利用效率。此外，众多学者在垄沟不同宽度的集雨种植效果（王琦，2004；王晓凌，2009）、起垄覆膜与不覆膜集雨种植效果（任小龙，2007；李儒，2011）等方面进行了研究报道。但是，关于在井灌区既能缩短灌水周期、提高灌水效果，又能实现全程机械化轻简管理的种植模式创新研究相对较少。为了便于玉米生产的机械化作业，本研究设计了不同带宽的带耕沟播模式进行田间试验，只对种植带（窄带）进行耕作沟灌，宽带区免耕或休耕免灌，研究其灌水时效性和增产效果，为实现该模式玉米全程机械化轻简栽培提供科学依据。

（1）试验设计

本试验于 2015 年在山西省农业科学院棉花研究所杨包试验农场进行，前茬作物为冬小麦，土壤为壤土，有机质含量为 11.03g/kg，全氮 0.64g/kg，全磷 1.28g/kg，速效钾 249mg/kg，pH 7.5。试验共设 4 个处理，其中，MS Ⅰ，MS Ⅱ，MS Ⅲ为带耕沟播模式，CK 为常规模式，每处理 3 次重复，采用随机区组排列。为便于管理，带耕沟播模式采用大区设计，每区 333m² （22.2m×15m），区中无田埂。5 叶期统一留苗为 6.45 万株/hm²。常规对照畦宽 2.5m，畦内 60cm 等行距种植 4 行。MS Ⅰ，MS Ⅱ，MS Ⅲ播种时使用起垄机形成底宽 60cm、两侧高 25cm 的播种沟。各处理设计及耕作方式如表 5 - 60、图 5 - 10 所示。

表 5 - 60　不同处理株行距设计（cm）

处理	窄行（种植）	宽行（休耕）	株距
MS Ⅰ	30	150	17.2
MS Ⅱ	30	170	15.5
MS Ⅲ	30	200	13.5
传统模式（CK）	60	60	24.8

各小区于 6 月 13 日、7 月 16 日、7 月 23 日和 8 月 14 日统一进行灌溉，记录每次灌水时间，并测定灌水量（出水量按 40m³/h 计算），计算灌溉水利用效率和灌溉效率。灌溉水利用效率（kg/m³）＝籽粒产量/灌溉量；灌溉效率（hm²/天）＝24h 灌溉面积。玉米成熟时，每小区选 5 点，每点选择长势均匀一致的连续 5 株，考种测定生物学产量、籽粒产量、穗长、穗轴粗、秃尖长、单穗粒质量、千粒质量。

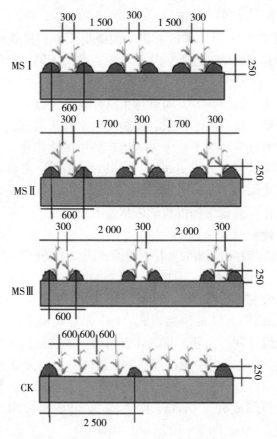

图 5-10　不同种植模式示意图

（2）结果与分析

①不同种植模式对玉米穗部性状的影响　从表 5-61 可以看出，不同处理对于穗部性状的影响主要表现在千粒质量上，而对于穗长、穗轴粗、

表 5-61　不同处理玉米穗部性状

处理	千粒重 （g）	穗粒数 （粒/穗）	穗粒质量 （g）	秃尖长 （cm）	穗长 （cm）	轴粗 （mm）
MS I	411.3a	551.9a	226.8a	0.8b	18.9a	24.3a
MS II	380.3a	527.0a	200.7a	1.0ab	18.2a	23.0a
MS III	332.9b	512.0a	170.1b	1.2a	17.1a	22.6a
传统模式（CK）	380.7a	520.8a	198.1a	1.0ab	18.1a	24.3a

注：同列不同字母表示在 0.05 水平上差异显著。

秃尖长、穗粒数、穗粒质量的影响不显著。MS I 的千粒质量分别比 MS II，MS III 和 CK 提高了 8.15%，23.55% 和 8.04%，MS III 的千粒质量显著低于其他处理。

②不同种植模式对玉米产量的影响　不同带宽模式的地上部生物学产量及产量由高到低依次皆为 MS I ＞ MS II ＞ CK ＞ MS III（图 5 - 11）。MS I，MS II，MS III 玉米籽粒产量分别比对照增产 14.5%，1.4% 和 －13.8%。MS I，MS II，MS III 地上部生物学产量分别比对照提高了 1.8%，－4.8% 和 －20.4%。从以上分析可以看出，带宽 230cm 的 MS III 产量和地上部生物学产量均显著低于对照。当带耕沟播模式的休耕带宽为 150cm 时，田间通风透光好，产量和地上部生物学产量最高；当休耕带宽达到 170cm 时产量和地上部生物学产量与传统模式差异不显著。

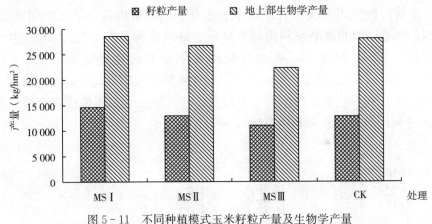

图 5 - 11　不同种植模式玉米籽粒产量及生物学产量

③不同种植模式的灌溉效率分析　灌溉效率在本研究中定义为 24h 灌溉的耕地面积，在实际应用中具有重要的意义。每年的 7 月至 8 月，运城地区夏玉米进入开花灌浆期，而此时正是伏旱时期，高温干旱同时对玉米构成胁迫（"卡脖旱"），如果不及时补灌会影响玉米抽雄吐丝，导致减产严重。从图 5 - 12 可以看出，带耕沟种模式灌溉效率均显著高于传统漫灌模式。8 月 14 日为夏玉米大喇叭口期和抽雄吐丝期（需水关键期），此时传统漫灌模式灌溉效率为 0.55hm²/天，MS I，MS II，MS III 灌溉效率分别比对照提高了 164.9%，194.3% 和 238.5%。从整个生育期灌溉效率比较，MS I，MS II，MS III 灌溉效率分别比对照提高了 155.5%，183.8% 和 226.6%。

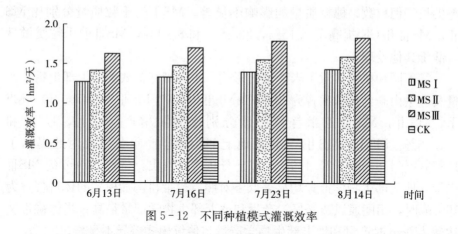

图5-12 不同种植模式灌溉效率

④不同种植模式对灌溉水利用效率的影响 从图5-13可以看出，3种带耕沟种模式灌溉水利用效率和水分利用效率均高于常规漫灌模式。MSI，MSII，MSIII灌溉水利用效率分别比对照提高了192.5％，187.6％和181.2％。MSI，MSII，MSIII水分利用效率分别比对照提高了122.5％，109.6％和92.8％。在本研究条件下，最优耕种模式为MSI，其灌溉水利用效率和水分利用效率分别达到4.21kg/m³，2.55kg/m³，而传统漫灌模式灌溉水分利用效率和水分利用效率仅为1.43kg/m³，1.14kg/m³。

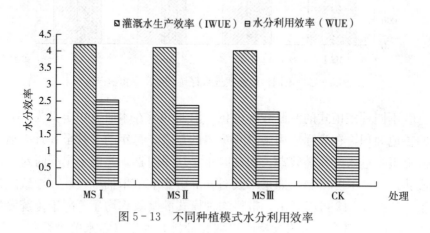

图5-13 不同种植模式水分利用效率

(3) 结论与讨论

本研究创新的玉米带耕沟播种植模式，以光、水、肥等多因素综合互作高效为核心，通过带耕打破了常规模式的麦留高茬、硬茬播种的传统，使小麦-玉米一年两作土地通过大宽垄得以局部休闲；通过沟灌改变了传统大水漫灌方式，缩短了灌水周期、提高了灌水时效性，可以保证大面积灌到玉米需水临界期，显著提高区域产量。

综合以上分析，适宜的带耕沟种模式，如 MSI（30cm＋150cm）可以提高灌溉效率、灌溉水利用效率和水分利用效率，在生产应用中具有重要意义。另外，本技术模式可以通过双行沟播，实现底肥集中深施、集雨抗旱；通过宽行近株，实现通风透光增密、全程机械管理；通过"一喷三防"实现健株抗逆、病虫害综合防治。

5.6.2　玉米带耕沟播模式配套机具研制

随着社会的发展，农业劳动力成本不断加大，要提高农业效益和农民的收入，必须简化农业技术，实现农艺技术与农机技术有机融合，简化农业生产环节，降低生产成本，提高劳动生产效率，才能使一项新技术有生命力很快被农民接受而广泛推广，提高了农业种植效益。玉米带耕沟播是一个新的水肥高效种植模式，没有现成的适用机具，为此笔者开展了配套机具研制。

（1）玉米三垄两沟条带沟播耧的研制

该机具与 80 马力[①]以上拖拉机配套使用，采用全悬挂型作业，结构合理，生产效率高。主要用于玉米三垄两沟条带沟播种植模式，集旋耕、开沟、沟内集中施肥、沟内双行播种等功能于一体，形成新的种植模式——"三垄两沟，一沟双行"模式。

主要参数　外形尺寸 1 100mm×2 000mm×1 200mm；结构质量约250kg；挂接方式为全悬挂式；作业行数 4 行（3 垄 2 沟、每沟 2 行）；行距 45cm×60cm×45cm；垄宽 50cm；垄高 25cm；耕作宽度 1.5m；作业速度 0.4～0.8km/h；生产率 6～12 亩/h。

主要功能　一是将传统的"一畦 4 行、等行距平播"种植模式变为"三垄两沟，一沟双行"模式，使常规一畦 4 行大水漫灌方式，可变为双行沟灌，不仅可大量节约灌溉用水，而且可大幅缩短灌水周期；二是集旋耕、开沟、施肥、播种于一体，使其功能协调。

技术方案　一是在传统旋耕装置后，按照播种行距、垄距要求，设置2 个开沟器，形成"三垄两沟"。二是将施肥腿设置在开沟器后的中间位置，将肥料集中施于沟内；三是将玉米精播耧的种子腿设于施肥腿的两

---

① "马力"为非法定计量单位，1 马力＝375W。——编者注

侧，实现"沟内双行"播种；四是施肥斗和种子斗采用链条通过地轮传输的动力来拨动转轮，实现定量施肥和精量播种。

(2) 玉米带耕沟播耧和玉米垂直旋耕集中施肥双垄沟播耧的研制

①玉米带耕沟播耧　该机具与 404 四轮拖拉机配套使用，采用全悬挂型作业，体积小，结构合理。可满足玉米"带耕沟播"新模式的播种需求，实现了条带旋耕、开沟起垄、集中施肥、沟内双行精播的多功能一体化，简便易行。

主要参数　该机具外形尺寸 1 200mm×900mm×1 200mm；结构质量约 300kg；作业行数 1 沟 2 行；播种行距 40～50cm；起垄底宽 40～50cm；垄高 25cm；耕作宽度 70～80cm；作业速度 1～1.5km/h；生产率 4～5 亩/h。

主要功能　一可将传统的"一畦四行、等行距平播"模式变为"一沟双行、带耕沟播，沟内窄行近株，沟间宽行免耕"模式；二可通过条带耕作灭茬，破坏害虫滋生条件，降低害虫为害程度；三可通过宽行免耕，实现土地适度休闲；四可通过开沟播种，变传统漫灌为条带沟灌，显著缩短灌水周期，大量节约灌溉用水，大幅提高灌水效率；五可通过大宽行免耕休闲带满足玉米中耕、除草、追肥、培土和病虫草害综合防控等田间作业的全程机械化作业。

技术方案　一是采用 90～100cm 宽的常规旋耕装置进行条带旋耕，后设开沟器开沟起垄；二是采用常规施肥斗，通过地轮链条带动肥料斗的拨动转轮，进行定量施肥；三是施肥腿设于开沟的中间位置，并使出肥口深入土壤 8～10cm 深（可调节深度），使肥料能集中施于沟内；四是采用常规玉米播种装置，在施肥腿的两侧各设一种子腿，间距 40～50cm（可调节），实现"一沟双行"精量播种。

②玉米垂直旋耕集中施肥双垄沟播耧　玉米垂直旋耕集中施肥双垄沟播耧是玉米带耕沟播耧的改进型机具，仍与 404 四轮拖拉机配套使用，能实现"开沟起垄垂直旋耕、底肥均匀集中深施、双行沟播"等多功能一体化（图 5-14）。

主要参数　配套动力 35 马力以上，外形尺寸 1 100mm×700mm×1 500mm，结构质量约 150kg，挂接方式为全悬挂式，作业带数 1 条，作业宽度 1.0 m，行距 30 cm，作业速度 0.3～0.5km/h，生产率 4～7 亩/h。

主要功能　一可实现玉米"沟播滴灌"或"沟播沟灌"等不同灌溉模式的机械化播种，且通过一次作业，实现垂直深层旋耕、肥料分散深施、开沟播种等多项功能，将传统玉米种植模式的大水漫灌变为沟（滴）灌，

图 5-14 玉米垂直旋耕集中施肥双垄沟播耧

缩短灌水周期，提高灌水时效性，大量节约灌溉用水，提高灌水效率。二可通过垂直旋耕破坏种植带部分害虫的栖息环境，减轻虫害发生程度。三可通过深旋土壤，改善土壤环境，提高土壤通透性和蓄水纳墒能力，增强玉米的抗旱能力。四可改常规局部集中或表层分散施肥方式为随垂直深旋而集中立体分散施肥方式，诱导玉米根系下扎，促进玉米根系生长，提高玉米的抗倒伏能力。

技术方案 一是通过将常规水平旋耕装置变为间断叶轮式垂直旋耕装置，实现新模式下沟内玉米窄行间宽 20cm、深 20～30cm 的土壤得到垂直旋耕疏松；二是通过将输肥管导入垂直旋耕装置，将底肥通过垂直旋耕均匀施入窄行中间区域；三是通过设置播深平衡装置控制玉米播深。

田间测定内容包括：垂旋松土宽度与深度、开沟宽度与深度、起垄的高度与宽度、播种行距与位置、播量与播深的均匀度以及机械功能的协调性（图 5-15）。

(3) 玉米多功能中耕施肥培土机的研制

玉米多功能中耕施肥培土机（图 5-16）同样采用全悬挂型作业，可与 50 马力 404 小四轮拖拉机配套使用，具有体积小，结构合理等优点，是玉米带耕沟播装置模式的配套机具之一，可一次完成"中耕、除草、追肥、培土"等多项田间管理功能，可用于玉米任意生长时期的机械化田间管理。

主要参数 配套动力为 504（50 马力四驱）带动力输出拖拉机，外形尺寸 1 000mm×1 200mm×1 000mm，结构质量约 150kg，挂接方式为全悬挂式，作业宽度 120cm，施肥行数 2 行，作业速度 1.5～2.0km/h，培

图 5 - 15　玉米垂直旋耕集中施肥双垄沟播耱田间作业

图 5 - 16　玉米多功能中耕施肥培土机

土高度 15～20cm。

主要功能　一是与玉米"带耕沟播"种植模式配套，实现玉米田间中耕、除草、施肥、培土等多种功能一体化，降低了劳动力投入，提高了生产效率。二是变传统玉米种植的"一炮轰"施肥方式为玉米生长期内任意时期根际追施，满足了玉米不同生育期的养分需求，减少了肥料的浪费，提高了肥料利用率。三是在根际定向追肥的同时进行根际培土，实现物理抗倒，取代化学调控抗倒，减少化学调控剂的田间投放。四是可结合追肥等作业，以玉米田间机械除草取代化学除草，减少化学除草剂的使用。

技术方案　一是针对目标行距设定旋耕装置宽度；二是在中耕除草旋耕装置上配套玉米施肥装备，将两施肥腿设于旋耕装置的后方两侧，间隔

120～130cm，使肥料能够追施于两窄行玉米的外侧根际，距玉米根茎15～20cm，施肥深度8～10cm；三是设置活动式分土培土装置，其能上下调整和自由张合，以满足培土位置、培土量的合理需求。

田间测定内容包括 玉米多功能中耕施肥培土机的施肥深度、施肥位置、土壤细碎度、培土位置、培土高度、培土量以及机械功能的协调性等。

(4) 玉米多功能田间喷药机的研制

该机具（图5-17）与404带动力输出的小四轮拖拉机配套，主要由牵引装置、主支架、喷药泵、配药桶、喷雾装置（喷雾支架和多向组合喷嘴）等组成，可大幅度提高喷药效率，减少人工投入，降低生产成本。

图5-17 玉米多功能田间喷药机

主要参数 配套动力小四轮、小三轮、手扶拖拉机皆可，外形尺寸1 000mm×2 500mm×2 200mm，结构质量约80kg（不含药液），挂接方式为牵引式，作业行数4行，窄行30～40cm，宽行1 700cm，作业宽度2.5m，作业速度0.5～1km/h，生产率：3～6亩/h，每公顷耗时2.5～5h。

主要功能 一是可调式喷雾装置能够满足玉米不同生育时期不同株高时的需求可在玉米任意生长发育阶段开展田间机械喷雾作业；二是立杆喷雾与横杆喷雾的随意转换功能，扩大了该喷药机具的功能面，使其不仅可用于本项目涉及的玉米带耕沟播种植模式，还可用于小麦等多种作物的病虫草害的冬、春季田间喷雾防治等；三是多重药液过滤方式，满足了喷头较多、喷药量小、雾化程度高等对过滤程度的要求；四是多向喷嘴能够使雾化药液按照不同目标进行定向喷雾，或者遍及玉米全株叶片的上下面，提高玉米叶片对药液及肥液的承接量，减少药液洒落地面，或者均匀喷洒于目标地面，减少药剂向周围空中扩散弥漫，通过定向均匀喷雾，提高药效和肥效，降低药液对生态环境以及人身安全的影响，确保喷药作业人员的健康安全。

技术方案 一是通过设置竖向可折叠式喷雾装置，实现玉米定位喷雾；二是通过竖向横向随意转换式喷雾装置，实现功能扩展，可用于小麦、玉米、等多种作物；三是采用多重过滤装置避免喷嘴堵塞；四是在喷嘴支架上设置可移动喷嘴，可随玉米株高调整喷药部位，控制喷嘴数量和方向，实现定向、安全、高效喷雾。

5.7 小麦、玉米不同种植模式高产高效集成栽培技术规程

5.7.1 运城盆地小麦-玉米轮作两晚两增栽培技术规程

(1) 适用范围
适于运城盆地水浇地小麦-玉米一年两熟区。

(2) 小麦栽培
①品种选择 选用通过国家黄淮北片审定、山西南部审定或相同生态区审定引种备案的半冬性或半冬性偏冬性小麦品种。以广适耐播期品种为骨干品种，搭配其他高产或优质品种。骨干品种选择：济麦 22、品育 8012、山农 28、良星 99 等；搭配品种选择：晋麦 84 号、山农 30、烟农 1212、济麦 23、舜麦 1718 等。

②种子处理 种子包衣处理或药剂拌种，预防土传、种传及苗期锈病、纹枯病、白粉病、黑穗病、全蚀病、根腐病、麦红蜘蛛、小麦蚜虫以及地下害虫。常用吡虫啉＋戊唑醇包衣或拌种。具体方法是：用 60％高巧悬浮种衣剂 20mL，6％戊唑醇·立克秀悬浮种衣剂 10mL，对水 200～250mL 混合均匀，配成包衣液，将 12.5kg 小麦种子摊在塑料薄膜上（也可用大塑料盆），将配好的包衣液分两次均匀洒在小麦种子上，搅拌均匀，在阴凉处摊开，晾干 12 个小时后再播种。也可用手动或电动包衣机包衣。

播前晒种 1～2 天，提高发芽率和发芽势。

③秸秆优质还田 玉米收获后，用秸秆粉碎机低挡位田间作业，残茬高度≤8cm，茎秆切碎长度≤10cm，均匀抛撒。深翻或旋耕至 15cm 土层直接还田。

④底肥与整地 整地前每 666.7㎡ 施用充分腐熟有机肥 2 000～3 000kg

或精制有机肥 150～200kg，麦玉两作施用相当于纯磷（P_2O_5）16～18kg 的磷肥，施用相当于纯钾（K_2O）2～3kg 的钾肥，施用小麦季全部或小麦季全部氮肥的 70%左右即相当于纯氮（N）10～12kg 的氮肥，使碳氮比由 55～65：1 调节为 25～30：1，肥料随深耕、或深松＋旋耕、或旋耕施入土壤（底化肥也可以在播种时用施肥播种联合作业播种机随播种施入土壤）。深耕或深松每隔 2～3 年进行一次，深耕深度不少于 25cm，深松深度不少于 30cm，旋耕深度 12～15cm，深耕、旋耕后耙压 2 遍。

⑤足墒播种　小麦播前耕层土壤相对含水量不足 70%时灌底墒水，每 666.7m² 灌水量 40～50m³。耕层土壤相对含水量 75%～80%时不需要浇水，玉米秸秆翻压后，用镇压器多压几遍。

⑥播期播量

播期　小麦适播期的平均气温为 16～18℃。由于气候变暖，现阶段运城麦区小麦应适度晚播，以 10 月 12 日至 10 月 25 日为宜。

播量　适度晚播播期内每 666.7m² 播量为 11.5～15.0kg，适度晚播播期外每推后 1 天，增加播量 0.5kg。

⑦播种方法　采用机械条播或宽幅条播，机械条播行距 14～20cm；宽幅条播行距 22～27cm，播幅 7～10cm；播深 3～5cm；播种时随播镇压。播种后再用镇压器镇压 1 遍。

⑧冬前管理

浇越冬水　10 月 12—20 日播种的麦田，小麦 3 叶期开始到昼消夜冻时浇越冬水，每 666.7m² 灌水量为 30～40m³；10 月 20 日以后播种的麦田免浇越冬水。

冬前化学除草　小麦 3～5 叶期，日均气温不低于 6℃的晴天进行冬前麦田化学除草，避开未来 3～5 日急剧降温及大风与雨雪气候。阔叶杂草为主的麦田杂草，可用 75%巨星干悬浮剂 1g/亩或 10%苯磺隆可湿性粉剂 15g/亩，兑水 30kg 喷雾防除；禾本科杂草为主的麦田杂草，如野燕麦、看麦娘等可用 6.9%精噁唑禾草灵水乳剂 60～70mL/亩，兑水 30kg 喷雾防治；阔叶与禾本科杂草混生的麦田杂草，可每亩用 3.6%甲基碘磺隆钠盐·甲基二磺隆水分散粒剂 20mL 兑水 30kg 均匀喷雾；节节麦可用 3%甲基二磺隆乳油 30mL/亩，兑水 30kg 喷雾防治。化学除草应严格按照说明书要求使用，并特别注意以下几点：一是除草剂不得重复使用、不得轮换使用、不得与其他除草剂或农药等混合使用；二是要严格按照说明书掌握用药量，并采取二次稀释法与水充分混匀；三是要按说明严格掌握用药时期，拔节后严禁化学除草；四是要一次喷匀喷透，不重喷，不漏喷，严禁草多处多喷；五是要选土壤墒情好、晴朗无风时喷雾；六是要注意用药后 3 天不能浇水，田间无积水。

⑨春季管理

追肥灌水　小麦返青至起身期，日均气温达 3～5℃时灌春水，每666.7m² 灌水量 50～60m³，结合灌水追施相当于纯氮（N）3.0～5.0kg的化肥。

化控防倒　对旺长麦田或株高偏高品种，于起身期每 666.7m² 用20%壮丰安乳油 30～40mL，兑水 30～50kg 叶面喷施。

病虫害防治　返青期至拔节期，以防治麦蜘蛛、纹枯病、根腐病为主，兼治小麦白粉病、锈病。麦蜘蛛防治：结合浇水振动麦秆，降低虫口密度；当虫口密度达到每米² 单行 600 头时，用 15%哒螨灵乳油 3 000倍液或 0.9%阿维菌素 3 000 倍液或 20%扫螨净可湿性粉剂 3 000～4 000倍液喷雾防治。纹枯病防治：当病株率达到 10%～15%时，每666.7m² 用 20%三唑酮乳油 50ml 或 25%烯唑醇可湿性粉剂 50～60g，兑水 40～50kg 喷雾防治；或用 5%井冈霉素 150～200g 兑水 70～80kg，50%多菌灵可湿性粉剂 1 000 倍液喷雾防治。上述药剂连喷 2 次，每次间隔 7～10 天。

春季除草　冬前没防除杂草或春季杂草较多的麦出，返青期至拔节前，日平均温度在 10℃ 以上时中耕除草或化学除草，小麦拔节后只能采用人工拔除杂草，禁止使用化学除草。化学防除方法同越冬前。

预防春季冻害　4 月上中旬，遇低温灾害应根据天气预报提前采取灌水、喷施植物抗低温制剂（抗低温叶面肥类、植物生长调节剂类）以及烟熏等措施预防冻害。发生冻害的麦田应及时灌水追肥，每 666.7m² 追施尿素 5～10kg 或喷施叶面肥、植物生长促进剂等，促小蘖变大蘖。

⑩后期管理

灌水　小麦开花至灌浆初期期灌水，每 666.7m² 灌水量 40～50m³。

一喷三防　小麦齐穗期，每 666.7m² 用 50%多菌灵可湿性粉剂（或50%甲基硫菌灵可湿性粉剂 75～100g）、10%吡虫啉 10～15g、磷酸二氢钾 100～150g（或抗干热风制剂 100mL），兑水 50kg 叶面喷施，起到防赤霉病、蚜虫、吸浆虫、干热风等"一喷三防"（防病、防虫、防干热风）的作用，连续喷 2～3 次，每次间隔 7～10 天。

⑪收获　蜡熟末期及时用联合收割机、或小型收割机收割收获，留茬高度≤15cm。其长相为小麦茎秆全部变黄，叶片枯黄，茎秆尚有弹性，籽粒含水量 22％左右，籽粒颜色接近本品种固有光泽、籽粒较为坚硬。联合收割机后部加装小麦秸秆切碎还田机，或用单独的秸秆粉碎机切碎秸秆；秸秆切碎长度越碎越好，均匀抛撒在地面。

(3) 夏玉米栽培

①选择中晚熟品种　选用通过国家审定或山西省南部复播区审定、或相同生态区引种备案的玉米杂交种。由选用生育期为 85～100 天的中早熟品种改生育期为 100～115 天的中晚熟品种。如大丰 30、大丰 133、运单 66、正大 16、郑单 958 等。

②种子处理　用 5.4％吡·戊玉米种衣剂包衣，控制苗期灰飞虱、蚜虫、粗缩病、丝黑穗病和纹枯病等；用辛硫磷、毒死蜱等药剂拌种，防治地老虎、金针虫、蝼蛄、蛴螬等地下害虫。种衣剂及拌种剂的使用应按照产品说明书进行。

③抢时精量直播　小麦收获后采用硬茬抢时精量直播，播期一般不迟于 6 月 20 日。为保证质量调整好播种机至要求的密度和播深，随时检查播种效果，对达不到播种出苗墒情的地块，播种后及时灌水。

④增加密度　将生产密度由 3 800 株/亩左右增加到 4 500 株以上。

⑤浇好关键水　及时浇好拔节水、卡脖水、灌浆水。具体时间为 6 月 26 日至 7 月 5 日浇拔节水，7 月 20 日至 7 月 28 日浇卡脖水，8 月 15 日至 20 日浇灌浆水。

⑥病虫草害综合防治　选用包衣种子防治地下害虫和玉米丝黑穗病，玉米现行后喷施高效氯氰菊酯和吡虫啉复配剂喷 2～3 次，防治蚜虫、灰飞虱，预防病毒和粗缩病发生。

玉米播后出苗前除草，每 666.7m² 用 50％乙草胺乳油 100～120mL 兑水 30～50kg 或 40％乙莠水悬浮乳剂 200mL 兑水 50kg 喷于地面；苗后早期（玉米 1～4 叶期）每 666.7m² 可选用 23％烟密。莠去津 100～120mL，或 38％莠去津悬浮剂 100mL＋4％烟嘧磺隆悬浮剂 100mL。

防治玉米螟于玉米心叶末期（大喇叭口期）用玉米螟专用颗粒剂或用 40％辛硫磷乳油 0.5kg 兑水 5kg 拌炉灰渣制成颗粒剂，每 666.7m² 撒施 3.5kg 于玉米心内。也可用 1.5％辛硫磷颗粒剂 0.5kg 拌细沙 5～6kg 制成毒土，每 666.7m² 施 4～5kg 进行防治。

蚜虫用 40％氧化乐果 1 500～2 000 倍液、50％辛硫磷乳剂 1 000 倍液、2.5％高效氯氰菊酯乳油 1 000～2 000 倍液喷洒防治蚜虫。

黏虫每 666.7m² 用 40％辛硫磷乳油 75～100g 兑水 4～5kg，拌沙土 40～50kg 扬撒于玉米心叶内；虫口密度达每百株 30 头以上时，每 666.7m² 可用 4.5％高效氯氰菊酯 50mL 兑水 30kg 或用 5％甲氰菊酯乳油、5％氰戊菊酯乳油、2.5％高效氯氟氰菊酯乳油 1 000～1 500 倍液喷雾防治。

⑦化控防倒　玉米 7～11 叶期，喷施玉黄金（30％胺鲜酯·乙烯利水剂）玉米化控剂，每 667m² 用量 20～30mL，兑水 30kg 喷施。

⑧合理施肥　硬茬播种机能种、肥分离的，玉米播种时将相当于纯氮（N）5～7kg、纯钾（K₂O）2～3kg 的复合肥和锌肥（ZnSO₄）1～1.5kg 作为种肥在播种时一并施入。种肥要和种子隔行施用，肥料行与种子行距以 15cm 左右为宜，施肥深度 8cm。

硬茬播种机施入种肥的，玉米拔节期每 666.7m² 根际追施相当于纯氮（N）4～5kg 的化肥；玉米大喇叭口期每 666.7m² 根际追施相当于纯氮（N）10～13kg 的化肥。

硬茬播种机不能种、肥分离的，玉米拔节期将相当于纯氮（N）7～9kg、纯钾（K₂O）14.4～18kg 的复合肥和锌肥（ZnSO₄）1～1.5kg，沿幼苗一侧开沟深施（15～20cm）；玉米大喇叭口期追施相当于纯氮（N）11～13kg 的氮肥。

⑨适时晚收　推迟玉米收获，在玉米完熟期即籽粒乳线基本消失，籽粒基本黑层出现后（苞叶发黄松散后 7～10 天）适时进行机械收获。目前夏玉米收获普遍偏早，玉米晚收 10 天，每亩可增产 50kg。

5.7.2　玉米带耕沟播沟灌高效种植技术规程

①适用范围　山川及盆地玉米种植区。

②选用优种　选用株型紧凑、增产潜力大、耐密植或中密度的包衣优种：大丰 30、大丰 133、郑单 958、晋单 82、晋单 64 等。

③抢时早播　在麦收后抢时早播。采用起垄沟播，宽窄行种植，宽行 160cm，窄行 40cm，株距 23～25cm，播种深度 4～5cm；播量 2.5kg/亩。

④间苗定苗　幼苗 3 叶期间苗，4～5 叶时定苗，每亩留苗 4 200～4 500 株。

⑤有效灌水　播后及时浇水，保证一播全苗；拔节期如遇干旱，可于 5～6 叶时浇水；大喇叭口期浇好孕穗水；浇好抽雄开花水，浇好灌浆水

（两水）。每次每 666.7m^2 浇水量 20～30m^3。

⑥平衡施肥 在增施有机肥的基础上，应遵循"前轻、中重、后补"的原则，通过"集中施肥，底肥重磷，追肥重氮，补锌增钾"实现平衡施肥，由此提高肥效，稳长抗倒，做到苗期不徒长，后期不脱肥。

施肥量 目标产量为每 666.7m^2 800～850kg 的，每亩施纯 N 25kg、P_2O_5 12kg、K_2O 14kg、Zn 2.5kg；目标产量为 750～800kg/亩的，每亩施纯 N 23kg、P_2O_5 10kg、K_2O 12kg、Zn 2kg；目标产量为 750kg/亩的，每亩施纯 N 20kg、P_2O_5 8kg、K_2O 10kg、Zn 1.5kg。

施肥方法 氮肥总量的 20%、磷肥和钾肥采用玉米带耕沟播耧一次集中施入窄行内；氮肥总量的 50%于大喇叭口期追施，30%于灌浆期追施。锌肥可与磷钾肥一起底施，也可于苗期至拔节期每亩采用 0.1%硫酸锌溶液 50～75kg 叶面喷施，每隔 7 天，连喷两次（浓度超过 0.4%时，则会出现肥害）。为避免后期脱肥，每 666.7m^2 可用 1%～2%尿素与 0.4%～0.5%磷酸二氢钾混合液 70～100kg 叶面喷施。

⑦中耕培土 在玉米拔节前，采用"玉米中耕除草追肥培土一体机"在宽行结合追肥进行中耕除草和培土。

⑧综合防治

包衣拌种 玉米种子包衣药剂或拌种剂包含多种杀菌剂和杀虫剂，对多种病虫害皆有良好防效。尽量选种包衣优种。

病虫防治 地下害虫防治：一是 6 叶期前防治二点委夜蛾和小地老虎幼虫：可每亩用 2%阿维菌素 50mL＋吡虫啉 20～30g 顺垄喷撒药液，或用喷头直接喷根茎部，毒杀大龄幼虫；二是毒饵诱杀，用甲基异柳磷或辛硫磷＋菊酯类 0.5kg，拌棉仁饼粉或麦麸 50kg，兑水到可握成团制成毒饵，于傍晚顺垄撒于经过清垄的玉米根部周围，不要撒到玉米上。

蚜虫、蓟马、黏虫、棉铃虫防治：当百株蚜虫 30 头时或蓟马危害株率达 10%时，可用 2.5%高效氯氢菊酯每亩 50mL 加 25%吡虫啉 10g 或 2.5%氟氯氰菊酯 50mL 加 40%毒死蜱 30mL 兑水 30kg 进行喷雾，兼治黏虫、棉铃虫。

红蜘蛛、一代玉米螟、黏虫防治：在玉米 3～5 叶期每亩采用 8%咽嘧磺隆 80mL＋56%二甲四氯钠 120g，同时每亩加 60～70mL 阿维·高氯乳油，防治田间杂草及红蜘蛛、一代玉米螟、黏虫、地老虎、棉铃虫等麦田残存害虫。玉米螟防治：当心叶期或抽雄前后（大喇叭口期）花叶率达 10%时，每亩可用 3%辛硫磷颗粒剂 3kg 丢心防治玉米螟；也可用 1.5%

辛硫磷颗粒剂每亩 0.5kg 拌细沙 5～6kg 制成毒土，每亩施 4～5kg；或用 50％辛硫磷乳剂 1 000 倍液滴心、喷叶腋、雄穗苞和果穗。

大斑病、小斑病防治　可用多菌灵可湿性粉剂 500 倍液，或用 50％甲基硫菌灵可湿性粉剂 500 倍液，或用 75％百菌清可湿性粉剂 500～800 倍液，每隔 7 天喷施 1 次，连喷 2～3 次。

⑨适时晚收　可将玉米收获时期由传统模式的 9 月下旬～10 月上旬推迟到冬季休闲季节（11 月下旬～1 月上旬），适度延长玉米收获时期，让玉米充分成熟，提高粒重，增量保质。

5.7.3　旱地冬小麦应变伏雨年型栽培技术

（1）适用范围

适用于晋南旱地小麦生产应用。

（2）播前准备

①选地　选择地势平坦，坡度小于 15°，有机质 9g/kg、全氮 0.7g/kg、有效磷 10mg/kg、速效钾 100mg/kg 以上中等肥力地块。

②整地　小麦收获后，采用高茬覆盖，保护性耕作。土壤耕作采用隔年深松技术，深松 30cm 以上，深松时间 7 月上旬；休闲期若有杂草发生，喷施化学除草剂防除杂草。

③量雨施肥　结合整地每 666.7m² 施用腐熟的有机肥 2 000～3 000kg 或商品有机肥 100～150kg。氮、磷施肥依据伏雨年型按表 5-62 应变施用。若生育期遇雨，降水达到平年或丰年水平，依表 5-62 春季追肥补足。

表 5-62　不同降水年型与施肥量

伏雨年型	纯 N 用量 （kg/亩）	P₂O₅ 用量 （kg/亩）	N：P₂O₅ 比例
干旱年	6.0～7.2	6.6～7.9	1：1.10
平水年	8.0～9.8	7.8～9.5	1：0.97
丰水年	9.5～11.3	8.9～10.6	1：0.94

④品种选择　选用分蘖力较强、增产潜力大、抗旱性好、抗病性强、抗倒伏，通过国家或山西省农作物品种审定委员会审定的适宜在本地区旱地种植的小麦品种。南部中熟冬麦区宜选用冬性或半冬性品种。目前，南部中熟冬麦区露地栽培选用适宜推广的品种有运旱 805、运旱 102、运旱

115、运旱 20410、临丰 3 号等；地膜小麦品种适宜推广运旱 618、晋麦 79、运旱 20410 等。

⑤地膜选择　地膜覆盖小麦塑料薄膜选择应符合相应标准的规定，聚乙烯膜应符合 GB 13735 的规定。宜选择宽 400mm、厚 0.008～0.01mm 的地膜。

⑥播种机选择　采用通过国家或省级农机部门鉴定的具有推广许可证的旋耕播种镇压机、或旋耕覆膜播种镇压机具。

（3）播种

①种子处理　选择对靶标活性强的农药进行种子包衣处理或药剂拌种。种子包衣按照 GB 15671 的规定执行，药剂拌种按照 GB/T 8321（所有部分）的规定执行。拌种建议用吡虫啉＋戊唑醇拌种。

②播期播量　应变伏雨年型确定播期播量，平水年、丰水年按照最佳播期播量播种，干旱年因雨期定播期、按播期定播量。南部中熟冬麦区露地种植依据伏雨年型按表 5 - 63 应变实施，地膜覆盖小麦播量减半实施。

表 5 - 63　不同降水年型与播期播量

伏雨年型	最佳播期	播　　期	最佳播量（万粒/亩）	最佳播量（万粒/亩）
丰水年	10 月 6 日	10 月 1 日～10 月 10 日	27.3	26～28
平水年	10 月 4 日	9 月 29 日～10 月 9 日	26.6	25～27
干旱年	10 月 2 日	9 月 27 日～10 月 7 日	26.2	25～27

③播深　0～10cm 土壤田间持水量在 60％以上，播深 4～5cm；土壤田间持水量 55％～60％时，播深 5～6cm。

④播种要求　播量准确、下籽均匀、深浅一致，平播接行准确，行距一致、覆土良好、镇压确实、起落整齐，播行要直、不重不漏、到头到边、不断条、无浮籽、无天窗。覆膜播种，一次完成起垄、覆膜、播种、镇压等作业。50～55cm 为一带，起垄，垄底宽 35cm，垄高 8～10cm，垄顶呈圆弧形，采用宽度 400mm、厚度 0.008～0.01mm 地膜，覆盖在垄上。膜侧覆土，覆土压膜宽度 3～5cm，覆土厚度不小于 2cm，膜采光宽度不小于 20cm。垄沟膜侧种植两行小麦，小麦窄行行距 15～20cm，宽行行距 35cm。宽幅播种，播幅 4～6cm。隔 5～10m 在膜上打一横土带压膜。覆膜播种机械作业速度不大于 3km/h。

（4）田间管理

①冬前管理

查苗补种 播种后 7～10 天查苗，发现行内 10cm 以上无苗，应及时用同一品种的种子浸种催芽补种，或开沟点水补种，适当增加用种量。

破除板结 播种后遇雨板结应及时人工破除。

护膜 地膜覆盖小麦播后，尤其是越冬期和早春，发现膜上有洞或膜被揭，应及时培土。禁止禽、畜进地啃青，防止践踏地膜。

冬前化学除草 小麦三叶期后至越冬前，采用化学除草剂防除杂草。

秋苗期病虫防治 秋季苗期重点查治地下害虫、麦蜘蛛、麦蚜、灰飞虱、白粉病、锈病，同时预防纹枯病、根腐病、全蚀病、黑穗病等病害侵染。防治方法见 5.7.3.5。

②春季管理

返青前顶凌划锄，地膜覆盖小麦麦行间顶凌划锄、并培土护膜。

按旱年标准施用的，雨水好了需要追肥，或弱苗田需要追肥，返青期利用返浆水趁墒追施，一般每 666.7m² 追施纯氮 3～5kg。

起身期中耕除草或化学除草，拔节期后人工除草。防除方法见 5.7.3.5。

拔节至孕穗期，根据晚霜天气预报来，提前植物抗低温制剂（抗低温叶面肥类、植物生长调节剂类等）预防冻害。

病虫害防治。返青至拔节期注意防治麦蜘蛛、麦蚜，兼治白粉病、锈病、纹枯病等。防治方法见 5.7.3.5。

③后期管理

小麦抽穗期，每 666.7m² 用尿素 1kg、磷酸二氢钾 100g 加抗逆制剂兑水 35～40kg 叶面喷施。

灌浆初期和灌浆中期，每 666.7m² 用尿素 1kg、磷酸二氢钾 100g 加抗逆制剂兑水 35～40kg 叶面喷施 1～2 次，间隔期 7～10 天。

病虫害防治。开花灌浆期防治重点是穗蚜、赤霉病、白粉病、锈病等，需喷施杀虫剂、杀菌剂，可与叶面喷肥、喷抗逆制剂结合起来混合喷雾，起到防病虫、防早衰、防干热风"一喷三防"作用。防治方法见 5.7.3.5。

地膜覆盖小麦开花后 10～15 天，人工揭膜回收，不留残膜。

（5）病虫草害防治

①防治原则 预防为主，综合防治。农药选用应符合 GB 4285、GB/

T 8321（所有部分）的规定，农药施用应符合 NY/T 1276 的规定。

②化学防治方法

地下害虫防治　播种期，可选用 40％辛硫磷乳油按种子量的 0.2％拌种，或 50％二嗪磷乳油按种子量的 0.1％～0.2％拌种；苗期，当麦田因地下害虫为害死苗率达到 3％时，每 666.7m² 用 40％辛硫磷乳油或 40％甲基异柳磷乳油 200～250mL 兑水 2.5kg，拌细干土 30～35kg，拌匀，制成毒土，顺麦垄撒施防治。

小麦红蜘蛛防治　当 33cm 行长有红蜘蛛 200 头以上时，用 20％哒螨灵可湿性粉剂 1 000～1 500 倍液，或 1.8％阿维菌素乳油 3 000 倍液喷雾防治。

蚜虫防治　播种期，1kg 种子可用吡虫啉 1～2g 拌种；苗期蚜株率超过 5％、百株蚜量达到 10 头以上时，孕穗期至灌浆期百株蚜量达到 500 头以上时，每 666.7m² 用 50％抗蚜威可湿性粉剂 10～20g，或 25％吡虫·辛硫磷乳油 30～50mL，或 0.2％苦参碱水剂 150g，或高效氯氰菊酯乳油 20～35mL，兑水 40～50kg 喷雾防治。

病害防治　播前拌种，预防全蚀病、腥黑穗病、白粉病、锈病、纹枯病等多种病害，可选用 25g/L 咯菌腈悬浮种衣剂，每 10mL 兑水 0.5～1kg，拌麦种 10kg，均匀包衣后即可播种；或使用 2％戊唑醇湿拌种剂按种重 0.1％～0.2％拌种，或 30g/L 苯醚甲环唑悬浮种衣剂按种子量的 0.2％～0.3％拌种，或 15％多·福种衣剂 1∶60～80（药种比）拌种。

白粉病、锈病、纹枯病、根腐病发病初期，每 666.7m² 可选用 25％三唑酮可湿性粉剂 28～33g，或 12.5％烯唑醇可湿性粉剂 32～48g，或 25％丙环唑乳油 33.2mL，或 40％腈菌唑可湿性粉剂 10～15g，或 70％甲基硫菌灵可湿性粉剂 60～70g，兑水 30～45kg 喷雾防治。

开花至灌浆期预防赤霉病，可选用 50％多·福·硫可湿性粉剂 100～150g，或 25％氰烯菌酯悬浮剂 100～200g，或 63.5％咪鲜胺锰盐·多菌灵可湿性粉每亩 22～24g 兑水 40～50kg 喷雾，间隔 7～10 天再喷 1 次。

草害防治　正茬麦田休闲期杂草丛生的地块可选用 10％草甘膦铵盐水剂，每 666.7m² 用草甘膦有效成分 75～100g，兑水 20～30kg 喷雾防除。

11 月上中旬或早春小麦起身后到拔节前，选择平均气温 10℃以上晴天进行化学除草。以阔叶杂草为优势种的田块，每 666.7m² 用 10％苯磺隆可湿性粉剂 15g，或 72％ 2，4 - D 丁酯乳油 50mL，或 200g/L 氯氟吡氧乙酸乳油 50～66.5mL，兑水 20～30kg，在小麦 3～5 叶期，杂草 2～4

叶期均匀茎叶喷雾；以禾本科杂草为优势种的麦田，每 $667m^2$ 用 $30g/L$ 甲基二磺隆油悬浮剂 $20\sim30mL$，或 3.6% 甲基碘磺隆钠盐·甲基二磺隆可分散粒剂 $15\sim25g$，兑水 $20\sim30kg$，在小麦 $3\sim5$ 叶期，杂草 $2\sim4$ 叶期均匀茎叶喷雾。

(6) 收获

蜡熟末期及时收获。

本章参考文献：

安迪，杨令，王冠达，等，2013. 磷在土壤中的固定机制和磷肥的高效利用 [J]. 化工进展，32 (8)：1967 - 1973.

安顺清，刘庚山，吕厚荃，等，2000. 冬小麦底墒供水特征研究 [J]. 应用气象学报，11 (增刊)：119 - 127.

白爱军，2002. 陇东秋旱与冬小麦产量关系分析及其预报 [J]. 甘肃农业科学 (8)：49 - 50.

卜俊周，岳海旺，谢俊良，等，2010. 倒伏对玉米籽粒灌浆进度及产量的影响 [J]. 河北农业科学，14 (6)：1 - 2.

蔡东明，吉万全，任志龙，等，2010. 播种期和种植密度对小麦新品种陕麦 139 产量构成的影响 [J]. 种子，29 (8)：78 - 79.

曹庆军，曹铁华，杨粉团，等，2013. 灌浆期风灾倒伏对玉米籽粒灌浆特性及品质的影响 [J]. 中国生态农业学报，21 (9)：1107 - 1113.

常铁牛，李永山，陶民刚，等，2013. 运城市小麦-玉米一年两熟集成栽培技术 [J]. 现代农业科技 (3)：40.

陈爱大，蔡金华，温明星，等，2014. 播期和种植密度对镇麦 168 籽粒产量与品质的调控效应 [J]. 江苏农业学报，30 (1)：9 - 13.

陈家存，2015. 辽西半干旱区玉米微喷带灌溉试验研究 [J]. 黑龙江水利科技，43 (6)：8 - 10.

陈立娟，王瑞华，2015. 伏旱对玉米生长的影响及防御对策 [J]. 安徽农学通报，21 (7)：57 - 58.

陈梅，唐运来，2013. 低温胁迫对玉米幼苗叶片叶绿素荧光参数的影响 [J]. 内蒙古农业大学学报（自然科学版），33 (3)：20 - 24.

陈渠昌，佘国英，吴忠渤，1998. 滴灌条件下玉米经济灌溉模式的初步研究 [J]. 灌溉排水，17 (3)：36 - 41.

陈素英，张喜英，刘孟雨，2002. 玉米秸秆覆盖麦田下的土壤温度和土壤水分动态规律 [J]. 中国农业气象，23 (4)：34 - 37.

陈现勇，2009. 高肥条件下施肥量和密度对冬小麦群体质量、产量和品质的调控效应 [D]. 郑州：河南农业大学.

陈祥，同延安，杨倩，2008. 氮磷钾平衡施肥对夏玉米产量及养分吸收和累积的影响

[J]. 中国土壤与肥料（6）：19-22.

陈远学，陈晓辉，唐义琴，等，2014. 不同氮用量下小麦/玉米/大豆周年体系的干物质积累和产量变化 [J]. 草业学报，23（1）：73-83.

程玉琴，张少文，徐玉强，2010. 赤峰地区夏季干旱强度预测方法研究 [J]. 中国农业气象，36（1）：49-53.

丛雪，齐华，孟凡超，等，2010. 干旱胁迫对玉米叶绿素荧光参数及质膜透性的影响 [J]. 华北农学报，25（5）：141-144.

崔福柱，冯瑞云，郭秀卿，等，2008. 不同灌溉方式对玉米产量及水分利用效率的影响 [J]. 灌溉排水学报，28（1）：118-120.

崔晓朋，郭家选，刘秀位，等，2013. 不同种植模式对夏玉米光能利用率和产量的影响 [J]. 华北农学报，28（5）：231-238.

邓向东，候敏杰，2015. 制约玉米生产机械化发展的制约因素 [J]. 农村牧区机械化（6）：22-23.

董志强，马兴林，王庆祥，等，2008. 喷施玉黄金对玉米产量的影响 [J]. 玉米科学，16（2）：91-93.

董中强，寇刘秀，徐芙枝，等，2003. 商丘春旱规律及防御对策 [J]. 湖北农学院学报，23（1）：34-37.

杜承林，祝斌，陈小琴，等，1998. 高产小麦对磷的需求与磷肥合理施用研究 [J]. 土壤（5）：239-242，266.

方彦杰，黄高宝，李玲玲，等，2010. 旱地全膜双垄沟播玉米生长发育动态及产量形成规律研究 [J]. 干旱地区农业研究，18（4）：128-134.

丰光，黄长玲，邢锦丰，2008. 玉米抗倒伏的研究进展 [J]. 作物杂志（4）：12-14.

丰光，李妍妍，景希强，等，2010. 夏玉米根茎主要性状与倒伏性的关系研究 [J]. 河南农业科学（11）：20-22.

冯钢，徐迅一，姜宪琪，等，1999. 暖冬气候对小麦生育的影响及对策 [J]. 作物杂志（6）：21-23.

冯金凤，2013. 肥料运筹对小麦产量品质及茎秆维管束的影响 [D]. 杨凌：西北农林科技大学.

高鹭，胡春胜，陈素英，等，2005. 喷灌条件下冬小麦田棵间蒸发的试验研究 [J]. 农业工程学报，21（12）：183-185.

勾玲，黄建军，张宾，等，2007. 群体密度对玉米茎秆抗倒力学和农艺性状的影响 [J]. 作物学报，33（10）：1688-1695.

勾芒芒，李兴，程满金，等，2010. 北方半干旱区集雨补灌技术与灌溉制度研究 [J]. 中国农村水利水电（6）：95-98.

郭淑敏，马帅，陈印军，2006. 我国粮食主产区粮食生产态势与发展对策研究 [J]. 农业现代化研究，27（1）：1-6.

郭相平，孙景生，2000. 玉米节水灌溉技术及其研究进展 [J]. 玉米科学，8（1）：60-

62，90.

韩占江，于振文，王东，2010. 测墒补灌对冬小麦干物质积累与分配及水分利用效率的影响 [J]. 作物学报，36（3）：457-465.

何海军，王晓娟，2006. 复合群体中玉米光合特性日变化研究 [J]. 玉米科学，14（1）：104-106.

何萍，张永妮，2010. 玉米免耕硬茬播种技术 [J]. 中国农村小康科技（2）：21-22.

贺德先，周继泽，王晨阳，等，1992. 河南省麦田春旱的原因及对策 [J]. 河南职业技术师范学院学报，20（4）：22-28.

胡焕焕，刘丽平，李瑞奇，2008. 播种期和密度对冬小麦品种河农 822 产量形成的影响 [J]. 麦类作物学报，28（3）：490-495.

黄大海，2015. 制约玉米单产的因素及主要解决措施 [J]. 吉林农业（18）：62-63.

黄晚华，杨晓光，李茂松，等，2010. 基于标准化降水指数的中国南方季节性干旱近 58 年演变特征. 农业工程学报，26（7）：50-59.

黄玉芹，张文才，王佩英，等，2004. 半干旱地区果园微喷灌节水增效试验研究 [J]. 内蒙古林业科技，1（1）：25-29.

贾佳，2001. 不同磷肥分配方式的施用效果及其后效研究 [J]. 河南农业大学学报（35）：20-22.

简大为，祁军，张燕，等，2011. 播种期和密度对冬小麦新冬 29 号产量形成的影响 [J]. 西北农业学报，20（11）：47-51.

姜凯喜，刘建洲，钟晓玲，等，2004. 旱地双沟覆膜集雨蓄水效果试验研究 [J]. 中国农学通报，20（5）：155-158.

蒋会利，2012. 播期密度对不同小麦品种群体茎数及产量的影响 [J]. 西北农业学报，21（6）：67-73.

巨晓棠，谷保静，2014. 我国农田氮肥施用现状、问题及趋势 [J]. 植物营养与肥料学报，20（4）：783-795.

巨晓棠，刘学军，张福锁，2002. 冬小麦与夏玉米轮作体系中氮肥效应及氮素平衡研究 [J]. 中国农业科学，35（11）：1361-1368.

康蕾，张红旗，2014. 我国五大粮食主产区农业干旱态势综合研究 [J]. 中国生态农业学报，22（8）：928-937.

雷波，姜文来，2004. 节水农业综合效益评价研究进展 [J]. 灌溉排水学报，23（3）：65-69.

李蓓，李久生，2009. 滴灌带埋深对田间土壤水氮分布及春玉米产量的影响 [J]. 中国水利水电科学研究院学报，7（3）：222-226.

李波，张吉旺，崔海岩，等，2012. 施钾量对高产夏玉米抗倒伏能力的影响 [J]. 作物学报，38（11）：2093-2099.

李闯，2013. 运城市干旱灾害形势及对策分析 [J]. 山西水利（6）：23-24.

李得孝，员海燕，周联东，2004. 玉米抗倒伏性指标及其模拟研究 [J]. 西北农林科技大学学报（自然科学版），32（5）：53-56.

李芙蓉，2014. 运城小麦、玉米收获机发展状况与分析 [J]. 农业机械 (11)：120 - 122.

李国华，2009. 全膜双垄沟播玉米不同覆膜时期水分生产效率研究 [J]. 中国农学通报，25 (18)：205 - 207.

李继云，孙建华，刘全友，等，2000. 不同小麦品种的根系生理特性、磷的吸收及利用效率对产量影响的研究 [J]. 西北植物学报，20 (4)：503 - 510.

李久生，饶敏杰，张建君，2003. 干旱区玉米滴灌需水规律的田间试验研究 [J]. 灌溉排水学报，22 (1)：16 - 21.

李兰真，汤景华，汤新海，等，2007. 不同类型小麦品种播期播量研究 [J]. 河南农业科学 (11)：38 - 41.

李玲玲，黄高宝，张仁陟，等，2005. 免耕秸秆覆盖对旱作农田土壤水分的影响 [J]. 水土保持学报，19 (5)：94 - 96，116.

李宁，段留生，李建民，等，2010. 播期与密度组合对不同穗型小麦品种花后旗叶光合特性、籽粒库容能力及产量的影响 [J]. 麦类作物学报，30 (2)：296 - 302.

李儒，崔荣美，贾志宽，等，2011. 不同垄沟覆盖方式对冬小麦土壤水分及水分利用效率的影响 [J]. 中国农业科学，44 (16)：3312 - 3322.

李绍长，胡昌浩，龚江，等，2004. 低磷胁迫对磷不同利用效率玉米叶绿素荧光参数的影响 [J]. 作物学报，30 (4)：365 - 370.

李淑金，2014. 机械化玉米免耕播种技术 [J]. 农业开发与装备 (11)：98.

李素真，周爱莲，王霖，等，2005. 播期播量对不同类型超级小麦产量因子的影响 [J]. 山东农业科学 (5)：12 - 15.

李铁男，李美娟，王大伟，2011. 不同灌溉方式对玉米生物学效应影响研究 [J]. 节水灌溉 (10)：25 - 25，28.

李廷亮，谢英荷，洪坚平，等，2013. 施氮量对晋南旱地冬小麦光合特性、产量及氮素利用的影响 [J]. 作物学报，39 (4)：704 - 711.

李晓玲，刘普海，成自勇，2006. 不同灌溉方式下玉米节水增产效果试验研究 [J]. 节水灌溉 (3)：7 - 9.

李永忠，1990. 玉米茎秆和根系的研究概况 [J]. 国外农学：玉米 (1/2)：5 - 9.

李玉山，喻宝屏，1980. 土壤深层储水对小麦产量效应的研究 [J]. 土壤学报，17 (2)：43 - 54.

李玉中，王春乙，程延年，2012. 农业防旱抗旱减灾工程技术与应用 [J]. 中国工程科学，14 (9)：85 - 88，95.

梁哲军，齐宏立，王玉香，等，2014. 不同滴灌定额对玉米光合性能及水分利用效率的影响 [J]. 中国农学通报，30 (36)：74 - 78.

梁哲军，王玉香，董鹏，等，2016. 低压微喷对小麦、玉米产量和水分利用效率的影响 [J]. 山西农业科学，44 (9)：1272 - 1275，1293.

梁哲军，王玉香，董鹏，等，2016. 山西南部季节性干旱特征及综合防御技术 [J]. 干旱地区农业研究，3 (4)：281 - 286.

刘恩科，赵秉强，胡昌浩，等，2004. 长期不同施肥制度对玉米产量和品质的影响 [J]. 中国农业科学，37（5）：711-716.

刘庚山，安顺清，吕厚荃，等，2000. 华北地区不同底墒对冬小麦生长发育及产量影响的研究 [J]. 应用气象学报，11（增刊）：170-177.

刘海军，康跃虎，刘士平，2003. 喷灌对冬小麦生长环境的调节及其对水分利用效率影响的研究 [J]. 农业工程学报，19（6）：46-51.

刘海霞，赵一丹，2008. 不同播期小麦豫麦 34 旗叶光合特性的比较 [J]. 安徽农业科学，36（29）：12 677-12 680.

刘欢，陈苗苗，孙志梅，等，2016. 氮肥调控对小麦/玉米产量、氮素利用及农田氮素平衡的影响 [J]. 华北农学报，31（1）：232-238.

刘慧敏，李卫婷，2003. 干旱对运城冬小麦的影响 [J]. 山西气象（3）：15-16.

刘立晶，高焕文，李洪文，2004. 玉米-小麦一年两熟保护性耕作体系试验研究 [J]. 农业工程学报，20（3）：70-73.

刘萍，魏建军，张东升，2013. 播期和播量对滴灌冬小麦群体性状及产量的影响 [J]. 麦类作物学报，33（6）：1202-1207.

刘荣花，朱自玺，方文松，等，2008. 冬小麦根系分布规律 [J]. 生态学杂志，27（11）：2024-2027.

刘万代，陈现勇，尹钧，等，2009. 播期和密度对冬小麦豫麦 49-198 群体性状和产量的影响 [J]. 麦类作物学报，29（3）：464-469.

刘伟，吕鹏，苏凯，等，2010. 种植密度对夏玉米产量和源库特性的影响 [J]. 应用生态学报，21（7）：1737-1743.

刘小虎，邢岩，赵斌，等，2012. 施肥量与肥料利用率关系研究与应用 [J]. 土壤通报（1）：131-135.

刘学军，王乐，张红玲，等，2012. 宁夏扬黄灌区玉米限额补充灌溉制度研究 [J]. 水资源与水工程学报，23（3）：30-33.

刘学军，赵紫娟，巨晓棠，等，2002. 基施氮肥对冬小麦产量、氮肥利用率及氮平衡的影响 [J]. 生态学报，22（7）：1122-1128.

刘战东，肖俊夫，刘祖贵，等，2011. 膜下滴灌不同灌水处理对玉米形态、耗水量及产量的影响 [J]. 灌溉排水学报，30（3）：60-64.

刘战东，肖俊夫，南纪琴，等，2010. 倒伏对夏玉米叶面积、产量及其构成因素的影响 [J]. 中国农学通报，26（18）：107-110.

刘志琴，丁桂云，袁冬梅，等，2011. 小麦磷的临界值试验研究 [J]. 现代农业科技（20）：47，50.

刘祖贵，吴海卿，王广兴，1999. 沙土地夏玉米灌溉方式的试验研究 [J]. 中国沙漠，19（2）：169-172.

吕国梁，魏永华，魏永霞，2011. 坡耕地玉米滴灌节水技术集成模式研究 [J]. 中国农村水利水电（3）：29-32.

吕家珑，张一平，张君常，等，1999. 土壤磷运移研究 [J]. 土壤学报，36 (1)：75 - 82.

吕鹏，张吉旺，刘伟，等，2011. 施氮量对超高产夏玉米产量及氮素吸收利用的影响 [J]. 植物营养与肥料学报，17 (4)：852 - 860.

马继芳，王新玉，李立涛，等，2012. 二点委夜蛾的发生规律及其防治技术 [J]. 中国植保导刊，32 (5)：26 - 29.

满建国，王东，于振文，等，2013. 不同带长微喷带灌溉对土壤水分布与冬小麦耗水特性及产量的影响 [J]. 应用生态学报，24 (8)：2186 - 2196.

满建国，王东，张永丽，等，2013. 不同喷射角微喷带灌溉对土壤水分布与冬小麦耗水特性及产量的影响 [J]. 中国农业科学，46 (24)：5098 - 5112.

毛国栋，孙同林，孙曙红，2013. 小麦磷肥效应试验简报 [J]. 上海农业科技，1：107 - 108.

米国全，程志芳，王晋华，等，2015. 利用叶绿素荧光参数评价番茄耐低温弱光能力的研究 [J]. 河南农业科学，44 (1)：94 - 97.

潘家荣，巨晓棠，刘学军，等，2009. 水氮优化条件下在华北平原冬小麦/夏玉米轮作中的化肥氮去向 [J]. 核农学报，23 (2)：334 - 340.

裴秀苗，2002. 运城农业气候特点分析 [J]. 山西气象 (3)：19 - 20，31.

裴秀苗，周运丽，许云，等，2012. 近 40 年运城市气候变化特征分析 [J]. 干旱地区农业研究，35 (5)：223 - 237.

齐华，白向历，孙世贤，等，2009. 水分胁迫对玉米叶绿素荧光特性的影响 [J]. 华北农学报，24 (3)：102 - 106.

祁宦，2004. 夏玉米干旱综合防御技术试验分析 [J]. 气象，30 (6)：52 - 55.

钱锦霞，王振华，2008. 山西省春旱趋势及对农业的影响 [J]. 自然灾害学报，17 (4)：105 - 110.

钱锦霞，卫丽萍，2007. 山西南部春旱特征分析 [J]. 科技情报开发与经济，17 (1)：180 - 181.

钱锦霞，溪玉香，2008. 山西省冬小麦主要发育期特征及其影响因素分析 [J]. 中国农学通报，24 (11)：438 - 443.

乔志录，2008. 玉米硬茬播种技术推广及建议 [J]. 农业科技推广 (9)：37.

秦大河，2002. 气候变化的事实、影响及对策 [J]. 科技和产业，2 (2)：25 - 28.

秦武发，毕桓武，1984. 冬小麦磷肥施用方法的研究 [J]. 河北农业大学学报，7 (3)：52 - 59.

任小龙，贾志宽，韩清芳，等，2007. 半干旱区模拟降雨下沟垄集雨种植对夏玉米生产影响 [J]. 农业工程学报，23 (10)：45 - 50.

山仑，2011. 科学应对农业干旱 [J]. 干旱地区农业研究，29 (2)：1 - 5.

沈凤娟，2011. 洮南市玉米膜下滴灌技术的应用及其效益分析 [J]. 江淮水利科技 (3)：33 - 35.

石岩，位东斌，于振文，等，2001. 施肥深度对旱地小麦花后根系衰老的影响 [J]. 应用生态学报，12 (4)：573 - 575.

石岩，于振文，位东斌，等，2000. 施肥深度对旱地小麦花后根系干重及产量的影响
  [J]. 干旱地区农业研究，18（1）：38-42.

史瑞青，谢惠玲，肖爱丽，2007. 小麦根系对施肥深度生态效应的研究 [J]. 河南农业
  （8）：38.

宋朝玉，张继余，张清霞，等，2006. 玉米倒伏的类型、原因及预防、治理措施 [J]. 作
  物杂志（1）：36-38.

苏艺华，李杏桔，庞其贞，2013. 农机深松保墒小麦抗旱增产应用技术与推广的研究
  [J]. 中国农机化学报，34（1）：161-164.

苏玉环，刘保华，马永安，等，2015. 播期和密度对冬小麦品种邯麦14号产量形成的影
  响 [J]. 河北农业科学，19（5）：14-18，28.

隋娟，龚时宏，王建东，等，2008. 滴灌灌水频率对土壤水热分布和夏玉米产量的影响
  [J]. 水土保持学报，22（4）：148-152.

孙琦，张世煌，郝转芳，等，2012. 不同年代玉米品种苗期耐旱性的比较分析 [J]. 作物
  学报，38（2）：315-321.

孙世贤，戴俊英，顾慰连，1989a. 氮、磷、钾肥对玉米倒伏及其产量的影响 [J]. 中国
  农业科学，22（3）：28-33.

孙世贤，戴俊英，顾慰连，1989b. 密度对玉米倒伏及其产量的影响 [J]. 沈阳农业大学
  学报，20（4）：413-416.

孙雪梅，李芳花，王柏，等，2013. 寒地黑土区喷灌条件下玉米灌溉制度研究 [J]. 黑龙
  江大学工程学报，4（3）：14-18.

孙志梅，武志杰，陈利军，等，2006. 农业生产中的氮肥施用现状及其环境效应研究进展
  [J]. 土壤通报，37（4）：782-786.

田文仲，温红霞，高海涛，等，2011. 不同播期、种植密度及其互作对小麦产量的影响
  [J]. 河南农业科学，40（2）：45-49.

田晓东，边大红，蔡丽君，等，2014. 高密条件下化学调控对夏玉米抗茎倒伏能力的影响
  [J]. 华北农学报，29（增刊）：249-254.

王琛，吴敬学，2015. 我国玉米产业生产技术效率与其影响因素研究 [J]. 中国农业资源
  与区划，36（4）：23-32.

王凤民，张丽媛，2009. 微喷灌技术在设施农业中的应用 [J]. 地下水，31（6）：115-116.

王恒亮，吴仁海，朱昆，等，2011. 玉米倒伏成因与控制措施研究进展 [J]. 河南农业科
  学，40（10）：1-5.

王红丽，张绪成，宋尚有，等，2013. 西北黄土高原旱地全膜双垄沟播种植对玉米季节性
  耗水和产量的调节机制 [J]. 中国农业科学，46（5）：917-926.

王华兰，岳桂梅，1999. 黄土高原旱地农业防春旱措施研究初报 [J]. 中国农业气象，20
  （4）：26-29.

王姣爱，贾文兰，1999. 小麦品种与氮、磷、钾肥的综合效应研究 [J]. 麦类作物学报，
  19（6）：53-55.

王敬亚，齐华，梁熠，等，2009. 种植方式对春玉米光合特性、干物质积累及产量的影响
　　[J]. 玉米科学，17（5）：113-115，120.

王娟玲，2009. 山西旱作节水农业发展战略的思考 [J]. 山西农业科学，37（9）：88-90.

王俊鹏，蒋骏，韩清芳，等，1999. 宁南半干旱地区春小麦农田微集水种植技术研究
　　[J]. 干旱地区农业研究，17（2）：8-13.

王兰珍，米国华，陈范俊，等，2003. 不同产量结构小麦品种对缺磷反应的分析 [J]. 作
　　物学报，29（6）：867-870.

王琦，张恩和，李凤民，2004. 半干旱地区膜垄和土垄的集雨效率和不同集雨时期土壤水
　　分比较 [J]. 生态学报，24（8）：1820-1823.

王西娜，王朝辉，李生秀，2007. 施氮量对夏季玉米产量及土壤水氮动态的影响 [J]. 生
　　态学报，27（1）：197-204.

王硖，李霞，2009. 气象因素对运城夏玉米生产的影响 [J]. 现代农业科技（11）：
　　201-203.

王夏，胡新，孙忠富，等，2011. 不同播期和播量对小麦群体性状和产量的影响 [J]. 中
　　国农学通报，27（21）：170-176.

王晓凌，陈明灿，易现峰，等，2009. 垄沟覆膜集雨系统垄宽和密度效应对玉米产量的影
　　响 [J]. 农业工程学报，25（8）：40-46.

王昕，贾志宽，韩清芳，等，2009. 半干旱区秸秆覆盖量对土壤水分保蓄及作物水分利用
　　效率的影响 [J]. 干旱地区农业研究，27（4）：196-202.

王旭，李贞宇，马奇文，等，2010. 中国主要生态区小麦施肥增产效应分析 [J]. 中国农
　　业科学（12）：2469-2476.

王旭东，于振文，2003. 施磷对小麦产量和品质的影响 [J]. 山东农业科学（6）：35-36.

王永华，黄源，辛明华，等，2017. 周年氮磷钾配施模式对砂姜黑土麦玉轮作体系籽粒产
　　量和养分利用效率的影响 [J]. 中国农业科学，50（6）：1031-1046.

王勇，白玲晓，赵举，等，2012. 喷灌条件下玉米地土壤水分动态与水分利用效率 [J].
　　农业工程学报，28（增）：92-97.

王豫生，1984. 青海省旱地农业区"秋雨春用"的研究 [J]. 干旱地区农业研究（4）：22-27.

王允，刘普幸，曹立国，等，2014. 基于 SPI 的近 53 年宁夏干旱时空演变特征研究 [J].
　　水土保持通报，34（1）：296-302.

王祝荣，聂新富，1998. 顶凌破雪碎土保墒技术 [J]. 新疆农机化（1）：19.

魏湜，孟繁美，李晶，等，2013. 不同密度下玉米叶绿素荧光参数分析和产量差异比较
　　[J]. 东北农业大学学报，44（10）：1-5.

魏湜，杨振芳，顾万荣，等，2015. 化控剂玉黄金对玉米品种东农 253 穗部和抗倒性影响
　　[J]. 东北农业大学学报，46（12）：1-7.

武际，郭熙盛，王文军，等，2006. 磷钾肥配合施用对玉米产量及养分吸收的影响 [J].
　　玉米科学，14（3）：147-150.

武文明，陈洪俭，李金才，等，2012. 氮肥运筹对孕穗期受渍冬小麦旗叶叶绿素荧光与籽

粒灌浆特性的影响 [J]. 作物学报，38 (6)：1088-1096.

席吉龙，杨娜，郝佳丽，等，2017. 播期和密度对晋麦84号旗叶光合特性及产量的影响 [J]. 山西农业科学，45 (8)：1253-1257

席吉龙，张建诚，李永山，等，2014. 复合抗旱剂配方筛选初步研究 [J]. 农学学报，4 (2)：16-20，42.

席吉龙，张建诚，姚景珍，等，2012. 夏玉米灌浆期倒伏对产量的影响模拟研究 [J]. 山西农业科学，43 (6)：705-708.

席凯鹏，席吉龙，杨娜，等，2017. 玉黄金化控对玉米抗倒性及产量的影响 [J]. 山西农业科学，45 (6)：993-995.

席天元，李永山，谢三刚，等，2016. 分层施磷对冬小麦生长及产量的影响 [J]. 中国农业科技导报，18 (3)：112-118.

肖习明，伍德春，周建华，等，2014. 不同深度施用磷肥对小麦产量和磷肥利用率的影响 [J]. 安徽农业科学，42 (21)：7015-7016.

徐本生，1981. 冬小麦施用磷肥的增产效果 [J]. 河南农学院学报 (2)：32-346.

徐丽娜，黄收兵，陈刚，等，2012. 玉米抗倒伏栽培技术的研究进展 [J]. 作物杂志 (1)：5.

许朗，欧真真，2011. 淮河流域农业干旱对粮食产量的影响分析 [J]. 水利经济，29 (5)：56-59，74.

薛金涛，张保明，董志强，等，2008. 化学调控玉米抗倒及产量性状的效应研究 [J]. 作物杂志 (4)：72-76.

薛金涛，张保明，董志强，等，2009. 化学调控对玉米抗倒性及产量的影响 [J]. 玉米科学，17 (2)：91-94，98.

薛亚光，魏亚凤，李波，2016. 播期和密度对宽幅带播小麦产量及其构成因素的影响 [J]. 农学学报，6 (1)：1-6.

薛玉海，2015. 玉米常见病虫害防治技术 [J]. 吉林农业 (16)：89.

薛泽民，要娟娟，赵萍萍，等，2012. 氮肥分配对冬小麦-夏玉米轮作产量和氮肥效率的影响 [J]. 中国土壤与肥料 (1)：59-63.

杨俊刚，高强，曹兵，等，2009. 一次性施肥对春玉米产量和环境效应的影响 [J]. 中国农学通报，25 (19)：123-128.

杨猛，魏玲，庄文锋，等，2012. 低温胁迫对玉米幼苗电导率和叶绿素荧光参数的影响 [J]. 玉米科学，20 (1)：90-94.

杨晓光，陈阜，宫飞，2000. 喷灌条件下冬小麦生理特征及生态环境特点的试验研究 [J]. 农业工程学报，16 (3)：35-37.

杨新泉，冯锋，宋长青，等，2003. 主要农田生态系统氮素行为与氮肥高效利用研究 [J]. 植物营养与肥料学报，9 (3)：373-376.

杨振芳，孟瑶，顾万荣，等，2015. 化控和密度措施对东北春玉米叶片衰老及产量的影响 [J]. 华北农学报，30 (4)：117-125.

姚素梅，康跃虎，刘海军，等，2005. 喷灌与地面灌溉条件下冬小麦光合作用的日变化研究 [J]. 农业工程学报，21 (11)：16 - 19.

姚素梅，康跃虎，吕国华，等，2011. 喷灌与地面灌溉条件下冬小麦籽粒灌浆过程特性分析 [J]. 农业工程学报，27 (7)：13 - 17.

姚永明，陈玉琪，张啟祥，等，2009. 淮北夏玉米生育期气候资源特点和增产栽培技术 [J]. 中国农业气象，30 (Z2)：205 - 209.

姚玉璧，张存杰，邓振镛，等，2007. 气象、农业干旱指标综述 [J]. 干旱地区农业研究，25 (1)：185 - 189，211.

冶明珠，李林，王振宇，2007. SPI 指数在青海东部地区干旱监测中的应用及检验 [J]. 青海气象 (4)：21 - 24.

于振文，2003. 作物栽培学各论（北方本）[M]. 北京：中国农业出版社.

余宗波，邹娟，肖兴军，等，2011. 湖北省小麦施磷效果及磷肥利用率研究 [J]. 湖北农业科学，50 (7)：1338 - 1341，1346.

袁公选，李雅文，1999. 玉米倒伏成因及预防 [J]. 西北植物学报，19 (5)：72 - 76.

袁刘正，柳家友，付家峰，等，2010. 玉米倒伏后籽粒灌浆特性的比较分析 [J]. 作物杂志 (2)：38 - 40.

袁文平，周广胜，2004. 标准化降水指标与 Z 指数在我国应用的对比分析 [J]. 植物生态学报，28 (4)：523 - 529.

袁文平，周广胜，2004. 干旱指标的理论分析与研究展望 [J]. 地球科学进展，19 (6)：982 - 989.

岳寿松，于振文，1994. 磷对冬小麦后期生长及产量的影响 [J]. 山东农业科学 (1)：13 - 15.

张秉祥，2013. 河北省冬小麦干旱预测技术研究 [J]. 干旱地区农业研究，31 (2)：231 - 235，246.

张存岭，纪永民，陈若礼，2010. 小麦拔节期追施磷钾肥产量效应研究 [J]. 磷肥与复肥，25 (2)：60 - 62.

张定一，张永清，闫翠萍，等，2009. 基因型、播期和密度对不同成穗型小麦籽粒产量和灌浆特性的影响 [J]. 应用与环境生物学报，15 (1)：28 - 34.

张福锁，王激清，张卫峰，等，2008. 中国主要粮食作物肥料利用率现状与提高途径 [J]. 土壤学报，45 (4)：915 - 924.

张广恩，阙连春，1981. 应用 ^{32}P 示踪法研究磷肥在土壤中的固定和移动 [J]. 山东农业科学 (3)：4 - 7.

张桂兰，梁国林，1981. 氮、磷肥配合施用对小麦增产效果的初步研究 [J]. 河南农林科技 (11)：11 - 13.

张航，李久生，2011. 华北平原春玉米生长和产量对滴灌均匀系数及灌水量的响应 [J]. 农业工程学报，27 (11)：176 - 182.

张航，李久生，2012. 华北平原春玉米滴灌均匀系数对土壤水氮时空分布的影响 [J]. 中国农业科学，45 (19)：4004 - 4013.

张建军，盛绍学，王晓东，2014. 安徽省夏玉米生长季节干旱时空特征分析 [J]. 干旱气象，32 (2)：163-168.

张金帮，孙本普，孙雪梅，2007. 薄地小麦有机肥氮磷化肥正交试验 [J]. 安徽农业科学 (34)：10951-10952，11008.

张礼福，1998. 小麦施磷效果的研究 [J]. 湖北农业科学 (3)：37-39.

张立言，李雁鸣，李振国，1987. 冬小麦新品种冀麦 24 号高产栽培综合农艺措施的数学模型及优化方案筛选 [J]. 河北农业大学学报，10 (专刊)：85-101.

张仁和，马国胜，柴海，等，2010. 干旱胁迫对玉米苗期叶绿素荧光参数的影响 [J]. 干旱地区农业研究 (6)：170-176.

张守仁，1999. 叶绿素荧光动力学参数的意义及讨论 [J]. 植物学通报，16 (4)：444-448.

张向前，杜世州，曹承富，等，2014. 烟农 19 叶绿素荧光光合特性及产量对播期和密度的响应 [J]. 华北农学报，29 (2)：133-140.

张晓伟，黄占斌，李秧秧，等，1999. 不同灌溉目标下玉米滴灌制度研究 [J]. 水土保持研究，6 (1)：76-78.

张晓伟，黄占斌，李秧秧，等，1999. 滴灌条件下玉米的产量和 WUE 效应研究 [J]. 水土保持研究，6 (1)：72-75.

张学军，2002. 穿孔管滴灌系统在温室中的应用 [J]. 农村实用工程技术 (4)：14-17.

张英华，张琪，徐学欣，等，2016. 适宜微喷灌灌水频率及氮肥量提高冬小麦产量和水分利用效率 [J]. 农业工程学报，32 (5)：88-95.

张永丽，于振文，王东，等，2004. 不同密度对冬小麦品质和产量的影响 [J]. 山东农业科学 (5)：29-30.

张玉志，董元香，廖巧云，等，2009. 玉黄金在玉米上的应用效果分析 [J]. 黑龙江八一农垦大学学报，21 (3)：15-17.

张战备，段国琪，张一白，等，2015. 二点委夜蛾的生物学特性及关键防控技术 [J]. 山西农业科学，43 (8)：1003-1005，1009.

赵俊晔，于振文，2006. 高产条件下施氮量对冬小麦氮素吸收分配利用的影响 [J]. 作物学报，32 (4)：484-490.

赵培芳，李玉萍，姚晓磊，2015. 山西省玉米生产现状与发展问题探讨 [J]. 山西农业科学，43 (8)：1031-1034.

赵亚丽，杨春收，王群，等，2010. 磷肥施用深度对夏玉米产量和养分吸收的影响 [J]. 中国农业科学，43 (23)：4805-4813.

赵玉路，秦连保，赵玉兰，等，2010. 玉黄金和金得乐对玉米产量及其性状的影响 [J]. 山西农业科学，38 (7)：53-55.

周晋红，李丽平，秦爱民，2010. 山西气象干旱指标的确定及干旱气候变化研究 [J]. 干旱地区农业研究，28 (3)：240-247，264.

周冉，尹钧，杨宗渠，2007. 播期对两类小麦群体发育和光合性能的影响 [J]. 中国农学通报，23 (4)：148-153.

周兴祥，高焕文，刘晓峰，2001. 华北平原一年两熟保护性耕作体系试验研究 [J]. 农业工程学报，17（6）：81-84.

朱兆良，金继运，2013. 保障我国粮食安全的肥料问题 [J]. 植物营养与肥料学报，19（2）：259-273.

訾新国，曹青松，郭希朋，等，1982. 小麦施磷肥适宜深度的研究 [J]. 河南农林科技（9）：18-19.

邹吉波，2006. 玉米宽窄行交替种植技术的应用 [J]. 安徽农业科学，34（9）：1824-1826.

EGHBALL B，SANDER D H，1989. Distance and distribution effects of phosphorus fertilizer on corn [J]. Soil Science Society of America Journal，53：282-287.

HAIRSTON J E，JONES W F，MCCONNAUGHEY P K，et al，1990. Tillage and fertilizer management effects on soybean growth and yield on three Mississippi soils [J]. Journal of Production Agriculture，3（3）：317-323.

JARVIS R J，BOLLAND M D A，1990. Placing superphosphate at different depths in the soil changes its effectiveness for wheat and lupin production [J]. Fertilizer Research，22：97-107.

RUSSELL R S，ELLIS F B，1968. Estimation of distribution of plant roots in soil [J]. Nature，217：582-583.

SANDER D H，EGHBALL B，1999. Planting date and phosphorus fertiliser effects on winter wheat [J]. Agronomy Journal，91：707-712.

SINGH D K，SALE P W G，ROUTLEY R R，2005. Increasing phosphorus supply in subsurface soil in northern Australia：rationale for deep placement and the effects with various crops [J]. Plant and Soil，269：35-44.

TOLLENAAR M，LEE E A，2002. Yield potential，yield stability andstress tolerancein maize [J]. Field Crops Research，75（2/3）：161-169.

WESTERMAN R L，EDLUND M G，1985. Deep placement effect of nitrogen and phosphorus on grain yield，nutrient uptake and forage quality of winter wheat [J]. Agronomy Journal，77（5）：803-809.

本章作者：张建诚，李永山，席吉龙，席天元，
　　　　　梁哲军，谢三刚，杨娜，王珂

第6章 关中地区小麦玉米节水减肥与高效栽培技术研究

6.1 研究区概况

陕西省关中地区包括渭北高原和渭河平原，土地面积占全省的27%。渭北高原位于关中北部，在东经106°20′～110°40′，北纬34°10′～36°20′，东西长约385km，南北宽约275km，包括延安、铜川、宝鸡、咸阳、渭南5地（市）的25个县区。渭河平原南依秦岭，北连黄土高原，为一西狭东阔的新生代断陷盆地，渭河横贯其中。盆地两侧地形向渭河倾斜，由洪积倾斜平原、黄土台塬、冲积平原组成，呈阶梯状地貌景观。旁有渭河谷地—汾河谷地，居晋陕盆地带的南部。主要由以下三部分组成：第一部分冲积平原，其位于盆地中部，系渭河及其支流冲积而成。第二部分黄土台塬，一级黄土台塬分布于渭河北岸及西安、渭南、潼关等地；二级黄土台塬主要分布在宝鸡、乾县、蓝田、白水、澄城等地。第三部分洪积平原，分布于秦岭和北山山前，由多期洪积扇组成。

关中地区总辐射值为 $4.47 \times 10^9 \sim 5.35 \times 10^9 \mathrm{J/(m^2 \cdot 年)}$，年总辐射的地理分布呈纬向型，由东北向西南逐渐减少。东部降水少、云量少、辐射值大。西部降水多，云量多，辐射值相对较小，但东西部差异并不很明显。关中地区由于其地理特性的制约，年均气温在 $9 \sim 13 ℃$，东西差异很小。冬季（1月）南北向差异较大，夏季（7月）平均气温比较接近。关中地区日均气温 $\geqslant 10 ℃$ 的积温、持续时间的分布从东南向西北逐渐减少，持续日数最高值出现在渭南华县一带，为210天以上，其积温超过4 000℃。持续时间最少出现在宜君和彬县等地，其天数为160d以下，积温仅2 800～3 000℃，比东部的渭南等地少1 400℃以上。在关中地区东部，由于地势相对开阔，各地差别不大。在西部和北部，由于地势狭窄和地势陡峭，差值较大。关中地区年平均降水量西多东少，其主要特点：一是降水季节分配不均。关中平原全年降水量季节分配不均，5月、7月、9月为多雨月，以9月为最多，而冬春季的降水量较少，春旱十分突出。二是降水年变率、季节变率大。关中平原降水年变率最大可达 30%～40%，降水量最少年与最多年的差异可达 1.5～2.5 倍。由于降水年变率和季节变率大，发生干旱的频率必然较大。关中地区由于灌溉水缺乏及降水量不均，大量节水农业措施被使用去提高粮食产量，如砂石覆盖、秸秆覆盖、免耕及微集雨技术等。关中地区耕地土壤基础肥力多属中等及以下等级，土壤有机质含量普遍较低，平均仅为 10g/kg，养分含量低或养分不均衡现象十分突出；加之该区部分耕地土层浅薄、结构性较差、障碍因子较多、肥水资源短缺、土壤退化较为严重，制约了耕地生产潜力的发挥，因而提升该区土壤肥力水平是当前急需解决生产问题之一。

关中地区作为陕西省重要农业区，经过改革开放 30 多年农业结构战略性调整与科技进步，粮食生产得到了长足发展。尤其是以小麦、玉米为主的生产取得了显著成效，筛选应用了一批抗旱节水作物新品种，显著提高了生物及品种节水节肥的水平。为更好地发掘作物潜力，提高作物水肥利用效率，安全合理减量施用化肥，减少水土流失和环境污染，不断改进与应用以地膜集雨覆盖、秸秆覆盖、群体调控和节水灌溉等为主的集水、保水与用水技术，优化施肥培肥技术，提高水肥效益，对于保障国家及区域粮食安全具有重大战略意义和现实意义。

6.2 长期保护性耕作对冬小麦产量及土壤微生物的作用机理研究

旱区或雨养农业区被普遍认为是年降雨在 250～600mm 的区域（Wang，1999）。中国北方大部分地区均为旱作农业区，约占 56% 的国土面积（Wang，1999）。旱区农业生产受到恶劣气候、地形和水资源短缺以及肥料利用率低和农田管理不善的严重制约。传统的农田管理措施，如密集的耕作、较低有机和无机肥的投入、作物残茬的去除和焚烧，都会造成土壤水分和养分的流失，降低土壤有机质和破坏土壤物理结构（Gill et al.，1995），并降低农田的水分利用效率和减少作物产量。因此，需要调整农田的管理模式，应用合理的保护性耕作措施来保护中国北方旱作农田土壤的养分和水分以及作物的生产力（Wang et al.，2003）。

保护性耕作（Conservation Tillage）措施包含一系列的农田管理，耕后至少保持 30% 以上的地表残茬覆盖量，能够保持土壤水分、减少水土流失（Wang et al.，2003）。通常保护性耕作指较浅的工作耕层和不将土层进行翻转的耕作措施，如少免耕和浅耕。传统耕作是指具有较深的工作耕层（20～35cm）并且其耕后土壤表层少于 30%的作物残茬覆盖量。保护性耕作措施可增加土壤表面的残茬覆盖，减少径流、增加土壤表层的有机质含量，同时减弱了土壤呼吸（Franzluebbers，2002b），并且保护性耕作也有利于保持土壤水分和增加土壤微生物群落的丰富度（Holland，2004）。

有关保护性耕作措施对于作物产量构成的影响，科学界已有较为深入的认知。耕作会对作物产量以及养分利用等产生显著的影响，谢瑞芝等（2008）提出，当前保护性耕作措施多数实现了增产的效果，但是也存在比例为 10.9%的减产案例。深松耕可以提升小麦光合作用，进而提升小麦的灌浆效率，实现小麦产量的增加（王靖等，2009），深松耕相对于旋耕而言能增加小麦穗粒数 2.5%（孔晓民等，2014），相对于传统耕作方式而言，深耕以及深松耕能够实现作物产量的显著提升，实际幅度大约在10.7%和 9.8%（赵亚丽等，2014），深松不仅可以打破犁底层，降低表层土壤容重，增加土壤接纳雨水和灌溉的能力，增强作物的水分利用效率，同时还能够加速作物根系的下扎效应，从而使得作物产量随之提升。

人为活动是改变农田土壤特性（包括土壤的物理、化学和生物特性）最重要的贡献者之一（Kladivko，2001）。农业活动影响了土著微生物种群的相对丰度，多样性和活性。耕作是影响土壤质量的主要农业措施，其对土壤的物理扰动导致土壤含水量、土壤颗粒机械组成和土壤基质内作物残茬的混合程度发生变化（Kladivko，2001）。土壤微生物在生态过程中起着重要的作用，并直接或间接地影响作物生长和产量、土壤养分循环以及土壤生产力的可持续性（Roger-Estrade et al.，2010）。耕作措施影响土壤的结构，进而改变土壤微生物群落多样性；因此，相比较于传统耕作，保护性耕作会形成不同的土壤微生物群落结构、多样性和丰度（Brussaard et al.，2007）。

试验地概况 试验地位于中国陕西省杨凌示范区西北农林科技大学（34°17′N，108°04′E），海拔 521m。年平均降水量 633mm，年平均气温13.2℃。试验地属于中国北方干旱地区关中平原，属于干旱半湿润区，暖温带季风气候，无霜期 210 天，年均日照时数 2 196h。试验区土壤属塿土，其中耕层土壤的有机质含量为 14g/kg，全氮含量为 0.74g/kg，有效磷含量为 18mg/kg，速效钾含量为 129mg/kg，pH 为 7.3，土壤容重为1.29g/cm³。

试验设计 本研究基于 2009 年开始进行的长期定点试验，以前试验地采取旋耕处理。本研究比较了三种不同耕作措施对土壤微生物和土壤理化性质的影响，采用随机区组设计，试验设置三种耕作措施，主要耕作特性包括以下内容：翻耕（PT）措施，用铧式犁将土壤耕到 20～30cm 深，然后旋耕土壤表层；免耕（ZT）措施，是为了减少人为土壤扰动，但为了确保发芽，浅旋表层土壤；深松耕（CPT）措施，使用深松犁深松土壤 30～35cm。每个耕作处理重复 3 次，共 9 个小区，每个小区面积 375m² （15m×25m）。试验为冬小麦-夏玉米轮作，并且前茬作物均还田处理。供试冬小麦品种为陕麦 139。氮肥和磷肥于耕前施进地里，尿素和过磷酸钙施用量均为 750kg/hm²，作为底肥一次性输入。

6.2.1 长期保护性耕作对土壤理化性质的影响

（1）土壤物理性质

土壤矿物质颗粒是土壤固相的主要组成部分，其颗粒直径大小，对土壤理化性状及肥力有较大的影响。通过土壤颗粒机械组成分析，测定各粒级所占的百分含量，可以确定土壤质地，它是土壤学实验中的基本的分析项目之一。本研究采用 Zhao 等（2014）的方法测定了土壤颗粒机械组成，将粒径为 0～2μm 的颗粒划分为黏粒，粒径为 2～20μm 的颗粒划分为粉粒，粒径为 20～2 000μm 的颗粒划分为沙粒。

不同耕作措施对土壤物理性质有显著影响（图 6-1）。传统耕作（翻耕）和深松耕措施下土壤黏粒含量显著低于免耕措施（5.5% 和 1.2%），且两者不存在显著性差异；保护性耕作（深松耕、免耕）措施下土壤粉粒含量显著低于传统耕作（翻耕）措施（3.9%，7.2%），其中免耕措施低于深松耕措施（3.1%），且不同耕作措施存在显著性差异；传统耕作（翻耕）和深松耕措施下土壤沙粒含量显著低于免耕措施（203.2% 和 77.4%），且两者不存在显著性差异；传统耕作（翻耕）和深松耕措施下土壤水分含量显著低于免耕措施（18.2% 和 7.0%），且不同耕作措施间存在显著性差异。

（2）土壤化学性质

不同耕作措施下土壤化学性质有显著差异（图 6-2）。传统耕作（翻耕）和免耕措施下土壤有机碳含量显著低于深松耕措施（6.3% 和 13.6%），其中免耕措施低于翻耕措施（6.8%），且不同耕作措施下存在显著性差异；保护性耕作（深松耕，免耕）和传统耕作（翻耕）措施下土

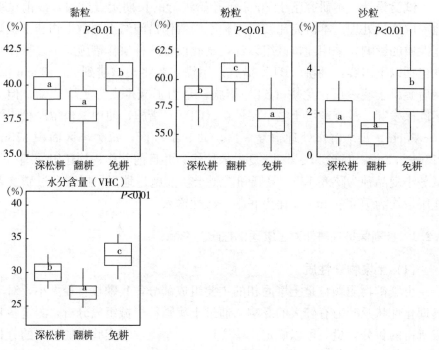

图 6-1 保护性耕作对土壤物理性质的影响

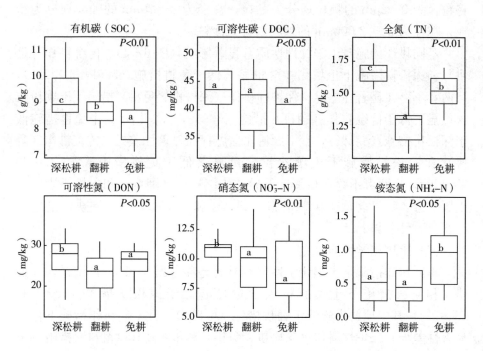

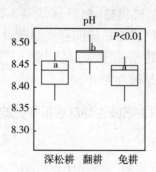

图 6-2　保护性耕作对土壤化学性质的影响

壤可溶性碳含量不存在显著性差异；传统耕作（翻耕）和免耕措施下土壤全氮含量显著低于深松耕措施（31.7％和9.2％），翻耕措施低于免耕措施（20.6％），且不同耕作措施间存在显著性差异；传统耕作（翻耕）和免耕措施下土壤可溶性氮含量显著低于深松耕措施（18.6％和5.3％），且两者不存在显著性差异；传统耕作（翻耕）和深松耕措施下，土壤硝态氮含量显著低于深松耕措施（17.5％和24.5％），且两者不存在显著性差异；传统耕作（翻耕）和深松耕措施下，土壤铵态氮含量显著低于免耕措施（71.7％和37.9％），且两者不存在显著性差异；保护性耕作（深松耕，免耕）措施下土壤 pH 显著低于传统耕作（翻耕）措施（0.5％，0.6％）。

（3）土壤酶活性

如图 6-3 所示，不同耕作措施间土壤酶活性变异较大。传统耕作（翻耕）和免耕措施中土壤过氧化氢酶活性显著高于深松耕措施（1.5％和1.1％），且两者不存在显著性差异；而传统耕作（翻耕）和免耕措施下土

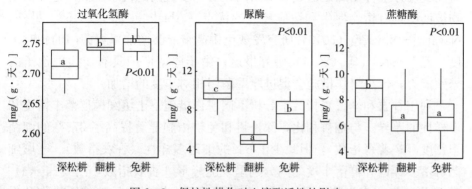

图 6-3　保护性耕作对土壤酶活性的影响

壤脲酶活性显著低于深松耕措施（107.4％和39.4％），翻耕措施低于免耕措施（48.7％），且不同耕作措施间存在显著性差异；传统耕作（翻耕）和免耕措施下土壤蔗糖酶活性均显著低于深松耕措施（25.6％和27.8％），且两者不存在显著性差异。

6.2.2　长期保护性耕作对土壤微生物群落多样性的影响

（1）细菌群落多样性

本研究对所有土壤样品的16S测序分析结果显示，总共有201 264条高质量的序列，其中每个样品序列区间为9 455～23 023条（平均每样本16 772条），并至少有97.3％的序列被识别到门类水平。我们发现所有样本中，最丰富的细菌菌门包括变形菌门（Proteobacteria）、放线菌门（Actinobacteria）和酸杆菌门（Acidobacteria），这与前人研究一致（Nacke et al.，2011；Navarro-Noya et al.，2013）。此外，我们发现在深松耕和免耕措施下厚壁菌门（Firmicutes）具有很高的相对丰度（图6-4）。在保护性耕作措施（深松耕，免耕）和传统耕作措施（翻耕）间土壤细菌群落菌门组成呈现显著的差异（图6-4）。特别是本研究发现厚壁菌门（Firmicutes）在深松耕和免耕措施下具有较高的相对丰度，而在翻耕措施下放线菌门、α变形菌纲，β变形菌纲和绿弯菌门的种群丰度则更为丰富。

Fierer等（2007）提出富营养和贫营养细菌的概念，这有利于理解保护性耕作措施提高某些细菌门类的相对丰度。Rodrigues等（2013）研究发现厚壁菌门作为快速生长的富营养细菌能够在可利用碳较高的环境下实现快速生长。并且我们发现，属于厚壁菌门的芽孢杆菌纲（Bacilli）是专性好氧微生物，其相对丰度在深松耕和免耕措施下显著高于翻耕措施。本研究发现芽孢杆菌属是造成厚壁菌门相对丰度提高的代表菌群，这类微生物被证明具有植物促生和适应环境的优点（Abiala et al.，2015）。另外，Navarro-Noya等（2013）研究发现免耕措施能够增加厚壁菌门的相对丰度，但Lienhard等（2014）研究报道，由于厚壁菌门具有产生内孢子的繁殖能力，传统耕作措施会促进厚壁菌门相对丰度的增加。

利用香农和辛普森指数来分析不同耕作措施下土壤细菌群落丰富度和多样性的差异。与翻耕相比，深松耕和免耕措施显著提高了378％的细菌丰富度（辛普森指数），但减少了6％的细菌多样性（香农指数）。土壤细菌群落多样性和群落丰度之间分别呈现驼峰形［香农指数，图6-5（a）］和U形［辛普森指数，图6-5（a）］的关系，同时也反映传统耕作和保

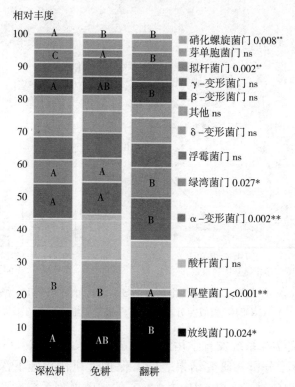

相对丰度

硝化螺旋菌门 0.008**
芽单胞菌门 ns
拟杆菌门 0.002**
γ-变形菌门 ns
β-变形菌门 ns
其他 ns
δ-变形菌门 ns
浮霉菌门 ns
绿湾菌门 0.027*
α-变形菌门 0.002**
酸杆菌门 ns
厚壁菌门<0.001**
放线菌门0.024*

深松耕　免耕　翻耕

图 6-4　在所有土壤样品中和在每个耕作措施中优势细菌门的相对丰度

注：不同的字母表示耕作措施之间的显著差异（ANOVA, $P<0.05$）。

** 表示差异极显著（$P<0.01$），* 代表差异显著（$P<0.05$），ns 表示差异不显著。

护性耕作对土壤细菌群落的作用。发现在这两者关系的顶点均是翻耕，传统耕作可能会扰动微生物群并降低土壤黏粒含量和含水量，从而富集竞争力较强的细菌种群，导致土壤细菌群落香农指数的增加和辛普森指数的下降（Lienhard et al.，2014）。尽管深松耕和免耕措施下相似的土壤颗粒机械组成和水分含量，使得两者土壤细菌群落 α 多样性的差异较小，但免耕相对于深松耕土壤细菌丰度要高，两者群落丰度分别为 3.98×10^7 cfu/g 和 1.94×10^7 cfu/g。Carson 等（2010）研究发现土壤质地和水分是影响土壤孔隙连通性的主要因素，并会显著影响细菌多样性的变化，在本研究中，土壤质地和水分都与香农指数和辛普森指数呈现显著的相关性。免耕措施相对于翻耕对土壤扰动较小，能够为细菌群落的生存提供相对适宜的土壤微环境。因此，本研究表明，保护性耕作措施能够很好地改善土壤质地和增加水分含量，进而影响土壤细菌群落多样性和丰度的变化。

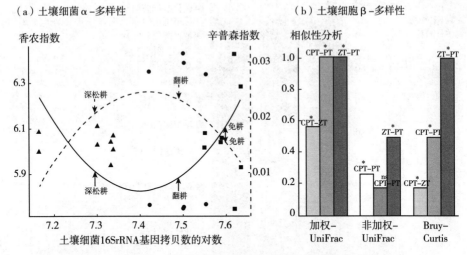

图 6-5 （a）细菌群落 α 多样性指数与 16S 基因拷贝数的回归关系；

（b）ANOSIM 相似性分析两两耕作措施下细菌群落 β 多样性的差异

结合分类学和系统发育学运用非度量多维尺度（NMDS）对细菌群落 β 多样性进行了分析。研究结果表明，保护性耕作措施下深松耕（$r=1$，$P=0.028$）和免耕（$r=1$，$P=0.026$）的细菌群落系统发育组成（UniFrac）均与传统耕作翻耕存在显著的差异［图 6-5（b）］。此外，深松耕和免耕措施与翻耕措施下土壤细菌群落的系统发育组成（UniFrac）和系统发育构成（非加权 UniFrac）均较为相似［图 6-5（b）］。尽管三种耕作措施下土壤细菌群落系统发育结构相似，但免耕（$r=0.99$，$P=0.03$）较深松耕（$r=0.49$，$P=0.05$）与翻耕差异更大。

（2）真菌群落多样性

总的来说，总共土壤样品获得了 201 910 条高质量序列和土壤样品序列在 10 943～25 532 条间（平均 16 826 条）。在所有样品中占主导地位的真菌菌门包含子囊菌门（Ascomycota），担子菌门（Basidiomycota），接合菌门（Zygomycota），相对丰度范围分别为 89.3%～93.5%，2.6%～6.3%，1.8%～2.5%。此外，在所有土样中均包含有芽枝霉门（Blastocladiomycota），壶菌门（Chytridiomycota）和球囊菌门（Glomeromycota），以及其他两个稀有菌门（图 6-6A）。比较两两耕作措施之间，深松耕和免耕间土壤真菌组成存在最大的差异（14.9%）。子囊菌（＞10.5%）对三种耕作措施间整体土壤真菌群落的差异贡献最大。此外，斯皮尔曼相关系数

（图 6-6D）结果显示，土壤脲酶、全氮和可溶性有机碳均显著影响子囊菌门和担子菌门的相对丰度。

　　在纲类水平上，所有样品中都存在丰度较高的子囊菌纲（Sordariomycetes），座囊菌纲（Dothideomycetes），盘菌纲（Pezizomycetes），银耳纲（Tremellomycetes）和散囊菌纲（Eurotiomycetes）。另外，这些菌纲累计相对丰度占总土壤真菌丰度的 96.5% 以上（图 6-6B）。由于深松耕和免耕措施间子囊菌纲（8.2%）和座囊菌纲（5.2%）相对丰度的不同，导致这两种耕作措施间真菌纲类相对丰度的差异最大（17.7%）。斯皮尔曼相关系数显示，土壤有机碳与占 19.0% 总体比重的座囊菌纲和散囊菌纲存在显著的相关性（图 6-6E）。

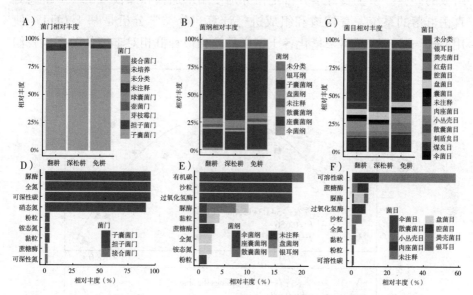

图 6-6　主要真菌门类（A）、纲类（B）和目类（C）在各个耕作措施下的相对丰度分布；土壤物理化学性质与主要真菌门类（D）、纲类（E）和目类（F）的显著相关性（$P<0.05$）

　　进一步的分类学结果表明，粪壳菌目（Sordariales）和煤炱目（Capnodiales）是主要真菌目类，平均相对丰度分别为 43.3% 和 12.5%（图 6-6C）。深松耕与免耕措施下主导菌群粪壳菌目（＞4.5%）的变化，导致这两种耕作措施间真菌目类相对丰度的差异最大（22.7%）。超过 53.6% 的真菌目类包括粪壳菌目，腔菌目（Pleosporales），肉座菌目（Hypocreales）和散囊菌目（Eurotiales）与土壤有机碳显著相关（图 6-6F）。

不同耕作措施间土壤真菌丰度（18S rRNA 基因拷贝数）存在显著差异（$P<0.01$）。翻耕土壤真菌丰度显著低（平均 $6.34×10^7$ cfu/g 干土；$P=0.003$）于深松耕（平均 $9.82×10^7$ cfu/g 干土），但其显著要高于免耕（$P<0.001$；平均值，$1.80×10^7$ cfu/g 干土）。土壤真菌香农指值和辛普森指数与 18S rRNA 基因拷贝数之间的关系分别表现为驼峰（图 6-7A）和 U 型（图 6-7B）的模式。两种关系模式均表现出真菌多样性指数与真菌群落丰度之间存在较强的相关性（香农：$r=0.656$，$P=0.008$；辛普森：$r=0.640$，$P=0.010$）。

用两种 β 多样性的分析方法来比较不同耕作措施下土壤真菌群落结构组成的差异。系统发育学分析是指分别使用未加权和加权 UniFrac 距离对真菌群落的系统发育构成和组成进行计算。分类学分析是基于 OTUs 使用 Bray-Curtis 距离来量化各土壤样品间相似种群相对丰度的关系。我们

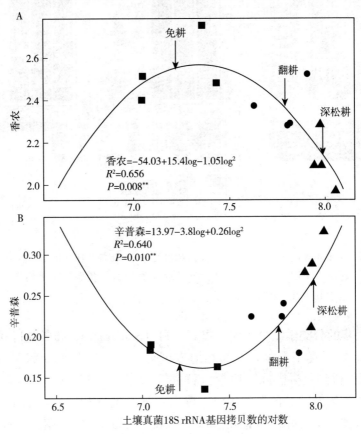

图 6-7　土壤真菌群落香农指数（A）和辛普森指数（B）与 18S 基因拷贝数的回归关系

的结果显示，不同耕作措施间土壤真菌群落的系统发育学和分类学结构组成均存在较大差异（图 6-18）。基于加权的 UniFrac 距离，我们发现免耕和深松耕下真菌群落系统发育组成存在显著的不同（图 6-8A）。相似性分析（ANOSIM，表 6-1）表明，真菌群落系统发育组成的差异是导致不同耕作措施间真菌群落差异的关键因素（$r=0.463$，$P=0.002$）；深松耕（$r=0.448$，$P=0.060$）和翻耕（$r=0.510$，$P=0.027$）均与免耕下真菌群落存在较大的差异。Mantel 检验分析表明，相对于其他土壤环境因子，有机碳含量与土壤真菌系统发育学（加权 UniFrac 距离；$r=0.300$，$P=0.031$）和分类学（Bray-Curtis 距离；$r=0.233$，$P=0.101$）结构组成均存在较强的相关性。

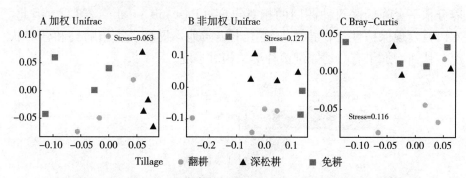

图 6-8 NMDS 分析真菌群落结构多样性（A）加权和（B）非加权 UniFrac（C）Bray-Curtis；

表 6-1 不同耕作措施下真菌群落的相似性分析（ANOSIM）

耕作措施	加权 UniFrac		非加权 UniFrac		Bray-Curtis	
	r	P	r	P	r	P
深松耕-免耕	0.448	0.060[ns]	−0.271	0.971[ns]	0.208	0.158[ns]
深松耕-翻耕	0.302	0.089[ns]	−0.010	0.449[ns]	0.063	0.305[ns]
免耕-翻耕	0.510	0.027[*]	0.104	0.199[ns]	0.042	0.433[ns]
深松耕-免耕-翻耕	0.463	0.002[*]	−0.049	0.716[ns]	0.102	0.142[ns]

注：* 表示显著；ns 表示不显著。

6.2.3 长期保护性耕作下土壤微生物群落与土壤理化性质的关系分析

（1）细菌群落多样性与土壤理化的关系

在本研究中，土壤质地（黏粒，沙粒含量）与厚壁菌门的相对丰度显著相关，并且保护性耕作措施下两者的相关度要大于传统耕作措施（图6-9）。保护性耕作措施相对于传统耕作具有更为良好的土壤通气和养分状况，有利于增加厚壁菌门的相对丰度。尽管研究表明变形菌门能够在碳源丰富的土壤环境快速增长（Jenkins et al.，2010），但在深松耕和免耕措施下由于厚壁菌门对营养底物的竞争会相应减少α变形菌纲，β变形菌纲的相对丰度。本研究发现有超过42%的α变形菌纲属于根瘤菌，这类菌群被认为是异养固氮微生物（Li et al.，2014）。这一结果与土壤质地和养分水平的变化有显著的相关性（图6-9），并可解释在深松耕和免耕（分别为44%和46%）下根瘤菌的相对丰度比翻耕（42%）更高。放线菌和酸杆菌被认为是贫营养菌群，所以在深松耕和免耕下较优的土壤质地和较高的养分水平会降低这两种菌门的相对丰度（Pascault et al.，2013）。因此，本研究发现保护性耕作措施改变了土壤质地，提高了土壤通气和营养状况，从而增加了有益功能细菌种类的相对丰度。

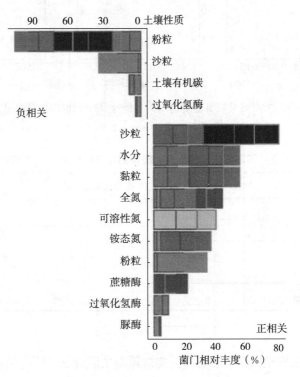

图6-9 斯皮尔曼等级相关分析表明土壤物理化学性状与显性细菌门
相对丰度的显著相关度（$P < 0.05$）

Mantel 检验分析显示，土壤细菌的 β 多样性与土壤质地显著相关，黏粒含量是影响细菌群落系统发育组成的主要因素（$r=0.451$），沙粒含量是影响细菌群落系统发育构成（$r=0.459$）和分类学组成（$r=0.340$）的主要因素。土壤质地（颗粒机械组成）与土壤水分和养分水平显著相关，因此，深松耕和免耕措施形成较好的土壤微环境导致相似的土壤细菌群落组成结构。Ceja - Navarro 等（2010）研究表明免耕措施作为保护性耕作能够改变土壤黏粒和沙粒含量的比例，有利于改善和保护土壤微生物的多样性，我们的研究也证明，免耕措施能够提高土壤养分水平进而使土壤细菌群落多样性发生改变。这可解释免耕与翻耕措施下土壤细菌群落差异较其他两种耕作措施间要大（图 6-9）。因此，我们的研究结果表明：保护性耕作可通过改变土壤黏粒和沙粒含量来改善土壤养分水平，最终使土壤细菌群落多样性发生变化。

从细菌群落整体来看，土壤物理化学性质与主要菌门的相对丰度存在显著的相关性（$r=0.518$，$P=0.002$；图 6-10）。其中，土壤物理化学

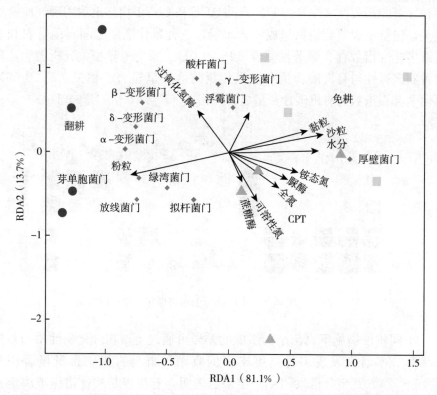

图 6-10　不同耕作措施下土壤细菌菌门相对丰度与土壤环境因子的冗余分析

性质可以解释保护性耕作措施（深松耕、免耕）与传统耕作措施（翻耕）间细菌分类学组成81%的差异（图6-10）。土壤质地（粉粒、沙粒含量）相对于其他土壤性质对主要菌门相对丰度的影响更为显著（图6-10），同时图6-13也显示土壤质地与酸杆菌门、厚壁菌门、放线菌门、绿弯菌门和α变形菌门均存在显著的相关性。Bach等（2010）和Carson等（2010）的研究结果表明，土壤质地是影响细菌种群组成最重要的土壤环境因子。本研究表明，土壤颗粒机械组成是改变土壤养分水平和水分含量的重要因素，并且还是导致保护性耕作和传统耕作措施间细菌群落种群组成差异的关键因素（Davinic et al.，2012；Li et al.，2014）。

（2）真菌群落多样性与土壤理化的关系

基于OTU分析保护性耕作和传统耕作措施下真菌群落多样性和丰富度。研究结果表明，虽然没有检测到不同耕作措施间真菌丰富度（基于Chao1和ACE估计值）存在显著性差异（$P>0.05$），但在深松耕下土壤真菌丰富度最大。斯皮尔曼相关系数揭示了真菌丰富度与土壤理化性质之间存在显著的相关性（图6-11）。真菌ACE和Chao1均与土壤物理性质密切相关，包括土壤颗粒机械组成和含水量。三种耕作措施之间真菌香农和辛普森多样性指数存在显著性差异（$P<0.01$）。斯皮尔曼相关分析表明，真菌香农多样性与有机碳含量和过氧化氢酶活性呈显著正相关（$P<0.05$），真菌辛普森指数与有机碳含量呈显著负相关（$P<0.05$）（图6-11）。

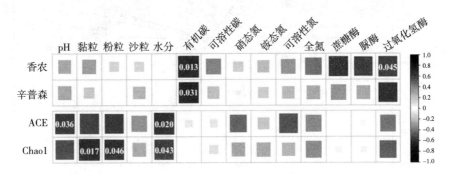

图6-11　土壤真菌α多样性与土壤物理化学性质的关系

不同耕作措施下真菌结构组成的差异可通过土壤物理化学性质的差异来解释。本研究发现多种高度丰富的真菌种群与有机碳含量显著相关（图6-12），冗余分析（RDA）结果也表明，有机碳是耕作措施下决定真菌群落结构组成的主要土壤因素（图6-12）。土壤真菌种群丰度的变化应该具体情况具体分析，有机碳含量比土壤 pH 对土壤真菌群落结构组成的影响更为显著。因此，本研究结果表明保护性耕作措施会影响作物残茬分解过程和土壤有机碳含量，进而引起中国北方干旱地区土壤真菌群落结构组成的变化。

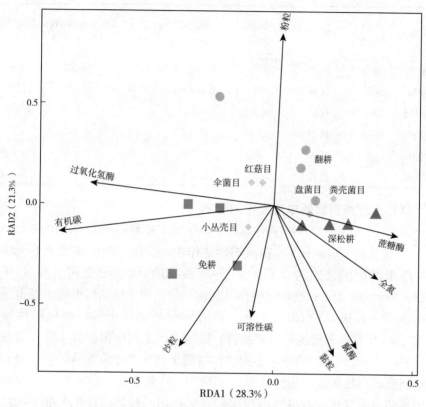

图 6-12　不同耕作措施下土壤真菌菌门相对丰度与土壤环境因子的冗余分析

6.2.4　长期保护性耕作对土壤微生物群落丰度及空间分布的影响

本研究通过对土壤微生物群落丰度及空间分布的分析发现，保护性耕作（深松耕、免耕）和传统耕作（翻耕）措施下，土壤微生物（真菌，细菌）的空间变异特性，通过克里金差值模型进行分析拟合（表 6-2）。在免耕措施下，土壤真菌群落的拟合分析模型最佳为高斯模型；在不同耕作措施下，土壤微生物（真菌，细菌）群落的拟合分析模型均为球状模型。通过决定系数可以看出，土壤微生物（真菌，细菌）在免耕和传统耕作（翻耕）措施下分析拟合的效果最佳，在深松耕措施下真菌和细菌的分析拟合效果不佳。由块金值/基台值的结果可以发现，不同耕作措施下土壤微生物（真菌，细菌）群落均呈现出较弱的空间相关性，说明土壤微生物群落空间分布结构变异小，随机性变化较大。

表 6 - 2　土壤微生物群落丰度半方差函数的模型类型及参数

耕作措施	土壤微生物	模型	块金值 (C_o)	基台值 $(C+C_o)$	变程 (R)	块金值/基台值 $(C_o/C+C_o)$	决定系数 (R^2)
翻耕	真菌	球状	4.60E+7	4.13E+8	9.85	0.113	0.999
免耕		高斯	1.98E+8	1.16E+9	17.74	0.170	1.000
深松耕		球状	0.003	0.083	5.55	0.041	0.182
翻耕	细菌	球状	0.005	0.081	7.83	0.067	0.786
免耕		球状	0.011	0.217	6.85	0.049	0.740
深松耕		球状	0.005	0.074	5.27	0.063	0.204

(1) 土壤细菌群落丰度及空间分布

如图 6 - 13 所示，不同耕作措施下，土壤细菌群落丰度的范围在 $1.36×10^9～7.52×10^9$ cfu/g 干土。在保护性耕作中，深松耕和免耕措施下土壤细菌群落丰度范围分别为 $2.27×10^9～5.89×10^9$ cfu/g 干土和 $1.46×10^9～7.52×10^9$ cfu/g 干土；在传统耕作（翻耕）措施中土壤细菌群落丰度范围为 $1.36×10^9～4.16×10^9$ cfu/g 干土。由方差分析结果可知，在保护性耕作（深松耕，免耕）和传统耕作（翻耕）措施下，土壤细菌群落丰度没有显著性差异（$P=0.214$）。另外，不同耕作措施下，土壤细菌群落的空间分布呈现空间点状聚集现象，连续性差且不均匀。在保护性耕作措施中，免耕土壤中细菌群落空间分布呈现由西部向东部递增的趋势，且在东部土壤细菌群落丰度最高；深松耕土壤中细菌群落空间分布呈现由南北方向向东南部和中部递增趋势，且东南部和中部土壤细菌群落丰度最高。在传统耕作（翻耕）措施中，土壤细菌群落空间分布多集中在中南部，且丰度最高。

(2) 土壤真菌群落丰度及空间分布

图 6 - 14 所示，不同耕作措施下，土壤真菌群落丰度的范围在 $1.73×10^9～1.88×10^{10}$ cfu/g 干土。在保护性耕作中，深松耕和免耕措施下土壤真菌群落丰度范围分别为 $2.52×10^9～1.77×10^{10}$ cfu/g 干土和 $1.73×10^9～1.88×10^{10}$ cfu/g 干土；在传统耕作（翻耕）措施中土壤真菌群落丰度范围为 $3.29×10^9～1.85×10^{10}$ cfu/g 干土。由方差分析结果可知，在保护性耕作（深松耕，免耕）和传统耕作（翻耕）措施下，土壤真菌群落丰

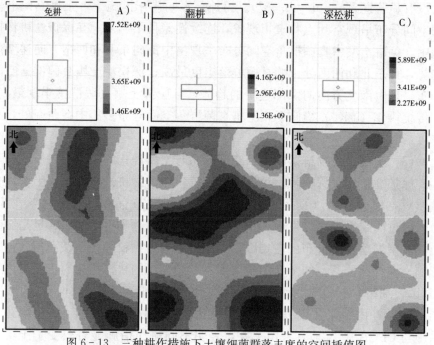

图 6 - 13 三种耕作措施下土壤细菌群落丰度的空间插值图

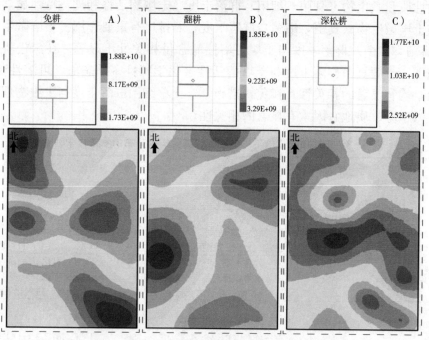

图 6 - 14 三种耕作措施下土壤真菌群落丰度的空间插值图

度没有显著性差异（$P=0.367$）。另外，不同耕作措施下，土壤真菌群落的空间分布呈现空间点状聚集现象，连续性差且不均匀。在保护性耕作措施中，免耕土壤中真菌群落空间分布呈现由中部向东北和西南方向递增的趋势，且东北和西南处土壤真菌群落丰度最高；深松耕土壤真菌群落空间分布呈现由南北方向向中部递增的趋势，且中部土壤真菌群落丰度最高。在传统耕作（翻耕）措施下，土壤真菌群落空间分布多集中在西南处，且丰度最高。

（3）土壤微生物群落丰度及空间分布与土壤理化的关系

保护性耕作（深松耕，免耕）和传统耕作（翻耕）措施下，土壤理化性质对土壤微生物（真菌，细菌）群落空间分布有不同的影响（表 6-3）。通过决定系数可以发现，土壤过氧化氢酶活性和可溶性碳含量是影响土壤真菌群落空间分布的主要因素；土壤水分、黏粒和土壤铵态氮含量是影响土壤细菌群落空间分布的主要因素。结合不同耕作措施与土壤微生物（真菌，细菌）群落丰度和土壤理化性质，进行典范主分量分析（CPCA；图 6-15），由结果可以发现，保护性耕作（深松耕，免耕）和传统耕作措施与 CPCA 中 X 轴有密切关系，表明不同耕作措施显著改变了土壤理化性质和微生物（真菌，细菌）群落丰度。土壤酶活性和理化特性显著影响土壤微生物（真菌，细菌）群落丰度，对排序有重要作用。土壤微生物（真菌，细菌）群落丰度与土壤可溶性氮含量相关性不显著。在深松耕措施下，土壤真菌群落丰度与土壤酶活性、化学特性（硝态氮，可溶性碳）因素均有显著的相关性；在免耕措施下，土壤细菌群落丰度与土壤物理特性（水分、质地）因素有显著的相关性。

表 6-3 不同耕作措施下影响细菌和真菌群落分布的物理化学因素

耕作措施	因素	细菌群落丰度		真菌群落丰度	
		决定系数 R^2	土壤理化性质	决定系数 R^2	土壤理化性质
翻耕	1	0.131	黏粒	0.284	铵态氮
	2	0.174	黏粒，蔗糖酶	0.440	DOC，铵态氮
	3	0.195	黏粒，全氮，蔗糖酶	0.410	DOC，铵态氮，蔗糖酶
免耕	1	0.318	含水量	0.249	过氧化氢酶
	2	0.320	含水量，硝态氮	0.382	pH，过氧化氢酶
	3	0.368	黏粒，蔗糖酶，过氧化氢酶	0.424	pH，DOC，过氧化氢酶
深松耕	1	0.255	铵态氮	0.203	硝态氮
	2	0.348	铵态氮，全氮	0.264	DOC，DON
	3	0.347	铵态氮，DON，全氮	0.286	DOC，硝态氮，DON

注：DOC 表示可溶性碳含量；DON 表示可溶性氮含量。

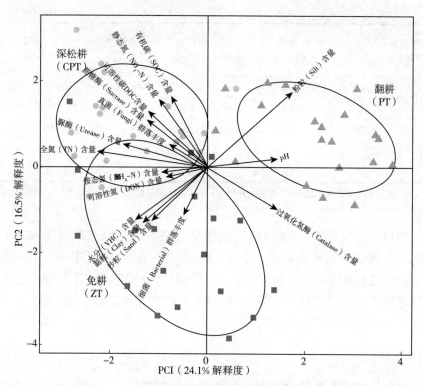

图6-15 不同耕作措施下变量之间的CPCA排序图

6.2.5 不同耕作方式对冬小麦产量的影响

耕作措施显著地影响了冬小麦产量及其产量构成因素（表6-4，$P<$ 0.05）。2013—2014年，保护性耕作CPT和ZT较传统耕作措施PT依次分别减少冬小麦穗数0.7%和6.8%（表6-4）。与PT相比，CPT、ZT较PT依次分别增加冬小麦穗粒数13.4%和9.2%（表6-4）。而不同耕作处理对冬小麦千粒重却没有显著影响（$P>0.05$）。此外，CPT显著增加了冬小麦产量，较PT措施增加了11.3%，而ZT与PT处理间差异不显著（$P>0.05$）。

表6-4 保护性耕作措施对冬小麦产量及其构成因素的影响

年份 （年）	处理	穗数 （×10⁴/hm²）	穗粒数 （粒/穗）	千粒重 （g）	产量 （kg/hm²）
2013—2014	CPT	391.7±10.7b	46.6±1.2a	39.6±1.1ns	6 850.3±359.3a

（续）

年份 （年）	处理	穗数 （×10⁴/hm²）	穗粒数 （粒/穗）	千粒重 （g）	产量 （kg/hm²）
2013—2014	ZT	367.6±14.7c	44.9±1.2a	40.1±1.6ns	6 419.2±311.4ab
	PT	394.4±14.7a	41.1±1.3b	39.9±1.6ns	6 155.7±287.4b
	CPT	398.4±17.4a	45.5±1.5a	40.0±1.8ns	7 161.7±383.2a
2014—2015	ZT	378.3±14.7b	43.9±1.5a	40.2±1.4ns	6 538.9±311.4b
	PT	397.1±16.0a	41.9±1.7b	38.4±1.8ns	6 203.6±311.4b

注：CPT 表示深松耕措施；ZT 表示免耕措施；PT 表示翻耕措施；a、b、c 表示处理间差异性；ns 表示处理间差异不显著。

2014—2015 年，ZT 较 PT 降低冬小麦穗数 4.7%，而 CPT 和 PT 处理间小麦穗数却差异不显著（表 6-4）。与 PT 相比，CPT 和 ZT 依次分别增加小麦穗粒数 8.6% 和 4.8%（表 6-4）。分析冬小麦千粒重，各个处理间差异不显著。CPT 处理较 PT 增加小麦产量 15.4%，而 ZT、PT 处理间小麦产量却没有显著差异。

6.2.6 讨论

（1）土壤理化性质对长期保护性耕作的响应

保护性耕作措施可显著改善土壤质地，提高农田土壤黏粒组成，增强土壤保水蓄水能力（Baumhardt et al.，2002）。本研究表明，保护性耕作可以增加土壤水分含量，提高土壤黏粒含量，与 Baumhardt（2002）和李友军等（2006）研究结果一致。相比较于传统耕作措施下农田土壤蓄水差和抗水蚀弱的缺点，保护性耕作对土壤的人为扰动程度较小，保护并改善了土壤的物理结构，保证土壤具有良好的孔隙度和微气候，并且作物秸秆还田也有助于提高土壤的水分，影响土壤的养分循环过程（Murungu et al.，2011；Plaza et al.，2013）。本研究结果表明，保护性耕作措施相较于传统耕作措施显著提高了土壤的氮素含量（全氮和可溶性氮），深松耕措施则有效提升了土壤碳素的含量（有机碳和可溶性碳），与张洁等（2007）通过对保护性耕作对坡耕地土壤微生物量碳、氮的影响研究结果一致。主要是由于不同耕作措施会造成土壤通气性和微生境的差异，改变参与有机质矿化过程的土壤微生物种群组成，影响土壤养分的含量（Varvel et al.，2011）。本研究表明，保护性耕作措施显著改变了土壤的酶活性。相对于传统耕作措施，深松耕显著提高了土壤蔗糖酶和脲酶活性，免耕则提高了土壤过氧化氢酶活性。保护性耕作措施可改善土壤生境状况，促进土壤微生物的活动（Madejon et al.，2009）。深松耕和免耕均显著提高了土壤的全氮含量和可溶性氮含量及脲酶活性，并且这类土壤因子与氮循环过程关系密切，因此，保护性耕作措施可通过影响土壤氮功能细菌群落及其参与的氮循环过程，进而提升土壤氮素的含量。此外，Varvel等（2011）和Li等（2012）研究认为保护性耕作有利于农田土壤积累较多的碳，提高土壤有机碳含量，本研究也发现了同样的结论。

（2）土壤微生物群落多样性对耕作方式的响应及其与土壤理化的关系

本研究发现在这两者关系的顶点均是翻耕，传统耕作可能会扰动微生物群落并降低土壤黏粒含量和含水量，从而富集竞争力较强的细菌种群，导致土壤细菌群落香农指数的增加和辛普森指数的下降（Lienhard et al.，2014）。尽管深松耕和免耕措施下相似的土壤颗粒机械组成和水分含量，使得两者土壤细菌群落 α 多样性的差异较小，但免耕相对于深松耕土壤细菌丰度要高，Carson等（2010）研究发现土壤质地和水分是影响土壤孔隙连通性的主要因素，并会显著影响细菌多样性的变化，在本研究中，土壤质地和水分都与香农指数和辛普森指数呈现显著的相关性。免耕措施相对于翻耕对土壤扰动较小，能够为细菌群落的生存提供相对适宜的土壤微环境。在本研究中，土壤质地（黏粒，沙粒含量）与厚壁菌门的相对丰度显著相关，并且保护性耕作措施下两者的相关度要大于传统耕作措施。保护性耕作措施相对于传统耕作具有更为良好的土壤通气和养分状况，有利于增加厚壁菌门的相对丰度。尽管研究表明变形菌门能够在碳源丰富的土壤环境快速增长（Jenkins et al.，2010），但在深松耕和免耕措施下由于厚壁菌门对营养底物的竞争会相应减少 α 变形菌纲，β 变形菌纲的相对丰度。本研究发现有超过 42% 的 α 变形菌纲属于根瘤菌，这类菌群被认为是异养固氮微生物（Li et al.，2014）。这一结果与土壤质地和养分水平的变化有显著的相关性，并可解释在深松耕和免耕（分别为 44% 和 46%）下根瘤菌的相对丰度比翻耕（42%）更高。放线菌和酸杆菌被认为是贫营养菌群，所以在深松耕和免耕下较优的土壤质地和较高的养分水平会降低这两种菌门的相对丰度（Pascault et al.，2013）。

前人研究表明，耕作措施可显著改变土壤真菌群落的结构组成（Miura et al.，2013；Wang et al.，2010）。我们的研究表明，保护性耕作措施与传统耕作措施间土壤真菌群落的结构组成存在显著差异，但三种耕作措施下土壤真菌在门类、纲类和目类物种组成较为相似。这可能是由于分类水平上占主导地位菌群均属于子囊菌门（Ascomycota），这是所有土壤样本中最丰富的真菌门类（87.2%），且耕作措施对子囊菌门的影响较小（De-grune et al.，2015）。子囊菌门（Ascomycota）是一类受到植物种类和秸秆残茬强烈影响的腐生土壤真菌（Boer et al.，2005；Van Groenigen et al.，2010）。深松耕措施可为子囊菌门的生长提供更适宜的土壤环境，使其能更好地利用可降解的作物残茬，促进菌群的快速增长繁殖（Ma et al.，2013）。传统耕作措施可能会影响作物残茬分解过程，使土壤含有较高的木质素含量，从而提高土壤真菌群落中担子菌门的相对丰度，而这类菌门被证明能够在厌氧条件下降解木质素和纤维素（Blackwood et al.，2007；Boer et al.，2005）。由于免耕对土壤环境和作物残茬的影响相对较弱，使得土壤真菌多样性和种群组成更为丰富。保护性耕作主要影响了粪壳菌目（Sordariales）的相对丰度，而这类真菌能够在植物根际圈产生纤维素酶（Phosri et al.，2012）。此外，本研究还发现，深松耕和翻耕与免耕措施下土壤真菌群落结构组成均存在显著的差异，主要体现在主导菌门子囊菌门（Ascomycota）和担子菌门（Basidiomycota）相对丰度的差异上，而这两类菌门代表着不同类型的土壤有机质分解者（Ma et al.，2013）。因此，本研究得出不同耕作措施下主要土壤真菌种群相对丰度的差异可能与作物残茬不同的分解情况相关。

(3) 土壤微生物群落丰度及空间分布对耕作方式的响应

本研究表明，不同耕作措施下土壤真菌和细菌群落丰度的空间分布模式有所差异。三种耕作措施均对土壤微生物群落的空间分布产生了较大的影响，细菌和真菌群落均表现出不均匀的空间分布，较差的空间连续性和高度的空间聚集。前人研究表明，一定空间范围下，土壤微生物群落空间分布特点是较小的结构性变异和较大的随机变异，使得土壤微生物总体上呈现较弱的空间自相关性（Wang et al.，2012）。保护性耕作措施相对于传统耕作措施，改良土壤理化性状，有效改变土壤的生物化学过程，影响参与土壤养分循环的土壤微生物种群，改变土壤微生物的群落丰度和结构组成，使得保护性耕作下土壤微生物群落空间分布的变异度较小（李桂喜等，2012）。

三种耕作措施形成相应的土壤理化性质，并且深松耕和免耕提高了土壤微生物群落的丰度。研究表明免耕作为保护性耕作措施，能够改变土壤黏粒和沙粒含量的比例，有利于改善土壤的养分状况，保护土壤微生物多样性和提高土壤微生物群落丰度（Degrune et al.，2015）。相对于保护性耕作措施，传统耕作可能会直接扰动微生物群落并降低土壤黏粒含量和含水量，从而富集部分竞争力强的种群，导致土壤细菌群落丰度的下降（Lienhard et al.，2014）。土壤真菌群落丰富度受到土壤水分含量的显著影响，并且土壤质地与土壤含水量密切相关，免耕措施下土壤黏粒中的细小颗粒具有较高的反应性表面积，有利于养分吸收和保持水分，进而增强土壤真菌种群的竞争力，提高土壤真菌群落的丰富度（Crowther et al.，2014）。因此，保护性耕作措施引起的土壤质地和养分的变化是影响土壤细菌和真菌群落丰度的重要因素。

（4）产量及产量构成因素对耕作方式的响应

本研究探讨了保护性耕作技术的增产增收效应，以深松还田处理的作物周年生产力最高。这与许迪（1999）的研究结果一致，即土壤深松能增强作物根系活力和促进根系下扎，有利于吸收深层土壤养分和水分，从而更有利于作物生长和增产。此外，本试验以深松还田处理产量最高。2013—2014 年和 2014—2015 年 CPT 处理较 PT 分别增加作物产量 11.3% 和 15.4%。这与李洪文和陈君达（1997）的研究结论：深松耕平均比传统耕作增产 13.0%，而免耕平均比传统耕作增产 23.0% 不相一致，这可能与试验肥力水平和气候条件不同有关。Lampurlanes 等（2001）认为进行多年免耕会导致土壤压实从而造成作物减产。然而 Franzluebbers（2002a）认为旱作条件下进行少、免耕可以蓄水保墒，提高作物产量。不同耕作处理对作物产量的影响与耕作年限有关系（贾树龙等，2004）。总之，耕作对作物产量的影响目前还存在较大分歧。

6.2.7　结论

本研究结果表明，连续的耕作措施显著地改变了土壤的质地、含水量和养分水平，同时也改变了土壤细菌群落的多样性和结构组成。本研究发现翻耕措施下土壤细菌群落香农多样性较高，但保护性耕作措施下存在更为多样的细菌种群组成，具有更高的功能微生物相对丰度（根瘤菌、芽孢杆菌）。最重要的是，保护性耕作可改善土壤的质地，提高土壤含水量，增强土壤通气和营养状况，这些因素引起了土壤细菌群落的变化。三种耕作措施下土壤真菌群落均包含大量以子囊菌和担子菌门为代表的真菌种群分解者。保护性耕作措施能够改善土壤质地和提高土壤有机碳含量，显著改变土壤真菌群落多样性。相比较于深松耕和翻耕措施，免耕措施受到的人为扰动较小，从而增加了土壤真菌 α 多样性。由此得出，保护性耕作通过影响作物残茬的分解过程来改变土壤真菌群落的种群分布。本研究结果可以加深对保护性耕作改变土壤细菌群落的认识，并有利于进一步改进农作措施，建立稳定和功能完善的土壤生态环境。此外，这些知识能够为推动我国北方干旱地区的作物可持续生产做出一定的贡献。

同时也表明，不同耕作措施会分别形成相应的土壤细菌和真菌群落空间分布特征。保护性耕作和传统耕作措施下，土壤细菌和真菌群落均表现出不均匀的空间分布，较差的空间连续性和高度的空间聚集，土壤微生物总体上呈现较弱的空间自相关性。保护性耕作措施相对于传统耕作措施，改善了土壤理化性状和保护了土壤微生物的生境，使得土壤真菌和细菌群落表现出相对较弱的空间变异以及较高的土壤微生物群落丰度。保护性耕作形成良好的土壤质地和丰富的养分水平，有利于土壤细菌和真菌群落的生存繁衍，进而提高了土壤微生物群落的稳定性。

6.3 关中地区冬小麦-夏玉米复种高效水肥利用技术及效应研究

当今农业水资源缺乏已成为备受人们关注的问题，并且随着世界人口的增长和全球气候的变化，该问题变得愈发严重（Elliott et al.，2014）。随着粮食需求量的日益增加，农业水资源的缺乏现已成为影响农业粮食生产的重要因素，因此在有限农业水资源的条件下生产更多的粮食成为农业发展的必然选择，而提高农田水分生产力也就成为未来农业可持续发展中提高粮食产量的一个重要的方向（Rodrigues et al.，2009）。

关中地区作为我国重要的粮食生产区域，其面积约占陕西省总耕地面积的45%，生产了陕西省大约60%的粮食。该地区年降水量在500～600mm，干燥系数在1.3～1.6；其具有和半干旱区相似的气候条件，且农作物生长中常会遭受干旱胁迫，因此，大量的灌溉水用于农田来提高粮食产量，且灌溉农田占该地区总农田面积的70%以上。然而，在近些年，随着城市化和工业化进程的加快，城市用水和工业用水急剧增加，进而造成农业用水、城市用水和工业用水之间矛盾加剧（Jiang，2009；Tang et al.，2015）。地表水和地下水作为水分的重要来源，但由于过量的使用，该地区水资源已经变得非常匮乏（Chang et al.，2016）。因此，需要采用节水农业措施来提高农业水分生产力，进而来确保该地区农业的可持续发展，如沙石覆盖、秸秆覆盖、免耕及微集雨技术等（Gan et al.，2013；

Qin et al.，2014)。在这些节水措施中，沟垄集雨栽培技术作为一项高效节水农业措施而被广泛应用。沟垄集雨是沟与垄相间排列，垄上覆盖地膜，沟中种植作物的农田栽培技术 (Gan et al.，2013)。该栽培技术有多种优点，比如提高土壤墒情，减少土壤水分蒸发，延长土壤水分的有效性，收集微量降雨，促进雨水下渗，减少土壤水土流失，增加大多数农作物产量及水分利用效率等 (任小龙等，2007；Zhang et al.，2007；Qin et al.，2014；Li et al.，2017)。在西北半干旱地区的干旱年、平水年和丰水年沟垄集雨栽培分别能增加农作物 $50\%\sim100\%$，$30\%\sim90\%$ 和 $10\%\sim40\%$ 的产量 (Gan et al.，2013)，同时沟垄集雨栽培能够提高玉米、小麦和马铃薯等作物的水分利用效率，提高比例分别为 30.0%，53.7% 和 63.8% 等 (Li et al.，2012；Qin et al.，2014；Li et al.，2016)。

当今，一些研究已经发现在关中地区应用沟垄集雨栽培技术能够增加农作物的产量和水分利用效率 (Liu et al.，2010；Zhang et al.，2011；Zhu et al.，2015)。但其仅限对单季作物进行研究，且多集中与对农作物基本形态指标、产量及水分利用的研究。冬小麦-夏玉米复种是关中地区典型的种植模式，然而关于沟垄集雨栽培能否被很好的应用于关中地区冬小麦-夏玉米复种体系的研究较少。同时在关中地区氮肥及灌溉水分的不合理利用导致了水肥利用效率低下，农业可持续发展严重受限 (Deng et al.，2006；Fang et al.，2006；Zhang et al.，2010)。本研究以关中地区麦玉复种体系（冬小麦-夏玉米）为研究对象，设置了三个栽培处理、两个施氮水平和两个冬小麦-夏玉米复种品种，对沟垄集雨栽培下冬小麦-夏玉米群体结构、产量、水分利用效率和氮肥利用效率等进行研究，最终明确在关中地区沟垄集雨栽培对冬小麦-夏玉米产量、生理生态特征及节水增效的影响。本研究不仅为沟垄集雨栽培在关中地区复种体系下的应用和推广提供理论和实践支撑，而且还可以拓展和丰富沟垄集雨栽培理论。

试验地概况　试验于 2012—2014 年在西北农林科技大学斗口试验站进行，该地区处于东经 $108°88'$，北纬 $34°61'$，为关中平原中部。该地区农业生产中多以灌溉农业为主。冬小麦-夏玉米复种是该地区的主要种植模式；根据调查，灌溉水充足时，冬小麦生长季一般会灌溉 4 次，夏玉米一般会浇灌 2~3 次。该地区为暖温带大陆性季风气候区，平均无霜期215 天，过去 30 年年平均温度和降水量分别为 12.9℃ 和 527mm，且降雨多集中于 7~9 月。试验田每天的气象数据（降水量、气温、光辐射量等）被安置在试验田旁的 Vantage Pro2 气象站（美国）进行记录。在 2012 年、

2013 年和 2014 年年降水量分别为 402mm、450mm 和 539mm。小麦和玉米生育季的降水量及平均气温见图 6-16 和图 6-17，其中冬小麦生育期的降水量在 2012—2013 年和 2013—2014 年分别为 182.9mm 和 221.7mm；夏玉米生育期的降水量在 2013 年和 2014 年分别为 219mm 和 331mm。

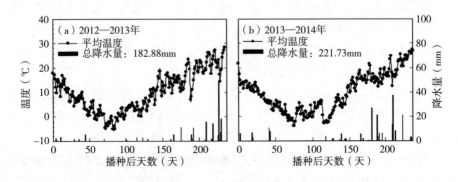

图 6-16   2012—2013 年和 2013—2014 年整个冬小麦季三原试验站试验田日平均温度和降水量

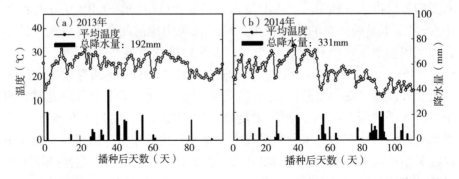

图 6-17   2013 年和 2014 年整个夏玉米季三原试验站试验田日平均温度和降水量

试验田土壤为墣土，2012 年冬小麦播种前土壤基础养分为土壤有机质 17.77g/kg，全氮为 1.26g/kg，全磷为 1.30g/kg，全钾为 28.39g/kg，有效磷为 22.08mg/kg，速效钾为 259.48mg/kg，pH 为 8.45。0～200cm 土层土壤容重见图 6-18。

试验设计   试验采用再裂区设计，主区为三个栽培处理：平作＋不灌溉（CK），沟垄集雨栽培（不灌溉，RFPFM），平作＋充分灌溉（WI），其中沟垄集雨栽培为播种前起垄，在垄上进行覆膜，沟内种植作物（小麦、玉米沟垄比都为 1：1），其中小麦沟、垄宽度均为 30cm，玉米为

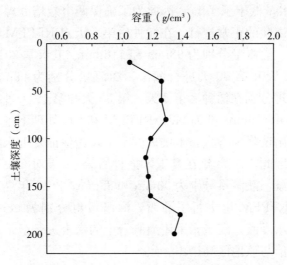

图 6-18　试验田 0~200cm 土壤每 20cm 土层的容重

55cm，垄高都为 15cm，具体模式见图 6-19；裂区为两个氮肥水平：高氮（每季作物 N＝225kg/hm²），低氮（每季作物 N＝75kg/hm²）；再裂区为两个冬小麦-夏玉米复种品种：小偃 22-郑单 958，西农 979-正农 9 号；试验共计 12 个处理，3 个重复，共计 36 个小区。每个小区面积为 24m²（6m×4m）。冬小麦播量 150kg/hm²，行距 30cm；夏玉米密度为 4 500 株/亩，行距和株距分别为 55cm 和 27cm。每个小区在作物播种前将相同量的磷钾肥作为底肥一次性施加，其中，磷肥［Ca（H₂PO₄）₂］（以 P 计）和钾肥（K₂SO₄）（以 K 计）分别为 50kg/hm² 和 30kg/hm²。氮肥（尿素）在冬小麦和夏玉米播前、苗期和拔节期分别按 40％、30％ 和 30％ 的比例进行施加。

为减少各小区间水肥的相互影响，相邻小区间间隔 0.8m。为保证 WI 小区没有水分胁迫，在 10cm 土层土壤水分含量低于最大田间持水量的 70％ 时进行灌溉（土壤水分每 7 天测定 1 次），成熟前 25 天之后停止灌溉。通过测定，整个试验中冬小麦季 WI 处理在 2012—2013 年播种后第 6 天、第 89 天、第 153 天和第 179 天分别进行了灌溉，灌溉量分别为 120mm、110mm、110mm 和 100mm；在 2013—2014 年 WI 处理在冬小麦播种后第 8 天、第 95 天、第 160 天和第 180 天分别灌溉了 118mm、110mm、100mm 和 100mm；RFPFM 和 CK 处理整个生育期都不进行灌溉，然而在 2013—2014 年在播种后，RFPFM 和 CK 处理土壤极度干旱，土壤 10cm 含水量低于了 12％，因此为了确保两个栽培处理下冬小麦的出苗，进而保证试验的正常进行，在播种后第 8 天对 RFPFM 和 CK 处理同一进行了灌溉，灌溉量分别为 98mm 和 118mm。玉米季 2013 年 WI 处理在播种后第 12 天和第 50 天进行灌溉，灌溉量分别为 98mm 和 100mm；2014 年 WI 处理分别在播种后第 3 天、第 33 天和第 49 天进行灌溉，灌溉量分别为 98mm、79mm 和 98mm；RFPFM 和 CK 处理不进行灌溉，但因夏玉米播种到出苗降雨很少，土壤极度干旱，为保证夏玉米的出苗和试验的正常进行，因此，2013 年在夏玉米播种后第 12 天对 CK 和 RFPFM 处理都进行了灌溉，灌溉量分别为 98mm 和 88mm，2014 年夏玉米播种后第 3 天对 CK 和 RFPFM 也进行了灌溉，灌溉量也分别为 98mm 和 88mm。灌溉方式为大水漫灌，灌溉量采用灌溉管上的水表进行记录。田间其他管理及病虫害防治与该地区高产田一致。

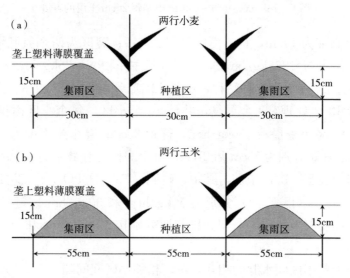

图 6-19　沟垄集雨栽培下冬小麦（a）和夏玉米（b）的种植模式图

6.3.1　沟垄集雨栽培对麦玉复种体系群体结构的影响

（1）冬小麦株高

两个生长季，两个冬小麦品种在不同栽培处理下都表现出，WI 和 RFPFM 处理下冬小麦株高都要显著高于 CK，提高幅度分别为 26.6％和 16.5％（平均两年的数据），且 WI 要高于 RFPFM，但差异并不总是显著（图 6-20）；这表明 WI 和 RFPFM 都能显著的增加冬小麦的株高。比较相同栽培处理下不同施氮水平下的株高发现，氮素水平对株高的影响并不显著。两个品种间株高比较表现出，小偃 22 品种的株高要略高于西农 979。

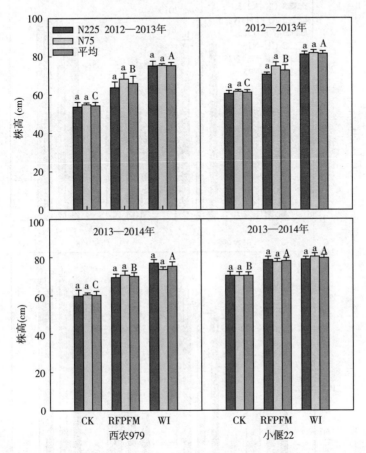

图 6 - 20 2012—2013 年和 2013—2014 年不同处理下冬小麦成熟期的株高

注：不同的小写字母表示同一种植模式下两个氮素水平间差异显著（$P < 0.05$）；不同的大写字母表示不同种植模式间差异显著（$P < 0.05$）。

（2）夏玉米株高

从两年两个夏玉米拔节期株高比较发现（图 6 - 21），相同氮肥水平下，WI 和 RFPFM 处理都要显著高于 CK 处理，其分别较 CK 提高了 9.9% 和 5.3%（平均两年数据）；WI 和 RFPFM 处理下夏玉米的株高没有显著性差异。相同种植模式下两个氮素水平对夏玉米株高的影响并不显著。对吐丝期夏玉米的株高进行比较发现，WI＞RFPFM＞CK，但差异并不总是显著；两个氮肥水平间夏玉米的株高没有显著的差异。从两个品种来看，其株高的差异很小。因此表明 RFPFM 能够提高夏玉米的株高。

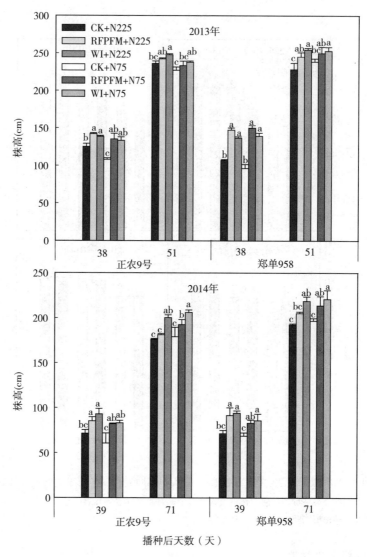

图 6-21 2013 年和 2014 年不同处理下夏玉米在拔节期（2013 年播种后 38 天和 2014 年播种后 39 天）和吐丝期（2013 年播种后 51 天和 2014 年播种后 71 天）的株高

注：不同的小写字母表示同一生育时期不同处理间差异显著（$P < 0.05$）。

(3) 冬小麦叶面积指数（LAI）

从图 6-22 可以看出，2012—2013 年冬小麦扬花期的 LAI 在同一品种下都表现出 WI 和 RFPFM 处理显著高于 CK 处理，WI 也要显著高于 RFPFM。同样在 2013—2014 年（图 6 - 24），冬小麦扬花期的 LAI 和 2012—2013 年有相同的规律；并且从冬小麦 LAI 的动态变化来看，各处理的 LAI 都呈现出先上升后下降的趋势，大约在拔节-孕穗期达到最大值；冬小麦生育的中后期同一品种和施氮水平下，RFPFM 和 WI 处理的 LAI 都要显著高于 CK 处理，且在拔节之后，WI 处理的 LAI 要显著高于 RFPFM。这表明 WI 和 RFPFM 能够提高冬小麦的 LAI，延缓冬小麦叶片的衰老。不同氮肥水平比较发现，整个生育期高氮下 LAI 略高于低氮，但差异并不明显；两个冬小麦品种间的 LAI 也没有明显的差异。两个生长季比较发现，2013—2014 年的 LAI 要高于 2012—2013 年，这主要是因为 2012—2013 年生长季降水量及温度低于 2013—2014 年，进而造成单位面积茎数较少，LAI 降低。

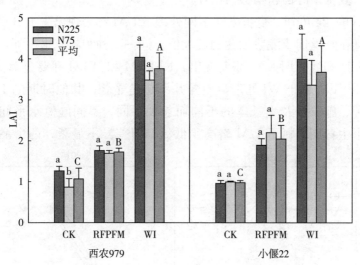

图 6 - 22　2012—2013 年不同处理下冬小麦扬花期 LAI 比较

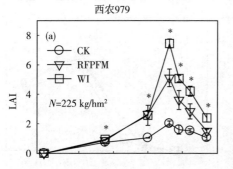
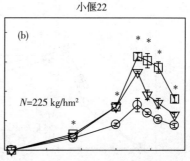

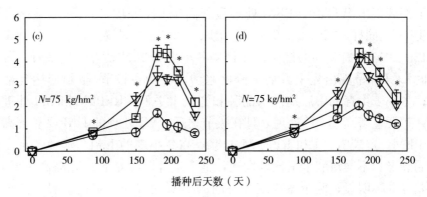

图 6-23 2013—2014 年不同处理下冬小麦 LAI 的动态变化

注：＊表示种植模式间存在显著差异（$P<0.05$）。

（4）夏玉米叶面积指数（LAI）

由图 6-24 可知，夏玉米在不同处理下 LAI 都表现出先上升后下降的趋势，且在吐丝期或灌浆期达到最大值。同一品种和施氮水平下，在夏玉米的拔节期和灌浆期 LAI 都表现出，RFPFM 和 WI 处理要显著高于 CK 处理，RFPFM 低于 WI 处理，差异并不总是显著；其他时期的 LAI，则因为品种、施氮量及生长季的不同而表现不同。不同施氮水平间比较发现，整个生育期高氮下 LAI 略高于低氮，但差异不显著；两个品种间和

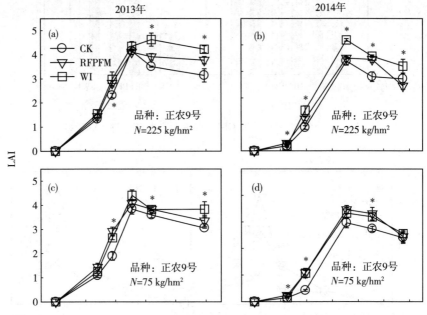

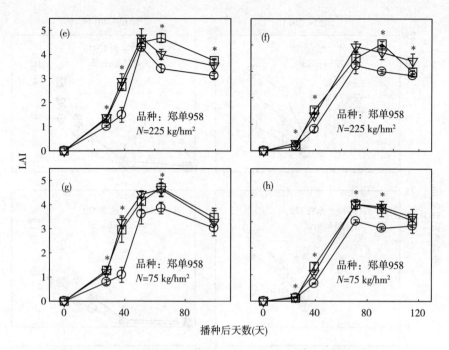

图 6-24　不同处理下夏玉米在 2013 和 2014 年 LAI 的动态变化

注：＊表示种植模式间差异显著（$P < 0.05$）。

两个生长季间的 LAI 都没有显著性差异。

（5）冬小麦地上部干物质积累

2012—2013 年和 2013—2014 年两个冬小麦生长季，两个品种和两个氮素水平下，不同栽培模式的干物质积累动态变化见图 6-25。各个处理的干物质积累都表现出持续增加的趋势，且在成熟期达到最大值。两个生长季两个品种和施氮水平下，干物质积累量都表现在 WI 最高，其次为 RFPFM，CK 最低，且在生育后期都达到了显著水平；到成熟期，RFPFM 和 WI 分别较 CK 提高 55.7% 和 88.8%。相同栽培模式下，高氮处理能够提高冬小麦的干物质积累量，但氮素对干物质积累量的影响并不总是显著。两个生长季，两个冬小麦品种有着相似的干物质积累规律，并且其最大值都是在 WI，大约都为 20t/hm²。

（6）夏玉米地上部干物质积累

2013 年和 2014 年各处理下夏玉米的干物质积累都呈现出逐渐增加的趋势，且成熟期干物质积累量达到最大值（图 6-26）。两个生长季两个品种下，RFPFM 处理的夏玉米积累量要高于 CK，在夏玉米生长的中后

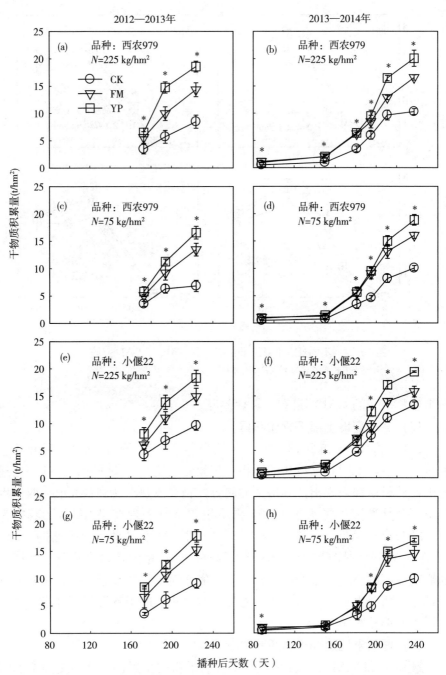

图 6-25　2012—2013 年和 2013—2014 年不同处理下冬小麦干物质积累的动态变化

注：＊表示栽培模式间差异显著（$P<0.05$）。

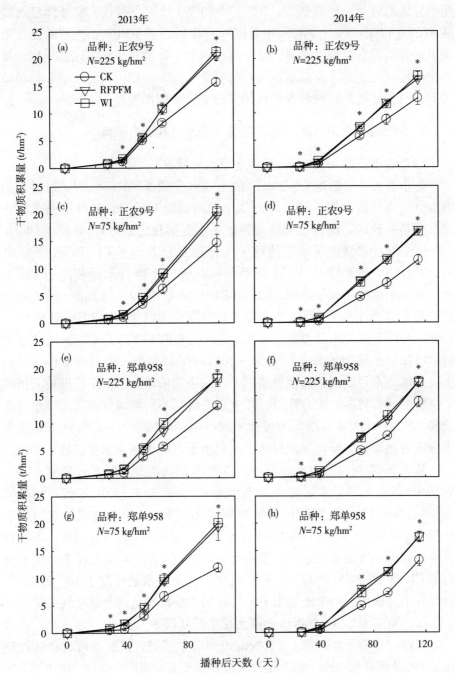

图 6-26　2013 年和 2014 年不同处理下夏玉米干物质积累的动态变化

注：* 表示种植模式间差异显著（$P < 0.05$）。

期差异达到显著；到成熟期，RFPFM 和 WI 处理分别较 CK 处理显著提高 37.4％和 39.5％（平均两年数据）；WI 处理和 RFPFM 处理的夏玉米积累量之间没有显著性差异。两个施氮水平下，高氮较低氮能够增加干物质积累量，但差异并不总是显著。在两个生长季，相同氮肥水平和种植模式下，两个夏玉米品种都表现出相似的干物质积累规律。

6.3.2　沟垄集雨栽培对冬小麦-夏玉米土壤水分状况的影响

（1）冬小麦季 0～200cm 土层土壤水分状况

冬小麦各生育时期 0～200cm 的土壤水分状况见图 6-27。通过对土壤水分进行分析发现，2012—2013 年田间试验开始时，各种植模式间土壤水分是一致的，没有显著性差异；冬小麦播种之后，WI 处理下的 0～200cm 土壤含水量在冬小麦的整个生育期都显著高于 CK 和 RFPFM 处理；并且整个生育期 RFPFM 处理 0～20cm 的土壤含水量要高于 CK 处理。在冬小麦拔节和孕穗期，CK 和 RFPFM 处理 20～160cm 土层土壤含水量没有显著性差异；而在生育后期，特别是成熟期，RFPFM 处理 20～160cm 土层土壤含水量要低于 CK，这表明 RFPFM 与 CK 相比能够更多的吸收深层土壤的水分。在 2013—2014 年，播种期 CK 处理 80～140cm 土层土壤含水量要高于其他种植模式，这表明前季玉米 CK 处理较其他两个种植模式有较多的水分残留；其他生育时期不同种植模式间土壤水分含量与 2012—2013 年有相似的规律。因高氮和低氮下 0～200cm 土层土壤水分没有显著性差异，因此对两个氮肥水平下的土壤含水量进行了平均。

从表 6-5 可以看出，2012—2013 年田间试验开始时各种植模式下土壤 0～200cm 土壤贮水量都为 547.8mm；而在 2013—2014 年各种植模式间 0～200cm 贮水量表现出：CK＞WI＞RFPFM。冬小麦成熟期的土壤 0～200cm 的贮水量都表现出 WI 处理要高于 CK 和 RFPFM 处理。不同种植模式间冬小麦生育期总耗水量进行比较发现，WI 处理总耗水量要显著高于 CK 和 RFPFM 处理，且 CK 处理生育期耗水量略高于 RFPFM，但差异并不总显著。两个施氮水平下生育期的总耗水量没有显著性差异。

（2）夏玉米季 0～200cm 土层土壤水分状况

通过对夏玉米各处理 0～200cm 土壤含水量进行研究发现，在播种期 RFPFM 处理 0～20cm 土层土壤含水量要高于 CK（图 6-28），这表明 RF-PFM 处理能够增加土壤表层的含水量促进种子发芽。玉米灌浆期前 RFPFM 处理 0～180cm 土壤含水量要低于 CK，WI 处理 0～200cm 土层土壤含水量

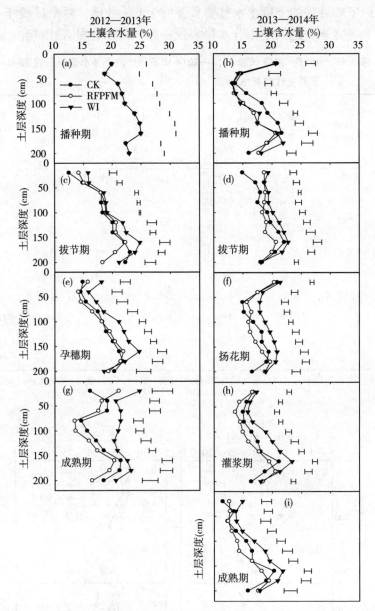

图 6 - 27 2012—2013 年和 2013—2014 年冬小麦各栽培模式在不同生育时期
0～200cm 土层的土壤含水量（两个氮素水平的平均值）

注：误差棒代表 LSD 在 $P=0.05$ 水平上的值（$n=3$）。

都要高于 CK 和 RFPFM。在籽粒灌浆和成熟阶段，WI、RFPFM 和 CK 处理在 0～40cm 土层土壤的含水量之间没有显著差异，然而在 100～140cm

土层 RFPFM 处理的土壤含水量要显著低于 CK 处理。两个试验年，各品种之间和施氮水平之间土壤含水量表现一致，都没有显著性差异。

表 6-5　2012—2013 年和 2013—2014 年不同处理下冬小麦（西农 979）品种生育期耗水量

年份	栽培模式	施氮量（以 N 计）（kg/hm²）	播前贮水量（mm）	成熟期贮水量（mm）	生育期降水量（mm）	灌溉量（mm）	生育期总耗水量（mm）
2012—2013 年	CK	225	547.8	446.7	182.9		284.1b
	RFPFM	225	547.8	424.8	182.9		305.9b
	WI	225	547.8	530.9	182.9	440	639.8a
2013—2014 年	CK	75	440.9	385.4	221.7	118.0	395.2b
		225	440.9	375.2	221.7	118.0	405.5b
	RFPFM	75	413.4	386.1	221.7	98.0	347.0c
		225	413.4	356.3	221.7	98.0	376.8c
	WI	75	423.8	432.0	221.7	428.0	641.5a
		225	423.8	416.8	221.7	428.0	656.7a

注：同一年内不同小写字母表示不同处理间差异显著（$P<0.05$）。表 6-6 和表 6-7 相同。

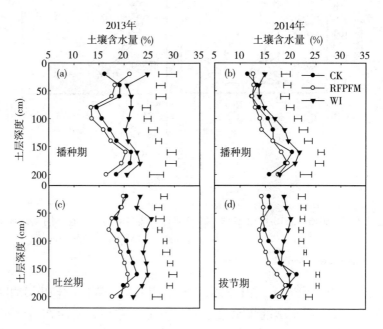

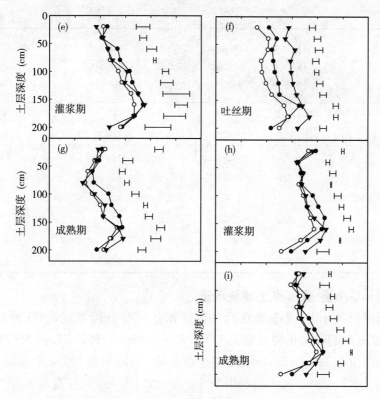

图 6-28　2013 年和 2014 年夏玉米各栽培模式在不同生育时期 0～200cm 土层的土壤
　　　　含水量（两个氮肥水平的平均值）

注：误差棒代表 LSD 在 $P=0.05$ 水平上的值（$n=3$）。

在夏玉米播种前，各栽培处理都表现出 WI 处理播前 0～200cm 土层
的贮水量要高于 CK 和 RFPFM 处理；而在成熟期，0～200cm 土层的土
壤贮水量则表现出 RFPFM 处理要低于 WI 和 CK 处理（表 6-6）。通过
对各处理生育期总的耗水量进行分析发现，WI 处理的耗水量要显著高于
CK 和 RFPFM 处理，而 CK 和 RFPFM 处理的耗水量则没有显著差异，
这表明 CK 和 RFPFM 处理夏玉米的总耗水量较低。

表 6-6　2013 年和 2014 年不同处理下夏玉米（正农 9 号）生育期耗水量

年份	栽培模式	施氮量 （以 N 计） （kg/hm²）	播前贮水量 （mm）	成熟期贮水量 （mm）	生育期降水量 （mm）	灌溉量 （mm）	生育期总耗水量 （mm）
2012—	CK	225	446.7	396.4	219.0	99.0	368.2b

（续）

年份	栽培模式	施氮量（以 N 计）（kg/hm²）	播前贮水量（mm）	成熟期贮水量（mm）	生育期降水量（mm）	灌溉量（mm）	生育期总耗水量（mm）
2013 年	RFPFM	225	424.8	368.9	219.0	89.0	364.0b
	WI	225	530.9	379.3	219.0	198.0	568.7a
2013—2014 年	CK	75	385.4	567.0	331.0	98.3	247.8b
		225	375.0	551.6	331.0	98.3	252.7b
	RFPFM	75	386.1	532.7	331.0	88.5	273.0b
		225	356.4	538.8	331.0	88.5	237.1b
	WI	75	432.0	571.2	331.0	275.2	467.1a
		225	416.8	568.0	331.0	275.2	455.1a

(3) 冬小麦-夏玉米土壤耗水量

通过对冬小麦-夏玉米在两年的耗水量进行分析发现，WI 处理下冬小麦-夏玉米的耗水量要显著高于 CK 和 RFPFM 处理；CK 和 RFPFM 处理的耗水量在 2012—2013 年没有显著差异，而 2013—2014 年表现出 CK 显著高于 RFPFM，这主要是因为 2013—2014 年冬小麦-夏玉米生长季的降水量多于 2012—2013 年（表 6-7）。

表 6-7　2012—2013 年和 2013—2014 年不同处理下冬小麦（西农 979）-夏玉米（正农 9 号）生育期耗水

年份	栽培模式	施氮量（以 N 计）（kg/hm²）	播前贮水量（mm）	成熟期贮水量（mm）	生育期降水量（mm）	灌溉量（mm）	生育期总耗水量（mm）
2012—2013 年	CK	225	547.8	396.4	401.9	99.0	652.3b
	RFPFM	225	547.8	368.9	401.9	89.0	669.9b
	WI	225	547.8	379.3	401.9	638.0	1 208.4a
2013—2014 年	CK	75	440.9	567.0	552.8	216.3	643.0b
		225	440.9	551.6	552.8	216.3	658.4b
	RFPFM	75	413.4	532.7	552.8	186.5	619.9c
		225	413.4	538.8	552.8	186.5	613.8c
	WI	75	423.8	571.2	552.8	703.2	1 108.6a
		225	423.8	568.0	552.8	703.2	1 111.8a

6.3.3 沟垄集雨栽培对冬小麦-夏玉米产量和水分利用效率的影响

(1) 冬小麦产量和水分利用效率

两年试验中，冬小麦的产量最高可达 9.7t/hm²，最低为 3.2t/hm²，这表明试验中各处理间存在很大的差异（表 6-8 和表 6-9）。两年间，栽培模式和氮肥水平之间的交互作用对冬小麦产量及产量构成因素有不一致的影响。WI 处理下冬小麦的产量在两个生长季的两个品种间都要显著高于 CK 和 RFPFM 处理；并且 RFPFM 处理的产量也要显著高于 CK 处理，这主要是因为单位面积穗数、穗粒数和收获指数的增加，其中尤其是单位面积穗数，在三个栽培处理间差异达到了显著。栽培模式对千粒重的影响则因为生长季、品种等不同而表现出不一致的规律。氮肥水平间比较发现，高氮能够增加冬小麦产量、穗粒数和单位面积穗数，但其与低氮的差异并不总是显著。两个生长季，两个冬小麦品种（西农 979 和小偃 22）之间有着相似的产量和产量构成因素，其最高产量分别为 9.3t/hm² 和 9.7t/hm²，且这都是在 WI 处理的高氮水平下实现的。平均两年两个品种的数据发现，RFPFM 处理下冬小麦的产量较 CK 增加了 50.4%，且其大约达到了 WI 处理的 76%。比较三个栽培处理的 WUE 发现，两年两个冬小麦品种都表现出 RFPFM 能显著提高冬小麦的水分利用效率，其分别较 CK 和 WI 处理提高了 53.7% 和 46.3%；在两个氮肥水平上，高氮能够提高冬小麦的 WUE，但与低氮相比差异并不总是显著。

表 6-8 2012—2013 年不同处理对冬小麦的产量、产量构成要素及水分利用效率（WUE）的影响

品种	栽培模式（T）	施氮量（以 N 计）（kg/hm²）	产量（t/hm²）	收获指数（%）	千粒重（g）	穗粒数（粒）	穗数（个）	WUE [kg/(hm²·mm)]
西农 979	CK	75	3.21 a	43.3 a	43.7 b	23.4 b	332 a	11.3 a
		225	3.22 a	43.0 a	45.0 a	26.8 a	309 a	11.3 a
		平均值	3.22 C	43.2 B	44.4 C	25.1 C	321 C	11.3 B
	RFPFM	75	5.81 a	43.7 b	44.5 a	28.2 a	462 a	18.9 a
		225	6.34 a	46.0 a	48.9 a	27.0 a	446 a	20.7 a
		平均值	6.08 B	44.9 AB	46.7 B	27.6 B	454 B	19.9 A
	WI	75	7.73 b	47.3 a	52.0 a	27.2 b	557 a	12.1 b

（续）

品种	栽培模式（T）	施氮量（以 N 计）（kg/hm²）	产量（t/hm²）	收获指数（%）	千粒重（g）	穗粒数（粒）	穗数（个）	WUE[kg/(hm²·mm)]
西农979	WI	225	9.02 a	48.0 a	52.2 a	29.9 a	564 a	14.1 a
		平均值	8.38 A	47.7 A	52.1 A	28.6 A	561 A	13.1 B
		F 检验（T）	**	**	**	**	**	**
		F 检验（N）	*	ns	**	**	ns	ns
		F 检验（N×T）	ns	ns	**	**	ns	ns
小偃22	CK	75	4.27 a	42.2 a	44.0 a	30.3 a	327 a	15.0 a
		225	4.10 a	42.1 a	43.0 a	31.5 a	309 a	14.5 a
		平均值	4.19 C	42.2 B	43.5 C	30.9 A	318 C	14.8 B
	RFPFM	75	5.75 a	45.4 a	45.9 a	29.8 b	448 a	18.8 a
		225	6.05 a	43.0 b	46.2 a	34.2 a	428 a	19.8 a
		平均值	5.90 B	44.2 A	46.1 B	32.0 A	438 B	19.3 A
	WI	75	8.24 b	42.1 a	49.2 b	29.6 b	573 a	12.9 b
		225	9.73 a	43.1 a	51.0 a	31.6 a	575 a	15.2 a
		平均值	8.98 A	42.6 AB	50.1 A	30.6 A	574 A	14.1 B
		F 检验（T）	**	*	**	ns	**	**
		F 检验（N）	ns	ns	ns	**	ns	ns
		F 检验（N×T）	ns	ns	**	ns	ns	ns

注：同一列中，同一品种下不同大写字母表示栽培处理间差异显著（$P<0.05$），同一品种的同一栽培处理下不同的小写字母表示氮肥处理间差异显著（$P<0.05$）。** 表示差异极显著（$P<0.01$），* 代表差异显著（$P<0.05$），ns 表示差异不显著。表 6-9、表 6-10、表 6-11 和表 6-12 相同。

表 6-9　2013—2014 年不同处理对冬小麦的产量、产量构成要素及水分利用效率（WUE）的影响

品种	栽培模式（T）	施氮量（以 N 计）（kg/hm²）	产量（t/hm²）	收获指数（%）	千粒重（g）	穗粒数（粒）	穗数（个）	WUE[kg/(hm²·mm)]
西农979	CK	75	4.35 b	46.5 a	51.1 a	25.2 b	354 b	11.0 b
		225	5.14 a	45.8 a	51.4 a	28.5 a	419 a	12.7 a
		平均值	4.75 C	46.2 B	51.3 A	26.9 AB	387 C	11.9 B

（续）

品种	栽培模式（T）	施氮量（以N计）（kg/hm²）	产量（t/hm²）	收获指数（%）	千粒重（g）	穗粒数（粒）	穗数（个）	WUE [kg/(hm²·mm)]
西农979	RFPFM	75	7.21 a	48.1 a	50.5 a	25.0 a	584 a	20.8 a
		225	7.41 a	47.9 a	50.8 a	27.7 a	583 a	19.7 a
		平均值	7.31 B	48.0 A	50.6 AB	26.4 B	584 B	20.2 A
	WI	75	8.47 b	51.5 a	49.4 a	27.8 a	693 b	13.2 a
		225	9.31 a	47.0 b	47.5 b	28.0 a	733 a	14.2 a
		平均值	8.89 A	49.3 A	48.5 B	27.9 A	713 A	13.7 B
	F检验（T）		**	*	**	ns	**	**
	F检验（N）		**	*	ns	*	**	ns
	F检验（N×T）		ns	ns	ns	ns	*	ns
小偃22	CK	75	5.04 b	43.4 b	50.8 a	26.9 a	375 b	12.7 b
		225	6.01 a	46.8 a	52.6 a	26.7 a	443 a	14.8 a
		平均值	5.53 C	45.1 A	51.7 A	26.8 B	409 C	13.8 B
	RFPFM	75	6.90 b	44.2 a	50.8 a	28.6 a	498 b	19.9 a
		225	7.72 a	43.8 a	51.0 a	32.5 a	504 a	20.5 a
		平均值	7.31 B	44.0 A	50.9 AB	30.6 A	501 B	20.2 A
	WI	75	8.00 b	44.4 a	49.3 a	28.3 a	596 b	12.5 b
		225	9.43 a	43.4 a	47.8 a	31.0 a	735 a	14.4 a
		平均值	8.72 A	43.9 A	48.6 B	29.7 A	666 A	13.5 B
	F检验（T）		**	ns	**	*	**	**
	F检验（N）		**	ns	ns	*	**	*
	F检验（N×T）		ns	ns	ns	ns	ns	ns

（2）夏玉米产量和水分利用效率

RFPFM处理能够显著提高夏玉米的产量，其在2013年和2014年分别比CK处理提高了31.4%和27.9%（表6-10和表6-11）；这主要是因为RFPFM处理能显著的提高夏玉米的穗粒数和千粒重。WI处理产量较高，最高产量达11.6t/hm²，但其和RFPFM处理产量间没有显著性差异。两个生长季，栽培模式和氮肥水平的交互作用对夏玉米产量及产量构成因素没有一致性的影响。从WUE来看，由于高的产量和低的耗水量，RFPFM处理下夏玉米的水分利用效率最高，分别较CK和WI

处理提高了 29.2% 和 70.5%（平均两个生长季两个品种的数据）；而 WI 处理水分利用效率最低。两个氮肥水平间比较发现，高氮能增加夏玉米的产量并且对 WUE 的提升有积极作用，但其与低氮之间的差异并不总是显著。

表 6 - 10　2013 年不同处理对夏玉米的产量、产量构成要素及
水分利用效率（WUE）的影响

品种	栽培模式（T）	施氮量（以 N 计）（kg/hm²）	产量（t/hm²）	穗粒数（粒）	千粒重（g）	收获指数（%）	WUE [kg/(hm²·mm)]
正农9号	CK	75	7.5 b	533.7 a	258.9 b	44.6 a	20.4 b
		225	9.2 a	514.1 a	292.4 a	50.5 a	25.0 a
		平均值	8.4 B	523.9 A	275.7 B	47.6 a	22.7 B
	RFPFM	75	10.6 a	569.4 a	322.8 a	46.3 a	29.1 a
		225	11.1 a	589.7 a	330.7 a	46.2 a	30.4 a
		平均值	10.9 A	579.6 A	326.8 A	46.3 A	29.8 A
	WI	75	10.4 b	605.0 a	324.9 a	43.9 a	18.4 b
		225	11.6 a	595.6 a	333.7 a	46.8 a	20.3 a
		平均值	11.0 A	600.3 A	329.3 A	45.4 A	19.4 C
	F 检验（T）		**	**	**	ns	**
	F 检验（N）		**	ns	*	*	**
	F 检验（N×T）		ns	ns	ns	ns	ns
郑单958	CK	75	8.2 a	529.3 a	277.5 a	59.3 a	22.3 a
		225	8.8 a	504.3 a	283.2 a	57.5 a	23.9 a
		平均值	8.5 B	516.8 B	280.4 B	58.4 A	23.1 B
	RFPFM	75	11.1 a	621.9 a	316.1 a	49.7 a	30.4 a
		225	11.5 a	601.4 a	317.2 a	54.0 a	31.5 a
		平均值	11.3 A	611.7 A	316.7 A	51.9 B	31.0 A
	WI	75	10.1 a	600.3 a	310.4 a	43.1 b	17.7 a
		225	11.0 a	596.2 a	323.0 a	52.0 a	19.3 a
		平均值	10.6 A	598.3 A	316.7 A	47.6 B	18.5 C
	F 检验（T）		**	**	*	**	**
	F 检验（N）		ns	ns	ns	ns	ns
	F 检验（N×T）		ns	ns	ns	ns	ns

表 6 - 11　2014 年不同处理对夏玉米的产量、产量构成要素及水分利用效率（WUE）的影响

品种	栽培模式（T）	施氮量（以 N 计）（kg/hm²）	产量（t/hm²）	穗粒数（粒）	千粒重（g）	收获指数（%）	WUE kg/(hm² · mm)
正农9号	CK	75	7.1 a	457 a	233.2 b	53.5 a	28.7 a
		225	7.6 a	455 a	245.2 a	51.5 a	30.0 a
		平均值	7.4 B	456 C	239.2 C	52.5 A	29.4 B
	RFPFM	75	9.4 a	524 a	269.4 a	47.8 a	34.5 a
		225	8.8 a	483 b	279.9 a	46.9 a	37.2 a
		平均值	9.1 A	504 B	274.7 A	47.4 B	35.9 A
	WI	75	9.2 a	550 a	249.7 a	47.3 a	19.7 a
		225	8.9 a	544 a	249.4 a	45.5 a	19.6 a
		平均值	9.1 A	547 A	249.6 B	46.4 B	19.6 C
	F 检验（T）		**	*	**	**	**
	F 检验（N）		ns	*	ns	ns	ns
	F 检验（N×T）		ns	ns	ns	ns	ns
郑单958	CK	75	7.4 a	464 a	236.8 a	48.2 a	29.8 a
		225	7.2 a	453 a	238.7 a	44.8 a	28.4 a
		平均值	7.3 B	459 C	237.8 C	46.5 A	29.1 B
	RFPFM	75	10.4 a	527 a	292.2 a	51.0 a	38.1 a
		225	9.0 a	486 a	283.2 a	44.3 b	38.0 a
		平均值	9.7 A	507 B	287.7 A	47.7 A	38.0 A
	WI	75	10.3 a	577 a	252.7 a	50.9 a	22.1 a
		225	9.5 a	608 a	238.2 a	46.8 a	20.9 a
		平均值	9.9 A	593 A	245.5 B	48.9 A	21.5 C
	F 检验（T）		**	*	**	ns	**
	F 检验（N）		*	ns	ns	**	ns
	F 检验（N×T）		ns	*	ns	ns	ns

(3) 冬小麦-夏玉米产量和水分利用效率

冬小麦-夏玉米每年的产量为当年冬小麦和夏玉米的产量之和；其 WUE 为每年麦玉复种体系产量与两个作物生长季总耗水量的比值。

在两个冬小麦-夏玉米生长季，RFPFM 处理的产量分别比 CK 处理显著提高了 40.5％和 33.6％，并且 RFPFM 处理的产量能分别达到 WI 处理产量的 87.6％和 91.3％（表 6 - 12）。对不同栽培模式下冬小麦-夏玉米 WUE 进行比较发现，在两个生长季和两个冬小麦-夏玉米品种下 RFPFM 都能够显著的提高麦玉复种体系的 WUE，且 WUE 分别比 CK 和 WI 高 39.3％和 61.0％。试验中，各栽培处理下高氮一般能增加冬小麦-夏玉米的产量和 WUE，但其与低氮之间的差异并不总是显著。

表 6 - 12　2012—2013 年和 2013—2014 年不同处理下冬小麦-夏玉米的产量及水分利用效率（WUE）

品种	栽培模式（T）	施氮量（以 N 计）（kg/hm²）	2012—2013 年		2013—2014 年	
			产量（t/hm²）	WUE kg/(hm² · mm)	产量（t/hm²）	WUE kg/(hm² · mm)
西农 979 - 正农 9 号	CK	150	10.7 a	16.5 a	11.5 a	17.8 a
		450	12.4 a	19.1 a	12.7 a	19.3 a
		平均值	11.6 C	17.8 B	12.1 C	18.6 B
	RFPFM	150	16.4 a	24.5 a	16.6 a	26.8 a
		450	17.4 a	26.0 a	16.2 a	26.4 a
		平均值	16.9 B	25.2 A	16.4 B	26.6 A
	WI	150	18.2 b	15.0 b	17.6 a	15.9 a
		450	20.6 a	17.0 a	18.2 a	16.4 a
		平均值	19.4 A	16.0 B	17.9 A	16.2 C
	F 检验（T）		**	**	**	**
	F 检验（N）		**	**	ns	ns
	F 检验（N×T）		ns	ns	ns	ns
小偃 22 - 郑单 958	CK	150	12.5 a	19.2 a	12.4 a	19.3 a
		450	12.9 a	19.8 a	13.2 a	20.0 a
		平均值	12.7 C	19.5 B	12.8 C	19.7 B
	RFPFM	150	16.8 a	25.1 a	17.3 a	27.9 a
		450	17.5 a	26.2 a	16.7 a	27.2 a
		平均值	17.2 B	25.6 A	17.0 B	27.6 A

（续）

品种	栽培模式 （T）	施氮量 （以 N 计） （kg/hm²）	2012—2013 年		2013—2014 年	
			产量 （t/hm²）	WUE kg/(hm² · mm)	产量 （t/hm²）	WUE kg/(hm² · mm)
小偃 22 - 郑单 958	WI	150	18.3 b	15.2 b	18.3 a	16.5 a
		450	20.7 a	17.2 a	18.9 a	17.0 a
		平均值	19.5 A	16.2 C	18.6 A	16.8 C
	F 检验（T）		**	**	**	**
	F 检验（N）		*	ns	ns	ns
	F 检验（N×T）		ns	ns	ns	ns

6.3.4 沟垄集雨栽培对冬小麦-夏玉米氮素积累、转运和氮肥利用效率的影响

（1）冬小麦氮素积累和转运

由图 6 - 29 可知，各个处理氮素积累都呈现出逐渐增加的趋势，到成熟期达到最大。同一生长季，相同品种和施氮水平下，不同栽培处理间比较发现，WI 和 RFPFM 处理下冬小麦整个生育期的氮积累量都要高于 CK 处理，并且其之间的差异随着小麦的生长发育在逐渐增加，在生育中后期都达到了显著水平。而 WI 和 RFPFM 之间氮素积累量的差异也随着冬小麦的生长发育而逐渐增加，也在生育中后期达到显著；这表明，WI 的氮素积累量最高，其次为 RFPFM，CK 氮素积累量最低，并且这种差

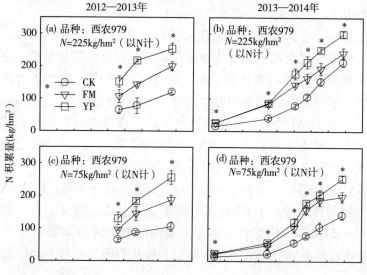

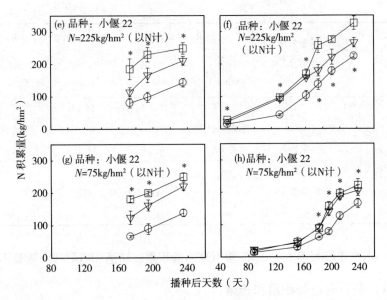

图 6-29　2012—2013 年和 2013—2014 年不同处理下冬小麦地上部氮素的积累

注：＊代表栽培模式间差异显著（$P<0.05$）。

异随着冬小麦生长发育而逐渐扩大；在成熟期 WI 和 RFPFM 较 CK 分别显著提高 38.5％和 69.2％（平均两季数据），WI 显著高于 RFPFM。同一生长季，相同品种和栽培处理下，高施氮量能够提高冬小麦的氮素积累量，在 2013—2014 年达到显著水平，而在 2012—2013 年差异并不总是显著。两个冬小麦品种间表现出相似的氮素积累规律，两年间氮素积累量最大的都为 WI 处理，值大约都为 310kg/hm²。

通过对冬小麦营养器官的氮积累进行比较发现（图 6-30），扬花期营养器官的氮积累量都要显著高于成熟期营养器官的氮积累量，表明扬花后冬小麦营养器官中的氮素转运到籽粒中，这种趋势并不会随着栽培模式、施氮水平和品种的改变而发生改变。冬小麦的氮素转运受不同栽培处理的影响。RFPFM 能够显著促进氮素从地上部营养器官向籽粒转运，转运量较 CK 处理增加了 31.4％（表 6-13 和表 6-14），与 WI 之间因生长季而不同。对于各营养器官，2013—2014 年 RFPFM 下叶片和颖壳＋穗轴的氮素转运量都要显著高于 CK，与 WI 没有显著差异；RFPFM 和 WI 的茎＋叶鞘的转运量高于 CK，差异并不总是显著。同样，对于氮素转运率，2013—2014 年 RFPFM 下颖壳＋穗轴的氮素转运率要显著高于 CK，与 WI 没有显著差异，而对于茎＋叶鞘和叶片都因为品种不同而表现出不

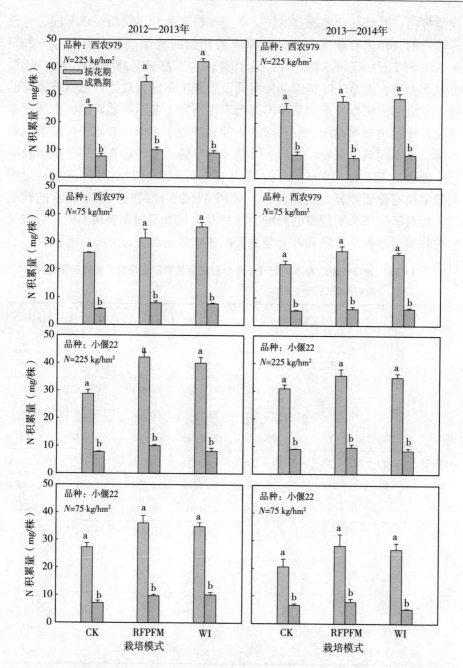

图 6-30　2012—2014 年不同处理冬小麦扬花期和成熟期营养器官（茎＋叶鞘＋叶＋颖壳＋穗轴）氮积累量

注：同一栽培模式下不同小写字母代表差异显著（$P < 0.05$）。

同的规律；并且总营养器官的转运率因年份和品种不同而表现不同。各营养器官的氮转运贡献率和氮转运率有着相似的规律，表现出 2013—2014 年 RFPFM 下颖壳＋穗轴和叶片的氮素转运率都显著高于 CK，与 WI 没有显著差异；而茎＋叶鞘因品种不同而表现出不同的规律；总营养器官的转运贡献率也因生长季和品种不同而表现不同。各营养器官的氮素转运率和氮素转运贡献率在两个氮素水平下的表现因生长季及栽培条件的不同而不同。从不同器官来看，茎秆＋叶鞘和叶片的氮素转运贡献率分别要较颖壳＋穗轴高 177.8% 和 167.8%；而茎秆＋叶鞘和叶片对籽粒氮素转运的贡献率没有显著差异。结果表明，RFPFM 能够提高营养器官氮素的转运量，但对转运率和贡献率的影响因品种及生长季不同而表现不同；籽粒氮素的积累中茎秆＋叶鞘和叶片是主要的氮素转运器官。

表 6-13　2012—2013 年不同处理下冬小麦单茎营养器官花前氮素转运特性及对籽粒的转运贡献率

栽培模式（T）	施氮量（以 N 计）（kg/hm²）	花前氮转运量 PAT（mg）		花前氮转运率 PAR（%）		花前氮转运贡献率 CPT（%）	
		西农 979	小偃 22	西农 979	小偃 22	西农 979	小偃 22
CK	75	20.21a	20.15a	77.73a	73.68a	78.01a	57.44a
	225	17.49a	20.90a	69.27b	72.65a	57.97b	62.19a
	平均值	18.85C	20.53B	73.50AB	73.17A	67.99A	59.82B
RFPFM	75	23.45a	26.36b	74.35a	73.02a	72.28a	66.91a
	225	24.62a	32.00a	70.63a	76.05a	64.68a	74.39a
	平均值	24.04B	29.18A	72.49B	74.53A	68.48A	70.65AB
WI	75	27.83b	24.68b	78.29a	70.77b	72.96a	74.04a
	225	33.07a	31.83a	78.48a	79.51a	82.41a	91.37a
	平均值	30.45A	28.25A	78.39A	75.14A	77.68A	82.71A
F 检验（T）		**	**	ns	ns	ns	*
F 检验（N）		ns	*	*	ns	ns	*
F 检验（T×N）		ns	ns	ns	ns	*	ns

注：PAT 表示花前氮转运量；PAR 表示花前氮转运率；CPT 表示花前氮转运贡献率。同一列中，同一品种下不同大写字母表示栽培处理间差异显著（$P<0.05$），同一品种的同一栽培处理下不同的小写字母表示氮肥处理间差异显著（$P<0.05$）。** 表示差异极显著（$P<0.01$），* 代表差异显著（$P<0.05$），ns 表示差异不显著。表 6-14 相同。

表6-14　2013—2014年不同处理下冬小麦单茎营养器官花前氮素转运特性及对籽粒的转运贡献率

品种	栽培模式 (T)	施氮量（以N计）(kg/hm²)	花前氮素转运量 PAT (mg)			花前氮素转运率 PAR (%)			花前氮素转运贡献率 CPT (%)		
			S+LS	LE	R+G	S+LS	LE	R+G	S+LS	LE	R+G
西农979	CK	75	7.96a	5.91a	2.84a	74.07a	86.01a	62.75a	23.17a	17.40a	8.33a
		225	7.38a	6.66a	2.56a	61.80b	81.50a	50.55b	17.56a	15.86a	6.10a
		平均值	7.67A	6.29B	2.70B	67.94A	83.75A	56.65B	20.37B	16.63B	7.22B
	RFPFM	75	8.65a	8.34a	3.94a	72.62a	85.39a	73.50a	30.87a	29.52a	13.98a
		225	8.56a	8.51a	3.42b	67.78a	82.43b	66.98a	25.55a	25.16a	10.16b
		平均值	8.61A	8.43A	3.68A	70.20A	83.91A	70.24A	28.21A	27.34A	12.07A
	WI	75	7.55a	8.67a	3.53a	68.58a	86.01a	74.06a	24.68a	28.39a	11.57a
		225	8.01a	9.03a	3.45a	62.82a	79.13b	69.64b	24.72a	27.89a	10.68a
		平均值	7.78A	8.85A	3.49A	65.70A	82.57A	71.85A	24.70AB	28.14A	11.12A
	F检验 (T)		ns	*	**	ns	ns	**	*	**	**
	F检验 (N)		ns	ns	*	**	**	**	ns	ns	*
	F检验 (T×N)		ns	ns	ns	ns	*	*	ns	ns	ns
小偃22	CK	75	6.29b	6.01b	1.60b	65.11a	81.69a	44.81a	16.85b	16.09b	4.30b
		225	9.74a	9.12a	2.98a	69.59a	79.55a	54.47a	23.57a	22.02a	7.17a
		平均值	8.02B	7.57B	2.29B	67.35B	80.62B	49.64B	20.21B	19.05B	5.74B
	RFPFM	75	8.03b	8.72b	3.55a	66.65a	80.61a	67.05a	24.10a	26.20a	10.71a
		225	10.94a	11.62a	3.47a	68.97a	82.38a	59.90a	25.45a	26.98a	8.07b
		平均值	9.49B	10.17A	3.51A	67.81B	81.50AB	63.48A	24.78B	26.59A	9.39A
	WI	75	9.79b	9.03a	2.74a	78.21a	86.88a	68.81a	31.44a	28.80a	8.71a
		225	12.83a	10.23a	3.44a	76.88a	80.02b	61.80a	35.82a	28.62a	9.57a
		平均值	11.31A	9.63AB	3.09A	77.54A	83.45A	65.30A	33.63A	28.71A	9.14A
	F检验 (T)		*	ns	*	**	ns	**	**	**	**
	F检验 (N)		**	**	*	ns	**	**	ns	ns	ns
	F检验 (T×N)		ns	ns	ns	ns	**	*	ns	ns	**

（2）夏玉米氮素积累和转运

在 2013 年和 2014 年两个夏玉米生长季，各个处理氮素积累都呈现出随着夏玉米生长发育而逐渐增加的趋势，到成熟期都达到最大（图 6-31）。在同一生长季，相同品种和施氮水平下，不同栽培处理间比较发现，WI 和 RFPFM 处理下夏玉米整个生育期的氮积累量都要高于 CK 处理，

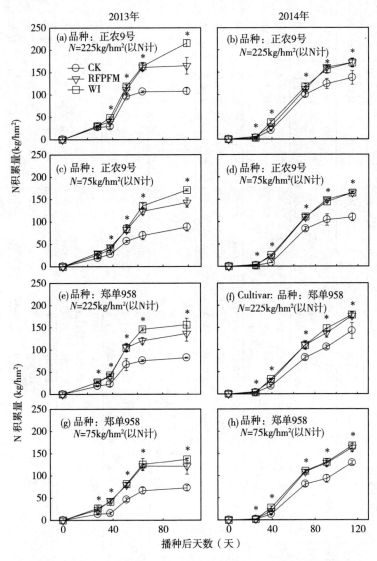

图 6-31　2013 年和 2014 年不同处理下夏玉米地上部氮素的积累

注：＊代表栽培模式间差异显著（$P < 0.05$）。

并且其之间的差异随着夏玉米的生长发育在逐渐增加，在生育中后期都达到了显著水平；在成熟期，RFPFM 和 WI 处理分别较 CK 处理提高42.5％和56.6％（平均两季数据）；WI 的氮积累量略高于 RFPFM，差异并不总是显著。同一生长季，相同品种和栽培处理下，高施氮量处理的氮素积累量高于低施氮量，但差异并不总是显著。两个夏玉米生长季，相同栽培和施肥水平下，两个夏玉米品种间表现出相似的氮素积累规律。以上结果表明，RFPFM 和 WI 能显著的提高夏玉米的氮素积累量，而不同施氮水平对氮素积累的影响并不总显著。

通过对夏玉米吐丝期和成熟期地上部营养器官中氮素的积累量进行比较发现（图 6-31），在各处理下吐丝期的氮素积累量要显著高于成熟期，这表明玉米吐丝后营养器官中的氮素会向籽粒中发生转移。从表 6-15 和表 6-16 可知，同一生长季，同一品种和氮肥水平下，WI 和 RFPFM 能显著地促进冬小麦茎＋叶鞘＋苞叶＋穗轴中氮素的转运，转运量平均较CK 高 40.3％和 43.4％；WI 和 RFPFM 间的差异因生长季及品种的不同而表现不同。同样在 2014 年将茎＋叶鞘＋苞叶＋穗轴拆分为茎＋叶鞘、苞叶和穗轴发现，RFPFM 较 CK 能显著的增加茎＋叶鞘、苞叶和穗轴中氮素的转运，而 WI 也可以促进茎＋叶鞘、苞叶和穗轴中氮素的转运，但其对茎＋叶鞘中的氮素转运较 CK 处理相比并不总显著。叶片氮素的转运量及各营养器官的氮素转运率和氮素转运贡献率在不同生长季、品种和栽培处理下表现都不一致。同一生长季，同一品种及栽培处理下，高氮较低氮都能提高各营养器官的氮转运量、转运率及对籽粒的贡献率，但差异并不都显著。两个品种间因生长季、处理及营养器官的不同而表现不一致。

表 6-15 2013 年不同处理下夏玉米各营养器官花前氮素转运特性及对籽粒的转运贡献率

栽培方式 (T)	施氮量 (以 N 计) (kg/hm²)	花前氮素转运量 PAT (g/株)		花前氮素转运率 PAR (%)		花前氮素转运贡献率 CPT (%)	
		S+LS+BR+CO	L	S+LS+BR+CO	L	S+LS+BR+CO	L
正农 9 号							
CK	75	0.17b	0.16b	44.82b	34.20b	21.36b	20.18b
	225	0.39a	0.39a	56.81a	53.41a	40.81a	40.87a
	平均值	0.28C	0.28A	50.82B	43.80A	31.08A	30.53A

（续）

栽培方式（T）	施氮量（以 N 计）（kg/hm²）	花前氮素转运量 PAT（g/株）		花前氮素转运率 PAR（%）		花前氮素转运贡献率 CPT（%）	
		S+LS+BR+CO	L	S+LS+BR+CO	L	S+LS+BR+CO	L
RFPFM	75	0.34b	0.17a	55.98a	27.36a	24.24b	11.95a
	225	0.51a	0.27a	58.63a	34.60a	32.30a	17.16a
	平均值	0.42A	0.22B	57.30A	30.98B	28.27A	14.56B
WI	75	0.27b	−0.01b	42.51a	−1.64b	16.53a	−0.56b
	225	0.40a	0.12b	49.70a	15.71a	18.50a	5.51a
	平均值	0.33B	0.06C	46.10C	7.03C	17.52B	2.48C
	F 检验（T）	**	**	**	**	**	**
	F 检验（N）	**	**	**	**	**	**
	F 检验（T×N）	ns		ns	ns	*	**
郑单 958							
CK	75	0.10b	0.17b	33.14b	43.01a	15.05b	26.00b
	225	0.25a	0.28a	58.20a	50.19a	32.94a	37.51a
	平均值	0.17C	0.23A	45.67A	46.60A	23.99A	31.75A
RFPFM	75	0.25a	0.15b	46.61a	23.19a	24.99a	14.88a
	225	0.32a	0.37a	45.63a	42.17a	28.16a	32.20a
	平均值	0.29B	0.26A	46.12A	32.68AB	26.57A	23.54AB
WI	75	0.30b	0.08b	51.54a	12.94b	25.22a	6.57b
	225	0.39a	0.26a	53.49a	31.19a	27.77a	18.21a
	平均值	0.35A	0.17A	52.52A	22.07B	26.50A	12.39B
	F 检验（T）	**	ns	ns	*	ns	*
	F 检验（N）	**	**	*	**	**	**
	F 检验（T×N）	ns	ns	*	*	*	ns

注：PAT 表示花前氮素转运量；PAR 表示花前氮素转运率；CPT 表示花前氮素转运贡献率；S 表示茎；LS 表示叶鞘；BR 表示苞叶；CO 表示穗轴；LE 表示叶片。同一列中，同一品种下不同大写字母表示栽培处理间差异显著（$P<0.05$），同一品种的同一栽培处理下不同的小写字母表示氮肥处理间差异显著（$P<0.05$）。** 代表差异极显著（$P<0.01$），* 代表差异显著（$P<0.05$），ns 表示差异不显著。表 6-16 相同。

表6-16 2014年不同处理下夏玉米各营养器官花前氮素转运特性及对籽粒的转运贡献率

栽培方式 (T)	施氮量 (以N计) (kg/hm²)	花前氮素转运量 PAT (g/株)				花前氮素转运率 PAR (%)				花前氮素贡献率 CPT (%)			
		S+LS	BR	CO	LE	S+LS	BR	CO	LE	S+LS	BR	CO	LE
正农9号													
CK	75	0.39a	0.26a	0.03a	0.00a	69.31a	46.00	37.84a	−7.55a	36.66a	24.67a	2.39a	−0.37a
	225	0.38a	0.24a	0.03a	0.01a	59.03b	34.51b	35.17a	12.33a	31.25b	19.91b	2.19a	0.73a
	平均值	0.38B	0.25C	0.03B	0.00C	64.17A	40.26B	36.51B	2.39B	33.96B	22.29AB	2.29B	0.18C
RFPFM	75	0.44a	0.39a	0.06b	0.10a	66.18a	55.41a	53.58b	61.83a	24.54a	22.21a	3.13b	5.90a
	225	0.40a	0.35b	0.11a	0.05b	56.68b	49.82b	73.12a	47.96b	22.46a	19.49b	6.18a	2.80b
	平均值	0.42A	0.37B	0.08A	0.08B	61.43B	52.61A	63.35A	54.90A	23.50B	20.85B	4.66A	4.35A
WI	75	0.32b	0.39a	0.09a	0.05a	54.09b	53.58	63.14a	43.29a	18.50b	22.89a	5.18a	2.69a
	225	0.44a	0.41a	0.09a	0.04a	66.66a	49.09b	62.40a	41.78a	24.60a	23.35a	5.02a	2.42a
	平均值	0.38B	0.40A	0.09A	0.04B	60.37B	51.33A	62.77A	42.54A	21.55C	23.12A	5.10A	2.56B
F检验 (T)		*	**	**	**	*	**	**	**	**	ns	**	**
F检验 (N)		ns	**	**	**	ns	**	**	ns	ns	ns	**	**
F检验 (T×N)		**	**	**	**	**	*	**	*	**	*	**	**
郑单958													
CK	75	0.25a	0.19a	0.01a	0.01a	49.71a	33.85a	18.20a	25.05a	21.00a	16.23a	1.00a	1.24a
	225	0.25a	0.24a	0.01a	0.00a	50.73a	39.27a	19.99a	1.37a	17.98a	17.25a	0.73a	0.12a
	平均值	0.25B	0.22B	0.01C	0.01B	50.22A	36.56B	19.10B	13.21B	19.49A	16.74B	0.86C	0.68B
RFPFM	75	0.31a	0.32a	0.07a	0.06a	50.90a	43.18a	55.96a	52.11a	20.06a	20.11a	4.69a	3.79a
	225	0.31a	0.25b	0.05b	0.04a	43.74b	35.87b	41.92b	40.05a	19.17a	15.47b	2.88b	2.39a
	平均值	0.31A	0.28A	0.06B	0.05A	46.92A	39.53AB	48.94A	46.08A	19.62A	17.79A	3.79B	3.09A
WI	75	0.31a	0.28a	0.12a	0.02a	51.97a	42.37a	67.69a	24.81a	18.46a	16.76a	6.99a	1.19a
	225	0.35a	0.33a	0.06b	0.04a	52.32a	44.43a	52.39b	38.18a	19.50a	18.56a	3.44b	1.98a
	平均值	0.33A	0.31A	0.09A	0.03A	52.15A	43.40A	60.04A	31.50AB	18.98A	17.66A	5.22A	1.59AB
F检验 (T)		*	ns	**	*	ns	*	**	ns	ns	ns	**	*
F检验 (N)		ns	ns	**	ns	ns	ns	**	ns	ns	ns	**	ns
F检验 (T×N)		ns	**	**	ns	*	ns	**	*	*	*	**	*

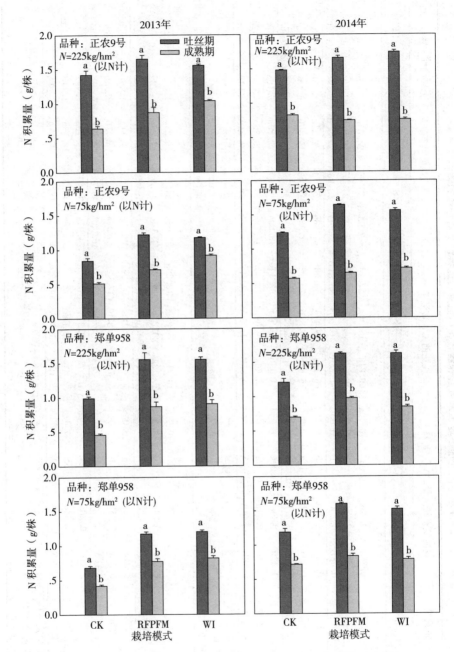

图 6 - 32　2013 和 2014 年不同处理夏玉米吐丝期和成熟期营养器官
（茎＋叶鞘＋叶＋穗轴）氮积累量

注：同一栽培处理下不同小写字母代表差异显著（$P<0.05$）。

(3) 冬小麦氮肥利用效率

由表 6‑17 可知，同一生长季，同一品种下 RFPFM 处理的氮肥偏生产力（NfP）和氮素吸收效率（NupE）要显著地高于 CK，分别平均达 52.5% 和 44.2%；然而冬小麦的氮素利用效率（NUE）和氮收获指数（NHI）在 RFPFM 和 CK 处理间没有显著性差异；WI 处理的 NfP 和 NupE 高于 RFPFM，且 NfP 指标上达到显著，而 NupE 指标上不完全显著。同一生长季，同一品种和栽培处理下低氮都能较高氮处理显著提高 NfP 和 NupE；但 NUE 和 NHI 在两个氮素水平下表现不一致。这表明 RFPFM 和低氮都能提高 NfP 和 NupE，进而提高冬小麦对土壤中氮素的吸收。

表 6‑17　2012—2013 年和 2013—2014 年不同处理对冬小麦的氮肥偏生产力、氮素吸收效率、氮素利用效率和氮收获指数的影响

品种	栽培方式（T）	施氮量（以 N 计）（kg/hm²）	2012—2013 年				2013—2014 年			
			NfP	NupE	NUE	NHI	NfP	NupE	NUE	NHI
西农979	CK	75	46.4 a	1.4 a	33.1 a	0.82 a	60.8 a	1.9 a	32.3 a	0.86 a
		225	17.7 b	0.5 b	33.2 a	0.78 a	27.4 b	1.0 b	29.5 a	0.83 a
		平均值	32.1 C	1.0 C	33.2 A	0.80 A	44.1 C	1.4 C	30.9 B	0.85 A
	RFPFM	75	88.3 a	2.5 a	35.5 a	0.80 a	93.6 a	2.7 a	34.8 a	0.82 a
		225	30.7 b	0.9 b	34.6 a	0.79 a	36.2 b	1.1 a	33.7 a	0.82 a
		平均值	59.5 B	1.7 B	35.1 A	0.80 A	64.9 B	1.9 B	34.2 A	0.82AB
	WI	75	115.4 a	3.4 a	33.7 b	0.83 a	127 a	3.4 a	37.3 a	0.83 a
		225	41.6 b	1.1 b	36.6 a	0.82 a	43.3 b	1.3 b	32.5 b	0.79 b
		平均值	78.5 A	2.3 A	35.2 A	0.83 A	85.0 A	2.4 A	34.9 A	0.81 B
	F 检验（T）		**	**	*	ns	**	**	**	ns
	F 检验（N）		**	**	ns	ns	**	**	**	**
	F 检验（N×T）		**	**	*	ns	**	**	ns	ns
小偃22	CK	75	60.8 a	1.8 a	33.4 a	0.83 a	68.0 a	2.2 a	30.8 a	0.85 a
		225	20.7 b	0.6 b	32.7 a	0.81 a	27.7 b	1.0 b	27.9 a	0.82 b
		平均值	40.8 C	1.2 B	33.1 A	0.82 A	47.9 C	1.6 B	29.3 B	0.84 A
	RFPFM	75	92.5 a	2.9 a	31.7 a	0.80 a	94.1 a	2.7 a	34.6 a	0.81 a
		225	30.3 b	0.9 b	32.4 a	0.81 a	37.0 b	1.2 b	31.4 a	0.82 a
		平均值	61.4 B	1.9 A	32.1 A	0.81 A	65.6 B	2.0 A	33.0 A	0.82 A

（续）

品种	栽培方式 （T）	施氮量 （以 N 计） （kg/hm²）	2012—2013 年				2013—2014 年			
			NfP	NupE	NUE	NHI	NfP	NupE	NUE	NHI
小偃 22	WI	75	105.6 a	3.3 a	31.6 b	0.77 a	110.1 a	3.0 a	37.4 a	0.86 a
		225	37.9 b	1.1 b	34.9 a	0.81 a	48.4 b	1.5 b	33.3 b	0.81 b
		平均值	71.8 A	2.2 A	33.3 A	0.79 A	79.3 A	2.2 A	35.3 A	0.84 A
	F 检验（T）		**	**	ns	ns	**	**	**	**
	F 检验（N）		**	**	ns	ns	**	**	**	*
	F 检验（N×T）		**	*	ns	ns	ns	ns	ns	ns

注：NfP 表示氮肥偏生产力（kg/kg）；NupE 表示氮素吸收效率（kg/kg）；NUE 表示氮素利用效率（kg/kg）；NHI 表示氮收获指数。同一列中，同一品种下不同大写字母表示栽培处理间差异显著（$P<0.05$）；同一列中，同一品种的同一栽培处理下不同的小写字母表示氮肥处理间差异显著（$P<0.05$）；** 代表差异极显著（$P<0.01$），* 代表差异显著（$P<0.05$），ns 代表差异不显著。表 6-18 和表 6-19 相同。

（4）夏玉米氮肥利用效率

夏玉米两个生长季的数据表明（表 6-18），RFPFM 处理能够显著的提高夏玉米的 NfP 和 NupE，其较 CK 平均分别提高了 33.4% 和 44.7%，与 WI 之间差异大多不显著；而 NUE 和 NHI 在三个栽培处理间因生长季、品种等的不同而表现出不同的规律。夏玉米两个生长季，各栽培处理都表现出低氮处理的 NfP 和 NupE 都显著高于高氮处理；因不同品种和栽培处理不同，两个施氮水平对 NUE 和 NHI 的影响不同。

表 6-18　2013 年和 2014 年不同处理对夏玉米的氮肥偏生产力、氮素吸收效率、氮素利用效率和氮收获指数的影响

栽培方式 （T）	施氮量 （以 N 计） （kg/hm²）	2013 年				2014 年			
		NupE	NfP	NUE	NHI	NupE	NfP	NUE	NHI
正农 9 号									
CK	75	1.18 a	100.3 a	85.7 a	60.9 a	1.46 a	95.0 a	65.0 a	64.4 a
	225	0.48 b	41.0 b	85.7 a	60.2 a	0.61 b	33.7 b	53.5 b	59.4 a
	平均值	0.83 C	70.7 B	85.7 A	60.6 A	1.04 B	64.3 B	59.3 A	61.9 B
RFPFM	75	1.91 a	141.3 a	74.6 a	66.5 a	2.19 a	125.7 a	57.5 a	73.1 a
	225	0.73 b	49.2 b	67.7 a	64.5 a	0.76 b	39.2 b	51.8 a	70.4 a
	平均值	1.32 B	95.3 A	71.2 B	65.5 A	1.47 A	82.5 A	54.7 AB	71.8 A

（续）

栽培方式（T）	施氮量（以 N 计）（kg/hm²）	2013 年				2014 年			
		NupE	NfP	NUE	NHI	NupE	NfP	NUE	NHI
WI	75	2.28 a	139.3 a	61.2 a	63.7 b	2.19 a	122.4 a	56.0 a	70.4 a
	225	0.96 b	51.3 b	53.6 b	67.4 a	0.76 b	39.6 b	52.2 a	69.8 a
	平均值	1.62 A	95.3 A	57.4 B	65.6 A	1.47 A	81.0 A	54.1 B	70.1 A
F 检验（T）		**	**	*	ns	**	**	ns	**
F 检验（N）		**	**	**	**	**	**	**	ns
F 检验（N×T）		**	**	ns	ns	**	**	ns	ns
郑单 958									
CK	75	0.97 a	109.7 a	114.8 a	61.3 a	1.71 a	98.5 a	57.7 a	62.2 b
	225	0.36 b	39.2 b	107.5 a	62.4 a	0.63 b	32.0 b	51.3 a	66.6 a
	平均值	0.67 B	74.5 B	111.2 A	61.9 A	1.17 B	65.3 B	54.5 A	64.4 A
RFPFM	75	1.62 a	147.5 a	93.5 a	56.9 a	2.17 a	138.7 a	64.0 a	65.4 a
	225	0.61 b	51.0 b	85.6 a	57.1 a	0.78 b	40.0 b	51.2 a	62.5 a
	平均值	1.11 A	99.3 A	89.6 B	57.0 B	1.47 A	89.4 A	57.6 A	64.0 A
WI	75	1.83 a	134.4 a	73.6 a	59.6 a	2.23 a	137.8 a	62.0 a	68.4 a
	225	0.69 b	48.9 b	70.9 a	60.9 a	0.79 b	42.3 b	53.4 a	68.0 a
	平均值	1.26 A	91.7 A	72.3 B	60.3 A	1.51 A	90.1 A	57.7 A	68.2 A
F 检验（T）		**	**	**	**	**	*	ns	ns
F 检验（N）		**	**	ns	ns	**	**	**	ns
F 检验（N×T）		*	ns	ns	ns	**	*	ns	ns

(5) 冬小麦-夏玉米氮肥利用效率

对冬小麦-夏玉米复种体系进行综合比较分析发现（表 6-19），在两个生长季和两个冬小麦-夏玉米品种下，RFPFM 处理都能显著的提高冬小麦-夏玉米的 NupE 和 NfP，其两年平均较 CK 处理显著提高了 44.2% 和 40.7%；WI 的 Nfp 和 NupE 高于 RFPFM，差异并不总显著。NUE 和 NHI 在三个栽培处理间表现出不一致的规律。与冬小麦和夏玉米作物相同，冬小麦-夏玉米复种体系下，不同栽培处理下，低氮处理的 NupE 和 NfP 都显著高于高氮处理，而 NUE 和 NHI 在两个氮素水平间因生长季、品种和栽培处理的不同而表现出不同的趋势。

表 6 - 19　2012—2013 年和 2013—2014 年不同处理对冬小麦-夏玉米的氮肥偏生产力、氮素吸收效率、氮素利用效率和氮收获指数的影响

栽培方式（T）	施氮量（以 N 计）(kg/hm²)	2012—2013 年				2013—2014 年			
		NupE	NfP	NUE	NHI	NupE	NfP	NUE	NHI
西农 979 - 正农 9 号									
CK	150	1.29 a	73.3 a	57.1 a	61.0 a	1.67 a	77.9 a	46.6 a	64.5 a
	450	0.51 b	29.3 b	57.9 a	60.2 a	0.78 b	30.6 b	39.7 b	59.4 a
	平均值	0.90 C	51.3 C	57.5 A	60.6 B	1.22 B	54.2 B	43.2 A	61.9 B
RFPFM	150	2.20 a	114.8 a	52.5 a	66.5 a	2.44 a	109.6 a	45.1 a	73.2 a
	450	0.81 b	40.0 b	49.4 a	64.5 a	0.92 b	37.7 b	41.1 a	70.4 a
	平均值	1.51 B	77.4 B	50.9 B	65.5 A	1.68 A	73.7 A	43.1 A	71.8 A
WI	150	2.85 a	127.4 a	44.7 a	63.8 b	2.79 a	124.6 a	44.6 a	70.4 a
	450	1.04 b	46.5 b	44.6 a	67.4 a	1.05 b	41.5 b	39.7 a	69.9 a
	平均值	1.95 A	86.9 A	44.7 B	65.6 A	1.92 A	83.0 A	42.1 A	70.1 A
	F 检验（T）	**	**	*	ns	**	**	ns	**
	F 检验（N）	**	**	ns	ns	**	**	**	ns
	F 检验（N×T）	**	**	ns	ns	**	**	ns	ns
小偃 22 - 郑单 958									
CK	150	1.40 a	85.3 a	61.1 a	61.3 a	1.96 a	83.3 a	42.6 a	62.3 b
	450	0.50 b	30.0 b	60.0 a	62.4 a	0.81 b	29.8 b	36.8 a	66.6 a
	平均值	0.95 B	57.6 B	60.6 A	61.9 A	1.39 B	56.5 B	39.7 A	64.5 A
RFPFM	150	2.28 a	120.0 a	53.1 a	56.9 a	2.45 a	116.4 a	47.6 a	65.4 a
	450	0.77 b	40.7 b	53.2 a	57.1 a	0.98 b	38.5 b	39.3 b	62.6 a
	平均值	1.52 A	80.4 A	53.1 AB	57.0 B	1.72 A	77.5 A	43.5 A	64.0 A
WI	150	2.58 a	120.0 a	46.6 a	59.7 a	2.59 a	123.9 a	48.0 a	68.4 a
	450	0.90 b	43.4 b	48.7 a	61.0 a	1.12 b	45.3 b	40.4 b	68.0 a
	平均值	1.74 A	81.7 A	47.6 B	60.3 A	1.85 A	84.6 A	44.2 A	68.2 A
	F 检验（T）	**	*	*	**	**	*	ns	ns
	F 检验（N）	**	**	ns	ns	**	**	**	ns
	F 检验（N×T）	**	*	ns	ns	ns	**	ns	ns

6.3.5　讨论

(1) 沟垄集雨栽培对冬小麦和夏玉米地上部生长的影响

沟垄集雨栽培对农作物的生长发育有重要影响。有研究指出，沟垄集雨能提高糜子株高和干物质量，提高比例分别为 26.0％～75.7％ 和 31.6％～126.3％（胡希远等，1997）；任小龙等（2008）通过研究也显示，相同降雨条件下，沟垄集雨栽培较对照能显著提高春玉米株高 6％～27％、叶面积 8％～73％ 及生物量 12％～86％。李荣等（2013）也发现了相似的结果，即沟垄集雨栽培因其增温保水作用而增加玉米的株高、LAI 和地上部干物质量。同样，阎翠萍等（2002）和宋海星等（2003）研究也指出，玉米干物质量随着生育进程的推进而逐渐增加，动态变化呈现出"S"形曲线。本研究也表明，冬小麦和夏玉米的干物质量也呈现出逐渐增加的近"S"曲线；并且，RFPFM 处理与 CK 相比能显著提高冬小麦和夏玉米的株高和地上部干物质积累量；并且 RFPFM 和 WI 能显著提高冬小麦生育中后期及夏玉米拔节期和灌浆期的 LAI 值，这主要跟土壤中的水分含量有关。

(2) 沟垄集雨栽培对冬小麦-夏玉米田土壤水分的影响

当今，提高 WUE 已成为农业可持续发展的一个重要目标（Deng et al.，2006）。RFPFM 主要是通过两个过程来提高农作物的水分利用效率（WUE）。首先是减少农田蒸散量，这也是影响 WUE 的一个重要的方面（Fereres et al.，2006；Qiu et al.，2008；Rossella et al.，2010）。本研究中，RFPFM 处理下冬小麦耗水量（2012—2013 年：305.9mm；2013—2014 年：361.9mm）显著低于 WI（2012—2013 年：639.8mm；2013—2014 年：649.1mm），相似的规律同样发生在夏玉米和冬小麦-夏玉米。主要是由于为避免干旱胁迫，充足的灌溉水被应用于 WI 处理，进而导致蒸散量较高。事实上，本研究开始前，经过我们的调查发现，当地农民在灌溉水充足的情况下农田的灌溉量常和 WI 处理的灌溉量相同。因此，有很多研究提出可以通过精确控制灌溉时间和灌溉量来提高 WUE（Fang et al.，2006；Qiu et al.，2008；Behera et al.，2009；Li et al.，2009；Wang et al.，2013，2014）。Li et al.（1999；2004）也建议可以通过提高土壤深层水的利用来减少土壤蒸散，提高 WUE。其次是提高产量，RFPFM 较 CK 能显著提高产量。RFPFM 和 CK 除了播种阶段外，整个生育期并没有进行灌溉，所以其小麦和玉米生产所需要的水主要来源于降水，其也是影响 WUE 的直接因素。RFPFM 能更好地利用微量降雨，将垄上的雨水进行收集来改善小麦的水资源状况，进而较 CK 获得更高的产量和更高的 WUE（Li et al.，2002；Cheng et al.，2012；Hu et al.，2014）。

在旱区生育期降水量的增多能够显著提高农作物的干物质量和产量

（Cakir，2004；Liu et al.，2009；Ren et al.，2009；Kresović et al.，2016）。本试验第一个冬小麦生长季降水量（182.8mm）低于第二个生长季（211.7mm），进而导致了第一个生长季 RFPFM 和 CK 处理下产量都较低。这也进一步说明在 CK 和 RFPFM 处理下生育期降水量与冬小麦籽粒产量存在正相关关系（Ye et al.，2012）。而对于夏玉米却出现了不一致的现象，在本研究中，2014 年玉米季的降水量（331mm）要明显高于2013 年的降水量（219mm），但产量比 2013 年降低 15.7%（平均每年的数据）。这可能是由于以下原因造成的：首先，2013 年播种期土壤贮水量要显著高于 2014 年，这保证了植株生长对水分的利用，特别是在玉米吐丝期之前的利用（Zhu et al.，2015）；其次，由于 2014 年夏玉米吐丝期之前的降水量要低于 2013 年，这也导致 2014 年夏玉米生长前期和中期干旱胁迫较为严重，进而抑制了植株的生长，也就降低了玉米生育后期对水分的需求（Liu et al.，2009）。此外，2014 年玉米吐丝后降雨的天数明显要高于 2013 年，这也导致 2014 年灌浆期总光能辐射量降低，影响了夏玉米植株的光合作用和生殖生长。因此，吐丝后较多的降雨并不能被植物吸收和利用，进而导致 2014 年产量降低。这个结果也表明在关中地区玉米生育期中吐丝之前土壤水分的供应是非常重要的。

　　一般而言，RFPFM 能够保持土壤水分，减少土壤水分蒸发。然而本研究中，在冬小麦第一年和第二年试验结束和第二年播种时，CK 土层 60～160cm 土壤含水量高于 RFPFM。同样在两个玉米季，0～180cm 土层土壤含水量在夏玉米拔节期和吐丝期都表现出 RFPFM 处理低于 CK 处理，特别在夏玉米的第二个生长季表现得尤为明显。由于吐丝后雨水较多，三个栽培处理在夏玉米灌浆期和成熟期 0～40cm 土层土壤含水量之间没有显著性差异。值得关注的是，在夏玉米灌浆和成熟期 100cm 以下土层依然表现出 CK 处理的含水量要显著高于 RFPFM，并且这种差异在第二个复种生长季变得尤为显著。从整个试验来看，第一年试验结束时 CK 土壤深层的土壤含水量要高于 RFPFM；并且随着试验的进行，土壤深层水分一直表现出亏缺，特别在夏玉米的第二个生长季亏缺更为明显。这主要是因为 RFPFM 能够促进作物根系向深处土壤生长，并且可以增加侧根，进而促进作物对深层水分的吸收，如 100cm 以下土层（Liu et al.，2009；Gao et al.，2014）。同样，Zhang 等（2011）和 Wang 等（2015b）研究也表明在半干旱区 RFPFM 处理下土壤深层（100～200cm）水分会出现严重的水分亏缺。通过比较本研究开始时（2012 年冬小麦播种时）和结束时（2014年夏玉米收获时）土壤含水量发现，土壤深层水分在4季作物后变得亏缺严重，该结果与Zhou等（2009）和Zhang等（2011）所得结果一致。然而，Liu等（2014b）在两年两季作物的研究中发现，在全膜双垄沟播试验中，土壤贮水量并没有显著的变化；此外，Liu等（2014b）还发现在中国半干旱区每年降水量大于273mm就能保证全膜双垄沟播栽培模式水分的平衡和可持续性。然而，在当前复种体系下，年平均降水量为527mm是否能够保证沟垄集雨栽培措施长期的水分平衡和可持续性仍未可知，因此，需要长期的田间试验来进一步探索研究。

（3）沟垄集雨栽培对冬小麦-夏玉米产量及水分利用效率的影响

在冬小麦生长的早期阶段，低温和干旱胁迫是阻碍小麦新陈代谢和抑制生殖器官分化的主要因素（Halse et al.，1974）。RFPFM处理下土壤水分和温度的异质性和时空动态变化不仅促进了小麦出苗和苗壮，还促进冬小麦小穗产生及穗分化，从而增加了穗粒数和单位面积的穗数。它也表明了产量和穗粒数及单位面积穗数之间显著的正相关关系（$R^2 = 0.75^{**}$和0.93^{**}）。对两年的冬小麦试验数据进行平均，RFPFM的产量和WUE较CK增加了50.4%和53.7%。Li等（2004）和Gan等（2013）在中国半干旱地区也发现了类似的结果。同样，对于夏玉米，RFPFM较CK能显著的增加夏玉米的产量和WUE。Li等（1999）和Li等（2013）在半干旱区也发现了相似的结果。以上主要是因为RFPFM能显著减少土壤水分蒸发，增加水分的有效性，进而促进植株生长和产量的增加（Ren et al.，2009；Liu et al.，2010；Zhang et al.，2011；Gan et al.，2013；Zhao et al.，2014a）。与WI相比，RFPFM处理在冬小麦-夏玉米下产量较高，能达到WI处理的89.4%。该两个栽培处理都是通过满足作物对水分的需求来保持其高的产量（每年产量都高于16.5t/hm²），但其机理却完全不同。RFPFM处理通过收集雨水，甚至微量雨水来促进作物的吸收和利用，进而提高产量；而WI处理则利用充足的灌溉水，甚至超出生长所需的水来提高农作物的产量。由于机理的不同，RFPFM处理较WI处理显著提高冬小麦-夏玉米的水分利用效率。在该地区灌溉水充足时，一般冬小麦和夏玉米灌溉次数与试验WI处理的灌溉次数和灌溉量非常相似。这也表明，在关中地区，RFPFM处理能够在短期内取代WI处理而达到减少灌溉水使用，促进农业可持续发展的目的。本研究也发现，在短期内（两年）RFPFM也可以提高冬小麦-夏玉米的产量。但在试验地区由于土壤水分、氮素等的影响，冬小麦-夏玉米复种体系在RFPFM处理下较单季作物存在更多的风险。并且，冬小麦-夏玉米复种体系在 RF-PFM 处理下的可持续性因高的资源利用及其他负面的环境影响还是需要进一步探索。因此，未来也可以考虑减少多熟种植系数，改一年两熟为两年三熟来避免 RFPFM 处理下水分与氮素的缺乏。

水和氮互作是影响作物生长的主要因素 (Li et al.，2009；Rossella et al.，2010；Abdelkhalek et al.，2015)。水可以提高作物对氮素营养的吸收和利用，同样氮素可以促进农作物生长提高作物的抗旱能力 (Li et al.，2009)。在当前的研究中，水氮互作对小麦和玉米产量也产生了一定的影响，如 CK 处理下，高氮对产量也有一定的促进作用。这表明，较高的施 N 量可以减轻冬小麦和夏玉米的干旱胁迫，这与 Ghani 等 (2000) 和 Wang 等 (2014) 的研究结果是一致的。但值得注意的是，在严重干旱的条件下，高施氮量能够使干旱胁迫加重。

(4) 沟垄集雨栽培对冬小麦-夏玉米氮肥利用效率的影响

沟垄集雨能显著提高冬小麦的氮素积累量及氮肥利用效率。李强等 (2014) 研究发现垄膜栽培能够促进冬小麦氮素的积累，分别能增加氮肥偏生产力及氮肥生理利用率达 49.6% 和 35.1%（第一年）及 16.3% 和 25.7%（第二年）。在河北衡水进行氮肥试验发现，氮肥量减少，夏玉米的氮素积累没有减少，而氮肥利用率有 27.5% 的增加（赵士诚等，2010）。同样石玉等 (2006) 研究也发现，但氮量从 240kg/hm² 降低到 168kg/hm²，氮肥利用效率显著提高了 13.9%。本试验也发现 RFPFM 处理冬小麦氮积累量要显著高于 CK 处理，且能显著的提高冬小麦的 NfP 和 NupE，且各栽培处理都表现出低氮处理的 NfP 和 NupE 都显著高于高氮处理。冬小麦籽粒中氮素 80% 左右是从花前营养器官中转运而来，而花后氮素累计所产生的贡献率仅占 20%，并且环境因素和栽培因素对两部分氮素对籽粒的贡献率影响比较大 (Masoni et al.，2007)。张传辉等 (2013) 研究也表明，冬小麦花前贮藏的氮素对籽粒氮素贡献率可以达到 80% 以上。本研究发现，冬小麦花前营养器官贮藏的氮素对籽粒的贡献率要高于 50%，与前人的研究结果相似，但其值略低于其他研究，主要是因为栽培条件所造成的。

玉米在籽粒形成期间，会有大量的氮素积累于籽粒中，比例约为 1.5% (Swank et al.，1982)。氮素的来源一方面为抽雄前的营养器官中氮素的转运，另一方面是根系的供给 (Osaki et al.，1991)。有研究表明（金继运等，1999），玉米籽粒中氮素的供给有 39.7%～52.9% 源于营养器官氮素的转移，而大约 47.1%～60.3% 源于根系的供应，Osaki 等（1991）也有相似的规律。本研究也表明夏玉米营养器官的氮素大约平均 10%～60% 贡献于籽粒，与前人的研究结果相似。在本研究中，WI 和 RFPFM 处理下夏玉米整个生育期的氮积累量都要高于 CK 处理；且 RFPFM 和 WI 处理能够显著增加夏玉米籽粒中氮素积累量，这主要是因为 RFPFM 能够保持土壤水分，增加土壤耕层的含水量，而 WI 处理则可以通过灌溉补充土壤水分，而土壤水分与土壤氮素有协同互作效应（肖自添等，2007），进而可以增加 WI 和 RFPFM 对土壤中氮素的吸收，也增加了 Nfp 和 NupE。葛均筑等（2016）也发现覆膜能够提高春玉米氮肥农学效率。解婷婷和苏培玺（2011）在研究中发现，当灌水一定时，随着施肥量的减少，夏玉米氮肥的利用效率在逐渐升高。本研究也发现高氮处理的 NfP 和 NupE 要显著低于低氮。

冬小麦和夏玉米都表现出低氮下的 NfP 和 NupE 要显著高于高氮水平，因此，为增加氮肥利用效率，冬小麦-夏玉米理想的施氮量（以 N 计）要低于 450kg/hm²。当前研究中，沟垄集雨在低氮下冬小麦-夏玉米的氮积累量（以 N 计）大约在 350kg/hm²，而这显著高于低施氮量。Ma and Dwyer（1999）研究表明在夏玉米季，施肥（以 N 计）100kg/hm²，夏玉米植株可以从 0～60cm 土层土壤中吸收氮素 69～190kg/hm² 供应生长发育所需要；同样当没有氮素供应时，夏玉米植株也可以从土壤中吸收到 43～98kg/hm² 的氮素。Hartmann 等（2014）也发现了相似的结果，其表明如果在夏玉米播前和收获后土壤矿物质氮含量相同的情况下，夏玉米氮素的积累量可以较施氮量（以 N 计）高 161kg/hm²，该结果和本试验结果相似。这也暗示了 RFPFM 栽培下土壤中的有效氮和微生物活动被显著提高，进而导致氮素矿化速率和硝化速率增加。然而，因为当前研究中氮素被大量消耗，150kg/hm² 氮素是否能够在冬小麦-夏玉米栽培中长期保持其可持续性还不清楚，因此，理想的施肥量需要被进一步研究。

6.3.6　结论

（1）RFPFM 能够促进冬小麦和夏玉米出苗，推迟冬小麦扬花，提早夏玉米吐丝，且可以延长冬小麦的生育期；并且，RFPFM 处理能显著提高冬小麦和夏玉米的株高。冬小麦和夏玉米的 LAI 都呈先上升后下降的趋势，且冬小麦在拔节-孕穗期达到最大，夏玉米在吐丝期或灌浆期达到最大。与 CK 相比，RFPFM 能显著提高冬小麦生育中后期及夏玉米拔节期和灌浆期的 LAI 值，并且能显著的增加冬小麦和夏玉米的干物质积累量；WI 较 RFPFM 能显著提高冬小麦的 LAI 和干物质积累量，在夏玉米季差异并不总显著。

（2）RFPFM 处理下，冬小麦的整个生育期和夏玉米的播种期 0～20cm 土壤含水量都高于 CK 处理；而在冬小麦成熟期，RFPFM 处理下 20～160cm 土层土壤含水量要低于 CK 处理；在夏玉米灌浆和成熟阶段，RFPFM 处理下 100～140cm 土层土壤含水量较 CK 显著降低，这表明 RFPFM 能够较好地利用深层土壤水分。RFPFM 处理下冬小麦-夏玉米的周年耗水量要显著低于 WI 处理。

（3）RFPFM 处理较 CK 能显著提高冬小麦单位面积穗数，进而显著提高冬小麦的产量，能达到 WI 的 76%；同样，RFPFM 能显著提高冬小麦的水分利用效率，其分别较 CK 和 WI 处理提高了 53.7% 和 46.3%。RFPFM 较 CK 能显著提高夏玉米的穗粒数和千粒重，进而显著的提高夏玉米的产量，与 WI 没有显著差异；RFPFM 处理也能显著的提高夏玉米的水分利用效率，分别较 CK 和 WI 处理提高了 29.2% 和 70.5%。从冬小麦-夏玉米复种体系看，RFPFM 能显著提高冬小麦-夏玉米的产量和水分利用效率，产量较 CK 平均提高了 37.1%，达到 WI 的 89.5%；WUE 分别较 CK 和 WI 平均提高了 38.9% 和 61.0%。

（4）RFPFM 较 CK 处理能显著提高冬小麦氮积累量 38.5%，但显著低于 WI；RFPFM 显著促进氮素从地上部营养器官向籽粒转运，转运量较 CK 处理增加了 31.4%；而与 WI 之间因生长季不同而表现不同。同样，RFPFM 处理也能提高夏玉米整个生育期的氮积累量，较 CK 处理高 42.6%；RFPFM 能显著地促进夏玉米茎+叶鞘+苞叶+穗轴中氮素的转运，转运量平均较 CK 高 43.4%，与 WI 间差异并不总显著。RFPFM 处理较 CK 能够显著的提高冬小麦和夏玉米的 NfP 和 NupE，且各栽培处理都表现出低氮处理的 NfP 和 NupE 都显著高于高氮处理。同样，RFPFM 处理能显著的提高冬小麦-夏玉米的 NupE 和 NfP，较 CK 处理分别提高了 44.2% 和 40.7%，与 WI 差异并不明显；低氮处理的 NupE 和 NfP 也都显著高于高氮处理。

综上所述，关中地区沟垄集雨栽培能显著提高麦玉复种体系产量、水分利用效率、氮肥偏生产力及氮素吸收效率；并且沟垄集雨栽培可以促进冬小麦和夏玉米的生长发育；因此，沟垄集雨栽培可以作为关中地区较为理想的栽培模式。

6.4 生物炭对关中地区冬小麦-夏玉米复种模式土壤水分及产量的影响

土壤水分是重要的土壤肥力要素，水分的含量、时空变化常常引起土壤空气和热量状况的迅速改变，此外其作为溶质载体也影响着土壤的养分循环和养分的有效性（邵明安等，2016）。土壤持水能力主要取决于土壤的物理性质，一般而言土壤所具有的适宜的密度、孔隙度、团聚体结构和机械组成可以较好地协调土壤的水分运移、物质运输和能量交换，从而为作物生长提供良好的环境条件（艾海舰，2002；赵勇钢等，2009）。对干旱和半干旱地区来说，陆地生态系统的生产力和土壤水的供应能力之间更是存在密切的联系（Ma et al.，2016）。在这些地区，严重干旱往往会引发不可逆的土壤沙化和荒漠化进程，从而导致土壤蒸发水的永久流失和土壤持水能力下降（Liu and Shao 2016）。当前关中地区的农业生产经常受到降水量少且年内分配不均、土壤保水性差、蒸发能力强、缺少灌溉条件等因素的制约，如何在维持土壤质量和提高持水能力的前提下保证粮食产量的持续稳定输出，依然是我们面临的巨大挑战。

生物炭是由农林废弃有机物等生物质在缺氧和较高温度（<700℃）条件下热解形成的稳定的富碳产物（Demirbas，2004；Lehmann et al.，2006）。生物炭固有的含碳率高、孔隙结构丰富、比表面积大、表面富含（或可吸附）多种有机官能团、理化性质稳定等特点是其成为广泛应用的土壤改良剂的重要结构基础（陈温福等，2013）。而近年来，关于生物炭改良土壤结构、促进土壤水分保持和作物生长的研究已被越来越多的科研人员所报道。浙江大学的Lu等（2014）经温室培养180天后发现生物炭对团聚体的组成和稳定性均有影响，其中6%稻壳生物炭在提高土壤2~5mm和0.25~0.5mm大团聚体含量的同时又减小了<0.25mm微团聚体含量，且显著提高了平均质量直径（MWD）和平均几何直径（GMD）。王丹丹等（2013）研究了生物炭施入6个月后土壤容重和田间持水量的变化，结果表明1%、3%和5%三种施用量都起到了降低土壤容重增加土壤田间持水量的作用且施用量越大效果越明显。程红胜等（2017）研究发现，生物炭基保水剂不仅提高了土壤的持水保水性能，还同时增加了油菜的地上部生物量。代快等（2017）在烟田土壤的研究表明，4%添加量的生物炭处理的烤烟产量和水分利用效率分别较对照显著提高

46.2%和 68.8%。Raboin 等（2016）在玉米和芸豆轮作的酸性土壤上进行了连续 6 年的定位试验，结果发现 5 种生物炭施用梯度下（10～50t/hm²）两种作物的产量均比对照显著增高。Zheng 等（2017）在华北平原低肥力地区定位试验表明，生物炭使玉米籽粒产量较对照土壤显著增加了 10.7%。Liu 等（2013）通过 meta 分析表明，生物炭在旱地作物上的平均增产幅度为 10.6%。

因此，针对关中地区的农业生产现状设置不同梯度生物炭添加量，研究生物炭对土壤物理性质、团聚体组成和持水性能的影响，并结合室内土柱蒸发模拟试验和作物产量来评价生物炭对关中地区塿土持水能力的改良效应，为农田生态系统中生物炭改良土壤的适宜性评价提供一定的理论依据和应用参考。

试验区概况 试验于 2016—2017 年在陕西省杨凌示范区西北农林科技大学标本园（108°24′E，34°20′N，海拔 521m）进行，试验区土壤属塿土，耕层（0～20cm）土壤含黏粒 36.5%，粉粒 61.1%，沙粒 2.4%，有机碳 14.09g/kg，全氮含量 0.98g/kg，碱解氮含量 51.22mg/kg，有效磷 7.61mg/kg，速效钾 150.06mg/kg，pH 7.58（水土比 2.5∶1）。施用的生物炭来自河南三利新能源公司，以小麦秸秆为原料在 500℃限氧热解制备而得，其基本理化性质为有机碳 467.05g/kg，全磷 0.61g/kg，全氮 5.90g/kg，钾 26.03g/kg，碳氮比为 79.10∶1，灰分质量分数 20.8%，pH 10.40。

试验设计 试验设 4 个处理，每处理 3 个重复，共 12 个小区，采用随机区组试验设计，小区面积为 4m×5m＝20m²。生物炭初次于 2011 年 10 月施入土壤，施用水平分别为 5t/hm²（B5）、10t/hm²（B10）、20t/hm²（B20）和对照不施生物炭（B0）。5 年后 2016 年 10 月依照原施入量各处理再重复施入一次生物炭。作物种植方式为冬小麦（2016 年 10 月中旬至 2017 年 6 月上旬）和夏玉米（2017 年 6 月中旬至 10 月初）一年两熟制。小麦播种前一次性施肥，基肥为每公顷 375kg 尿素（N＝46%）和 300kg 磷酸二氢铵（P₂O₅＝46%）；玉米基肥每公顷施用 187.5kg 尿素和 375kg 磷酸二氢铵，拔节期每公顷追施尿素 112.5kg。其他管理同常规大田管理方式。

6.4.1 生物炭对夏玉米土壤物理特性和团聚体组成的影响

（1）土壤容重、孔隙度和有机碳含量

在 2017 年夏玉米成熟期采集各处理耕层（0～20cm）土壤土样，土

壤物理性质测定结果如表 6-20 所示。由表可知，生物炭施入土壤耕层后会显著降低容重，且施用量越高土壤容重降幅越大，B5、B10 和 B20 较 B0 处理土壤容重分别下降了 2.11％、6.21％和 8.28％。生物炭对土壤总孔隙度和毛管孔隙度的影响与土壤容重趋势相反，具体表现为 B20＞B10＞B5＞B0。与 B0 相比，生物炭处理的土壤总孔隙度增加了 2.30％～9.84％、毛管孔隙度增加了 6.78％～14.93％。说明生物炭高比表面积和高孔隙度的特性充分降低土壤容重并提高了土壤孔隙度。作为高富碳产物，生物炭显著增加了土壤有机碳含量，B5、B10 和 B20 有机碳含量分别比 B0 增加了 15.21％、25.55％和 60.65％。

表 6-20　生物炭对夏玉米成熟期容重、孔隙度和有机碳含量的影响

处理	容重 (g/cm³)	总孔隙度 (%)	毛管孔隙度 (%)	非毛管孔隙度 (%)	有机碳 (g/kg)
B0	1.45±0.04a	45.21±1.34b	33.02±0.41c	12.19±1.76a	15.58±1.25c
B5	1.42±0.02a	46.25±0.58b	35.26±0.84b	10.99±0.68a	17.95±0.58b
B10	1.36±0.03b	48.82±0.99a	36.56±1.10ab	12.27±1.97a	19.56±0.64b
B20	1.33±0.02b	49.66±0.58a	37.95±0.83a	11.71±0.58a	25.03±0.64a

注：表中所列数值均为平均值±标准偏差（SD），不同小写字母表示各处理间差异显著（$P<0.05$），下同。

（2）土壤团聚体及其稳定性

土壤团聚体的取样时间和容重取样时间一致，也是在夏玉米成熟期。土壤团聚体的测定方法一般分为干筛法与湿筛法。干筛法测定的是原状土壤中团聚体的总体数量，这些团聚体包括非水稳性团聚体和水稳性团聚体，湿筛获得的则是抗水力分散的水稳定性团聚体。这两种方法所得到的＞0.25mm 的团聚体数量如表 6-21 所示。生物炭对＞0.25mm 的机械稳定性团聚体（$DR_{0.25}$）的粒径分布无显著影响，对水稳性团聚体（$WR_{0.25}$）的影响达到显著水平（$P<0.05$）。其中 B10 和 B20 处理分别比 B0 的 $WR_{0.25}$ 含量显著增加了 12.51％和 19.00％。土壤团聚体平均质量直径（MWD）和平均几何直径（GMD）是反映土壤团聚体大小分布状况的常用指标，MWD 和 GMD 值越大，表示团聚体的平均粒径团聚度越高，稳定性越强。由表 6-21 知，干筛法所得的 MWD 和 GMD 都远大于湿筛法，说明该土壤中团聚体大多数是机械稳定性团聚体。在干筛下，B5 的 MWD 与 GMD 与 B0 相比都无显著差异，表明低施炭量对 MWD 和 GMD

无显著影响；B10 和 B20 的 MWD 分别较 B0 显著增加 9.62%和 12.37%，GMD 分别较 B0 显著增加 19.60%和 23.30%。在湿筛下，各处理的 MWD 与 GMD 含量差异均达到极显著水平（$P < 0.01$），B5、B10、B20 的 MWD 和 GMD 较 B0 分别显著增加了 11.63%、18.60%、30.23%和 8.70%、13.04%、21.74%。土壤团聚体破坏率（PAD）和不稳定团粒指数（E_{LT}）主要反映土壤结构的稳定性，其值越大，表明土壤退化程度越严重。由表可知，随着生物炭施用量的增加，PAD 和 E_{LT} 都明显呈下降趋势。B20 的 PAD 和 E_{LT} 分别较 B0 减少了 11.34%和 9.61%。

表 6-21　生物炭对夏玉米成熟期土壤团聚体含量和稳定性的影响

处理	$DR_{0.25}$（%）	$WR_{0.25}$（%）	PAD（%）	E_{LT}（%）
B0	94.3±0.5a	33.6±1.6c	64.4±1.7a	66.4±1.6a
B5	95.0±1.2a	36.1±1.1bc	62.0±1.4ab	63.9±1.1ab
B10	94.6±0.9a	37.8±0.9ab	60.1±1.4bc	62.2±0.9bc
B20	94.7±0.8a	40.0±1.0a	57.8±1.4c	60.0±1.0c

处理	机械稳定性土壤团聚体		水稳性团聚体	
	MWD（mm）	GMD（mm）	MWD（mm）	GMD（mm）
B0	5.73±0.21b	3.46±0.26c	0.43±0.01c	0.23±0.01d
B5	5.76±0.18b	3.64±0.32bc	0.48±0.01b	0.25±0.01c
B10	6.28±0.11a	4.14±0.15ab	0.51±0.01b	0.26±0.00b
B20	6.44±0.11a	4.27±0.17a	0.56±0.01a	0.28±0.01a

注：$DR_{0.25}$ 表示>0.25mm 的机械稳定性团聚体；$WR_{0.25}$ 表示>0.25mm 的水稳性团聚体；MWD 表示平均质量直径；GMD 表示平均几何直径；PAD 表示土壤团聚体破坏率；E_{LT} 表示土壤不稳定团粒指数。

6.4.2　生物炭对土壤含水量和水分常数的影响

（1）土壤含水量

在冬小麦-夏玉米复种的周年内，每隔一个月测定各处理土壤耕层含水量变化情况（图 6-33）。结果发现，当土壤含水量较为充足且超过田间持水量的 60%时，生物炭可起到增加土壤含水量的作用，且施炭量越大土壤含水量增幅越明显。在 1 月 17 日和 4 月 18 日，B5 较 B0 处理含水量分别增加了 3.91%和 5.21%，B20 较 B0 处理含水量则分别增加了 12.92%和 12.80%。但当土壤含水量较低时，各处理间含水量已无明显差异，甚至生物炭处理土壤含水量还略低于对照。如在 5 月 17 日，B5、B10 和 B20 处理含水量分别比 B0 降低了 6.93%、11.47%和 2.03%，这可能是生物炭疏松多孔的结构加速了干旱状况下土壤水分的蒸发散失。

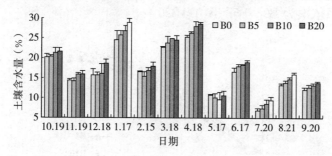

图 6 - 33　生物炭对 2016—2017 年麦玉复种模式不同时期土壤含水量的影响

（2）土壤水分常数

由表 6 - 22 可知，生物炭显著增加了夏玉米成熟期土壤饱和含水量、毛管持水量和田间持水量，且与生物炭施用量正相关。与 B0 相比，生物炭处理的饱和含水量增加了 5.75%～22.17%、毛管持水量增加了 8.88%～25.11%、田间持水量增加了 5.40%～14.86%。凋萎含水量是植物开始永久枯萎时的土壤含水量，生物炭对此无显著影响。

表 6 - 22　生物炭对夏玉米成熟期土壤水分常数的影响

处理	饱和含水量（%）	毛管持水量（%）	田间持水量（%）	凋萎含水量（%）
B0	30.76±1.42c	22.74±0.27d	21.47±0.79c	10.60±0.50a
B5	32.52±0.87c	24.76±0.78c	22.63±0.30bc	10.54±0.50a
B10	35.50±0.82b	26.95±0.51b	23.66±0.91ab	10.35±0.49a
B20	37.58±0.69a	28.45±0.88a	24.66±0.35a	10.71±0.24a

6.4.3　生物炭对土壤水分蒸发特性的影响

为更好地评价生物炭对土壤持水能力的影响，于夏玉米收获后采集大田各个处理 0～20cm 土壤，在室内进行土壤水分蒸发的模拟试验，试验持续 35 天（图 6 - 34）。在蒸发的前 5～7 天处于大量失水期，这一阶段日蒸发量均值在 3mm 左右，各处理间差异不明显。在蒸发的 7～21 天，各处理之间日均蒸发失水量趋于稳定，处理间土壤累积蒸发量差异明显，到第 21 天时，B5、B10 和 B20 的累积蒸发量分别比 B0 减少了 1.07%、7.45% 和 10.18%。21 天之后，各处理的土壤水分日蒸发量已经很小，土壤水分累积蒸发量的增长也十分缓慢。蒸发结束时，各处理之间累积蒸发量大小关系依次为 B0＞B5＞B10＞B20。

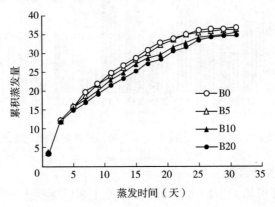

图 6-34　生物炭施用下土壤累积水分蒸发量与时间的关系

Gardner（1959；1969）等研究发现在一维裸土蒸发中累积蒸发量与蒸发天数的平方根呈线性关系：即 $E = A_E t^{0.5}$，式中 E 为累积蒸发量（mm），t 为累积蒸发时间（天），A_E 为和土壤性质有关的系数。本试验通过数据拟合分析发现，土壤累积蒸发量与时间的关系用乘幂函数 $E = a \cdot t^b$ 拟合效果最好，其中 a 和 b 的取值见表 6-23。

表 6-23　土壤水分累积蒸发量 E 与时间 t 的拟合曲线参数

处理	a	b	R^2	$a \cdot b$	$b-1$	P 值
B0	4.986	0.629	0.921	3.136	−0.371	＜0.001
B5	4.900	0.630	0.927	3.086	−0.370	＜0.001
B10	4.854	0.617	0.954	2.995	−0.383	＜0.001
B20	4.708	0.614	0.966	2.891	−0.386	＜0.001

由表 6-23 可知，当生物炭施用量增大时，a 和 b 的值基本呈减小的趋势。由该函数的数学性质可知，当时间 t 值相同时，参数 a 和 b 的值越小，函数值越小，故生物炭施用量越大土壤累积蒸发量越小。对此函数 $E = a \cdot t^b$ 求时间 t 的一阶导数可得土壤水分蒸发速率关系式：$\mathrm{d}E/\mathrm{d}t = a \cdot b \cdot t^{(b-1)}$，其中 $0 < b < 1$。由该式可知，在同一处理中，$a \cdot b$ 和 $b-1$ 为常数，t 越大，土壤水分蒸发速率越小。当 t 不变时，$a \cdot b$ 和 $b-1$ 的值越大，土壤

水分蒸发速率越大，由此可知土壤水分蒸发速率随着生物炭施用量的增加而降低，从而说明生物炭对土壤水分的蒸发散失有着良好的抑制作用。

6.4.4 土壤水分常数与土壤物理性质的通径分析

（1）土壤容重、孔隙度以及土壤团聚体含量与土壤水分常数的相关性

通过对夏玉米成熟期土壤各个物理性质指标的相关分析表明（表6-24），土壤饱和含水量、毛管持水量、田间持水量均与土壤容重呈显著的负相关，与土壤总孔隙度、毛管孔隙度、有机碳含量、$WR_{0.25}$呈显著正相关，与非毛管孔隙度和$DR_{0.25}$不相关。土壤凋萎含水量与土壤容重、孔隙度等指标皆不相关。

表6-24 夏玉米成熟期土壤水分常数与土壤容重、孔隙度及团聚体含量的相关分析

指标	饱和含水量	毛管持水量	田间持水量	凋萎含水量
容重	-0.975^{**}	-0.927^{**}	-0.759^{**}	-0.003
总孔隙度	0.975^{**}	0.924^{**}	0.753^{**}	-0.009
毛管孔隙度	0.872^{**}	0.967^{**}	0.918^{**}	0.010
非毛管孔隙度	0.186	-0.042	-0.235	-0.028
有机碳	0.931^{**}	0.899^{**}	0.825^{**}	0.143
$DR_{0.25}$	0.121	0.137	-0.004	0.226
$WR_{0.25}$	0.842^{**}	0.921^{**}	0.928^{**}	-0.226

注：$DR_{0.25}$表示>0.25mm的机械稳定性团聚体；$WR_{0.25}$表示>0.25mm的水稳性团聚体。*表示相关关系达显著水平（$P<0.05$），**表示相关关系达极显著水平（$P<0.01$），下同。

（2）土壤水分常数与各变量的通径分析

将土壤饱和含水量（Y_1）、毛管持水量（Y_2）与田间持水量（Y_3）及各土壤性质的基础数据做Z-score标准化处理，再采用逐步回归的方法做回归分析，得到回归方程（表6-25）。由表可知，三个方程都达到极显著水平（$P<0.01$）。土壤总孔隙度、毛管孔隙度和有机碳含量这三个因子解释了饱和含水量98.5%的变化；土壤总孔隙度和土壤毛管孔隙度两个因子解释了土壤毛管持水量99.9%的变化；$DR_{0.25}$解释了土壤田间持水量84.8%的变化。由于各变量之间高度相关，导致部分变量未能进入逐步回归方程。因此，需要再进一步运用通径分析（表6-26）量化各变量对土壤水分常数的贡献。

表 6 - 25　生物炭施用下不同土壤水分常数与各变量之间的回归分析

方程	R^2	P 值
$Y_1 = 0.629X_1 + 0.143X_2 + 0.270X_3$	0.985	<0.001
$Y_2 = 0.421X_1 + 0.632X_2$	0.999	<0.001
$Y_3 = 0.928X_4$	0.848	<0.001

注：因变量 Y_1、Y_2、Y_3 分别表示指标土壤饱和含水量、毛管持水量和田间持水量；自变量 X_1、X_2、X_3、X_4 分别为土壤总孔隙度、毛管孔隙度、有机碳含量和 $DR_{0.25}$，下同。

表 6 - 26　生物炭施用下不同土壤水分常数与各变量之间的通径分析结果

因变量	自变量	通径系数				决定系数				P 值
		X_1	X_2	X_3	X_4	X_1	X_2	X_3	X_4	
Y_1	X_1	<u>0.631</u>	0.181	0.251	-0.089	0.398	0.228	0.318	-0.112	
	X_2	0.502	<u>0.227</u>	0.247	-0.105		0.052	0.112	-0.048	0.000
	X_3	0.542	0.192	<u>0.293</u>	-0.095			0.086	-0.056	
	X_4	0.496	0.221	0.248	<u>-0.113</u>				0.013	
Y_2	X_1	<u>0.408</u>	0.482	0.018	0.016	0.166	0.394	0.014	0.013	
	X_2	0.325	<u>0.606</u>	0.017	0.019		0.367	0.020	0.023	0.000
	X_3	0.350	0.511	<u>0.020</u>	0.017			0.000	0.001	
	X_4	0.320	0.564	0.017	<u>0.020</u>				0.000	
Y_3	X_1	<u>-0.053</u>	0.313	0.083	0.410	0.003	-0.033	-0.009	-0.043	
	X_2	-0.042	<u>0.394</u>	0.082	0.485		0.155	0.065	0.383	0.002
	X_3	-0.046	0.332	<u>0.097</u>	0.442			0.009	0.086	
	X_4	-0.042	0.366	0.082	<u>0.522</u>				0.272	

注：下划横线的数据为直接通径系数，其他为间接通径系数。

综合表 6 - 25 和表 6 - 26 可知，$DR_{0.25}$ 对土壤饱和含水量无直接影响，主要通过土壤总孔隙度来间接影响饱和含水量。直接影响土壤饱和含水量的因子为总孔隙度、有机碳含量和毛管孔隙度。综合来看，土壤总孔隙度对饱和含水量的影响效果最大。对土壤毛管持水量直接影响的因子是总孔隙度和毛管孔隙度，该两因子的决定系数和共同决定系数分别是 0.166、0.367 和 0.394，比其他因子的决定系数大出 1～2 个数量级。同理，对土壤田间持水量来说，总孔隙度和有机碳含量主要通过毛管孔隙度和 $DR_{0.25}$ 两个因子起到间接影响作用，这两因子的决定系数和共同决定系数分别是 0.155、0.272 和 0.383，也比其他因子的决定系数也大出 1～2 个数量级。

6.4.5　生物炭对小麦-玉米产量及产量构成因素的影响

（1）冬小麦

由表6-27可知，生物炭显著影响了冬小麦产量，施加生物炭处理的产量高于对照B0，并且随生物炭施用量的增加而增加。B20处理产量最高，较对照B0显著增加了17.06%。在产量构成因素上，生物炭对冬小麦的穗粒数无显著影响，但增加了单位面积穗数，添加生物炭处理的单位面积穗数比B0高出了7.28%~12.98%。

表6-27　生物炭对冬小麦产量及产量构成因素的影响

处理	单位面积穗数 （×10⁴/hm²）	穗粒数 （粒）	千粒重 （g）	产量 （t/hm²）
B0	584.2±40.1b	32.8±0.5a	39.24±1.21ab	6.39±0.40b
B5	626.7±27.4a	32.9±0.6a	38.28±1.97b	6.70±0.54b
B10	643.3±23.6a	32.7±0.3a	38.92±1.24ab	6.95±0.31ab
B20	660.0±9.0a	32.8±1.6a	40.70±0.55a	7.48±0.42a

（2）夏玉米

由表6-28可知，生物炭对夏玉米产量也有显著影响。同样表现为生物炭添加量越高，作物增产幅度也越大。在5t/hm²（B5）的施用量下，夏玉米增产作用不显著，B5与对照B0的产量无显著差异。B20处理产量显著比B0高了42.13%。生物炭对夏玉米产量构成因素的主要影响因素是穗粒数和粒重。B20处理的穗粒数相较于对照B0增加了2.57%，百粒重相较于B0增加了4.75%。

表6-28　生物炭对夏玉米产量及产量构成因素的影响

处理	穗长 （cm）	穗行数	穗粒数 （粒）	百粒重 （g）	产量 （t/hm²）
B0	17.1±0.6b	12.7±0.2b	446.0±29.4b	30.17±0.47c	6.86±0.36c
B5	18.2±0.5ab	12.8±0.7b	481.5±37.8b	31.63±0.31b	7.76±0.58bc
B10	17.5±0.7ab	13.6±0.0ab	495.0±22.3ab	31.98±0.66b	8.08±0.44b
B20	18.8±0.7a	14.7±1.2a	560.8±44.0a	34.09±0.68a	9.75±0.71a

6.4.6　讨论

（1）生物炭对土壤物理性质的影响

生物炭的体积密度一般在0.08~0.5g/cm³，远远低于土壤容重，因此生物炭可显著降低土壤容重、进而改善土壤孔隙度（盖霞普等，2015；赵建坤等，2016）。Laird 等（2010）通过土柱模拟试验表明，5g/kg 和 20g/kg 添加量的生物炭均可显著降低土壤容重，但是两者之间无显著差异。Githinji 等（2014）研究发现，25％体积比的生物炭土壤与对照相比，容重降低了 18.05％，土壤总孔隙度增加了 10％。岑睿等（2016）以 50t/hm² 掺量添加生物炭进入 0～40cm 土层后，发现田间持水量增加了 11.52％，土壤总孔隙度增加了 13.40％，这与本试验测定结果一致。这主要原因除了生物炭本身巨大的表面积和丰富的微孔隙结构之外，还可能是生物炭施入后土壤团聚性的提升（Brodowski et al.，2006；陈温福等，2013）。

Eynard 等（2006）研究表明，土壤有机碳含量和团聚体粒径分布是影响团聚体稳定性的主要因素。且土壤有机碳和团聚体之间也存在着紧密联系，一方面有机碳作为土壤中的胶结物质促进了团粒结构的形成，另一方面团聚体的包被作用也使其内部的有机碳免受微生物分解，增加了有机碳的稳定性（Pulleman et al.，2004；侯晓娜等，2015）。本研究结果表明，生物炭对土壤有机碳含量有显著影响，对水稳性团聚体粒径组成和稳定性的影响均有差异显著，对机械稳定性团聚体含量无显著影响。尚杰等（2015）研究了生物炭施入两年后对塿土理化性质的影响，结果显示 $DR_{0.25}$、干筛与湿筛条件下的 MWD 与对照相比均显著增加，PAD 和 E_{LT} 分别显著降低，生物炭显著提高了团聚体的含量和稳定性，这与本研究结果一致。Ouyang 等（2013）将 2％生物炭混合培养 90 天后发现，生物炭对沙壤土的团聚体形成有促进作用，但对粉质黏土的团聚体无显著影响。Zhang 和 Du 等（2015b、2017）通过一个多年定位实验表明，在生物炭施入第一年后土壤的团聚体粒径分布及稳定性均无显著变化，但 6 年后 4.5t/hm² 和 9t/hm² 的生物炭处理都显著增加了土壤大团聚体（250～2 000μm）质量比例和平均质量直径。生物炭对土壤团聚体粒径分布和稳定性的影响还与土壤类型、生物炭类型、施用量以及施用时间等因素相关，有待进一步试验探究明确。

（2）生物炭对土壤持水能力的影响

近年来，已有越来越多的研究人员把生物炭改良土壤的研究重点放在了土壤持水能力上。一般来说，生物炭主要通过两种方式影响土壤水分状况，直接影响是生物炭作为一种多孔介质所特有的多孔隙和强大的吸附性能可以直接吸附土壤水分，增加土壤含水量；间接影响是添加到土壤中的生物炭会与其他土壤成分结合，进而改善土壤结构，从而增加土壤的持水量（Kumari et al.，2014；Baronti et al.，2014）。Pudasaini 等（2016）研究表明生物炭可显著增加土壤田间持水量并促进豇豆生长。Speratti 等（2017）采用温室培养试验表明桉树生物炭对沙土体积含水量无显著影响，但棉花生物炭和猪粪生物炭显著增加了体积含水量。Yao 等（2017）在 $0\sim20cm$ 土层中分别施入 $50t/hm^2$、$10t/hm^2$、$200t/hm^2$ 玉米秸秆生物炭，结果显示土壤含水量随着生物炭施用量的增加而显著增加。本试验中生物炭显著增加了土壤饱和含水量、毛管持水量与田间持水量，结合通径分析发现，生物炭对土壤水分常数的影响主要来自有机碳含量的增加、土壤孔隙结构的改良和土壤团聚性的提升等。这些因子或通过直接作用或通过其他因子的间接作用共同提高了土壤持水能力。

蒸发是土壤水分以水蒸气形式由土壤表面进入大气的一个扩散性物理过程，是土壤—水分—大气系统中水从土壤转化为地面水蒸气的重要组成部分（张川等，2015）。土壤蒸发能力的强弱是衡量土壤持水能力的又一个重要的指标。在干旱半干旱地区，土壤蒸发量往往会超过降水量并限制作物正常生长，因此减少土壤蒸发对于保持该地区的土壤生产力至关重要（Raz-Yaseef et al.，2010）。柴冠群等（2017）研究发现生物炭能提高土壤对降水的截存和保贮能力，改善土壤结构和提高保水蓄水能力。肖茜等（2015）研究表明生物炭对黄绵土和黑垆土的累积蒸发量的影响差异不显著，却显著抑制了砂土前期的累积蒸发量。

本研究发现当土壤含水量接近饱和状态时，各处理之间的蒸发失水速率差异不大，但在之后生物炭显著降低了土壤的蒸发失水速率，且生物炭施用量越高其降低幅度越大。原因可能是生物炭自身丰富的微孔隙结构和巨大的比表面积让生物炭拥有了较大的吸湿能力（Lehmann et al.，2015），当土壤中水分不断蒸发时，生物炭的微空隙使更多的水处于毛细状态得到了较好的保持，蒸发散失难度加大，进而达到了抑制土壤水分蒸发的效果（Uzoma et al.，2011）。Wang 等（2018）通过室内模拟试验发现生物炭减少了黄绵土和砂土的累积蒸发量，且施炭量越高效果越显著，与本试验结果一致。但是许健等（2016）则研究发现，生物炭在 5% 添加量下表现为抑制土壤蒸发，10% 和 15% 添加量下反而促进土壤蒸发。究其原因，可能是不同类型、孔径大小、添加量的生物炭施入不同土壤后，对土壤含水量、质地和结构、毛细管吸水能力和土壤色泽的影响也不尽相同（Hardie et al.，2014；Quin et al.，2014），从而导致了各个研究之间生物炭对土壤水分蒸发影响的结论不一。因此，未来针对生物炭对土壤蒸发和持水能力的影响，还需要就土壤类型、生物炭种类、添加时间和添加量的不同进行更全面和深入的研究，这样才能更好地揭示生物炭对土壤水分蒸发和持水能力的影响的机理，为生物炭改良土壤的应用提供更有力的实践依据。

（3）生物炭对作物产量的影响

有关生物炭对作物生长和作物产量的影响已开展了很久，且结论并不统一。尽管存在一些负面报道，但越来越多的研究已经证明生物炭可以改善土壤状况促进作物生长（Yu et al.，2019）。生物炭首先会降低土壤的容重，增加土壤的孔隙度和持水能力，从而减轻了土壤的压实，促进作物的生长。Zhang 等（2012）在稻田中进行的一项研究表明，在 $40t/hm^2$ 的生物炭施用量下土壤容重在两年中分别降低了 $0.1g/cm^3$ 和 $0.06g/cm^3$，水稻产量分别增加了 9%～12% 和 9%～28%。本研究中，添加生物炭的处理土壤容重也降低了 $0.02～0.12g/cm^3$，与此研究结果一致。生物炭自身也含有氮、磷、钾、钙和镁等作物所需的营养元素，且对肥料中的硝铵态氮和磷钾元素也有吸附作用，从而增加了作物产量和干物质积累（Lehmann et al.，2003）。睦锋等（2018）在土壤中添加了 $20t/hm^2$ 生物炭，第二年早稻和晚稻产量分别增加了 15.1% 和 13.5%。胡敏等（2018）将玉米秸秆生物炭施入粉砂质黏壤土后，生物炭显著提高了土壤的水分、有机质和碱解氮含量，玉米产量也比对照增加了 11.05%～22.46%。

本研究发现生物炭主要增加了冬小麦的有效穗数，但对粒重无显著影响。谢迎新等（2018）也发现了类似的研究结果，在统计了生物炭施入连续 6 年的小麦产量后发现，各处理间千粒重均无明显差异，而单位面积成穗数和穗粒数在不同年际间存在显著差异。对于夏玉米，许多研究者发现生物炭施入后主要增加了玉米的穗行数、行粒数和粒重，与本研究结果一致（蒋健等，2015；戴皖宁等，2019）。

总之，生物炭对作物生长和产量的影响是多方面的，不同的试验条件和生物炭类型都可能会导致试验结果的不一致（陈温福等，2013）。本研究表明，生物炭的添加显著改善了土壤的容重和孔隙结构，增加了土壤团聚体稳定性和提升了土壤的持水能力，这些都是生物炭改土增产的基础。但更多的关于生物炭对土壤性质和作物产量影响的深入研究还有待在未来继续开展。

6.4.7 结论

（1）生物炭的添加能够有效地降低土壤容重、增大毛管孔隙度，且随着生物炭添加量的增加，土壤容重及孔隙度的变化幅度也增大；生物炭可显著提高土壤水稳性团聚体含量，增加团聚体的稳定性，减缓土壤退化。

（2）生物炭增加了土壤饱和含水量、毛管持水量和田间持水量；由通径分析知，对土壤不同水分常数其主要影响因子也不同，土壤毛管孔隙度、有机碳含量和水稳性团聚体含量是生物炭影响土壤水分常数的直接影响因子。

（3）生物炭还可提高土壤含水量，在土壤水分蒸发的缓慢失水阶段可显著减少累积蒸发量。与对照相比，生物炭处理显著提高了土壤供水数量，减少了土壤水分的蒸发散失，增强了塿土的持水能力。

（4）生物炭显著增加了冬小麦和夏玉米产量；在产量构成因素上，生物炭主要增加了冬小麦的单位面积穗数，夏玉米的穗粒数和粒重；本研究得出各处理中增产效果最好的是 $20t/hm^2$ 施用量，对冬小麦和夏玉米的增产幅度分别为 17.06％和 42.13％。

6.5 渭北旱塬春玉米沟垄集雨栽培技术及效应研究

水资源缺乏现在已经成为影响干旱和半干旱地区农业粮食生产的重要因素（Wang et al.，2015a），因此，农业生产的管理必须从强调单位面积产量转向使水的生产力最大化（Wu et al.，2015）。沟垄集雨栽培技术作为我国黄土高原旱作区一种行之有效和重点推广的高效节水农业措施，在旱地农业生产中发挥着重要作用（莫非等，2013；任小龙等，2010）。该技术采用田间沟垄相间排列，垄上覆膜进行集雨（吴伟等，2014），沟内种植作物的方式，可以收集无效降雨，减少降雨所产生的地表径流，还可以降低地面无效蒸发，增加农田及作物根域土壤含水量，延长水分利用期，显著提高作物产量和水分利用效率（李小雁等，2005；廖允成等，2003；Gan et al.，2013）。同时，沟垄集雨种植还可以通过控制沟和垄的宽度或者改变沟和垄的比例来改变土壤微地形和作物的田间分布，从而改善对降雨的收集以及植物对光能的利用（Jiang et al.，2015）。因此，选择合适的沟垄比对增加作物产量和水分利用效率起着关键的作用（Wang et al.，2015b）。

本研究以黄土高原区春玉米为研究对象，设置了三个不同沟垄比，对沟垄集雨栽培模式下玉米的生长、产量和水分利用效率的变化等进行研究，最终明确黄土高原区集雨栽培模式下改变沟垄比对春玉米生长的影响。

试验地概况 本研究于 2014 和 2015 年在中国科学院长武农业生态试验站进行，试验站位于黄土高原中南部陕甘两省交界处的长武县洪家镇王东村，地理坐标为东经 107°41′，北纬 35°14′，海拔 1 200m。属于暖温带半湿润大陆性季风气候，年均日照时数为 2 226.5h，年辐射总量约为 484kJ/cm²，全年≥10℃活动积温为 3 029℃，年均无霜期为 171 天。过去 35 年间（1980—2015 年）年均气温为 9.7℃，年均降水量为 549mm，降水季节分布不均，约 60% 的降水量分布在 7～9 月（气象数据来自长武县气象局）。2014 年和 2015 年的降水量分别为 616mm 和 578mm。其中春玉米生育期的降水量分别为 392mm 和 347mm。试验期间日最高/最低气温及降水量见图 6-35。

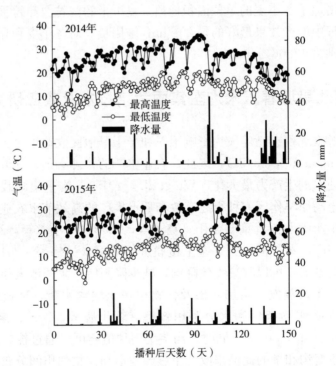

图 6-35 2014 年和 2015 年玉米生长季日最高/最低气温和降水量

该区域种植模式为一年一熟。土壤为黑垆土。2014 年试验布设前土壤 0～20cm 土层全氮含量为 0.87g/kg，全磷含量为 0.67g/kg，全钾含量为 14.72g/kg，有机质含量为 13.51g/kg，有效磷含量为 8.74mg/kg，速效钾含量为 205.17mg/kg，pH 为 8.40，0～200cm 土层每 20cm 土壤容重分别为 1.25g/cm³，1.38g/cm³，1.39g/cm³，1.41g/cm³，1.31g/cm³，1.30g/cm³，1.32g/cm³，1.38g/cm³，1.50g/cm³，1.48g/cm³。

试验设计 试验处理为常规平作和沟垄集雨种植模式，集雨种植模式设置三种沟垄比，分别为：沟：垄＝70cm：40cm（RFMS40），沟：垄＝55cm：55cm（RFMS55）和沟：垄＝40cm：70cm（RFMS70）。播种前起垄，在垄上进行覆膜，沟内种植玉米，垄高为 15cm，具体模式见图 6-36；小区面积 8m×3.75m，玉米株距均为 25cm，三种沟垄比设置均保证单位面积苗数一致，均为 72 727 株/公顷，玉米品种为先玉 335。试验采用完全随机设计，重复三次。在播种前，每个小区将氮肥（含氮量 46%的尿素）用量为 180kg/hm²（以 N 计）和磷肥（过磷酸钙）用量为 40kg/hm²（以 P 计）作为底肥施入，然后在大喇叭口期统一补施尿素［45kg/hm²（以 N 计）］。

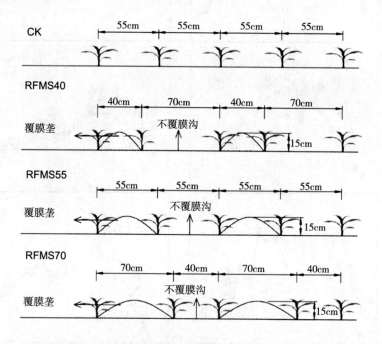

图 6-36 平作（CK）及沟垄集雨栽培下三种沟垄比分别为 70cm：40cm（RFMS40）、55cm：55cm（RFMS55）和 40cm：70cm（RFMS70）的种植模式图

6.5.1　不同沟垄比对土壤环境的影响

（1）垄上土壤温度

由图 6-37 可以看出平作及沟垄集雨栽培处理的垄上的土壤温度在 2014 年和 2015 年玉米生长季内的变化趋势一致，均随着玉米生长而逐渐增大，在播种后 60~90 天之间变化幅度较小，在播种 90 天后逐渐降低。与平作相比，沟垄集雨栽培增加了垄上 5cm、10cm 和 15cm 的土壤温度，在 2014 年，垄上升温效应在播种后约 90 天内较显著，在 2015 年则在播

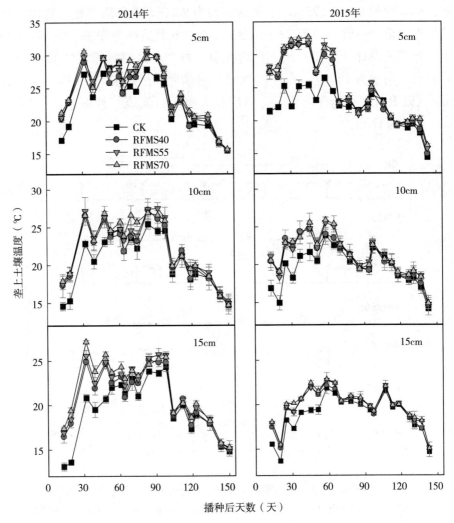

图 6-37　不同处理下垄上各土层（5cm、10cm 和 15cm）土壤温度变化

后 60 天内较显著（$P < 0.05$）。三个沟垄集雨栽培处理 RFMS40，RFMS55 和 RFMS70 的垄上 5cm 土壤温度在 2014 年和 2015 年生育期内的平均值分别比 CK 增加了 1.77℃、2.32℃ 和 2.52℃。垄上 10cm 分别增加了 1.57℃、1.78℃ 和 1.80℃，在 15cm 分别增加了 0.99℃、1.38℃ 和 1.59℃。从结果可以看出，这种垄上升温效应随着土壤深度的增加而逐渐降低。两年试验结果均表明，垄上土壤温度随着垄宽的增加而增大，但 RFMS40，RFMS55 和 RFMS70 处理之间的差异在 0.05 水平上不显著（图 6-37 和图 6-39）。

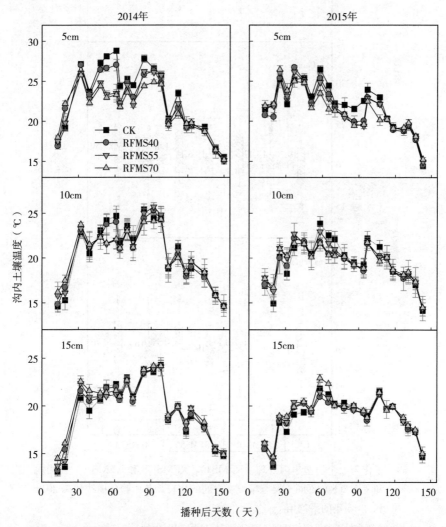

图 6-38 不同处理下沟内各土层（5cm、10cm 和 15cm）的土壤温度变化

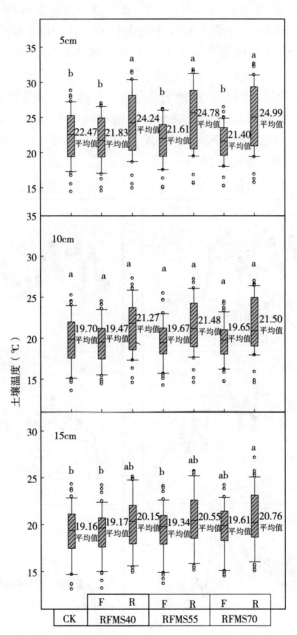

图 6-39　平作与三个沟垄集雨处理（RFMS40、RFMS 55 和 RFMS70）的沟内（F）
　　　　和垄上（R）不同土层土壤温度之间的比较，其中蓝色横线代表 2014 年
　　　　和 2015 年的平均值

注：不同的小写字母表示不同位置间土壤温度差异显著（$P<0.05$）。

（2）沟内土壤温度

沟垄集雨栽培处理对沟内不同土层土壤温度的影响在不同生育时期表现不一致（图 6-39）。除在玉米生长中期（播种后 60～90 天），表层 5cm 土壤表现出明显低于平作处理外，不同沟垄比处理在其他生长阶段及各土层的土壤温度与平作的差异均较小。与 CK 相比，RFMS40、RFMS55 和 RFMS70 处理的沟内 5cm 土壤温度在 2014 年和 2015 年两年的平均值分别降低了 0.63℃、0.86℃ 和 1.07℃，沟内 10cm 土壤温度分别降低了 0.24℃、0.03℃ 和 0.05℃，而土壤 15cm 土层的土壤温度则分别高于平作 0.01℃、0.17℃ 和 0.44℃。方差分析结果表明，CK 与 RFMS40、RFMS55 和 RFMS70 处理沟内土壤温度的差异在 5cm、10cm 和 15cm 均未达到显著水平。

此外，在沟垄集雨栽培模式中，沟垄间土壤 5cm、10cm 和 15cm 土层的温度存在差异。方差分析结果表明（图 6-39），RFMS40、RFMS55 和 RFMS70 处理的垄上 5cm 土壤温度显著大于沟内（$P<0.05$），而在 10cm 和 15cm 土层中，集雨栽培处理的沟垄间土壤温度的差异均不显著。

（3）沟内土壤水分含量

从图 6-40 可以看出 2014 年和 2015 年平作和沟垄集雨处理沟内各土层（3.8cm、12cm 和 20cm）土壤含水量在生长季内的变化趋势较一致，且各处理的土壤含水量均随着土层深度的增加而增加。2014 年播种后，各土层的含水量呈降低趋势并在 8 月 4 日降至最低，随后受降雨影响逐渐升高。2015 年生育期内的土壤含水量的季节变化波动大于 2014 年，但在两个生长季内，沟垄集雨栽培均增加了沟内三个土层的土壤体积含水量。RFMS40，RFMS55 和 RFMS70 的沟内 3.8cm 土层的土壤体积含水量在 2014 年和 2015 年生育期内的平均值分别比 CK 高了 2.8%、3.7% 和 4.4%（此处为绝对量，下同），沟内 12cm 分别高了 3.5%、4.3% 和 6.7%，沟内 20cm 分别高了 4.0%、4.2% 和 6.6%。从计算结果可以看出，集雨栽培处理沟内土壤含水量随着垄宽的增加而增加，但统计分析结果表明，三个沟垄比之间的差异不显著（图 6-42）。除 RFMS40 处理在表层 3.8cm 的土壤含水量与平作无差异外，三个沟垄集雨栽培处理的沟内 3.8cm、12cm 和 20cm 土层的土壤含水量均显著（$P<0.05$）大于平作（图 6-42）。

（4）垄上土壤水分含量

在春玉米整个生长季内，沟垄集雨栽培处理降低了垄上的土壤含水量

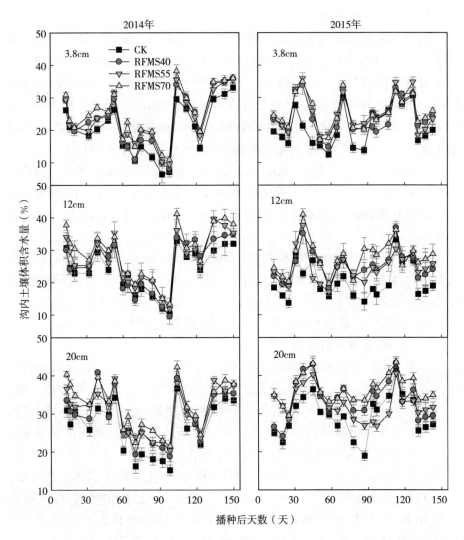

图 6-40　不同处理下沟内各土层（3.8cm、12cm 和 20cm）的土壤体积含水量变化

（图 6-41 和图 6-42）。与 CK 相比，RFMS40 和 RFMS55 处理的垄上
3.8cm 土层土壤体积含水量在 2014 年和 2015 年的平均值分别低了 2.0%
和 2.2%（此处为绝对量，下同），RFMS40、RFMS55 和 RFMS7 的垄上
12cm 土层土壤体积含水量分别低了 3.3%、2.2% 和 1.6%，垄上 20cm 土
层则分别降低了 2.8%、2.5% 和 1.7%。但统计分析结果表明，垄上
12cm 和 20cm 土层土壤含水量降低的并不显著（图 6-42）。改变沟垄比
对垄上土壤含水量的变化也有一定的影响，在多数时间内，RFMS40、

RFMS55 和 RFMS70 三个处理的土壤含水量呈现出随垄宽的增加而增加的趋势。除此之外，RFMS40 处理的土壤含水量受降雨影响波动幅度高于其他两个沟垄集雨栽培处理（图 6 - 41）。

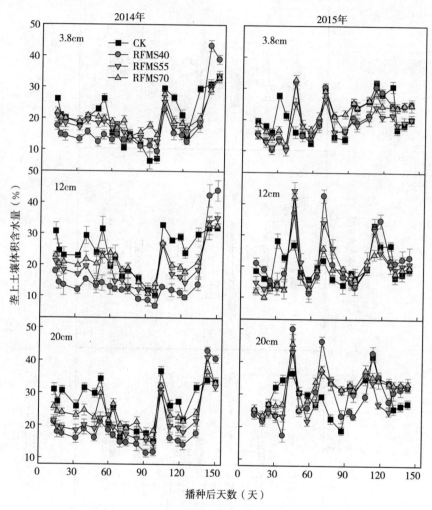

图 6 - 41　不同处理下垄上各土层（3.8cm、12cm 和 20cm）的土壤体积含水量变化

从图 6 - 42 我们还可以看出，集雨栽培处理垄上土壤含水量均低于沟内土壤含水量，并且沟垄间土壤含水量的差异在土壤 3.8cm、12cm 和 20cm 均达到显著水平（$P<0.05$）。

（5）细菌群落多样性及群落结构

在 2015 年玉米抽雄吐丝期（7 月 20 日）和完熟期（9 月 20 日），我

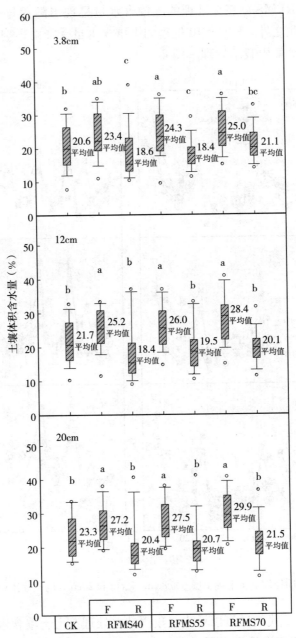

图 6 - 42 平作与三个沟垄集雨处理（RFMS40、RFMS 55 和 RFMS70）的沟内
（F）和垄上（R）不同土层土壤体积含水量之间的比较，箱形图中横线代表
2014 年和 2015 年的平均值

注：不同的小写字母表示不同位置间土壤体积含水量差异显著（$P<0.05$）。

们用高通量法分别对 CK 和 RFMS55 两个处理的根际和非根际土壤细菌进行高通量测序，研究沟垄集雨栽培对土壤细菌群落的影响。

在去除低质量序列后，抽雄吐丝期和完熟期的高通量测序分别产生 266 576 和 134 140 个高质量序列，49 861 和 64 403 个OTUs。每个土壤样品在两个时期的序列数分别在 16 108～25 159 和 9 286～14 587 之间，平均为 22 214 和 11 178 个。在 97% 相似度下，各样品文库的覆盖率（coverage）在抽雄吐丝期较高，介于 0.91 和 0.93 之间，而在完熟期的较低，仅为 0.68～0.72（表 6 - 29）。图 6 - 43 的 OTU、Chao1 和 Shannon 指数的稀疏性曲线均趋于平坦饱和，说明从各土壤样品获取的信息对研究细菌群落多样性的序列数是足够的。

表 6 - 29　CK 和 RFMS55 处理的根际和非根际土在玉米抽雄吐丝期和完熟期的细菌群落 α 多样性

采样位置	丰富度指数		多样性指数		OTUs	Coverage
	Chao 1	ACE	Shannon	Simpson		
抽雄吐丝期						
Rhi - CK	6 073 a	6 636 a	7.135 b	0.002 80 a	4 070 a	0.93
Rhi - RFMS	6 260 a	6 508 a	7.247 a	0.002 36 ab	4 283 a	0.92
Bulk - CK	6 334 a	7 015 a	7.313 a	0.002 05 ab	4 284 a	0.92
Bulk - RFMS	5 977 a	6 615 a	7.306 a	0.001 89 b	3 984 a	0.91
完熟期						
Rhi - CK	10 872 ** a	15 243 ** b	8.187 ** ab	0.000 459 ** ab	5 432 a	0.72
Rhi - RFMS	9 424 ** b	13 287 ** c	8.058 ** b	0.000 535 ** a	4 759 a	0.71
Bulk - CK	11 858 ** a	16 848 ** a	8.282 ** a	0.000 369 ** b	5 632 a	0.68
Bulk - RFMS	11 430 ** a	16 502 ** a	8.240 ** a	0.000 409 ** b	5 644 a	0.70

注：Rhi - CK 和 Bulk - CK 分别表示平作处理的根际土和非根际土；Rhi - RFMS 和 Bulk - RFMS 分别表示 RFMS55 处理的根际土和非根际土，同图 6 - 45、图 6 - 46 和图 6 - 47；同一年的同一列值后不同的小写字母表示不同土壤间差异显著（$P < 0.05$）；** 表示在相应的指标在两次采样时期间有极显著差异（$P < 0.01$）。

在抽雄吐丝期，CK 和 RFMS55 处理之间的根际和非根际土的细菌群落的丰富度（Chao 1 和 ACE）均没有差异，但多样性指数（Shannon 和 Simpson）表明，沟垄集雨栽培显著提高了根际土壤的细菌 α 多样性（$P < 0.05$），对非根际土壤的细菌 α 多样性无影响。而且，根际与非根际土壤细菌多样性的差异在 CK 处理中达到显著水平（$P < 0.05$），在 RFMS55 处理中则无差异。在完熟期，CK 和 RFMS55 处理非根际土壤的细菌群落的丰富

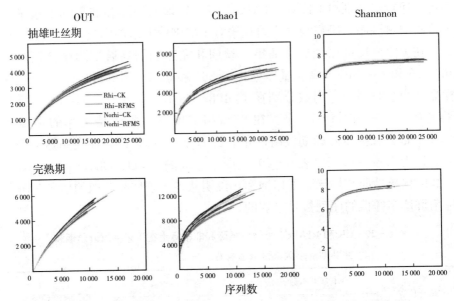

图 6-43　各类型土壤 OTUs、Chao1 和 Shannon 指数的稀疏性曲线

度（Chao 1 和 ACE）均高于根际土壤，与 CK 相比，沟垄集雨栽培处理 RFMS55 显著地降低了根际土的细菌群落的丰富度（$P < 0.05$），同时也降低了根际土壤的细菌多样性（差异不显著）。根际与非根际土壤细菌丰富度和多样性的差异在 RFMS55 处理中达到显著水平（$P < 0.05$）。统计分析结果还表明，CK 和 RFMS55 处理的根际土和非根际土的丰富度和多样性指数在玉米两个生育时期的差异达到了极显著水平（$P < 0.01$）。

在抽雄吐丝期（图 6-44），平作和沟垄集雨栽培条件下的根际和非根际土壤细菌共有 38 门，其中 CK 和 RFMS55 的根际土壤细菌分别为 33 门和 35 门，非根际土壤细菌分别为 36 门和 35 门。其中相对丰度超过 1% 的主要群落依次为变形菌门（Proteobacteria，29.5%～33.0%）、放线菌门（Actinobacteria，14.9%～19.3%）、酸杆菌门（Acidobacteria，11.0%～16.5%）、拟杆菌门（Bacteroidetes，5.3%～9.4%）、厚壁菌门（Firmicutes，5.3%～8.2%）、疣微菌门（Verrucomicrobia，3.3%～6.6%）、绿弯菌门（Chloroflexi，4.3%～5.6%）、浮微菌门（Planctomycetes，3.8%～6.0%）和芽单胞菌门（Gemmatimonadetes，2.3%～3.5%）。统计分析结果表明，土壤类型（根际与非根际）对细菌群落结构的影响要大于栽培方式的影响。与非根际土相比，CK 和 RFMS55 处理的根际土显著增加了变形菌门（Proteobacteria）、拟杆菌门（Bacteroidetes）

和疣微菌门（Verrucomicrobia）的相对丰度（$P<0.05$），而显著降低了浮微菌门（Planctomycetes）和芽单胞菌门（Gemmatimonadetes）的相对丰度（$P<0.05$），除此之外，RFMS55 处理的根际土还显著降低了酸杆菌门（Acidobacteria）和厚壁菌门（Firmicutes）的相对丰度（$P<0.05$）。而栽培方式的改变只对根际土的厚壁菌门（Firmicutes）、非根际土的厚壁菌门（Firmicutes）和芽单胞菌门（Gemmatimonadetes）的相对丰度有显著影响（$P<0.05$），表现为 RFMS55 大于 CK。

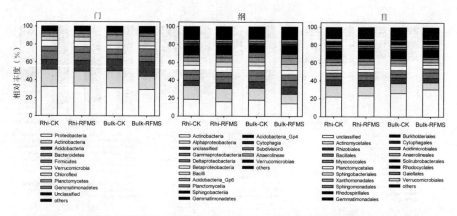

图 6-44　抽雄吐丝期各类型土壤细菌群落在门、纲和目分类水平上的相对丰度

在纲水平上，放线菌纲（Actinobacteria）、α-变形菌（Alphaproteobacteria）、γ-变形菌（Gammaproteobacteria）、δ-变形菌（Deltaproteobacteria）、β-变形菌（Betaproteobacteria）和芽孢杆菌纲（Bacilli）是优势类群，分别占序列总量的 14.2%～18.7%、10.6%～15.4%、6.4%～7.0%、4.8%～6.4%、5.0%～6.1%和 4.3%～6.6%。在目水平上，优势类群主要为放线菌目（Actinomycetales）、α-变形菌纲的根瘤菌目（Rhizobiales）和鞘脂杆菌目（Sphingobacteriales）、芽孢杆菌纲的芽孢杆菌目（Bacillales）及 δ-变形菌纲的粘球菌目（Myxococcales）。

在完熟期（图 6-45），CK 和 RFMS55 处理下的根际和非根际土壤细菌共有 32 门，其中 CK 和 RFMS55 的根际土壤细菌分别为 29 门和 26 门，非根际土壤细菌分别为 32 门和 31 门。其中相对丰度超过 1% 的主要群落依次为变形菌门（Proteobacteria，43.0%～43.7%）、放线菌门（Actinobacteria，16.3%～21.2%）、浮微菌门（Planctomycetes，7.9%～8.9%）、拟杆菌门（Bacteroidetes，5.2%～7.3%）、厚壁菌门（Firmicutes，4.6%～6.0%）、绿弯菌门（Chloroflexi，4.5%～6.1%）、疣微菌门（Verrucomicrobia，4.1%～4.4%）、酸杆菌门（Acidobacteria，3.0%～3.6%）、和芽单胞菌门（Gemmatimonadetes，1.7%～3.3%）。统计分析结果表明，沟垄集雨栽培对根际土和非根际土的细菌群落结构均无显著影响，但根际土与非根际土之间存在一定差异，表现为与非根际土相比，CK 处理的根际土显著降低了芽单胞菌门（Gemmatimonadetes）的相对丰度，RFMS55 处理的根际土显著增加了放线菌门（Actinobacteria）但显著降低了酸杆菌门（Acidobacteria）和芽单胞菌门（Gemmatimonadetes）的相对丰度（P<0.05）。

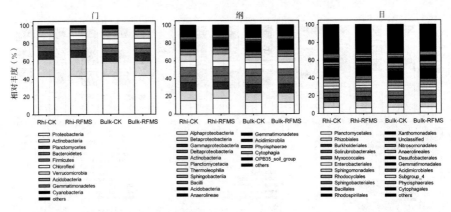

图 6-45　完熟期各类型土壤细菌群落在门、纲和目分类水平上的相对丰度

在纲水平上，α-变形菌（Alphaproteobacteria）、β-变形菌（Betaproteobacteria）、γ-变形菌（Gammaproteobacteria）、δ-变形菌（Deltaproteobacteria）、放线菌纲（Actinobacteria）、浮微菌纲（Planctomycetacia）和嗜热油菌纲（Thermoleophilia）为优势纲，分别占序列总量的 12.6%～17.6%、10.2%～11.1%、8.0%～10.1%、7.1%～10.3%、7.0%～10.5%、6.2%～7.4%和5.8%～7.9%。在目水平上，各土壤的优势类群依次为浮微菌纲的浮微菌目（Planctomycetales）、α-变形菌纲的根瘤菌目（Rhizobiales）、β-变形菌纲的伯克氏菌目（Burkholderiales）、放线菌纲的土壤红杆菌目（Solirubrobacterales）及 δ-变形菌纲的粘球菌目（Myxococcales）。

从图 6-46 可以看出，在抽雄吐丝期和完熟期，相同类型土壤样品的细菌群落聚在一起，并且不同处理间（CK 和 RFMS55）的同一类型土壤（根际或非根际）的细菌群落的聚集效果比同一处理下不同类型土壤的细菌群落的聚集效果要好，这表明土壤类型对土壤细菌群落多样性的影响大于种植处理的影响，且 RFMS55 处理下的根际与非根际土壤的细菌群落距离大于 CK 处理，表明沟垄集雨栽培增大了根际与非根际土壤细菌群落多样性之间的差异性。

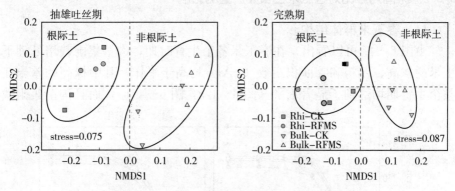

图 6-46　基于 NMDS 的细菌群落 β 多样性分析

(6) 土壤有机碳含量

由表 6-30 可知，玉米收获后，平作和沟垄集雨栽培处理沟内的土壤有机碳含量均低于播种前，与平作相比，沟垄集雨栽培处理沟内土壤的有机碳含量较低，但是三个沟垄比处理 RFMS40、RFMS55 和 RFMS70 间无显著差异；垄上土壤有机碳含量与播种前相比降低不明显，而且 RFMS40 处理在两年试验中还表现出增加的趋势，RFMS40、RFMS55 和 RFMS70 处理的垄上土壤有机碳含量间有显著差异（$P<0.05$），表现为随着垄宽的增加而降低。但由于不同沟垄比处理间存在微地形差异，本试验通过加权平均法分析比较了各处理在春玉米收获期的土壤有机碳差异。结果表明，沟垄集雨栽培处理在 2014 年和 2015 年收获期的土壤有机碳含量均高于平作，但差异未达到显著水平，RFMS40、RFMS55 和 RFMS70 处理两年的土壤有机碳平均值分别比 CK 高 4.4%、4.0% 和 5.7%。

表 6-30　2014 年和 2015 年播种和收获期沟内和垄上 0~20cm
土层的土壤有机碳（SOC，g/kg）含量

处理	2014 年				2015 年			
	播种期	收获期			播种期	收获期		
		沟	垄	总量		沟	垄	总量
CK	6.91	5.74 a	—	5.74 a	6.33 b	6.08 a	—	6.08 a
RFMS40	6.91	5.65 a	7.10 a	6.18 a	6.64 b	5.69 a	7.45 a	6.33 a
RFMS55	6.91	5.53 a	6.74 a	6.14 a	6.48 b	5.63 a	6.86 b	6.25 a
RFMS70	6.91	5.69 a	6.50 b	6.20 a	7.39 a	5.88 a	6.70 b	6.40 a

注：同一列不同的小写字母表示不同处理间土壤有机碳含量差异显著（$P<0.05$）。

6.5.2 不同沟垄比对春玉米生长和产量的影响

（1）春玉米群体结构

由图 6-47 可以看出，在春玉米各个生育时期，沟垄集雨栽培处理下玉米的株高、茎粗和叶面积指数（LAI）均高于平作，其中株高的差异在整个生育期均达到了显著水平（图 6-47a，图 6-47b），而且沟垄集雨栽

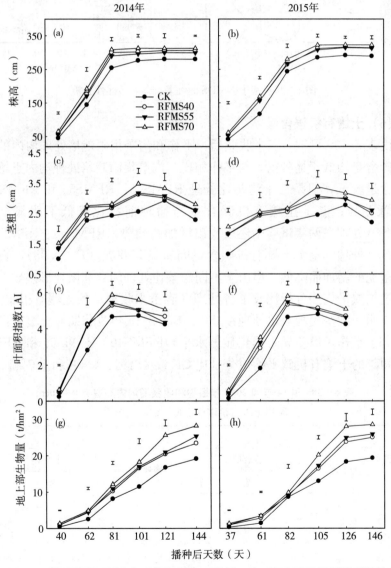

图 6-47　不同处理在不同生育时期的株高、茎粗、叶面积和地上部干物质量的变化

培比平作早 20 天左右达到玉米茎粗（图 6 - 47c，图 6 - 47d）和 LAI（图 6 - 47e，图 6 - 47f）的峰值。改变沟垄比也影响了玉米的株高、茎粗和 LAI，其中 RFMS40 和 RFMS55 处理之间的差异较小，且在各个时期的值均低于 RFMS70 处理。与平作相比，沟垄集雨栽培显著促进了春玉米地上部和地下部的干物质量积累（图 6 - 47g，图 6 - 47h）。在完熟期，RFMS40、RFMS55 和 RFMS70 处理地上部生物量的两年平均值分别比 CK 高 26.0%、33.5% 和 47.6%，三个沟垄比处理之间的地上部生物量表现出随着垄宽的增加呈增加的趋势。

（2）春玉米根干重密度

与平作相比，沟垄集雨栽培处理增加了玉米的根系密度。在 2014 年，三个沟垄集雨栽培处理 RFMS40、RFMS55 和 RFMS70 在大喇叭口期的玉米根干重密度（F1、F2、F3、R1 和 R2 的均值）分别高于 CK 处理 58.72%、56.11% 和 77.73%，在灌浆期分别高于 CK 处理 34.78%、31.00% 和 45.70%，在成熟期分别高于 CK 处理 12.48%、36.83% 和 37.32%；在 2015 年的大喇叭口期，分别比 CK 高 87.97%、126.33% 和 110.46%，在灌浆期分别比 CK 高 17.56%、26.12% 和 43.39%，在成熟期则分别比 CK 高 21.75%、35.46% 和 36.32%。在 2014 年和 2015 年，三个沟垄比处理 RFMS40、RFMS55 和 RFMS70 之间的玉米根干重密度则没有差异。

表 6 - 31　沟垄集雨栽培对沟内及垄上大喇叭口期、灌浆期及
成熟期不同位置玉米根系密度的影响

单位：mg/cm³

| 年份 | 采样时期 | 处理 | 不同位置根干重密度 | | | | | 总根密度 |
			F1	F2	F3	R1	R2	
2014 年	大喇叭口期	CK	0.069 b	0.104 ab	0.138 a	—	—	0.104 b
		RFMS40	0.094 c	0.151 b	0.283 a	0.128 bc	—	0.164 a
		RFMS55	0.125 cd	0.188 b	0.251 a	0.094 d	0.150 bc	0.162 a
		RFMS70	0.170 b		0.322 a	0.092 c	0.153 bc	0.184 a
	灌浆期	CK	0.313 b	0.375 b	0.500 a	—	—	0.396 b
		RFMS40	0.430 b	0.516 b	0.731 a	0.459 b		0.534 a
		RFMS55	0.467 bc	0.560 b	0.700 a	0.374 d	0.493 bc	0.519 a
		RFMS70	0.571 b	—	0.857 a	0.377 c	0.503 bc	0.577 a

（续）

年份	采样时期	处理	不同位置根干重密度					总根密度
			F1	F2	F3	R1	R2	
2014 年	成熟期	CK	0.233 a	0.279 a	0.326 a	—	—	0.279 a
		RFMS40	0.272 b	0.326 ab	0.381 a	0.277 b	—	0.314 a
		RFMS55	0.359 ab	0.431 a	0.467 a	0.287 b	0.366 ab	0.382 a
		RFMS70	0.414 ab	—	0.538 a	0.258 c	0.323 bc	0.383 a
	大喇叭口期	CK	0.039 b	0.058 ab	0.078 a	—	—	0.058 a
		RFMS40	0.063 b	0.101 b	0.190 a	0.086 b	—	0.110 a
		RFMS55	0.103 bc	0.154 ab	0.205 a	0.077 c	0.123 bc	0.132 a
		RFMS70	0.113 b	—	0.216 a	0.061 b	0.102 b	0.123 a
2015 年	灌浆期	CK	0.329 b	0.395 b	0.527 a	—	—	0.417 b
		RFMS40	0.395 b	0.474 b	0.671 a	0.422 b	—	0.490 ab
		RFMS55	0.473 bc	0.568 b	0.710 a	0.379 c	0.500 bc	0.526 ab
		RFMS70	0.592 b	—	0.888 a	0.391 c	0.521 bc	0.598 a
	成熟期	CK	0.248 a	0.298 a	0.348 a	—	—	0.298 a
		RFMS40	0.314 a	0.377 a	0.440 a	0.320 b	—	0.363 a
		RFMS55	0.379 ab	0.455 a	0.493 a	0.303 b	0.387 ab	0.404 a
		RFMS70	0.439 b	—	0.570 a	0.274 c	0.342 bc	0.406 a

注：F1、F2、F3、R1 和 R2 分别代表沟内和垄上的 5 个位置，其中沟内 3 个位置分别为沟内玉米行中间（F1），F1 与玉米植株之间（F2），植株间（F3），垄上 2 个位置分布为玉米行中间（R1）和 R1 与玉米植株之间（R2）。同一行中不同小写字母表示不同位置间（F1、F2、F3、R1 和 R2）玉米根干重密度差异显著（$P<0.05$），最后一列不同小写字母表示同一采样时期各处理间玉米根干重密度有显著差异（$P<0.05$）。

（3）春玉米籽粒灌浆

通过对平作和沟垄集雨栽培处理下玉米籽粒灌浆过程进行 Logistics 拟合，得到如图 6-48 所示的灌浆曲线，方程的各参数值见表 6-32。不同处理下玉米籽粒灌浆过程的拟合方程决定系数均大于 0.99，这表明 Logistics 方程很好的拟合了玉米籽粒的灌浆过程（表 6-32）。在整个灌浆过程中，不同处理的百粒重随着吐丝后天数呈 S 形动态变化趋势，沟垄集雨栽培处理的籽粒的增重曲线一直高于平作处理（图 6-48），且从表 6-32 可以看出，沟垄集雨栽培处理下的玉米籽粒的最终百粒重（A）高于平作处理，计算得出 RFMS40、RFMS55 和 RFMS70 处理的最终百粒重分别较 CK 提高了 15.45%、12.05% 和 19.84%。改变沟垄比对籽粒增重曲线的影响较小，尤其是 RFMS40 和 RFMS55 处理的曲线变化较为相似，RFMS70 处理则一直高于 RFMS40 和 RFMS55 处理。

表 6 - 32　2014 年不同处理下玉米籽粒灌浆过程 Logistic 模型的参数值

处理	A	B	C	R^2
CK	28.74	47.44	0.127 2	0.997 1
RFMS40	33.18	28.82	0.112 8	0.998 5
RFMS55	32.21	26.16	0.112 1	0.997 7
RFMS70	34.45	23.14	0.110 7	0.998 1

注：A 表示最终百粒重；B 表示初值参数；C 表示生长速率参数；R^2 表示方程决定系数。

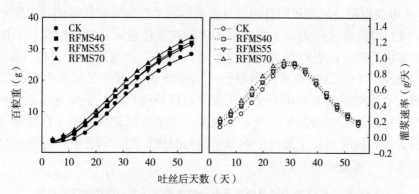

图 6 - 48　2014 年不同处理下玉米百粒重的 Logistic 模拟曲线及灌浆速率曲线

从不同处理下玉米籽粒灌浆特性参数中可以看出（表 6 - 33），平作处理的起始生长势（R_0）高于沟垄集雨栽培处理。但 CK、RFMS40、RFMS55 和 RFMS70 处理到达灌浆速率最大时的时间相当，均为 30 天左右，且最大灌浆速率也相似，分别为 0.91g/天、0.94g/天、0.90g/天和 0.95g/天；而在籽粒灌浆速率达到最大时，三个沟垄比处理的百粒重均明显高于平作处理。计算整个灌浆期间的平均灌浆速率可以得出，RFMS40、RFMS55 和 RFMS70 处理的平均灌浆速率分别比 CK 高了 8.84%、6.19% 和 13.97%。从表 6 - 33 还可以看出，与平作相比，沟垄集雨栽培处理延长了籽粒的活跃灌浆期和有效灌浆时间。

表 6 - 33　2014 年不同处理下玉米籽粒灌浆参数值

处理	R_0	T_{max}	W_{max}	G_{max}	G_{mean}	D	$T_{0.99}$
CK	0.127 2	30.34	14.37	0.91	0.43	47.17	66.47

（续）

处理	R_0	T_{max}	W_{max}	G_{max}	G_{mean}	D	$T_{0.99}$
RFMS40	0.112 8	29.70	16.59	0.94	0.47	53.17	70.51
RFMS55	0.112 1	29.13	16.10	0.90	0.45	53.54	70.14
RFMS70	0.110 7	28.38	17.22	0.95	0.49	54.21	69.90

注：R_0 为籽粒起始生长势；T_{max} 为灌浆速率达到最大时的天数（天）；W_{max} 为灌浆速率达到最大时的百粒重（g）；G_{max} 为最大灌浆速率（g/天）；G_{mean} 为整个灌浆期的平均灌浆速率（g/天）；D 为活跃灌浆期（天）；$T_{0.99}$ 为有效灌浆期（天）。

由图 6-48 还可知，不同处理的籽粒灌浆速率呈先增后降的单峰变化，根据这种曲线特点，可以将籽粒的灌浆分为前期、中期和后期。从表 6-34 可以看出，沟垄集雨栽培较显著地影响了籽粒灌浆的前期、中期和后期的天数以及灌浆期内的平均灌浆速率和粒重增量。在灌浆前期，平作处理的灌浆天数要长于沟垄集雨栽培处理，但平均灌浆速率却较低（图 6-48，表 6-34），因此粒重的增量低于沟垄集雨栽培；在灌浆中期和灌浆后期，平作的灌浆天数则短于沟垄集雨栽培处理，同时平均灌浆速率和粒重增量也同样低于沟垄集雨栽培。这说明沟垄集雨栽培缩短了籽粒灌浆前期的天数，同时延长了灌浆中期和后期的时间，提高前、中和后期的籽粒灌浆速率，从而提高籽粒重量。

表 6-34　2014 年不同处理对玉米籽粒灌浆前、中、后期特征的影响

处理	前期			中期			后期		
	Days	MG_1	IGW_1	Days	MG_2	IGW_2	Days	MG_3	IGW_3
CK	19.99	0.303 9	6.07	20.71	0.801 3	16.60	25.77	0.224 5	5.79
RFMS40	18.11	0.387 1	7.01	23.34	0.820 8	19.16	29.05	0.230 0	6.68
RFMS55	17.38	0.391 6	6.81	23.51	0.791 1	18.59	29.25	0.221 6	6.48
RFMS70	16.49	0.441 5	7.28	23.80	0.835 7	19.89	29.62	0.234 1	6.93

注：MG 为不同灌浆时期的平均灌浆速率（g/天）；IGW 为不同灌浆时期的粒重增量（g）。

改变沟垄比对籽粒中期和后期灌浆影响不大，但可以影响灌浆前期的天数和速率，RFMS70 处理的灌浆天数要低于 RFMS40 和 RFMS55 处理，但却较大程度地提高了灌浆速率，因此粒重增量大于 RFMS40 和 RFMS55。

（4）春玉米产量及其构成因素

由表 6-35 可以看出，与平作相比，沟垄集雨栽培处理显著增加了春

玉米产量（$P<0.05$），不同沟垄比处理之间也存在显著差异（$P<0.05$），表现出随垄宽增加而增加的趋势。RFMS40、RFMS55 和 RFMS70 处理的籽粒产量在 2014 年比 CK 处理分别高了 23.17%、34.14% 和 50.00%，在 2015 年分别比 CK 处理高 28.91%、38.55% 和 50.60%。沟垄集雨栽培处理下的高产量与其较高的穗粒数和百粒重有关。相关分析结果表明，玉米产量与穗粒数和百粒重极显著相关（$P<0.01$），且相关系数分别达到了 0.92 和 0.97。另外，与平作相比，沟垄集雨栽培处理也可以显著提高春玉米的收获指数（$P<0.05$），但不同沟垄比处理 RFMS40、RFMS55 和 RFMS70 之间则没有显著差异。

表 6-35　2014 年与 2015 年不同处理对春玉米籽粒产量、产量构成要素的影响

处理	籽粒产量 （t/hm²）	收获指数 （%）	穗粒数 （粒）	百粒重 （g）
2014 年				
CK	8.2 d	49.3 b	513.8 d	26.8 c
RFMS40	10.1 c	51.0 a	528.7 c	28.8 b
RFMS55	11.0 b	51.3 a	561.6 b	29.9 b
RFMS70	12.3 a	51.6 a	601.4 a	31.8 a
2015 年				
CK	8.3 d	50.5 b	505.4 c	27.3 d
RFMS40	10.7 c	51.8 a	564.0 a	30.5 c
RFMS55	11.5 b	52.1 a	561.4 b	30.9 b
RFMS70	12.5 a	52.6 a	605.7 a	32.0 a

注：同一列中，同一年内不同小写字母表示各处理在 0.05 水平上有差异。

6.5.3　不同沟垄比对春玉米水分利用效率的影响

（1）0～200cm 土层土壤水分状况

沟垄集雨栽培处理还显著影响了土壤 0～200cm 土层的贮水量，但不同生育时期的影响不一致（图 6-49）。综合 2014 年和 2015 年两年的结果看，与平作相比，沟垄集雨栽培处理可以增加玉米生育早期和后期（如拔节期、大喇叭口期和完熟期）的土壤贮水量，但方差分析结果表明，只有 RFMS70 处理的贮水量显著高于 CK（$P<0.05$）；在玉米生育中期（如抽雄吐丝期、乳熟期和蜡熟期），沟垄集雨栽培处理的土壤贮水量与平作处

理的相差不大。三个沟垄比处理 RFMS40、RFMS55 和 RFMS70 之间的土壤贮水量在各个时期均无显著差异。

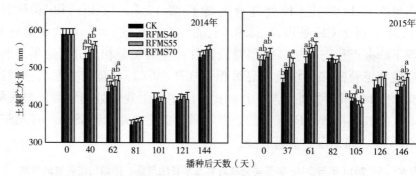

图 6-49　不同处理 0～200cm 土层土壤贮水量的动态变化

注：六个生育时期分别为：拔节期（分别为播后 40 天和 37 天），大喇叭口期（分别为播后 62 天和 61 天），抽雄吐丝期（分别为播后 81 天和 82 天），乳熟期（分别为 101 天和 105 天），蜡熟期（分别为播后 121 天和 126 天），完熟期（分别为播后 144 天和 146 天），同图 6-50。同一时期的不同小写字母表示各处理的贮水量在 0.05 水平上有显著差异（$n=3$）。

2014 年和 2015 年平作和沟垄集雨栽培处理在玉米不同生育时期的蒸散发如表 6-36 所示。在拔节期之前，由于玉米植株的叶面积较小，叶片的蒸腾作用较低，蒸散量主要由玉米棵间蒸发组成。与平作相比，沟垄集雨栽培处理降低了此阶段的蒸散发；在三个沟垄比处理中，RFMS70 处理的蒸散发最低，在 2014 年和 2015 年分别比 CK 减少了 34.6mm 和 17.4mm。在进入大喇叭口期之后，玉米植株的蒸腾作用逐渐增加，各处理的蒸散发也较高。在大喇叭口期至蜡熟期间（2014 年为播后 62～121天，2015 年为播后 61～126 天），三个沟垄比处理 RFMS40、RFMS55 和 RFMS70 的蒸散发在 2014 年分别比 CK 高 14.1mm、2.4mm 和 25.9mm，在 2015 年分别比 CK 高 17.8mm、28.4mm 和 24.0mm。在蜡熟期至完熟期间，各处理的蒸散发均降低。总体而言，与平作相比，沟垄集雨栽培处理降低了春玉米在生育期内的总耗水量，但处理间差异不显著（表 6-36，表 6-37）。

表 6-36　不同处理下春玉米不同生育时期内的蒸散发

年份	播种后天数（天）	CK	RFMS40	RFMS55	RFMS70
2014 年	0～40	96.1 a	80.4 ab	71.0 ab	61.5 b
	＞40～62	142.8 ab	140.8 b	153.6 a	148.1 ab
	＞62～81	112.9 b	122.6 ab	119.5 ab	130.7 a

（续）

年份	播种后天数（天）	CK	RFMS40	RFMS55	RFMS70
2014 年	>81~101	8.1 a	12.6 a	21.2 a	15.3 a
	>101~121	73.1 a	73.0 a	55.8 a	74.0 a
	>121~144	18.9 a	16.4 ab	10.5 ab	0.4 b
	0~144	452.0 a	445.8 a	431.4 a	430.0 a
2015 年	0~37	59.0 a	42.0 a	43.1 a	41.6 a
	>37~61	3.6 a	10.7 a	12.5 a	5.9 a
	>61~82	74.5 c	91.7 b	110.9 a	125.4 a
	>82~105	152.9 b	155.7 b	158.1 b	168.2 a
	>105~126	88.4 a	86.2 a	75.2 a	46.2 b
	>126~146	42.5 a	29.8 ab	19.43 b	22.0 b
	0~146	420.8 a	417.0 a	419.1 a	409.3 a

注：同一行中不同小写字母表示同一时期各处理间土壤蒸散发有显著差异（$P<0.05$）。

表 6-37　2014 和 2015 年不同处理下春玉米的生育期耗水及水分利用效率

年份	处理	播前贮水量（mm）	成熟期贮水量（mm）	生育期降水量（mm）	生育期总耗水量（mm）	水分利用效率 [kg/（hm² · mm）]
2014 年	CK	588.9	529.0	392.0	452.0 a	18.9 d
	RFMS40	588.9	535.1	392.0	445.8 a	22.7 c
	RFMS55	588.9	549.5	392.0	431.4 a	25.6 b
	RFMS70	588.9	550.9	392.0	430.0 a	28.7 a
2015 年	CK	505.1	431.0	346.7	420.8 a	19.7 d
	RFMS40	522.3	452.0	346.7	417.0 a	25.7 c
	RFMS55	530.1	457.7	346.7	419.1 a	27.5 b
	RFMS70	540.2	477.6	346.7	409.3 a	30.4 a

注：同一列中，同一年内相同小写字母表示处理间在 0.05 水平上没有差异。

（2）春玉米水分利用效率

由表 6-37 可以看出，沟垄集雨栽培处理的水分利用效率（WUE）显著高于平作（$P<0.05$），不同沟垄比之间差异也达到了显著水平（$P<0.05$），表现出随垄宽增加而增加的趋势。RFMS40、RFMS55 和 RFMS70 处理在 2014 年的 WUE 分别较 CK 处理提高了 20.11%、35.45% 和 51.85%，在 2015 年分别提高了 30.46%、39.59% 和 54.31%。

6.5.4 不同沟垄比对春玉米氮肥利用效率的影响

(1) 春玉米氮素积累和转运

通过对春玉米各器官在不同生育时期的氮浓度进行比较分析发现，平作和沟垄集雨栽培处理的春玉米叶片和茎秆氮浓度在整个生育期随着玉米生育进程的推进而逐渐降低，并在完熟期达到最低值；苞叶和穗轴的氮浓度从春玉米乳熟期到蜡熟期明显降低，随后变化不大；而籽粒（或穗）的氮浓度在春玉米抽雄吐丝期到完熟期之间变化也不明显（图 6 - 50）。与平作相比，沟垄集雨栽培处理对春玉米各器官氮浓度的影响随生育时期的不同而不同，但基本表现出 CK 处理大于三个沟垄集雨栽培处理，其中在

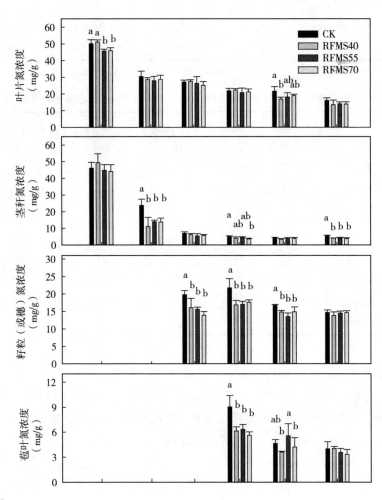

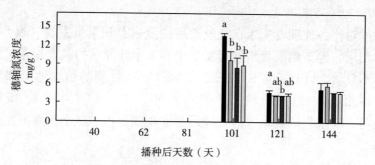

图 6-50 2014 年不同处理下春玉米各器官氮浓度的动态变化

乳熟期，CK 处理的籽粒、苞叶和穗轴的氮浓度均显著高于 RFMS40、RFMS55 和 RFMS70 处理（$P < 0.05$）；而在春玉米几乎所有生育时期内，各器官的氮浓度值在不同沟垄比处理 RFMS40、RFMS55 和 RFMS70 之间的差异均不显著。

图 6-51 表明，平作和沟垄集雨栽培处理的春玉米植株地上部氮素积累都呈现出随着玉米生育进程而逐渐增加的趋势，而 CK、RFMS40 和 RFMS70 处理在蜡熟期之后的氮素积累几乎不变。比较发现，沟垄集雨栽培处理在春玉米不同生育时期的植株地上部氮素积累量均高于平作，其中 RFMS70 处理的氮素积累量与 CK 的差异最大（$P < 0.05$）。在完熟期，RFMS40、RFMS55 和 RFMS70 处理的氮素积累量分别比 CK 处理高了 8.4%、24.2% 和 34.4%，但 RFMS40 处理的增量不显著；三个沟垄比处理 RFMS40、RFMS55 和 RFMS70 之间的氮素积累在完熟期表现出显著

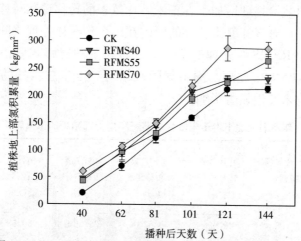

图 6-51 2014 年各处理下春玉米地上部氮素积累的动态变化

差异（$P<0.05$）。

通过对比各处理春玉米在吐丝前后的氮素总积累量发现（表 6-38），与平作相比，沟垄集雨栽培处理增加了春玉米吐丝前的氮素积累，但处理间差异不显著；吐丝后，RFMS55 和 RFMS70 处理的植株地上部氮素积累量分别比 CK 处理显著增加了 47.0% 和 50.6%（$P<0.05$）。统计分析结果表明，沟垄集雨栽培未对吐丝后氮素积累量占总氮素积累的比值有显著影响。

表 6-38　2014 年不同处理下春玉米吐丝前和吐丝后地上部植株氮素积累量和吐丝后的氮素积累占生育期氮素总积累量的比值

处理	吐丝前氮积累 （kg/hm²）	吐丝后氮积累 （kg/hm²）	比值 （%）
CK	122.13 a	91.24 b	42.80 ab
RFMS40	145.11 a	86.22 b	37.27 b
RFMS55	130.75 a	134.16 a	50.78 a
RFMS70	149.25 a	137.41 a	47.79 a

注：表中比值为吐丝后的氮素积累占生育期氮素总积累量的比值。同一列中，相同小写字母表示处理间在 0.05 水平上没有差异。

为了探究沟垄集雨栽培对玉米主要营养器官氮素转移的影响，本研究对春玉米叶片、茎秆和总秸秆的氮素转移情况进行了分析。如表 6-39 所示，结果表明各处理的春玉米叶片中氮素转移量要远高于茎秆。与平作相比，沟垄集雨栽培处理增加了春玉米叶片氮素的转移量和转移效率，但未达到显著水平；对茎秆氮素转移的影响在三个沟垄比处理之间则表现出很大差异，其中 RFMS40 处理的茎秆氮素转移量和转移效率最高，且显著高于 CK 和 RFMS55 处理。沟垄集雨栽培对春玉米总秸秆的氮素转移量和转移效率均未产生显著影响。

表 6-39　2014 年不同处理下春玉米叶片、茎秆和地上部秸秆的氮素转移量及转移效率

处理	叶片氮素 转移量 （kg/hm²）	叶片氮素 转移效率 （%）	茎秆氮素 转移量 （kg/hm²）	茎秆氮素 转移效率 （%）	秸秆氮素 转移量 （kg/hm²）	秸秆氮素 转移效率 （%）
CK	34.85 a	49.65 a	9.62 b	26.30 b	30.58 a	28.69 a
RFMS40	52.33 a	63.75 a	20.63 a	50.85 a	56.50 a	46.12 a

（续）

处理	叶片氮素转移量（kg/hm²）	叶片氮素转移效率（%）	茎秆氮素转移量（kg/hm²）	茎秆氮素转移效率（%）	秸秆氮素转移量（kg/hm²）	秸秆氮素转移效率（%）
RFMS55	36.98 a	48.84 a	7.89 b	22.31 b	29.91 a	27.18 a
RFMS70	41.79 a	54.23 a	14.15 ab	37.10 ab	40.35 a	34.82 a

注：同一列中，相同小写字母表示处理间在 0.05 水平上设有差异。

（2）春玉米氮肥利用效率

从表 6-40 可以看出，沟垄集雨栽培对春玉米秸秆的氮吸收量无显著影响，但显著增加了玉米籽粒的氮吸收量，改变沟垄比对籽粒氮吸收量也有显著影响（$P<0.05$）。与平作相比，沟垄集雨栽培增加了春玉米的氮素吸收效率（NupE）、氮肥偏生产力（Nfp）和氮素利用效率（NUE）；NupE 和 Nfp 在三个沟垄比处理 RFMS40、RFMS55 和 RFMS70 之间的差异也达到了显著水平（$P<0.05$），但三个处理间的 NUE 则无显著差异。同时，沟垄集雨栽培也显著增加了春玉米的氮收获指数（NHI），RFMS40、RFMS55 和 RFMS70 处理的 NHI 分别较 CK 提高了 10.3%、10.0% 和 14.9%，而三个沟垄比处理间无显著差异。

表 6-40　2014 年不同处理下春玉米成熟期的秸秆和籽粒的氮吸收量、植株氮素吸收效率、氮肥偏生产力、氮素利用效率和氮收获指数

处理	氮吸收量（kg/hm²）		氮素吸收效率（kg/kg）	氮肥偏生产力（kg/kg）	氮素利用效率（kg/kg）	氮素收获指数（%）
	秸秆	籽粒				
CK	75.11 a	138.25 d	0.95 c	36.44 d	38.45 b	64.77 b
RFMS40	65.92 a	165.40 c	1.03 c	44.89 c	43.70 a	71.45 a
RFMS55	76.30 a	188.61 b	1.18 b	48.89 b	41.59 ab	71.22 a
RFMS70	73.49 a	213.16 a	1.27 a	54.67 a	42.97 a	74.39 a

注：同一列中，相同小写字母表示处理间在 0.05 水平上设有差异。

6.5.5　讨论

（1）不同沟垄比对土壤微环境的影响

土壤温度的季节变化一般与气温的变化较一致，但是其受气温影响的

程度与土壤类型和土壤覆盖材料有关（Ham et al.，1994）。在本研究中，沟垄集雨栽培处理的增温效应主要表现在垄上覆膜土壤中。这与前人的研究结果较一致（Fan et al.，2012；Zhao et al.，2014a）。当光照到达覆膜的垄上时，地膜可以吸收光能并且将热量传递到土壤；同时，地膜覆盖可以减少垄上土壤与周围空气之间的热交换。因此，垄宽度最大的 RFMS70 处理的垄上增温效应最大，垄宽度最小的 RFMS40 处理的增温效应最低。而这种增温效应在玉米生育早期植株冠层较小时较显著；随着玉米的生长，植株冠层逐渐增大，玉米叶片可以截获一部分太阳辐射使之无法到达土壤表层，从而逐渐降低垄上的增温效应（Eldoma et al.，2016）。然而，植株冠层的遮阴效应在不同的沟垄比条件下表现也不同。RFMS70 处理的垄宽度最大，其垄上植物冠层相对较稀疏，因此相较于 RFMS40 和 RFMS55 处理可以获得更多的光照辐射，从而增加垄上土壤温度。

沟垄集雨的广泛应用主要是因为其收集雨水的作用（Gan et al.，2013；Li et al.，2016；Wang et al.，2015b）。本试验结果表明，沟垄集雨栽培显著增加了沟内各土层的土壤含水量，且降低沟宽度可以使沟内含水量增加。虽然垄上覆膜可以抑制土壤蒸发，但覆膜也会阻隔部分雨水进入垄上土壤（Chen et al.，2017），所以三个沟垄比处理垄上的土壤含水量均低于平作。在整个玉米生长季，降雨显著地影响了沟内和垄上土壤含水量的季节变化，其中沟垄比最大的 RFMS40 处理的垄上土壤含水量受降雨影响的波动幅度最大。这可能是因为在降水量较大时，沟内土壤水分会向垄上横向移动，而 RFMS40 处理的沟与垄间宽度的比值最大，因此垄上的土壤湿度增加幅度也较大。Ren 等（2010）以及 Jiang and Li（2015）的研究中也存在相似现象。同时，垄上土壤保存的土壤水分可以在沟内土壤特别干旱时对其进行补偿，从而供给玉米生长。在黄土高原区，春玉米生育中期的土壤蒸发较大，在这种情况下，增大未覆膜沟的宽度会导致土壤水分蒸发的增加。Wang 等（2015a）建议在沟内进行沙砾、秸秆或者地膜覆盖来减少土壤蒸发。在本试验中，RFMS70 处理通过增大垄宽减小沟宽来降低土壤蒸发，同时，沟内较大的植株冠层也有助于降低土壤蒸发。

沟垄集雨栽培改变了土壤微地形，影响了土壤温度、水分的变化，这一改变可能会对土壤微生物群落结构带来变化（Bonanomi et al.，2008；Zogg et al.，1997）。根际往往是土壤微生物活性最高的区域（Lynch et al.，1990），它在陆地生态系统的固碳和营养循环中起着重要作用

(Helal et al.，1989)。本研究中，沟垄集雨栽培对玉米非根际土壤细菌的多样性没有显著影响，但分别显著增加了玉米抽雄吐丝期根际土壤细菌的多样性指数和降低了完熟期根际土的丰富度指数。从细菌 α 和 β 多样性的结果可以看出，沟垄集雨栽培还可以增大玉米根际与非根际土壤间细菌群落的差异性。与本研究结果不同，侯晓杰等（2007）的结果表明，施用无机肥处理下的地膜覆盖显著抑制了土壤微生物的活性及多样性。这可能与其较高的施氮量有关，地膜覆盖可以减少氮素的挥发，长期高氮肥的施用抑制了微生物的活性。

土壤有机碳是土壤中重要的化学组分，能影响土壤水分入渗、持水性、土壤养分利用及微生物活动（Gan et al.，2013）。前人研究表明，沟垄集雨栽培处理中良好的土壤水热条件有利于玉米生长和土壤微生物的活动，从而影响土壤中的碳平衡（Gan et al.，2013；Zhang et al.，2017a；Zhou et al.，2012）。在本研究中，沟垄集雨栽培处理增加了玉米收获期土壤 SOC 含量，但是差异不显著（表 3-2），这与 Zhang et al.（2017b）的试验结果一致，其通过对连续四年沟垄集雨种植春玉米的土壤进行测定及利用生物化学过程模型模拟的结果均表明沟垄集雨栽培未降低土壤 SOC 含量。然而关于覆膜处理对土壤 SOC 的影响仍存在较大争议，Zhang 等（2015a）的研究表明，全膜处理下土壤 0～30cm 土层的土壤 SOC 平均降低了 0.31g/kg（以 C 计），而李世朋等（2009）以及 Li 等（2012）却认为覆膜处理可以促进植株根系的生长，增加根系生物量和根系分泌物对维持土壤有机质有重要作用。Gan 等（2013）也提出沟垄集雨栽培可以提高植株的地上及地下部生物量及凋落物产量，从而有增加土壤 SOC 含量的潜力。对于本试验中沟垄集雨栽培处理来说，垄上土壤的有机碳含量显著高于沟内，这可能是因为垄上覆膜可以降低土壤与氧气的接触，同时较低的水分条件也会限制土壤微生物对有机质的分解（Khan et al.，1991）。此外，播种前的整地过程，即施基肥后起垄会使表层养分较高的土壤聚到垄上，也会影响沟垄间土壤有机碳含量的差异。

（2）不同沟垄比对春玉米生长和籽粒灌浆的影响

沟垄集雨栽培处理中良好的土壤水热条件显著促进了春玉米生长。本试验中，沟垄集雨处理增加了玉米的株高、茎粗、LAI 和地上部干物质量，且在三个沟垄比处理中，沟、垄宽度分别为 40cm、70cm 的 RFMS70 处理的种植方式对玉米生长的促进作用最大，其各项生长指标均显著高于平作（$P<0.05$），且高于 RFMS40 和 RFMS55 处理。王晓凌等（2007）

也指出，宽垄比窄垄更能提高玉米单株生物量，主要因为宽垄覆膜处理有更强的集雨和保墒作用。值得注意的是，沟垄集雨栽培也有加快玉米生育进程的趋势。在本研究中，RFMS40、RFMS55 和 RFMS70 处理的玉米茎粗和 LAI 最大值出现的时间在 2014 年和 2015 年生长季均比平作提前 20 天左右。

籽粒的灌浆特性是粒重形成的重要影响因素，也是影响玉米籽粒产量的重要生理指标（魏亚萍等，2004），玉米粒重主要取决于灌浆持续时间和灌浆速率，而玉米籽粒的灌浆时间和速率又因外部环境条件的变化而不同（高玉红等，2015）。有研究指出，覆膜技术的增温效应除了会使作物提前成熟以外，还会缩短作物的灌浆期（王平等，2017；Li et al.，1999，2004；Wang et al.，2015a）。然而在本试验中，与平作相比，沟垄集雨栽培处理延长了籽粒的活跃灌浆期和有效灌浆时间，且增加了籽粒的平均灌浆速率，三个沟垄比处理 RFMS40、RFMS55 和 RFMS70 的最终百粒重分别比 CK 提高了 15.45%、12.05% 和 19.84%。总的来说，沟垄集雨栽培条件下粒重的增加主要是通过提高灌浆前期的灌浆速率和增加灌浆中期和后期的灌浆天数来实现的，这与李长江（2017）的结果相似。而蔺艳春（2010）和张淑芳等（2016）对旱地小麦的研究则指出，覆膜处理可以显著增加了籽粒的灌浆速率，提高百粒重，但是会缩短灌浆持续期。总之，这些结果均说明沟垄集雨栽培对土壤水热条件的改善能够促进春玉米的籽粒灌浆（高玉红等，2015）。

改变沟垄比对籽粒的灌浆过程也有一定影响，在沟垄集雨栽培条件下，随着垄宽的增加，玉米籽粒的活跃灌浆期增加，而有效灌浆时间却呈降低趋势。与 RFMS40 和 RFMS55 相比，RFMS70 处理主要是通过缩短灌浆前期的时间和提高灌浆前期的灌浆速率来增加粒重的。这可能和土壤温度的变化趋势有关，即随着玉米生育进程的推进，处理间的土壤温度差异逐渐降低，由此缩小了三个沟垄比处理籽粒在灌浆中后期的差异。

(3) 不同沟垄比对春玉米产量和水分利用效率的影响

在 2014 年和 2015 年生长季内，RFMS40、RFMS55 和 RFMS70 处理籽粒产量两年的平均值分别比 CK 增加了 26.1%、36.4% 和 50.3%。分析结果表明，沟垄集雨栽培处理主要是通过增加穗粒数（$R = 0.92^{**}$）和百粒重（$R = 0.97^{**}$）来增加产量的。我们进一步分析了土壤水热条件对玉米产量的影响，结果发现玉米籽粒产量和垄上土壤温度和沟内土壤含水量极显著正相关，且线性关系的决定系数分别达 0.95 和 0.94（$P < 0.01$）。

沟垄集雨栽培还显著提高了 WUE，三个沟垄比处理两年 WUE 平均值分别比 CK 增加了 25.7%、38.7% 和 53.9%。在本研究中，集雨栽培处理中 WUE 的提升主要是通过增加植物蒸腾占总蒸散发的比例，同时不增加耗水的条件下增加产量实现的。这与李长江（2017）的结果相似，其研究表明沟垄集雨栽培处理下的冬小麦产量和 WUE 分别比对照增加了 50.4% 和 53.7%；Liu 等（2014b）的结果表明全膜双垄沟栽培可以分别提高 70%~72% 和 57%~77% 的籽粒产量和 WUE。

此外，值得注意的是，集雨栽培处理对玉米生育中期土壤 0~200cm 土层贮水量的影响较小甚至低于平作。这是因为，一方面，沟垄集雨栽培处理可以通过覆膜降低无效蒸发，另一方面其对作物生长的促进作用也会增加由植物蒸腾引起的土壤水分损失（Li et al.，2016；Liu et al.，2014b）。因此，在作物快速生长并有较大的需水量的生育中期，集雨栽培处理因其较高的蒸腾耗水而没有提高土壤贮水量（图 6-41）。这一结果与前人研究结果较一致（Bu et al.，2013；Liu et al.，2014b）。基于这一认识，沟垄集雨栽培对深层土壤水分平衡的保持是否有可持续性也值得长期的进一步研究。

（4）不同沟垄比对春玉米氮肥利用效率的影响

沟垄集雨栽培处理对玉米叶片、茎秆、籽粒、苞叶和穗轴的氮浓度没有显著影响，但可以显著提高植株地上部氮素积累量。这与 Liu 等（2003）的结果一致，其研究表明覆膜处理并没有显著增加水稻秸秆和籽粒的氮浓度，但由于其促进了水稻生长和植株生物量的累积，所以水稻秸秆和籽粒的氮吸收量均有所提高。在本研究中，虽然沟垄集雨栽培显著增加了春玉米秸秆的干物质量，但由于平作处理中叶片和茎秆的氮浓度均高于沟垄集雨栽培处理，因此在玉米收获期平作与沟垄集雨栽培的秸秆氮吸收量并没有表现出差异，沟垄集雨栽培只显著增加了玉米籽粒的氮吸收量。同时，由于不同沟垄比间玉米籽粒干物质量的显著差异，RFMS40、RFMS55 和 RFMS70 处理的籽粒氮吸收量间也存在随着垄宽的增加而增加的趋势。

王晓凌等（2007）的研究表明，沟垄集雨栽培使马铃薯的氮肥利用率提高了 16.5%；李强等（2014）对冬小麦的研究也发现，垄上覆膜条件下氮肥偏生产力和氮肥生理利用率分别提高了 33.0% 和 30.4%；同样，葛均筑等（2016）的研究结果也表明覆膜可以使不同施氮水平条件下春玉米的氮肥农学效率提高 45.3%~164.2%。与前人结果相似，当前研究中沟垄集雨栽培增加了春玉米的氮素吸收效率（NupE）、氮肥偏生产力（Nfp）、氮素利用效率（NUE）和氮收获指数（NHI）；改变沟垄比可以显著影响 NupE 和 Nfp（$P<0.05$），但对 NUE 和 NHI 的影响则不显著。Ren 等（2009）指出，玉米的 NUE 有随着降水量的增加而降低的趋势，其研究结果表明在玉米生长季降水量分别为 230mm、340mm 和 400mm 时，沟垄集雨栽培可以增加 37.8%、21.1% 和 14.0% 的 NUE。本研究中，2014 年玉米生育期降水量为 392mm，RFMS40、RMS55 和 RFMS70 处理的 NUE 分别比 CK 处理提高了 13.7%、8.2% 和 11.8%。说明沟垄集雨栽培对植株氮素利用效率的提升作用在低水条件下表现的更明显。NHI 在研究中一般被用来代表作物利用吸收的氮素进行籽粒生产的能力（Fageria et al.，2005），本试验中 NHI 的结果表明沟垄集雨栽培条件下玉米植株吸收的氮素能更多地被籽粒吸收。在整个生育期，CK、RFMS40、RMS55 和 RFMS70 处理玉米植株地上部氮吸收量分别为 213.4kg/hm²、231.3kg/hm²、264.9kg/hm² 和 286.7kg/hm²，其中三个沟垄集雨栽培处理的氮吸收量均高于总施氮量 225kg/hm²，这说明沟垄集雨栽培可以促进土壤微生物活动，提高氮素矿化速率，增加可被植物利用的有效氮。

6.5.6　结论

沟垄集雨栽培可以增加垄上土壤温度和沟内土壤含水量，增温效应在玉米生育前期较显著。在三个沟垄比处理中，随着垄宽的增加，垄上土壤温度和沟内土壤含水量均呈逐渐增加的趋势，但处理间的差异不显著。沟垄集雨栽培处理增加了根际与非根际土的细菌群落的差异性，但土壤类型（根际与非根际土壤）对土壤细菌群落结构的影响要大于种植处理（平作与沟垄集雨栽培）。春玉米收获后，与平作相比，沟垄集雨栽培处理增加了春玉米田 0~20cm 土层的土壤有机碳含量，但三个沟垄比处理的增量均未达到显著水平。

沟垄集雨栽培还可以促进春玉米的生长和籽粒灌浆。在春玉米整个生育期内，沟垄集雨栽培增加了玉米的株高、茎粗和 LAI，其中株高的差异在各个生育时期均达到了显著水平，玉米茎粗和 LAI 峰值出现的时间比平作早 20 天左右。沟垄集雨栽培的玉米地上部干物质量在各个生育时期均显著高于平作，三个沟垄比处理之间表现出随着垄宽的增加而增加的趋势，即 RFMS70＞RFMS55＞RFMS40。同时，沟垄集雨栽培也增加了玉米的根干重密度，而三个沟垄比处理之间则没有差异。此外，沟垄集雨栽培处理还延长了籽粒的活跃灌浆期和有效灌浆时间。改变沟垄比对籽粒灌浆的影响主要出现在前期，RFMS70 处理通过缩短灌浆前期的天数和增加前期的灌浆速率来增加粒重。

与平作相比，沟垄集雨栽培显著提高了春玉米的产量并且促进了对水肥的利用，三个沟垄比之间的差异也达到了显著水平。RFMS40、RFMS55 和 RFMS70 处理籽粒产量的两年平均值分别比平作高 26.1%、36.4% 和 50.3%，WUE 分别高 25.3%、37.5% 和 53.1%。改变沟垄比可以显著影响氮素吸收效率和氮肥偏生产力（$P<0.05$），但对氮素利用效率和氮收获指数影响不显著。

结果表明，沟垄比为 40cm∶70cm 的处理能获得较高的籽粒产量和水氮利用效率，因此，该沟垄比可以推荐作为黄土高原区旱作春玉米生产中兼顾节水稳产的栽培模式推广应用。

6.6　关中地区节水减肥与高效栽培技术集成

6.6.1　关中地区旱地麦-玉两熟保护性耕作技术

（1）技术原理

旱作农业受特殊的气候、地形和水资源制约，加之不合理的农业管理措施，导致农田土壤养分流失，土地生产力下降，严重影响区域农业可持续发展。通过自 2009 年开展的长期保护性耕作定位试验，立足关中地区旱作农业生产和农田生态现状，运用高通量测序和荧光定量 PCR 分子生物学技术，系统研究土壤微生物群落丰度、结构组成和多样性对保护性耕作措施的响应；并结合冬小麦-夏玉米一年两熟农田生态系统的作物产量以及经济效益集成了"关中地区旱地麦-玉两熟保护性耕作高产高效技术"，形成了合理耕层构造和高产高效的保护性耕作技术体系。本技术原理如下：

①陕西关中地区农田大部分农田为旱地，水分匮缺是旱作农区的主要限制因素之一。传统的农田管理措施，如密集的耕作、作物残茬的去除和焚烧，都会造成土壤水分的大量流失，降低农田的水分利用效率。因此，应用合理的保护性耕作措施来增强中国北方旱作农田土壤的水分的保持能力是本技术的实践基础。

②保护性耕作对于提升农田土壤耕层整体结构而言有着显著的作用。

频繁的翻耕措施会使土壤变紧实，导致土壤有机质损失，破坏土壤结构的稳定性，并且降低土壤的肥力。保护性耕作能够显著改善土壤孔隙度，增加土壤有机质及土壤碳储量，增加土壤肥力。

③保护性耕作能够显著提升土壤微生物群落结构的稳定性和多样性，有利于作物生长。传统耕作措施会显著破坏土壤微生物群落结构，特别是影响由细菌所主导的生物化学过程，增强碳氮元素的矿化速率，导致土壤养分和有机质的损失。而长期的保护性耕作能够改善土壤微生物群落的多样性，进而影响作物根际微生物种群的定殖过程，促进作物养分和水分利用，实现农田土壤生产力的可持续发展。

(2) 技术内容

①深松耕措施　深松耕技术先采用深松犁深松一遍（深松犁规格为：凿式犁间距 60cm，深松深度 30～35cm），之后又旋耕 10cm，使土壤平整，最后使用播种机播种、镇压。

②免耕措施　免耕技术为了减少人为土壤扰动，但为了确保发芽，浅旋表层土壤 0～5cm，然后使用免耕播种机完成播种、镇压。

③施肥　在播种前，将氮肥（含氮量 46% 的尿素，用量为 375kg/hm²）和磷肥（磷酸二氢铵，用量为 375kg/hm²）作为底肥一次性施入。

(3) 技术应用效果

①与传统翻耕相比，深松耕和免耕方式能显著提高土壤黏粒、水分、全氮、铵态氮含量和脲酶、蔗糖酶活性。

②保护性耕作措施与传统耕作措施相比，使土壤非根际细菌群落多样性指数增加了 37.8%。深松耕和免耕措施增加了芽孢杆菌属（占厚壁菌门的 85%）的丰度，并且增加了 α 变形菌纲根瘤菌的相对丰度。深松耕和翻耕下土壤真菌群落结构组成具有较高的相似性；而免耕作为扰动较少的耕作措施，较好地保持了土壤真菌的多样性。

③保护性耕作措施下，根系活动增加了根际土壤细菌变形菌门（α-、β-）、拟杆菌门和真菌煤炱目和腔菌目的相对丰度，有助于增强根际微生物对氨基酸、糖类和羧酸的利用。此外，相较于翻耕和深松耕措施，免耕措施降低了根际和非根际间土壤微生物分解代谢多样性的差异。保护性耕作措施改善土壤养分状况，提高作物根系富集养分的能力，并增加根际土壤富营养微生物的种群丰度，从而提高了根际微生物的分解代谢能力。

④深松耕处理较其他耕作处理均能增加作物周年生产力和总产值。通过研究发现，深松耕和免耕分别较翻耕增加了周年生产力 17.3% 和

5.6%。两种保护性耕作措施较传统翻耕处理均减少了投入成本，采用免耕和深松耕减少机械投入有利于增加小麦-玉米农田生态系统经济效益，分别较翻耕增加了净收益 47.4%和 31.8%且以深松还田处理的经济效益最高。

（4）技术应用范围

陕西关中地区及同类生态区的小麦-玉米一年两熟为主的种植区。

6.6.2　关中地区冬小麦-夏玉米周年水肥高效利用技术

（1）技术原理

灌溉水资源的缺乏和浪费并存，施肥量过大等已成为制约我国粮食高效可持续生产的重要因素，因此在提高水肥利用效率，在有限水资源的条件下获得更多的粮食产出成为我国农业发展的必然选择。本技术以关中地区麦玉复种体系（冬小麦-夏玉米）为对象，综合考虑产量和水肥利用效率，耦合集成了沟垄集雨栽培模式和麦玉周年施氮技术，形成了关中地区冬小麦-夏玉米周年水肥高效利用技术。本技术原理如下：

①关中地区作为我国重要的粮食生产区域，该地区年降水量大约在 500～600mm，干燥系数大约在 1.3～1.6，农作物生长中常会遭受干旱胁迫。同时，该地区不合理的灌溉导致了水分利用效率低下，农业可持续发展严重受限。因此，需要采用节水农业措施来提高农业水分生产力，进而来确保该地区农业的可持续发展，这是本技术的实践基础。

②沟垄集雨栽培可以收集降雨，减少土壤水分蒸发，提高土壤墒情，增加农作物产量及水分利用效率等。目前，研究和生产实践表明在关中地区应用沟垄集雨栽培技术能显著提高单季作物的产量和水分利用效率。而冬小麦-夏玉米复种是关中地区典型的种植模式，因此将沟垄集雨种植技术应用于关中地区冬小麦-夏玉米复种体系对于关中地区作物高产高效具有重要影响。

③在关中地区氮肥的不合理利用导致了肥料利用效率低下，不利于土壤环境的可持续发展。水和肥是影响农作物生长发育的两个重要的自然生态因素，水分能够增加作物对土壤中矿质元素的吸收。沟垄集雨栽培不仅可以提高作物的水分利用效率，对作物的氮肥利用效率也有一定的提升作用。

（2）技术内容

①沟垄集雨栽种植　播种前起垄，在垄上进行覆膜，沟内种植作物

（小麦、玉米沟垄比都为 1：1），其中小麦沟、垄宽度均为 30cm，玉米的行距和株距分别为 60cm 和 25cm，垄高都为 15cm。

②施肥方式　在作物播种前将相同量的磷钾肥作为底肥一次性施加，其中，磷肥（过磷酸钙）和钾肥（硫酸钾）分别为 50kg/hm² （以 P 计）和 30kg/hm² （以 K 计）。氮肥（225kg/hm²）在冬小麦和夏玉米播前，苗期和拔节期按 40％，30％和 30％的比例进行施加。

（3）技术应用效果

①沟垄集雨栽培能够促进冬小麦和夏玉米出苗，推迟冬小麦扬花，提早夏玉米吐丝，且可以延长冬小麦的生育期；促进冬小麦和夏玉米的生长和干物质积累量。

②沟垄集雨栽培能够较好地利用深层土壤水分，并且相较于充分灌溉能降低冬小麦-夏玉米的周年耗水量。沟垄集雨栽培处理冬小麦的产量能达到充分灌溉的 76％，而其水分利用效率分别较平作和充分灌溉处理提高了 53.7％和 46.3％。沟垄集雨栽培处理夏玉米的产量与充分灌溉没有显著差异，水分利用效率分别较平作和充分灌溉处理提高了 29.2％和 70.5％。从冬小麦-夏玉米复种体系看，沟垄集雨栽培处理的产量较平作平均提高了 37.1％，达到充分灌溉的 89.5％；水分利用效率分别较平作和充分灌溉平均提高了 38.9％和 61.0％。

③沟垄集雨栽培处理较平作能显著提高冬小麦和夏玉米的氮肥偏生产力（NfP）和氮素吸收效率（NupE）。沟垄集雨栽培处理冬小麦-夏玉米的 NupE 和 NfP 较平作处理分别提高了 44.2％和 40.7％。

关中地区沟垄集雨栽培能显著提高麦玉复种体系产量、水分利用效率、氮肥偏生产力及氮素吸收效率；因此，沟垄集雨栽培可以作为关中地区的节水栽培模式。

（4）技术应用范围

陕西关中地区及同类生态区的冬小麦-夏玉米一年两熟为主的种植区。

6.6.3　生物炭增强关中地区冬小麦-夏玉米复种模式土壤持水能力技术

（1）技术原理

结合大田定位试验和室内蒸发模拟试验，研究了生物炭对土壤容重、孔隙度、持水能力和团聚体组成的影响，并结合冬小麦和夏玉米产量，探索了关中地区生物炭改良土壤持水能力的具体表现，明确了最佳的生物炭施用量。本技术原理如下：

①陕西关中地区属暖温带大陆性季风型半湿润气候，年降水量600mm左右，但降水量多集中在夏季且年内分布不均，短期的干旱情况时有发生，这为生物炭改良土壤增强持水能力的应用提供了实践基础。

②生物炭含有丰富的碳元素和少量营养元素矿质元素，具有pH偏高、可溶性极低、具有高度羧酸酯化和芳香化结构、孔隙度异常丰富和较高的比表面积等特点，这正是生物炭得以应用到改良土壤和提高作物产量的结构基础。

③生物炭自身容重较低，一般在 $0.6g/cm^3$ 左右远低于一般土壤的容重均值 $1.25g/cm^3$；生物炭的颗粒密度一般在 $1.5\sim2.0g/cm^3$，也低于一般土壤的颗粒密度均值 $2.4\sim2.8g/cm^3$。

④生物炭增加了土壤中的有机碳含量，有机碳作为土壤中的胶结物质促进了团粒结构的形成，进而增加了土壤团聚体的稳定性；而反过团聚体的包被作用也使其内部的有机碳免受微生物分解，增加有机碳的稳定性。

（2）技术内容

本研究选用生物炭的热解原材料为小麦秸秆，实际生产中也可根据当地情况灵活选用玉米秸秆、烟草秸秆、花生壳、果树枝条等原材料。生物炭热解制备完毕后宜充分粉碎过 $2\sim5mm$ 筛后再投入大田施用。

根据研究结果，当前推荐大田生物炭施用量为 $20t/hm^2$，每亩地折算约 1 334kg。生物炭的施用时间一般选择在每季作物的播前，具体施用方法为按照施用量将生物炭均匀撒施于土壤表面，然后使用旋耕机将生物炭均匀混入土壤耕层 $0\sim20cm$ 内。实际操作中为保证生物炭施入均匀和简化农事操作，可将该季作物的基肥同时撒于地表随生物炭一起混入土壤耕层。最后，考虑到生物炭在大田生产中的滞后效应，一般推荐生物炭的施用时间间隔为5年重复补施一次。

（3）技术应用效果

$20t/hm^2$ 添加量的生物炭施入后，土壤持水能力改良效果显著。土壤容重显著降低，孔隙度、饱和含水量和田间持水量显著增加；土壤有机质含量增加且土壤团聚体结构优化明显，大于 0.25mm 的水稳性团聚体含量显著增加了 19.0％，团聚体破坏率和不稳定团粒指数分别降低 11.3％和9.6％；通过模拟试验表明，生物炭减少了土壤累积蒸发量，抑制了土壤水分的散失。此外，与对照相比生物炭显著增加了作物产量，小麦产量增加了 17.1％，玉米产量增加了 42.13％。

施用生物炭直接起到了改良土壤结构的效果，使土壤具有更适宜的固—液—气三相比,增加了土壤持水性能,为作物根系的生长提供了更适宜的生长条件;生物炭施入土壤后改良了微生物生活环境,增加了土壤微生物丰度和活性;生物炭增加了土壤养分的积累和有效性。这些都是生物炭改良土壤和促进作物生长的具体表现。

(4) 技术应用范围

陕西关中冬小麦-夏玉米复种地区。

6.6.4 渭北旱塬春玉米沟垄集雨栽培技术

(1) 技术原理

通过以黄土高原区旱作春玉米为研究对象,在沟垄集雨栽培模式通过调整沟垄比,以土壤微环境、春玉米产量、水氮利用效率等指标,明确集雨栽培模式下适宜于春玉米高产高效的沟垄比。本技术原理如下:

①中国黄土高原区是典型的旱作农业区。由于缺乏河流和地下水资源,降水是该地区作物生长的主要水资源。但是其降雨分布不均匀,且大多数降雨强度过低,无法用于农作物生长,或者可能以强降雨的形式发生,而这通常会导致径流和土壤侵蚀。因此,通过农田管理探索高效节水的种植模式才能够应对这些挑战从而提高该地区的农业生产力,这是本技术的实践基础。

②沟垄集雨栽培技术可以有效收集降雨、降低蒸发、提高作物产量和水分利用效率,因而被广泛应用于我国西北旱区粮食生产。沟垄集雨种植还可以通过改变沟和垄的比例来改变土壤微地形和作物的田间分布,从而改善对降雨的收集以及植物对光能的利用。因此,选择合适的沟垄比对增加作物产量和水分利用效率起着关键的作用。

(2) 技术内容

沟垄集雨栽培模式 播种前起垄,在垄上进行覆膜,沟内种植玉米,垄高为15cm,玉米株距均为25cm。沟和垄的宽度分别为40cm和70cm。在播种前,将氮肥[含氮量46%的尿素,用量为180kg/hm² (以N计)]和磷肥[过磷酸钙,用量为40kg/hm² (以P计)]作为底肥施入,然后在大喇叭口期补施尿素[45kg/hm² (以N计)]。

(3) 技术应用效果

①沟垄集雨栽培可以增加垄上土壤温度和沟内土壤含水量,增温效应在玉米生育前期较显著。沟垄集雨栽培增加了根际与非根际土的细菌群落的差异性。春玉米收获后,与平作相比,沟垄集雨栽培处理增加了土壤0~

20cm 土层的有机碳含量。

②沟垄集雨栽培增加了春玉米的株高、茎粗、LAI、地上部和地下部生物量，促进春玉米的生长和籽粒灌浆。沟垄集雨栽培处理还延长了籽粒的活跃灌浆期和有效灌浆时间。沟垄集雨栽培通过缩短灌浆前期的天数和增加前期的灌浆速率来获得更高的粒重。

③沟垄集雨栽培显著提高了春玉米的产量并且促进了对水肥的利用。其玉米籽粒产量的两年平均值比平作高 50.3％，水分利用效率高 53.1％。同时，沟垄集雨种植显著涂改氮素吸收效率和氮肥偏生产力。

沟和垄的宽度为 40cm 和 70cm 能获得较高的籽粒产量和水氮利用效率，因此，该沟垄比可以推荐作为黄土高原区旱作春玉米生产中兼顾节水稳产的栽培模式推广应用。

（4）技术应用范围

渭北旱塬区及同类生态区的春玉米一年一熟为主的种植区。

6.6.5　关中灌区冬小麦沟垄覆膜测墒补灌技术

（1）技术原理

通过将沟垄覆膜技术与测墒补灌技术相结合，集成适宜于关中灌溉农区小麦生产的沟垄覆膜测墒补灌技术，兼顾小麦的高效、节水、丰产，为关中地区构建丰产、高效、节水、生态的小麦种植技术体系提供参考。本技术原理如下：

①沟垄种植通过在田间修筑沟垄，将地表由传统平作的平面形改为波浪形，在沟内种植作物的一种种植方式，地形的改变扩大了土壤表面积，从而增加了光的截获量，显著改善了小麦冠层的通风透光条件。同时，在垄覆地膜的条件下，雨水会集中于沟内，显著提高水分利用效率，对冬小麦等作物产量及水分利用效率具有显著的提高作用，也获得较好的生态经济效益。

②测墒补灌是以作物主要生育时期耕层土壤为对象设置目标含水量，在各个生育时期测定土壤墒情，根据作物需水特性计算要补充的灌溉水量，进行定量灌溉的一种灌溉方式。既控制了用水量，充分利用作物自身需水性及土壤水分，以达到稳产、高产、节水的目标。

③本技术将沟垄覆膜种植模式和测墒补灌技术相结合，充分发挥沟垄覆膜种植模式集水效应，将田间水分集中于作物根层，提高对降雨的利用率。同时，结合测墒补灌技术，充分利用土壤贮水，达到减少灌溉量、提

高灌溉水的利用效率。通过该两项技术的结合，提高小麦对降雨和灌溉水利用效率，从而达到节水、丰产、高效的生产目标。

（2）技术内容

将过去平作种植模式改为沟垄覆膜种植模式，沟、垄宽度均为 30cm，垄高 15cm，垄上覆盖地膜，小麦种植于沟中。同时，在小麦的越冬期、拔节期测定 0～40cm 土层土壤含水量，以土壤相对含量 85% 为目标含水量，计算灌溉水用量。

（3）技术应用效果

①沟垄覆膜测墒补灌技术显著促进冬小麦的生长，沟垄覆膜测墒技术相比于传统平作种植模式可以促使冬小麦早发且有效分蘖数增多，从而穗数提高 5.34%～10.35%。沟垄覆膜测墒技术产量高出平作种植 17.80%～29.98%，同时，沟垄覆膜测墒补灌技术提高了小麦籽粒蛋白质和湿面筋含量，利于品质的提高。在水分利用率方面，沟垄覆膜测墒补灌处理显著提高水分利用效率，在同等产量水平下水分利用效率提高 50% 以上。

②沟垄覆膜测墒补灌技术均以节水为核心，通过培育健壮个体，同时减少灌溉水用量从而达到丰产、高效、节水的目的；能够有效缓解决关中灌溉农区冬小麦种植过程中水资源浪费严重的问题。

（4）技术应用范围

关中灌溉农区小麦种植区。

6.6.6 关中平原地区小麦-玉米减氮高效生产技术

（1）技术原理

通过氮肥运筹试验，测定小麦和玉米生长发育、产量、品质、水肥利用效率，将关中平原地区小麦-玉米复种全年施肥量减少至 420kg/hm²（以 N 计），确保该地区小麦-玉米复种实现稳产、保质、高效种植。本技术原理如下：

①陕西省关中地区农作物主要种植模式是小麦-玉米复种，但近年来随着农民对经济效益的过分追逐，对获得更高收入的要求催生了为追求高产而盲目大量施用氮肥的现象。

②农作物收获后土壤中仍有一定量的氮素残留，残留量最高可达到当季施氮量的 30%，因此在综合考虑到上季作物氮肥的残效以后，后茬作物的施氮量应该适度下调。

③在目前生产中，冬小麦-夏玉米周年复种模式较少实现一体化管理，

没有将冬小麦和夏玉米周年复种作为一个整体进行统筹施肥管理，从而导致施氮过量，造成氮素损失，带来了经济损失。

因此，减氮高效生产技术将小麦-玉米复种统筹考虑，减量施氮，后移追肥时期的同时配施缓释肥，即保证了小麦、玉米正常生长发育、稳产，又减少了施氮量提高了肥料利用率。

（2）技术内容

①小麦-玉米复种中改全年施肥 510kg/hm²（以 N 计）为 420kg/hm²，并后移追肥时期。

②周年复种中，小麦季改传统施肥量 270kg/hm²（以 N 计）至 210kg/hm²，并将越冬期追肥后移至拔节期进行，拔节期追肥 90kg/hm²（以 N 计）（尿素）。

③夏玉米季改传统施肥量 240kg/hm²（以 N 计）为 210kg/hm²，改基肥＋大喇叭口期追肥为拔节期一次性施用全部肥料［210kg/hm²（以 N 计）缓释肥］。

（3）技术应用效果

减氮高效生产技术在不影响小麦、玉米正常生长发育和产量、品质形成的同时全年减少施肥 90kg/hm²（以 N 计）。减氮高效生产技术可使小麦成穗率提高 9.13％，小麦开花期旗叶叶绿素含量提高 4％，避免冬前旺长，提高了千粒重，实现冬小麦稳产增产。同时，减氮高效生产技术提高了夏玉米季成熟期干物质积累量、百粒重、籽粒蛋白质含量，实现夏玉米增产。减氮高效生产技术还提高了小麦-玉米周年生产氮农学利用率、氮素利用率、氮肥偏生产力，实现小麦-玉米复种减肥高效生产。

（4）技术应用范围

关中平原地区小麦-玉米复种种植区。

本章参考文献：

艾海舰，2002. 土壤持水性及孔性的影响因素浅析［J］. 干旱地区农业研究，20（3）：75-79.

岑睿，屈忠义，孙贯芳，等，2016. 秸秆生物炭对黏壤土入渗规律的影响［J］. 水土保持研究，23（6）：284-289.

柴冠群，赵亚南，黄兴成，等，2017. 不同炭基改良剂提升紫色土蓄水保墒能力［J］. 水土保持学报，31（1）：296-302.

陈温福，张伟明，孟军，2013. 农用生物炭研究进展与前景［J］. 中国农业科学，46（16）：3324-3333.

程红胜，沈玉君，孟海波，等，2017. 生物炭基保水剂对土壤水分及油菜生长的影响

［J］. 中国农业科技导报，19（2）：86-92.

代快，计思贵，张立猛，等，2017. 生物炭对云南典型植烟土壤持水性及烤烟产量的影响
　　［J］. 中国土壤与肥料（4）：44-51.

戴皖宁，王丽学，ISMAIL KHAN，等，2019. 秸秆覆盖和生物炭对玉米田间地温和产量
　　的影响［J］. 生态学杂志，38（3）：719-725.

盖霞普，刘宏斌，翟丽梅，等，2015. 玉米秸秆生物炭对土壤无机氮素淋失风险的影响研
　　究［J］. 农业环境科学学报，34（2）：310-318.

高玉红，吴兵，姜寒玉，等，2015. 覆膜时期对全膜双垄沟播玉米籽粒灌浆特性的影响
　　［J］. 干旱地区农业研究，33（4）：30-40.

葛均筑，徐莹，袁国印，等，2016. 覆膜对长江中游春玉米氮肥利用效率及土壤速效氮素
　　的影响［J］. 植物营养与肥料学报，22（2）：296-306.

侯晓杰，汪景宽，李世朋，2007. 不同施肥处理与地膜覆盖对土壤微生物群落功能多样性
　　的影响［J］. 生态学报，2：655-661.

侯晓娜，李慧，朱刘兵，等，2015. 生物炭与秸秆添加对砂姜黑土团聚体组成和有机碳分
　　布的影响［J］. 中国农业科学，48（4）：705-712.

胡敏，苗庆丰，史海滨，等，2018. 施用生物炭对膜下滴灌玉米土壤水肥热状况及产量的
　　影响［J］. 节水灌溉（8）：9-13.

胡希远，陶士珩，王立祥，1997. 半干旱偏旱区糜子沟垄径流栽培研究初报［J］. 干旱地
　　区农业研究，15：47-52.

贾树龙，孟春香，任图生，等，2004. 耕作及残茬管理对作物产量及土壤性状的影响
　　［J］. 河北农业情报，8（4）：37-42.

蒋健，王宏伟，刘国玲，等，2015. 生物炭对玉米根系特性及产量的影响［J］. 玉米科
　　学，23（4）：62-66.

解婷婷，苏培玺，2011. 灌溉与施氮量对黑河中游边缘绿洲沙地青贮玉米产量及水氮利用
　　效率的影响［J］. 干旱地区农业研究，2：72-76.

金继运，何萍，1999. 氮钾营养对春玉米后期碳氮代谢与粒重形成的影响［J］. 中国农业
　　科学，32（4）：55-62.

孔晓民，韩成卫，曾苏明，等，2014. 不同耕作方式对土壤物理性状及玉米产量的影响
　　［J］. 玉米科学，22（1）：108-113.

李长江，2017. 半湿润易旱区沟垄集雨栽培模式对麦玉复种体系产量及生理生态特性的影
　　响研究［D］. 杨凌：西北农林科技大学.

李桂喜，董存元，陈希元，等，2012. 不同耕作方式对土壤微生物数量的影响［J］. 湖北
　　农业科学，51（17）：3713-3715.

李洪文，陈君达，1997. 旱地农业三种耕作措施的对比研究［J］. 干旱地区农业研究，15
　　（1）：7-11.

李强，王朝辉，李富翠，等，2014. 氮肥管理与地膜覆盖对旱地冬小麦产量和氮素利用效
　　率的影响［J］. 作物学报，40（1）：93-100.

李荣，侯贤清，贾志宽，等，2013. 沟垄全覆盖种植方式对旱地玉米生长及水分利用效率的影响 [J]. 生态学报，33 (7)：2282-2291.

李世朋，蔡祖聪，杨浩，等，2009. 长期定位施肥与地膜覆盖对土壤肥力和生物学性质的影响 [J]. 生态学报，29 (5)：2489-2498.

李小雁，张瑞玲，2005. 旱作农田沟垄微型集雨结合覆盖玉米种植试验研究 [J]. 水土保持学报，19 (2)：45-52.

李友军，黄明，吴金芝，等，2006. 不同耕作方式对豫西旱区坡耕地水肥利用与流失的影响 [J]. 水土保持学报，101 (2)：42-45.

廖允成，温晓霞，韩思明，等，2003. 黄土台原旱地小麦覆盖保水技术效果研究 [J]. 中国农业科学，36 (5)：548-552.

蔺艳春，2010. 不同覆膜方式对旱地小麦籽粒灌浆的影响 [D]. 兰州：甘肃农业大学.

莫非，周宏，王建永，等，2013. 田间微集雨技术研究及应用 [J]. 农业工程学报，29 (8)：1-17.

任小龙，贾志宽，陈小莉，等，2008. 半干旱区沟垄集雨对玉米光合特性及产量的影响 [J]. 作物学报，34 (5)：838-845.

任小龙，贾志宽，丁瑞霞，等，2010. 我国旱区作物根域微集雨种植技术研究进展及展望 [J]. 干旱地区农业研究，28 (3)：83-89.

任小龙，贾志宽，韩清芳，等，2007. 半干旱区模拟降雨下沟垄集雨种植对夏玉米生产影响 [J]. 农业工程学报，23 (10)：45-50.

尚杰，耿增超，赵军，等，2015. 生物炭对塿土水热特性及团聚体稳定性的影响 [J]. 应用生态学报，26 (7)：1969-1976.

邵明安，王全九，黄明斌，2006. 土壤物理学 [M]. 北京：高等教育出版社.

石玉，于振文，王东，等，2006. 施氮量和底追比例对小麦氮素吸收转运及产量的影响 [J]. 作物学报，32：1860-1866.

宋海星，李生秀，2003. 玉米生长量、养分吸收量及氮肥利用率的动态变化 [J]. 中国农业科学，36 (1)：71-76.

眭锋，廖萍，黄山，等，2018. 施用生物炭对双季水稻产量和氮素吸收的影响 [J]. 核农学报，32 (10)：2062-2068.

王丹丹，郑纪勇，颜永毫，等，2013. 生物炭对宁南山区土壤持水性能影响的定位研究 [J]. 水土保持学报，27 (2)：101-104.

王靖，林琪，倪永君，等，2009. 旱地保护性耕作对冬小麦光合特性及产量的影响 [J]. 麦类作物学报，29 (3)：480-483.

王平，郭小俊，张丽娟，等，2017. 不同覆盖方式对小麦产量和土壤水热状况的影响 [J]. 水土保持通报，37 (5)：69-75.

王晓凌，董普辉，李凤民，等，2007. 垄沟覆膜集雨对马铃薯产量及水分和氮肥利用的影响 [J]. 河南农业科学，10：84-87.

魏亚萍，王璞，陈才良，2004. 关于玉米粒重的研究 [J]. 植物学通报，1：37-43.

吴伟，廖允成，2014. 中国旱区沟垄集雨栽培技术研究进展及展望 [J]. 西北农业学报，23 (2)：1-9.

肖茜，张洪培，沈玉芳，等，2015. 生物炭对黄土区土壤水分入渗、蒸发及硝态氮淋溶的影响 [J]. 农业工程学报，31 (16)：128-134.

肖自添，蒋卫杰，余宏军，2007. 作物水肥耦合效应研究进展 [J]. 作物杂志，6：18-22.

谢瑞芝，李少昆，金亚征，等，2008. 中国保护性耕作试验研究的产量效应分析 [J]. 中国农业科学，41 (2)：397-404.

谢迎新，刘宇娟，张伟纳，等，2018. 潮土长期施用生物炭提高小麦产量及氮素利用率 [J]. 农业工程学报，34 (14)：115-123.

许迪，吴普特，梅旭荣，等，2003. 我国节水农业科技创新成效与进展 [J]. 农业工程学报，19 (3)：5-9.

许健，牛文全，张明智，等，2016. 生物炭对土壤水分蒸发的影响 [J]. 应用生态学报，27 (11)：3505-3513.

阎翠萍，张虎，王建军，等，2002. 沟谷地春玉米干物质积累、分配与转移规律的研究 [J]. 玉米科学，10 (1)：67-71.

张川，闫浩芳，大上博基，等，2015. 表层有效土壤水分参数化及冠层下土面蒸发模拟 [J]. 农业工程学报，31 (2)：102-107.

张传辉，杨四军，顾克军，等，2013. 秸秆还田对小麦碳氮转运和产量形成的影响 [J]. 华北农学报，28 (6)：214-219.

张洁，姚宇卿，金轲，等，2007. 保护性耕作对坡耕地土壤微生物量碳、氮的影响 [J]. 水土保持学报，21 (4)：126-129.

张淑芳，柴守玺，蔺艳春，等，2016. 旱地春小麦不同覆膜栽培方式籽粒灌浆特性的比较研究 [J]. 现代农业科技，1：9-12.

赵建坤，李江舟，杜章留，等，2016. 施用生物炭对土壤物理性质影响的研究进展 [J]. 气象与环境学报，32 (3)：95-101.

赵士诚，裴雪霞，何萍，等，2010. 氮肥减量后移对土壤氮素供应和夏玉米氮素吸收利用的影响 [J]. 植物营养与肥料学报，16：492-497.

赵亚丽，薛志伟，郭海斌，等，2014. 耕作方式与秸秆还田对冬小麦-夏玉米耗水特性和水分利用效率的影响 [J]. 中国农业科学，47 (17)：3359-3371.

赵勇钢，赵世伟，华娟，等，2009. 半干旱典型草原区封育草地土壤结构特征研究 [J]. 草地学报，17 (1)：106-112.

ABDELKHALEK A A, DARWESH R K, EL-MANSOURY M A M, 2015. Response of some wheat varieties to irrigation and nitrogen fertilization using ammonia gas in North Nile Delta region [J]. Annals of Agricultural Sciences，60：245-256.

ABIALA M A, ODEBODE A C, HSU S F, et al, 2015. Phytobeneficial properties of bacteria isolated from the rhizosphere of maize in southwestern nigerian soils [J]. Appl Environ. Microb. ，81：4736-4743.

BACH E M, BAER S G, MEYER C K, et al, 2010. Soil texture affects soil microbial and structural recovery during grassland restoration [J]. Soil Biol. Biochem. , 42: 2182 - 2191.

BARONTI S, VACCARI F P, MIGLIETTA F, et al, 2014. Impact of biochar application on plant water relations in *Vitis vinifera* (L.) [J]. European Journal of Agronomy, 53 (2): 38 - 44.

BAUMHARDT R L, JONES O R, 2002. Residue management and tillage effects on soil - water storage and grain yield of dryland wheat and sorghum for a clay loam in Texas [J]. Soil Till. Res. , 68: 71 - 82.

BEHERA S K, PANDA R K, 2009. Effect of fertilization and irrigation schedule on water and fertilizer solute transport for wheat crop in a sub - humid sub - tropical region [J]. Agric. Ecosyst. Environ. , 130: 141 - 155.

BLACKWOOD C B, WALDROP M P, ZAK D R, et al, 2007. Molecular analysis of fungal communities and laccase genes in decomposing litter reveals differences among forest types but no impact of nitrogen deposition [J]. Environ. Microbiol. , 9: 1306 - 1316.

BOER W, FOLMAN L B, SUMMERBELL R C, et al, 2005. Living in a fungal world: impact of fungi on soil bacterial niche development [J]. FEMS Microbiol. Rev. , 29: 795 - 811.

BONANOMI G, CHIURAZZI M, CAPORASO S, et al, 2008. Soil solarization with biodegradable materials and its impact on soil microbial communities [J]. Soil Biol. Biochem. , 40: 1989 - 1998.

BRODOWSKI S, JOHN B, FLESSA H, et al, 2006. Aggregate - occluded black carbon in soil [J]. European Journal of Soil Science, 57 (4): 539 - 546.

BRUSSAARD L, DE RUITER P C, BROWN G G, 2007. Soil biodiversity for agricultural sustainability [J]. Agr. Ecosyst. Environ. , 121: 233 - 244.

BU L, LIU J, ZZHU L, et al, 2013. The effects of mulching on maize growth, yield and water use in a semi - arid region [J]. Agr. Water Manage. , 123: 71 - 78.

CAKIR R, 2004. Effect of water stress at different development stages on vegetative and reproductive growth of corn [J]. Field Crops Res. , 89: 1 - 16.

CARSON J K, GONZALEZ - QUINONES V, MURPHY D V, et al, 2010. Low pore connectivity increases bacterial diversity in soil [J]. Appl Environ. Microb. , 76: 3936 - 3942.

CEJA - NAVARRO J A, RIVERA - ORDUNA F N, PATINO - ZUNIGA L, et al, 2010. Phylogenetic and multivariate analyses to determine the effects of different tillage and residue management practices on soil bacterial communities [J]. Appl Environ. Microb. , 76: 3685 - 3691.

CHANG G Y, WANG L, MENG L Y, et al, 2016. Farmers' attitudes toward mandatory water - saving policies: A case study in two basins in northwest China [J]. J. Environ. Manage. , 181: 455 - 464.

CHEN H X, LIU J J, ZHANG A F, et al, 2017. Effects of straw and plastic film mulching on greenhouse gas emissions in Loess Plateau, China: A field study of 2 consecutive wheat – maize rotation cycles [J]. Sci. Total Environ. , 579: 814 – 824.

CHENG X L, WU P T, ZHANG X N, et al, 2012. Rainfall harvesting and mulches combination for corn production in the sub humid areas prone to drought of China [J]. J. Agron. Crop Sci. , 198: 304 – 313.

CROWTHER T W, MAYNARD D S, LEFF J W, et al, 2014. Predicting the responsiveness of soil biodiversity to deforestation: a cross – biome study [J]. Glob. Chang Biol. , 20: 2983 – 2994.

DAVINIC M, FULTZ L M, ACOSTA – MARTINEZ V, et al, 2012. Pyrosequencing and mid – infrared spectroscopy reveal distinct aggregate stratification of soil bacterial communities and organic matter composition [J]. Soil Biol. Biochem. , 46: 63 – 72.

DEGRUNE F, DUFRENE M, COLINET G, et al, 2015. A novel sub – phylum method discriminates better the impact of crop management on soil microbial community [J]. Agron. Sustain. Dev. , 35: 1157 – 1166.

DEMIRBAS A, 2004. Effects of temperature and particle size on bio – char yield from pyrolysis of agricultural residues [J]. Journal of Analytical and Applied Pyrolysis, 72 (2): 243 – 248.

DENG X P, SHAN L, ZHANG H P, et al, 2006. Improving agricultural water use efficiency in arid and semiarid areas of China [J]. Agric. Water Manage. , 80: 23 – 40.

DU Z, ZHAO J, WANG Y, et al, 2017. Biochar addition drives soil aggregation and carbon sequestration in aggregate fractions from an intensive agricultural system [J]. Journal of Soils and Sediments, 17 (3): 581 – 589.

ELDOMA I M, LI M, ZHANG F, et al, 2016. Alternate or equal ridge – furrow pattern: Which is better for maize production in the rain – fed semi – arid Loess Plateau of China [J]. Field Crops Res. , 191: 131 – 138.

ELLIOTT J, DERYNG D, MÜLLER C, et al, 2014. Constraints and potentials of future irrigation water availability on agricultural production under climate change [J]. Proc. Nat. Acad. Sci. , 11: 3239 – 3244.

EYNARD A, SCHUMACHER T E, LINDSTROM M J, et al, 2006. Effects of aggregate structure and organic C on wettability of ustolls [J]. Soil & Tillage Research, 88 (1): 205 – 216.

FAGERIA N K, BALIGAR V C, 2005. Enhancing nitrogen use efficiency in crop plants [J]. Adv. Agron. , 88: 97 – 185.

FAN J W, DU Y L, TURNER N C, et al, 2012. Germination characteristics and seedling emergence of switchgrass with different agricultural practices under arid conditions in China [J]. Crop Sci, 52: 2341 – 2350.

FANG Q, YU Q, WANG E, et al, 2006. Soil nitrate accumulation, leaching and crop nitrogen use as influenced by fertilization and irrigation in an intensive wheat – maize double cropping system in the North China Plain [J]. Plant Soil, 284: 335 – 350.

FERERES E, SORIANO M A, 2006. Deficit irrigation for reducing agricultural water use [J]. J. Exp. Bot. , 58: 147 – 159.

FIERER N, BRADFORD M A, JACKSON R B, 2007. Toward an ecological classification of soil bacteria [J]. Ecology, 88: 1354 – 1364.

FRANZLUEBBERS A J, 2002a. Soil organic matter stratification ratio as an indicator of soil quality [J]. Soil Till. Res. , 66: 95 – 106.

FRANZLUEBBERS, A J, 2002b. Water infiltration and soil structure related to organic matter and its stratification with depth [J]. Soil Till. Res. , 66: 197 – 205.

GAN Y T, SIDDIQUE K H M, TURNER N C, et al, 2013. Ridge – Furrow Mulching Systems – an innovative technique for boosting crop productivity in semiarid rain – fed environments [J]. Adv. Agron. , 118: 429 – 476.

GAO Y H, XIE Y P, JIANG H Y, et al, 2014. Soil water status and root distribution across the rooting zone in maize with plastic film mulching [J]. Field Crops Res. , 156: 40 – 47.

GARDNER W R, 1959. Solutions of the flow equation for the drying of soils and other porous media [J]. Soil Science Society of America Journal, 23 (3): 183 – 187.

GARDNER W R, 1969. Relation of water application to evaporation and storage of soil water [J]. Soil Science Society of America Journal, 33 (2): 192 – 196.

GHANI A, AHMAD A N, HASSAN A, et al, 2000. Interactive effect of water stress and nitrogen on plant height and root length of wheat [J]. Pak. J. Biol. Sci. , 3: 2051 – 2052.

GILL K S, ARSHAD M A, 1995. Weed flora in the early growth period of spring crops under conventional, reduced, and Zero – Tillage systems on a clay soil in northern alberta, canada [J]. Soil Till. Res. , 33: 65 – 79.

GITHINJI L, 2014. Effect of biochar application rate on soil physical and hydraulic properties of a sandy loam [J]. Archives of Agronomy and Soil Science, 60 (4): 457 – 470.

HALSE J N, WEIR R N, 1974. Effect of temperature on spikelet number in wheat [J]. Aust. J. Agric. Res. , 25: 687 – 695.

HAM J M, KLUITENBERG G J, 1994. Modeling the effect of mulch optical properties and mulch – soil contact resistance on soil heating under plastic mulch culture [J]. Agric. For. Meteorol. , 71: 403 – 424.

HARDIE M, CLOTHIER B, BOUND S, et al, 2014. Does biochar influence soil physical properties and soil water availability [J]. Plant Soil, 376 (1): 347 – 361.

HARTMANN T E, YUE S C, SCHULZ R, et al, 2014. Nitrogen dynamics, apparent mineralization and balance calculations in a maize - wheat double cropping system of the North China Plain [J]. Field Crops Res. , 160: 22 - 30.

HELAL H M, SAUERBECK D, 1989. Carbon turnover in the rhizosphere [J]. J. Plant Nutr. Soil Sci. , 152: 211 - 216.

HOLLAND J M, 2004. The environmental consequences of adopting conservation tillage in Europe: reviewing the evidence [J]. Agr. Ecosyst. Environ. , 103: 1 - 25.

HU Q, PAN F, PAN X B, et al, 2014. Effects of a ridge - furrow micro - field rainwater - harvesting system on potato yield in a semi - arid region [J]. Field Crops Res. , 166: 92 - 101.

JENKINS S N, RUSHTON S P, LANYON C V, et al, 2010. Taxon - specific responses of soil bacteria to the addition of low level C inputs [J]. Soil Biol. Biochem. , 42: 1624 - 1631.

JIANG X, Li X, 2015. Assessing the effects of plastic film fully mulched ridge - furrow on rainwater distribution in soil using dye tracer and simulated rainfall [J]. Soil Till. Res. , 152: 67 - 73.

JIANG Y, 2009. China's water scarcity [J]. J. Environ. Manage. , 90: 3185 - 3196.

KHAN A R, DATTA B, 1991. The effect of mulch on oxygen flux [J]. Agrochimica, 35: 390 - 395.

KLADIVKO E J, 2001. Tillage systems and soil ecology [J]. Soil Till. Res. , 61: 61 - 76.

KRESOVIĆ B, TAPANAROVA A, TOMIĆ A, et al, 2016. Grain yield and water use efficiency of maize as influenced by different irrigation regimes through sprinkler irrigation under temperate climate [J]. Agric. Water Manage. , 169: 34 - 43.

KUMARI K G I D, MOLDRUP P, PARADELO M, et al, 2014. Effects of biochar on air and water permeability and colloid and phosphorus leaching in soils from a natural calcium carbonate gradient [J]. Journal of Environment Quality, 43 (2): 647 - 657.

LAIRD D A, FLEMING P, DAVIS D D, et al, 2010. Impact of biochar amendments on the quality of a typical midwestern agricultural soil [J]. Geoderma, 158 (3 - 4): 443 - 449.

LAMPURLANÉS J, ANGÁS P, CANTERO - MARTÍNEZ C, 2001. Root growth, soil water content and yield of barley under different tillage systems on two soils in semiarid conditions [J]. Field Crops Res. , 69: 27 - 40.

LEHMANN J, DA SILVA J P, STEINER C, et al, 2003. Nutrient availability and leaching in an archaeological anthrosol and a ferralsol of the central amazon basin: fertilizer, manure and charcoal amendments [J]. Plant and Soil, 249: 343 - 357.

LEHMANN J, GAUNT J, RONDON M, 2006. Bio - char sequestration in terrestrial ecosystems - a review [J]. Mitigation and Adaptation Strategies for Global Change, 11 (2): 403 - 427.

LEHMANN J, STEPHEN J, 2015. Biochar for environmental management: science, technology and implementation [M] 2nd ed. New York: Routledge Press.

LI C F, YUE L X, KOU Z K, et al, 2012. Short‐term effects of conservation management practices on soil labile organic carbon fractions under a rape‐rice rotation in central China [J]. Soil Till. Res. , 119: 31‐37.

LI C J, WEN X X, WAN X J, et al, 2016. Towards the highly effective use of precipitation by ridge‐furrow with plastic film mulching instead of relying on irrigation resources in a dry semi‐humid area [J]. Field Crops Res. , 188: 62‐73.

LI C, WANG C, WEN X, et al, 2017. Ridge‐furrow with plastic film mulching practice improves maize productivity and resource use efficiency under the wheat‐maize double‐cropping system in dry semi‐humid areas [J]. Field Crops Res. , 203: 201‐211.

LI F M, GUO A H, WEI H, 1999. Effects of clear plastic film mulch on yield of spring wheat [J]. Field Crops Res. , 63: 79‐86.

LI F M, WANG J, XU J Z, et al, 2004. Productivity and soil response to plastic film mulching durations for spring wheat on entisols in the semiarid Loess Plateau of China [J]. Soil Tillage Res. , 78: 9‐20.

LI H, YE D D, WANG X G, et al, 2014. Soil bacterial communities of different natural forest types in Northeast China [J]. Plant Soil, 383: 203‐216.

LI R, HOU X Q, JIA Z K, et al, 2012. Effects of rainfall harvesting and mulching technologies on soil water, temperature, and maize yield in Loess Plateau region of China [J]. Soil Res. , 50: 105‐113.

LI R, HOU X, JIA Z, et al, 2013. Effects on soil temperature, moisture, and maize yield of cultivation with ridge and furrow mulching in the rainfed area of the Loess Plateau, China [J]. Agric. Water Manage. , 116: 101‐109.

LI S X, WANG Z H, MALHI S S, et al, 2009. Nutrient and water management effects on crop production, and nutrient and water use efficiency in dryland areas of China [J]. Adv. Agron. , 102: 223‐265.

LI X Y, GONG J D, 2002. Effect of different ridge: furrow ratios and supplement irrigation on crop production in ridge and furrow rainfall harvesting system with mulches [J]. Agric. Water Manage. , 54: 243‐254.

LI Z G, ZHANG R H, WANG X J, et al, 2012. Growing season carbon dioxide exchange in flooded non‐mulching and non‐flooded mulching cotton. PLoS One, 7: e50 760.

LIENHARD P, TERRAT S, PREVOST‐BOURE N C, et al, 2014. Pyrosequencing evidences the impact of cropping on soil bacterial and fungal diversity in Laos tropical grassland [J]. Agron. Sustain. Dev. , 34: 525‐533.

LIU B, SHAO M A, 2016. Response of soil water dynamics to precipitation years under different vegetation types on the northern loess plateau, china [J]. Journal of Arid Land, 8 (1): 47‐59.

LIU C A, JIN S L, ZHOU L M, et al, 2009. Effects of plastic mulch and tillage on maize productivity and soil parameters [J]. Europ. J. Agron. , 31: 241 – 249.

LIU C A, ZHOU L M, JIA J J, et al, 2014a. Maize yield and water balance is affected by nitrogen application in a film – mulching ridge – furrow system in a semiarid region of China [J]. Europ. J. Agron. , 52: 103 – 111.

LIU X E, LI X G, HAI L, et al, 2014b. How efficient is film fully – mulched ridge – furrow cropping to conserve rainfall in soil at a rainfed site [J]. Field Crops Res. , 169: 107 – 115.

LIU X J, WANG J C, LU S H, et al, 2003. Effects of non – flooded mulching cultivation on crop yield, nutrient uptake and nutrient balance in rice – wheat cropping systems [J]. Field Crops Res. , 83: 297 – 311.

LIU X, ZHANG A, JI C, et al, 2013. Biochar's effect on crop productivity and the dependence on experimental conditions – a meta – analysis of literature data [J]. Plant and Soil, 373 (1/2): 583 – 594.

LIU Y, YANG S J, LI S Q, et al, 2010. Growth and development of maize (*Zea mays* L.) in response to different field water management practices: resource capture and use efficiency [J]. Agric. For. Meteorol. , 150: 606 – 613.

LU S, SUN F, ZONG Y, 2014. Effect of rice husk biochar and coal fly ash on some physical properties of expansive clayey soil (vertisol) [J]. Catena, 114: 37 – 44.

LYNCH J M, WHIPPS J M, 1990. Substrate flow in the rhizosphere [J]. Plant soil, 129: 1 – 10.

MA A, ZHUANG X, WU J, et al, 2013. Ascomycota members dominate fungal communities during straw residue decomposition in arable soil [J]. PloS ONE, 8, e66 146.

MA B L, DWYER L M, 1999. Within plot variability in available soil mineral nitrogen in relation to leaf greenness and yield [J]. Commun. Soil Sci. Plan. , 30: 1919 – 1928.

MA W, ZHANG X, 2016. Effect of pisha sandstone on water infiltration of different soils on the chinese loess plateau [J]. Journal of Arid Land, 8 (3): 331 – 340.

MADEJON E, MURILLO J M, MORENO F, et al, 2009. Effect of long – term conservation tillage on soil biochemical properties in Mediterranean Spanish areas [J]. Soil Till. Res. , 105: 55 – 62.

MASONI A, ERCOLI L, MARIOTTI M, et al, 2007. Post – anthesis accumulation and remobilization of dry matter, nitrogen and phosphorus in durum wheat as affected by soil type [J]. Eur. J. Agron. , 26: 179 – 186.

MIURA T, NISWATI A, SWIBAWA I G, et al, 2013. No tillage and bagasse mulching alter fungal biomass and community structure during decomposition of sugarcane leaf litter in Lampung Province, Sumatra, Indonesia [J]. Soil Biol. Biochem. , 58: 27 – 35.

MURUNGU F S, CHIDUZA C, MUCHAONYERWA P, et al, 2011. Mulch effects on soil moisture and nitrogen, weed growth and irrigated maize productivity in a warm – temperate climate of South Africa [J]. Soil Till. Res. , 112: 58 - 65.

NACKE H, THURMER A, WOLLHERR A, et al, 2011. Pyrosequencing - based assessment of bacterial community structure along different management types in German forest and grassland soils [J]. PloS ONE, 6, e17 000.

NAVARRO - NOYA Y E, GOMEZ - ACATA S, MONTOYA - CIRIACO N, et al, 2013. Relative impacts of tillage, residue management and crop - rotation on soil bacterial communities in a semi - arid agroecosystem [J]. Soil Biol. Biochem. , 65: 86 - 95.

OSAKI M, MORIKAWA K, SHINANO T, et al, 1991. Productivity of high - yielding crops. Ⅱ. Comparison of N, P, K, Ca and Mg accumulation and distribution among high - yielding crops [J]. Soil Sci. Plant Nutr. , 37: 445 - 454.

OUYANG L, WANG F, TANG J, et al, 2013. Effects of biochar amendment on soil aggregates and hydraulic properties [J]. Journal of Soil Science and Plant Nutrition, 13 (4): 991 - 1002.

PASCAULT N, RANJARD L, KAISERMANN A, et al, 2013. Stimulation of different functional groups of bacteria by various plant residues as a driver of soil priming effect [J]. Ecosystems, 16: 810 - 822.

PHOSRI C, POLME S, TAYLOR A F S, et al, 2012. Diversity and community composition of ectomycorrhizal fungi in a dry deciduous dipterocarp forest in Thailand [J]. Biodivers Conserv, 21: 2287 - 2298.

PLAZA C, COURTIER - MURIAS D, FERNANDEZ J M, et al, 2013. Physical, chemical, and biochemical mechanisms of soil organic matter stabilization under conservation tillage systems: A central role for microbes and microbial by - products in C sequestration [J]. Soil Biol. Biochem. , 57: 124 - 134.

PUDASAINI K, WALSH K B, ASHWATH N, et al, 2016. Effects of biochar addition on plant available water of a loamy sandy soil and consequences on cowpea growth [J]. Acta horticulturae, 1 112: 357 - 364.

PULLEMAN M M, MARINISSEN J C Y, 2004. Physical protection of mineralizable c in aggregates from long - term pasture and arable soil [J]. Geoderma, 120 (3/4): 273 - 282.

QIN S H, ZHANG J L, DAI H L, et al, 2014. Effect of ridge - furrow and plastic - mulching planting patterns on yield formation and water movement of potato in a semi - arid area [J]. Agric. Water Manage. , 131: 87 - 94.

QIU G Y, WANG L, HE X, et al, 2008. Water use efficiency and evapotranspiration of winter wheat and its response to irrigation regime in the north China plain [J]. Agric. For. Meteor. , 148: 1848 - 1859.

QIN P R, COWIE A L, FLAVEL R J, et al, 2014. Oil mallee biochar improves soil structural properties - a study with x - ray micro - ct [J]. Agriculture, Ecosystems & Environment, 191: 142 - 149.

RABOIN L, RAZAFIMAHAFALY A H D, RABENJARISOA M B, et al, 2016. Improving the fertility of tropical acid soils: liming versus biochar application? A long term comparison in the highlands of madagascar [J]. Field Crops Research, 199: 99-108.

RAZ-YASEEF N, ROTENBERG E, YAKIR D, 2010. Effects of spatial variations in soil evaporation caused by tree shading on water flux partitioning in a semi-arid pine forest [J]. Agricultural and Forest Meteorology, 150 (3): 454-462.

REN X, CHEN L, JIA Z, 2010. Effect of rainfall collecting with ridge and furrow on soil moisture and root growth of corn in semiarid northwest China [J]. J. Agron. Crop Sci., 196: 109-122.

REN X, CHEN X, JIA Z, 2009. Ridge and furrow method of rainfall concentration for fertilizer use efficiency in farmland under semiarid conditions [J]. Appl. Eng. Agric., 25: 905-913.

RODRIGUES G C, PEREIRA L S, 2009. Assessing economic impacts of deficit irrigation as related to water productivity and water costs [J]. Biosyst. Eng., 103: 536-551.

RODRIGUES J L M, PELLIZARI V H, MUELLER R, et al, 2013. Conversion of the amazon rainforest to agriculture results in biotic homogenization of soil bacterial communities [J]. Proceedings of the National Academy of Sciences, 110: 988-993.

ROGER-ESTRADE J, ANGER C, BERTRAND M, et al, 2010. Tillage and soil ecology: Partners for sustainable agriculture [J]. Soil Till. Res., 111: 33-40.

ROSSELLA A, MLADEN T, TATJANA M, et al, 2010. Comparing the interactive effects of water and nitrogen on durum wheat and barley grown in a Mediterranean environment [J]. Field Crops Res., 115: 179-190.

SPERATTI A, JOHNSON M, MARTINS SOUSA H, et al, 2017. Impact of different agricultural waste biochars on maize biomass and soil water content in a brazilian cerrado arenosol [J]. Agronomy, 7 (3): 1-19.

SWANK J C, BELOW F E, LAMBERT R J, et al, 1982. Interaction of carbon and nitrogen metabolism in the productivity of maize [J]. Plant Physiol., 70: 1185-1190.

TANG J J, FOLMER H, XUE J H, 2015. Technical and allocative efficiency of irrigation water use in the Guanzhong Plain, China [J]. Food Policy, 50: 43-52.

UZOMA K C, INOUE M, ANDRY H, et al, 2011. Effect of cow manure biochar on maize productivity under sandy soil condition [J]. Soil Use and Management, 27 (2): 205-212.

VAN GROENIGEN K J, BLOEM J, BÅÅTH E, et al, 2010. Abundance, production and stabilization of microbial biomass under conventional and reduced tillage [J]. Soil Biol. Bioche., 42: 48-55.

VARVEL G E, WILHELM W W, 2011. No-tillage increases soil profile carbon and nitrogen under long - term rainfed cropping systems [J]. Soil Till. Res. , 114: 28 - 36.

WANG C, LIU W, LI Q, et al, 2014. Effects of different irrigation and nitrogen regimes on root growth and its correlation with above - ground plant parts in high - yielding wheat under field conditions [J]. Field Crops Res. , 165: 138 - 149.

WANG D, YU Z W, WHITE P J, 2013. The effect of supplemental irrigation after jointing on leaf senescence and grain filling in wheat [J]. Field Crops Res. , 151: 35 - 44.

WANG J J, LI X Y, ZHU A N, et al, 2012. Effects of tillage and residue management on soil microbial communities in North China [J]. Plant Soil Environ. , 58, 28 - 33.

WANG Q, REN X, SONG X Y, et al, 2015a. The optimum ridge - furrow ratio and suitable ridge - covering material in rainwater harvesting for oats production in semiarid regions of China [J]. Field Crops Res. , 172: 106 - 118.

WANG Q, SONG X, LI F, et al, 2015b. Optimum ridge - furrow ratio and suitable ridge - mulching material for Alfalfa production in rainwater harvesting in semi - arid regions of China [J]. Field Crops Res. , 180: 186 - 196.

WANG S, 1999. Chinese vernacular architecture [M]. Nanjing: Jiangsu Science and Technology Press.

WANG T, STEWART C E, SUN C, et al, 2018. Effects of biochar addition on evaporation in the five typical loess plateau soils [J]. Catena, 162: 29 - 39.

WANG X, HOOGMOED W, PERDOK U, et al, 2003. Tillage and residue effects on rainfed wheat and corn production in the Semi - Arid Regions of Northern China [C] // Proceedings of the 16th International ISTRO Conference. Brisbane: [s. n.]: 1354 - 1359.

WANG Y, XU J, SHEN J H, et al, 2010. Tillage, residue burning and crop rotation alter soil fungal community and water - stable aggregation in arable fields [J]. Soil Till. Res. , 107: 71 - 79.

WU W, MA B L, 2015. Integrated nutrient management (INM) for sustaining crop productivity and reducing environmental impact: A review [J]. Sci. Total Environ. , 512: 327 - 415.

YAO Q, LIU J, YU Z, et al, 2017. Changes of bacterial community compositions after three years of biochar application in a black soil of northeast china [J]. Applied Soil Ecology, 113: 11 - 21.

YE J S, LIU C A, 2012. Suitability of mulch and ridge - furrow techniques for maize across the precipitation gradient on the Chinese Loess Plateau [J]. J. Agric. Sci. , 4: 182 - 190.

YU H, ZOU W, CHEN J, et al, 2019. Biochar amendment improves crop production in problem soils: a review [J]. Journal of Environmental Management, 232: 8 - 21.

ZHANG A, BIAN R, PAN G, et al, 2012. Effects of biochar amendment on soil quality, crop yield and greenhouse gas emission in a chinese rice paddy: a field study of 2 consecutive rice growing cycles [J]. Field Crops Research, 127: 153 - 160.

ZHANG F, LI M, QI J, et al, 2015a. Plastic film mulching increases soil respiration in ridge‑furrow maize management [J]. Arid Land Res. Manag., 29: 432‑453.

ZHANG F, LI M, ZHANG W, et al, 2017a. Ridge‑furrow mulched with plastic film increases little in carbon dioxide efflux but much significant in biomass in a semiarid rainfed farming system [J]. Agr. For. Meteorol., 244: 33‑41.

ZHANG F, ZHANG W, LI M, et al, 2017b. Is crop biomass and soil carbon storage sustainable with long‑term application of full plastic film mulching under future climate change [J]. Agricult. Sys., 150: 67‑77.

ZHANG J Y, SUN J S, DUAN A W, et al, 2007. Effects of different planting patterns on water use and yield performance of winter wheat in the Huang‑Huai‑Hai plain of China [J]. Agric. Water Manage., 92: 41‑47.

ZHANG Q, DU Z, LOU Y, et al, 2015b. A one‑year short‑term biochar application improved carbon accumulation in large macroaggregate fractions [J]. Catena, 127: 26‑31.

ZHANG S L, LI P R, YANG X Y, et al, 2011. Effects of tillage and plastic mulch on soil water, growth and yield of spring‑sown maize [J]. Soil Tillage Res., 112: 92‑97.

ZHANG Z, TAO F L, DU J, et al, 2010. Surface water quality and its control in a river with intensive human impacts‑a case study of the Xiangjiang River, China [J]. J. Environ. Manage., 91: 2483‑2490.

ZHAO H, WANG R Y, MA B L, et al, 2014. Ridge‑furrow with full plastic film mulching improves water use efficiency and tuber yields of potato in a semiarid rainfed ecosystem [J]. Field Crops Res., 161: 137‑148.

ZHAO J, ZHANG R, XUE C, et al, 2014. Pyrosequencing reveals contrasting soil bacterial diversity and community structure of two main winter wheat cropping systems in China [J]. Microb. Ecol., 67: 443‑453.

ZHENG J, HAN J, LIU Z, et al, 2017. Biochar compound fertilizer increases nitrogen productivity and economic benefits but decreases carbon emission of maize production [J]. Agriculture Ecosystems & Environment, 241: 70‑78.

ZHOU L M, JIN S L, LIU C A, et al, 2012. Ridge‑furrow and plastic‑mulching tillage enhances maize‑soil interactions: Opportunities and challenges in a semiarid agroecosystem [J]. Field Crops Res., 126: 181‑188.

ZHOU L M, LI F M, JIN S L, et al, 2009. How two ridges and the furrow mulched with plastic film affect soil water, soil temperature and yield of maize on the semiarid Loess Plateau of China [J]. Field Crops Res., 113 (1): 41‑47.

ZHU L, LIU J L, LUO S S, et al, 2015. Soil mulching can mitigate soil water deficiency impacts on rainfed maize production in semiarid environments [J]. J. Integr. Agr., 14: 58‑66.

ZOGG G P，ZZK D R，RINGELBERG D B，et al，1997. Compositional and functional shifts in microbial communities due to soil warming [J]. Soil Sci. Soc. Am. J. ，61：381 - 475.

本章作者：廖允成，刘杨，温晓霞，李伟玮，
王威雁，王梓廷，李长江，代镇

图书在版编目（CIP）数据

黄土高原东部平原区作物节水减肥栽培理论与技术 /
武雪萍等著. —北京：中国农业出版社，2019.10
　ISBN 978-7-109-26090-0

　Ⅰ.①黄…　Ⅱ.①武…　Ⅲ.①黄土高原－粮食作物－
肥水管理　Ⅳ.①S510.6

中国版本图书馆 CIP 数据核字（2019）第 235103 号

中国农业出版社出版

地址：北京市朝阳区麦子店街 18 号楼
邮编：100125
责任编辑：边　疆　赵　刚
版式设计：韩小丽　　责任校对：沙凯霖
印刷：北京中兴印刷有限公司
版次：2019 年 10 月第 1 版
印次：2019 年 10 月北京第 1 次印刷
发行：新华书店北京发行所
开本：700mm×1000mm　1/16
印张：36
字数：592 千字
定价：85.00 元